应用型人才培养实用教材

普通高等院校机械类“十三五”规划教材

AutoCAD机械制图项目化实例教程

主　编　朱定见　张　文

主　审　高成慧

西南交通大学出版社

·成　都·

内容简介

本书以培养应用型人才为目标，紧密结合工业实际，突出“工学结合”。全书由创建初始样板文件、直线要素构成的平面图形绘制、直线和圆要素构成的平面图形绘制、多要素构成的平面图形绘制、均布及对称结构图形的绘制、三视图的绘制、零件图的绘制及其常用机械符号块和A4横向终极样板的创建、剖视图的绘制、装配图的绘制、组合体正等轴测图的绘制 10 个项目构成。本书可作为高等院校机械类各专业的计算机绘图教材，也可作为社会培训机构职业技能培训教材，还可供广大工程技术人员参考。为配合教学，本书作者还制作了电子课件，供任课教师选用。

图书在版编目（CIP）数据

AutoCAD 机械制图项目化实例教程 / 朱定见，张文主编. —成都：西南交通大学出版社，2017.2（2019.1 重印）
应用型人才培养实用教材. 普通高等院校机械类“十三五”规划教材
ISBN 978-7-5643-5260-8

Ⅰ. ①A… Ⅱ. ①朱… ②张… Ⅲ. ①机械制图 – AutoCAD 软件 – 高等学校 – 教材 Ⅳ. ①TH126

中国版本图书馆 CIP 数据核字（2017）第 022312 号

应用型人才培养实用教材
普通高等院校机械类“十三五”规划教材
AutoCAD 机械制图项目化实例教程
主编 朱定见 张 文

责任编辑	李 伟
特邀编辑	张芬红
封面设计	何东琳设计工作室
出版发行	西南交通大学出版社（四川省成都市二环路北一段 111 号 西南交通大学创新大厦 21 楼）
发行部电话	028-87600564 028-87600533
邮政编码	610031
网址	http://www.xnjdcbs.com
印刷	成都勤德印务有限公司
成品尺寸	185 mm × 260 mm
印张	22
字数	551 千
版次	2017 年 2 月第 1 版
印次	2019 年 1 月第 2 次
书号	ISBN 978-7-5643-5260-8
定价	49.00 元

课件咨询电话：028-87600533

前言

从机械产品的设计、制造、检验到安装、调试都需要机械制图的知识和技能，而机械制图又离不开 AutoCAD 绘图。因此，对于从事机械制造业的人员来说，熟练掌握 AutoCAD 绘图的知识和技能就显得非常重要。

本书紧扣实际教学需求，以够用、实用为编写原则，本着培养应用型人才的要求，紧密结合工业实际，突出“工学结合”，并结合作者多年的教学体会编写而成。全书由 10 个项目构成，每个项目均由项目描述、相关知识、项目实施、练习与提高四部分组成。各部分的简介如下：

项目描述：主要介绍项目的目的和要求，即简要告诉学习者通过本项目能学到什么。

相关知识：主要包含两部分的内容，一是介绍国家标准的相关规定，二是通过大量的实例介绍软件的相关知识，以供学习者查阅。

项目实施：主要介绍完成项目的过程。涉及相关知识时，只给出“知识链接”，知识链接只是简单介绍该部分需要的知识点在“相关知识”中的位置，引导学生去查找相关知识，以弱化软件。

练习与提高：主要用简单的文字或者表格列出相应练习粗略的绘图步骤，以便学习者通过举一反三得到练习和提高。

本书具有以下特点：

特点一：工学结合，突出实践，弱化软件

本书按照实际工作需要将教学内容分成 10 个项目，每个项目都是实际工作中需要完成的一个实例。作者在编写时，均以详细介绍“项目实施过程”为重点，其间穿插“知识链接”，以达到突出实践和弱化软件的目的。

特点二：按照最新的机械制图国家标准编写

目前，市场上虽然有很多有关 AutoCAD 的书籍，然而，要找到一本符合我国机械制图国家标准的书籍却非常难，要找到一本符合我国机械制图“最新”国家标准的书籍更是难上加难。许多书籍甚至只是仅仅介绍了 AutoCAD 的用法，根本不关注我国的机械制图国家标准，以至于很多图形画出来后，很多地方都不符合我国的机械制图标准。本书首先就考虑到要解决上述问题，努力将最新的机械制图国家标准融入本书，使学习者通过对本书的学习，可以画出符合我国最新机械制图标准的图纸。

特点三：按照“项目导向、任务驱动”的教学模式进行编写

本书以 AutoCAD 2016 为载体，采用了大量的项目案例，全面讲解了 AutoCAD 2016 的使用方法和技巧。通过各教学项目及任务的实施，系统地介绍了 AutoCAD 2016 的绘图命

令、绘图方法与技巧，力图使学习者在“做中学”的同时，尽快提高 AutoCAD 的绘图技能。

特点四：遵循绘图步骤和认知规律

本书按照绘制机械图的步骤以及学习者的认知规律，摒弃按照工具栏一个个讲述命令的编写方式，有效避免了学习者虽然学会了命令，但是却不知道何时使用某一个命令的弊端。因此，在项目的编排顺序上，作者根据手工绘图时，绘图者均是按照“先准备好图纸和各种绘图工具，然后开始绘制图幅和图框，规划好标题栏的位置，最后才是绘图”这个顺序，把“创建初始样板文件”作为第一个项目，使学生首先学会按制图的国家标准来设置 AutoCAD 软件。

特点五：讲得轻松，学得容易

首先，在内容编排上打破了“满堂灌”的教学模式，将各种命令有针对性地融入到一个个项目之中，每一个项目都用丰富的小的实例进行引导，让学生能边学边练，从而避免了大段的只讲不练。其次，大量使用表格和图片，实例步骤也尽量在图中标出，这样不仅减少了文字描述，而且达到了既一目了然，又翔实清楚的效果。再次，绘图环境的设置只介绍因为不符合我国制图标准而需要修改的地方，其他符合国家标准的地方以“其他保持默认设置”一笔带过，避免介绍一堆无用的知识。最后，介绍各种命令时，只介绍常用的操作方法，对一些边缘化的方法一律不作介绍，从而提高了学习效果。

本书由湖北文理学院朱定见、张文主编，参加本书编写的有：湖北文理学院朱定见（编写项目一、项目四、项目七、项目八、项目十），湖北文理学院张文（编写项目二、项目三、项目五、项目六、项目九）。

在本书编写过程中，作者参考并引用了相关技术文献和资料，同时湖北文理学院“画法几何与机械制图”湖北省省级精品课程和省级精品资源共享课程教学团队的高成慧、张俊、张良斌、张海燕、李和、付正飞、朱文利、杨晓平等老师，在本书编写过程中提供了相关教学资料，并对本书的编写提出了许多宝贵建议，在此对他们表示衷心的感谢；在出版过程中，西南交通大学出版社的领导和编辑给予了很大支持与帮助，并付出了辛勤的劳动，在此谨向他们表示诚挚的谢意！

由于作者水平有限，疏漏和不当之处在所难免，恳请广大读者批评指正。

作　者

2016 年 10 月

目 录

项目一　创建初始样板文件 …… 1
一、项目描述 …… 1
二、相关知识 …… 1
三、项目实施 …… 58
四、练习与提高 …… 75
项目二　利用辅助工具绘制平面图形 …… 76
一、项目描述 …… 76
二、相关知识 …… 76
三、项目实施 …… 93
四、练习与提高 …… 95
项目三　直线和圆要素构成的平面图形绘制 …… 97
一、项目描述 …… 97
二、相关知识 …… 97
三、项目实施 …… 101
四、练习与提高 …… 103
项目四　多要素构成的平面图形绘制 …… 105
一、项目描述 …… 105
二、相关知识 …… 105
三、项目实施 …… 119
四、练习与提高 …… 122
项目五　均布及对称结构图形的绘制 …… 125
一、项目描述 …… 125
二、相关知识 …… 125
三、项目实施 …… 138
四、练习与提高 …… 140

项目六　三视图的绘制 …… 142
一、项目描述 …… 142
二、相关知识 …… 142
三、项目实施 …… 154
四、练习与提高 …… 156
项目七　零件图的绘制及其常用机械符号块和 A4 横向终极样板的创建 …… 159
一、项目描述 …… 159
二、相关知识 …… 159
三、项目实施 …… 226
四、练习与提高 …… 234
项目八　剖视图的绘制 …… 238
一、项目描述 …… 238
二、相关知识 …… 238
三、项目实施 …… 255
四、练习与提高 …… 258
项目九　装配图的绘制 …… 260
一、项目描述 …… 260
二、相关知识 …… 264
三、项目实施 …… 302
四、练习与提高 …… 312
项目十　组合体正等轴测图的绘制 …… 322
一、项目描述 …… 322
二、相关知识 …… 323
三、项目实施 …… 404
四、练习与提高 …… 343
参考文献 …… 346

项目一　创建初始样板文件

一、项目描述

绘制如图 1-1 所示的 A4 横向初始样板文件，将完成的图形以“A4 横向初始样板文件”为文件名存入练习目录中。

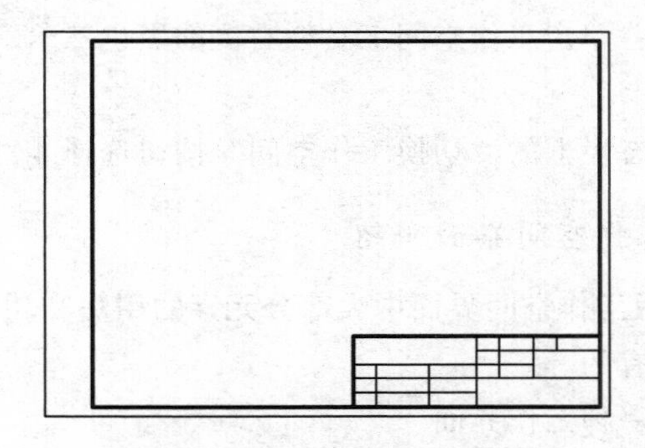

图 1-1　A4 横向初始样板文件

二、相关知识

（一）AutoCAD 的启动与退出

1. AutoCAD 的启动

AutoCAD 启动有多种方式，用得最多的 3 种方式如下：

（1）利用桌面快捷方式图标启动。

（2）双击已存在的 AutoCAD 文件（后缀为*.dwg 的文件）启动。

（3）利用“开始”菜单启动。

单击 Windows 任务栏上的【开始】→【程序】→【Autodesk】→【AutoCAD201XSimplified Chinese】→【AutoCAD201X】。本书以 X 代表 2010 以后的各个版本。

2. AutoCAD 的退出

退出 AutoCAD 调用命令的方式如下：

（1）菜单：执行【文件】→【关闭】命令。

（2）图标：单击标题栏右侧的按钮。

（3）键盘命令：EXIT 或 QUIT。

（二）AutoCAD 的工作空间介绍

1. 工作空间的种类

AutoCAD 201X 有 4 种工作空间，分别是“草图与注释”工作空间、“三维基础”工作空间、“三维建模”工作空间、“AutoCAD 经典”工作空间。

2. 工作空间的切换

工作空间的切换可以使用下列 3 种方法之一：

（1）快速访问工具栏：在快速访问工具栏上，单击“工作空间”下拉列表，然后选择 4 种工作空间之一。

（2）工作空间工具栏：单击工作空间工具栏右侧的黑色三角，在弹出的菜单中选择 4 种工作空间之一。

（3）状态栏：单击状态栏上的“切换工作空间”按钮选择 4 种工作空间之一。

3. AutoCAD201X 工作空间界面介绍

AutoCAD201X 中文版工作空间界面中大部分元素的用法和功能与其他 Windows 软件一样，而一部分则是它所特有的。

每一种工作空间对应一种工作界面。

1）二维草图与注释空间

二维草图与注释空间是 AutoCAD 201X 启动后的默认空间，如图 1-2 所示。在该空间中，可以使用“绘图”“修改”“图层”“注释”“块”“文字”“表格”等功能区面板方便地绘制和标注二维图形。

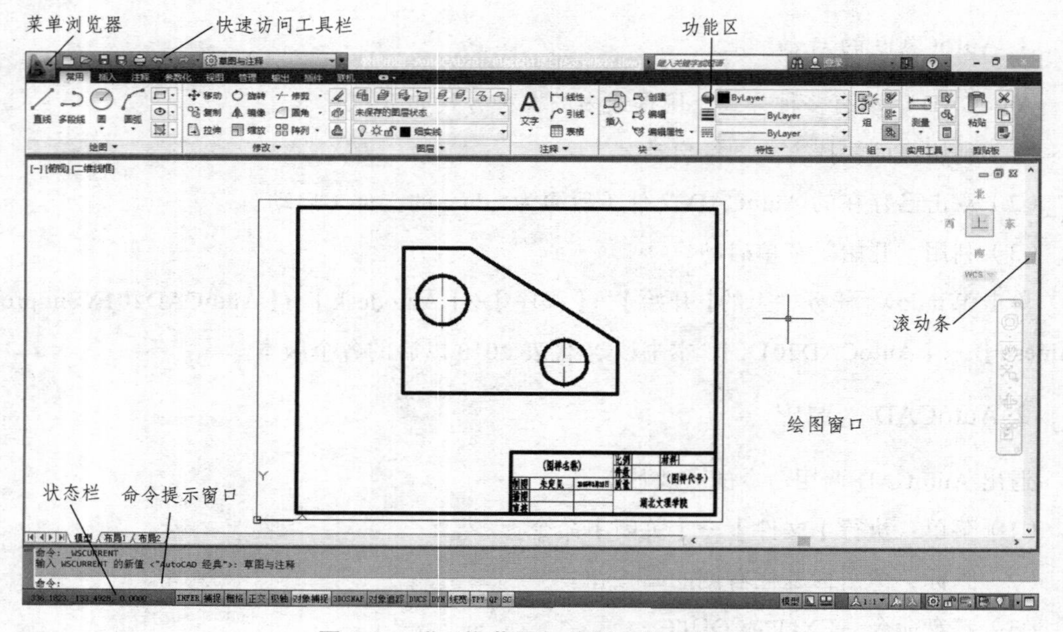

图 1-2 “二维草图与注释空间”界面

2）三维建模空间

使用“三维建模”空间，可以更加方便地在三维空间中绘制图形。在“功能区”选项板中集成了“三维建模”“视觉样式”等面板，从而为绘制三维图形、观察图形等操作提供了非常便利的环境。“三维建模空间”界面如图 1-3 所示。

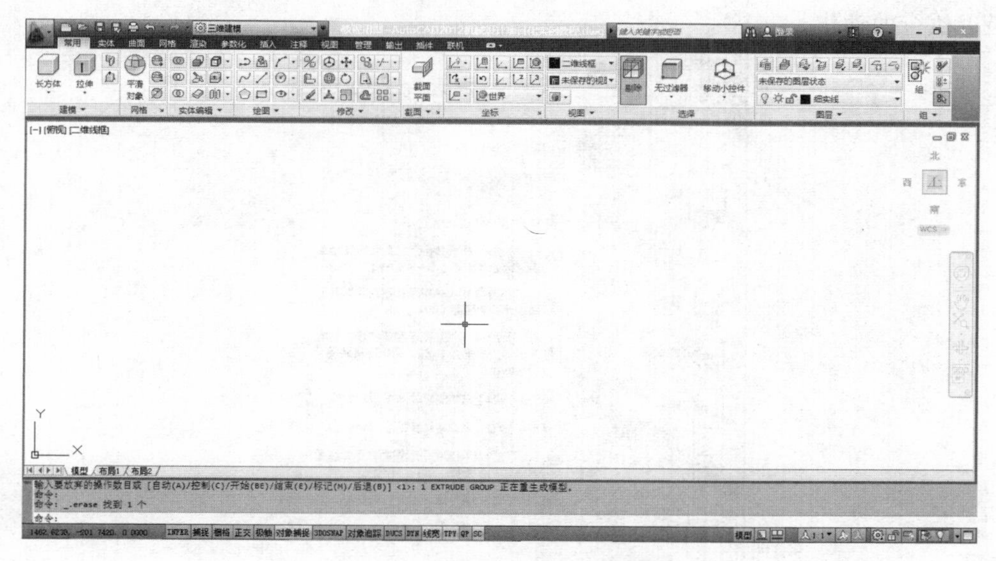

图 1-3 “三维建模空间”界面

3）AutoCAD 经典空间

对于习惯于 AutoCAD 传统界面的用户来说，可以使用“AutoCAD 经典”工作空间。AutoCAD 201X 的经典工作界面由标题栏、菜单栏、各种工具栏、绘图窗口、光标、命令窗口、状态栏、坐标系图标、模型/布局选项卡和菜单浏览器等组成，如图 1-4 所示。

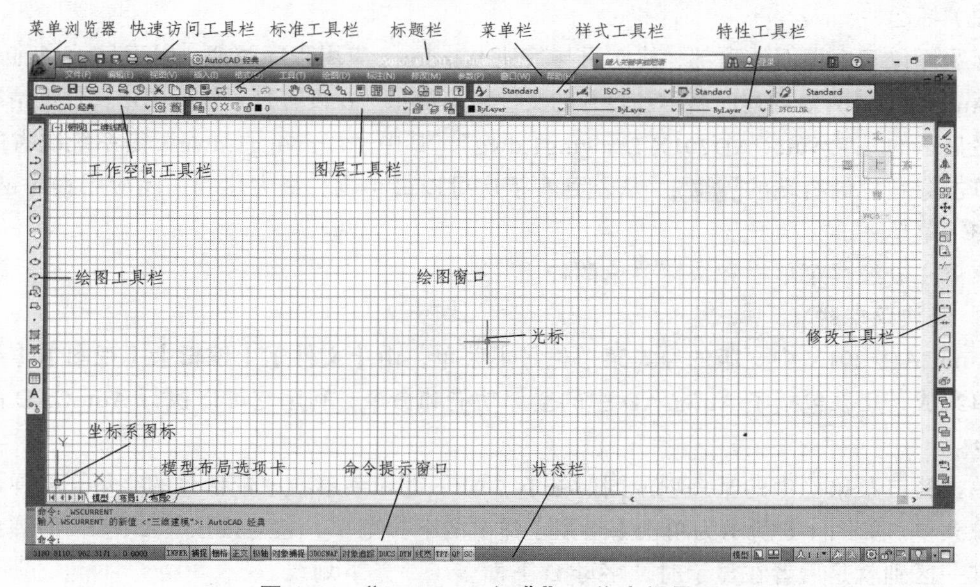

图 1-4 “AutoCAD 经典”工作空间界面

（1）菜单浏览器。

自 AutoCAD 2009 开始新增了菜单浏览器。单击位于窗口左上角的图标按钮，将显示 11 个菜单项，将光标移至某一菜单项上，就会在右侧显示出相应的菜单，如图 1-5 所示。其使用方法与经典菜单栏相同。另外，在菜单浏览器中还可以查看最近使用的文档、打开的文档和最近执行的动作。

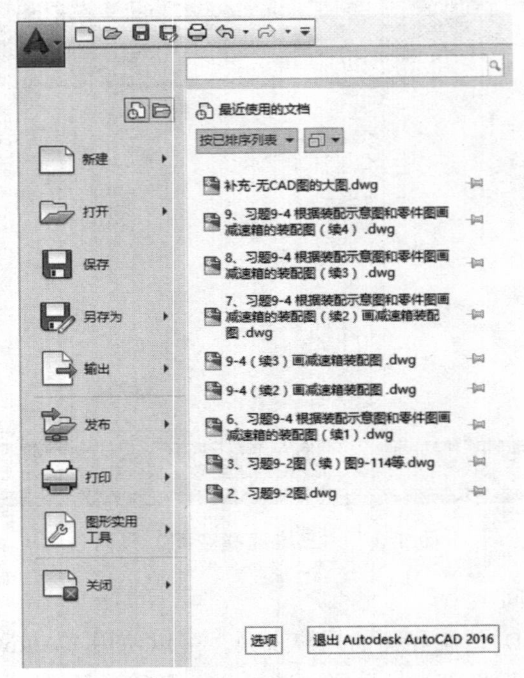

图 1-5　菜单浏览器

（2）标题栏。

标题栏位于主界面的顶部，其使用与其他 Windows 应用程序类似，用于显示当前正在运行的 AutoCAD 201X 的程序名称和打开的文件名等信息。在没有打开任何图形文件的情况下，标题栏显示的是“AutoCAD201X Drawing1.dwg”，其中“Drawing1.dwg”是系统缺省的文件名。单击标题栏最右端的，从左到右依次可以最小化、最大化和关闭应用程序窗口。

（3）菜单栏。

菜单栏分经典菜单栏和快捷菜单两种。

① 经典菜单栏。

AutoCAD 201X 中文版的经典菜单栏是主菜单，由【文件】、【编辑】、【视图】、【绘图】等菜单组成，几乎包括了 AutoCAD 中的全部功能和命令，利用它可以执行 AutoCAD 的大部分命令。

单击经典菜单栏中的某一项或同时按下“Alt”键和菜单项中带括号的字母，将弹出对应的下拉菜单。如图 1-6 所示为单击【绘图】弹出的下拉菜单，它与按住“Alt+D”后弹出的菜单的唯一区别就是后者在显示时，字母 D 下面多了一条下划线。

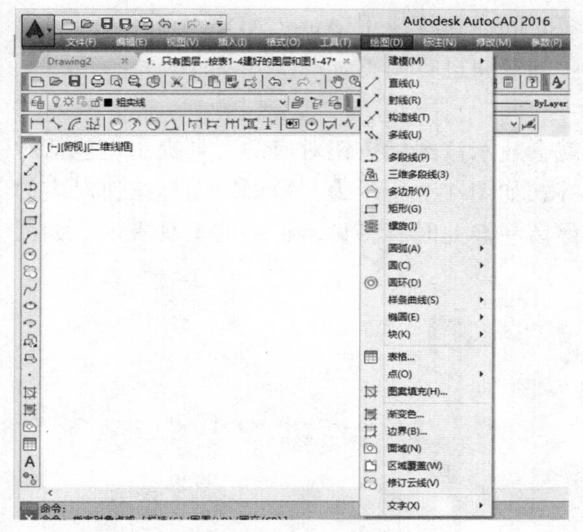

（a）单击【绘图】弹出的下拉菜单

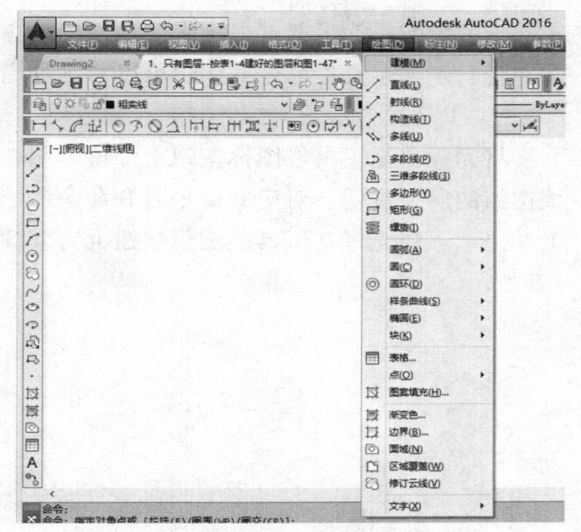

（b）按住“Alt+D”后弹出的菜单

图 1-6　菜单栏

下拉菜单具有以下特点：

a. 菜单项带“▶”符号，表示该菜单项还有下一级子菜单。

b. 菜单项带“…”符号，表示执行该菜单项命令后，将弹出一个对话框，让用户进一步设置与选择。

c. 菜单项带按键组合，则该菜单项命令可以通过直接按组合键来执行，如“Ctrl+Q”，则执行“退出”命令。

d. 菜单项带快捷键，则表示该下拉菜单打开时，输入该字母即可启动该菜单项命令，如打开 XX 菜单时，直接输入字母“Y”就可以执行复制命令“复制（Y）”。

e. 菜单命令以灰色显示时，表明该命令当前状态下不可选用。

② 快捷菜单。

当光标在屏幕上不同的位置或不同的进程中右击时，将弹出不同的快捷菜单。快捷菜单又称为上下文关联菜单、弹出菜单。在绘图区域、工具栏、状态栏、模型与布局选项卡及一些对话框上单击鼠标右键时都将弹出一个快捷菜单，该菜单中的命令与 AutoCAD 的当前状态相关。使用它们可以在不必启用菜单栏的情况下，快速、高效地完成某些操作。

经验提示：如果菜单栏（或者工具栏）消失了，可以用鼠标在 AutoCAD 空白处右击，再点击“选项”，点击“配置”，此时会出现相应的选择。点击“重置”，会出现一个提示框，然后点击“是”，就可以把 AutoCAD 恢复到初始安装状态。再点击“确定”，即可完成恢复。

（4）工具栏。

工具栏是代替命令的简便工具，是 AutoCAD 为用户提供的又一种调用命令的方式。

AutoCAD 201X 提供了 40 多个工具栏，每一个工具栏上均有一些形象化的按钮。单击工具栏上的某一个按钮，就可以启动对应的 AutoCAD 命令。

AutoCAD 是一个相当复杂的软件，它的工具栏涉及的内容很多，通常每个工具栏都由多个图标按钮组成，每个图标按钮分别对应相应的命令。复杂的工具栏会给用户的工作效率带来一定的影响。为了能够最大限度地使用户在短时间内熟练使用 AutoCAD，AutoCAD 提供了一套自定义工具栏命令，用户可以对工具栏中的按钮进行调整。

① 工具栏提示。

将光标移至工具栏图标按钮上停留片刻，就会显示该图标按钮对应的工具提示，包括对该按钮的简要说明、对应的命令名和命令标记等，如图 1-7 所示为“矩形”图标按钮对应的工具提示。当光标在工具栏图标按钮上再继续停留一会儿时，将显示扩展的工具提示，如图 1-8 所示。

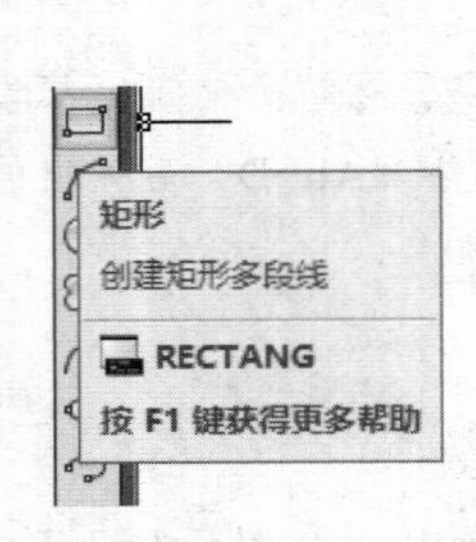

图 1-7 “矩形”图标按钮对应的工具提示

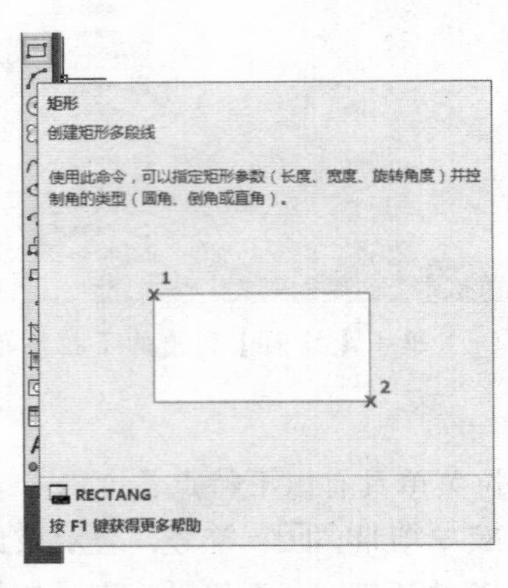

图 1-8 “矩形”图标按钮对应的扩展工具提示

② 打开工具栏。

“AutoCAD 经典”工作空间默认显示的工具栏共有 8 个：“标准”“样式”“工作空间”“图层”“特性”“绘图”“修改”和“绘图次序”，其他工具栏在默认设置中是关闭的。机械制图常用到标准工具栏、绘图工具栏、修改工具栏、图层和对象特征工具栏、对象捕捉工具栏和标注工具栏 6 个工具栏。

用户可以根据需要打开或关闭任一个工具栏，具体的方法有两种：

方法一：在已有工具栏上右击，AutoCAD 弹出工具栏快捷菜单，单击该菜单上的工具栏名称菜单项，则可以打开或关闭某个工具栏。如图 1-9 所示是单击绘图工具栏后弹出的工具栏快捷菜单，如果需要打开“标注”工具栏，就可将鼠标移到“标注”处，然后“单击”即可。图 1-9 中，前面有☑的工具栏就是已经打开的工具栏。

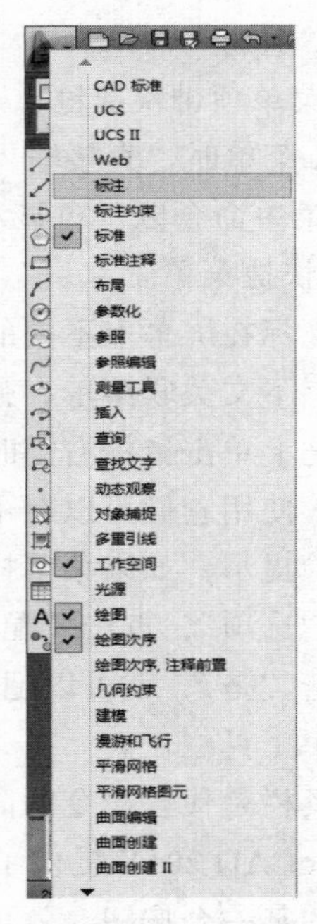

图 1-9 单击绘图工具栏后弹出的工具栏快捷菜单

方法二：通过选择与下拉菜单【工具】→【工具栏】→【AutoCAD】对应的子菜单命令，也可以打开 AutoCAD

的各工具栏，如图 1-10 所示。

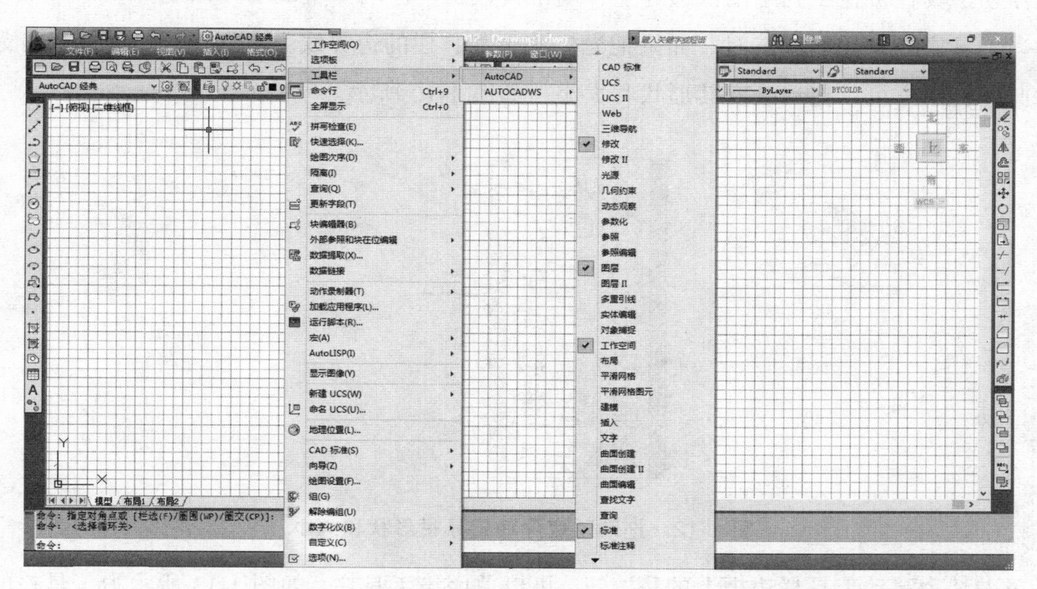

图 1-10 通过“工具”和“工具栏”菜单打开的工具栏快捷菜单

③ 随位工具栏。

如果将光标移至工具栏右下角带“黑三角”的图标按钮上，按住鼠标左键不放，将显示随位工具栏。向下移动光标至某一图标按钮上，然后松开鼠标左键即启动该图标按钮对应的命令。如图 1-11 所示为窗口缩放随位工具栏。

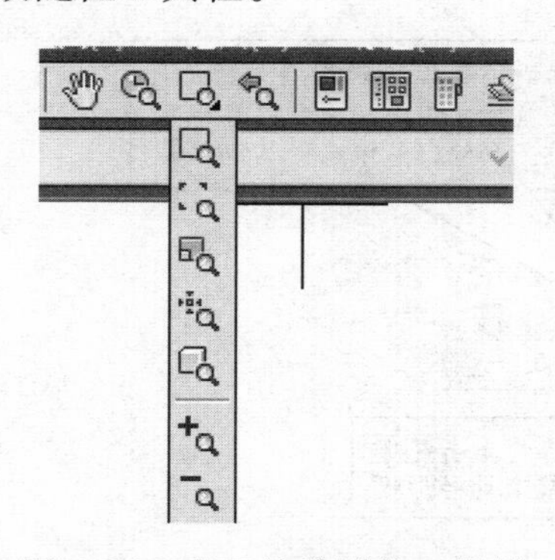

图 1-11 窗口缩放随位工具栏

④ 固定工具栏和浮动工具栏。

工具栏有两种状态：一种是固定状态，此时工具栏位于屏幕绘图区的左侧、右侧或上方，即附在绘图区边界上（固定工具栏）；另一种是浮动状态，即可将工具栏移至任意位置（浮动工具栏）。

当固定工具栏处于没有被锁定的情况下时，可以将光标移至工具栏的边框上，按住鼠标左键并拖动，将工具栏拖曳到绘图区的任何位置，即工具栏由“固定”变成了“浮动”。相反，如果浮动工具栏被拖曳到绘图区边界上，则工具栏由“浮动”变成了“固定”。

当工具栏处于浮动状态时，如果把光标移至工具栏的边界线上，会出现“⬍”双箭头形状，此时，用户可以拖动改变其形状和大小，如图 1-12 所示。

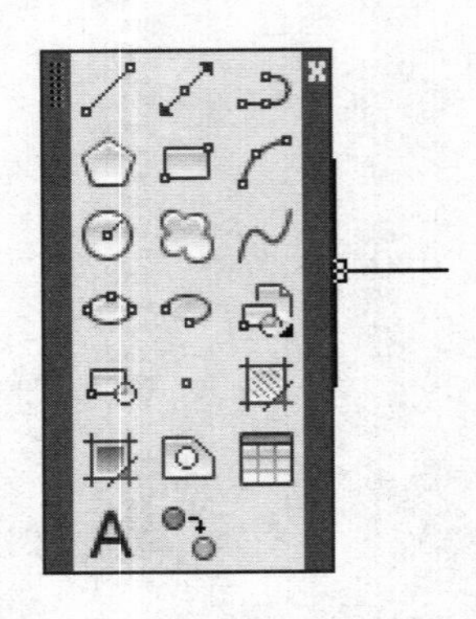

图 1-12　拖动改变浮动工具栏形状和大小

单击某个浮动工具栏边框上的☒按钮，可以关闭该工具栏。如图 1-13 所示为工具栏的常用操作。

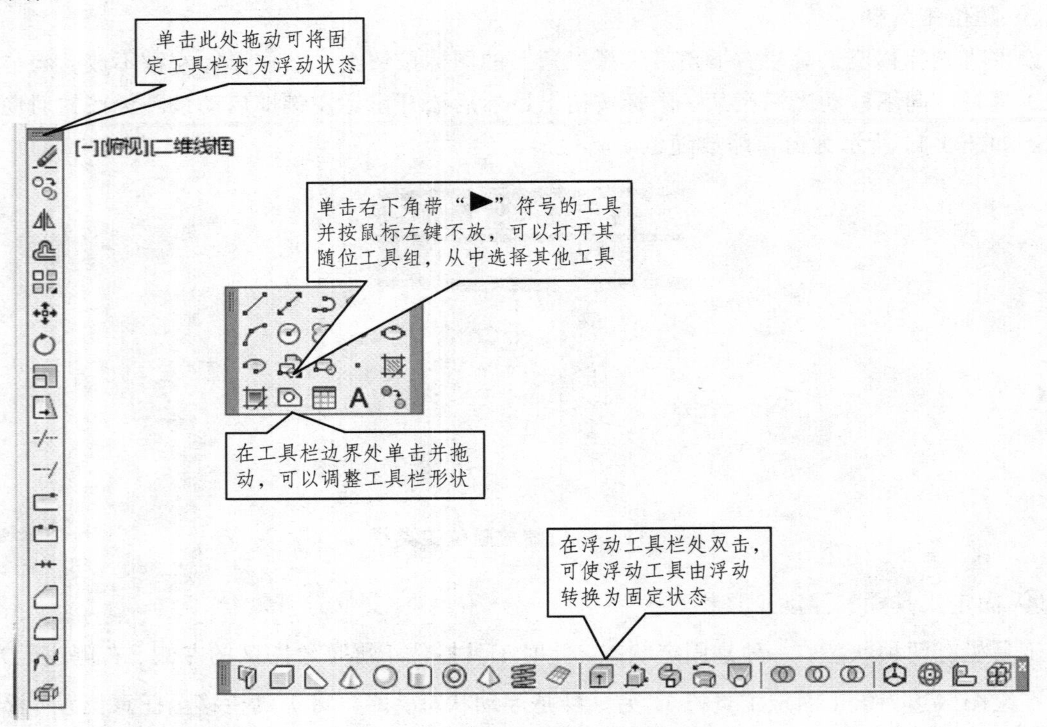

图 1-13　工具栏的常用操作

⑤ 锁定工具栏。

自 AutoCAD2006 开始新增了锁定工具栏的功能，可以在状态行上单击“锁样”图标按钮，如图 1-14 所示，在弹出的快捷菜单中选择相应菜单命令锁定固定工具栏或浮动工具栏；也可以通过单击下拉菜单【窗口】→【锁定位置】来锁定固定工具栏或浮动工具栏，如图 1-15 所示。如果工具栏被锁定，只能同时按住 Ctrl 键才能移动。

图 1-14　利用状态行上的“锁样”图标锁定工具栏

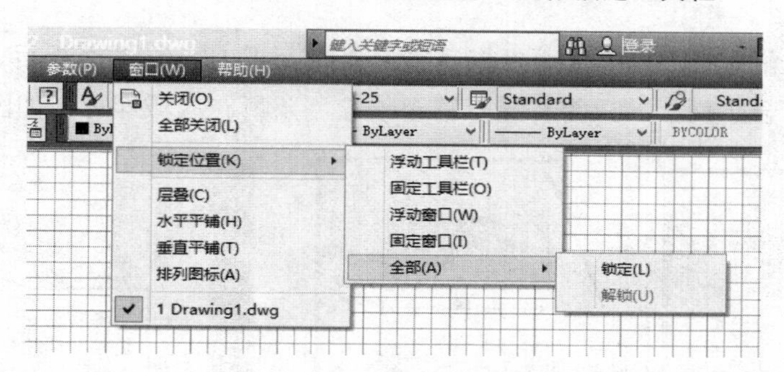

图 1-15　利用“窗口”与“锁定位置”锁定工具栏

（5）面板窗口。

面板是一种特殊的选项板，用来显示与工作空间关联的按钮和控件。默认情况下，当使用“二维草图与注释”工作空间或“三维建模”工作空间时，面板将自动打开，如图 1-16 所示。此外，选择【工具】→【选项板】→【面板】菜单也可以打开面板。

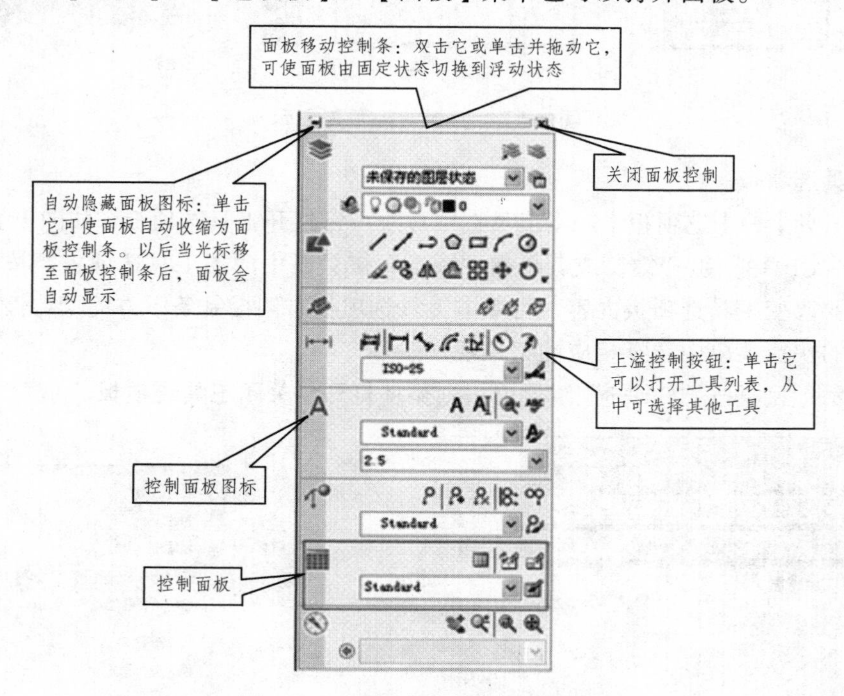

图 1-16　面板窗口的打开与操作

学习提示：默认情况下，面板固定在AutoCAD窗口的右侧，这被称为面板的固定状态。通过拖动或双击面板移动控制条，可使面板由固定状态转换到浮动状态。

如图1-16所示，面板窗口实际上是由一系列控制面板组成的，每个控制面板均包含相关的工具。控制面板左侧的大图标被称为控制面板图标，它标识了该控制面板的作用。

要隐藏某个控制面板，可以在该控制面板所在区域单击鼠标右键，然后从弹出的快捷菜单中选择【隐藏】。另外，选择【控制台】菜单下的某个面板名也可显示或隐藏某个控制面板，如图1-17（a）所示。

此外，如需隐藏面板，可单击面板窗口左上角的按钮。隐藏面板后，面板将收缩为一个控制条。以后要显示面板，只需将光标移至该控制条所在区域即可，如图1-17（b）所示。

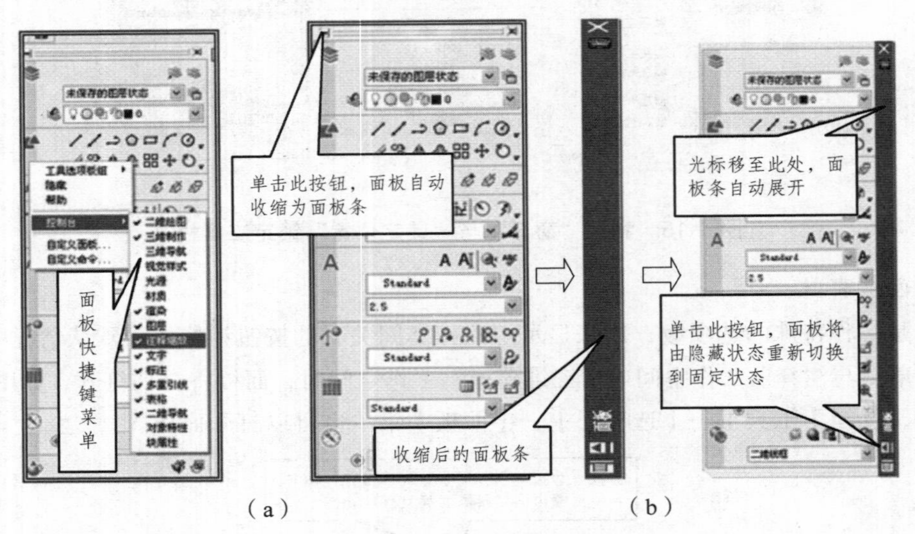

图1-17　面板的隐藏与显示

（6）工具选项板。

通过【工具】→【选项板】→【工具选项板】可以打开工具选项板，如图1-18所示；也可以通过按“Ctrl+3”组合键，或者单击“标准”工具栏中的“工具选项板”按钮打开工具选项板。要改变工具选项板内容，可单击工具选项板右侧控制条下方的“特性”图标，然后从弹出的快捷菜单中选择相应的菜单项。

经验提示：反复按“Ctrl+3”组合键，则循环打开、关闭工具选项板。

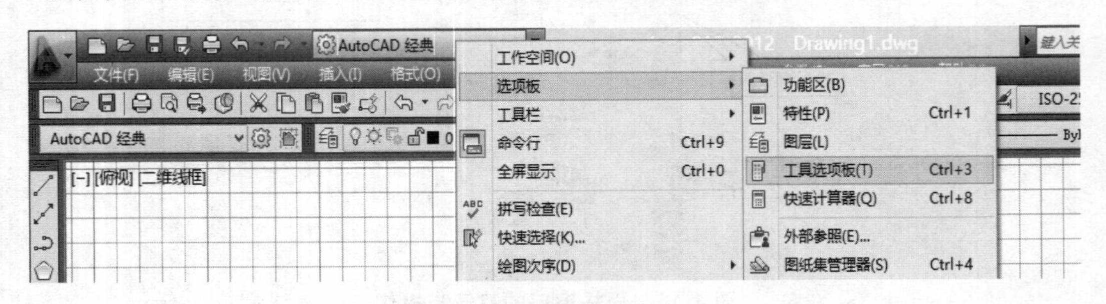

图1-18　工具选项板的打开

工具选项板中保存了一组标准图块、图案和命令工具，如图 1-19 所示。如果暂时不使用工具选项板的话，可单击其右上角的×按钮关闭它，需要时再打开。同样，工具选项板也有固定、自动隐藏、浮动等几种状态，其用法与面板相同，此处不再赘述。

此外，要使用工具选项板中的图块，可直接将相应图块拖入图形编辑区；要使用图案，可将其拖入编辑区中的某个封闭图形区域。

（7）绘图窗口与坐标系。

① 绘图窗口。

绘图窗口是界面中间的空白区域，是用户绘图的工作区域，所有的绘图结果都反映在这个窗口中。默认情况下，绘图区背景颜色是黑色，用户可在这里绘制和编辑图形。

用户可以根据需要，关闭绘图窗口周围和里面的各个工具栏，以增大绘图空间。为了能最大限度地保持绘图窗口的范围，建议用户不要调出过多的工具条，工具条可以随用随调，这样才能保证有一个好的绘图环境。

绘图区实际上是无限大的，用户可以通过缩放、平移等命令来观察绘图区中的图形。如果图纸比较大，需要查看未显示部分时，可以单击窗口右边与下边滚动条上的箭头，或拖动滚动条上的滑块来移动图纸。

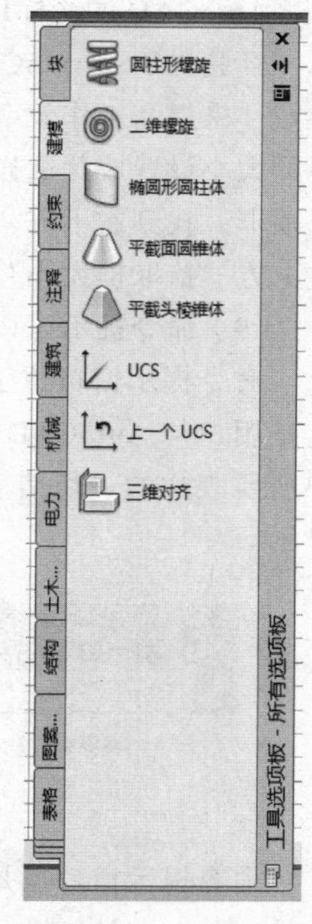

图 1-19 工具选项板

② 坐标系。

绘图窗口的左下角显示了一个坐标系的图标，该图标指示了绘图时的正方位，其中“*X*”和“*Y*”分别表示 *X* 轴和 *Y* 轴，而箭头指示着 *X* 轴和 *Y* 轴的正方向。AutoCAD 提供有世界坐标系(World Coordinate System，WCS)和用户坐标系(User Coordinate System，UCS)两种坐标系。默认情况下，坐标系为世界坐标系。如果重新设置了坐标系原点或调整了坐标轴的方向，这时坐标系就变成了用户坐标系，如图 1-20 所示。

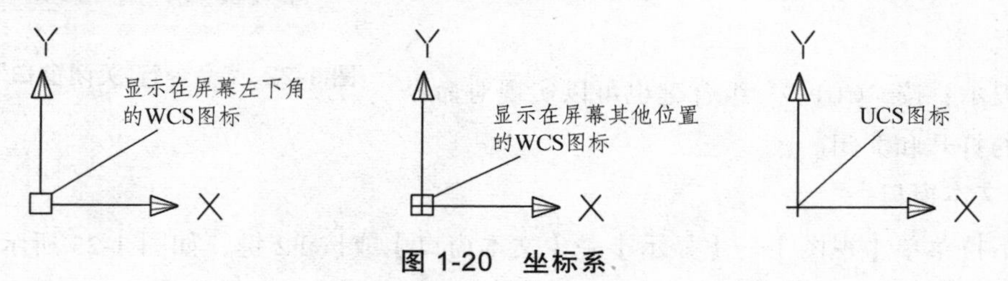

图 1-20 坐标系

经验提示：绘制二维图形时，*X*、*Y* 轴与屏幕平行，而 *Z* 轴垂直于屏幕（方向向外），因此看不到 *Z* 轴。

（8）光标。

当光标位于 AutoCAD 的绘图窗口时，为十字形状，所以又称其为十字光标。十字线的交点为光标在当前坐标系中的位置。当移动鼠标时，可以改变光标的位置。

AutoCAD 的光标用于绘图、选择对象等操作。

经验提示：AutoCAD 是一款大众化的软件，在使用过程中，如何设置 AutoCAD 的一些参数，来提高工作效率，显得尤为重要。比如，十字光标太小，不利于视觉操作。将十字光标的大小设置成什么样才是最好的呢？我们建议用户在“选项”对话框中，先打开“显示”选项卡，找到右下方“十字光标大小”，拖动到 40 左右；然后，打开“选择”选项卡，找到左上方“拾取框大小”，拖动到 1/3 处即可。

（9）命令提示窗口。

命令提示窗口位于绘图区的下方，是一个水平方向的狭长的小窗口，如图 1-21 所示。它是用户与 AutoCAD 进行人机交互、输入命令和显示相关信息与提示的区域。一方面，用户所要表达的一切信息都要从这里传递给计算机；另一方面，系统提供的信息也将在这里显示。

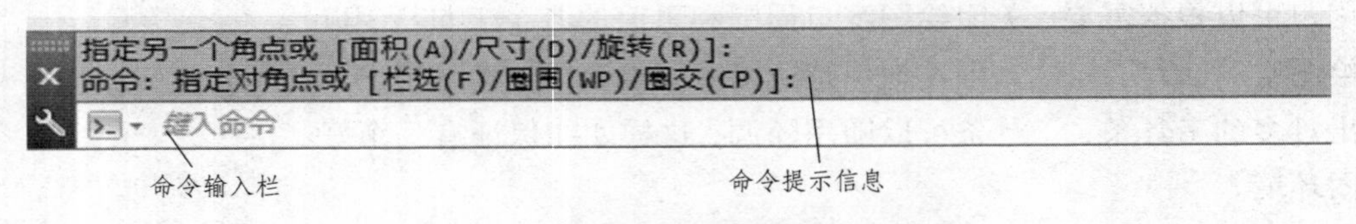

图 1-21　命令提示窗口

命令提示窗口也是浮动的，用户可如同改变 Windows 窗口那样来改变命令行窗口的大小，也可以将其拖动到屏幕的其他位置。其方法如下：将鼠标放置于命令提示窗口的上边框线，光标将变为双向箭头，此时按住鼠标左键并上下移动，即可调整该窗口的大小；另外用鼠标将命令提示窗口拖动到其他位置，就会使其变成浮动状态，其操作类似于工具栏的操作。

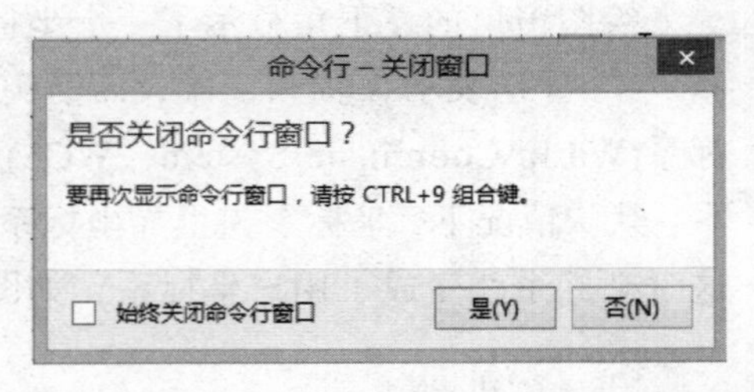

图 1-22　“命令行-关闭窗口”对话框

命令行窗口还可以被关闭，用户可以单击下拉菜单【工具】→【命令行】，弹出如图 1-22 所示的“命令行-关闭窗口”对话框，单击“是”按钮，命令行窗口即被关闭。

经验提示：按“Ctrl+9”组合键也可以实现对命令提示窗口的打开和关闭。

（10）文本窗口。

单击下拉菜单【视图】→【显示】→【文本窗口】或按 F2 键，如图 1-23 所示，可以打开 AutoCAD 的文本窗口，在文本窗口中可以使用类似于文本编辑的方法，对历史命令和提示信息进行剪切、复制和粘贴。默认情况下，AutoCAD 在命令提示窗口保留最后 3 行所执行的命令或提示信息。用户可以通过拖动窗口边框的方式改变命令窗口的大小，使其显示多于 3 行或少于 3 行的信息。若用户需要详细了解命令提示信息，可以利用鼠标拖动窗口右侧的滚动条来查看，或者按键盘上的 F2 键，打开文本窗口，从中可以查看更多的命令信息。再次按键盘上的 F2 键，即关闭该文本窗口。

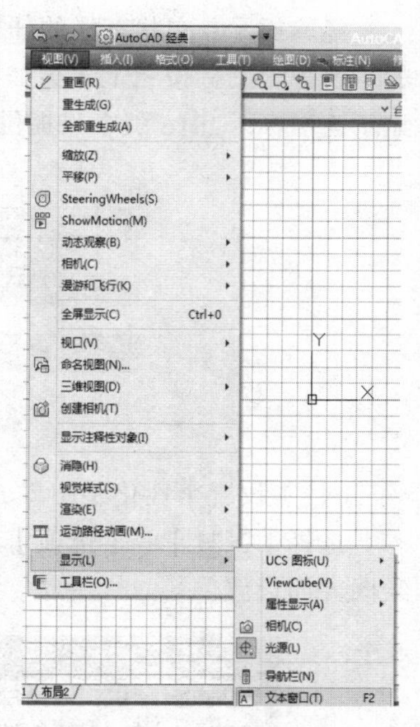

图 1-23　打开文本窗口

经验提示：使用 AutoCAD 绘图时，有时需要切换到文本窗口，以观看相关的文字信息；而有时当执行某一命令后，AutoCAD 会自动切换到文本窗口，此时又需要再转换到绘图窗口。利用功能键 F2 可实现上述切换。此外，利用 TEXTSCR 命令和 GRAPHSCR 命令也可以分别实现绘图窗口向文本窗口切换以及文本窗口向绘图窗口切换。即执行 TEXTSCR 命令，可以打开文本窗口；执行 GRAPHSCR 命令，可以打开绘图窗口。

（11）状态栏。

状态栏位于屏幕的最底端，用于显示当前的工作状态与相关信息。其最左侧显示当前光标在绘图区位置的坐标值，如果光标停留在下拉菜单上，则显示对应菜单命令的功能说明。

经验提示：单击状态栏左侧的坐标值可以开启或关闭坐标值的显示。默认状态下，状态栏只显示当前光标的绝对坐标。在坐标值上单击鼠标右键，在弹出的快捷菜单中也可以选择显示相对坐标，但这只能在命令执行过程中需要指定点时才能起作用。

如图 1-24 所示，在坐标的右边，从左往右依次排列着 14 个图标按钮，分别对应相关的辅助绘图工具，即“捕捉”“栅格”“正交”“极轴”等。用户可以单击对应的图标按钮，使其打开或关闭。有关这些图标按钮的功能详细介绍将在后面的章节中进行。

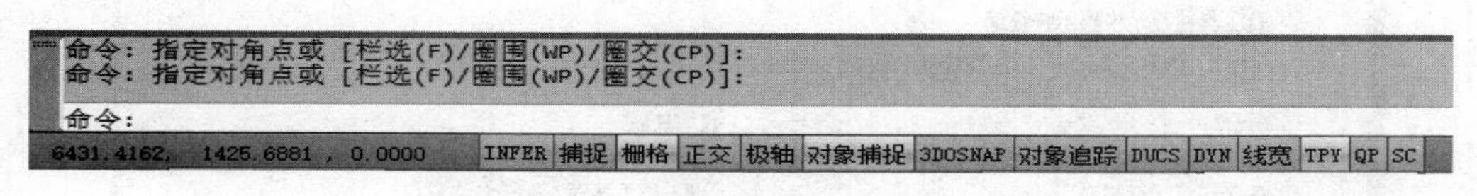

图 1-24　状态栏

经验提示：反复点击这些图标按钮，则对应的功能被循环打开和关闭，亮显时被打开。

鼠标右键点击状态栏的空白处或者点击“应用程序状态栏菜单”，将会出现如图 1-25 所示的状态栏菜单选项。勾选或取消相应选项，将会在状态栏左边区域显示或取消相应的状态控制按钮。

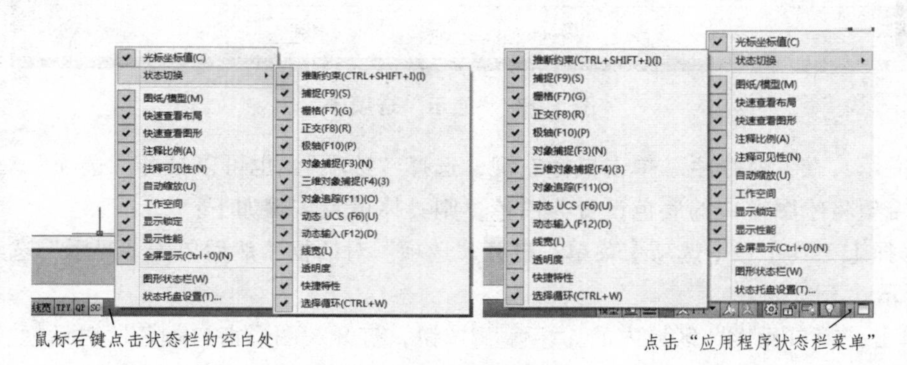

图 1-25　状态栏菜单选项

经验提示：在状态栏的任意一个图标按钮上点击鼠标右键，将图 1-26 中“使用图标”前的✔去掉，图标按钮上才会如图 1-24 那样显示为文字，否则，图标按钮只会如图 1-26 那样显示为图标。2016 版本只提供图标，已经没有此选项。

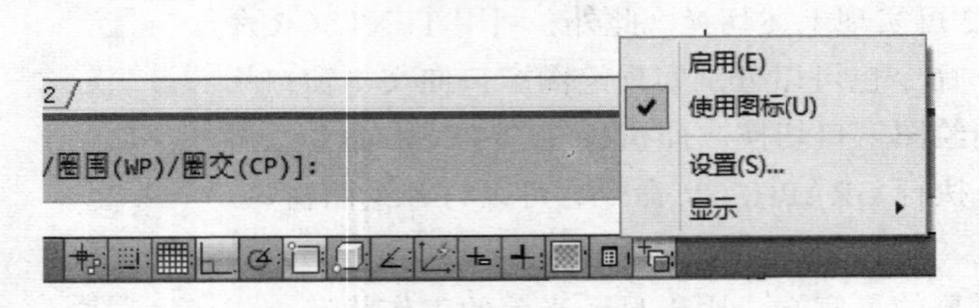

图 1-26　状态栏显示为图标

（12）设置个性化绘图界面。

选择【工具】→【选项】菜单，打开“选项”对话框，如图 1-27 所示，即可进行个性化绘图界面设置。

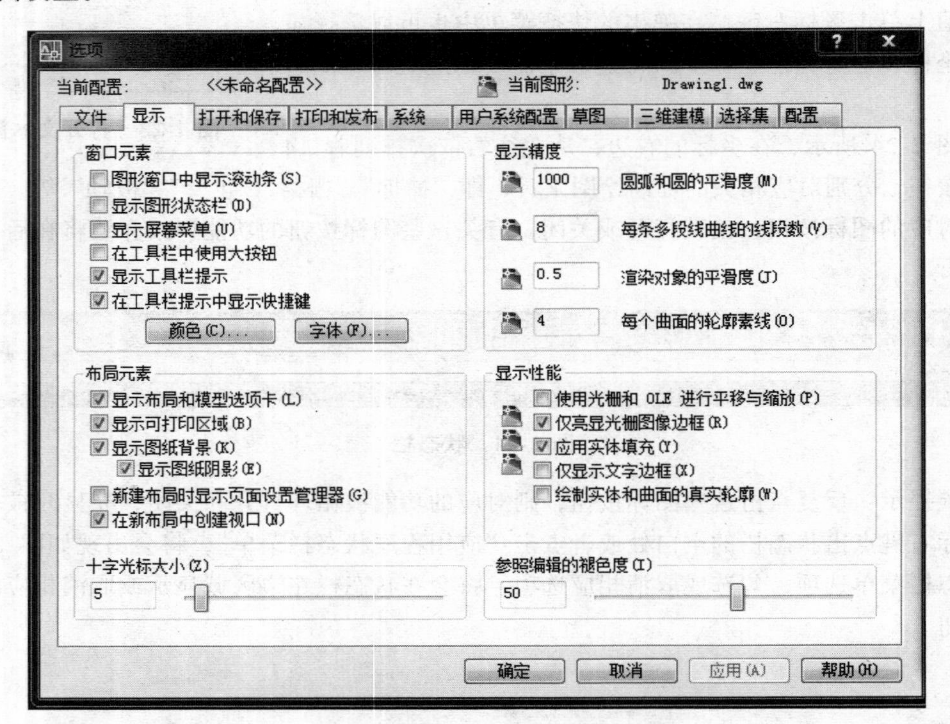

图 1-27　“显示”选项卡

经验提示：在“命令栏”单击鼠标右键，选择“选项”，也可以打开“选项”对话框。

如果希望将绘图窗口的底色设置为白色，则具体设置步骤如下：

① 选择【工具】→【选项】菜单，打开“选项”对话框，然后单击“显示”选项卡，如图 1-27 所示。

② 单击“窗口元素”区域内的 颜色(C)... 按钮，打开“图形窗口颜色”对话框。

③ 在“背景”列表框中单击“二维模型空间”，在“界面元素”列表框中单击“统一背

景”，在“颜色”下拉列表框中选择“白”，此时在“预览”框中将显示选择的背景颜色，供用户观看，如图 1-28 所示。

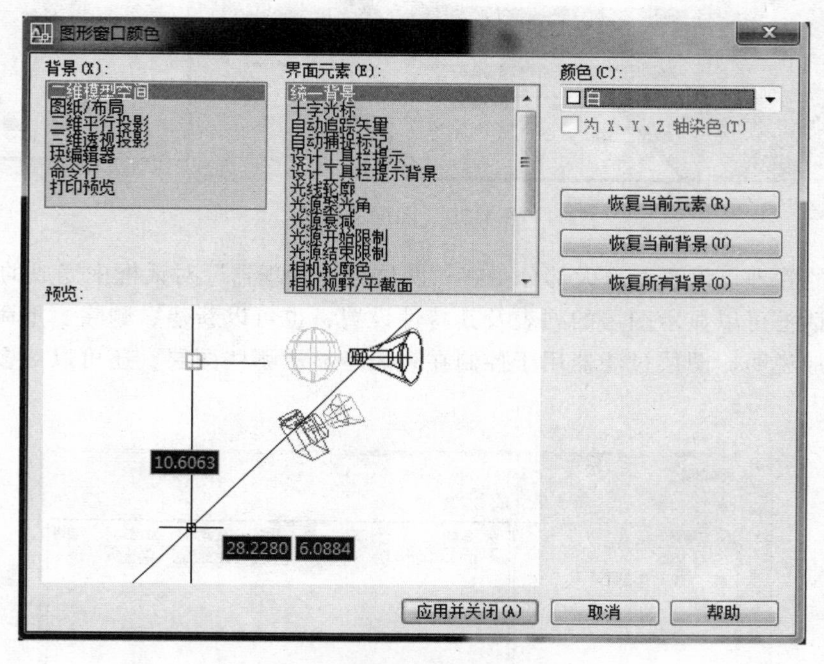

图 1-28 设置图形窗口颜色为白色

（13）模型/布局选项卡。

绘图窗口中包含了两种绘图环境，即模型空间和图纸空间，系统在绘图窗口的左下角为其提供了 3 个切换选项卡，如图 1-29 所示。缺省情况下，模型选项卡被选中，也就是通常情况下用户在模型空间绘制图形。若单击“布局 1”或“布局 2”选项卡，即可切换到图纸空间，通常情况下用户在图纸空间输出图形。

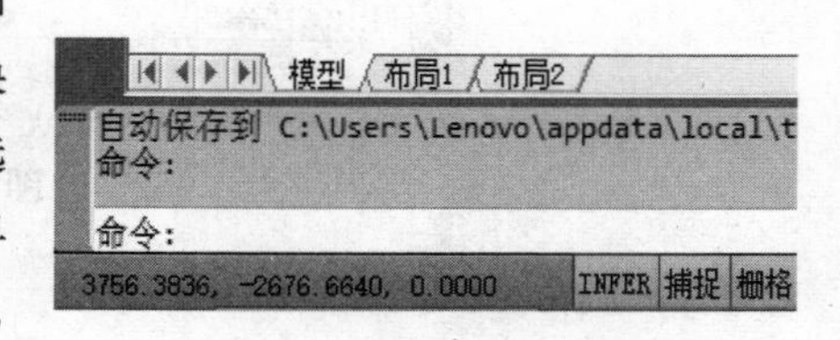

图 1-29 模型/布局选项卡

（14）滚动条。

利用水平和垂直滚动条，可以使图纸沿水平或垂直方向移动，即平移绘图窗口中显示的内容。

（三）图 层

图层是 AutoCAD 图形中使用的主要组织工具。图层就是没有厚度的透明纸，各层之间完全对齐，一层上的某一基准点准确地对齐于其他各层上的同一基准点，如图 1-30 所示。每一层可以单独绘图、编辑、设置不同的特性而不会影响其他的图层，各层重叠在一起就成为一幅完整的图形。使用图层可以将信息按功能编组，起到对图形进行分类的作用，也可以强制执行线型、颜色及其他标准。绘图时，最好把不同类型的图元放在不同的图层内。

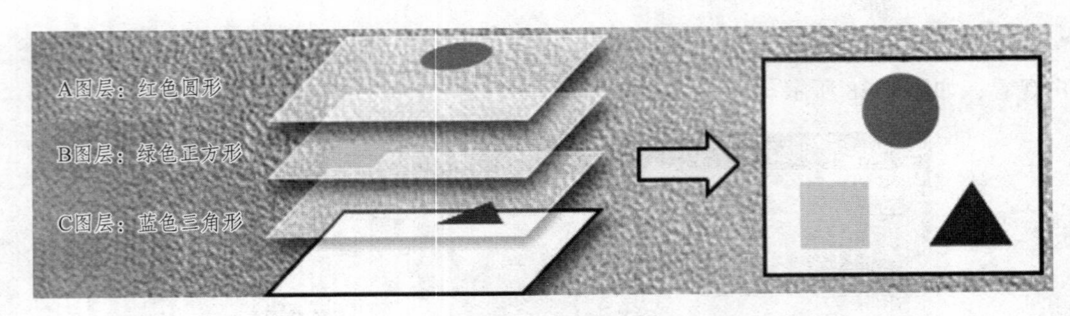

图 1-30　图层的概念

对图层的管理、设置工作大部分是在“图层特性管理器”对话框中完成的，如图 1-31 所示。该对话框可以显示图层的列表及其特性设置，也可以新建、删除、重命名、修改图层特性或添加说明。图层过滤器用于控制在列表中显示哪些图层，还可以对多个图层进行修改。

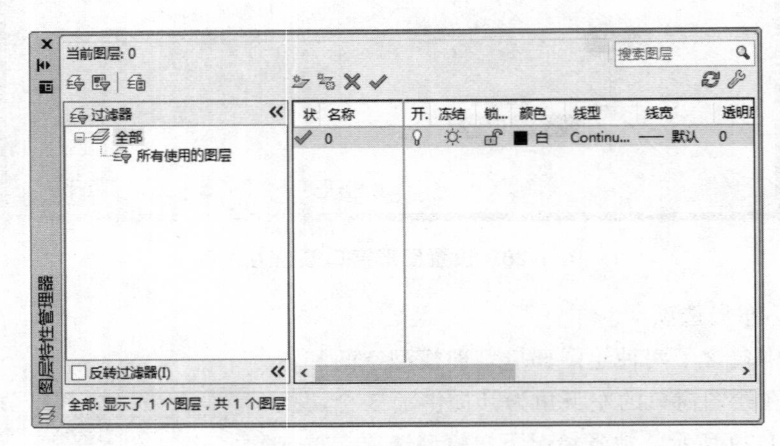

图 1-31　图层特性管理器

1. 图层的特点

图层具有以下特点：

（1）用户可以在一幅图中指定任意数量的图层。系统对图层数没有限制，对每一图层上的对象数也没有任何限制。

（2）每一图层有一个名称，以加以区别。当开始绘一幅新图时，AutoCAD 自动创建名为“0”的图层，这是 AutoCAD 的默认图层，其余图层需用户来定义。

（3）一般情况下，位于一个图层上的对象应该是一种绘图线型、一种绘图颜色。用户可以改变各图层的线型、颜色等特性。

（4）虽然 AutoCAD 允许用户建立多个图层，但只能在当前图层上绘图。

（5）各图层具有相同的坐标系和相同的显示缩放倍数。用户可以对位于不同图层上的对象同时进行编辑操作。

（6）用户可以对各图层进行打开、关闭、冻结、解冻、锁定与解锁等操作，以决定各图层的可见性与可操作性。

2. 新建图层

新建图层的步骤如下：

（1）打开“图层特性管理器”对话框。打开“图层特性管理器”对话框有三种方法。其一，选择菜单：【格式】→【图层】；其二，单击“图层”工具栏中的图层特性管理器按钮；其三，输入命令：LAYER。

（2）单击图层特性管理器对话框中新建图层按钮。

（3）系统将在新建图层列表中添加新图层，其默认名称为“图层 1”，并且处于选定状态（高亮显示），此时可以立即直接输入新图层名，按 Enter 键，即可确定新图层的名称。

（4）使用相同的方法可以建立更多的图层。最后单击“关闭”按钮，退出“图层特性管理器”对话框。

经验提示：新图层将继承图层列表中当前选定图层的特性（颜色、开或关状态等）。新图层将在最新选择的图层下进行创建。

3. 设置图层的颜色、线型和线宽

（1）设置图层颜色。

图层的默认颜色为白色，为了区别每个图层，应该为每个图层设置不同的颜色。在绘制图形时，可以通过设置图层的颜色来区分不同种类的图形对象；在打印图形时，可以对某种颜色指定一种线宽，则此颜色所有的图形对象都会以同一线宽进行打印。用颜色代表线宽可以减少存储量，提高显示效率。

AutoCAD 系统提供了 256 种颜色，其中最常用的颜色方案是采用索引颜色，即用自然数表示颜色。通常在设置图层的颜色时，都会采用 7 种标准颜色：1 表示红色、2 表示黄色、3 表示绿色、4 表示青色、5 表示蓝色、6 表示洋红、7 表示黑色/白色（如果绘图背景的颜色是白色，则 7 号颜色显示成黑色）。

设置图层颜色的操作步骤如下：

① 打开“图层特性管理器”对话框，单击列表中需要改变颜色的图层上的“颜色”栏图标 ■ 青，弹出“选择颜色”对话框，如图 1-32 所示。

② 从颜色列表中选择适合的颜色，此时“颜色”选项的文本框将显示颜色的名称，如图 1-32 所示。

③ 单击“确定”按钮，返回“图层特性管理器”对话框，在图层列表中会显示新设置的颜色，可以使用相同的方法设置其他图层的颜色。单击“关闭”按钮，所有在这个图层上绘制的图形都会以设置的颜色来显示。

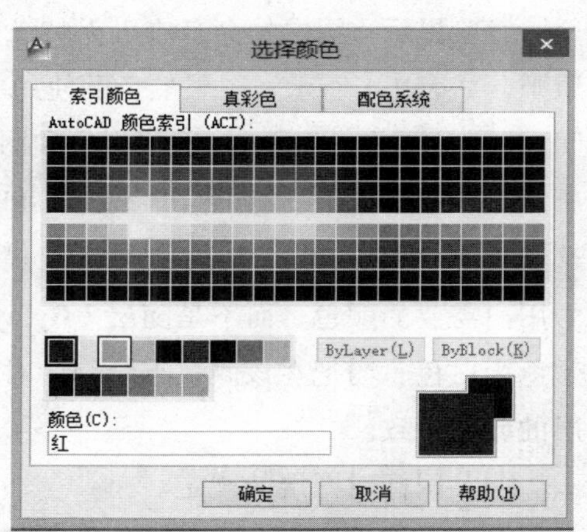

图 1-32 “选择颜色”对话框

经验提示：如果通过【工具】→【选项】→【颜色】将绘图背景颜色改为白色的话，此处的第 7 个颜色就是黑色；反之，如果将绘图背景颜色改为黑色的话，此处的第 7 个颜色就是白色。

（2）设置图层线型。

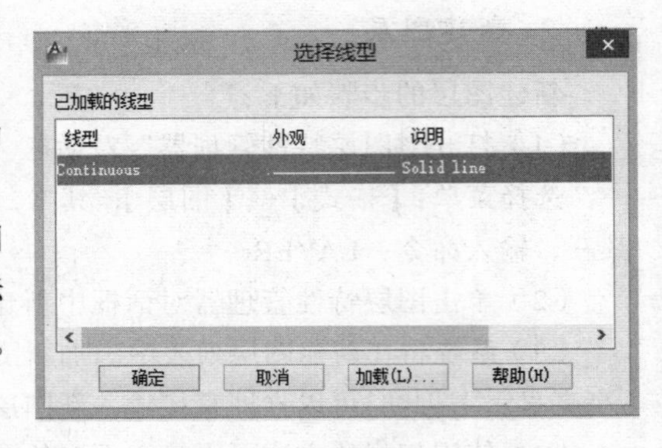

图 1-33 “选择线型”对话框

图层线型用来表示图层中图形线条的特性，通过设置图层的线型可以区分不同对象所代表的含义和作用。

① 打开“图层特性管理器”对话框，单击列表中需要改变线型的图层上的“线型”栏图标 Continu...，弹出“选择线型”对话框，如图 1-33 所示。

② 从线型列表中选择适合的线型。

经验提示：默认的线型方式为“Continuous”，其他线型需要通过点击“加载”按钮进行加载后再选择和确定。

③ 单击“确定”按钮，返回“图层特性管理器”对话框，在图层列表中会显示新设置的线型，可以使用相同的方法设置其他图层的线型。单击“关闭”按钮，所有在这个图层上绘制的图形都会以设置的线型来显示。

（3）设置图层线宽。

图层线宽设置会应用到此图层的所有图形对象，并且用户可以在绘图窗口中选择显示或不显示线宽。设置图层线宽可以直接用于打印图纸。

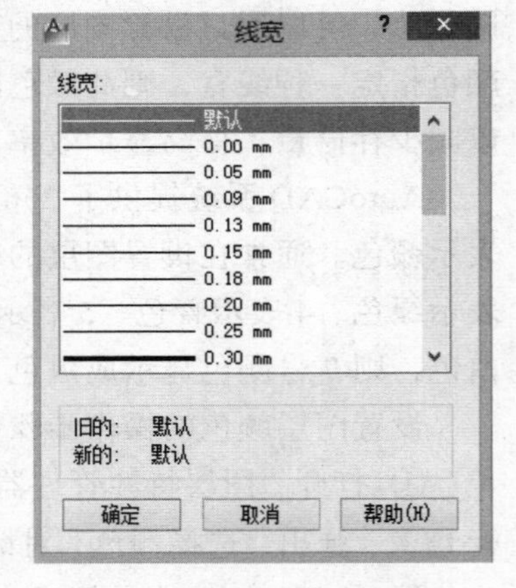

图 1-34 “线宽”对话框

① 设置图层线宽。打开“图层特性管理器”对话框，在列表中单击“线宽”栏的图标—— 默认，弹出“线宽”对话框，在线宽列表中选择需要的线宽，如图 1-34 所示。单击“确定”按钮，返回“图层管理器”对话框。图层列表将显示新设置的线宽，单击“关闭”按钮，“确认”图层设置。

② 显示图层的线宽。单击状态栏中的“线宽”按钮 线宽，可以切换屏幕中线宽显示。

经验提示：图层的命名应以无歧义、易记忆、输入简单为原则，如表 1-1 所示；图层颜色的使用应以图面清晰、对比分明为原则，如表 1-1 所示；图线宽度和图线线型的选用如表 1-1 所示。一般情况下，“颜色”“线型”和“线宽”的控制都设置为随层（ByLayer）；另外一个选项是随块（ByBlock）。如果想固定块中各图元的颜色，只要将块中各图元的颜色直接设定为用户需要的颜色，而不是随层（Bylayer）即可。随块的意思是将颜色设置随块后，作图的颜色为白色，当把在该颜色下绘制的对象做成块后，块成员的颜色将随着块的插入而与当前层的颜色一致。

（4）国标对图层的规定。

综合上述 GB/T 14665—2012《机械工程 CAD 制图规则》中关于“线型分层标识”“图线类型及其屏幕上的颜色”和“线型分组及线宽”的规定，建议按照表 1-1 设置图层。

表 1-1　图层设置参数表

图层名	线　型	屏幕上的颜色	线宽/mm	
			A0、A1	A2、A3、A4
0（辅助线）	Continuous（默认）	7 白色（默认）	默认	
粗实线	Continuous（默认）	7 白色（默认）	0.7	0.5
粗虚线	ACAD_ISO02W100	7 白色（默认）	0.7	0.5
粗点画线	ACAD_ISO04W100	棕色	0.7	0.5
细实线 波浪线 双折线	Continuous（默认）	3 绿色	0.35	0.25
细虚线	ACAD_ISO02W100	2 黄色	0.35	0.25
细点画线	ACAD_ISO04W100	1 红色	0.35	0.25
细双点画线	ACAD_ISO05W100	粉红色	0.35	0.25
尺寸和公差	Continuous（默认）	4 青色	0.35	0.25
文本	Continuous（默认）	5 蓝色	0.35	0.25
剖面线	Continuous（默认）	6 洋红	0.35	0.25

经验提示：0 层不能改名，用来画作图的辅助线。剖面线不要和细实线作为一层，以利于标注尺寸时，关闭剖面线所在的层。

4. 控制图层显示状态

图层状态主要有 8 种，即打开与关闭、冻结与解冻、锁定与解锁、打印与不打印。AutoCAD 采用不同形式的图标来表示这些状态。

（1）打开/关闭。

打开和关闭选定图层。当图层打开时，它可见并且可以打印。当图层关闭时，它不可见并且不能打印，即使已打开“打印”选项，打开和关闭图层时，均不会重生成图形。

打开/关闭图层，有以下两种方法：

① 利用“图层特性管理器”对话框。

在“图层特性管理器”对话框中，单击图层中的灯泡图标或，即可切换图层的打开/关闭状态，如图 1-35 所示。

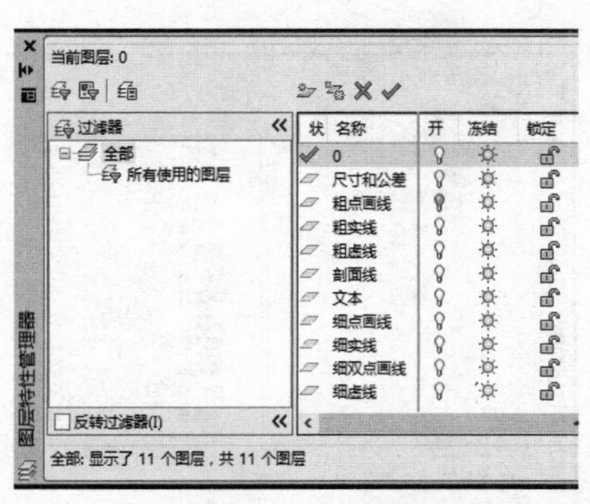

图 1-35　通过“图层特性管理器”打开/关闭图层

如果关闭的图层是当前图层，系统将弹出“AutoCAD”提示框，如图 1-36 所示。

② 利用图层工具栏打开/关闭图层。

单击图层工具栏中的图层列表，当列表中弹出图层信息时，单击灯泡图标或，就可以实现图层的打开/关闭，如图 1-37 所示。

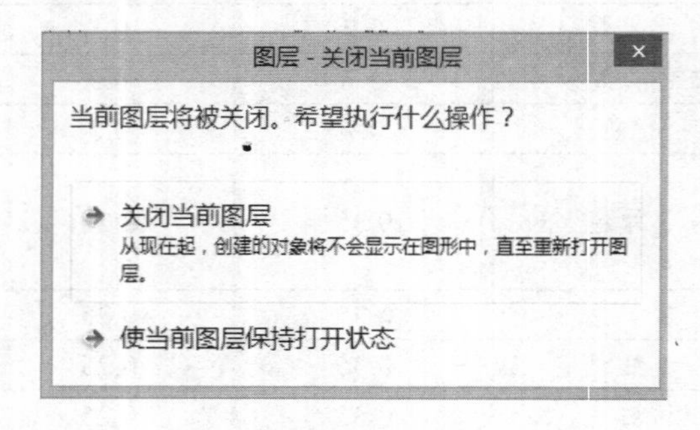

图 1-36 “关闭当前图层”对话框

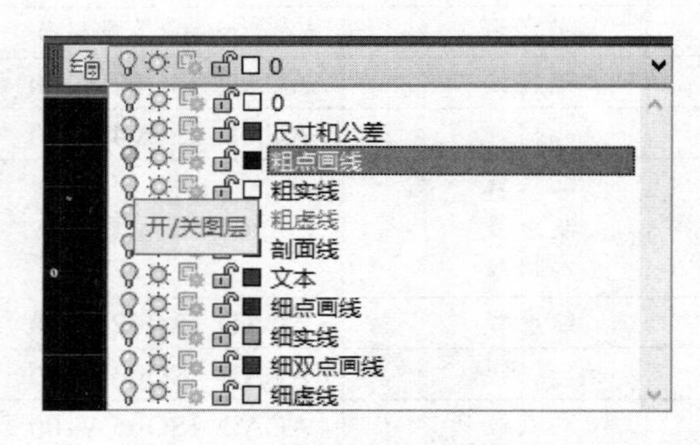

图 1-37 通过图层工具栏打开/关闭图层

（2）冻结/解冻。

冻结的功能是冻结所有视口中选定的图层，包括“模型”选项卡。可以通过冻结图层来提高一些绘图、缩放（ZOOM）、实时平移（PAN）、编辑等命令的执行速度，提高对象选择性能，减少复杂图形重新生成时的显示时间。

处于冻结状态的图层上的图形对象将不能被显示、打印、消隐、渲染或重生成。

解冻一个或多个图层将会导致重生成并显示该图层上的图形对象。冻结和解冻图层比打开和关闭图层需要更多的时间。

冻结希望长期不可见的图层。如果计划经常切换可见性设置，请使用“开/关”设置，以避免重生成图形。可以在所有视口、当前布局视口或新的布局视口中（在其被创建时）冻结某一个图层。

冻结/解冻图层，有以下两种方法：

① 利用“图层特性管理器”对话框。

单击“图层特性管理器”对话框中的图标或，即可切换图层的冻结/解冻状态，如图 1-38 所示。

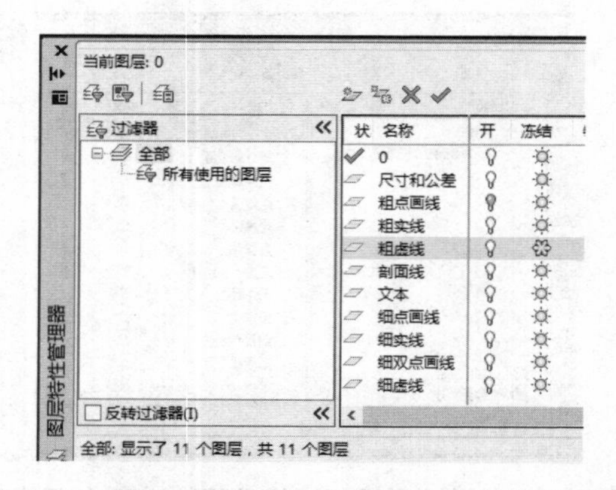

图 1-38 通过“图层特性管理器”冻结/解冻图层

经验提示：当前图层是不能被冻结的。如果点击当前层的图标☼，会弹出如图 1-39 所示的“无法冻结”对话框。

② 利用图层工具栏。

单击图层工具栏中的图层列表，当列表中弹出图层信息时，单击图标☼或❄即可，如图 1-40 所示。

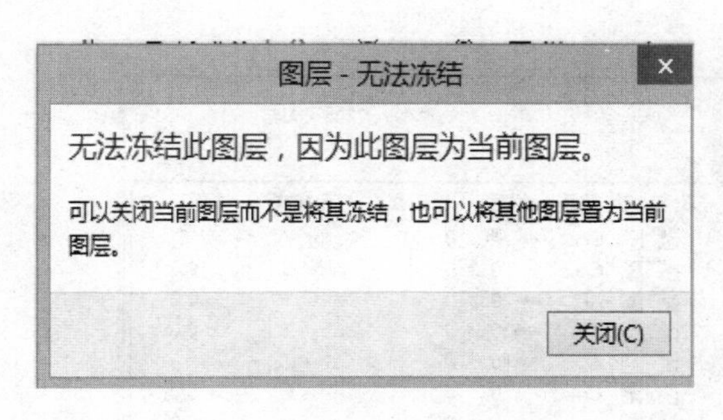

图 1-39 “无法冻结”对话框

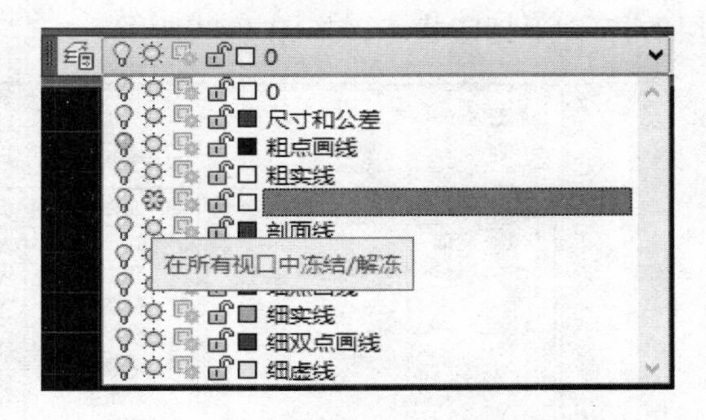

图 1-40 通过图层工具栏冻结/解冻图层

（3）锁定/解锁。

通过锁定图层，使图层中的对象不能被编辑和选择，因此，锁定图层可以降低意外修改对象的可能性。但被锁定的图层是可见的，并且可以查看、捕捉此图层上的对象，还可在此图层上绘制新的图形对象。解锁图层是将图层恢复为可编辑和选择的状态。

锁定/解锁图层，有以下两种方法：

① 利用“图层特性管理器”对话框。

单击“图层特性管理器”对话框中的图标🔓或🔒，即可切换图层的锁定/解锁状态，如图 1-41 所示。

② 利用图层工具栏。

单击图层工具栏中的图层列表，当列表中弹出图层信息时，单击图标🔓或🔒即可，如图 1-42 所示。

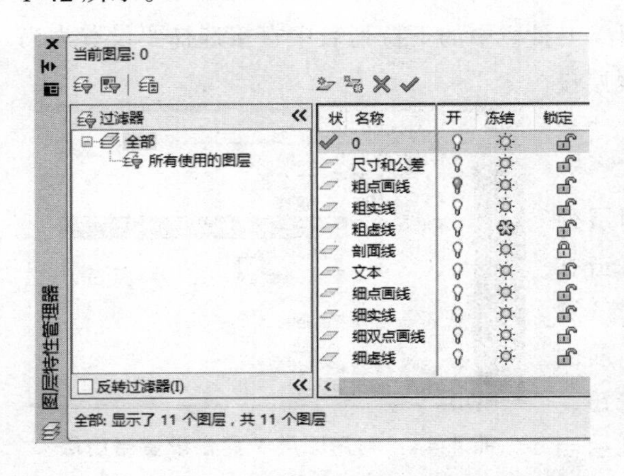

图 1-41 通过“图层特性管理器”锁定/解锁图层

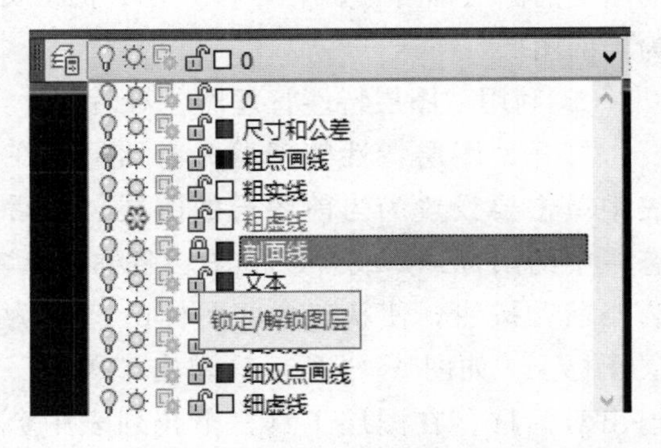

图 1-42 通过图层工具栏锁定/解锁图层

（4）打印/不打印。

当指定某层不打印后，该图层上的对象仍是可见的。图层的不打印设置只对图形中可见的图层（即图层是打开的并且是解冻的）有效。若图层设为可打印但该层是冻结的或关闭的，此时 AutoCAD 将不打印该图层。

打印/不打印图层的方法是单击“图层特性管理器”对话框中的图标或，即可切换图层的打印/不打印状态，如图 1-43 所示。

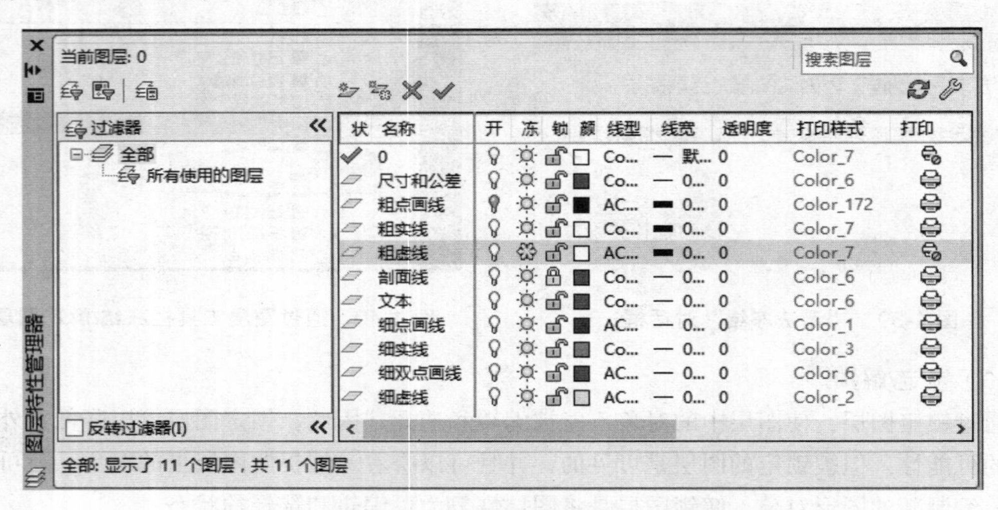

图 1-43　通过“图层特性管理器”打印/不打印图层

5. 设置当前图层

当需要在某个图层上绘制图形时，必须先使该图层成为当前层。系统默认的当前层为 0 图层。

（1）设置现有图层为当前图层。

设置现有图层为当前图层有两种方法：

① 利用图层工具栏。

在绘图窗口中不选择任何图形对象，在图层工具栏中的下拉列表中直接选择要设置为当前图层的图层即可，如图 1-44 所示，把粗实线层设为当前图层。

② 利用“图层特性管理器”对话框。

打开“图层特性管理器”对话框，在图层列表中单击要设置为当前图层的图层，然后双击状态栏中的图标，或者双击图层名称，或单击“置为当前”按钮，使状态栏的图标由变为当前图层图标，如图 1-45 所示。单击“关闭”按钮，退出对话框，在图层工具栏下拉列表中会显示当前图层的设置。

图 1-44　利用图层工具栏设置当前层

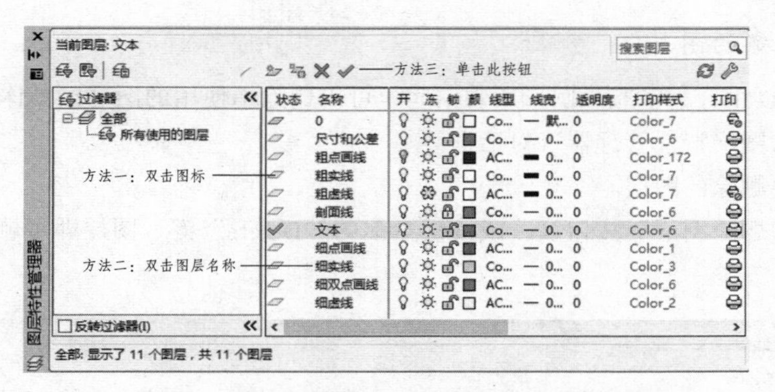

图 1-45　利用“图层特性管理器”对话框设置当前层的三种方法

（2）设置对象图层为当前图层。

在绘图窗口中，选择已经设置图层的对象，然后在图层工具栏中单击“将对象的图层置为当前”按钮，则该对象所在图层即可成为当前图层，如图 1-46 所示就是将图形对象“矩形（粗实线）”选中，然后单击按钮，从而将粗实线层设为当前层。

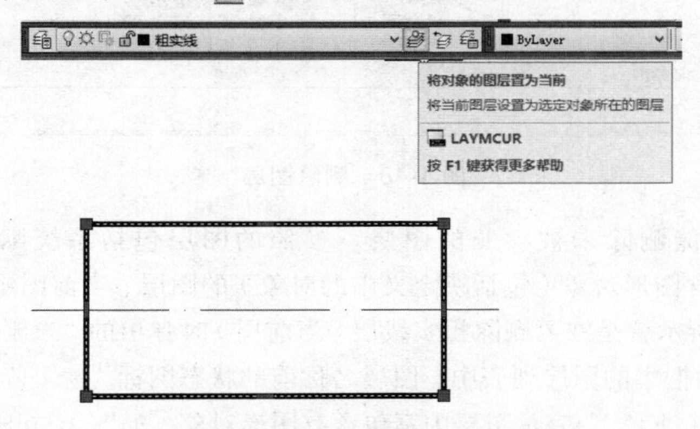

图 1-46　设置对象图层为当前图层

经验提示：被冻结的图层不能设为当前层。如图 1-47 所示为双击粗虚线层（该层已经被冻结）时，弹出的对话框。

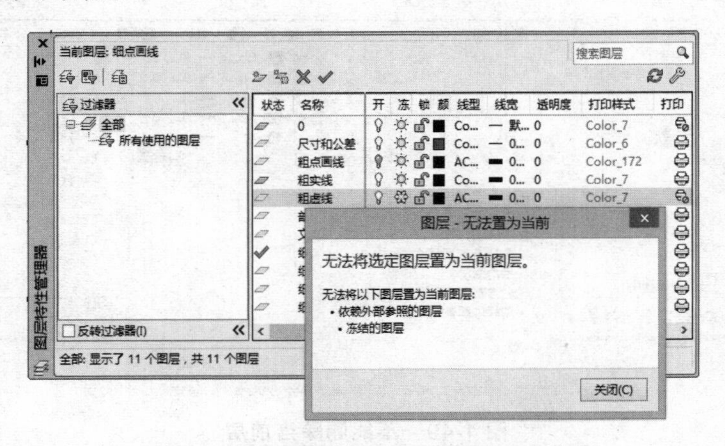

图 1-47　被冻结的图层不能被设为当前层

6. 删除指定的图层

在 AutoCAD 中，为了减少图形所占空间，可以删除不使用的图层。具体操作步骤如下：

（1）打开“图层特性管理器”对话框。

（2）选择要删除的图层。

（3）单击“删除图层”按钮，或按键盘上的“Delete”键，图层即可删除，如图 1-48 所示。

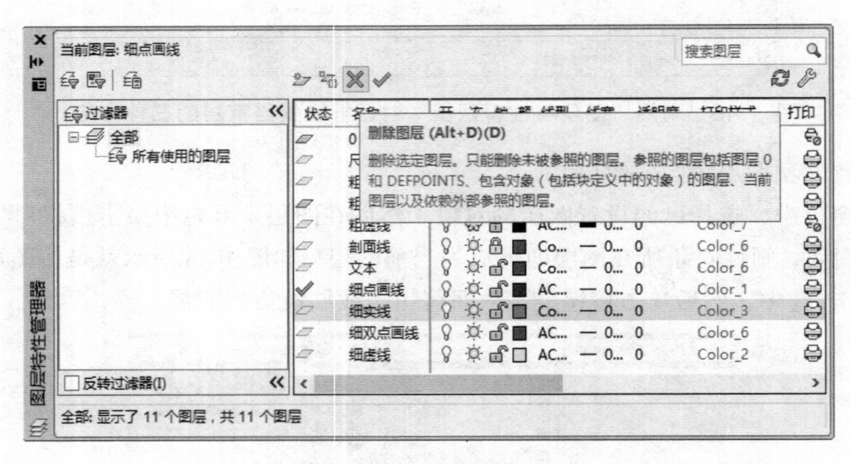

图 1-48　删除图层

经验提示：只能删除未被参照的图层。参照的图层包括系统默认的图层“0”和“DEFPOINTS”、包含图形对象（包括块定义中的对象）的图层、当前图层以及依赖外部参照的图层，如图 1-49 所示就是在要删除粗实线层（当前层）时弹出的“未删除”对话框。在“图层特性管理器”对话框中的图层列表中，图层名称前的状态图标“▱（蓝色）”表示图层中包含有图形对象；“▱（灰色）”表示图层中不包含有图形对象，如图 1-50 所示，粗实线层和中心线层包含有图层对象。

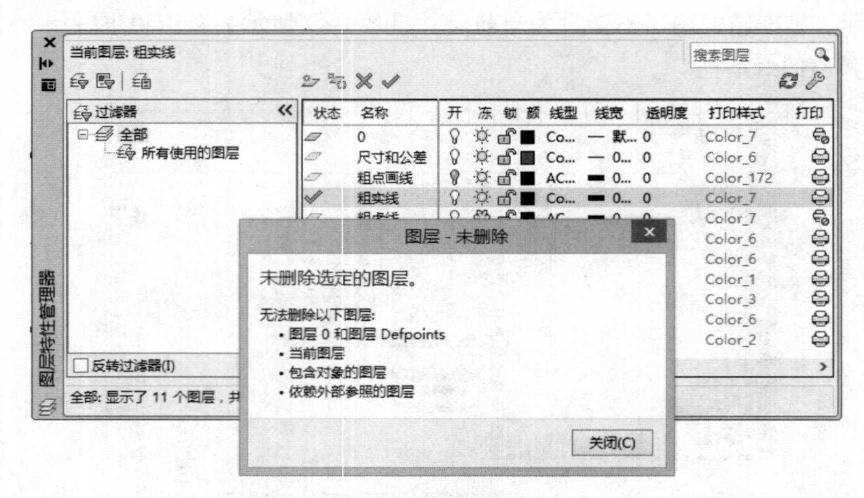

图 1-49　不能删除当前层

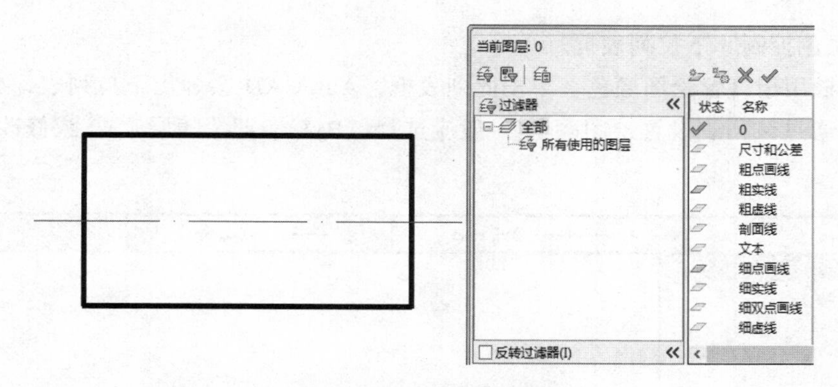

图 1-50　包含图层对象的图层

每个图形均包含一个名为“0”的图层。无法删除或重命名图层“0”。该图层有两种用途：一是确保每个图形至少包括一个图层；二是提供与块中的控制颜色相关的特殊图层。

经验提示：建议用户创建几个新图层来组织图形，而不是在图层“0”上创建整个图形。如果绘制的是共享工程中的图形或是基于一组图层标准的图形，删除图层时要小心。

7. 重新设置图层的名称

设置图层的名称，将有助于用户对图层的管理。系统提供的图层名称缺省为图层 1、图层 2、图层 3 等，用户可以对这些图层进行重新命名，具体操作步骤如下：

（1）打开“图层特性管理器”对话框。

（2）选择需要重新命名的图层。

（3）单击图层的名称或单击鼠标右键后在弹出的快捷菜单中选择“重命名图层”，使之变为文本编辑状态，如图 1-51 所示。

（4）输入新的名称，点击空白处，即可为图层重新设置名称。

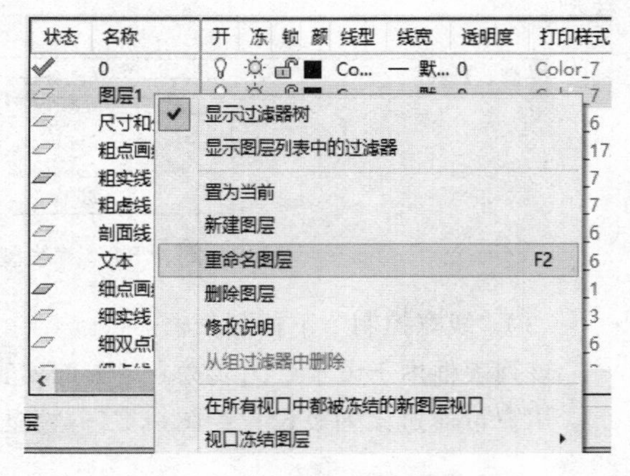

图 1-51　重命名图层

经验提示：图层名不可超过 255 个字符，包括各类符号、数字、中文等。图层与图层之间具有相同的坐标系、绘图界限、缩放倍数，不同图层上的对象可以同时进行操作，而且操作在当前图层上进行。

8. 特性工具栏

利用特性工具栏，可以快速、方便地设置绘图颜色、线型以及线宽，如图 1-52 所示。

图 1-52　特性工具栏

特性工具栏的主要功能如下：

（1）“颜色控制”下拉列表框。

该列表框用于设置绘图颜色。单击此列表框，AutoCAD 会弹出下拉列表，如图 1-53 所示。用户可通过该列表设置绘图颜色[一般应选择“ByLayer”（随层）]，或修改当前图形的颜色。

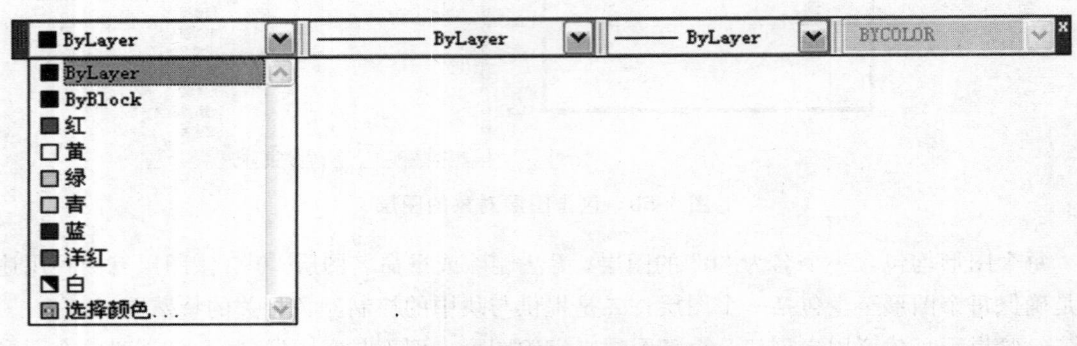

图 1-53 “颜色控制”下拉列表框

（2）“线型控制”下拉列表框。

该列表框用于设置绘图线型。单击此列表框，AutoCAD 会弹出下拉列表，如图 1-54 所示。用户可通过该列表设置绘图线型[一般应选择“ByLayer”（随层）]，或修改当前图形的线型。

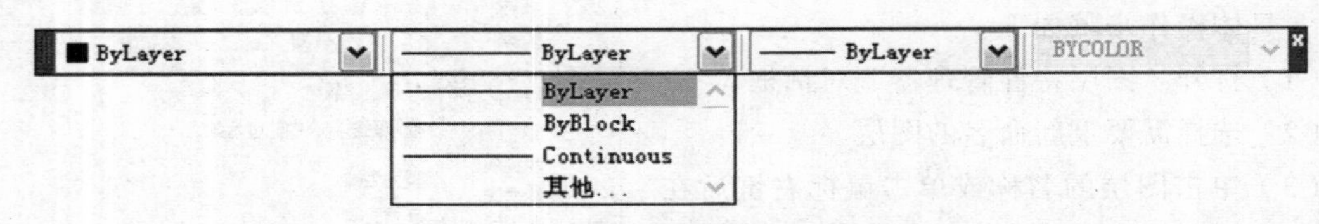

图 1-54 “线型控制”下拉列表框

（3）“线宽控制”下拉列表框。

该列表框用于设置绘图线宽。单击此列表框，AutoCAD 会弹出下拉列表，如图 1-55 所示。用户可通过该列表设置绘图线宽[一般应选择“ByLayer”（随层）]，或修改当前图形的线宽。

修改图形对象线宽的方法是：选择对应的图形，然后在线宽控制列表中选择对应的线宽。

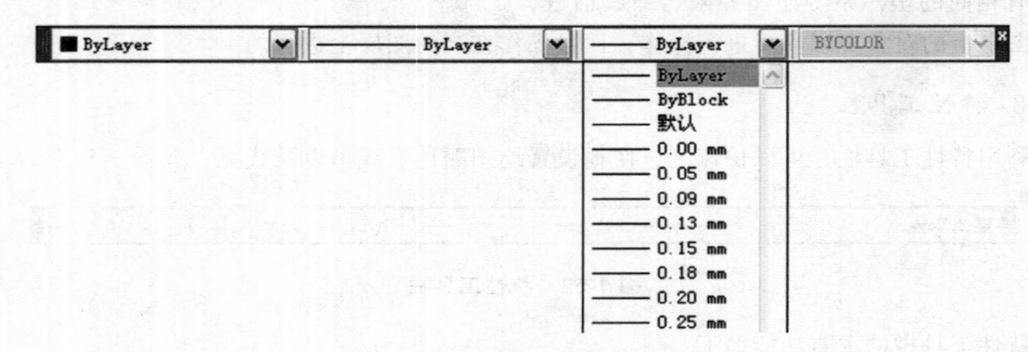

图 1-55 “线宽控制”下拉列表框

（四）AutoCAD 基本绘图环境的设置

1. 设置图形界限

图形界限是绘图的范围，相当于手工绘图时图纸的大小。在 AutoCAD 中，设置图形界限主要是为图形确定一个图纸的边界。

工程图样一般采用 5 种比较固定的图纸规格，需要设定的图纸规格如下：

A0：1189 mm × 841 mm。

A1：841 mm × 594 mm。

A2：594 mm × 420 mm。

A3：420 mm × 297 mm。

A4：297 mm × 210 mm。

利用 AutoCAD 绘制工程图形时，通常是按照 1∶1 的比例进行绘图的，所以用户需要参照物体的实际尺寸来设置图形的界限。设置图形界限类似于手工绘图时选择绘图图纸的大小，但具有更大的灵活性。

启用设置“图形界限”命令有以下两种方法：

（1）选择【格式】→【图形界限】菜单命令。

（2）输入命令：Limits。

启用设置“图形界限”命令后，命令行提示：

命令：limits

重新设置模型空间界限：

指定左下角点或[开(ON)/关(OFF)] <0.0000,0.0000>:（指定图形界限的左下角位置，直接按“Enter”键或“Space”键采用默认值）

指定右上角点 <420.0000,297.0000>:（指定图形界限的右上角位置）

经验提示：绘制工程图样时，首先要根据图形尺寸，确定图形的总长、总宽。设置图形界限一定要略大于图形的总体尺寸，要给插入标题栏、标注尺寸和技术要求等留有空间。

2. 设置图形单位

不同图形单位的显示格式是不同的，可以设置或选择绘图的长度和角度的类型、精度及方向。

（1）启用“图形单位”命令的两种方法。

① 选择【格式】→【图形单位】菜单命令。

② 输入命令：UNITS。

启用“图形单位”命令后，弹出如图 1-56 所示的“图形单位”对话框。

（2）“图形单位”对话框中包含长度、角度、插入时的缩放单位、输出样例和光源 5 个选项组。各选项组的意义如下：

① 在“长度”选项组中，设定长度的单位类型及精度。

② 在“角度”选项组中，设定角度的单位类型和精度。其中顺时针还可以控制角度方向的正负。选中该复选框时，顺时针为正；否则，逆时针为正。

③ 在“插入时的缩放单位”选项组中，设置缩放插入内容的单位。

④ 在“输出样例”选项组中，示意了以上设置后的长度和角度单位格式。

⑤ 方向按钮：单击方向按钮，系统会弹出“方向控制”对话框，从中可以设置基准角度，如图 1-57 所示。单击“确定”按钮，可以返回“图形单位”对话框。

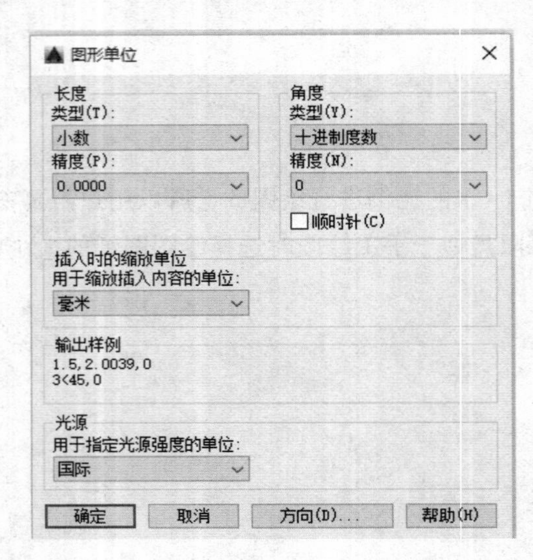

图 1-56 “图形单位”对话框

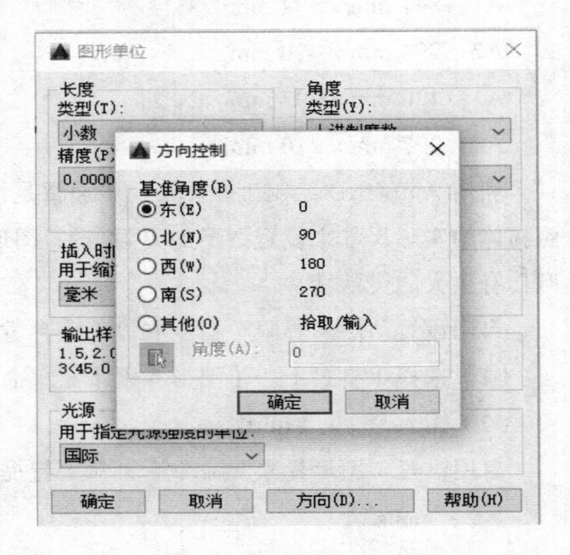

图 1-57 “方向控制”对话框

3. 设置非连续线型的外观

非连续线是由短横线、空格等重复构成的，如点画线、虚线等。这种非连续线的外观，如短横线的长短、空格的大小等，是可以由其线型的比例因子来控制的。当用户绘制的点画线、虚线等非连续线看上去与连续线一样时，即可调节其线型的比例因子。

（1）设置全局线型的比例因子。

改变全局线型的比例因子，AutoCAD 将重生成图形，它将影响图形文件中所有非连续线型的外观。

改变全局线型的比例因子有以下两种方法：

① 利用菜单命令。

a. 选择【格式】→【线型】菜单命令，弹出“线型管理器”对话框。

b. 在“线型管理器”对话框中，单击“显示/隐藏细节”按钮，在对话框的底部会出现“详细信息”选项组，如图 1-58 所示。

c. 在“全局比例因子”数值框内输入新的比例因子，单击“确定”按钮即可。

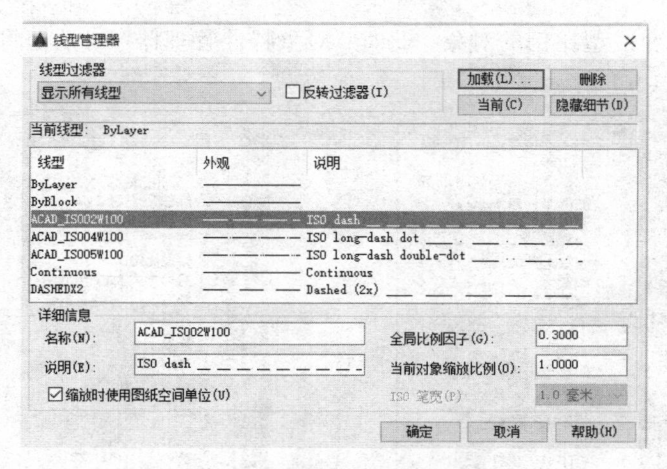

图 1-58　设置全局比例因子

② 使用对象特性工具栏。

a. 在对象特性工具栏中，单击“线型控制”下拉列表框右侧的按钮，并在其下拉列表中选择“其他”选项，如图 1-59 所示，弹出“线型管理器”对话框。

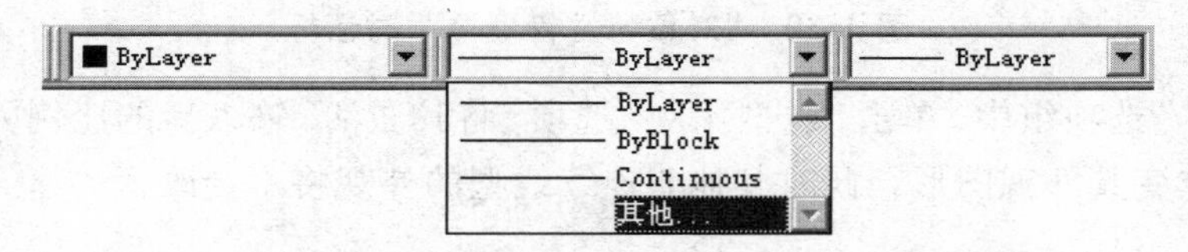

图 1-59　在“线宽控制”下拉列表中选择“其他”选项

b. 在”线型管理器”对话框中，单击“显示/隐藏细节”按钮，在对话框的底部会出现“详细信息”选项组，在“全局比例因子”数值框内输入新的比例因子，单击“确定”按钮即可。

（2）改变当前对象的线型比例因子。

改变当前对象的线型比例因子，将改变当前选中对象中所有非连续线型的外观。

改变当前对象的线型比例因子有以下两种方法：

① 利用“线型管理器”对话框。

a. 选择【格式】→【线型】菜单命令，系统会弹出“线型管理器”对话框。

b. 在“线型管理器”对话框中，单击“显示/隐藏细节”按钮，在对话框的底部会出现“详细信息”选项组。

c. 在“当前对象缩放比例”数值框内输入新的比例因子，单击“确定”按钮即可。

经验提示：非连续线型外观的显示比例=当前对象线型比例因子 × 全局线型比例因子。例如，当前对象线型比例因子为 3，全局线型比例因子为 2，则最终显示线型时采用的比例因子为 6。

② 利用“对象特性管理器”对话框。

a. 选择【工具】→【选项板】→【特性】菜单命令，打开“对象特性管理器”对话框，如图 1-60（a）所示。

b. 选择需要改变线型比例的对象，此时“对象特性管理器”对话框将显示选中对象的特性设置，如图 1-60（b）所示。

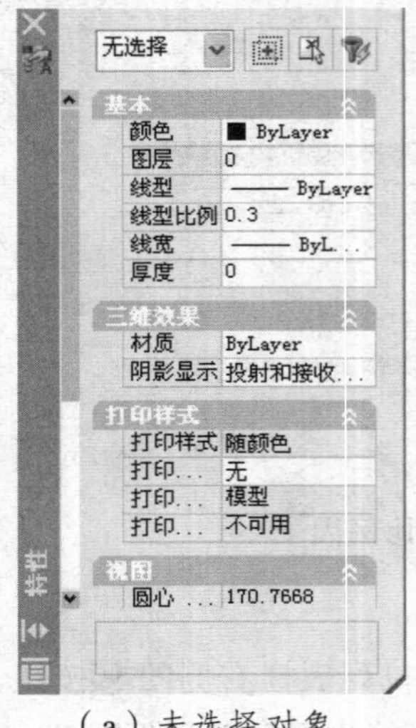

（a）未选择对象　　（b）已选择对象

图 1-60 “对象特性管理器”对话框

c. 在“基本”选项组中，单击“线型比例”选项，将其激活，输入新的比例因子，按“Enter”键确认，即可改变其外观图形，此时其他非连续线型的外观将不会改变。

（五）命令的类型、启用方式和终止

1. 命令的类型

在 AutoCAD 中，命令可分为两类：一类是普通命令；另一类是透明命令。

普通命令只能单独作用，AutoCAD 的大部分命令均为普通命令。

透明命令是指在运行其他命令的过程中也可以输入执行的命令，即系统在收到透明命令后，将自动终止当前正在执行的命令，先去执行该透明命令，其执行方式是在当前命令提示上输入“ `”+透明命令。

经验提示：在命令行中，系统在透明命令的提示信息前用 4 个大于号（“>>>>”）表示正在处于透明执行状态。当透明命令执行完毕之后，系统会自动恢复被终止命令。

2. 命令的启用方式

在 AutoCAD 工作界面中，启用命令有以下 4 种方法：

（1）通过菜单执行命令：在菜单栏中选择菜单中的选项命令。

（2）通过工具栏按钮：直接单击工具栏中的“工具”按钮。

（3）通过键盘在命令提示窗口输入命令：在命令行提示窗口中输入某一命令的名称，然后按“Enter”键。

（4）重复执行命令。具体方法如下：

① 按键盘上的“Enter”键或按“Space”键。

② 使光标位于绘图窗口，右击鼠标，AutoCAD 会弹出快捷菜单，并在菜单的第一行显示出重复执行上一次所执行的命令，选择此命令即可重复执行对应的命令。

经验提示：前 3 种方式是启用命令时经常采用的方式，为了减少单击鼠标的次数，减少用户的工作，在输入某一命令时最好采用工具按钮来启用命令。用命令行方式时，常用命令可以输入缩写名称。例如，要进行写块操作时，命令的名称为“Wblock”，可输入其缩写名称“W”，这样可以提高工作效率。

3. 命令的终止

在命令的执行过程中，用户可以通过按“Esc”键或右击鼠标，从弹出的快捷菜单中选择“取消”命令的方式终止 AutoCAD 命令的执行。

（六）鼠标的用途

在 AutoCAD 中，鼠标的 3 个按钮具有如下不同的功能：

1. 左　键

左键是绘图过程中使用最多的键，主要为拾取功能，用于单击工具栏按钮、选取菜单选项以发出命令，也可以在绘图过程中选择点、图形对象等。

2. 右　键

右键默认设置用于显示光标菜单，单击右键可以弹出光标菜单。

用户根据自己的需要可以对鼠标右键进行设置自定义。其方法为选择【菜单】→【工具】→【选项】→【用户系统配置】选项卡，并单击“自定义右键单击”按钮，弹出如图 1-61 所示的对话框，用户可以在其中设置右键的功能。

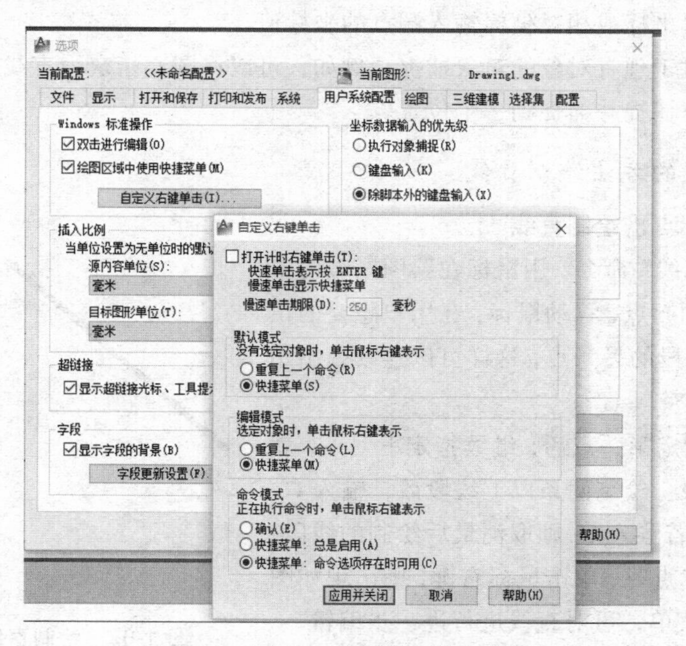

图 1-61 “自定义右键单击”对话框

3. 中　键

中键的功能主要是用于快速浏览图形。在绘图过程中单击中键，光标将变为适时平移状态（形状为），此时移动光标即可快速移动图形；双击中键，在绘图窗口中将显示全部图形对象。当鼠标的中键为滚动轮时，将光标放置于绘图窗口中，然后直接向下滚动滚轮，则图形即可缩小；直接向上转动滚轮，则图形即可放大。

（七）画直线的命令、方式与坐标

1. 执行直线命令的方式

直线是二维图形中最基本的图形对象之一，在 AutoCAD 201X 中，执行绘制直线命令的方法有以下 3 种：

（1）工具栏：单击“绘图”工具栏中的“直线”按钮。

（2）下拉菜单：选择【绘图】→【直线】菜单命令。

（3）命令行：在命令行中输入命令 line 或 L。

经验提示：使用 LINE 命令，可以创建一系列连续的线段。每条线段都是可以单独进行编辑的直线对象。当用 LINE 命令绘制线段时，AutoCAD 允许以该线段的端点为起点，绘制另一条线段，如此循环直到按回车键或“Esc”键终止命令。多次输入“U”可以按绘制次序的逆序逐个删除线段。LINE 命令主要用于在两点之间绘制直线段。用户可以通过鼠标或输入点坐标值来决定线段的起点和端点。

2. 精确定点的方法

要精确指定每条直线端点的位置，用户可以进行以下操作：

（1）使用绝对坐标或相对坐标输入端点的坐标值。

（2）指定相对于现有对象的对象捕捉。例如，可以将圆心指定为直线的端点。

（3）打开栅格捕捉并捕捉到一个位置。

3. 使用不同的方法绘制直线

（1）使用鼠标点击绘制直线。

启用绘制“直线”命令，用鼠标在绘图区域内单击一点作为线段的起点，移动鼠标，在用户想要的位置再单击，作为线段的另一点，这样可以连续画出用户所需的直线。

经验提示：指定第一点后，继续指定下一点，就可绘制出下一线段。绘制两条以上线段后，输入 C，则形成闭合折线；若输入 U，则取消最后绘制的线段。绘制直线指定第二点时，单击鼠标右键，则出现如图 1-62 所示的快捷菜单，可对直线进行进一步编辑。

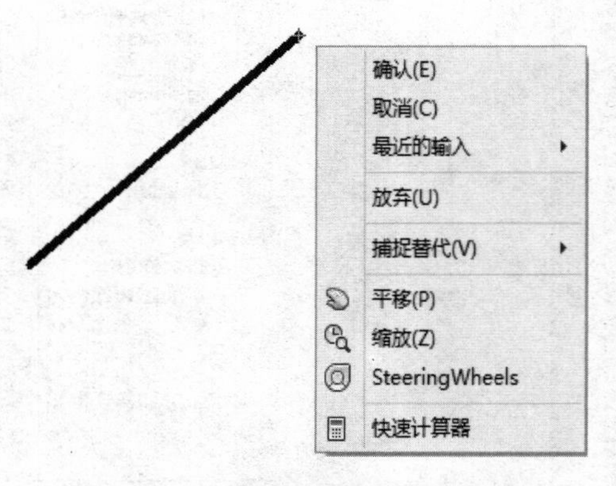

图 1-62　绘制直线时的快捷菜单

（2）通过输入点的坐标绘制直线。

用户输入坐标值时有两种方式：一种是绝对坐标；另一种是相对坐标。

① 使用绝对坐标确定点的位置来绘制直线。

绝对坐标是相对于坐标系原点的坐标。用户输入绝对坐标值时，有两种方式：一是绝对直角坐标；另一种是绝对极坐标。其输入格式如下：

绝对直角坐标的输入形式是：x,y。表示相对于当前坐标原点的坐标值。即 x 和 y 分别是输入点相对于原点的 *X* 坐标和 *Y* 坐标。

特别注意：此处的 *X* 坐标和 *Y* 坐标之间是英文的逗号。

绝对极坐标的输入形式是：r< α 。

其中，长度 r 表示输入点与极点（WCS 坐标原点）的距离，角度 α 表示输入点到极点的连线与极轴（*X* 轴）正向的夹角，逆时针方向为正。

② 使用相对坐标确定点的位置来绘制直线。

相对坐标用@来表示。

相对坐标是用户常用的另一种坐标形式，其表示方法也有两种：一种是相对直角坐标；另一种是相对极坐标。相对坐标是指相对于用户最后输入点的坐标，其输入格式如下：

相对直角坐标的输入形式是：@Δx，Δy。表示相对于上一点的坐标值。

相对极坐标的输入形式是：@r< α 。

其中，长度 r 表示该点到上一点的距离，角度 α 表示该点与上一点的连线与 *X* 轴正向的夹角。

常用的 4 种坐标如图 1-63 所示。

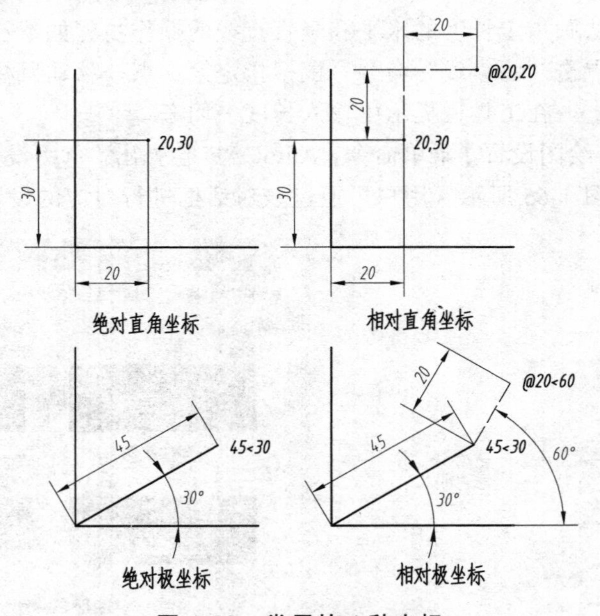

图 1-63 常用的 4 种坐标

经验提示：手工绘图靠丁字尺和三角板来定位和度量，而计算机绘图要靠坐标来定位和度量，因此，上述 4 种坐标一定要牢牢掌握。绘图时，首先要将尺寸转化为坐标值。用相对坐标要比用绝对坐标方便得多。

（3）使用动态输入功能画直线。

动态输入命令是自 AutoCAD2008 提供的新功能。动态输入命令在光标附近提供了一个命令界面，使用户可以专注于绘图区域。当启用动态命令时，工具栏提示将在光标附近显示信息，该信息会随着光标移动而动态更新。当某条命令为活动时，工具栏提示将为用户提供输入的位置。

启用“动态输入”命令有以下两种方法：

① 单击状态栏中的“DYN”按钮使它亮显，处于打开状态。

② 按键盘上的“F12”键。

启动动态输入并执行 LINE 命令后，AutoCAD 一方面在命令窗口提示“指定第一点：”，同时在光标附近显示出一个提示框（称之为“工具栏提示”），工具栏提示中显示出对应的 AutoCAD 提示“指定第一点：”和光标的当前坐标值，如图 1-64 所示。此时用户移动光标，工具栏提示也会随着光标移动，且显示出的坐标值会动态变化，以反映光标的当前坐标值。

在启动动态输入状态下，用户可以在工具栏提示中输入点的坐标值，而不必切换到命令行进行输入（切换到命令行的方式：在命令窗口中，将光标放到“命令：”提示的后面单击鼠标拾取键）。

使用动态输入方法画指定长度和角度的一般直线的操作步骤如下：

（正交模式关闭）点击“画直线”命令→鼠标指定第一点→移动鼠标给出方向（相对第一点的上、下、左、右）→在一个工具栏提示中输入长度→按“Tab”键切换到下一个工具栏提示→输入角度→回车。

使用动态输入方法画指定长度的水平和竖直直线的操作步骤如下：

打开正交模式→点击“画直线”命令→鼠标指定第一点→移动鼠标给出方向（相对第一点的上、下、左、右）→在工具栏提示中输入长度→回车。

选择【工具】→【绘图设置】菜单命令，AutoCAD 会弹出“草图设置”对话框，点击“动态输入”选项卡，如图 1-65 所示。用户可通过该对话框进行对应的设置。

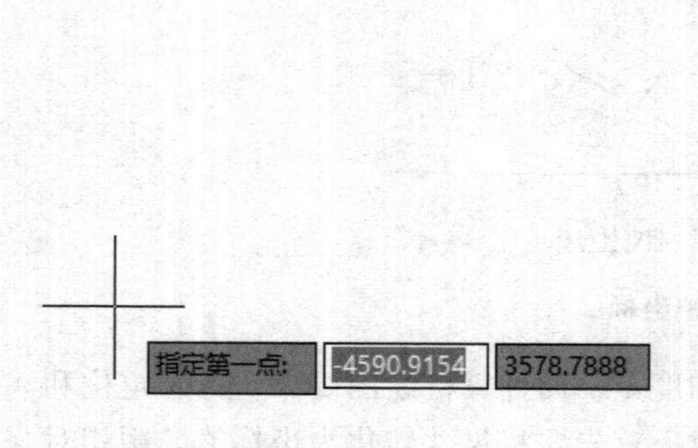

图 1-64　动态输入模式

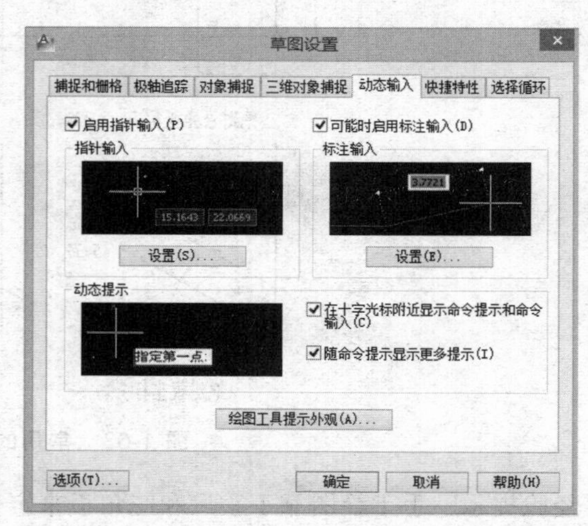

图 1-65　“草图设置对话框”中的“动态输入”选项卡

经验提示：在状态栏的“DYN”图标上右击，然后点击“设置”也可打开“草图设置”对话框。

经验提示：正交命令是用来绘制水平与竖直直线的一种辅助工具，是 AutoCAD 中最为常用的工具。如果用户要绘制水平与竖直的直线时，打开状态栏中的正交按钮，此时光标只能是水平与垂直方向移动。只要移动光标来指示线段的方向，并输入线段的长度值，不用输入坐标值就能绘制出水平与竖直方向的线段。

（八）删除命令与图形对象的选择方式

1. 删除修改命令

在绘制与编辑图形时，有时绘制的图形不符合要求，需要将其删除重新绘制，就可以使用删除命令。其用途是删除指定的对象，就像是用橡皮擦除图纸上不需要的内容。在 AutoCAD 中，执行“删除”命令的方法有以下 3 种：

（1）单击“修改”工具栏中的“删除”按钮。

（2）选择【修改】→【删除】菜单命令。

（3）在命令行中输入命令：Erase 或 E。

通常，当发出“删除”命令后，用户需要选择要删除的对象，然后按回车键或“Space”键结束对象选择，同时将删除已选择的对象。如果用户在“选项”对话框的“选择”选项卡中，选中“选择模式”选项组中的“先选择后执行”复选框，那么就可以先选择对象，然后单击“删除”按钮将其删除。

经验提示：使用 OOPS 命令，可以恢复最后一次使用“打断”“块定义”和“删除”等命令删除的对象。

2. 图形对象的选择方式

执行编辑对象命令后，系统通常会提示“选择对象”，这时光标会变成小方块形状，叫作拾取框，用户必须选中图形对象，然后才能对其进行编辑。在 AutoCAD 中，选择对象的方法有很多种，用户可以选择单个对象进行编辑，也可以选择多个对象进行编辑。被选中的对象边框显示为虚线（又称其为亮显）。常用的选择对象的方法有以下几种：

（1）用鼠标拾取对象。

执行编辑命令后，当命令行中出现“选择对象”提示时，绘图窗口中的十字光标就会变成一个小方框，这个小方框就是拾取框。移动鼠标，当拾取框停留在要选择的对象上时，单击鼠标左键即可选中该对象。

（2）用矩形拾取窗口选择。

在多个对象中，用户可以用拾取框选择自己需要的对象，但如果需要同时选中多个对象时，使用该方法就会显得非常慢，此时用户可以使用矩形拾取窗口来选择这些对象。当命令行提示“选择对象”时，用户在需要选中的多个对象的附近单击鼠标左键，然后拖动鼠标形成一个矩形框，该矩形框就是拾取窗口。当要选中的多个对象被该矩形窗口框住或与之相交时，再次单击鼠标左键即可将其选中。根据矩形窗口形成的方式，可以将矩形窗口分为以下两种：

① 拖动鼠标从左到右形成矩形拾取窗口，则矩形拾取窗口以实线显示，表示被选择的对象只有全部被框在矩形拾取框内时才会被选中。

② 拖动鼠标从右到左形成矩形拾取窗口，则矩形拾取窗口以虚线显示，表示包含在矩形拾取窗口内的对象和与矩形拾取窗口相交的对象都会被选中。

（九）撤销与重做命令

1. 命令的撤销、重复与取消

（1）命令的撤销。

在 AutoCAD 中，当用户想终止某一个命令时，可以随时按键盘上的“ESC”键撤销当前正在执行的命令。

（2）命令的重复。

当用户需要重复执行某个命令时，可以直接按“Enter”键或空格键，也可以在绘图区域内，单击鼠标右键，在弹出光标菜单中选择“重复选项…(R)”选项。

（3）命令的取消。

在 AutoCAD 绘图过程中，当用户想取消一些错误的命令时，需要取消前面执行的一个或多个操作，此时用户可以使用“取消”命令。启用“取消”命令有以下 3 种方法：

① 选择【编辑】→【放弃】菜单命令。

② 单击标准工具栏中的“取消”按钮。

③ 输入命令：UNDO。

2. 命令的重做

在 AutoCAD 中，可以无限进行取消操作，这样用户可以观察自己的整个绘图过程。当用户取消一个或多个操作后，又想重做这些操作，将图形恢复到原来的效果时，可以使用标准工具栏中的“重做”按钮，这样用户可以回到想要的效果。

（十）文件的操作

文件的管理一般包括创建新文件，打开已有的图形文件，输入、保存文件及输出、关闭文件等。在运用 AutoCAD 进行设计和绘图时，必须熟练运用这些操作，这样才能管理好图形文件的创建、制作及保存问题，明确文件的位置，方便用户查找、修改及统计。

1. 创建新的图形文件

在应用 AutoCAD 进行绘图时，首先应该做的工作就是创建一个图形文件。

（1）启用命令的方法。启用“新建”命令有以下 3 种方法：

① 选择“新建”菜单命令。

② 单击标准工具栏中的“新建”按钮。

③ 输入命令：New。

（2）利用“选择样板”对话框创建新文件的步骤。

通过以上任一种方法启用“新建”命令后，系统将弹出如图 1-66 所示的“选择样板”对话框，利用“选择样板”对话框创建新文件的步骤如下：

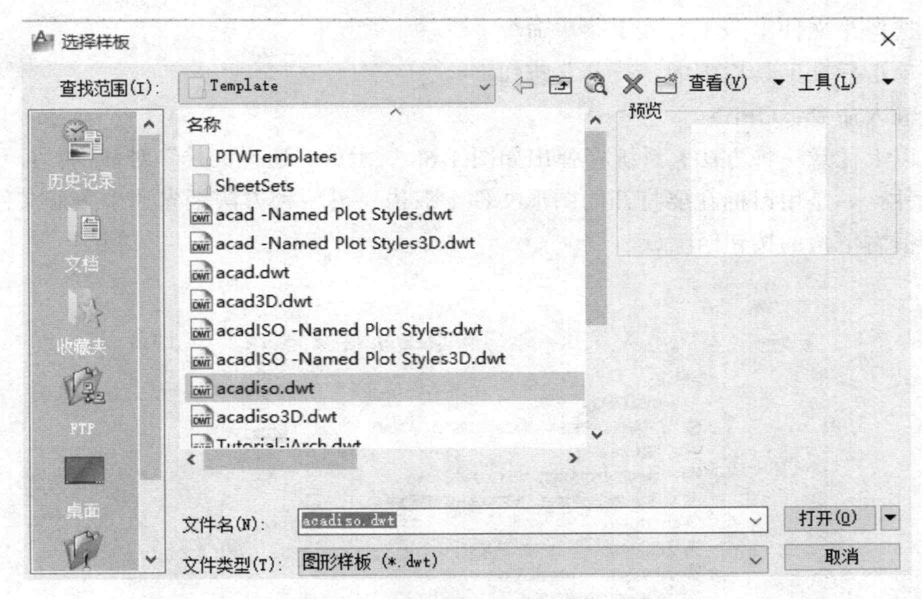

图 1-66 “选择样板”对话框

① 在“选择样板”对话框中，系统在列表框中列出了许多标准的样板文件，用户可从中选取合适的一种样板文件。

② 单击“打开”按钮，将选中的样板文件打开，此时用户即可在该样板文件上创建图形。用户直接双击列表框中的样板文件，也可将该文件打开。

③ 利用空白文件创建新的图形文件。

系统在“选择样板”对话框中，还提供了两个空白文件，分别是“acad”与“acadiso”。当用户需要从空白文件开始绘图时，就可以按此种方式进行。

经验提示：“acad”为英制，其绘图界限为 12 ft × 9 ft；“acadiso”为公制，其绘图界限为 420 mm × 297 mm。

用户还可以单击“选择样板”对话框中左下端中的“打开”按钮右侧的▼按钮，弹出如图 1-67 所示的下拉菜单，选取其中的无样板打开公制选项，即可创建空白文件。

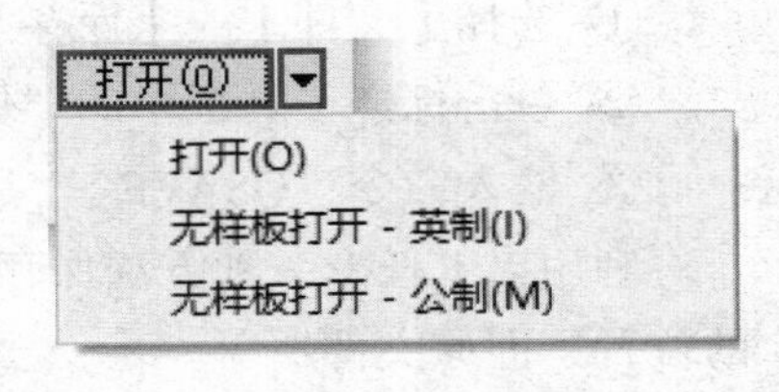

图 1-67 创建空白文件

经验提示：启动运行 AutoCAD 中文版后，系统直接进入 AutoCAD 绘图工作界面，在 AutoCAD 中，系统没有提供符合我国要求的样板。因此，我们必须自己来绘制图框和标题栏。另外，通过后面的学习，用户也可以创建自己的样板文件，从而提高绘图的效率。

2. 打开图形文件

当用户要对原有文件进行修改或进行打印输出时，就要利用“打开”命令将其打开，从而可以进行浏览或编辑。

启用打开图形文件命令有以下 3 种方法：

（1）选择【文件】→【打开】菜单命令。

（2）单击标准工具栏中的“打开”按钮。

（3）输入命令：OPEN。

利用以上任意一种方法，系统将弹出如图 1-68 所示的“选择文件”对话框。打开图形的方法有两种：一是用鼠标在要打开的图形文件上双击；另一种方法是先选中图形文件，然后再按对话框右下角的按钮打开(O)。

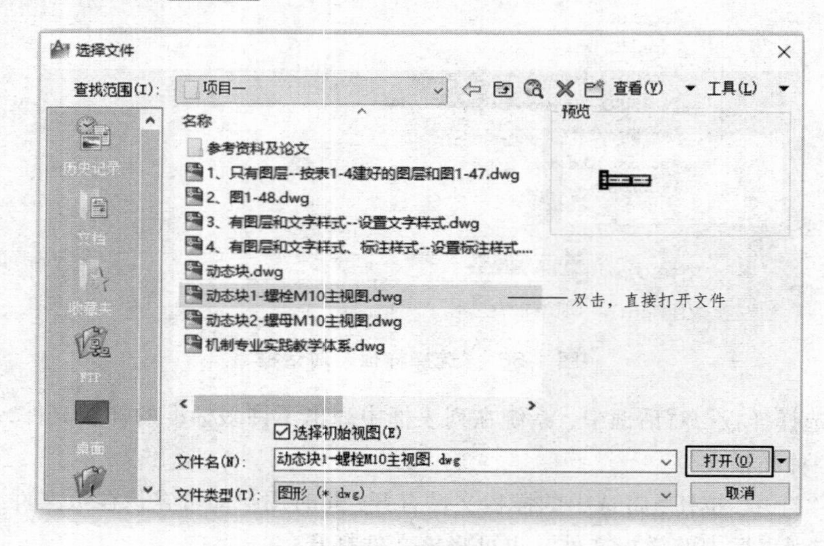

图 1-68 “选择文件”对话框

3. 保存图形文件

AutoCAD 的图形文件的扩展名为“dwg”，保存图形文件有以下两种方式。

（1）以当前文件名保存图形。

启用“保存”图形文件命令有以下 3 种方法：

① 选择【文件】→【保存】菜单命令。

② 单击标准工具栏中的“保存”按钮。

③ 输入命令：QSAVE。

利用以上任意一种方法保存图形文件，系统将当前图形文件以原文件名直接保存到原来的位置，即原文件覆盖。

经验提示：如果是第一次保存图形文件，AutoCAD 将弹出如图 1-69 所示的“图形另存为”对话框，从中可以输入文件名称，并指定其保存的位置和文件类型。

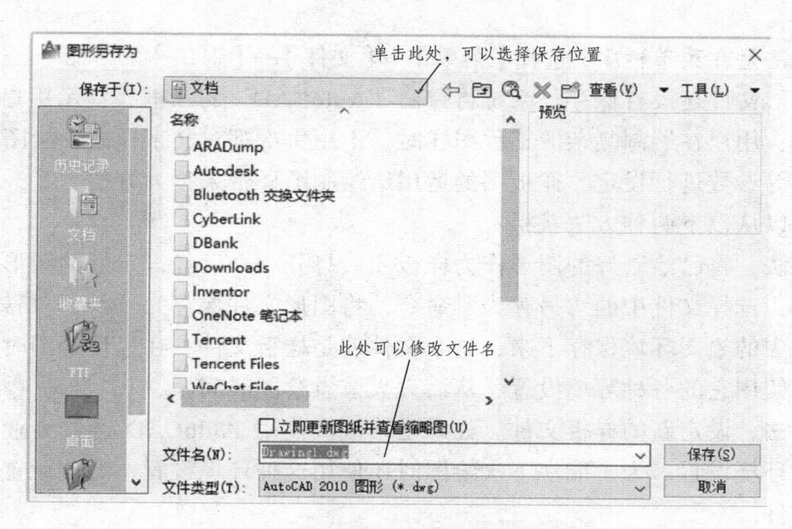

图 1-69　“图形另存为”对话框

（2）指定新的文件名保存图形。

在 AutoCAD 中，利用“另存为”命令可以指定新的文件名保存图形。

启用“另存为”命令有以下两种方法：

① 选择【文件】→【另存为】→【保存】菜单命令。

② 输入命令：SAVEAS。

启用“另存为”命令后，系统将弹出“图形另存为”对话框，此时用户可以在文件名栏输入文件的新名称，并可指定该文件保存的位置和文件类型。

4. 关闭图形文件

当用户保存图形文件后，可以将图形文件关闭。

在菜单栏中，选择【菜单】→【文件】→【关闭】菜单命令，或是关闭绘图窗口右上角的“关闭”按钮☒，就可以关闭当前图形文件。

如果图形文件还没有保存，系统将弹出如图 1-70 所示的“AutoCAD”对话框，提示用户保存文件；如果要关闭修改过的图形文件，图形尚未保存，系统会弹出如图 1-71 所示的提示框。单击“是”表示保存并关闭文件，单击“否”表示不保存并关闭文件，单击“取消”表示取消关闭文件操作。

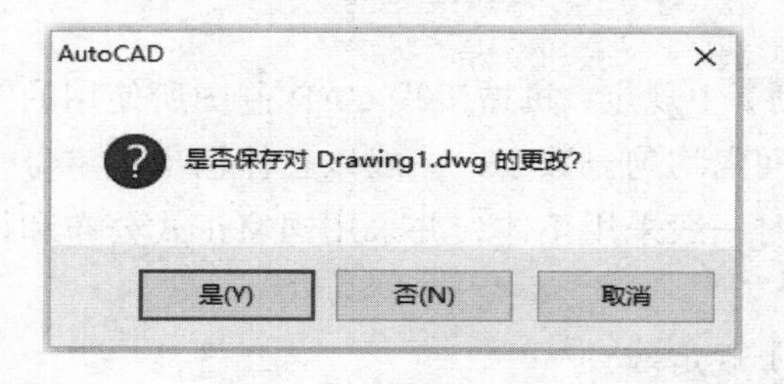

图 1-70　关闭未保存过的文件弹出的“AutoCAD”对话框

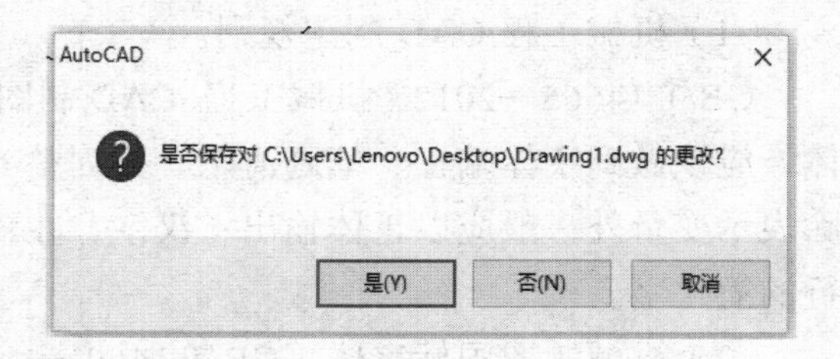

图 1-71　关闭保存过的文件弹出的“AutoCAD”对话框

另一种方法是在菜单栏中，选择【菜单】→【文件】→【退出】菜单命令，退出AutoCAD系统。如果图形文件还没有保存，系统将弹出“AutoCAD”对话框，提示用户保存文件。

经验提示：用户在绘制复杂的工程图样时，不用每次都对文字样式、绘图单位、尺寸样式、标注样式等参数进行设定。样板图的运用给绘制图样带来很大方便。

样板图可以从以下两种方法获得：

第一种方法，将已绘制好的图形作为样板图。打开一个已经设定好的图形文件，将文件中的实体删除，选择文件中的“另存为”命令，将图形文件保存为“dwt”格式的样板文件。这样图形文件中的绘图环境保存下来，这个文件就是样板文件，在以后绘图时可以重复调用此文件，直接使用它的各种环境设置，从而大大节省绘图时间。

第二种方法，设定新的样板文件。如果是第一次使用AutoCAD绘制专业图样，需要对图形进行各种环境设置，为了能在下次绘图时还使用这种环境设置，将此设置保存为“dwt”格式的样板文件。

5. 图形文件的密码保护

为加强文件的安全保护，在AutoCAD 2010及以后的版本中，用户在保存图形文件时可以对图形文件进行加密，加密的图形文件只有知道正确口令的用户才能打开。对图形文件进行加密的具体操作方法如下：

选择【文件】→【保存】或【文件】→【另存为】命令，打开“图形另存为”对话框。在该对话框中选择【工具】→【安全选项】命令，此时将打开“安全选项”对话框。在“密码”选项卡中，可以在“用于打开此图形的密码或短语”文本框中输入密码，然后单击“确定”按钮打开“确认密码”对话框，并在“再次输入用于打开此图形的密码”文本框中输入确认密码。

在进行加密设置时，可以在此选择40位、128位等多种加密长度。可在“密码”选项卡中单击“高级选项”按钮，在打开的“高级选项”对话框中进行设置。为文件设置了密码后，在打开文件时系统将打开“密码”对话框，要求输入正确的密码，否则将无法打开该图形文件，这对于需要保密的图纸非常重要。

（十一）文字样式的创建

1. 国标对文字样式的规定

（1）机械工程CAD制图规则。

GB/T 14665—2012《机械工程 CAD制图规则》中规定，机械工程CAD制图所使用的字体，应该做到字体端正、笔画清楚、排列整齐、间隔均匀。数字，一般以正体输出；字母，除表示变量外一般应以正体输出；汉字，在输出时一般采用正体，并采用国家正式公布和推行的简化字。

（2）机械制图国标字体（GB/T 14691—1993）规定。

字体指的是图中汉字、字母、数字的书写形式，图样中的字体书写必须做到字体工整、笔画清楚、间隔均匀、排列整齐。

① 字号。

字号表示字体高度，代号为 h。系列有 1.8，2.5，3.5，5，7，10，14，20，单位为 mm。

② 汉字。

汉字应写成长仿宋字体，汉字高度 h 不应小于 3.5 mm，其字宽一般为 $h/\sqrt{2}$ 。

③ 数字和字母。

数字和字母可以写成斜体和直体，斜体字字头向右倾斜，与水平基准线约成 75°；用作指数、分数、极限偏差、注脚等的数字及字母，一般应采用小一号字体。

2. 文字样式的设置

AutoCAD 图形中的文字是根据当前文字样式标注的。文字样式说明所标注文字使用的字体以及其他设置，如字高、字颜色、文字标注方向等，是所有字体文件、字体大小宽度系数等参数的综合。

AutoCAD 201X 为用户提供了默认文字样式 Standard。在标注文本之前，用户需要对文本的字体定义一种样式以满足国家制图标准。执行创建文字样式命令的方法有以下 3 种：

（1）工具栏：单击样式工具栏中的“文字样式管理器”按钮。

（2）下拉菜单：选择【格式】→【文字样式】命令。

（3）命令行：在命令行中输入命令 style。

执行此命令后，弹出“文字样式”对话框，如图 1-72 所示。

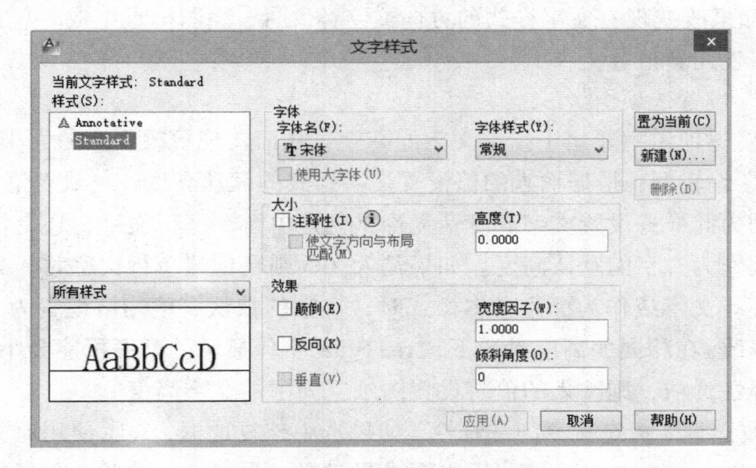

图 1-72 “文字样式”对话框

在“文字样式”对话框中，各选项组的意义如下：

① “样式”列表框。

“样式”列表框的上方显示“当前文字样式：列出当前文字样式”。

“样式”列表框中列有当前已定义的全部文字样式并默认显示选择的当前样式。用户可从中选择对应的样式作为当前样式或进行样式修改。要更改当前样式，就从列表中选择另一种样式或选择“新建”以创建新样式。样式名前的图标是注释性文字。样式名最长可达 255 个字符。名称中可包含字母、数字和特殊字符，如美元符号($)、下划线 (_) 和连字符 (-)。

“样式”列表框的下方是样式列表过滤器。“下拉列表”指定“所有样式”和“正在使用的样式”显示在样式列表中。

② “预览”显示区。

“预览”显示区用于预览所选择或所定义文字样式的标注效果。显示的内容是随着字体的改变和效果的修改而动态更改的样例文字。

③ “字体”设置选项组。

“字体”设置选项组用于确定所采用的“字体类型”和是否“使用大字体”等。

“字体名”下拉列表：选择文字样式的字体类型。在该下拉列表中列出了 Fonts 文件夹中所有注册的 TrueType 字体和所有编译的形（SHX）字体的字体族名。从列表中选择名称后，该程序将读取指定字体的文件。

“字体样式”下拉列表：选择亚洲语言设计的大字体文件。例如，gbcbig.txt 代表简体中文字体，chineseset.txt 代表繁体中文字体，bigfont.txt 代表日文字体等。

“使用大字体”复选框：如果取消该复选框，“SHX 字体”下拉列表将变为“字体名”下拉列表，此时可以在其下拉列表中选择“shx”字体或“TrueType 字体”，如宋体、仿宋体等各种汉字字体。

经验提示：一旦在“字体名”下拉列表中选择“TrueType 字体”，“使用大字体”复选框将变为无效，而后面的“字体样式”下拉列表将变为有效，利用该下拉列表可设置字体的样式（常规、粗体、斜体等，该设置只对英文字体有效，并且字体不同，字体样式下拉列表的内容也不同）。如果改变现有文字样式的方向或字体文件，当图形重生成时，所有具有该样式的文字对象都将使用新值。

④ “大小”设置选项组。

“大小”设置选项组主要用于指定文字的高度，从而实现更改文字的大小。

“高度（T）”编辑框：根据输入的值设置文字样式的默认高度，其缺省值为 0。输入大于 0 的高度将自动为此样式设置文字高度，无论是创建单行、多行文字，还是作为标注文本样式，该数值将被作为文字的默认高度。如果输入 0，则在创建单行文字时，必须设置文字高度；而在创建多行文字或作为标注文本样式时，文字的默认高度均被设置为 2.5，用户可以根据情况进行修改。在相同的高度设置下，TrueType 字体显示的高度可能会小于 SHX 字体。如果选择了注释性选项，则输入的值将设置图纸空间中的文字高度。

“注释性”复选框：指定文字为注释性。如果选中该复选框，表示使用此文字样式创建的文字支持使用注释比例。此时，“高度”编辑框将变为“图纸文字高度”编辑框。单击信息图标以了解有关注释性对象的详细信息。“使文字方向与布局匹配”指定图纸空间视口中的文字方向与布局方向匹配。如果清除“注释性”选项，则该选项不可用。

⑤ “效果”设置选项组。

“效果”设置选项组用于修改或设置字体的某些特性，如字的宽度因子（即宽高比）、倾斜角度、是否倒置显示、是否反向显示以及是否垂直显示等外观效果。

“颠倒”是指颠倒显示字符，也就是通常所说的大头向下。

“反向”是指反向显示字符。

“垂直”是指显示垂直对齐的字符，即字体垂直书写。只有在选定字体支持双向时，“垂直”才可用。也就是说，该选项只有在选择“shx”字体时才可使用，选择 TrueType 字体的时候，垂直定位不可用。

“宽度因子”是指设置字符间距，即在不改变字符高度的情况下，控制字符的宽度。宽度比例小于1，字的宽度被压缩，此时可制作瘦高字；宽度比例大于1，字的宽度被扩展，此时可制作扁平字。

“倾斜角度”是指设置文字的倾斜角，用来制作斜体字。输入一个 – 85 和 85 之间的值将使文字倾斜。

经验提示：使用这一节中所描述效果的 TrueType 字体在屏幕上可能显示为粗体。屏幕显示不影响打印输出。字体按指定的字符格式打印。

⑥ “按钮区”选项组。

在“文字样式”对话框的右侧和下方有若干按钮，它们用来对文字样式进行最基本的管理操作。

“置为当前”按钮用于将在“样式”列表中选择的文字样式设置为当前文字样式。

“新建”按钮用于创建新样式。点击“新建”按钮，将弹出“新建文字样式”对话框并自动为当前设置提供名称“样式 *n*”（其中 *n* 为所提供样式的编号）。可以采用默认值或在该框中输入名称，然后选择“确定”按钮，使新样式名使用当前样式设置。

“删除”按钮用于删除在“样式”列表区选择的未使用的文字样式。注意：不能删除当前文字样式，以及已经用于图形中文字的文字样式。

“应用”按钮用于确认用户对文字样式的设置。只有在修改了文字样式的某些参数后，该按钮才变为有效。单击该按钮，可使设置生效，并将所选文字样式设置为当前文字样式。

单击“取消”按钮，AutoCAD 将关闭“文字样式”对话框。

经验提示：根据我国最新的制图标准的规定，工程图中的中文汉字应采用仿宋字体或矢量字体“gbenor.shx”或“gbeitc.shx”（此时需要选中“使用大字体”复选框并选择大字体中的“gbcbig”）；工程图中直体的英文、数字应采用“gbenor.shx”字体；工程图中斜体的英文、数字应采用“gbeitc.shx”字体。在绘制机械图样时，应该按照表 1-2 来新建两种文字样式。

表 1-2　字体高度与图纸幅面之间的选用关系

<table>
<tr><td colspan="2">文字样式名称</td><td>字母和数字样式</td><td>长仿宋字样式</td></tr>
<tr><td colspan="2">用途</td><td>标注字母与数字</td><td>标注汉字</td></tr>
<tr><td colspan="2">字体名</td><td>SHX 字体：gbenor.shx</td><td>仿宋</td></tr>
<tr><td colspan="2" rowspan="2">其他设置</td><td>选中“使用大字体”</td><td>取消选中“使用大字体”</td></tr>
<tr><td>大字体：gbcbig.shx</td><td>宽度因子：0.7</td></tr>
<tr><td rowspan="5">字高对应的图幅
（设置的时候如果高度设为 0，输入文字时默认值是 2.5，输入单行文字时会提醒输入字高，知道图幅大小时建议设置）</td><td>A0</td><td rowspan="2">5</td><td rowspan="2">7</td></tr>
<tr><td>A1</td></tr>
<tr><td>A2</td><td rowspan="3">3.5</td><td rowspan="3">5</td></tr>
<tr><td>A3</td></tr>
<tr><td>A4</td></tr>
</table>

（十二）尺寸标注样式的设置

1. 尺寸标注样式命令的启用

尺寸标注样式（简称标注样式）用于设置尺寸标注的具体格式，如尺寸文字使用的样式、尺寸线、尺寸界线以及尺寸箭头的标注设置等，以满足不同行业或不同国家的尺寸标注要求。

启用“标注样式”命令有以下3种方法：

① 选择【格式】→【标注样式】菜单命令。

② 单击样式工具栏中的“标注样式管理器”按钮。

③ 输入命令：DIMSTYLE。

启用“标注样式”命令后，系统会弹出如图1-73所示的“标注样式管理器”对话框，各选项功能如下：

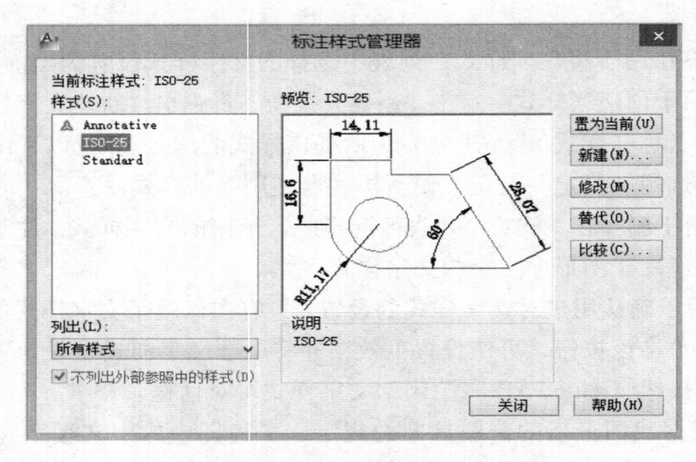

图1-73 “标注样式管理器”对话框

当前标注样式：显示当前标注样式的名称。缺省情况下，AutoCAD使用的尺寸标注样式是“ISO-25”，用户可以根据需要创建一种新的尺寸标注样式。

样式：显示当前图形文件中已创建的所有尺寸标注样式。

预览：用于预览在“样式”列表框中所选中的标注样式对各种特征参数标注的最终效果图。

列出：用于“列出”确定要在“样式”列表框中列出的标注样式。

说明：用于显示在“样式”列表框中所选定标注样式的说明。

置为当前：用于把指定的标注样式置为当前样式。对每一种新建的标注样式或对原样式进行修改后，均要置为当前后设置才有效。

新建：用于创建新的标注样式。

修改：用于修改已有标注样式中的某些尺寸变量。

替代：用于设置当前样式的替代样式，该样式只是“临时”地替代当前的标注样式。当采用临时标注样式标注某一尺寸后，再继续采用原来的标注样式标注其他尺寸时，其标注效果不受临时标注样式的影响。

比较：用于比较两个不同标注样式中不相同的尺寸变量，或了解某一样式的全部特性，并用列表的形式显示出来。

2. 新建标注样式

创建尺寸样式的操作步骤如下：

（1）启用“标注样式”命令。利用上述任意一种方法启用“标注样式”命令，弹出“标注样式管理器”对话框。

（2）单击“新建”按钮，AutoCAD 会弹出如图 1-74 所示的“创建新标注样式”对话框。

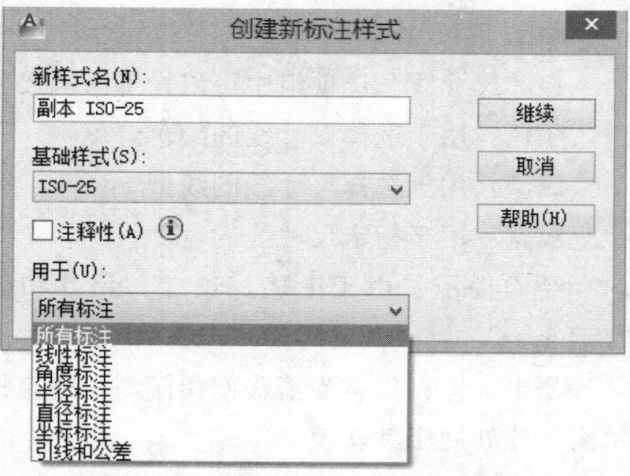

图 1-74 “创建新标注样式”对话框

可通过该对话框中的“新样式名”文本框输入新样式的名称；通过“基础样式”下拉列表框选择新标注样式是基于哪一种标注样式创建的；通过“用于”下拉列表框，可选择新建标注样式的适用范围，如应用于“所有标注”“线性标注”“角度标注”“半径标注”“直径标注”“坐标标注”和“引线和公差”等选择项。

（3）单击“继续”按钮，弹出“新建标注样式”对话框，如图 1-75 所示。

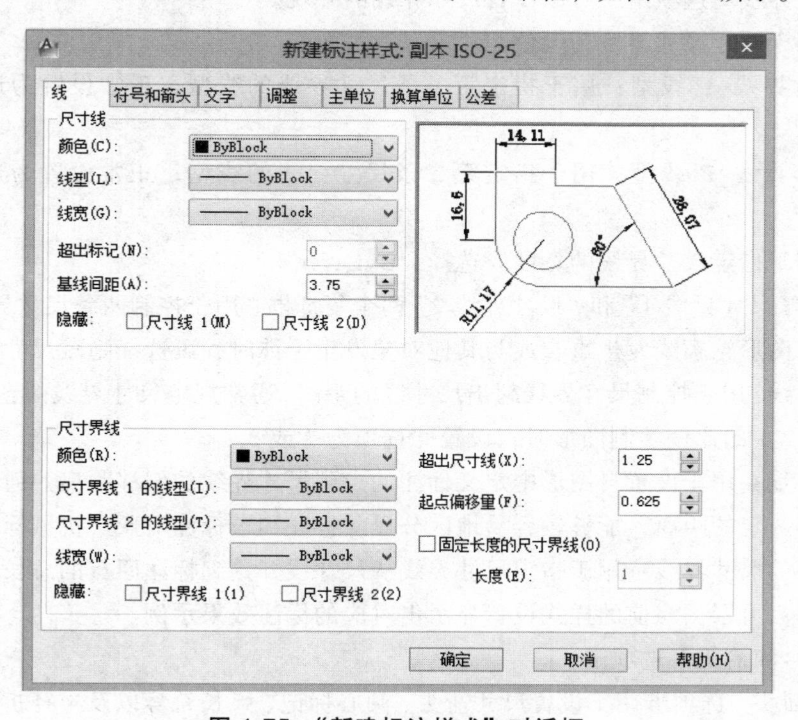

图 1-75 “新建标注样式”对话框

对话框中有“线”“符号和箭头”“文字”“调整”、“主单位”“换算单位”和“公差”7 个选项卡，分别介绍如下：

①“线”选项卡。

在“线”选项卡中，可以对尺寸线、尺寸界线进行设置。“线”选项卡中包括以下设置内容：

a. 设置尺寸线。

在“尺寸线”选项组中可以设置影响尺寸线的一些变量。

颜色：用于选择尺寸线的颜色。

线型：用于选择尺寸线的线型。

线宽：用于指定尺寸线的宽度。

经验提示：由于上述三项在“尺寸和公差”图层中已经设置好了，所以此处均选择“ByLayer”。

超出标记：指定当箭头使用倾斜、建筑标记、积分和无标记时，尺寸线超过尺寸界线的距离。此处使用默认值。

基线间距：决定平行尺寸线间的距离。如创建基线型尺寸标注时，相邻尺寸线间的距离由该选项控制。建议设置为 8。

隐藏：有“尺寸线 1”和“尺寸线 2”两个复选框，用于控制尺寸线两端的可见性。同时选中两个复选框时，将不显示尺寸线。不建议勾选。

b. 控制尺寸界线。

在“尺寸界线”选项组中可以设置尺寸界线的外观。

颜色：用于选择尺寸界线的颜色。

线型尺寸界线 1 线型：用于指定第一条尺寸界线的线型，正常设置为连续线。选择“ByLayer”。

线型尺寸界线 2 线型：用于指定第二条尺寸界线的线型，正常设置为连续线。选择“ByLayer”。

线宽：用于指定尺寸界线的宽度。选择“ByLayer”。

隐藏：有“尺寸界线 1”和“尺寸界线 2”两个复选框，用于控制两条尺寸界线的可见性。当尺寸界线与图形轮廓线发生重合或与其他对象发生干涉时，可选择隐藏尺寸界线。

超出尺寸线：用于控制尺寸界线超出尺寸线的距离，通常规定尺寸界线的超出尺寸为 2 ~ 3 mm，使用 1∶1 的比例绘制图形时，设置此选项为 2 或 3。

起点偏移量：用于设置自图形中定义标注的点到尺寸界线的偏移距离。通常尺寸界线与标注对象间有一定的距离，能够较容易地区分尺寸标注和被标注对象。机械标注设置为 0。

固定长度的尺寸界线：用于指定尺寸界线从尺寸线开始到标注原点的总长度。

预览窗口：可根据当前的样式设置显示出对应的标注效果示例。

② “符号和箭头”选项卡。

“符号和箭头”选项卡用于设置尺寸箭头、圆心标记、弧长符号以及半径折弯标注和线性折弯标注等方面的格式，如图 1-76 所示。下面分别对箭头、圆心标记、弧长符号和半径折弯标注的设置方法进行详细介绍：

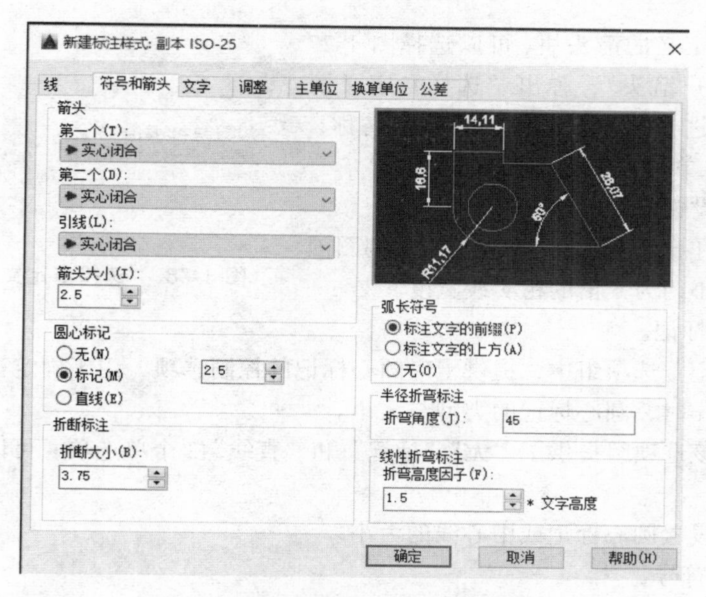

图 1-76 “符号和箭头”对话框

a.“箭头”的使用。

在“箭头”选项组中，提供了对尺寸箭头的控制选项，用于确定尺寸线两端的箭头样式。

第一项：用于设置第一条尺寸线的箭头样式。

第二个：用于设置第二条尺寸线的箭头样式。

当改变第一个箭头的类型时，第二个箭头将自动改变，以同第一个箭头相匹配。

AutoCAD 提供了 19 种标准的箭头类型，如图 1-77 所示。其中默认设置“实心闭合”就是机械制图专用箭头类型，其他类型可以通过滚动条来进行选取。

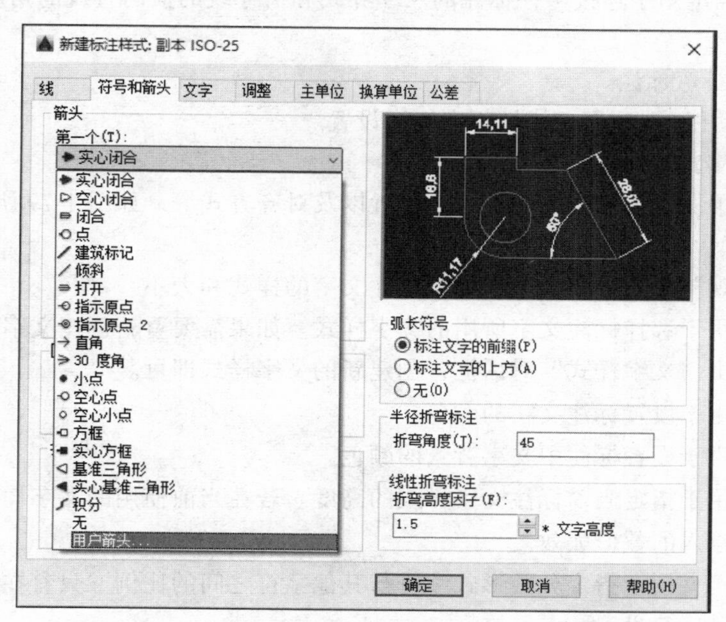

图 1-77 箭头类型

要指定用户定义的箭头块，可以选择图 1-77 中最下面的“用户箭头”，弹出“选择自定义箭头块”对话框，选择用户定义的箭头块的名称，如图 1-78 所示，单击“确定”按钮即可。

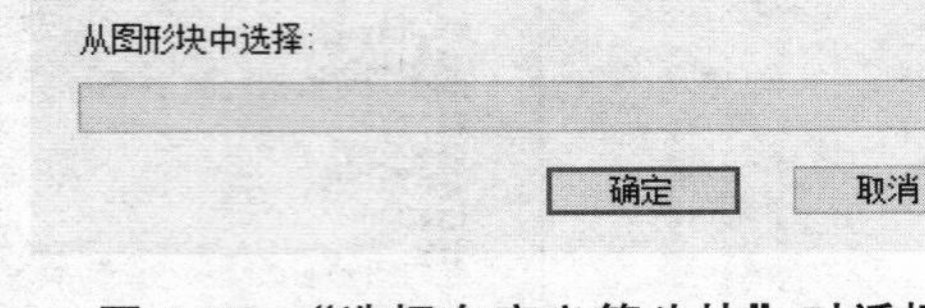

图 1-78 “选择自定义箭头块”对话框

引线：用于设置引线标注时的箭头样式。

箭头大小：用于设置箭头的大小。机械制图国标规定，箭头大小约为 6 倍的粗实线宽度。

b. 设置圆心标记。

在“圆心标记”选项组中，提供了对圆心标记的控制选项，用于确定当对圆或圆弧执行标注圆心标记操作时，圆心标记的类型与大小。

圆心标记：该选项组提供了“无”“标记”和“直线”3 个单选项，可以设置圆心标记或画中心线。

大小：用于设置圆心标记或中心线的大小。

c. 设置弧长符号。

在“弧长符号”选项组中，提供了弧长标注中圆弧符号的显示控制选项，用于为圆弧标注长度尺寸时的设置。

标注文字的前缀：用于将弧长符号放在标注文字的前面。

标注文字的上方：用于将弧长符号放在标注文字的上方。

无：用于不显示弧长符号。

d. 设置半径折弯标注。

在“半径折弯标注”选项组中，提供了折弯（Z 字形）半径标注的显示控制选项。通常用于标注尺寸的圆弧的中心点位于较远位置时。

折弯角度：确定用于连接半径标注的尺寸界线和尺寸线的横向直线的角度。如图 1-77 所示折弯角度为 45°。

e. 设置线性折弯标注。

“线性折弯标注”选项用于线性折弯标注设置。

③ “文字”选项卡。

此选项卡用于设置尺寸文字的外观、位置以及对齐方式等，如图 1-79 所示。

a. 文字外观。

在“文字外观”选项组中，可以设置尺寸文字的样式和大小。

文字样式：用于选择标注文字所用的文字样式。如果需要重新创建文字样式，可以单击右侧的按钮，弹出“文字样式”对话框，创建新的文字样式即可。

文字颜色：用于设置标注文字的颜色。

填充颜色：用于设置标注中文字背景的颜色。

文字高度：用于指定当前标注文字样式的高度。若在当前使用的文字样式中设置了文字的高度，则此项输入的数值无效。

分数高度比例：用于指定分数形式字符与其他字符之间的比例。只有在选择支持分数的标注格式时，才可进行设置。

绘制文字边框：用于给标注文字添加一个矩形边框。

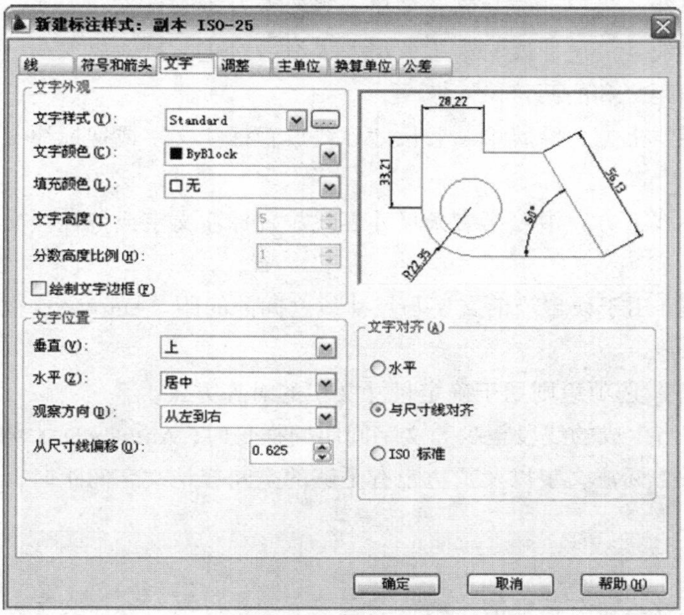

图 1-79　“文字”选项卡

b. 文字位置。

在“文字位置”选项组中，可以设置控制尺寸文字的位置。在“垂直”下拉列表框中包含“居中”“上”“外部”“JIS”和“下”5 个选项，用于控制标注文字相对尺寸线的垂直位置。选择某项时，在对话框的预览框中可以观察到标注文字的变化，如图 1-80 所示。

居中：将标注文字放在尺寸线的两部分中间。

上：将标注文字放在尺寸线上方。

外部：将标注文字放在尺寸线上离标注对象较远的一边。

JIS：按照日本工业标准“JIS”放置标注文字。

下：将标注文字放在尺寸线下方。

在“水平”下拉列表框中，包含“居中”“第一条尺寸界线”“第二条尺寸界线”“第一条尺寸界线上方”和“第二条尺寸界线上方”5 个选项，用于控制标注文字相对于尺寸线和尺寸界线的水平位置，如图 1-81 所示。

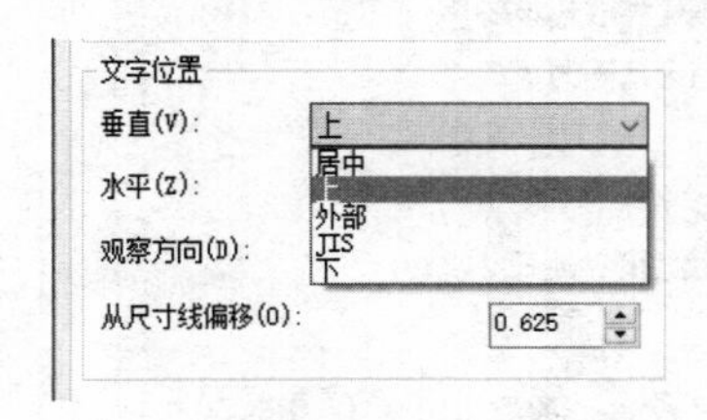

图 1-80　“垂直”下拉列表框

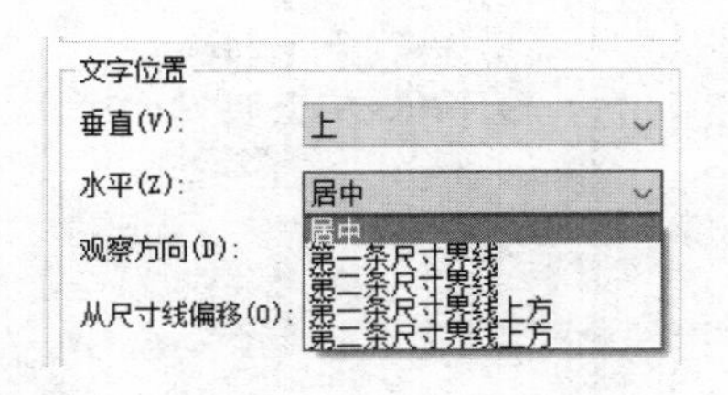

图 1-81　“水平”下拉列表框

居中：把标注文字沿尺寸线放在两条尺寸界线的中间。

第一条尺寸界线：沿尺寸线与第一条尺寸界线左对正。

第二条尺寸界线：沿尺寸线与第二条尺寸界线右对正。尺寸界线与标注文字的距离是箭头大小加上文字间距之和的两倍。

第一条尺寸界线上方：沿着第一条尺寸界线放置标注文字或把标注文字放在第一条尺寸界线之上。

第二条尺寸界线上方：沿着第二条尺寸界线放置标注文字或把标注文字放在第二条尺寸界线之上。

从尺寸线偏移：用于设置当前文字与尺寸线之间的间距。AutoCAD 也将该值用作尺寸线线段所需的最小长度。

c. “文字对齐”选项组则用于确定尺寸文字的对齐方式。

经验提示：仅当生成的线段至少与文字间距同样长时，AutoCAD 才会在尺寸界线内侧放置文字。仅当箭头、标注文字以及页边距有足够的空间容纳文字间距时，才将尺寸上方或下方的文字置于内侧。

④ “调整”选项卡。

在“新建标注样式”对话框的“调整”选项卡中，可以对标注文字、箭头、尺寸界线之间的位置关系和其他一些特征进行设置，如图 1-82 所示。

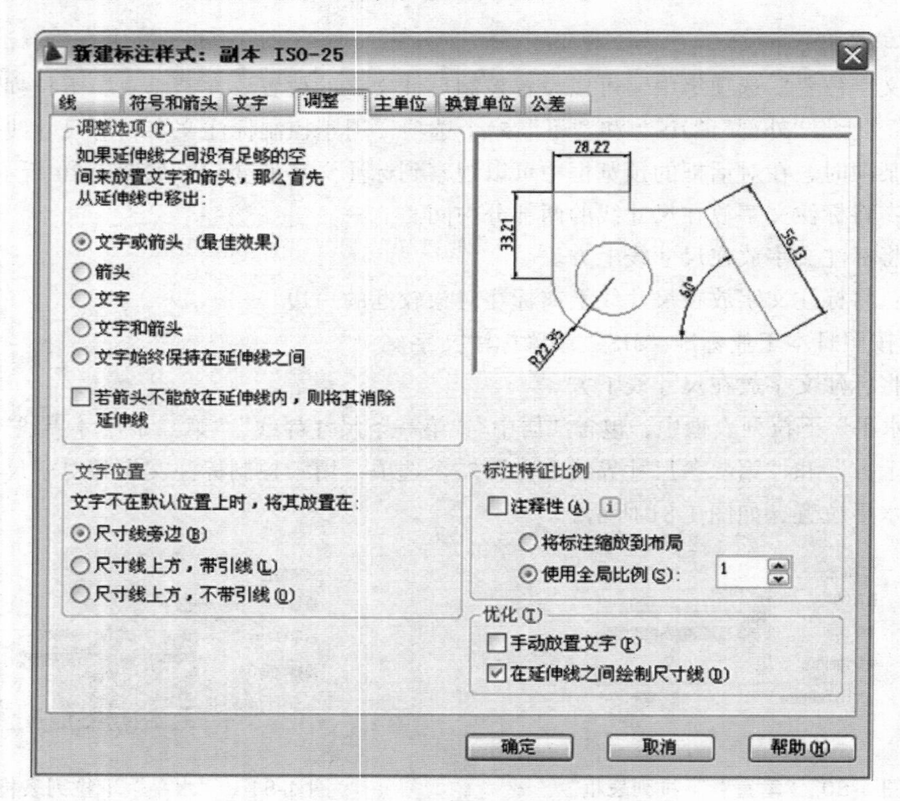

图 1-82 “调整”选项卡

a. 调整选项。

“调整选项”选项组确定当尺寸界线之间没有足够的空间同时放置尺寸文字和箭头时，应首先从尺寸界线之间移出尺寸文字和箭头的哪一部分，用户可通过该选项组中的各单选按钮进行选择。

经验提示：当尺寸间的距离仅够容纳文字时，文字放在尺寸线内，箭头放在尺寸线外；当尺寸界线间的距离仅够容纳箭头时，箭头放在尺寸界线内，文字放在尺寸界线外；当尺寸界线间的距离既不够放文字又不够放箭头时，文字和箭头都放在尺寸界线外。

b. 文字位置。

“文字位置”选项用于确定当尺寸文字不在默认位置时，应将其放在何处，即调整文字在尺寸线上的位置。

c. 标注特征比例。

“标注特征比例”选项组用于设置全局标注比例值或图纸空间比例，即设置所标注尺寸的缩放关系。

d. 优化。

“优化”选项组用于设置标注尺寸时是否进行附加调整。

⑤ “主单位”选项卡。

在“新建标注样式”对话框的“主单位”选项卡中，可以设置主标注单位的格式和精度，并设置标注文字的前缀和后缀，如图 1-83 所示。

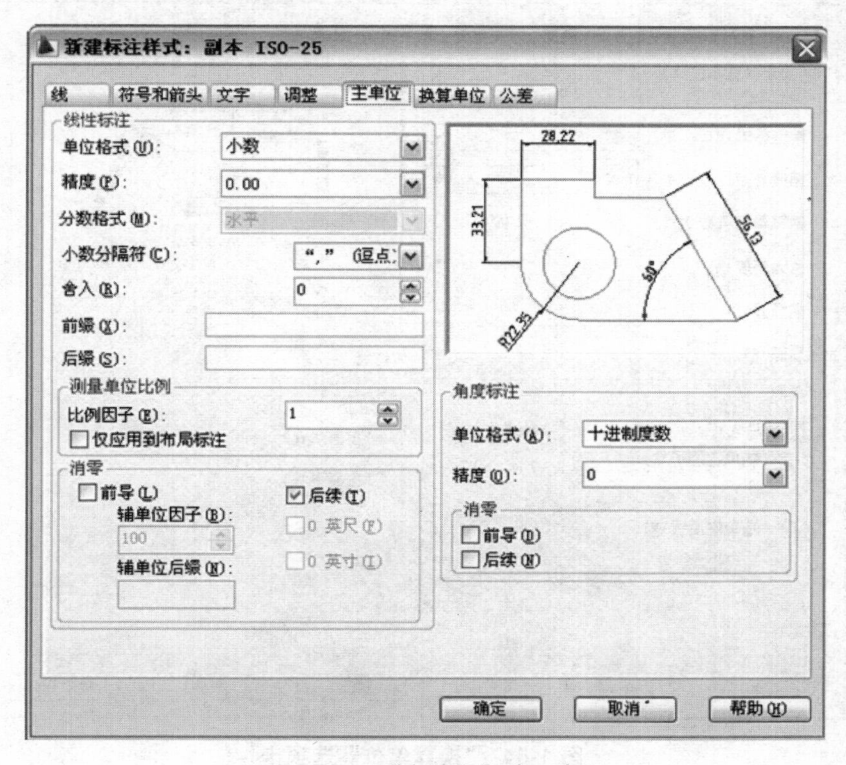

图 1-83 “主单位”选项卡

a. 线性标注。

“线性标注”选项组用于设置线性标注的格式、精度以及测量单位比例和是否消零。

b. 角度标注。

“角度标注”选项组用于确定标注角度尺寸时的单位、精度以及是否消零。

⑥ “换算单位”选项卡。

在“新建标注样式”对话框的“换算单位”选项卡中，选择“显示换算单位”复选框，则当前对话框变为可设置状态。此选项卡中的选项可用于设置文件的标注测量值中换算单位的显示，并设置其格式和精度，如图 1-84 所示。

a. 显示换算单位。

“显示换算单位”复选框用于确定是否在标注的尺寸中显示换算单位。

b. 换算单位。

“换算单位”选项组用于确定换算单位的单位格式、精度等设置。

c. 消零。

“消零”选项组用于确定是否消除换算单位的前导或后续零。

d. 位置。

“位置”选项组则用于确定换算单位的位置。用户可在“主值后”与“主值下”之间选择。

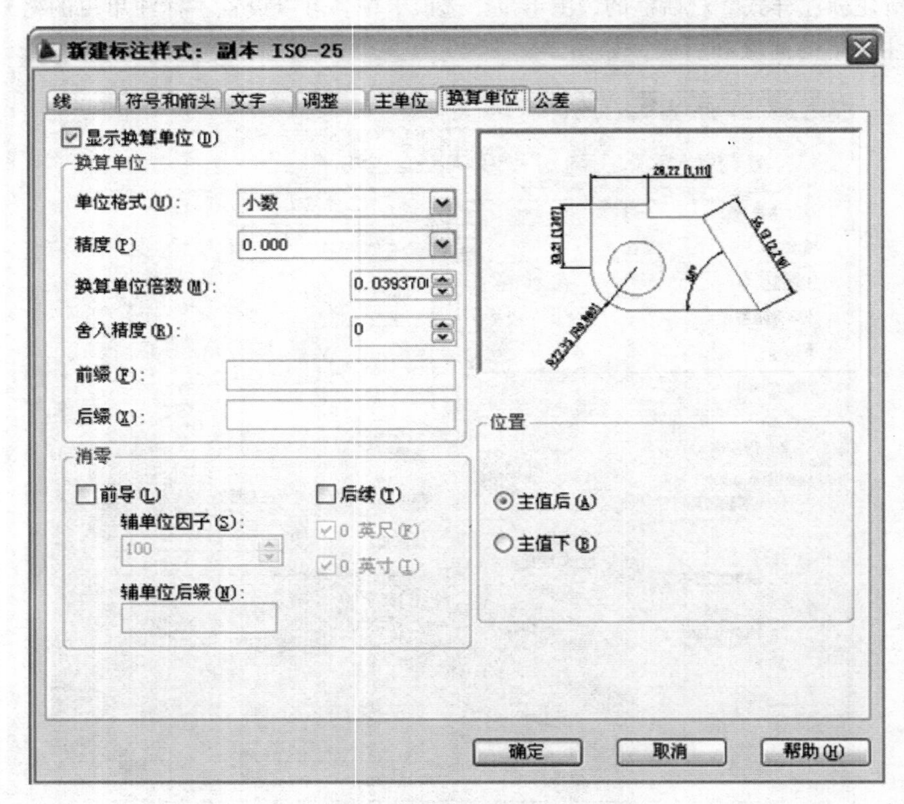

图 1-84 “换算单位”选项卡

⑦ “公差”选项卡。

在“新建标注样式”对话框的“公差”选项卡中，可以设置是否标注公差，如果标注公差的话，以何种方式进行标注，如图 1-85 所示。

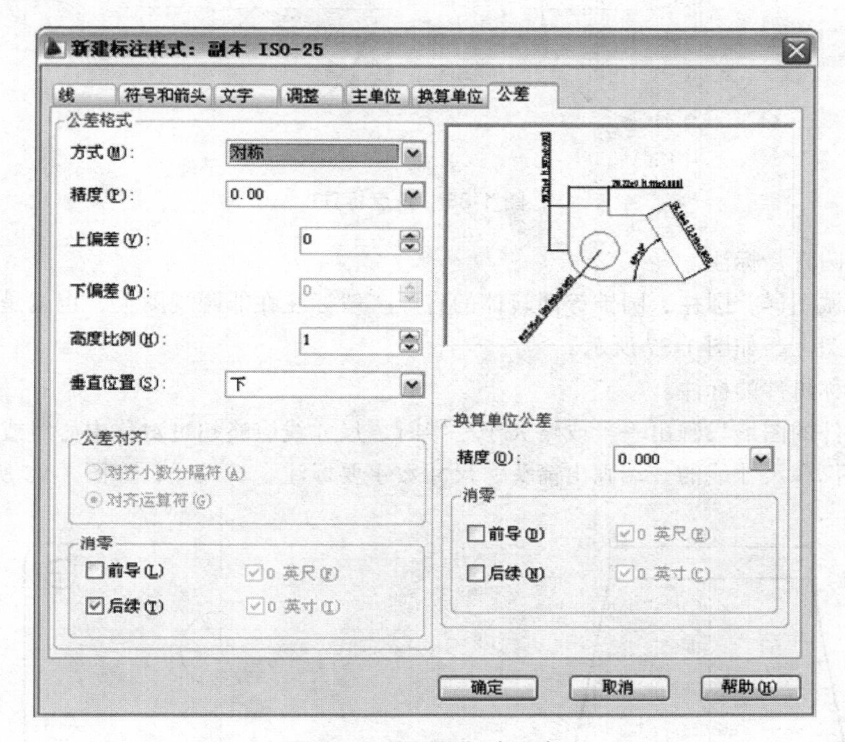

图 1-85 “公差”选项卡

a. 公差格式。

“公差格式”选项组用于确定公差的标注格式。注意在“公差对齐”中应该选择“对齐小数分隔符”。

b. 换算单位公差。

“换算单位公差”选项组用于确定当标注换算单位时换算单位公差的精度与是否消零。

（4）单击“确定”按钮，即可建立新的标注样式，其名称显示在“标注样式管理器”对话框的“样式”列表下。

（5）在“样式”列表内选中刚创建的标注样式，单击“置为当前”按钮，即可将该样式设置为当前使用的标注样式。

（6）单击“关闭”按钮，即可关闭对话框，完成尺寸标注样式的设置，并返回绘图窗口。

3. 国标对尺寸标注的规定

（1）角度标注。

标注角度的数字，一律写成水平方向，一般应水平填写在尺寸线的中断处，如图 1-86（a）所示；必要时可以写在尺寸线的上方或外面，也可以引线标注，如图 1-86（b）所示。

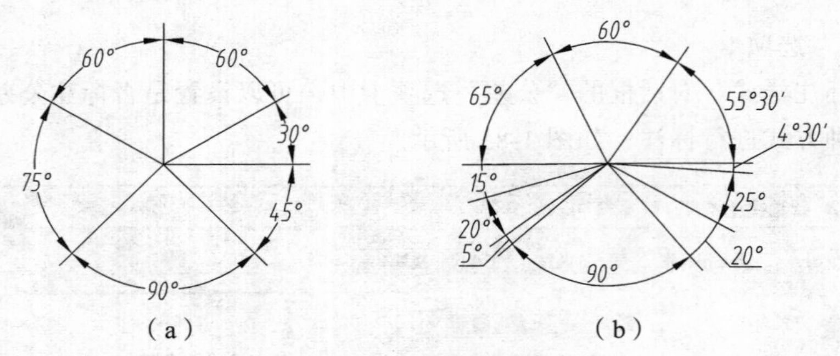

图 1-86　角度标注

（2）非圆直径标注。

对于机械图样，圆柱、圆锥等回转体的直径一般标注在非圆视图上，也就是标注在投影为直线的视图上，如图 1-87 所示。

（3）对称机件的标注。

对称机件的图形只画出一半或略大于一半时，尺寸线应略超过对称中心线或断裂处的边界线，此时仅在尺寸线的一端画出箭头，尺寸数字要标注全长尺寸，如图 1-88 所示。

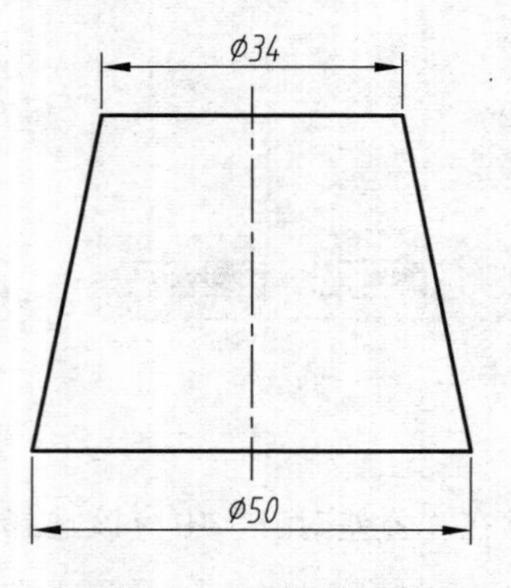

图 1-87　非圆直径标注

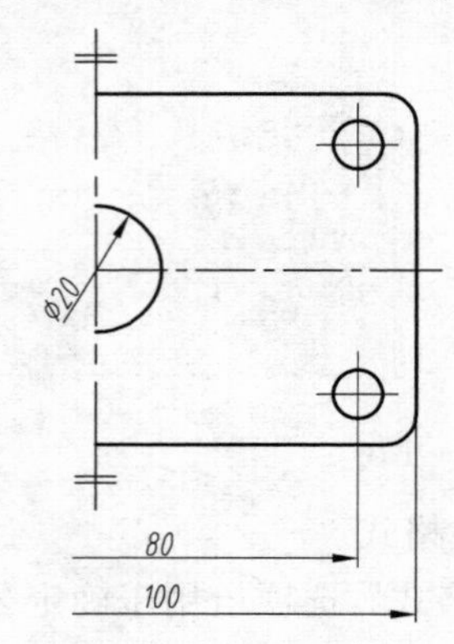

图 1-88　对称机件的标注

（4）AutoCAD 中相关术语的介绍。

① 与尺寸标注相关的术语（见图 1-89）。

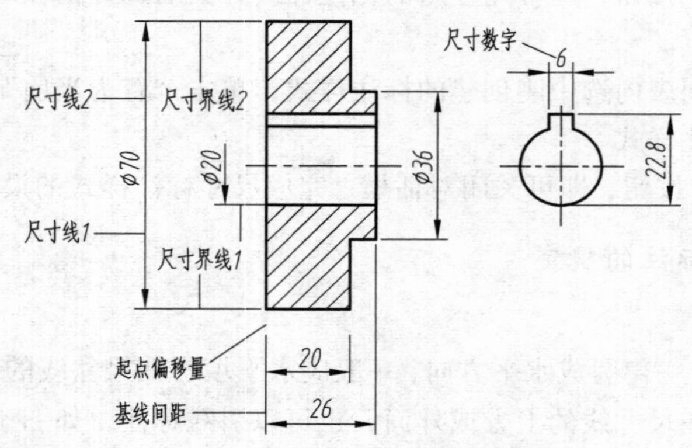

图 1-89　选项卡中出现的相关术语

② 各种标注样式（见图 1-90）。

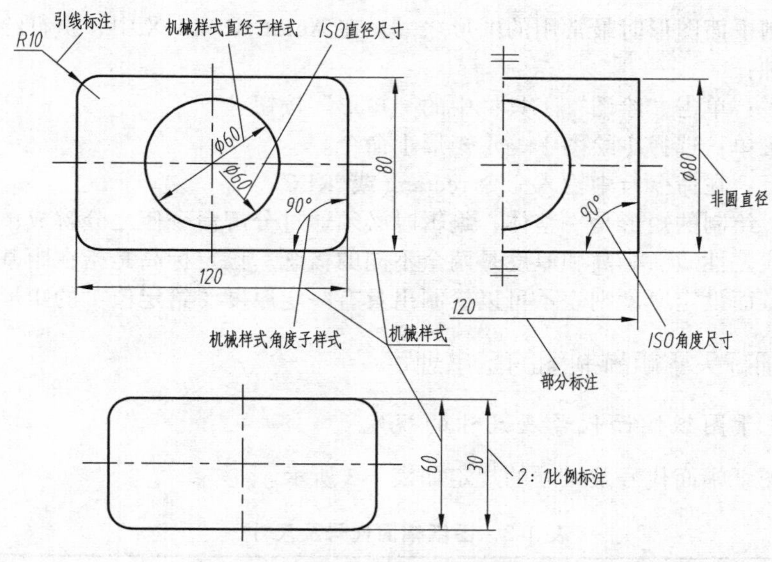

图 1-90　需要设置的各种标注样式

（十三）偏移命令

对图形中相同或相近的对象，不论其复杂程度如何，只要完成一个后，便可以通过复制操作产生其他的若干个。复制操作可分为偏移命令、镜像命令、复制命令和阵列命令等，通过复制操作的使用可以减轻大量的重复劳动。

创建同心圆、平行线或等距曲线时，经常用到偏移操作，偏移操作又称为偏移复制。

绘图过程中，单一对象可以将其偏移，从而产生复制的对象。偏移时根据偏移距离会重新计算其大小。偏移对象可以是直线、曲线、圆、封闭图形等。

偏移复制是将图形对象按指定距离平行复制，或通过指定点将图形对象平行复制。在 AutoCAD201X 中，执行偏移命令的方法有以下 3 种：

（1）工具栏：单击修改工具栏中的“偏移”按钮。

（2）下拉菜单：选择【修改】→【偏移】命令。

（3）命令行：在命令行中输入命令 offset。

经验提示：

（1）直线、构造线、射线的等距离偏移为平行复制（直线是等长的平行复制）；圆弧的等距离偏移为圆心角相同的同心圆弧，但新圆弧的长度要发生改变；多段线的等距离偏移为多段线，其组成部分将自动调整；对圆或椭圆作偏移后，新圆、新椭圆与旧圆、旧椭圆有同样的圆心，但新圆的半径或新椭圆的轴长要发生变化。

（2）如果用给定距离的方式生成等距离偏移对象，对于多段线其距离按中心线计算。

（3）偏移时一次只能偏移一个对象，如果想要偏移多条线段，可以将其转为多段线来进行偏移。偏移常应用于根据尺寸绘制的规则图样中，主要是相互平行的直线间相互复制。偏移命令比复制命令要求键入的数值少，使用比较方便，常用于标题栏的绘制。

（十四）矩形命令

矩形是绘制平面图形时最常用的图形之一。在 AutoCAD 201X 中，执行绘制矩形命令的方法有以下 3 种：

（1）工具栏：单击“绘图”工具栏中的“矩形”按钮。

（2）下拉菜单：选择【绘图】→【矩形】命令。

（3）命令行：在命令行中输入命令 rectang 或 REC。

经验提示：绘制的矩形是一整体，编辑时必须通过分解命令使之分解成单个的线段，同时矩形也失去线宽性质。标高和厚度是两个不同的概念。设定标高是指在距基面一定高度的面内绘制矩形，而设定厚度则表示可以绘制出具有一定厚度（给定值）的矩形。

（十五）国标关于机械制图的基本规定

1. 国标关于图纸幅面代号及尺寸的规定

国标关于图纸幅面代号及尺寸的规定如表 1-3 所示。

表 1-3　图纸幅面代号及尺寸　　mm

幅面代号	A0	A1	A2	A3	A4
$B \times L$	841×1189	594×841	420×594	297×420	210×297
e	20		10		
c	10			5	
a	25				

2. 国标关于图幅和图框的规定

图纸幅面简称图幅，是由图纸的宽度和长度组成的图面，即图纸的有效范围。图幅通常用细实线绘出，称为图纸边界线或裁纸线。基本幅面有 5 种：A0 ~ A4。

图框是指绘图的有效范围，是图纸上限定绘图区域的线框。图框在图纸上必须用粗实线画出，图样绘制在图框内部，其格式分为不留装订边和留装订边两种，图纸可以横放（X 形），也可以竖放（Y 形），如图 1-91 所示。

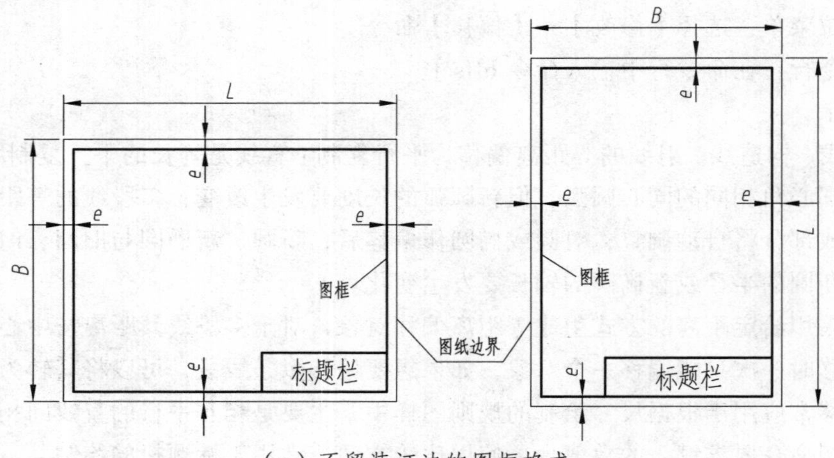

（a）不留装订边的图框格式

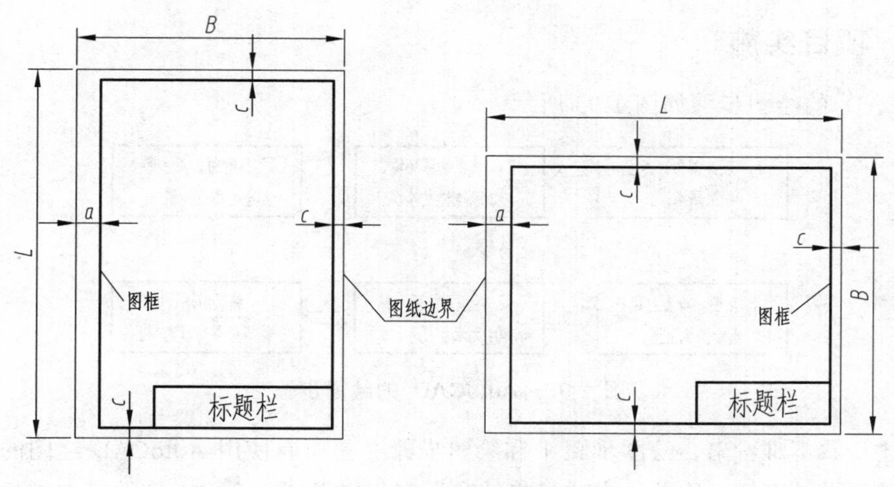

（b）留装订边的图框格式

图 1-91 图框的格式

3. 国标关于标题栏的规定

标题栏用来表示零部件名称、所用材料、图形比例、图号、设计者、审核者、单位名称等。由于标题栏的格式较复杂，如图 1-92（a）所示，因此学校的制图作业使用的标题栏推荐用如图 1-92（b）所示的标题栏。标题栏位于图纸的右下角，四周是粗实线，内部是细实线。

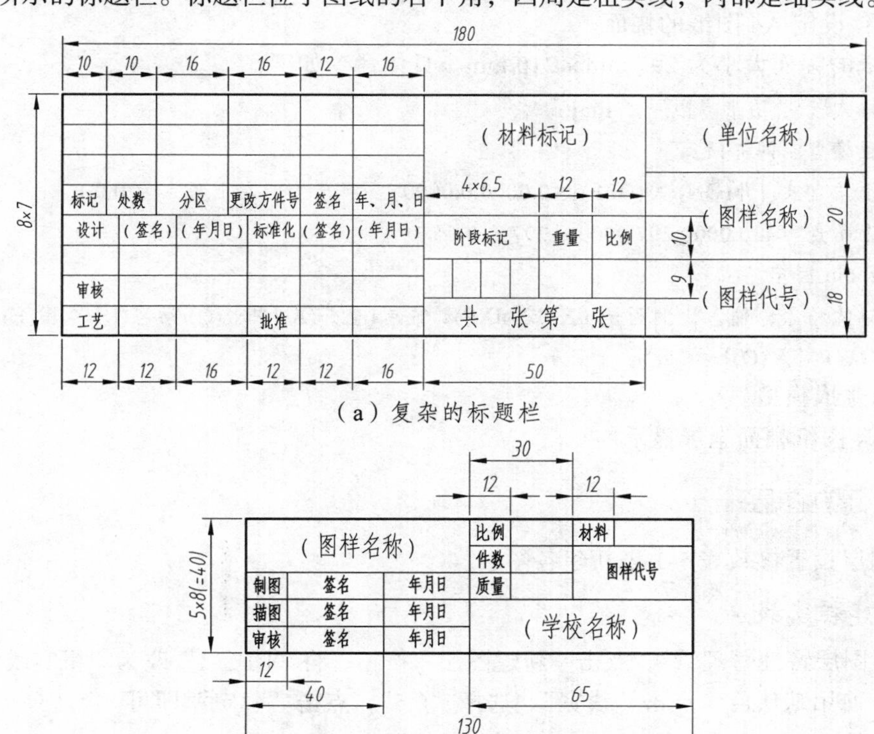

（b）学校用标题栏

图 1-92 标题栏

三、项目实施

AutoCAD 的绘图步骤如图 1-93 所示。

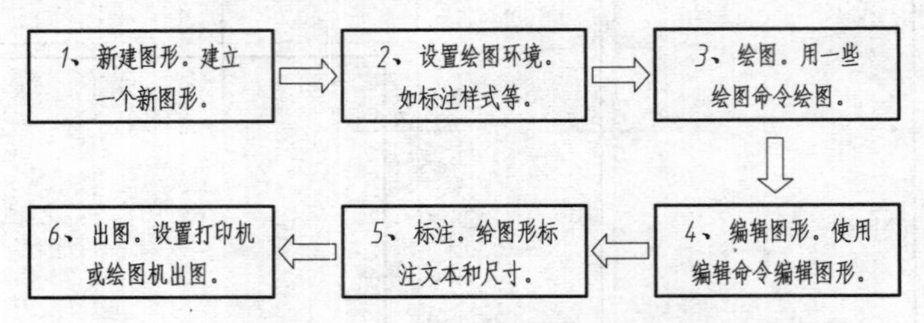

图 1-93 AutoCAD 的绘图步骤

由上述步骤不难看出，绘图步骤 1 和绘图步骤 2 是所有使用 AutoCAD 绘图的人员每一次都必须重复做的事情，因此，本项目将教会大家如何得到一个 A4 初始横向样板文件，以便绘图时直接调用，而不是每一次绘图都要去重复步骤 1 和步骤 2。

（一）设置 A4 横向图纸幅面

步骤 1：新建文件。

打开 AutoCAD 软件，点击“新建”按钮，系统会弹出“选择样板”对话框，选用缺省的 acadiso.dwt 文件[公制样板文件（420×297）]，点击“打开”按钮。

步骤 2：设定 A4 图纸的幅面。

A4 图纸的幅面大小为 297 mm × 210 mm。具体命令如下：

点击“格式”/“图形界限”：'_limits

重新设置模型空间界限：

指定左下角点或 [开(ON)/关(OFF)] <0.0000,0.0000>：回车（即左下角点为 0,0）

指定右上角点 <420.0000,297.0000>: 297,210 回车

命令：zoom 回车

指定窗口的角点，输入比例因子(nX 或 nXP)，或者[全部(A)/中心(C)/动态(D)/范围(E)/上一个(P)/比例(S)/窗口(W)/对象(O)] <实时>：a 回车

正在重生成模型。

这时 A4 图纸幅面全屏显示。

（二）建立图层

按照图层设置参数表 1-1 来新建各图层。

1. 新建粗实线层

打开“图层特性管理器”，点击“新建图层”按钮，将“图层 1”改为“粗实线”。“颜色”和“线型”使用默认值。点击“线宽”，选择“0.5”，点击“确定”即可。

2. 新建其他图层

按照新建粗实线层的方法，依次新建“粗虚线层”“粗点画线层”“细实线、波浪线、双

折线层”“细虚线层”“细点画线层”……“剖面线层”。

新建好的各种图层如图 1-94 所示。

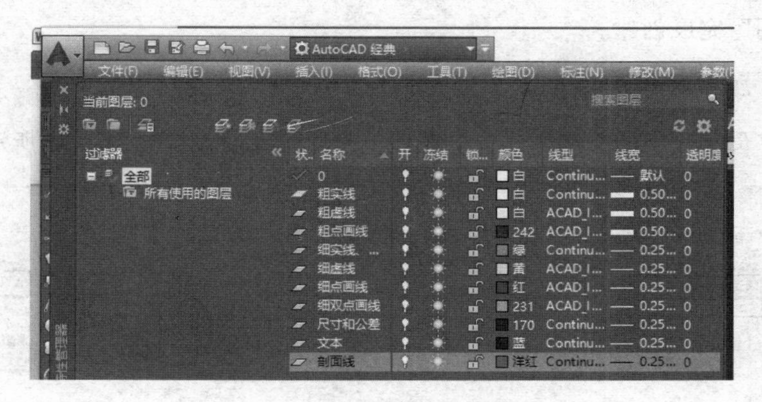

图 1-94　新建好的各种图层

（三）建立文字样式

在绘制机械图形时，汉字主要用于书写文字技术要求和填写标题栏及明细表，而字母和阿拉伯数字主要用来标注尺寸及技术要求（如表面粗糙度等）。虽然 AutoCAD 提供了缺省的文字样式“standard”，但是其中的参数设置并不符合国家标准的有关规定，因此，还需要按照表 1-2 来建立两种文字样式。

1. 执行建立文字样式的命令

在下拉菜单选择【格式】→【文字样式】，或者用命令行方式输入“style”或单击工具栏中的文字样式按钮，弹出“文字样式”对话框，如图 1-95 所示。

2. 新建长仿宋字文字样式

在弹出的“文字样式”对话框中单击“新建”按钮，弹出“新建文字样式”对话框，如图 1-96 所示。

图 1-95　“文字样式”对话框

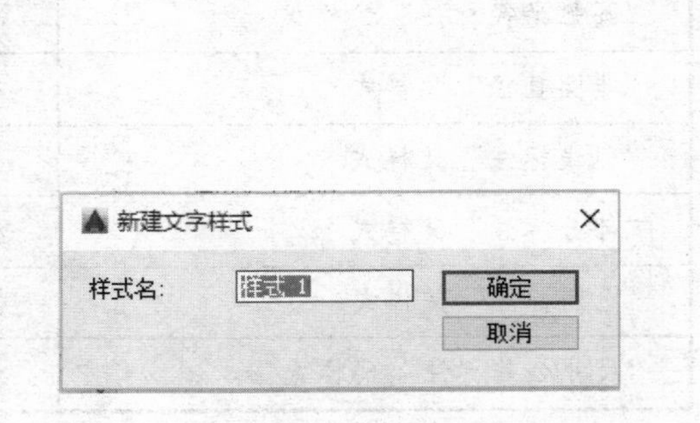

图 1-96　“新建文字样式”对话框

在“样式名”后输入“长仿宋字”，单击“确定”，返回到“文字样式”对话框。

设置其中的参数，如图 1-97 所示。

单击“应用”完成创建。

3. 新建字母和数字文字样式

对于创建字母和数字的文字样式，仿照以上步骤，参数设置如图 1-98 所示。

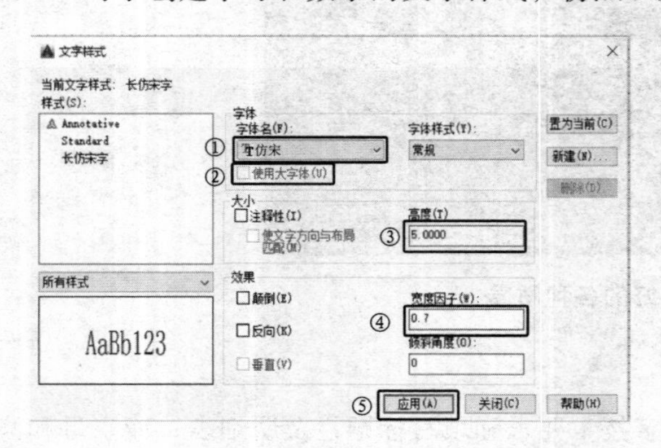

图 1-97 “长仿宋字”文字样式的设置

图 1-98 “字母和数字”文字样式的设置

（四）建立尺寸标注样式

表 1-4 列出了需要建立的各种尺寸标注样式的名称及其作用，可以参照其来设置常用的尺寸标注样式。

表 1-4 需要建立的各种尺寸标注样式的名称及其作用

样式的名称	作　用
“机械样式”父样式	标注线性尺寸
“机械样式→角度标注”的子样式	标注角度尺寸
“机械样式→直径标注”的子样式	在圆视图上标注直径尺寸
“圆弧半径标注”父样式	在圆弧视图上标注半径尺寸或者直径尺寸
“非圆直径”父样式	在直线段上（非圆视图上）标注直径
“引线标注”父样式	将圆或圆弧的尺寸文字放置于轮廓线之外并在水平位置
“部分标注”父样式	标注对称图形（只标注一半，也称半标注）
“比例标注”父样式	标注采用 2∶1 比例绘制的图形的尺寸
“尺寸公差标注”父样式	标注带有公差带代号或者极限偏差的尺寸

各种标注样式的建立过程介绍如下：

1. 创建“机械样式”父样式

（1）执行建立尺寸样式的命令。

在下拉菜单选择【格式】→【标注样式】，或用命令行方式输入“dimstyle”，或单击工具栏“标注样式”的按钮，弹出“标注样式管理器”对话框，如图 1-99 所示。

（2）新建“机械样式”父样式。

① 单击“新建”按钮，弹出“创建新标注样式”对话框。

② 在“新样式名”一栏填写“机械样式”。其余选项。如图 1-100 所示。

③ 单击“继续”按钮，弹出“新建标注样式：机械样式”对话框。

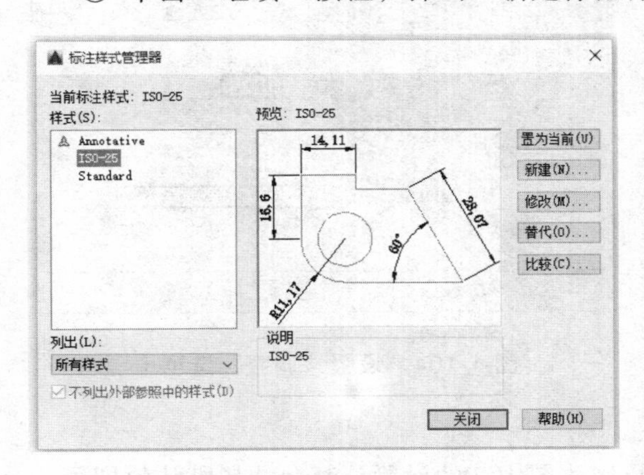

图 1-99 “标注样式管理器”对话框

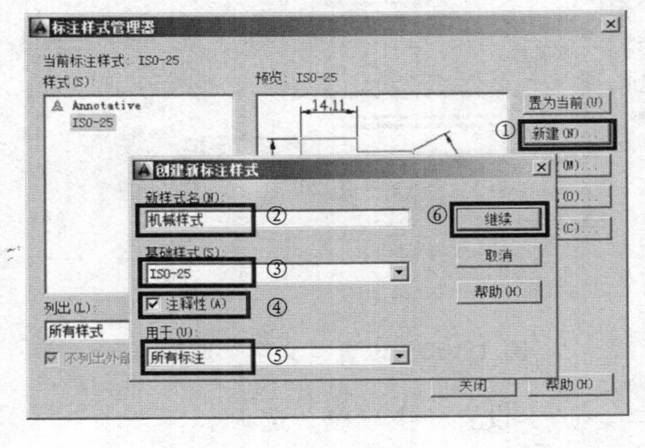

图 1-100 “创建新标注样式”对话框

（3）设置“线”选项卡。

按照图 1-101 来设置“线”选项卡，修改图中①、②、③的设置，其余选择默认值即可。

（4）设置“符号和箭头”选项卡。

按照图 1-102 来设置“符号和箭头”选项卡，只修改图中②的设置，其余选择默认值即可。

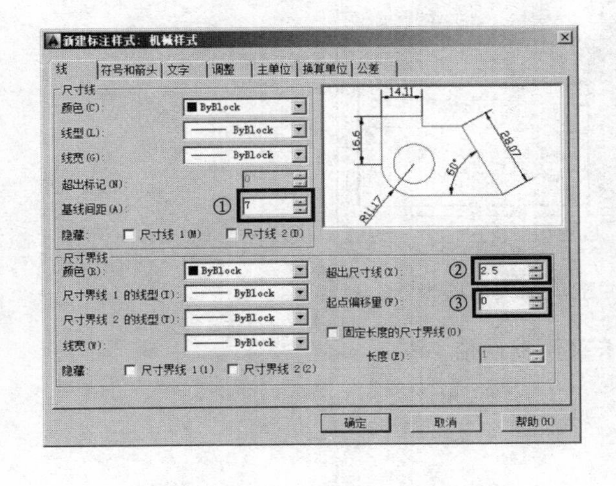

图 1-101 设置“线”选项卡

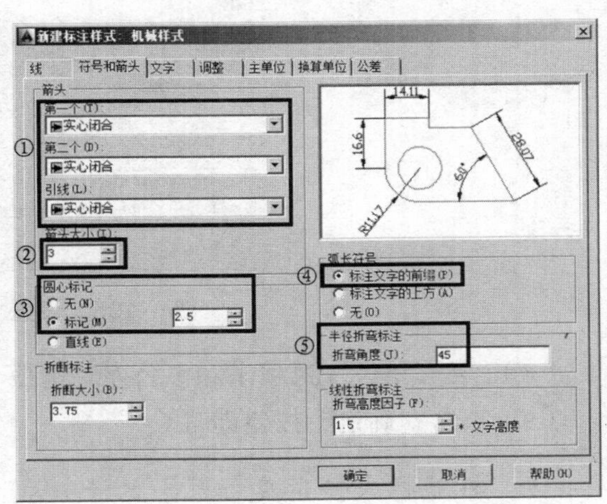

图 1-102 设置“符号和箭头”选项卡

（5）设置“文字”选项卡。

按照图 1-103 来设置“文字”选项卡，只修改图中①的设置，其余选择默认值即可。

（6）设置“调整”选项卡。

按照图 1-104 来设置“调整”选项卡，此选项卡无须调整，选择默认值即可。

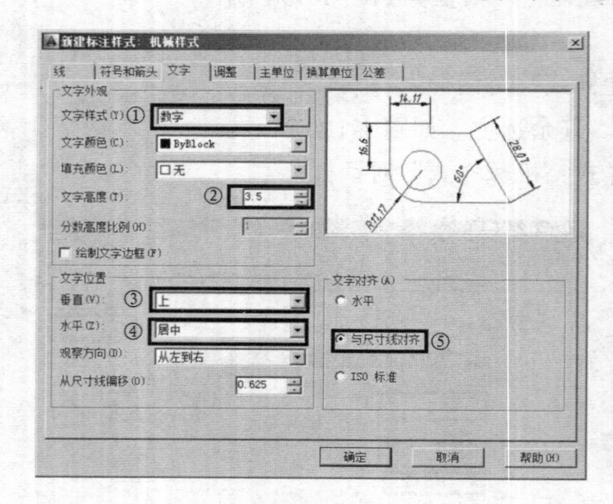

图 1-103　设置“文字”选项卡

图 1-104　设置“调整”选项卡

（7）设置“主单位”选项卡。

按照图 1-105 来设置“主单位”选项卡，只修改图中②的设置，其余选择默认值即可。

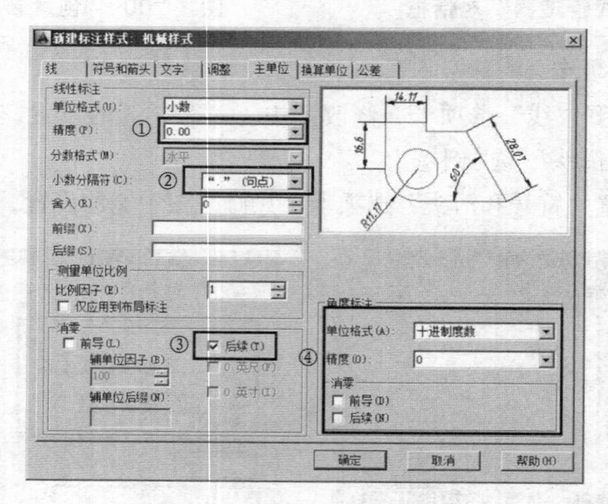

图 1-105　设置“主单位”选项卡

（8）“换算单位”选项卡和“公差”选项卡采用默认值。

（9）点击“确定”按钮即可。

2.“机械样式→角度标注”的子样式

如图 1-106(a)所示，在标注角度尺寸时，应使尺寸数字水平放置，而不应该是如图 1-106(b)所示的方向。

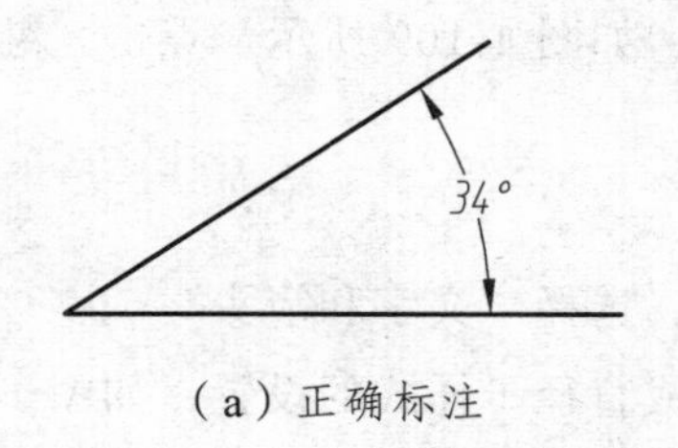

（a）正确标注

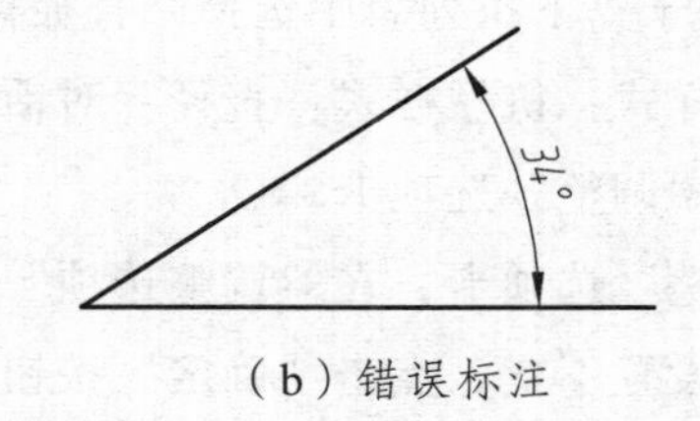

（b）错误标注

图 1-106　标注角度尺寸

因此，需要新建一个专门标注角度尺寸的样式，以便在进行角度标注时，只需要直接将“角度标注”置为“当前”，就可以达到使标注的角度数字为水平的效果。

（1）新建样式。

① 点击“新建”按钮，弹出“创建新标注样式”对话框。

② 在“基础样式”下拉列表中选择“机械样式”。

③ 在“用于”下拉列表中选择“角度标注”，如图 1-107 所示。点击“继续”按钮，弹出“新建标注样式：机械样式：角度”对话框。

（2）修改“文字”选项卡。

① 打开“文字”选项卡，在“文字位置”组中，从“垂直”下拉列表中选择“居中”。

② 在“文字对齐”组中，选择“水平”。

（3）其他设置不变，点击“确定”按钮，完成角度子样式的设置，如图 1-108 所示。

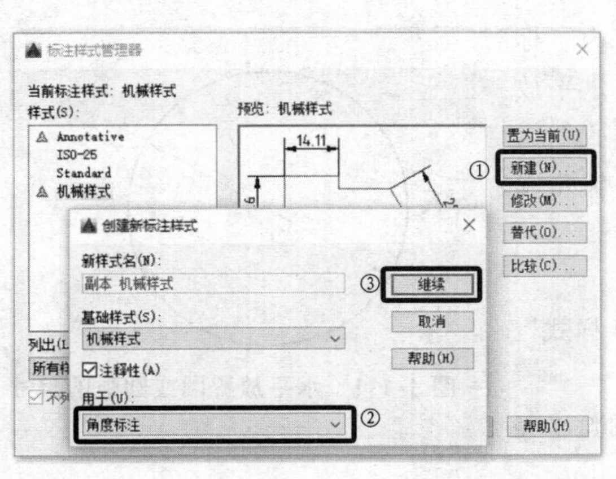

图 1-107　创建“角度标注”子样式

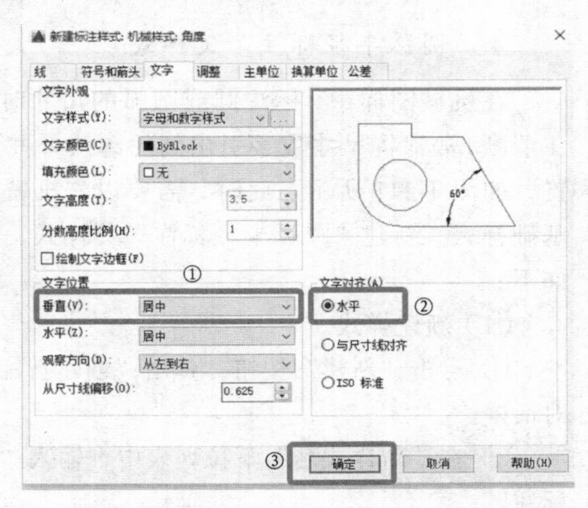

图 1-108　“角度标注”子样式的“文字”选项卡设置

3．“机械样式→直径标注”的子样式

（1）新建样式。

① 点击“新建”按钮，弹出“创建新标注样式”对话框。

② 在“基础样式”下拉列表中选择“机械样式”。

③ 在“用于”下拉列表中选择“直径标注”，如图 1-109 所示。点击“继续”按钮，弹出“新建标注样式：机械样式：直径”对话框。

（2）修改“调整”选项卡。

打开“调整”选项卡，在“调整选项”组中，选择“文字和箭头”。

（3）其他设置不变，点击“确定”按钮，完成直径子样式的设置，如图 1-110 所示。

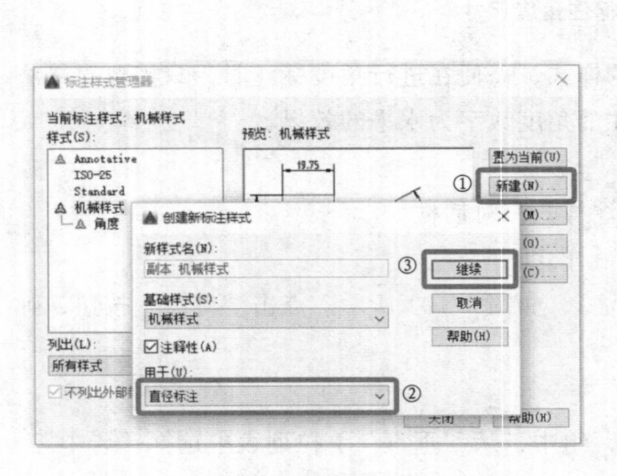

图 1-109　创建“直径标注”子样式

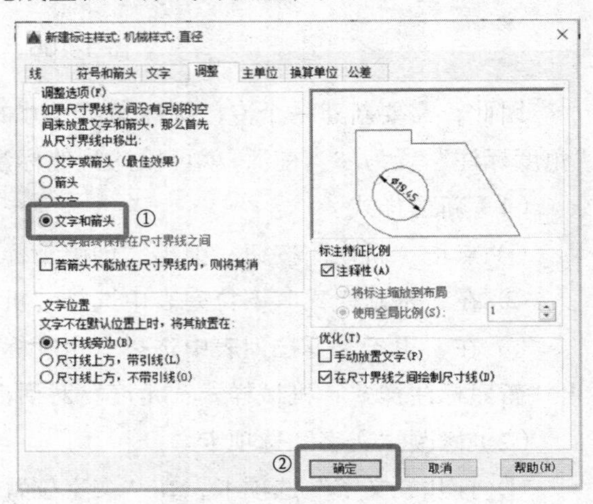

图 1-110　“直径标注”子样式的“调整”选项卡设置

4.“圆弧半径标注”父样式

在机械图样中，标注圆或圆弧的尺寸时，为了标注清晰，常常将尺寸数字引出到轮廓线外并且水平放置，如图 1-111 所示。此时，需要以“机械样式”为基础样式，新建“圆弧半径标注”父样式，具体步骤如下：

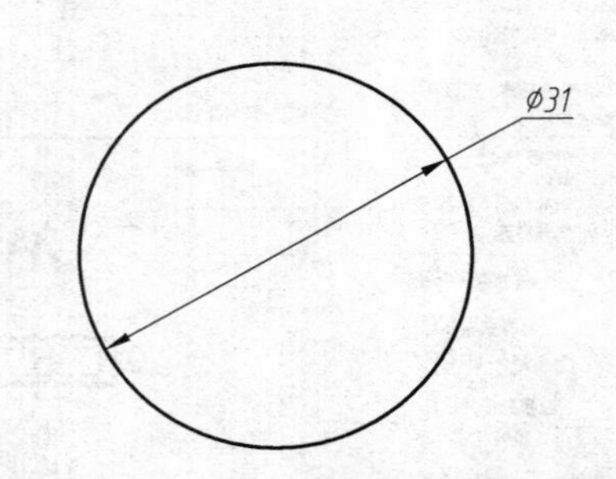

图 1-111　水平放置圆或圆弧的尺寸

（1）新建样式。

① 点击“新建”按钮，弹出“创建新标注样式”对话框。

② 在“新样式名”下拉列表中，输入“圆弧半径标注”。

③ 在“基础样式”下拉列表中选择“机械样式”。

④ 在“用于”下拉列表中选择“所有标注”，如图 1-112 所示。点击“继续”按钮，弹出“新建标注样式：圆弧半径标注”对话框。

（2）修改“文字”选项卡。

打开“文字”选项卡，在“文字对齐”选项组中，选择“水平”，如图 1-113 所示。

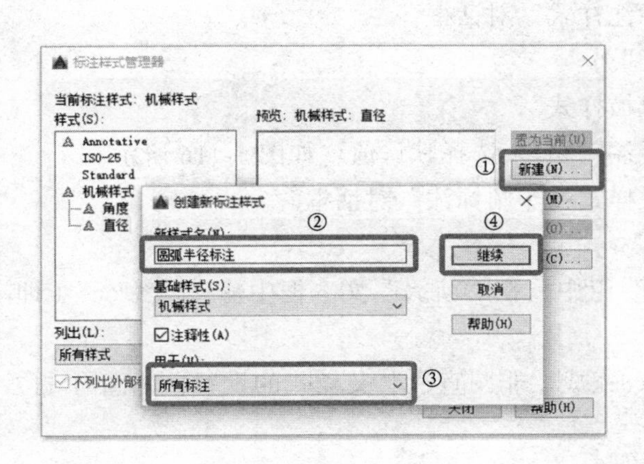

图 1-112　创建“圆弧半径标注”父样式

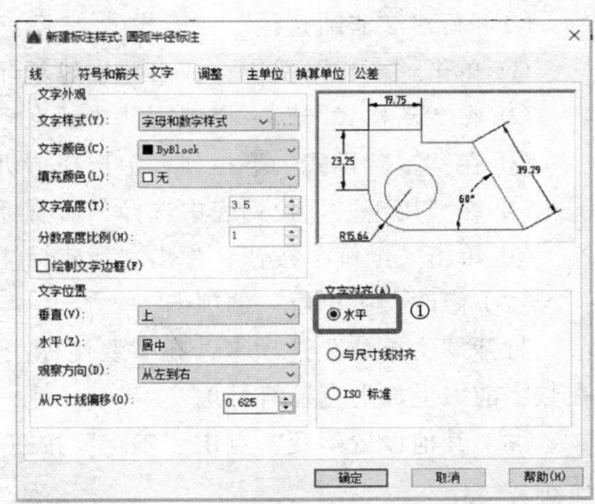

图 1-113　“新建标注样式：圆弧半径标注”中“文字”选项卡设置

（3）修改“调整”选项卡。

打开“调整”选项卡，在“优化”组中，选择“手动放置文字”。

（4）其他设置不变，点击“确定”按钮，完成“圆弧半径标注”父样式的设置，如图 1-114 所示。

5.“非圆直径”父样式

在机械图样中，一般将回转体（如圆柱、圆锥等）的直径标注在非圆视图中，即要将直线段的长度标注为直径，如图 1-115 所示。

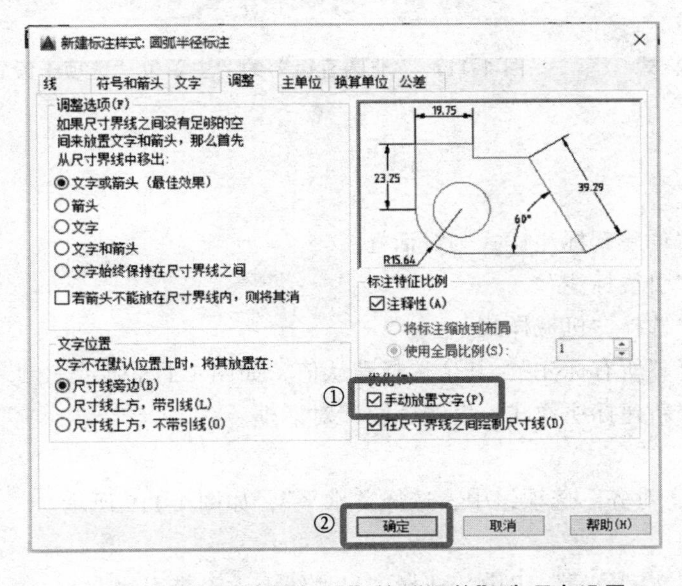

图 1-114　“圆弧半径标注”的“调整”选项卡设置

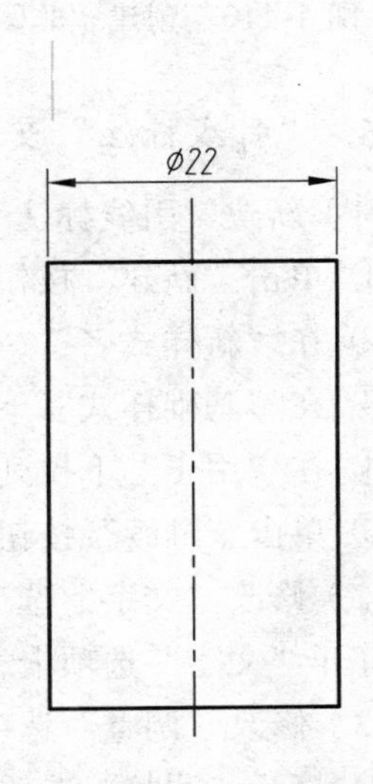

图 1-115　直径标注在非圆视图中

（1）新建“非圆直径”父样式。

① 单击“新建”按钮，弹出“创建新标注样式”对话框。

② 在“新样式名”一栏填写“非圆直径”。

③ 在“基础样式”下拉列表中选择“机械样式”。

④ 在“用于”下拉列表中选择“所有标注”，其余选择默认值，如图 1-116 所示。

⑤ 单击“继续”按钮，弹出“新建标注样式：非圆标注”对话框。

（2）修改“主单位”选项卡

打开“主单位”选项卡，在“线性标注”组中，在“前缀”文本框中输入“%%c”（即在数字前缀上加上直径符号）。

（3）其他设置不变，点击“确定”按钮，完成“非圆直径”父样式的设置，如图 1-117 所示。

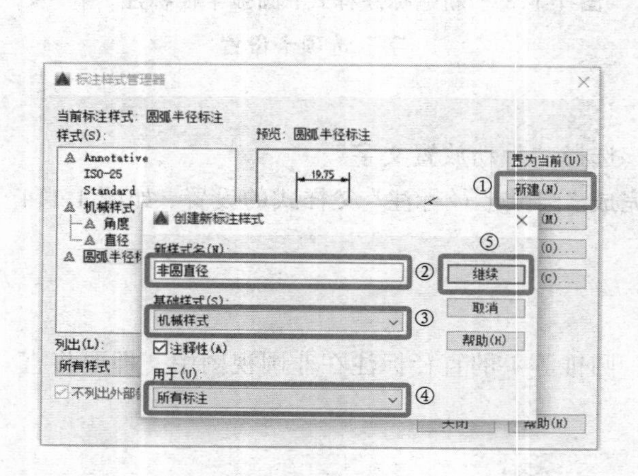

图 1-116 创建“非圆直径”父样式

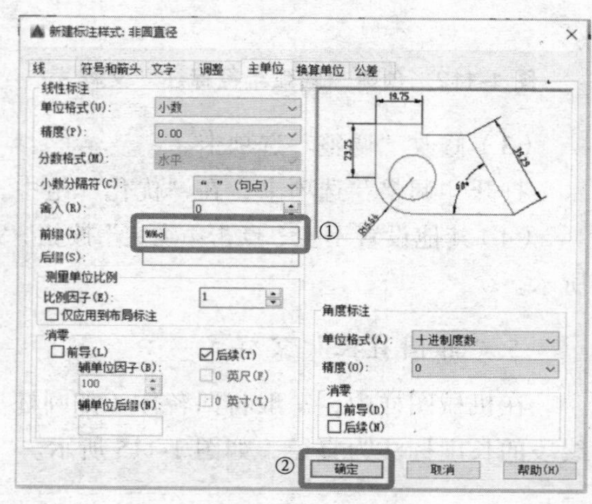

图 1-117 “非圆直径”的“主单位“选项卡设置

6. “引线标注”父样式

（1）新建“引线标注”父样式。

① 单击“新建”按钮，弹出“创建新标注样式”对话框。

② 在“新样式名”一栏填写“引线标注”。

③ 在“基础样式”下拉列表中选择“机械样式”。

④ 在“用于”下拉列表中选择“所有标注”，其余选择默认值，如图 1-118 所示。

⑤ 单击“继续”按钮，弹出“新建标注样式：引线标注”对话框。

（2）修改“文字”选项卡

打开“文字”选项卡，在“文字对齐”选项组中，选择“水平”，如图 1-119 所示。

（3）修改“调整”选项卡。

① 打开“调整”选项卡，在“文字位置”组中，选择“尺寸线上方，带引线”。

② 在“优化”组中，选择“手动放置文字”。

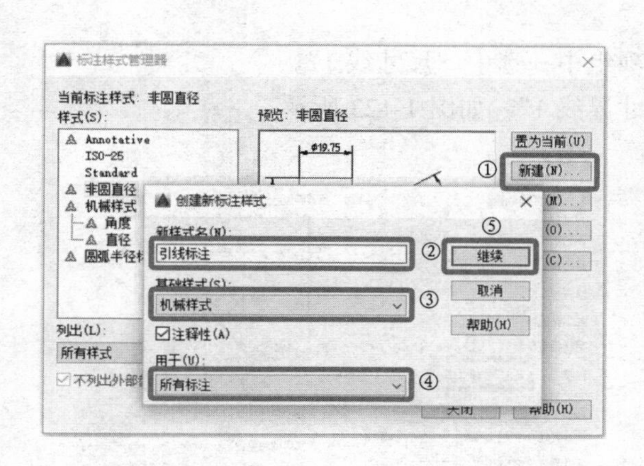

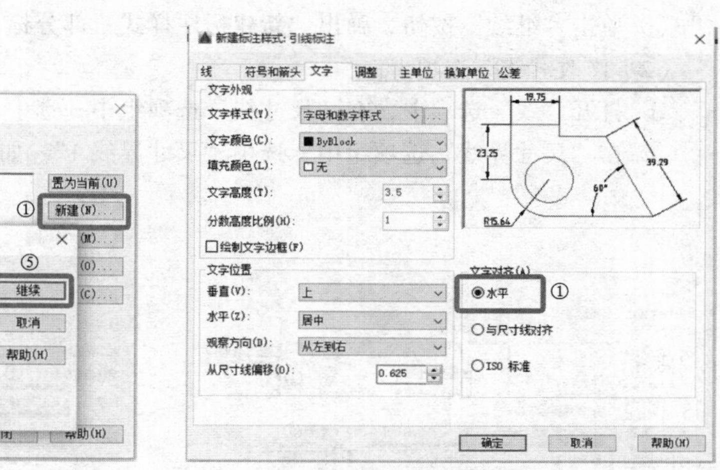

图 1-118　创建“引线标注”父样式

图 1-119　“新建标注样式：引线标注”中“文字”选项卡设置

（4）其他设置不变，点击“确定”按钮，完成“引线标注”父样式的设置，如图 1-120 所示。

7.“部分标注”父样式

在半剖视图或者对称图形中都会用到“半标注”，即“部分标注”，如图 1-121 所示。

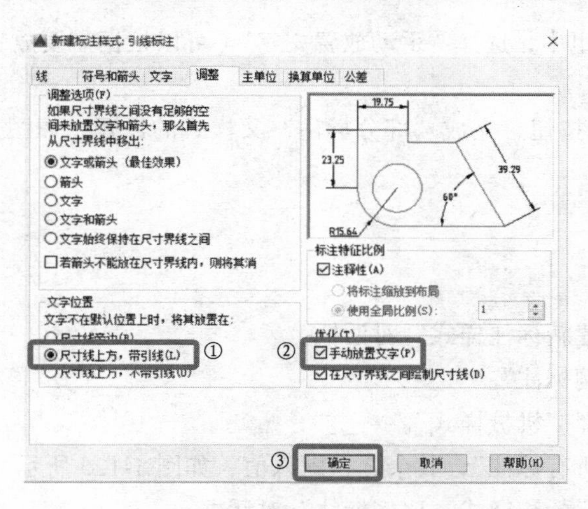

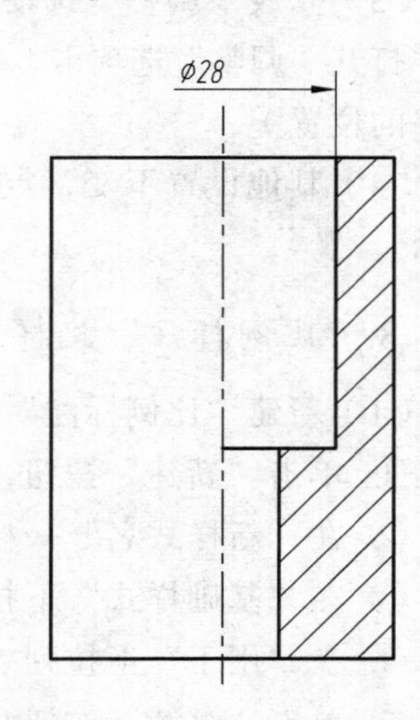

图 1-120　“新建标注样式：引线标注”中“调整”选项卡设置

图 1-121　部分标注

（1）新建“部分标注”父样式。

① 单击“新建”按钮，弹出“创建新标注样式”对话框。

② 在“新样式名”一栏填写“部分标注”。

③ 在“基础样式”下拉列表中选择“机械样式”。

④ 在“用于”下拉列表中选择“所有标注”，其余选择默认值，如图 1-122 所示。

⑤ 单击“继续”按钮，弹出“新建标注样式：部分标注”对话框。

（2）修改“线”选项卡。

① 打开“线”选项卡，在“尺寸线”选项组中，选中“尺寸线 1”。

② 在“尺寸界线”选项组中，选中“尺寸界线 1”，如图 1-123 所示。

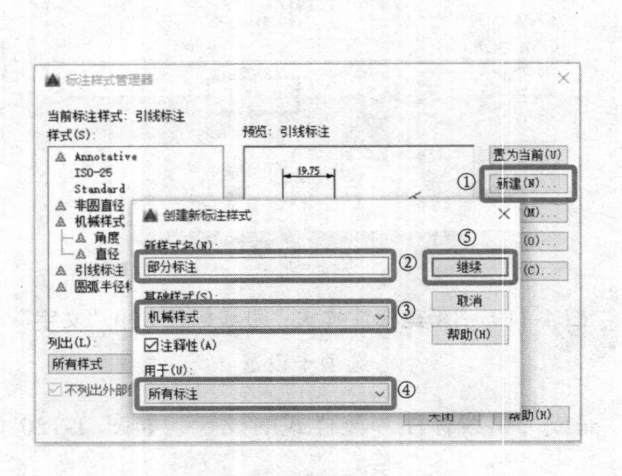

图 1-122　创建“部分标注”父样式

图 1-123　“新建标注样式：部分标注”中“线”选项卡设置

（3）修改“调整”选项卡。

打开“调整”选项卡，在“优化”组中，选择“手动放置文字”（可以根据需要放置尺寸数字的位置）。

（4）其他设置不变，点击“确定”按钮，完成“部分标注”父样式的设置，如图 1-124 所示。

8.“比例标注”父样式

（1）新建“比例标注”父样式。

① 单击“新建”按钮，弹出“创建新标注样式”对话框。

② 在“新样式名”一栏填写“比例标注”。

③ 在“基础样式”下拉列表中选择“机械样式”。

④ 在“用于”下拉列表中选择“所有标注”，其余选择默认值，如图 1-125 所示。

⑤ 单击“继续”按钮，弹出“新建标注样式：比例标注”对话框。

经验提示：新样式名中不能有“：”。

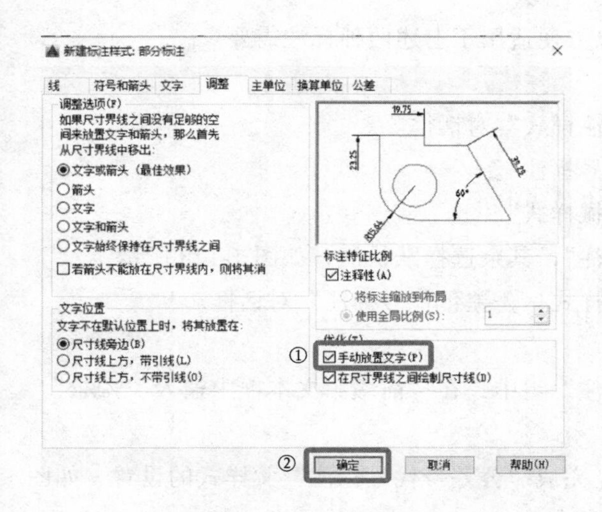

图 1-124 “新建标注样式：部分标注”中“调整”选项卡设置

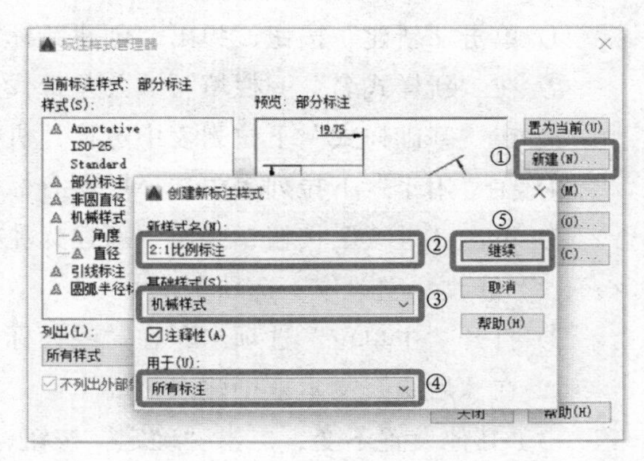

图 1-125 创建 2：1“比例标注”父样式

（2）修改“主单位”选项卡。

打开“主单位”选项卡，在“测量单位比例”组中，在“比例因子”文本框中输入“0.5”。

（3）其他设置不变，点击“确定”按钮，完成“比例标注”父样式的设置，如图 1-126 所示。

9.“尺寸公差标注”父样式

尺寸公差标注样式有两种：一种是标注尺寸公差代号，另一种是标注极限偏差，如图 1-127 所示。

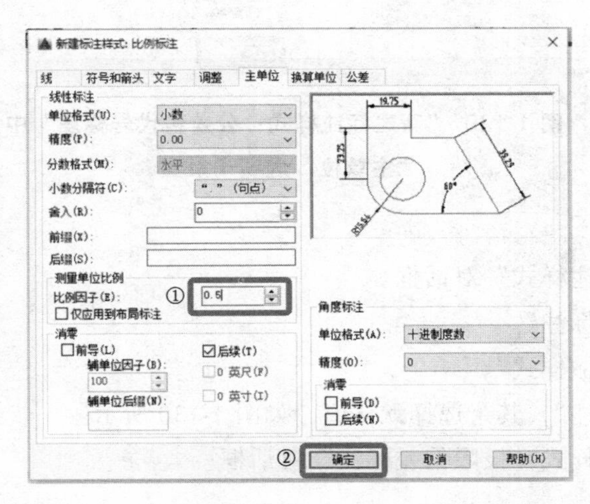

图 1-126 “新建标注样式：比例标注”中“主单位”选项卡设置

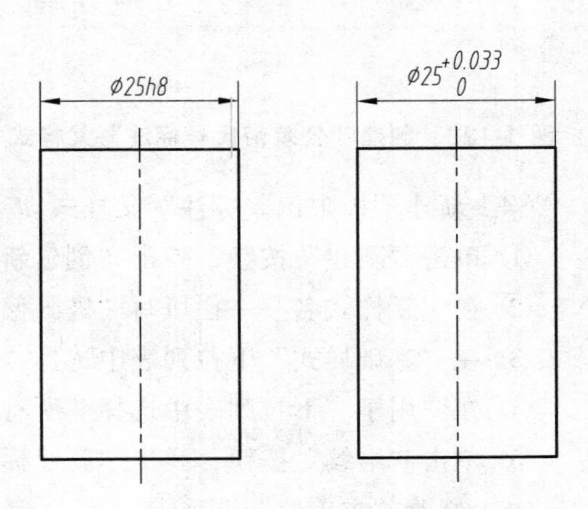

图 1-127 尺寸公差的两种标注形式

下面分别建立两种尺寸公差标注样式，以方便适用于上述两种标注需要。

（1）新建“公差带代号标注”父样式。

① 单击“新建”按钮，弹出“创建新标注样式”对话框。

② 在“新样式名”一栏填写“公差带代号标注”。

③ 在“基础样式”下拉列表中选择“机械样式”。

④ 在“用于”下拉列表中选择“所有标注”，其余选择默认值，如图 1-128 所示。

⑤ 单击“继续”按钮，弹出“新建标注样式：公差带代号标注”对话框。

（2）修改“主单位”选项卡

① 打开“主单位”选项卡，在“线性标注”组中，在“前缀”文本框中输入“%%c”。

② 在“后缀”文本框中输入“h8”。

（3）其他设置不变，点击“确定”按钮，完成“公差带代号标注”父样式的设置，如图 1-129 所示。

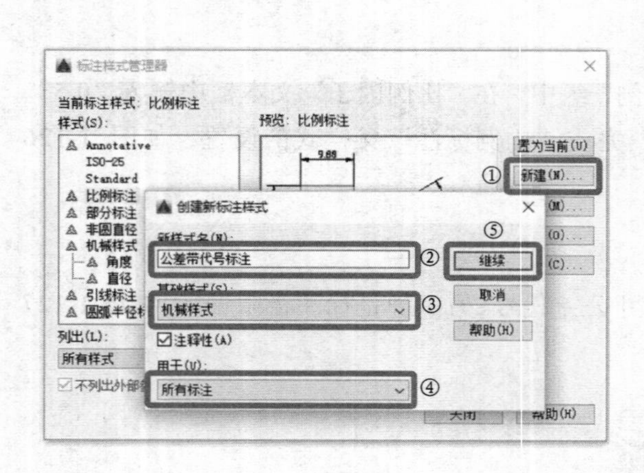

图 1-128 创建“公差带代号标注”父样式

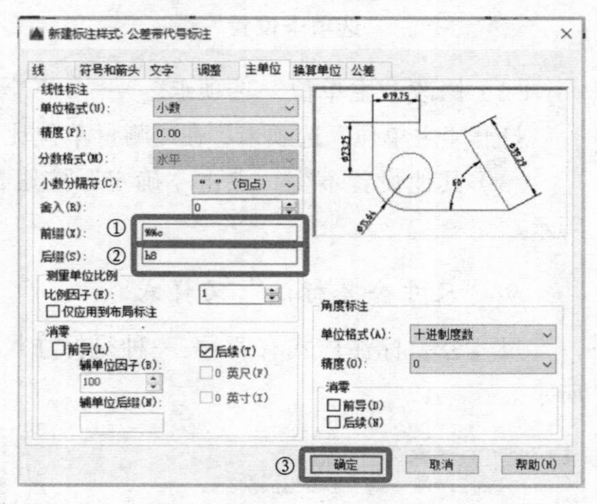

图 1-129 “新建标注样式：公差带代号标注”中“主单位”选项卡设置

（4）新建“极限偏差标注”父样式。

① 单击“新建”按钮，弹出“创建新标注样式”对话框。

② 在“新样式名”一栏填写“极限偏差标注”。

③ 在“基础样式”下拉列表中选择“机械样式”。

④ 在“用于”下拉列表中选择“所有标注”，其余选择默认值，如图 1-130 所示。

⑤ 单击“继续”按钮，弹出“新建标注样式：极限偏差标注”对话框。

（5）修改“主单位”选项卡。

打开“主单位”选项卡，在“线性标注”组中，“精度”选为“0.000”，在“前缀”文本框中输入“%%c”，如图 1-131 所示。

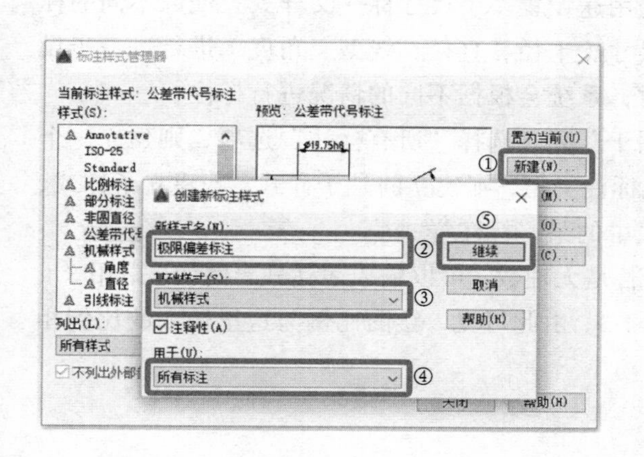

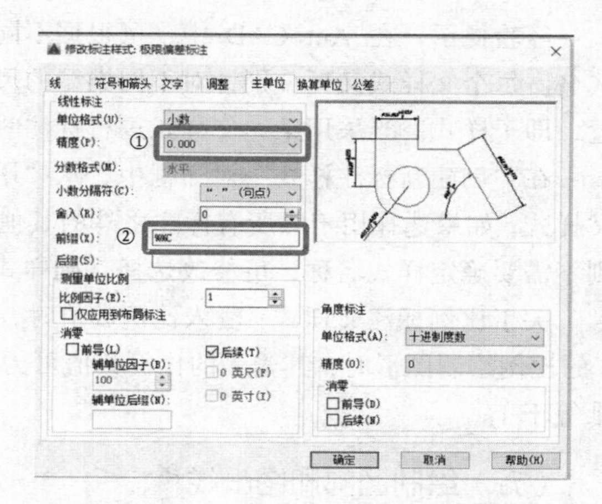

图 1-130　创建“极限偏差标注”父样式

图 1-131　“新建标注样式：极限偏差标注”中“主单位”选项卡设置

（6）修改“公差”选项卡。

① 打开“公差”选项卡，在“公差格式”组中，在“方式”下拉列表中选择“极限偏差”。

② 在“精度”下拉列表中选择“0.000”。

③ 在“上偏差”文本框中输入“0.033”。

④ 在“下偏差”文本框中输入“0”。

经验提示：上偏差默认为正，下偏差默认为负。所以，如果下偏差是正值“+0.021”，在这里就应该输入“-0.021”。

⑤ 在“垂直位置”下拉列表中选择“中”。

（7）其他设置不变，点击“确定”按钮，完成“公差带代号标注”父样式的设置，如图1-132所示。

（8）上一步点击“确定”按钮，返回到“标注样式管理器”对话框，点击“关闭”按钮，完成了所有常用标注样式的设置，如图1-133所示，并返回到绘图窗口。

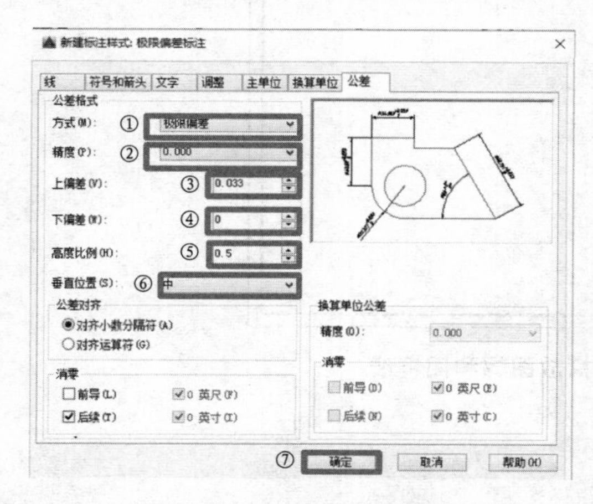

图 1-132　“新建标注样式：极限偏差标注”中“公差”选项卡设置

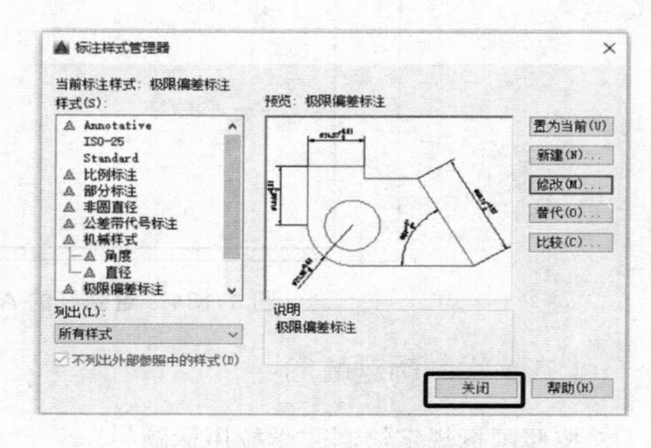

图 1-133　点击“关闭”返回到绘图窗口

经验提示：在 AutoCAD 中，可根据不同用途设置多个尺寸标注父样式，配以不同的样式名。每个父样式又可分别针对不同类型的尺寸（半径、直径、线型、角度）进行进一步设置，即子样式。当采用某一父样式进行标注时，系统会根据不同的情况进行标注。

在“创建新标注样式”对话框中，从“用于”列表选择“所有标注”选项，则建立一个父样式；如果选择用于除所有标注之外的其他标注类型，则建立的是子样式。若建立子样式，则不需要确定样式名称，可修改选择基础样式中的某一标注样式。

关于比例标注父样式：输入比例数值时，若是无理数，可以输入表达式。例如，采用 3 : 1 的比例绘制图形时，其输入的比例数值可为 1/3。由此可见，绘图比例与这里输入的比例相乘等于 1。

（五）绘制图幅和图框线

步骤一：选择细实线层；绘制图幅线。

命令：_rectang 回车

指定第一个角点或 [倒角(C)/标高(E)/圆角(F)/厚度(T)/宽度(W)]：0,0 回车

指定另一个角点或 [面积(A)/尺寸(D)/旋转(R)]：297,210 回车

步骤二：选择粗实线层；绘制图框线。

命令：_rectang 回车

指定第一个角点或[倒角(C)/标高(E)/圆角(F)/厚度(T)/宽度(W)]：25,5 回车

指定另一个角点或[面积(A)/尺寸(D)/旋转(R)]：292,205 回车

绘制结果如图 1-134 所示。

图 1-134　绘制好的 A4 横放图幅和图框线

（六）绘制标题栏

按照国标规定绘制“学校用标题栏”。

步骤一：选择粗实线层；绘制标题栏外框。

步骤二：选择细实线层；绘制标题栏内部直线。

步骤 2.1：利用直线命令绘制一条竖直的直线。绘图结果如图 1-135（a）所示。

步骤 2.2：利用偏移命令，绘制剩余的所有竖直的直线。绘图结果如图 1-135（b）所示。

步骤 2.3：利用直线命令绘制一条水平直线。绘图结果如图 1-135（c）所示。

步骤 2.4：利用偏移命令，绘制剩余的所有竖直的直线。绘图结果如图 1-135（d）所示。

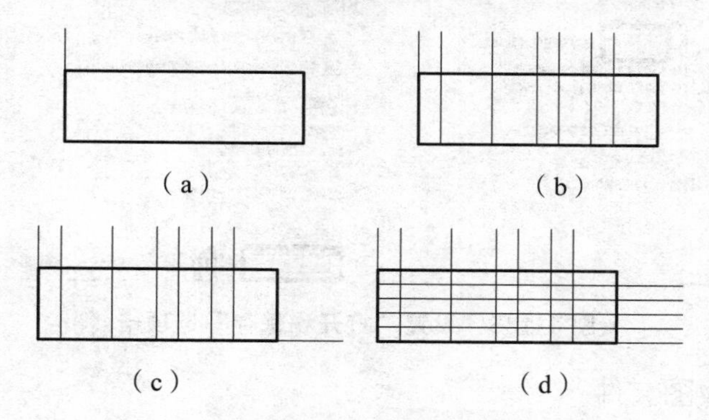

图 1-135　绘制标题栏内部直线的过程

步骤三：修剪。使用修剪命令，修剪成标题栏所需要的形状。修剪结果如图 1-136 所示。

步骤四：标注文字。按照图“学校用标题栏”的内容来标注文字。

步骤五：使用移动命令，将标题栏放到图纸的右下角。操作结果如图 1-137 所示。

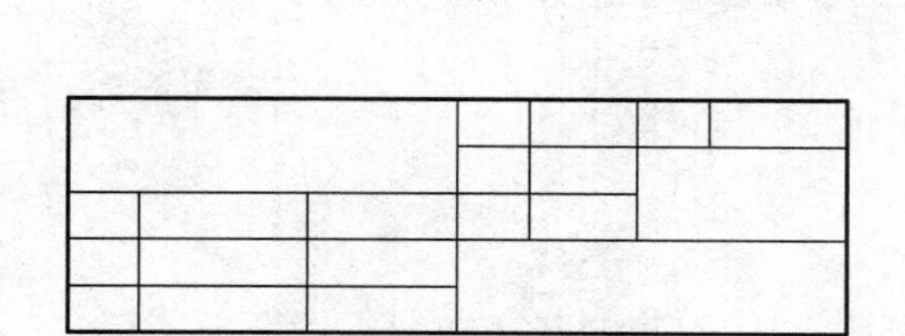

图 1-136　修剪好的标题栏

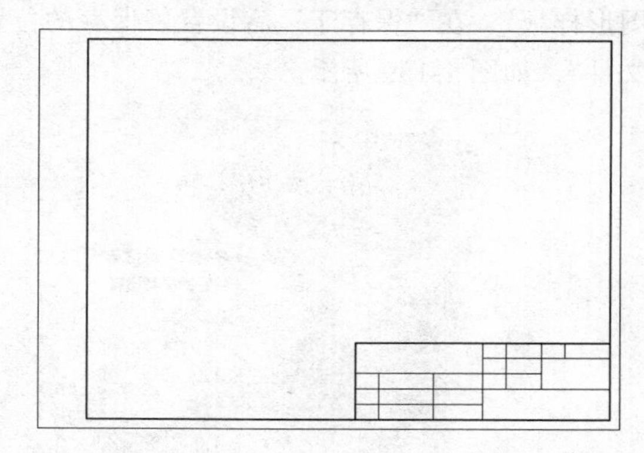

图 1-137　将标题栏放到图纸的右下角

经验提示：可以把绘制好的标题栏创建成块，然后直接插入到图框中。

（七）设置“打开和保存”选项卡

点击“工具”/“选项”，弹出“选项”对话框，点击“打开和保存”，打开“打开和保存”选项卡，在“文件保存”选项组中将“另存为”下拉列表选择成“AutoCAD2010/LT2010 图形”。在“文件安全措施”选项组中将“自动保存”间隔时间设为“10”分钟，如图 1-138 所示。其余保持默认值。

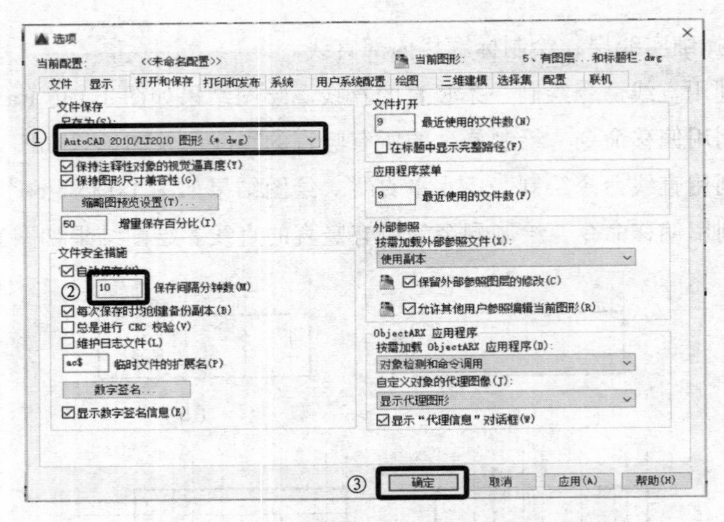

图 1-138　设置“打开和保存”选项卡

（八）建立样板图文件

建立样板图文件，就是将完成各种设置的图形文件以“dwt”格式为扩展名保存，以便下次绘图时直接调用。

可以直接使用“图形另存为”，选择保存格式为“dwt”即可。具体步骤如下：

启动“另存为”命令，弹出“图形另存为”对话框，在“文件类型”下拉列表中选择“AutoCAD 图形样板”，在“保存于”后设置好保存的位置，在“文件名”后输入“6、A4 横向初始样板文件”，如图 1-139 所示。

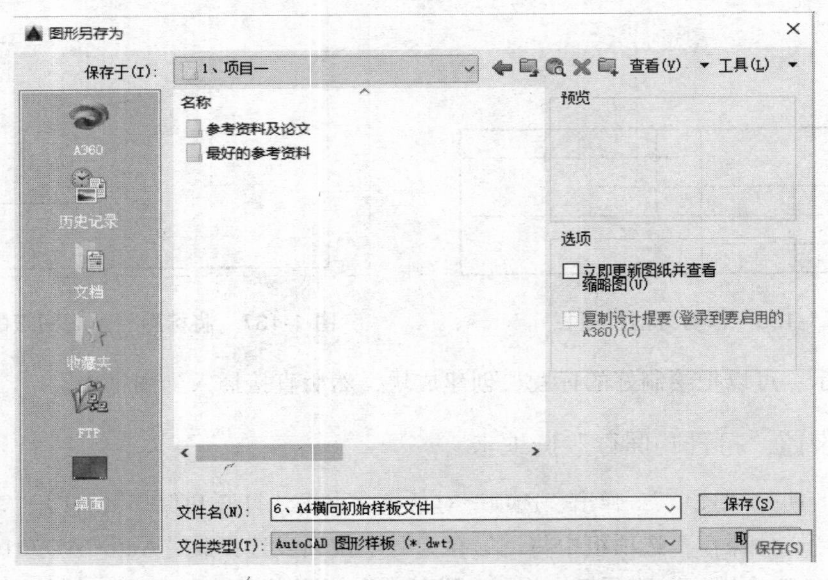

图 1-139　另存为“6、A4 横向初始样板文件”

经验提示：由于文件类型选择“AutoCAD 图形样板”后，系统会自动选择保存样板文件的文件夹，因此，应该将选择文件类型为“AutoCAD图形样板”放在第一步。

点击“保存”按钮，弹出“样板选项”对话框，在“说明”下面的文本框中填写“A4横向初始样板文件”，点击“确定”，完成样板文件的保存，如图1-140所示。

到此为止，A4横向初始样板文件已经做好了，在今后的学习和工作中，当需要“新建文件”的时候，就可以直接选择该样板文件，这样就会省去了以上复杂的各种设置，达到事半功倍的效果。

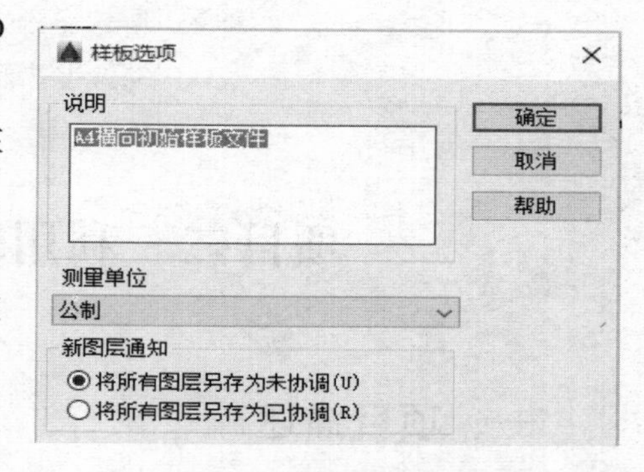

图1-140 “样板选项”对话框

四、练习与提高

（1）分别利用坐标和动态输入方法绘制如图1-141所示的图形。

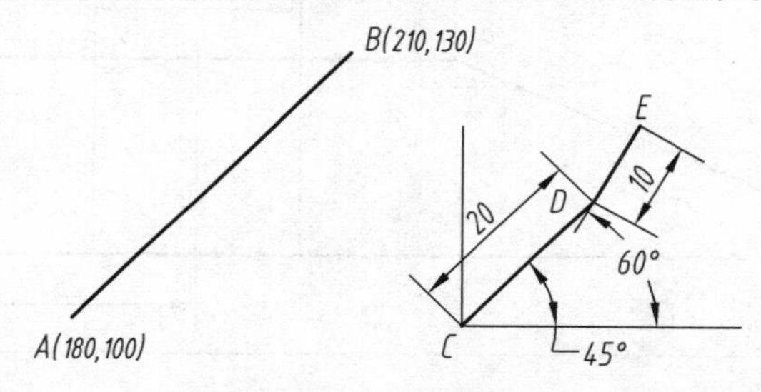

图1-141 坐标练习题

（2）利用已经创建的A4横向初始样板文件来建立A3横向样板文件。

（3）利用直线命令和坐标知识，绘制图1-142和图1-143。要求用粗实线绘制，不标注尺寸。

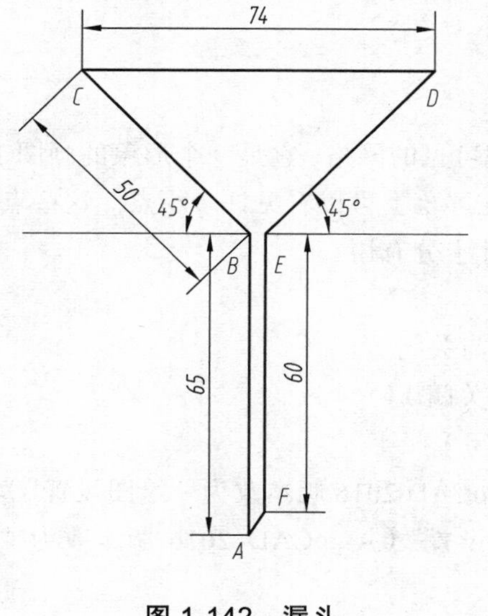

图1-142 漏斗

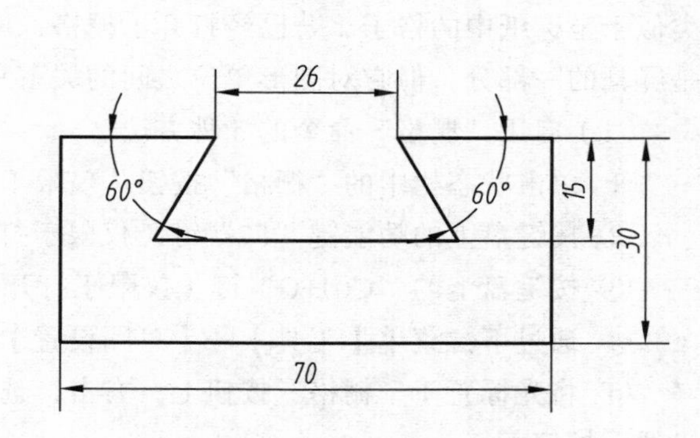

图1-143 燕尾槽

项目二　利用辅助工具绘制平面图形

一、项目描述

用 1 : 1 的比例绘制图 2-1 所示的图形。要求：选择合适的样板文件，线型要适当，尺寸标注要符合国家标准（尺寸暂不标注）。

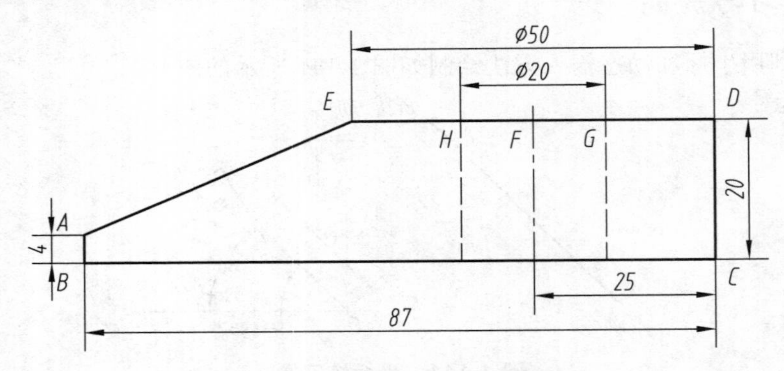

图 2-1　直线要素构成的图形

二、相关知识

（一）栅格、捕捉和正交

1. 栅　格

用户可以应用显示栅格工具，使绘图区域上出现可见的网格，它是一个形象的画图工具，类似于坐标纸中的格子。若已经打开了栅格，用户在屏幕上可以看见许多小点。这些点并不是屏幕的一部分，但它对图形单位之间的关系和尺寸十分有用。

（1）启用“栅格”命令的 5 种方法。

① 单击状态栏中的“栅格”按钮（仅限于打开与关闭）。

② 按键盘上的功能键“F7”键（仅限于打开与关闭）。

③ 按键盘上的“Ctrl+G”键（仅限于打开与关闭）。

④ 通过下拉菜单【工具】→【草图设置】（AutoCAD 2016 版本改为“绘图设置”）。

⑤ 将光标置于“栅格”按钮上，右击，选择“设置”（AutoCAD 2016 版本改为“网格设置”按钮）。

经验提示：前 3 种方法仅限于直接打开与关闭“栅格”。后两种方法会弹出“草图设置”对话框，在该对话框中通过勾选“启用栅格”来实现栅格的打开与关闭，然后还可以对栅格的间距大小进行设置。

打开“栅格”功能后，栅格显示在屏幕上，如图 2-2 所示。

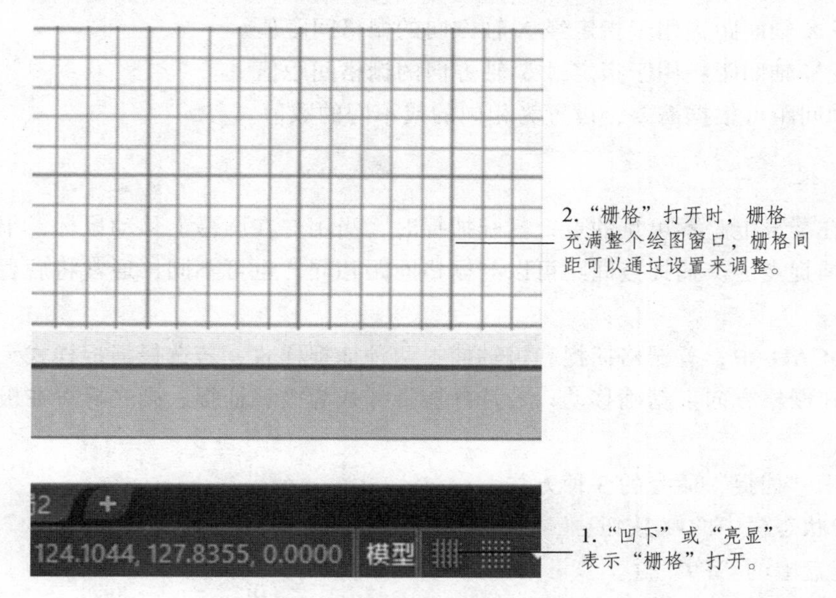

图 2-2　启用栅格命令后

（2）设置栅格。

栅格的主要作用是显示用户所需要的绘图区域大小，帮助用户在绘制图样过程中不能超出绘图区域。根据用户所选择的区域大小，栅格随时可以进行大小设置。如果绘图区域和栅格大小不匹配，在屏幕上就不显示栅格，而在命令行中提示栅格太密，无法显示。

用鼠标右键单击状态栏中的栅格按钮栅格，弹出光标快捷菜单，选择“网格设置”选项，如图 2-3 所示，就可以打开“草图设置”对话框，如图 2-4 所示。

图 2-3　启用栅格命令后

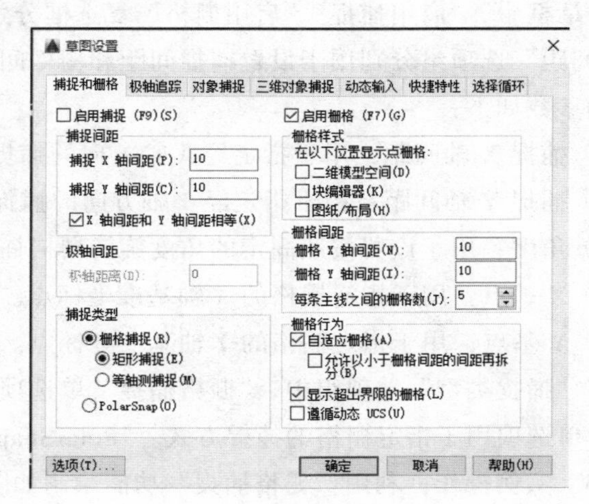

图 2-4　“草图设置”对话框

在“草图设置”对话框中，选择“启用栅格”复选框，开启栅格的显示；反之，则取消栅格的显示。其中的参数如下：

① 栅格 X 轴间距：用于指定经 X 轴方向的栅格间距值。

② 栅格 Y 轴间距：用于指定经 Y 轴方向的栅格间距值。

X、Y 轴间距可根据需要，设置为相同的或不同的数值。

2. 捕　捉

捕捉点在屏幕上是不可见的点，打开捕捉时，当用户在屏幕上移动鼠标，十字交点就位于被锁定的捕捉点上。捕捉点间距可以与栅格间距相同，也可不同，通常将后者设为前者的倍数。

在 AutoCAD 中，有栅格捕捉和极轴捕捉两种捕捉样式，若选择捕捉样式为栅格捕捉，则光标只能在栅格方向上精确移动；若选择捕捉样式为极轴捕捉，则光标可在极轴方向上精确移动。

（1）启用“捕捉”命令的 3 种方法。

① 单击状态栏中的捕捉按钮。

② 按键盘上的“F9”键。

③ 按键盘上的“Ctrl+B”键。

启用“捕捉”命令后，光标只能按照等距的间隔进行移动，所间隔的距离称为捕捉的分辨率，这种捕捉方式则被称为间隔捕捉。

（2）捕捉设置。

在绘制图样时，可以对捕捉的分辨率进行设置。用右键单击状态栏中的捕捉按钮，弹出光标菜单，选择“设置”选项，就可以打开“草图设置”对话框，该对话框的左侧为捕捉选项，如图 2-4 所示。

对话框中，“启用捕捉”“启用栅格”复选框分别用于启用捕捉和栅格功能。“捕捉间距”“栅格间距”选项组分别用于设置捕捉间距和栅格间距。用户可通过此对话框进行其他设置。其中的参数如下：

① 捕捉 X 轴间距：用于指定经 X 轴方向的捕捉分辨率。

② 捕捉 Y 轴间距：用于指定经 Y 轴方向的捕捉分辨率。

③ 角度：用于设置按照固定的角度旋转栅格捕捉的方向。

④ X 基点：用于指定栅格的 X 轴基准坐标点。高版本中已经没有此参数。

⑤ Y 基点：用于指定栅格的 Y 轴基准坐标点。高版本中已经没有此参数。

在“捕捉类型”选项组中，“栅格捕捉”单选项用于栅格捕捉。“矩形捕捉”与“等轴测捕捉”单选项用于指定栅格的捕捉方式。“PolarSnap”单选项用于设置以极轴方式进行捕捉。

（3）实例操作：利用“栅格捕捉”功能绘制如图 2-5 所示的直线要素构成的平面图形。

步骤一：打开 A4 横向初始模板。

步骤二：设置栅格大小。设置过程如图 2-6 所示。

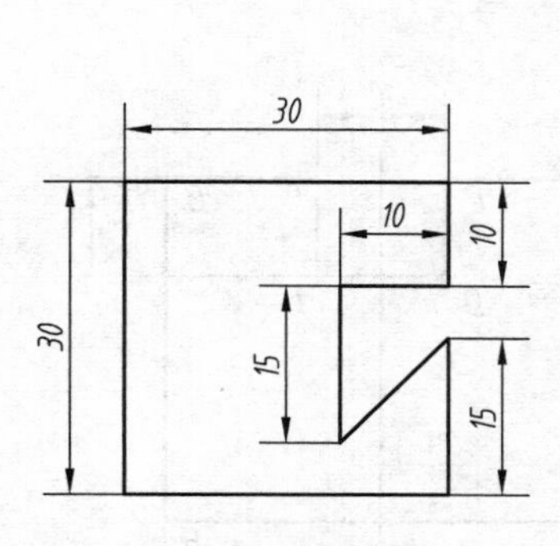

图 2-5　平面图形

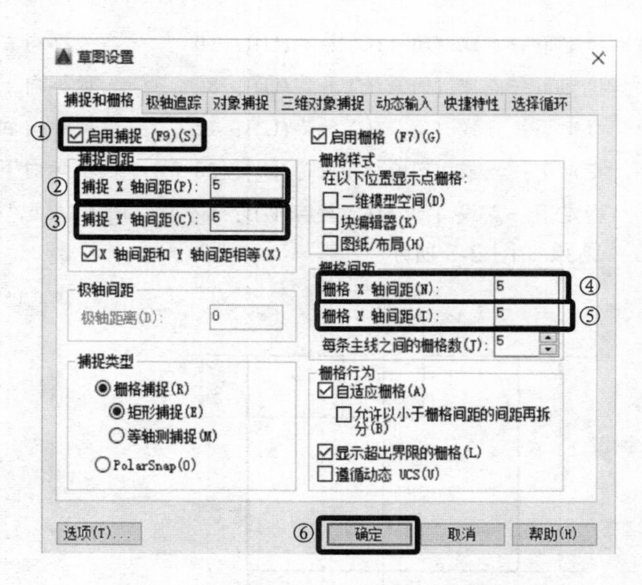

图 2-6　“草图设置”中栅格捕捉的设置

步骤三：绘图。选择粗实线图层作为当前图层。依次点击各点即可，结果如图 2-5 所示。

经验提示：只有当所绘制的图形的尺寸是栅格间隔的整数倍的时候，利用“栅格捕捉”功能绘图才比较快捷。除此以外，在正常绘图过程中一般不要打开捕捉命令，否则光标在屏幕上按栅格的间距跳动，这样不便于绘图。

3. 正交模式

在用 AutoCAD 绘图的过程中，经常需要绘制水平直线和垂直直线，但是用鼠标拾取线段的端点时，很难保证两个点严格沿水平或垂直方向，为此，AutoCAD 提供了“正交”功能。当启用正交模式时，画线或移动对象时只能沿水平方向或垂直方向移动光标，因此只能画平行于坐标轴的正交线段。

（1）启用“正交”命令的 3 种方法。

① 单击状态栏中的 正交 按钮。

② 按键盘上的“F8”键。

③ 输入命令：ORTHO。

（2）实例操作：利用“正交”功能绘制如图 2-7 所示的直线要素构成的平面图形。

步骤一：打开 A4 横向初始模板，打开“正交”功能，将粗实线层置为当前图层。

步骤二：绘制图形。具体操作过程如下：

命令：_line	
指定第一个点：	点击 A 点
指定下一点或 [放弃(U)]：28	鼠标向上平移，输入 28，回车
指定下一点或 [放弃(U)]：12	鼠标向右平移，输入 12，回车
指定下一点或 [闭合(C)/放弃(U)]：8	鼠标向下平移，输入 8，回车

指定下一点或 [闭合(C)/放弃(U)]：10　　　　鼠标向右平移，输入 10，回车

指定下一点或 [闭合(C)/放弃(U)]：8　　　　鼠标向上平移，输入 8，回车

指定下一点或 [闭合(C)/放弃(U)]：12　　　　鼠标向右平移，输入 12，回车

指定下一点或 [闭合(C)/放弃(U)]：28　　　　鼠标向下平移，输入 28，回车

指定下一点或 [闭合(C)/放弃(U)]：c　　　　输入 c，回车

结果如图 2-8 所示。

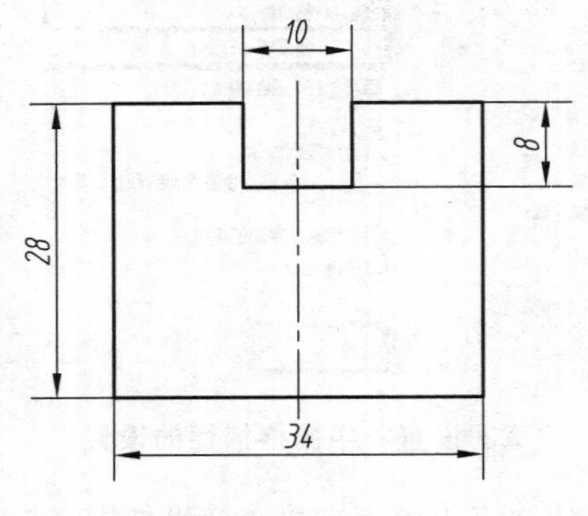

图 2-7　平面图形

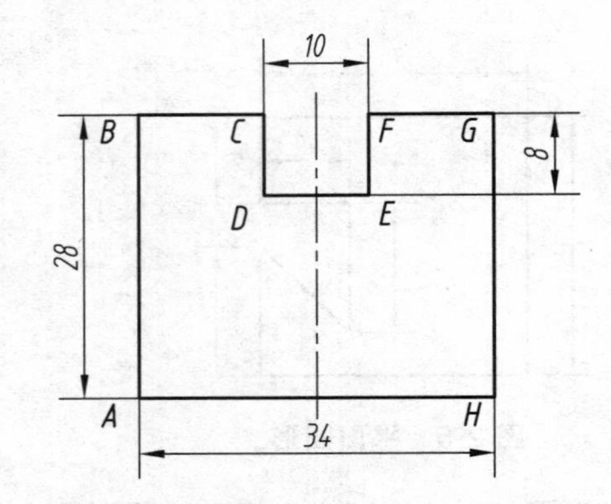

图 2-8　利用“正交”功能绘制的平面图形

经验提示：利用正交功能，用户可以方便地绘制与当前坐标系统的 X 轴或 Y 轴平行的线段（对于二维绘图而言，就是水平线或垂直线）。只要构成平面图形的图线全部是水平线和垂直线即可，不管长度是多少。它与利用捕捉栅格功能绘制图形的区别在于，利用捕捉栅格功能绘图，只要保证平面图形的每一个交点都在栅格的交点上即可，因此，它既可以绘制与栅格大小成整数倍关系的水平线和铅垂线，也可以绘制两个端点在栅格交点上的斜线；而正交功能绘图，绘出的图线只能是水平线和垂直线，不可能绘出斜线，但是正交功能绘出的水平线和垂直线的长度可以是任意长度，不受栅格大小的约束。

（二）对象捕捉

在利用 AutoCAD 绘图的过程中，经常要用到图形中已经存在的一些特殊点，如圆和圆弧的圆心、切点、线段或圆弧的端点、中点等。如果想通过目测，直接移动光标来实现精确拾取到这些特殊点是很困难的。为此，AutoCAD 提供了一些识别这些点的工具，通过这些工具可轻松地构造出新的几何体，使创建的对象被精确地画出来，其结果比传统手工绘图更精确。在 AutoCAD 中，这种功能称为“对象捕捉”功能。利用该功能，可以使光标迅速、准确地拾取到这些特殊点，从而使光标定位到对象的一个几何特征点上，从而迅速、准确地绘制出图形。

对象捕捉的方式有两种：一种是临时对象捕捉；另一种是自动对象捕捉。

临时对象捕捉方式的设置，只能对当前进行的绘制步骤起作用。

自动对象捕捉在设置对象捕捉方式后，可以一直保持这种目标捕捉状态，如需取消这种捕捉方式，要在设置对象捕捉时取消选择这种捕捉方式。

1. 调整靶框大小和自动捕捉标记大小

在绘图过程中，在执行某一命令时，光标显示为十字光标或者为小方框的拾取状态，为了方便用户拾取对象，可以通过滑块来调整靶框大小和自动捕捉标记大小。通过选择【工具】→【选项】→【草图】（AutoCAD 2016 版本改为“绘图”）菜单命令进行设置，如图 2-9 所示。

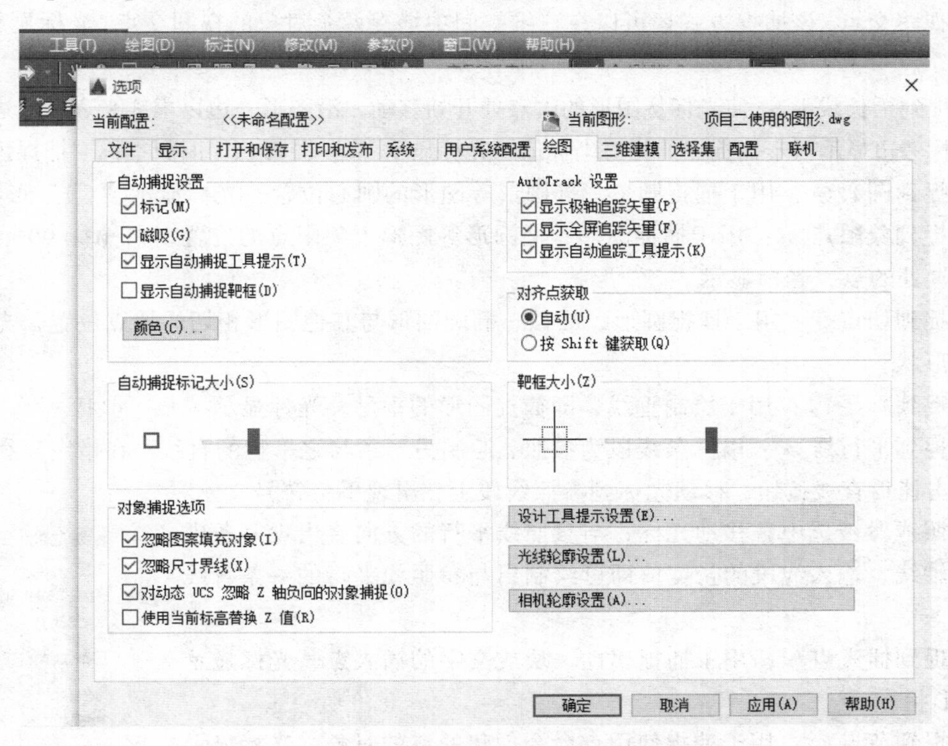

图 2-9　靶框大小与自动捕捉标记大小的设置

2. 临时对象捕捉方式

（1）对象捕捉工具栏。

用鼠标右键单击窗口内任意一个工具栏，在弹出的光标菜单中选择“对象捕捉”命令，弹出对象捕捉工具栏，如图 2-10 所示。

图 2-10　对象捕捉工具栏

在对象捕捉工具栏中，各选项的意义如下：

临时追踪点 ⊷：用于设置临时追踪点，使系统按照正交或者极轴的方式进行追踪。

捕捉自 ⌐：选择一点，以所选的点为基准点，再输入需要点对于此点的相对坐标值来确定另一点的捕捉方法。

捕捉到端点 ⁄：用于捕捉线段、矩形、圆弧等线段图形对象的端点，光标显示“□”形状。

捕捉到中点⟋：用于捕捉线段、弧线、矩形的边线等图形对象的线段中点，光标显示“△”形状。

捕捉到交点✕：用于捕捉图形对象间相交或延伸相交的点，光标显示“×”形状。

捕捉到外观交点✕：在二维空间中，与捕捉到交点工具✕的功能相同，可以捕捉到两个对象的视图交点，该捕捉方式还可以在三维空间中捕捉两个对象的视图交点，光标显示“⊠”形状。

捕捉到延长线┈：使光标从图形的端点处开始移动，沿图形一边以虚线来表示此边的延长线，光标旁边显示对于捕捉点的相对坐标值，光标显示“┅”形状。旧版本称“捕捉延伸点”。

捕捉到圆心◎：用于捕捉圆形、椭圆形等图形的圆心位置，光标显示“◌”形状。

捕捉到象限点◈：用于捕捉圆形、椭圆形等图形上象限点的位置，如 0°、90°、180°、270°位置处的点，光标显示“◇”形状。

捕捉到切点◌：用于捕捉圆形、圆弧、椭圆图形与其他图形相切的切点位置，光标显示“◌”形状。

捕捉到垂足⊥：用于绘制垂线，即捕捉图形的垂足，光标显示“∟”形状。

捕捉到平行线∥：以一条线段为参照，绘制另一条与之平行的直线。在指定直线起始点后，单击捕捉直线按钮，移动光标到参照线段上，出现平行符号“∥”表示参照线段被选中，移动光标，与参照线平行的方向会出现一条虚线表示轴线，输入线段的长度值即可绘制出与参照线平行的一条直线段。

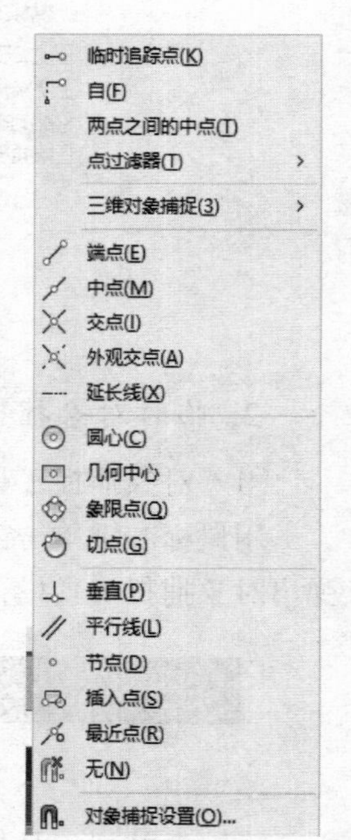

图 2-11　临时对象捕捉的光标菜单

捕捉到插入点⊡：用于捕捉属性、块或文字的插入点，光标显示“⊡”形状。

捕捉到节点◦：用于捕捉使用点命令创建的点的对象，光标显示“⊠”形状。

无捕捉：用于取消当前所选的临时捕捉方式。

对象捕捉设置：单击此按钮，弹出“草图设置”对话框，可以启用自动捕捉方式，并对捕捉方式进行设置。

（2）临时对象捕捉方式的光标菜单。

临时对象捕捉方式还可以利用光标菜单来完成。

按住键盘上的“Ctrl”或者“Shift”键，在绘图窗口中单击鼠标右键，弹出光标菜单，如图 2-11 所示。在光标菜单中列出捕捉方式的命令，选择相应的捕捉命令即可完成捕捉操作。

（3）临时对象捕捉的应用实例。

实例一：利用平行捕捉方式，绘制已知直线 AB 的平行线 CD，且 CD 长度等于 50。

具体操作步骤如下：

命令：_line	启动“直线”命令
指定第一个点：	点击 C 点

指定下一点或 [放弃(U)]: _par 到 点击对象捕捉工具栏中的“平行”图标按钮，将光标移动到直线 AB 上停留，显示如图 2-12 所示的“平行”标记后，移动光标到与 AB 直线大体上平行的位置，当看到“平行”追踪辅助线和提示后（见图 2-13），输入 50 并回车，如图 2-14 所示。

指定下一点或[放弃(U)]: 回车

利用平行临时捕捉方式绘制的图形如图 2-15 所示。

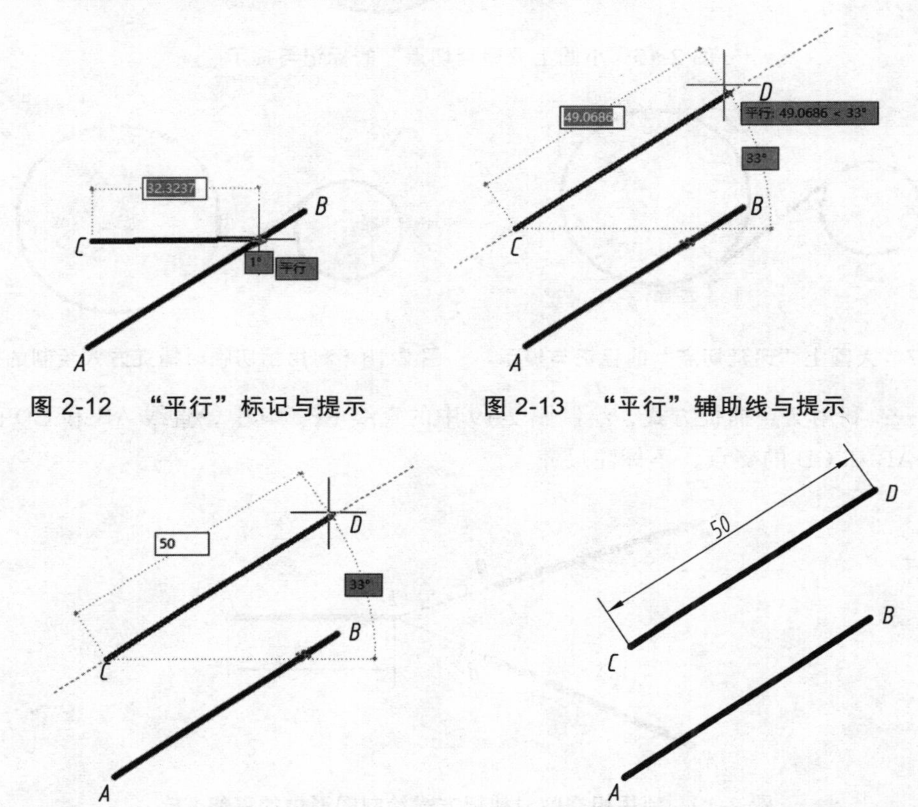

图 2-12 “平行”标记与提示　　图 2-13 “平行”辅助线与提示

图 2-14 输入线段 CD 的长度　　图 2-15 利用平行临时捕捉方式绘制的图形

实例二：利用相切捕捉方式，绘制已知两圆的内公切线。

具体操作步骤如下：

命令: _line 启动“直线”命令

指定第一个点: _tan 到 点击对象捕捉工具栏中的“相切”图标按钮，将光标移动到左边小圆上停留，显示如图 2-16 所示的“递延切点”标记后，单击

指定下一点或 [放弃(U)]: _tan 到 点击对象捕捉工具栏中的“相切”图标按钮，将光标移动到右边大圆上停留，显示如图 2-17 所示的“递延切点”标记后，单击

指定下一点或 [放弃(U)]:　　　　　　回车

利用相切临时捕捉方式绘制的图形如图 2-18 所示。

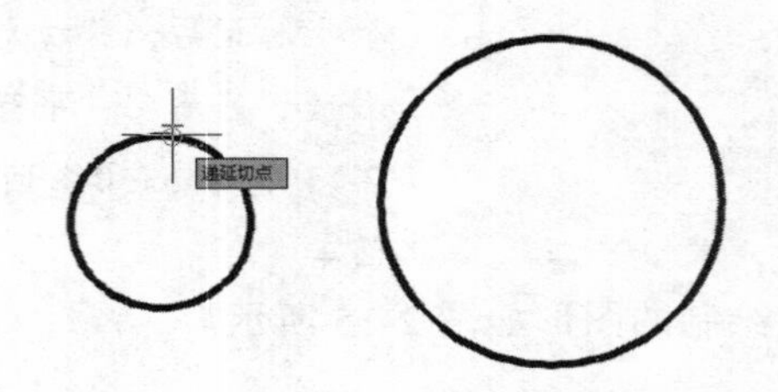

图 2-16　小圆上“递延切点”的标记与提示

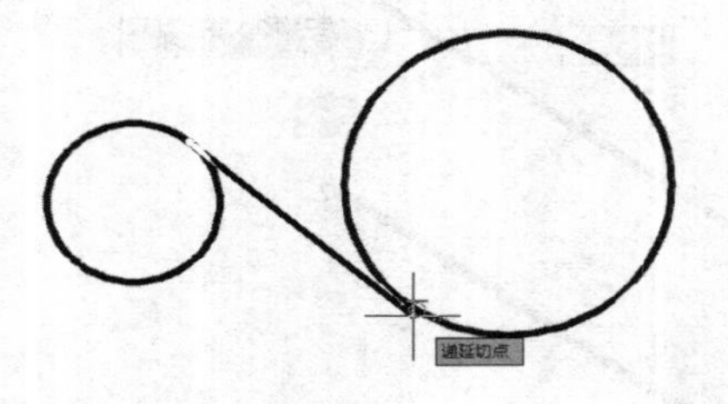

图 2-17　大圆上“递延切点”的标记与提示

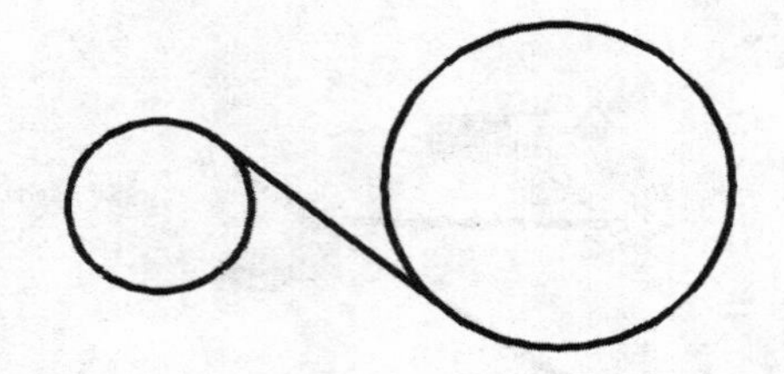

图 2-18　利用相切临时捕捉方式绘制的图形

实例三：利用交点捕捉方式，绘制图 2-19 中的直线 EF。其中，直线 AB 和 CD 已知，E 点是直线 AB 和 CD 的交点，不标注尺寸。

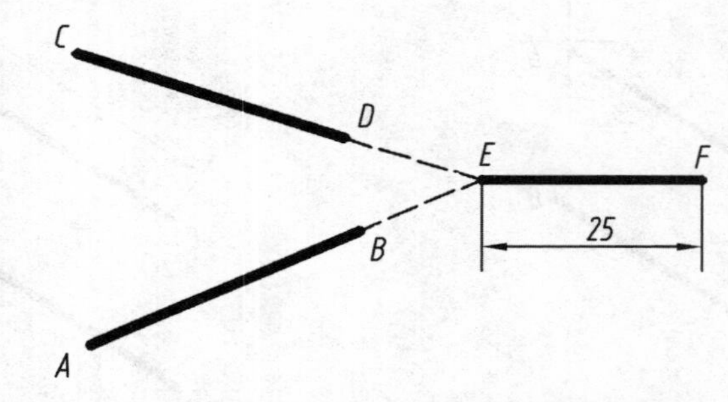

图 2-19　利用相交临时捕捉方式绘制图形中的直线 EF

具体操作步骤如下：

命令行	说明
命令：_line	启动“直线”命令
指定第一个点：_int 于　和	点击对象捕捉工具栏中的“相交”图标按钮，命令行显示“_int 于”，将光标移动到直线 CD 上停留，显示如图 2-20 所示的“延伸交点”标记后，单击。命令行显示“_int 于和”后，再将光标移动到直线 AB 上停留，显示如图 2-21 所示的“交点”标记后，单击
指定下一点或 [放弃(U)]:　<正交 开> 25	打开正交模式并输入直线长度，如图 2-22 所示
指定下一点或 [放弃(U)]:	回车

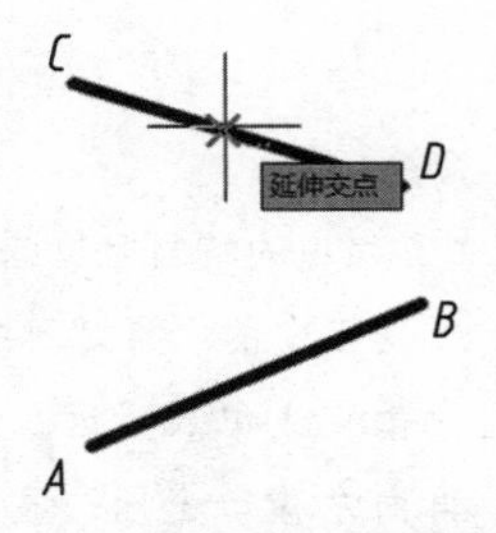

图 2-20 “延伸交点”的标记与提示

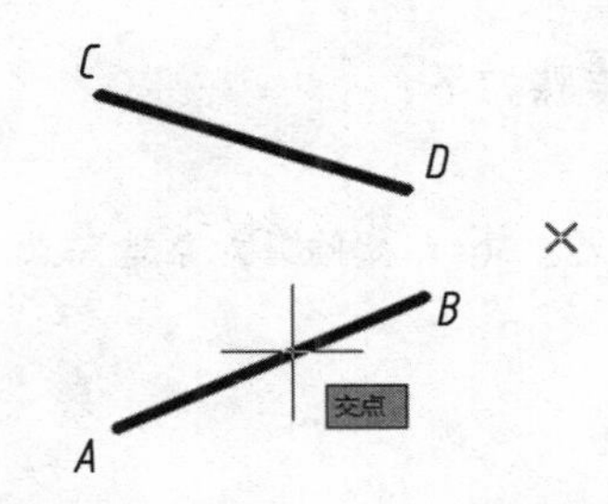

图 2-21 “交点”的标记与提示

实例四：利用捕捉自捕捉方式，绘制图 2-23 中的圆。相关条件如图 2-23 所示。

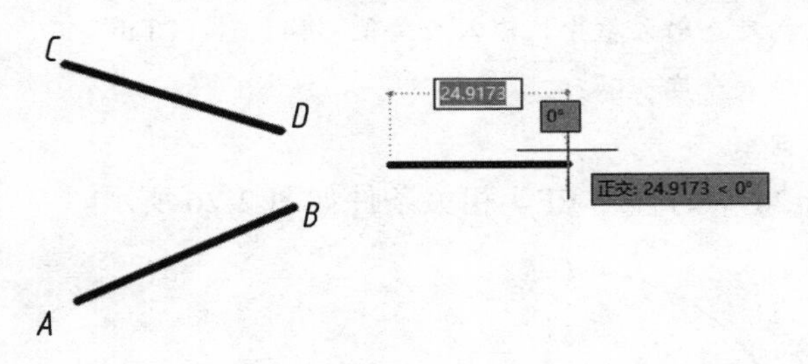

图 2-22 打开正交模式并输入直线长度

图 2-23 利用捕捉自临时捕捉方式绘制图中的圆

具体操作步骤如下：

命令：_circle	启动“圆”命令
指定圆的圆心或 [三点(3P)/两点(2P)/切点、切点、半径(T)]：_from 基点：<偏移>:	点击对象捕捉工具栏中的“捕捉自”图标按钮，命令行显示“_from 基点:”，点击 A 点，命令行显示“_from 基点：<偏移>:”。按“shift”键，输入“@”
>>输入 ORTHOMODE 的新值 <0>:	正在恢复执行 CIRCLE 命令
<偏移>：@20,10	输入“20”，按“Tab”键，输入“10”，回车，如图 2-24 所示
指定圆的半径或 [直径(D)] <8.0000>：8	输入圆的半径，回车

实例五：利用临时追踪点捕捉方式，绘制图 2-25 中的中心线。相关条件如图 2-25 所示。

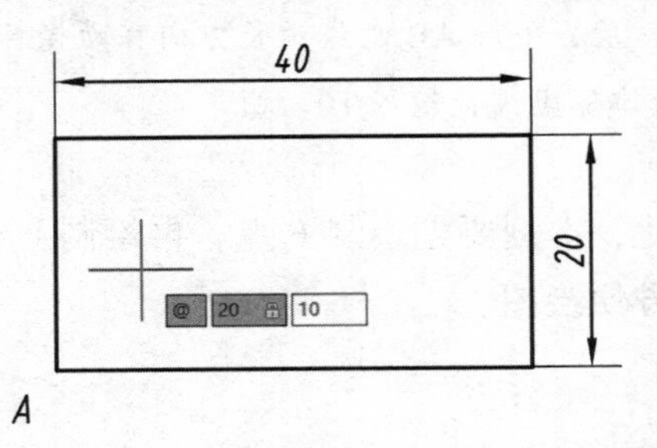

图 2-24 输入圆心相对于 A 点的相对直角坐标

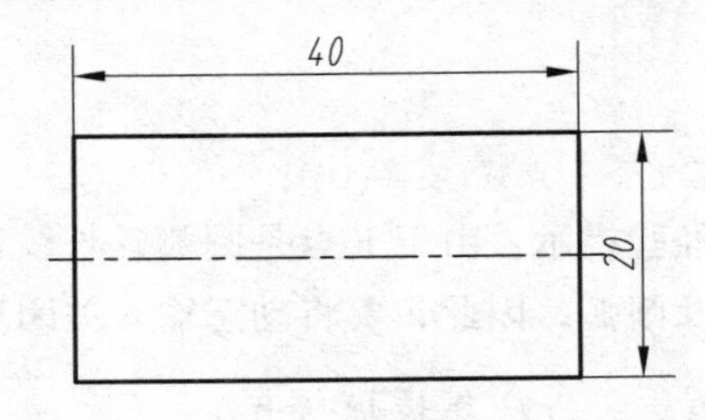

图 2-25 利用临时追踪点临时捕捉方式绘制图形中的中心线

具体操作步骤如下：

命令：_line	启动“直线”命令
指定第一个点：_tt 指定临时对象追踪点：	点击对象捕捉工具栏中的“临时追踪点”图标按钮
_mid 于	点击对象捕捉工具栏中的“捕捉到中点”图标按钮，移动光标到左边垂直线中点附近，出现“中点”标记后，单击。再向左移动光标，显示水平追踪辅助线及提示
指定第一个点：2	输入偏移量，回车
指定下一点或 [放弃(U)]：0	在动态输入框中，输入长度值“44”，按“Tab”键，输入角度“0”
指定下一点或 [放弃(U)]：	回车。

实例六：利用延长线捕捉方式，绘制图 2-26 中的直线 EF。相关条件如图 2-26 所示。

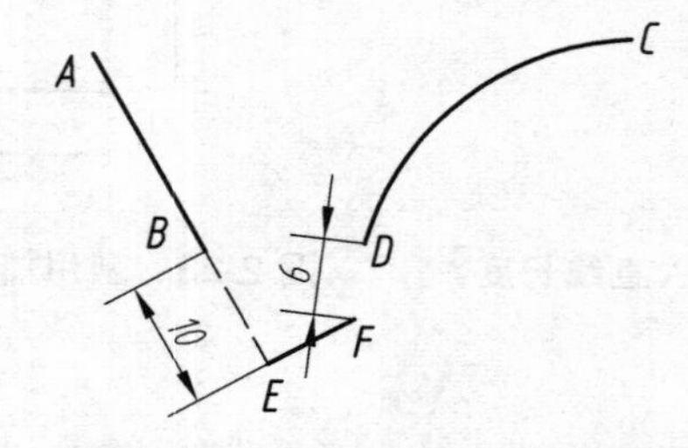

图 2-26　利用延长线临时捕捉方式绘制图形中的直线 EF

具体操作步骤如下：

命令：_line	启动“直线”命令
指定第一个点：_ext 于 6	点击对象捕捉工具栏中的“延长线”图标按钮。移动光标至 D 点，稍等一会，D 点上会出现一个加号“+”，然后，顺着 CD 弧延长方向移动光标，会显示辅助追踪虚线，输入“6”，回车
指定下一点或 [放弃(U)]：_ext 于 10	点击对象捕捉工具栏中的“延长线”图标按钮。移动光标至 B 点，稍等一会，B 点上会出现一个加号“+”，然后，顺着 AB 直线延长方向移动光标，会显示辅助追踪虚线，输入 10，回车
指定下一点或[放弃(U)]：	回车

经验提示：由于 F 点是圆弧延长线得到的，因此，本例要先绘制 F 点，再绘制 E 点。由于涉及圆弧，因此，要将动态输入关闭后，才比较方便绘图。

3. 自动对象捕捉方式

（1）启用自动捕捉命令。

启用自动捕捉命令有以下 3 种方法。

① 单击状态栏中的[对象捕捉]按钮。

② 按键盘上的“F3”键。

③ 按键盘上的“Ctrl+F”键。

（2）自动捕捉设置。

对自动捕捉设置可以通过“草图设置”对话框来完成，如图 2-27 所示。

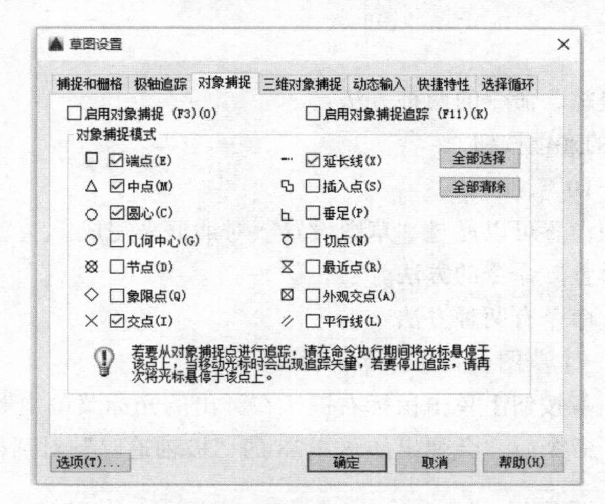

图 2-27　自动捕捉设置使用的“对象捕捉”选项卡

启用“草图设置”命令有以下 4 种方法：

① 下拉菜单：选择“主菜单”上的【工具】→【草图设置】（高版本改为“绘图设置”）菜单命令。

② 快捷菜单：在状态栏中的[对象捕捉]按钮上单击鼠标右键，在弹出的光标菜单中选择“设置”（高版本为“对象捕捉设置”）命令。

③ 按住键盘上的“Ctrl”或者“Shift”键，在绘图窗口中单击鼠标右键，在弹出的光标菜单中选择最下面的“对象捕捉设置”命令。

④ 命令行：DDOSNAP/DSETTINGS。

在“对象捕捉”选项卡中，可以通过“对象捕捉模式”选项组中的各复选框确定自动捕捉模式，即确定使 AutoCAD 将自动捕捉到哪些点；“启用对象捕捉”复选框用于确定是否启用自动捕捉功能；“启用对象捕捉追踪”复选框则用于确定是否启用对象捕捉追踪功能，后面将介绍该功能。

（三）自动追踪

自动追踪可用于按指定角度绘制对象，或者绘制其他有特定关系的对象。当自动追踪打开时，屏幕上出现的对齐路径[水平或垂直追踪线（虚线）]有助于用户用精确位置和角度创建对象。

自动追踪包含两种追踪选项：极轴追踪和对象捕捉追踪，可以通过状态栏上的极轴和对象追踪按钮打开或关闭该功能。

极轴追踪是按事先给定的角度增量来追踪特征点；而对象捕捉追踪则按与对象的某种特定关系来追踪，这种特定的关系确定了一个用户事先并不知道的角度。也就是说，如果事先知道要追踪的方向（角度），则使用极轴追踪；如果用户事先不知道具体的追踪方向（角度），但知道与其他对象的某种关系（如相交），则用对象捕捉追踪。极轴追踪和对象捕捉追踪可以同时使用。

1. 极轴追踪

（1）启用“极轴追踪”命令的两种方法。

① 单击状态栏中的极轴按钮。

② 按键盘上的”F10”键。

（2）对极轴追踪的设置可以通过“草图设置”对话框来完成。

（3）启用“草图设置”命令的方法。

启用“草图设置”命令有两种方法：

① 选择【工具】→【草图设置】菜单命令。

② 在状态栏中的极轴按钮上单击鼠标右键，在弹出的光标菜单中选择“设置”命令。

启用“草图设置”命令后，会弹出如图 2-28 的“极轴追踪”对话框。

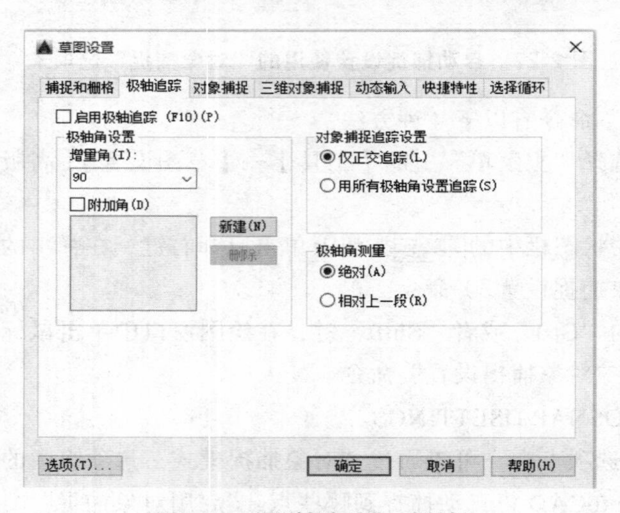

图 2-28 “极轴追踪”对话框

在“极轴追踪”对话框中，各选项组的意义如下：

启用极轴追踪：开启极轴追踪命令；反之，则取消极轴追踪命令。

极轴角设置：在此选项中，用户可以选择“增量角”下拉列表框中的角度变化的增量值，则光标移动到与增量值相关的角度（如整数倍角度）方向时，极轴就会自动追踪，也可以输入其他角度。选择“附加角”复选框，单击”新建”按钮，可以增加极轴角度变化的增量值。

对象捕捉追踪设置：“仅正交追踪”单选项用于设置在追踪参考点处显示水平或垂直的追踪路径；“用所有极轴角设置追踪”单选项用于在追踪参考点处沿极轴角度所设置的方向时显示追踪路径。

极轴角度测量："绝对"单选项用于设置以坐标系的 X 轴为计算极轴角的基准线；"相对上一段"单选项用于设置以最后创建的对象为基准线进行计算极轴的角度。

经验提示：对象追踪必须与对象捕捉同时工作，也就是在追踪对象捕捉到点之前，必须先打开对象捕捉功能。

（4）极轴追踪的使用实例。

极轴追踪功能可以在 AutoCAD 提示用户指定一个点的位置时（如指定直线的另一端点）拖动光标，使光标接近预先设定的方向（即极轴追踪方向）。AutoCAD 会自动将橡皮筋线吸附到该方向，同时沿该方向显示出极轴追踪矢量，并浮出一小标签，说明当前光标位置相对于前一点的极坐标。移动鼠标会得到不同的按预先设置的角度增量显示的无限延伸的辅助线（这是一条虚线），此时就可以选择用户需要的角度和长度，沿辅助线追踪得到光标点，如图 2-29 所示。

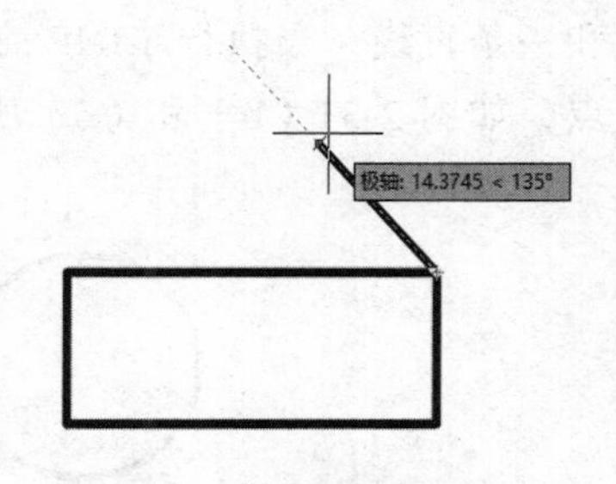

图 2-29　极轴追踪图例

从图 2-29 可以看出，当前光标位置相对于前一点的极坐标为 14.3745<135°，即两点之间的距离为 14.3745，极轴追踪矢量（辅助虚线所代表的是极轴追踪矢量）与 X 轴正方向的夹角为 135°。此时单击拾取键，AutoCAD 会将该点作为绘图所需点；如果直接输入一个数值（如输入 20），则 AutoCAD 会沿极轴追踪矢量方向按此长度值确定出点的位置；如果沿极轴追踪矢量方向拖动鼠标，AutoCAD 会通过浮出的小标签动态显示与光标位置对应的极轴追踪矢量的值（即显示"距离<角度"）。

经验提示：要追踪出 135°，在如图 2-30 所示的增量角中，135°必须是增量角的整数倍，即增量角可以选择 5、15、22.5 和 45；否则，追踪不到 135°。

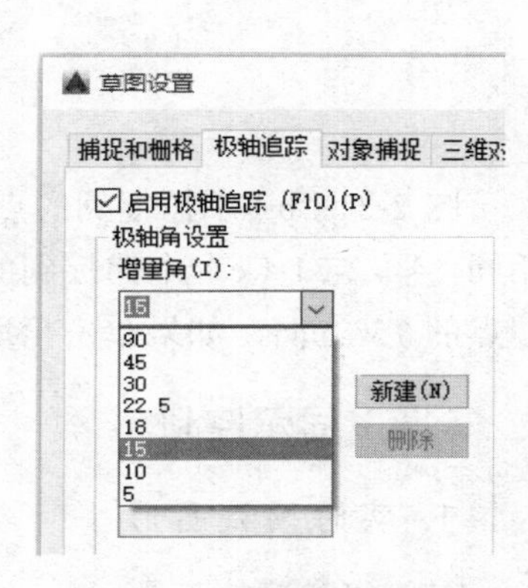

图 2-30　增量角的设置

2. 对象捕捉追踪

（1）启用对象捕捉追踪命令有以下两种方法：

① 单击状态栏中的对象追踪按钮（弹起为关闭，凹下去或者亮显为打开）。

② 按键盘上的"F11"键。

（2）对象捕捉追踪设置也是通过"草图设置"对话框中来完成的。"草图设置"对话框的选择方式与对象捕捉命令相同。

（3）启用草图设置命令有以下 3 种方法：

① 选择【菜单】→【工具】→【草图设置】→【对象捕捉】菜单命令。

② 在状态栏中的对象追踪按钮上单击鼠标右键，在弹出的光标菜单中选择设置命令。

③ 按住键盘上的"Ctrl"或者"Shift"键，在绘图窗口中单击鼠标右键，在弹出的光标菜单中选择对象捕捉设置命令。

（4）对象捕捉追踪使用实例。

对象捕捉追踪功能可以沿指定方向（称为对齐路径）按指定角度或与其他对象的指定关系绘制对象。

经验提示：打开正交模式，光标将被限制沿水平或垂直方向移动。因此，正交模式和极轴追踪模式不能同时打开，若一个打开，另一个将自动关闭。

对象捕捉追踪是对象捕捉与极轴追踪的综合应用。例如，已知图 2-31（a）中有一个圆和一条直线，当执行 LINE 命令确定直线的起始点时，利用对象捕捉追踪可以找到一些特殊点，如图 2-31（b）和（c）所示。

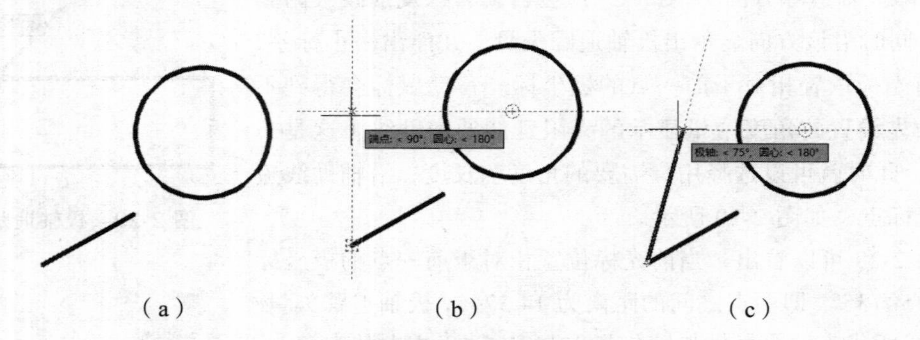

图 2-31　对象捕捉追踪实例

图 2-31（b）中捕捉到的点的 X、Y 坐标分别与已有直线左端点的 X 坐标和圆心的 Y 坐标相同。图 2-31（c）中捕捉到的点的 Y 坐标与圆心的 Y 坐标相同，且位于相对于已有直线左端点的 75°方向。如果单击拾取键，就会得到对应的点。

（四）显示控制

1. 实时缩放图形

（1）实时缩放工具。

执行方式如下：

① 下拉菜单：选择【视图】→【缩放】→【实时缩放】菜单命令。

② 命令行：在命令行中输入命令 ZOOM（透明命令）。

③ 工具栏：单击标准工具栏中的“实时缩放”命令按钮。

④ 快捷菜单：【缩放】。

实际绘图时，经常需要改变图形的显示比例，如放大图形或缩小图形。

用鼠标中键直接进行缩放。中键向前滚是放大，中键向后滚是缩小。

单击标准工具栏中的“实时缩放”命令按钮，启用缩放功能。此时，光标变成放大镜的形状，光标中的“+”表示放大，向右、上方按住鼠标左键拖动鼠标，可以放大图形；光标变成“－”表示缩小，向左、下方按住鼠标左键拖动鼠标，可以缩小图形。可以通过点击“ESC”键或回车键来结束实时缩放操作，或者单击鼠标右键，选择快捷菜单中的“退出”项结束当前的实时缩放操作。

（2）缩放工具栏。

将光标移动到任意一个打开的工具栏用鼠标右击，在弹出的光标菜单中选择缩放命令，会打开如图 2-32 所示的缩放工具栏。

图 2-32　缩放工具栏

缩放工具栏中各选项的意义如下：

窗口缩放：放大指定矩形窗口中的图形。选择窗口缩放工具按钮，光标变为十字形，在需要放大图形的一侧单击，并向其对角方向移动鼠标，系统显示出一个包围住需要放大图形的矩形框，单击鼠标左键，矩形框内的图形被放大并充满整个绘图窗口。矩形框中心就是显示的中心。

动态缩放：选择动态缩放工具，光标变成中心有"×"标记的矩形框；移动鼠标，将矩形框放在图形的适当位置上单击，矩形框的中心标记变为右侧"→"标记，移动鼠标调整矩形框的大小，矩形框的左位置不会发生变化，按"Enter"键确认，矩形中的图形被放大，并充满整个绘图窗口。

"比例缩放"：根据给定的比例来缩放图形。选择比例缩放工具按钮，光标变为十字形，在图形的适当位置上单击并移动鼠标到适当比例长度的位置上，再次单击鼠标左键，图形被按比例放大显示。

"中心缩放"重设视图中心点，指将图形上的指定点作为绘图屏幕的显示中心点（实际上是平移视图）。选择中心缩放工具按钮，光标变为十字形，在需要放大的图形中间位置上单击，确定放大显示的中心点，再绘制一条垂直线段来确定需要放大显示的高度，图形将按照所绘制的高度被放大并充满整个绘图窗口。

"缩放对象"：选择缩放对象工具按钮，光标变为拾取框，选择需要显示的图形，按"Enter"键确认，在绘图窗口中将按所选择的图形进行适合显示。

放大：选择放大工具按钮，将对当前视图放大 2 倍进行显示。

缩小：选择工具缩小按钮，将对当前视图缩小 0.5 倍进行显示。

全部缩放：根据绘图范围或实际图形显示，即将全部图形显示在屏幕上。选择全部缩放工具按钮，如果图形超出当前设置的图形界限，则会扩大显示区域，在绘图窗口中将超出范围的部分也显示在屏幕上；如果图形没有超出图形界限（由 LIMITS 命令设置的绘图范围），在绘图窗口中将适合整个图形界限进行显示。

范围缩放：选择范围缩放工具按钮，在绘图窗口中将显示全部图形对象，且与图形界限无关。

经验提示：图形显示缩放只是将屏幕上的对象放大或缩小其视觉尺寸，就像用放大镜或缩小镜（如果有的话）观看图形一样，从而可以放大图形的局部细节，或缩小图形观看全貌。执行显示缩放后，对象的实际尺寸仍保持不变。

（3）缩放子菜单。

AutoCAD 不仅提供了工具栏按钮用于实现缩放操作，而且也提供了菜单命令来实现缩放操作，利用它们都可以快速执行缩放操作。

如图 2-33 所示是“缩放”子菜单，位于“视图”下拉菜单中。

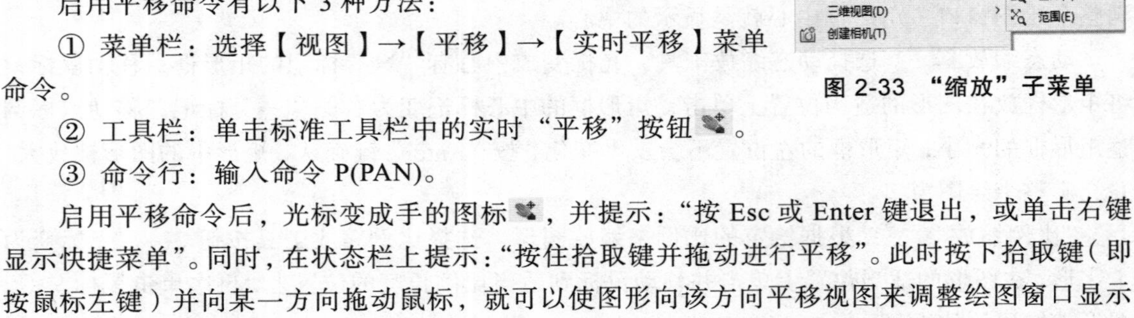

图 2-33 “缩放”子菜单

2. 实时平移图形

平移图形是指移动整个图形，就像是移动整个图纸，以便使图纸的特定部分显示在绘图窗口。执行平移图形后，图形相对于图纸的实际位置并不发生变化，只是将不在当前视图区的图形部分移动到了当前视图区。

启用平移命令有以下 3 种方法：

① 菜单栏：选择【视图】→【平移】→【实时平移】菜单命令。

② 工具栏：单击标准工具栏中的实时“平移”按钮。

③ 命令行：输入命令 P(PAN)。

启用平移命令后，光标变成手的图标，并提示：“按 Esc 或 Enter 键退出，或单击右键显示快捷菜单”。同时，在状态栏上提示：“按住拾取键并拖动进行平移”。此时按下拾取键（即按鼠标左键）并向某一方向拖动鼠标，就可以使图形向该方向平移视图来调整绘图窗口显示区域。按“Esc”键或“Enter”键可结束 PAN 命令的执行；如果右击，AutoCAD 会弹出如图 2-34 所示的快捷菜单供用户选择。

经验提示：在 AutoCAD 绘图过程中，可以移动整个图形，使图形的特定部分位于显示屏幕中。PAN 不改变图形中对象的位置或放大比例，只改变视图。

另外，AutoCAD 还提供了用于移动操作的命令，这些命令位于“视图”/“平移”子菜单中，如图 2-35 所示，利用其可执行各种移动操作。

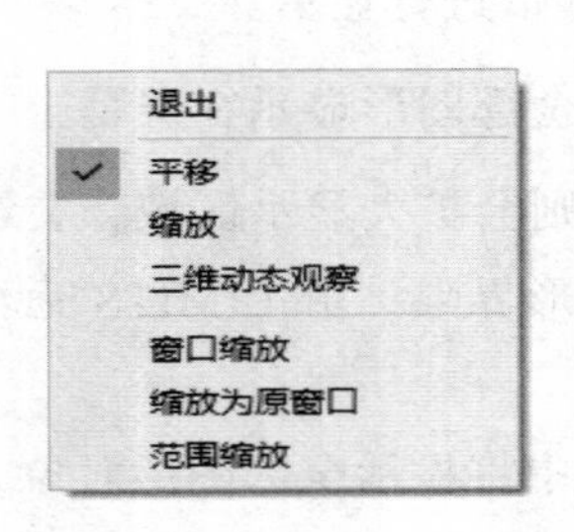

图 2-34 平移命令的快捷菜单

图 2-35 平移命令的子菜单

3. 重 画

重画命令用于重新绘制屏幕上的图形。在绘图过程中，有时会在屏幕上留下一些痕迹。为了消除这些痕迹，不影响图形的正常观察，可以执行重画。

在 AutoCAD 中，启用重画命令有以下两种方法：

① 菜单栏：选择【视图】→【重画】菜单命令。

② 命令行：输入命令 REDRAW 或 REDRAWALL。

执行该命令后，屏幕上原有的图形消失，系统接着重新将该图形绘制一遍。如果原来的图形中残留有光标点，那么重画后这些光标点会消失。

重画一般情况下是自动执行的。重画是最后一次重生成或最后一次计算的图形数据重新绘制图形，所以速度较快。

经验提示：REDRAW 命令只刷新当前窗口，而 REDRAWALL 命令刷新所有视口。当通过 BLIPMODE 打开时，将从所有视口中删除编辑命令留下的点标记。

三、项目实施

步骤一：打开 A4 横向初始样板文件。

步骤二：绘制图形。

参考步骤如下：

（1）调整屏幕显示大小，以方便绘图，可在屏幕上任画一长度为 10 mm 的线段，滚动鼠标滚轮使所画线段显示长度与视觉目测长度相差不多时为宜。

（2）打开“显示/隐藏线宽”和“极轴追踪”状态按钮，如图 2-36 所示。

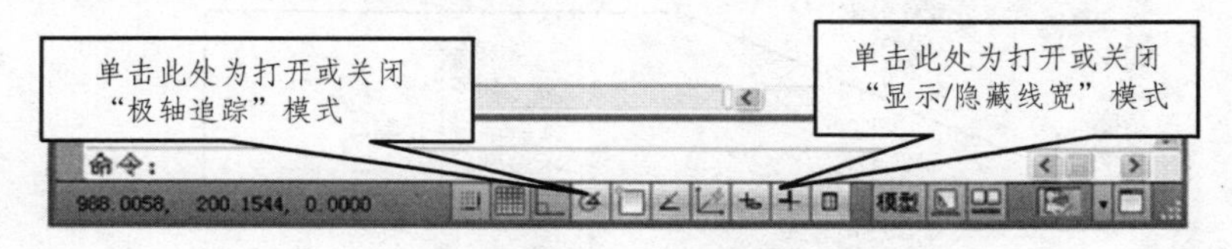

图 2-36 状态栏上相应按钮的打开与关闭

（3）绘制可见轮廓线（粗实线）。将粗实线图层置为当前图层，打开动态输入功能，单击绘图工具栏中的“直线”按钮，执行绘制直线命令，命令行提示如下：

命令：_line

指定第一个点：点击 A 点（选择一个大概的位置，直接在绘图区“适当位置”点击一个点）。

指定下一点或[放弃(U)]：<正交开>4（鼠标向下移动，然后输入 AB 线段的长度），按“Enter”键。

指定下一点或[放弃(U)]：87（鼠标向右移动，然后输入 BC 线段的长度），按“Enter”键。

指定下一点或[闭合(C)/放弃(U)]：20（鼠标向上移动，然后输入 CD 线段的长度），按“Enter”键。

指定下一点或[闭合(C)/放弃(U)]：50（鼠标向左移动，然后输入 DE 线段的长度），按“Enter”键。

指定下一点或[闭合(C)/放弃(U)]：c，按“Enter”键结束命令。结果如图 2-37 所示。

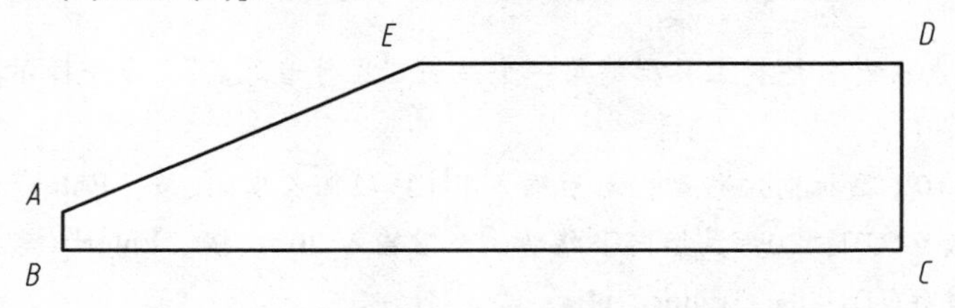

图 2-37 仅仅绘制了可见轮廓线的图形

经验提示：如果画完图，觉得位置不合适，可以选中所有绘制内容，然后进行移动。

（4）绘制孔的中心线（细点画线）。将细点画线图层置为当前图层，继续保持打开动态输入功能和正交功能，调出对象捕捉工具栏。单击绘图工具栏中的“直线”按钮，执行绘制直线命令，命令行提示如下：

命令：_line

指定第一个点：点击对象捕捉工具栏的第一个按钮“临时追踪点”，命令提示栏显示：“_tt 指定临时对象追踪点：”点击 D 点。

指定第一个点：25（鼠标向左移动，然后输入 DF 线段的长度），按“Enter”键。

指定下一点或 [放弃(U)]：20（鼠标向下移动，然后输入 20），按“Enter”键。

命令：_lengthen（在标准工具栏中，选择“修改”/“拉长”，启动“拉长”命令）。

选择要测量的对象或 [增量(DE)/百分比(P)/总计(T)/动态(DY)] <总计(T)>：de，按“Enter”键。

输入长度增量或[角度(A)] <0.0000>：2，按“Enter”键。

选择要修改的对象或 [放弃(U)]：点击刚刚绘制的细点画线的上半部分。

选择要修改的对象或 [放弃(U)]：点击刚刚绘制的细点画线的下半部分。

选择要修改的对象或 [放弃(U)]：按“Enter”键。

绘制结果如图 2-38 所示。

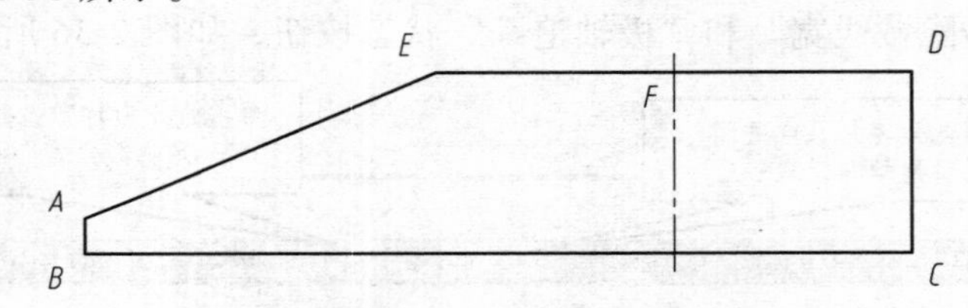

图 2-38　绘制了中心线后的图形

（5）绘制不可见轮廓线（细虚线）。将细虚线图层置为当前图层，继续保持打开动态输入功能和正交功能，调出对象捕捉工具栏。单击绘图工具栏中的“直线”按钮，执行绘制直线命令，命令行提示如下：

命令：_line

指定第一个点：点击“对象捕捉”工具栏的第一个按钮“临时追踪点”，命令提示栏显示：“_tt 指定临时对象追踪点：”点击 F 点。

指定第一个点：10（鼠标向右移动，然后输入 FG 线段的长度），按“Enter”键。

指定下一点或[放弃(U)]：20（鼠标向下移动，然后输入 20），按“Enter”键。

指定下一点或 [放弃(U)]：按“Enter”键。

命令：_line

指定第一个点：点击对象捕捉工具栏的第一个按钮“临时追踪点”，命令提示栏显示：“_tt 指定临时对象追踪点：”点击 F 点。

指定第一个点：10（鼠标向左移动，然后输入 FH 线段的长度），按“Enter”键。

指定下一点或[放弃(U)]：20（鼠标向下移动，然后输入 20），按“Enter”键。

指定下一点或[放弃(U)]：按“Enter”键。

绘制结果如图 2-39 所示。

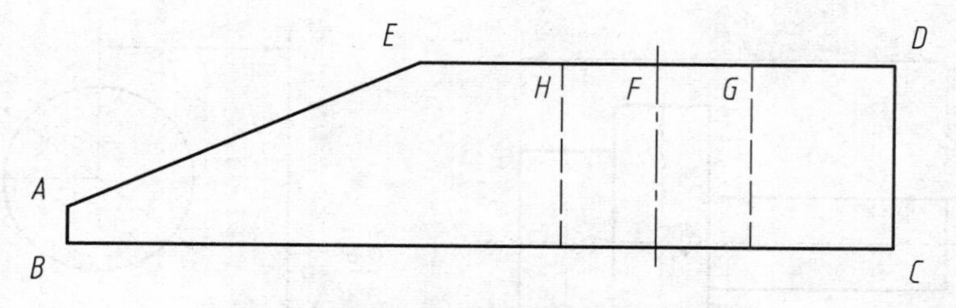

图 2-39　绘制了不可见轮廓线后的图形

步骤三：标注尺寸。

（1）标注线性尺寸。

（2）标注非圆直径。

标注结果如图 2-40 所示。

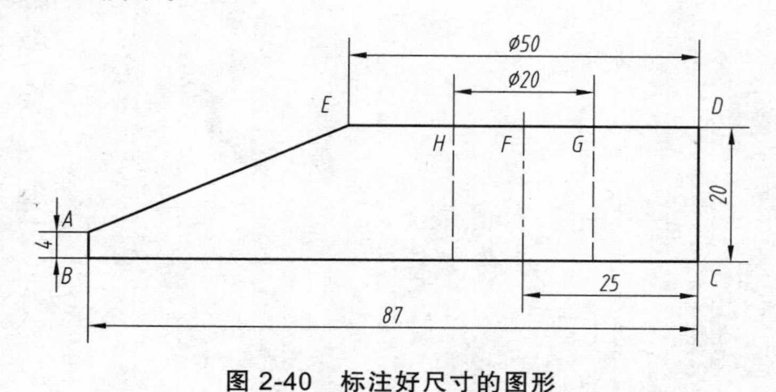

图 2-40　标注好尺寸的图形

步骤四：保存文件。

经验提示：还可以分别采用绝对坐标输入、极坐标输入方式完成此图，也可混合使用各种方法。但相比较而言，项目实施采用的打开动态输入和正交功能的方法最为简捷。

四、练习与提高

（1）按 1∶1 比例绘制如图 2-41 所示的图形。

（2）按 1∶1 比例绘制如图 2-42 所示的图形。

（3）按 1∶1 比例绘制如图 2-43 所示的图形。

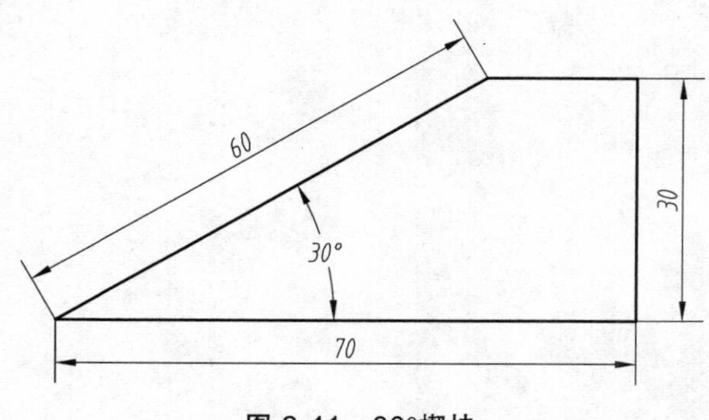

图 2-41　30°楔块

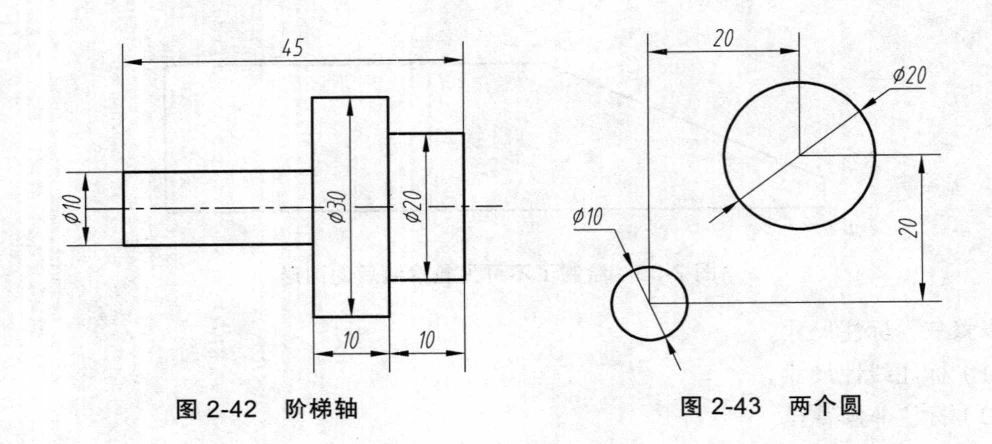

图 2-42　阶梯轴　　　　图 2-43　两个圆

项目三　直线和圆要素构成的平面图形绘制

一、项目描述

用 1∶1 的比例绘制如图 3-1 所示的轴承座。要求：选择合适的线型，绘制图框与标题栏。

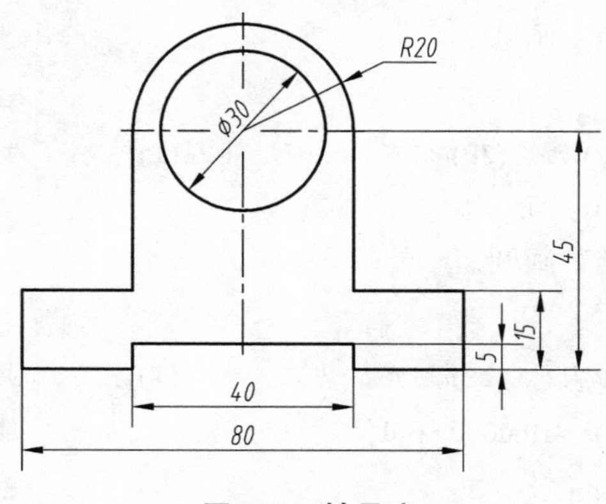

图 3-1　轴承座

二、相关知识

（一）圆绘图命令

1. 圆绘图命令的启动

在 AutoCAD 中，启动绘制圆命令有下列 3 种形式：

（1）命令：Circle 或 C。

（2）选择【绘图】→【圆】菜单命令。

（3）单击标准工具栏中的“圆”按钮。

2. 画圆的方法

AutoCAD 提供了以下六种画圆方法（见图 3-2）。

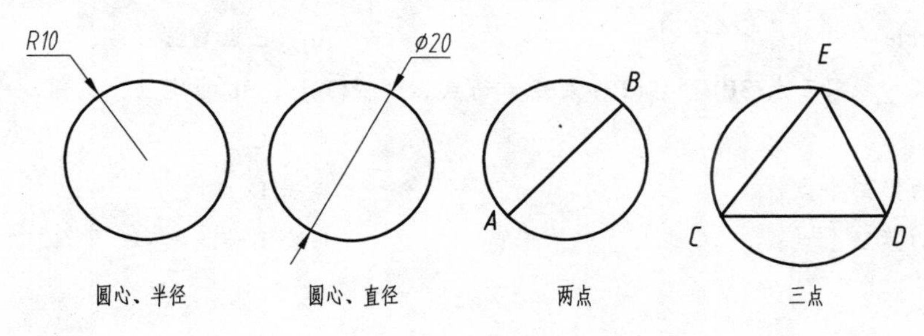

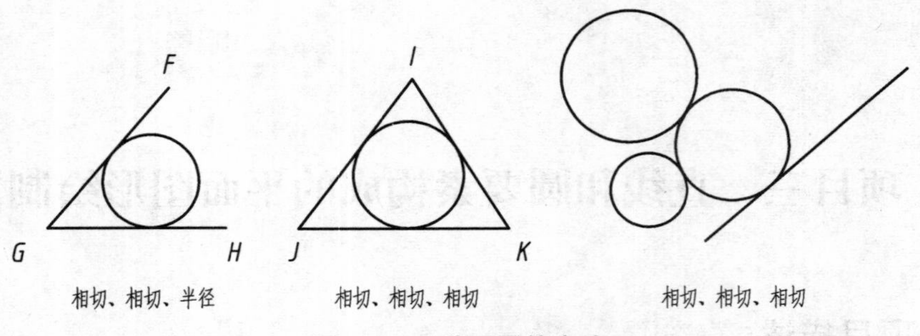

图 3-2　6 种画圆的方法

3. 实例操作：利用各种方式画圆

（1）利用“圆心、半径”画圆。

命令：_circle　　启动画圆命令。

指定圆的圆心或 [三点(3P)/两点(2P)/切点、切点、半径(T)]:　　指定圆心。

指定圆的半径或 [直径(D)]: 10　　输入半径数值，回车。

（2）利用“圆心、直径”画圆。

命令：_circle　　启动画圆命令。

指定圆的圆心或 [三点(3P)/两点(2P)/切点、切点、半径(T)]:　　指定圆心。

指定圆的半径或 [直径(D)] <10.0000>: d　　输入 d，回车。

指定圆的直径 <20.0000>:　　输入直径数值，回车。

或者采用下面的方式：

命令：_circle　　利用“绘图”/“圆”/“圆心、直径”的方式启动画圆命令。

指定圆的圆心或 [三点(3P)/两点(2P)/切点、切点、半径(T)]:　　指定圆心。

指定圆的半径或 [直径(D)] <10.0000>: _d 指定圆的直径 <20.0000>: 20

输入直径数值，回车。

（3）利用“两点”画圆。

命令：_circle　　启动两点画圆命令。

指定圆的圆心或 [三点(3P)/两点(2P)/切点、切点、半径(T)]: _2p　指定圆直径的第一个端点：

指定圆直径的第二个端点：　　分别点击已知直线的两个端点 A 和 B。

（4）利用“三点”画圆。

命令：_circle　　启动三点画圆命令。

指定圆的圆心或 [三点(3P)/两点(2P)/切点、切点、半径(T)]: _3p 指定圆上的第一个点：

点击 C 点。

指定圆上的第二个点：　　点击 D 点。

指定圆上的第三个点：　　点击 E 点。

（5）利用“相切、相切、半径”画圆。

命令：_circle　　启动相切、相切、半径画圆命令。

指定圆的圆心或 [三点(3P)/两点(2P)/切点、切点、半径(T)]：_ttr

指定对象与圆的第一个切点：　　点击直线 GF。

指定对象与圆的第二个切点：　　点击直线 GH。

指定圆的半径 <11.2962>：6　　输入半径数值。

（6）利用“相切、相切、相切”画圆。

命令：_circle　　启动相切、相切、相切画圆命令。

指定圆的圆心或 [三点(3P)/两点(2P)/切点、切点、半径(T)]：_3p 指定圆上的第一个点：_tan 到　　点击第一个与圆相切的图形。

指定圆上的第二个点：_tan 到　　点击第二个与圆相切的图形。

指定圆上的第三个点：_tan 到　　点击第三个与圆相切的图形。

经验提示：有时会有多个圆符合指定的条件。程序将绘制具有指定半径的圆，其切点与选定点的距离最近。

（二）图形对象的选择方法

在 AutoCAD 中，单纯使用绘图命令或绘图工具只能创建出一些基本的图形对象，而要绘制复杂的图形，在多数情况下要借助于“修改”菜单中的图形编辑命令。在编辑对象前，用户首先要选择对象，然后再对其进行编辑。当选中对象时，其特征点（即夹点）将显示为小方框，利用夹点可对图形进行简单编辑。此外，AutoCAD 还提供了丰富的对象编辑工具，可以帮助用户合理地构造和组织图形，以保证绘图的准确性，简化绘图操作，从而极大地提高了绘图效率。

对已有的图形进行编辑时，AutoCAD 提供了两种不同的编辑顺序：其一是先下达编辑命令，再选择对象。其二是先选择对象，再下达编辑命令。

1. 执行选择命令的方式

命令行：SELECT。

SELECT 命令可以单独使用，也可以在执行其他编辑命令时被自动调用。无论使用哪种方法，AutoCAD 都将提示用户选择对象，并且一个称为“对象选择目标框”或“拾取框”的小框将取代图形光标上的十字光标。当光标的形状由十字光标变为拾取框后，就可以选择对象了。

2. 选择对象的种类

AutoCAD 中，选择对象的方法很多，常用的有以下几种方法。

（1）单选。直接用鼠标点击。

（2）窗口选择。

选择矩形（由两点定义）中的所有对象。从左到右指定角点创建窗口选择。

（3）窗交选择。

选择区域（由两点确定）内部或与之相交的所有对象。窗交显示的方框为虚线或高亮度方框，这与窗口选择框不同。从右到左指定角点则创建窗交选择。

（4）全部选择。

按“Ctrl+A”键。

3. 取消选择

要取消所选择的对象，有以下两种方法。

（1）按键盘上的“ESC“键。

（2）在绘图窗口内单击鼠标右键，在光标菜单中选择全部不选命令。

（三）修剪修改命令

绘图过程中经常需要修剪图形，将超出的部分去掉，以便于使图形精确相交。修剪命令是比较常用的编辑工具，用户在绘图过程中通常是先粗略绘制一些线段，然后使用修剪命令将多余的线段修剪掉。

使用修剪命令可以精确地剪去图形对象中指定边界外的部分。在 AutoCAD 中，可修剪的对象包括直线、多段线、矩形、圆、圆弧、椭圆、椭圆弧、构造线、样条曲线、块、图纸空间的布局视口等，甚至三维对象也可以进行修剪。

启动修剪命令的方法有以下 3 种：

（1）单击修改工具栏中的“修剪”按钮。

（2）选择【修改】→【修剪】菜单命令。

（3）在命令行中输入命令 trim 或 TR。

经验提示：在见到“选择要修剪的对象，或按住 Shift 键选择要延伸的对象”的提示下选择被修剪对象，AutoCAD 会以剪切边为边界，将被修剪对象上位于拾取点一侧的多余部分或位于两条剪切边之间的部分剪切掉。如果被修剪对象没有与剪切边相交，在该提示下按下“Shift”键后选择对应的对象，AutoCAD 则会将其延伸到剪切边。

经验提示：在 AutoCAD 中，可以作为剪切边界的对象有直线、圆弧、圆、椭圆或椭圆弧、多段线、样条曲线、构造线、射线以及文字等。剪切边也可以同时作为被剪边。

（四）拉长修改命令

使用拉长命令，可以延伸或缩短非闭合直线、圆弧、非闭合多段线、椭圆弧、非闭合样条曲线等图形对象的长度，也可以改变圆弧的角度。

在 AutoCAD 中，启用拉长命令的方法有以下两种：

（1）选择【修改】→【拉长】菜单命令。

（2）在命令行中输入命令 lengthen 或 LEN。

三、项目实施

步骤一：打开样板文件。

启动 AutoCAD 软件，打开“A4 横向初始样板文件”。

步骤二：绘制图形。

（1）调整屏幕显示大小，以方便绘图，可在屏幕上任画一长度为 10 mm 的线段，滚动鼠标滚轮使所画线段显示长度与视觉目测长度相差不多时为宜。

（2）打开“显示/隐藏线宽”“对象捕捉”和“极轴追踪”状态按钮。

（3）绘制中心线。通过图层工具栏，将细点画线层设置为当前层，单击绘图工具栏中的“直线”按钮，执行直线命令，完成如图 3-3 所示的中心线。

命令：_line	启动直线命令。
指定第一个点：	点击 A 点。
指定下一点或 [放弃(U)]:	点击 B 点。
指定下一点或 [放弃(U)]:	回车，结束水平中心线的绘制。
命令：_line	启动直线命令。
指定第一个点：	点击 C 点。
指定下一点或 [放弃(U)]:	点击 D 点。
指定下一点或 [放弃(U)]:	回车，结束垂直中心线的绘制。

（4）绘制可见轮廓线。

通过图层工具栏，将粗实线层设置为当前层。

① 绘制圆。单击绘图工具栏中的“圆”按钮，执行圆命令，完成如图 3-4 所示的圆。

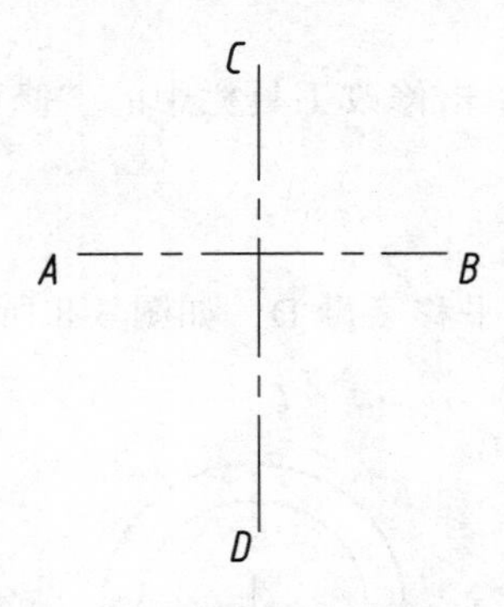

图 3-3　绘制好的中心线

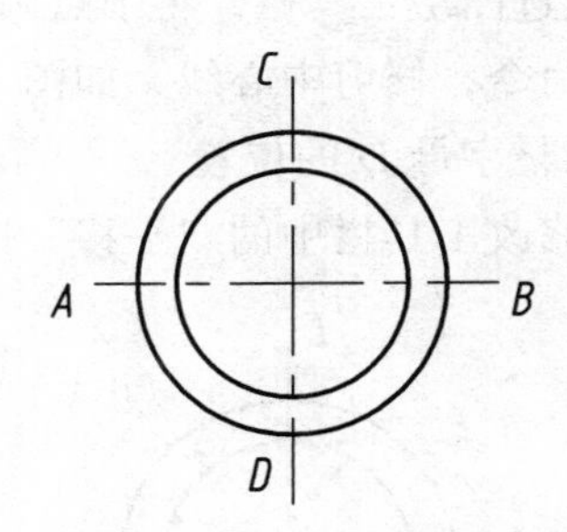

图 3-4　绘制好的圆

② 绘制直线。

绘制好的图形如图 3-5 所示。

③ 偏移直线。

绘制好的图形如图 3-6 所示。

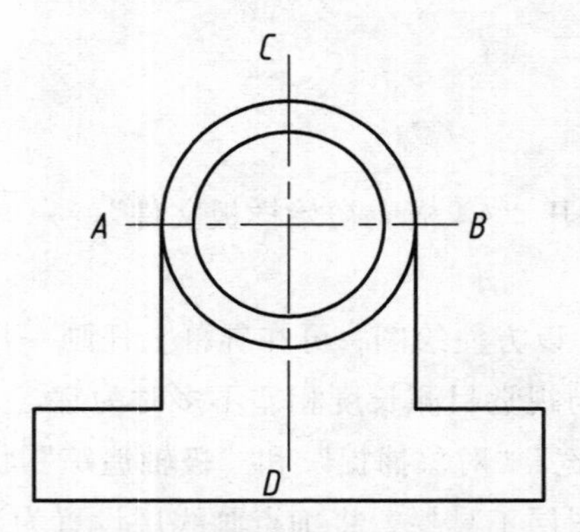

图 3-5　绘制好部分直线的图形

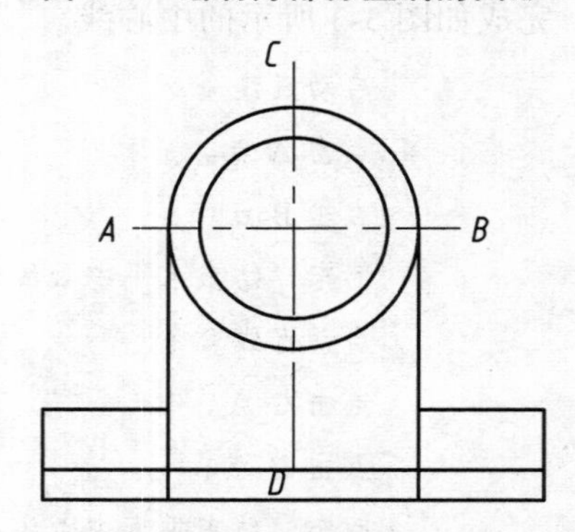

图 3-6　偏移直线后的图形

④ 修剪。

修剪后的结果如图 3-7 所示。

（5）修改完善图形。

① 通过图层工具栏，将细点画线层设置为当前层，单击修改工具栏中的“修剪”按钮，执行修剪命令，修剪中心线，如图 3-8 所示。

② 调整字母 D 的位置。

单击修改工具栏中的“平移”按钮，执行平移命令，平移字母 D，如图 3-8 所示。

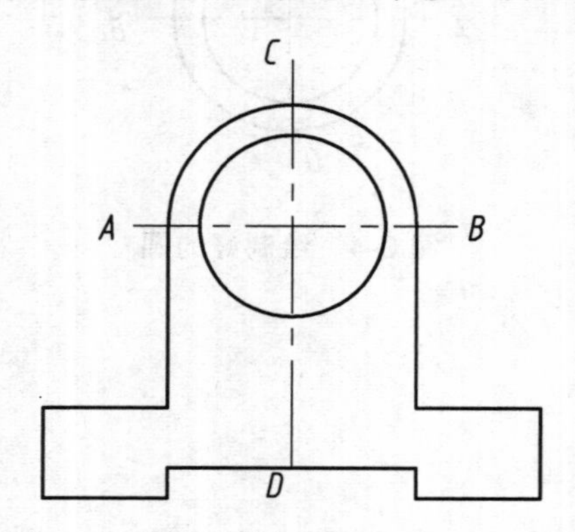

图 3-7　修剪后的图形

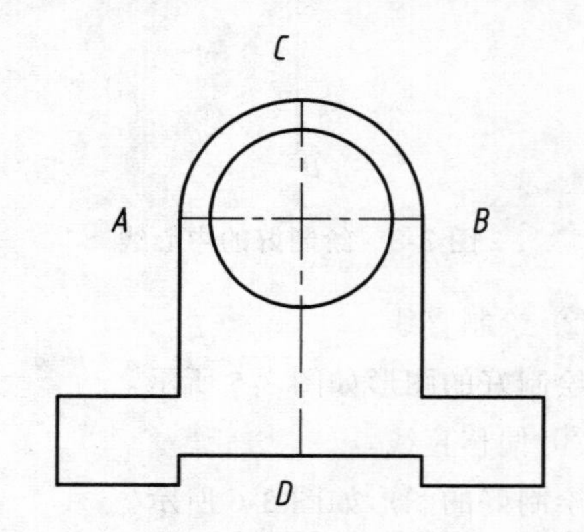

图 3-8　修剪中心线和平移字母 D 后的图形

③ 拉长中心线。

选择【修改】→【拉长】命令，执行拉长命令后，命令行提示如下：

命令：_lengthen	启动拉长命令。
选择要测量的对象或 [增量(DE)/百分比(P)/总计(T)/动态(DY)] <增量(DE)>：DE	直接回车，或者输入 DE 后回车，选择以增量方式进行拉长。
输入长度增量或 [角度(A)] <0.0000>：2	输入长度增量数值。
选择要修改的对象或 [放弃(U)]:	分别选择需要拉长的对象。

拉长后的图形如图 3-9 所示。

（6）标注尺寸。

标注后的图形如图 3-1 所示。大致步骤如下：

将尺寸和公差图层置为当前层。

经验提示：要将与尺寸线数值重叠的图线打断。

步骤三：保存文件。

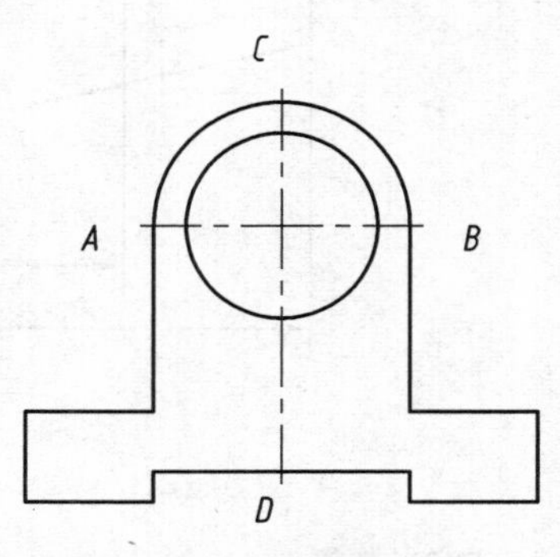

图 3-9　拉长后的图形

四、练习与提高

按 1∶1 比例绘制如图 3-10 ~ 3-15 所示的各个图形。要求图线正确，暂不标注尺寸。

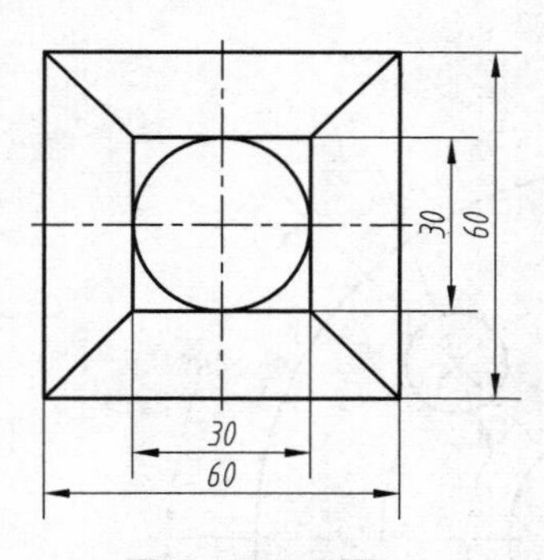

图 3-10　习题一

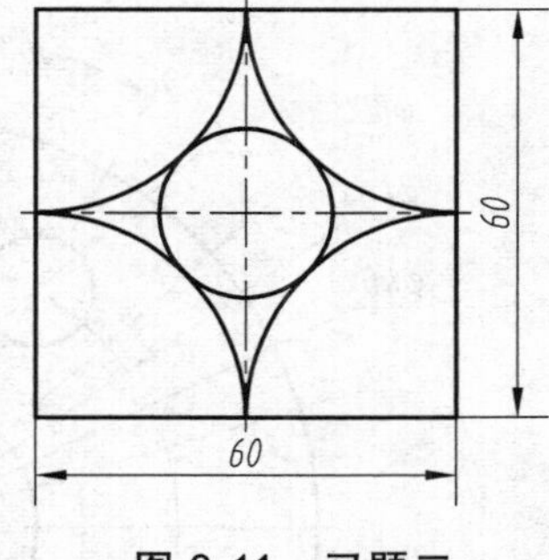

图 3-11　习题二

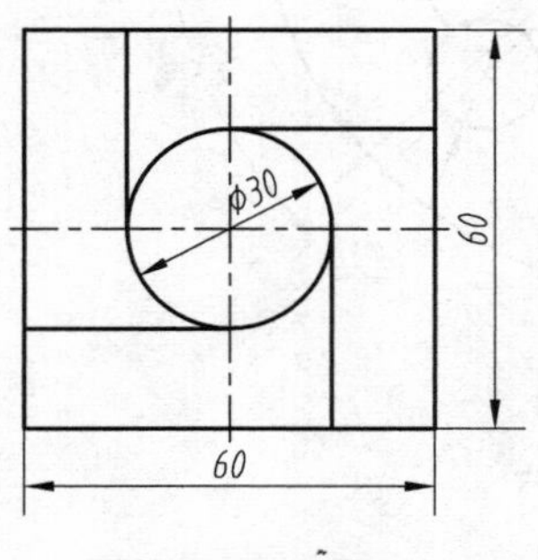

图 3-12　习题三

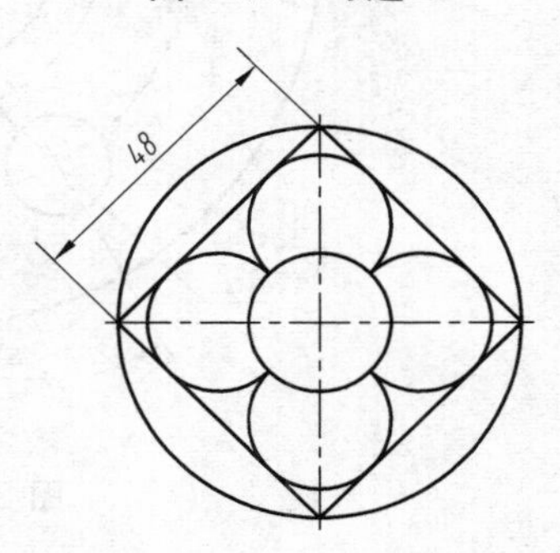

图 3-13　习题四

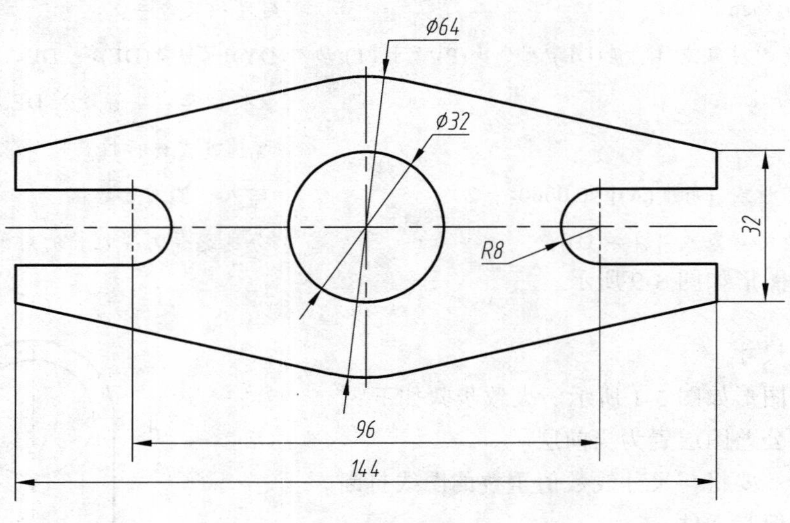

图 3-14　习题五

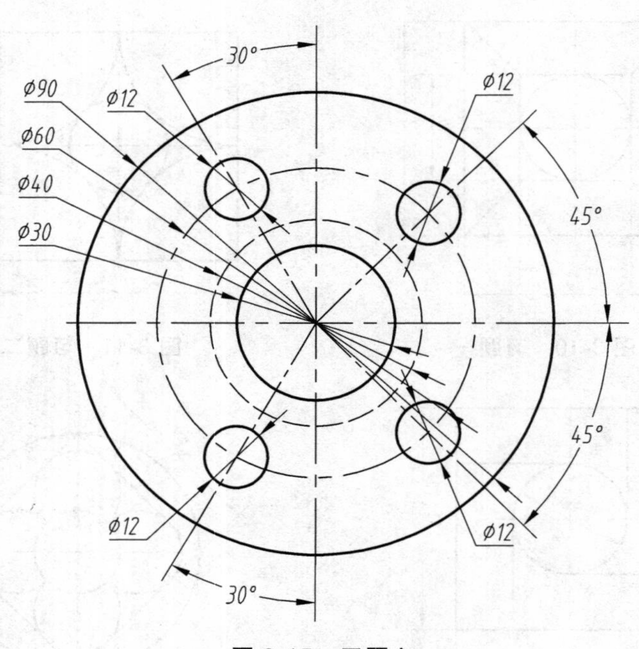

图 3-15　习题六

项目四　多要素构成的平面图形绘制

一、项目描述

用 1∶1 的比例绘制如图 4-1 所示的图形。要求：选择合适的线型，暂不标注尺寸。

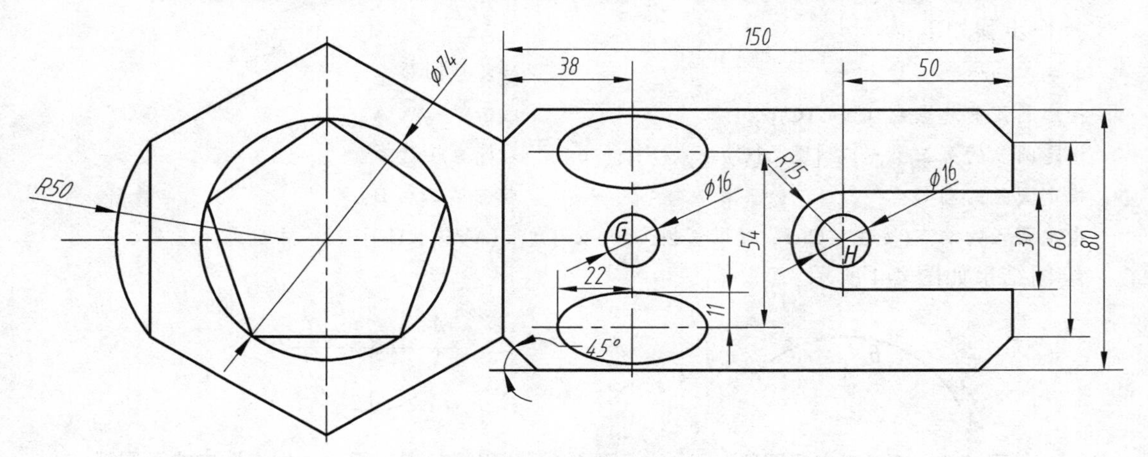

图 4-1　多要素构成的平面图形

二、相关知识

（一）圆弧绘图命令

1. 启动绘制圆弧命令的方式

启动绘制圆弧命令的方式有以下 3 种：

（1）下拉菜单：选择【绘图】→【圆弧】菜单命令。

（2）命令行：Arc 或 A。

（3）工具栏：单击标准工具栏中的“圆弧”按钮。

2. 绘制圆弧的方法

在 AutoCAD 中，系统提供了 11 种绘制圆弧的方法，如图 4-2 所示。

经验提示：AutoCAD 中绘制圆弧的方法共有 11 种，其中缺省状态下是通过确定三点来绘制圆弧的。

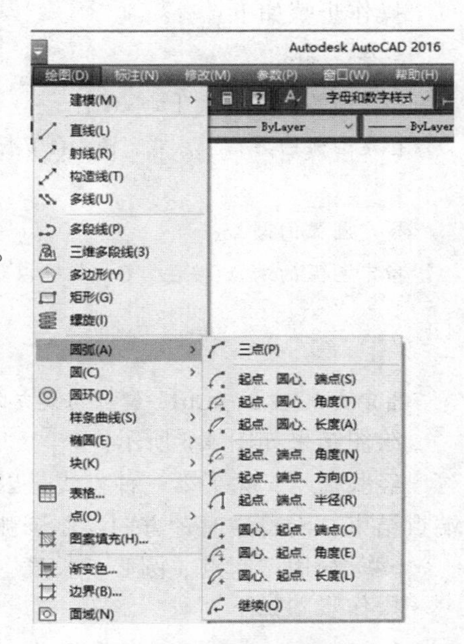

图 4-2　11 种绘制圆弧的方法

3. 实例操作：利用各种方式绘制圆弧

（1）指定三点画圆弧。

操作步骤如下：

命令：_arc　　启动画圆弧命令。

指定圆弧的起点或 [圆心(C)]:　　点击第一点 A。

指定圆弧的第二个点或 [圆心(C)/端点(E)]:　　点击第二点 B。

指定圆弧的端点:　　点击第三点 C。

绘图结果如图 4-3 所示。

（2）利用“起点、圆心、端点”方式画圆弧。

操作步骤如下：

命令：_arc　　启动画圆弧命令。

指定圆弧的起点或 [圆心(C)]:　　点击第一点 A。

指定圆弧的第二个点或 [圆心(C)/端点(E)]: _c　　系统直接选择。

指定圆弧的圆心:　　点击第二点 B。

指定圆弧的端点(按住“Ctrl”键以切换方向)或 [角度(A)/弦长(L)]:　　点击第三点 C。

绘图结果如图 4-4 所示。

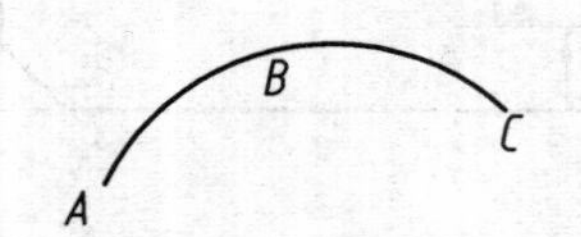

图 4-3　指定三点画圆弧

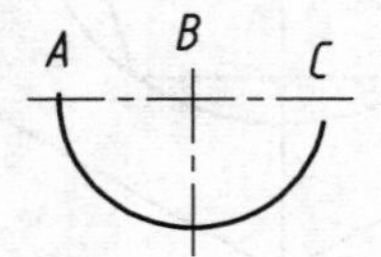

图 4-4　利用“起点、圆心、端点”方式画圆弧

（3）利用“起点、圆心、角度”方式画圆弧。

操作步骤如下：

命令：_arc　　启动画圆弧命令。

指定圆弧的起点或 [圆心(C)]:　　点击第一点 A。

指定圆弧的第二个点或 [圆心(C)/端点(E)]: C　　输入 C，回车。

高版本可以直接点击 C。

指定圆弧的圆心:　　点击第二点 B。

指定圆弧的端点(按住“Ctrl”键以切换方向)或 [角度(A)/弦长(L)]: A

输入 A，回车。

高版本可以直接点击 A。

指定夹角(按住“Ctrl”键以切换方向): 135　　输入角度值，回车。

绘图结果如图 4-5 所示。

经验提示：除了第一种方式是以点击的顺序绘制图形外，AutoCAD 总是从起点开始，到端点结束，沿着逆时针方向绘制圆弧。

（4）利用“起点、圆心、长度”方式画圆弧。

操作步骤如下：

命令：_arc　　启动画圆弧命令。

指定圆弧的起点或 [圆心(C)]: 点击第一点 A。
指定圆弧的第二个点或 [圆心(C)/端点(E)]: C 输入 C，回车。
高版本可以直接点击 C。
指定圆弧的圆心: 点击第二点 B。
指定圆弧的端点(按住“Ctrl”键以切换方向)或 [角度(A)/弦长(L)]: L
输入 L，回车。
高版本可以直接点击 L。
指定弦长(按住“Ctrl”键以切换方向): 20 输入长度值，回车。

绘图结果如图 4-6 所示。

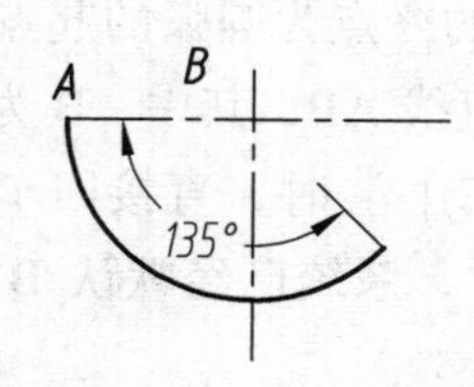

图 4-5 利用“起点、圆心、角度”方式画圆弧

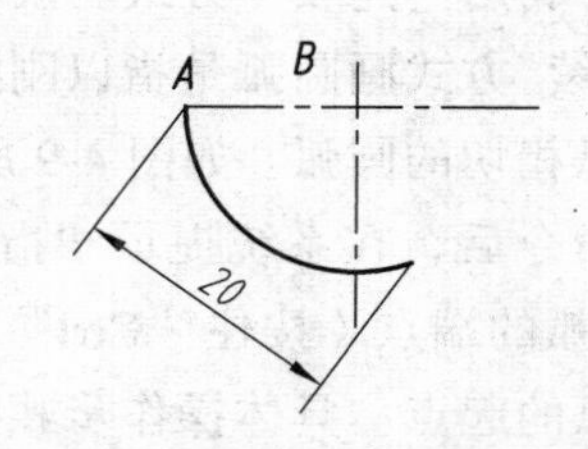

图 4-6 利用“起点、圆心、角度”方式画圆弧

（5）利用“起点、端点、半径”方式画圆弧。

操作步骤如下：

命令: _arc 启动画圆弧命令。
指定圆弧的起点或 [圆心(C)]: 点击第一点 A。
指定圆弧的第二个点或 [圆心(C)/端点(E)]: E 输入 E，回车。
高版本可以直接点击 E。
指定圆弧的端点: 点击第二点 B。
指定圆弧的中心点(按住“Ctrl”键以切换方向)或 [角度(A)/方向(D)/半径(R)]: R
输入 R，回车。
高版本可以直接点击 R。
指定圆弧的半径(按住“Ctrl”键以切换方向): 20 输入长度值，回车。

绘图结果如图 4-7 所示。

（6）利用“起点、端点、方向”方式画圆弧。

操作步骤如下：

命令: _arc 启动画圆弧命令。
指定圆弧的起点或 [圆心(C)]: 点击第一点 A。
指定圆弧的第二个点或 [圆心(C)/端点(E)]: E 输入 E，回车。
高版本可以直接点击 E。
指定圆弧的端点: 点击第二点 B。
指定圆弧的中心点(按住“Ctrl”键以切换方向)或 [角度(A)/方向(D)/半径(R)]: D
输入 D，回车。
高版本可以直接点击 D。

指定圆弧起点的相切方向(按住“Ctrl”键以切换方向)：移动鼠标以给出起点 A 的切线方向，如图 4-8 所示。

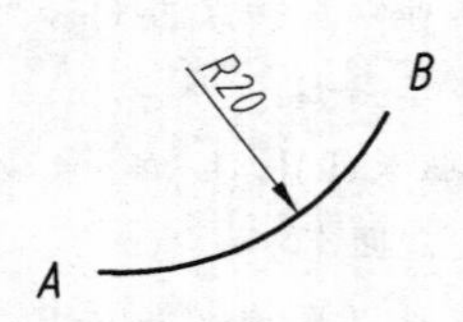

图 4-7　利用“起点、端点、半径”方式画圆弧

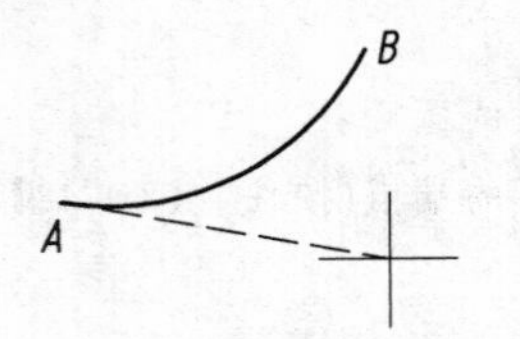

图 4-8　虚线表示起点 A 的切线方向

（7）利用“连续”方式画圆弧。

“连续”方式画圆弧是指以刚刚画完的直线或者圆弧的终点为圆弧的起点来绘制与该直线或者圆弧相切的圆弧。如图 4-9 所示是指刚刚绘制好了直线 AB，其中，B 为直线的终点。启动圆弧命令后，在系统提示“指定圆弧的起点或[圆心(C)]：”时，直接回车，系统就会提示“指定圆弧的端点（按住“Ctrl”键以切换方向）:”，此时，系统已经默认 B 点就是即将要绘制的圆弧的起点。具体操作步骤如下：

命令：_arc　　启动画圆弧命令。

指定圆弧的起点或 [圆心(C)]:　　回车。

指定圆弧的端点(按住“Ctrl”键以切换方向):　　点击端点。

绘图结果如图 4-9 所示。

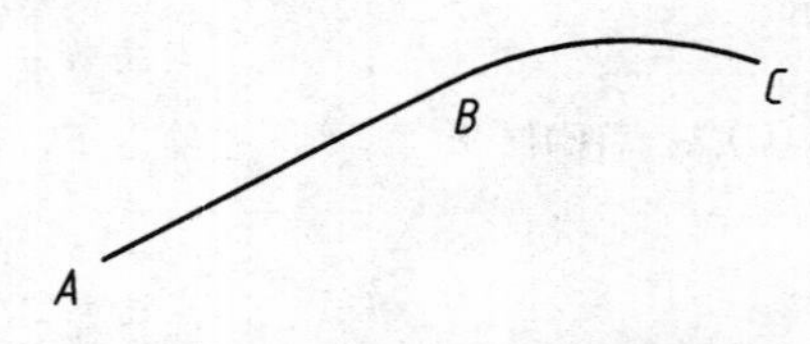

图 4-9　利用“连续”方式画圆弧

（二）圆环绘图命令

圆环是一种可以填充的同心圆，其内径可以是 0，也可以和外径相等。在绘图过程中，用户需要指定圆环的内径、外径以及中心点。圆环可以认为是具有填充效果的环或实体填充的圆，即带有宽度的闭合多段线。

1. 执行绘制圆环命令的方法

执行绘制圆环命令的方法有以下两种：

（1）命令：在命令行中输入命令 Donut 或 DO。

（2）菜单：选择【绘图】→【圆环】菜单命令。

2. 圆环的种类

在 AutoCAD 系统中，可以绘制 3 种不同的圆环：普通圆环、实心圆环和无填充圆环，如图 4-10 所示。内径、外径不相等的圆环为普通圆环。内径等于 0 的圆环为实心圆环。

(a) 普通圆环

(b) 实心圆环

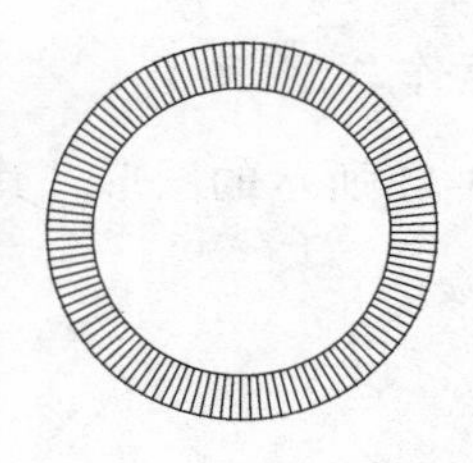

(c) 无填充圆环

图 4-10　绘制 3 种不同的圆环

圆环是否填充，可以使用“fill”命令或者系统变量“fillmode”加以控制，fillmode 等于 1 时，圆环被填充；fillmode 等于 0 时，圆环不被填充。

如果输入的外径值小于内径值，系统会自动将内、外径数值交换。

内、外径数值可以相等，此时的圆环如同一个圆，但实际上是零宽度的多段线，因为圆环是由两个等宽度的半圆弧多段线构成。

经验提示：如果圆环的内径为 0，则绘制出的圆环是实心圆。执行圆环命令，一次可以绘制多个相同的圆环。

（三）多段线绘图命令

多段线是 AutoCAD 中最常用且功能较强的实体之一，是由线段和圆弧构成的连续线段组，是一个单独的图形对象。多段线是由直线和圆弧连接而成的独立的线性对象，组成多段线的直线和圆弧可以是任意多个，但无论组成多段线的直线和圆弧有多少个，这条多段线始终被视为一个实体对象进行编辑。在绘制过程中，用户可以随意设置线宽。因此多段线可以取代 AutoCAD 的一些基本实体，如直线、圆弧等。

多段线具有以下特点：

① 一条多段线可以被当作一个对象来处理，整条多段线是一个单一实体，以便于编辑。

② 在选择多段线时，只需点取一点。

③ 多段线可以有变化的宽度，可宽可窄，可以宽度一致，也可以粗细变化。

④ 多段线的长度以及封闭多段线的面积很容易计算。

⑤ 多段线占用的内存和磁盘空间较小。

⑥ 多段线是生成三维图形的主要基础轮廓。多段线命令可以画直线和圆弧两种基本线段，所以命令的一些提示类似于直线和弧线命令的提示。

多段线可以用“PEDIT”命令编辑，易于得到各种图形。

1. 执行绘制多段线命令的方法

在 AutoCAD，执行绘制多段线命令的方法有以下 3 种：

（1）工具栏：单击绘图工具栏中的“多段线”按钮。

（2）菜单栏：选择【绘图】→【多段线】菜单命令。

（3）命令：在命令行中输入命令 pline 或 PL↙。

2. 实例操作与演示

绘制如图 4-11 所示的图形，其操作步骤如下：

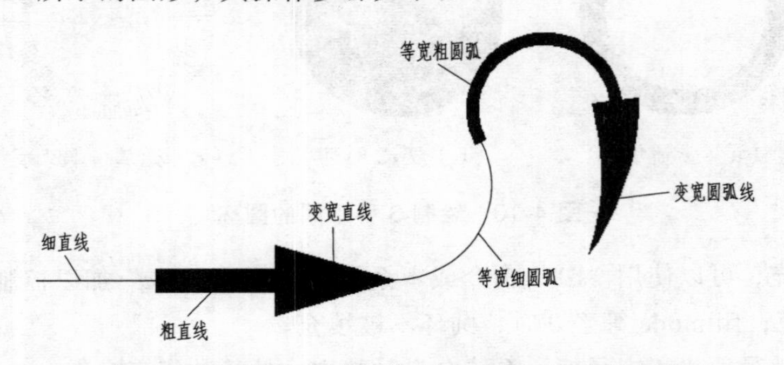

图 4-11　由直线段和弧线段组成的不同线宽的多段线

单击绘图工具栏中的“多段线”按钮，命令行提示如下：

命令：_pline

指定起点：

当前线宽为 0.000

指定下一个点或 [圆弧(A)/半宽(H)/长度(L)/放弃(U)/宽度(W)]：100　　//绘制细直线

指定下一点或 [圆弧(A)/闭合(C)/半宽(H)/长度(L)/放弃(U)/宽度(W)]：　h //指定半宽

指定起点半宽 <0.250>：10　　//起点半宽为 10

指定端点半宽 <10.000>：10　　//端点半宽为 10

指定下一点或 [圆弧(A)/闭合(C)/半宽(H)/长度(L)/放弃(U)/宽度(W)]：100

指定下一点或 [圆弧(A)/闭合(C)/半宽(H)/长度(L)/放弃(U)/宽度(W)]：h

指定起点半宽 <10.000>：30

指定端点半宽 <30.000>：0

指定下一点或 [圆弧(A)/闭合(C)/半宽(H)/长度(L)/放弃(U)/宽度(W)]：100

指定下一点或 [圆弧(A)/闭合(C)/半宽(H)/长度(L)/放弃(U)/宽度(W)]：a//绘制圆弧

指定圆弧的端点或

[角度(A)/圆心(CE)/闭合(CL)/方向(D)/半宽(H)/直线(L)/半径(R)/第二个点(S)/放弃(U)/宽度(W)]：

指定圆弧的端点或

[角度(A)/圆心(CE)/闭合(CL)/方向(D)/半宽(H)/直线(L)/半径(R)/第二个点(S)/放弃(U)/宽度(W)]：h

指定起点半宽 <0.000>：5

指定端点半宽 <5.000>：

指定圆弧的端点或

[角度(A)/圆心(CE)/闭合(CL)/方向(D)/半宽(H)/直线(L)/半径(R)/第二个点(S)/放弃(U)/宽度(W)]：

指定圆弧的端点或

[角度(A)/圆心(CE)/闭合(CL)/方向(D)/半宽(H)/直线(L)/半径(R)/第二个点(S)/放弃(U)/宽度(W)]：h

指定起点半宽 <5.000>：20

指定端点半宽 <20.000>：0

指定圆弧的端点或

[角度(A)/圆心(CE)/闭合(CL)/方向(D)/半宽(H)/直线(L)/半径(R)/第二个点(S)/放弃(U)/宽度(W)]:

//捕捉圆弧端点

指定圆弧的端点或

[角度(A)/圆心(CE)/闭合(CL)/方向(D)/半宽(H)/直线(L)/半径(R)/第二个点(S)/放弃(U)/宽度(W)]:

//回车结束命令

3. 编辑多段线

绘制多段线后，还可以利用多段线编辑命令对其进行编辑。利用多段线编辑命令可以对多段线进行编辑，改变其线宽，将其打开或闭合，增减或移动顶点、样条化、直线化。在AutoCAD中，用户可以一次编辑一条多段线，也可以同时编辑多条多段线。

执行编辑多段线的方式有以下4种：

① 下拉菜单：选择【修改】→【对象】→【多段线】菜单命令。

② 命令行：PEDIT或PE，按回车键。

③ 快捷菜单：选择要编辑的多段线，右击鼠标，从打开的快捷菜单上选择编辑多段线命令。

④ 工具栏：单击“修改”工具栏上的“编辑多段线”按钮。

（四）正多边形绘图命令

绘制多边形除了用LINE、PLINE定点绘制外，还可以用POLYGON、RECTANG命令很方便地绘制正多边形和矩形。

矩形工具可以绘制多种类型的矩形，是绘制平面图形的常用命令。在AutoCAD中，矩形作为一个整体是构成复杂图形的基本图形元素。

1. 绘制矩形

（1）执行矩形命令的方式。

① 下拉菜单：选择【绘图】→【矩形】菜单命令。

② 命令行：键盘输入RECTANG（REC）。

③ 工具栏：点击绘图工具栏的“矩形”按钮。

（2）实例操作：绘制矩形。

① 指定两点绘制矩形。

操作步骤如下：

命令：_rectang　　启动命令。

指定第一个角点或 [倒角(C)/标高(E)/圆角(F)/厚度(T)/宽度(W)]:　　点击一个点A。

指定另一个角点或 [面积(A)/尺寸(D)/旋转(R)]:　　点击另一个点B。

绘图结果如图4-12所示。

② 按尺寸绘制矩形。

操作步骤如下：

命令：_rectang	启动命令。
指定第一个角点或 [倒角(C)/标高(E)/圆角(F)/厚度(T)/宽度(W)]：	点击一个点 A。
指定另一个角点或 [面积(A)/尺寸(D)/旋转(R)]：D	输入 D，回车。
指定矩形的长度 <40.0000>：35	输入长度数值。
指定矩形的宽度 <20.0000>：15	输入宽度数值。
指定另一个角点或 [面积(A)/尺寸(D)/旋转(R)]：	点击另一个点 B。

绘图结果如图 4-13 所示。

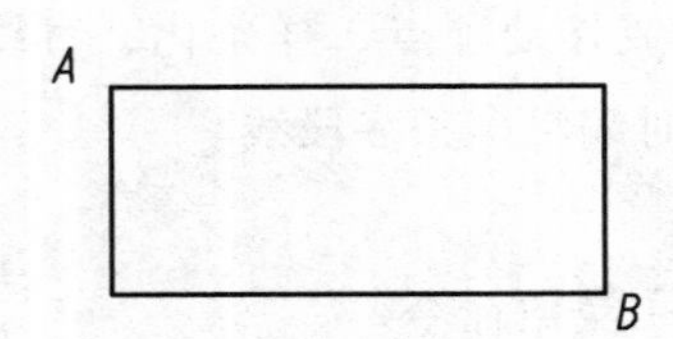

图 4-12　指定两点绘制矩形

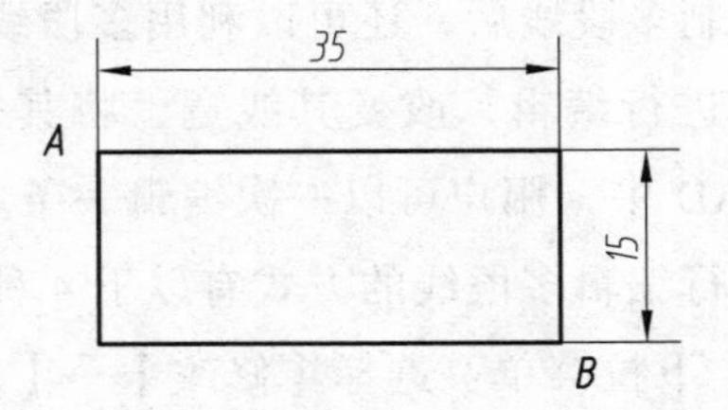

图 4-13　按尺寸绘制矩形

③ 按面积绘制矩形。

操作步骤如下：

命令：_rectang	启动命令。
指定第一个角点或 [倒角(C)/标高(E)/圆角(F)/厚度(T)/宽度(W)]：	点击一个点 A。
指定另一个角点或 [面积(A)/尺寸(D)/旋转(R)]：A	输入 A，回车。
输入以当前单位计算的矩形面积 <100.0000>：800	输入 800，回车。
计算矩形标注时依据 [长度(L)/宽度(W)] <长度>：L	输入 L，回车。
输入矩形长度 <35.0000>：40	输入 40，回车。

绘图结果如图 4-14 所示。

④ 绘制带圆角的矩形。

操作步骤如下：

命令：_rectang	启动命令。
指定第一个角点或 [倒角(C)/标高(E)/圆角(F)/厚度(T)/宽度(W)]：F	输入 F，回车。
指定矩形的圆角半径 <0.0000>：5	输入 5，回车。
指定第一个角点或 [倒角(C)/标高(E)/圆角(F)/厚度(T)/宽度(W)]：	点击一个点 A。
指定另一个角点或 [面积(A)/尺寸(D)/旋转(R)]：D	输入 D，回车。
指定矩形的长度 <40.0000>：	回车。
指定矩形的宽度 <20.0000>：	回车。
指定另一个角点或 [面积(A)/尺寸(D)/旋转(R)]：	点击另一个点 B。

绘图结果如图 4-15 所示。

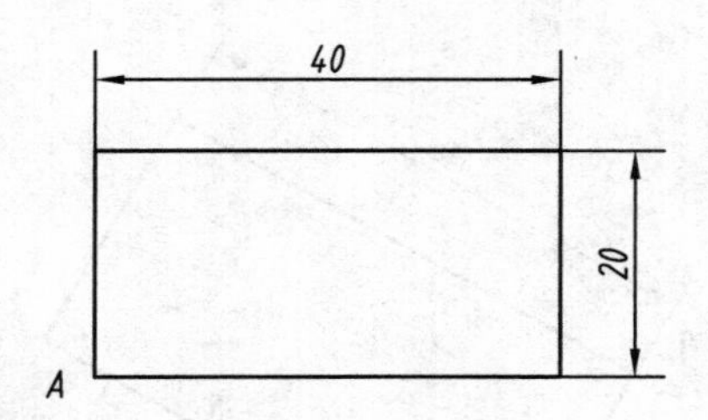

图 4-14　按面积绘制矩形

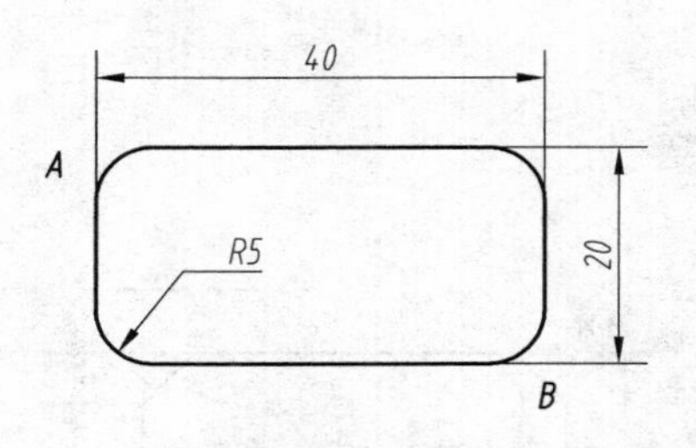

图 4-15　绘制带圆角的矩形

⑤ 绘制带倒角的矩形。

操作步骤如下：

命令：_rectang	启动命令。
当前矩形模式：　圆角=5.0000	系统提示
指定第一个角点或 [倒角(C)/标高(E)/圆角(F)/厚度(T)/宽度(W)]：C	输入 C，回车。
指定矩形的第一个倒角距离 <5.0000>：	输入 5，回车。
指定矩形的第二个倒角距离 <5.0000>：	输入 5，回车。
指定第一个角点或 [倒角(C)/标高(E)/圆角(F)/厚度(T)/宽度(W)]：	点击一个点 A。
指定另一个角点或 [面积(A)/尺寸(D)/旋转(R)]：D	输入 D，回车。
指定矩形的长度 <40.0000>：	回车。
指定矩形的宽度 <20.0000>：	回车。
指定另一个角点或[面积(A)/尺寸(D)/旋转(R)]：	点击另一个点 B。

绘图结果如图 4-16 所示。

⑥ 绘制倾斜 30°的矩形。

操作步骤如下：

命令：_rectang	启动命令。
当前矩形模式：　倒角=5.0000 x 5.0000	系统提示。
指定第一个角点或 [倒角(C)/标高(E)/圆角(F)/厚度(T)/宽度(W)]：C	
输入 C，回车。	
指定矩形的第一个倒角距离 <5.0000>：0	输入 0，回车。
指定矩形的第二个倒角距离 <5.0000>：0	输入 0，回车。
指定第一个角点或 [倒角(C)/标高(E)/圆角(F)/厚度(T)/宽度(W)]：	点击一个点 A。
指定另一个角点或 [面积(A)/尺寸(D)/旋转(R)]：R	输入 R，回车。
指定旋转角度或 [拾取点(P)] <0>：　30	输入 30，回车。
指定另一个角点或 [面积(A)/尺寸(D)/旋转(R)]：d	输入 d，回车。
指定矩形的长度 <40.0000>：	回车。
指定矩形的宽度 <20.0000>：	回车。
指定另一个角点或 [面积(A)/尺寸(D)/旋转(R)]：	点击另一个点 B。

绘图结果如图 4-17 所示。

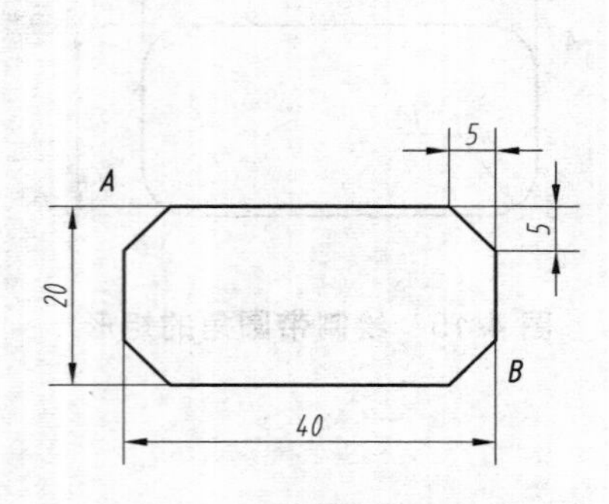

图 4-16　绘制带倒角的矩形

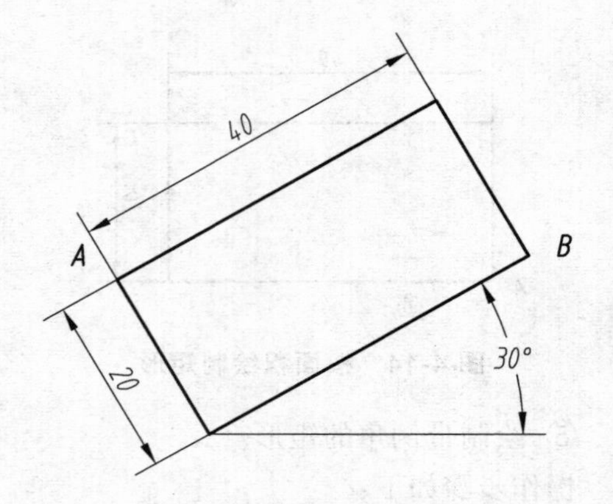

图 4-17　绘制倾斜 30°的矩形

经验提示：RECTANG 命令以指定两个对角点的方式绘制矩形，当两角点形成的边相同时，则生成正方形。

2. 绘制正多边形

正多边形是指由 3 条以上各边长相等的线段构成的封闭实体。在 AutoCAD 中，用户可以利用此命令方便地绘制出边数为 3 ~ 1024 的正多边形。

（1）执行正多边形命令的方式。

执行正多边形命令的方式有以下 3 种：

① 键盘输入：Polygon（POL）↙。

② 下拉菜单：选择【绘图】→【正多边形】菜单命令。

③ 工具栏：单击绘图工具栏中的“正多边形”按钮⬠。

（2）实例操作与演示：利用各种方法绘制多边形。

在 AutoCAD 中，正多边形的绘制方法主要有 3 种，现具体说明如下：

① 利用定边法绘制正多边形。

利用定边法绘制正多边形时，系统要求指定正多边形的边数及一条边的两个端点，然后系统从边的第二个端点开始按逆时针方向画出该正多边形。具体操作步骤如下：

命令：_polygon 输入侧面数 <4>：6	启动多边形命令，输入正多边形边数为 6。
指定正多边形的中心点或 [边(E)]：E	输入 E，回车。高版本直接点击 E。
指定边的第一个端点：	点击 A 点。
指定边的第二个端点：@20<15	指定 B 点。

绘制结果如图 4-18 所示。

② 利用外接圆法绘制正多边形。

利用外接圆法绘制正多边形时，AutoCAD 要求指定该正多边形外接圆的圆心和半径。通过该外接圆，系统将绘制所需的正多边形。具体操作步骤如下：

命令：_polygon 输入侧面数 <6>：	启动命令，回车。

指定正多边形的中心点或 [边(E)]:　　　　　　　点击 A 点。

输入选项 [内接于圆(I)/外切于圆(C)] <I>: I　选择内接于圆方式。

指定圆的半径: 30　　　　　　　　　　　　　　　输入半径数值。

绘制结果如图 4-19 所示。

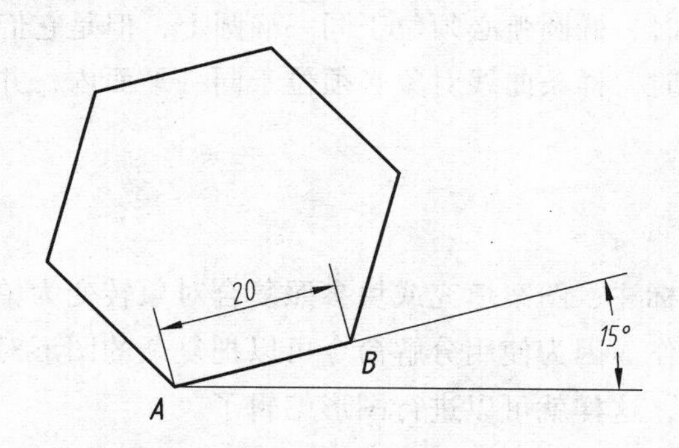

图 4-18　利用定边法绘制正多边形

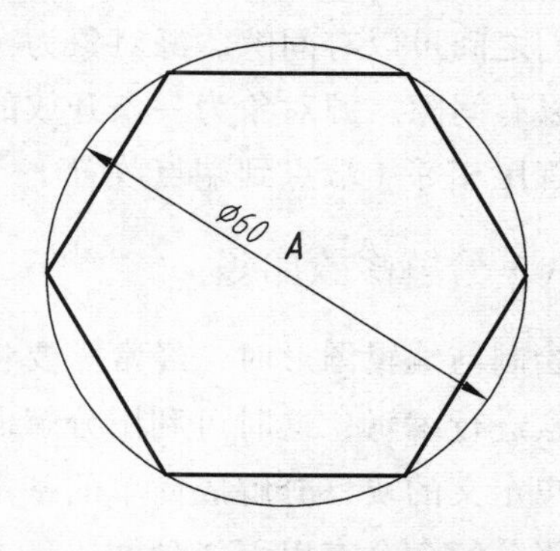

图 4-19　利用"外接圆法"绘制正多边形

③ 利用内切圆法绘制正多边形。

利用内切圆法绘制正多边形时，AutoCAD 要求指定正多边形内切圆的圆心和半径。通过该内切圆，系统将绘制所需要的正多边形。具体操作步骤如下：

命令: _polygon 输入侧面数 <6>:　　　　　　　启动命令，回车。

指定正多边形的中心点或 [边(E)]:　　　　　　　点击 A 点。

输入选项 [内接于圆(I)/外切于圆(C)] <I>: C　选择外切于圆方式。

指定圆的半径: 30　　　　　　　　　　　　　　　输入半径数值。

绘制结果如图 4-20 所示。

经验提示：绘制正多边形时，用户可以通过与假想圆的内接或外切的方法来进行绘制，也可以指定正多边形某边的端点来绘制。因为正多边形实际上是多段线，所以不能用圆心捕捉方式来捕捉一个已存在的多边形的中心。

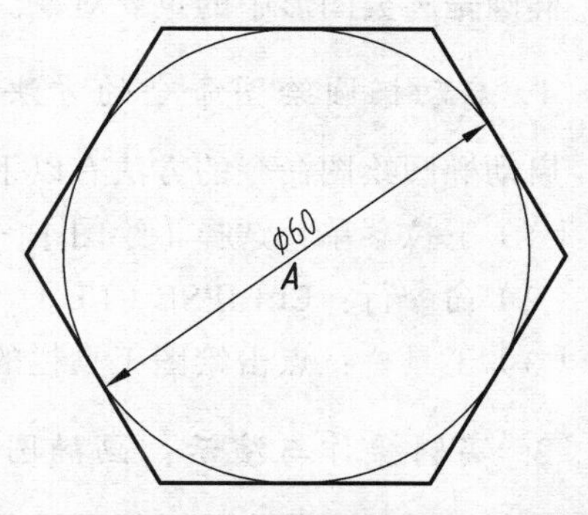

图 4-20　利用内切圆法绘制正多边形

（五）合并修改命令

合并命令是自 AutoCAD2008 开始提供的功能，利用它可以将直线、圆、椭圆和样条曲线等独立的线段合并形成一个完整的对象。

启用合并命令有以下 3 种方法：

（1）下拉菜单：选择【修改】→【合并】菜单命令。

（2）工具栏：直接单击修改工具栏上的合并按钮。

（3）命令行：输入命令 J(Join)。

经验提示：选择圆弧时，要注意先后顺序，圆弧合并是按照逆时针方向合并的。合并两条或多条椭圆弧时，将从源对象开始按逆时针方向合并椭圆弧。源对象为一条直线时，直线对象必须共线（位于同一无限长的直线上），但是它们之间可以有间隙。源对象为一条开放的多段线时，对象可以是直线、多段线或圆弧，对象之间不能有间隙，并且必须位于与 UCS 的 XY 平面平行的同一平面上。源对象为一条圆弧时，圆弧对象必须位于同一假想的圆上，但是它们之间可以有间隙。源对象为一条椭圆弧时，椭圆弧必须位于同一椭圆上，但是它们之间可以有间隙。源对象为一条开放的样条曲线时，样条曲线对象必须位于同一平面内，并且必须首尾相邻（端点到端点放置）。

（六）分解修改命令

在绘制与编辑图形时，经常需要将多段线、标注、图案填充或块参照复合对象转变为单个的元素进行编辑，这时可利用分解命令进行操作。因为使用分解命令可以把复杂的图形对象或用户定义的块，分解成简单的基本图形对象，这样就可以进行图形编辑了。

启用分解命令有以下 3 种方法：

（1）下拉菜单：选择【修改】→【分解】菜单命令。

（2）工具栏：直接单击修改工具栏上的“分解”按钮。

（3）命令行：输入命令 Explode。

启用分解命令后，根据命令行提示，选择对象，然后按“Enter”键，整体图形即被分解。

经验提示：分解命令可以分解多段线、标注、图案填充、面域或块参照等复合对象，将其转换为单个元素。

（七）椭圆绘图命令

椭圆是圆类图形中的重要对象。利用椭圆命令可以绘制椭圆以及椭圆弧。

1. 启动椭圆绘图命令的方法

启动椭圆绘图命令的方法有以下 3 种：

（1）下拉菜单：选择【绘图】→【椭圆】菜单命令。

（2）命令行：ELLIPSE（EL）↙。

（3）工具栏：点击绘图工具栏的椭圆按钮。

2. 实例操作与演示：画椭圆的方法

绘制椭圆的主要参数是椭圆的长轴和短轴，绘制椭圆的缺省方法是指定椭圆的第一根轴线的两个端点及另一半轴的长度。AutoCAD 提供了多种绘制椭圆的方式，可以简单概括为两大类：一类是中心点法绘制椭圆；另一类是轴、端点法绘制椭圆。

（1）中心点法绘制椭圆。

操作步骤及命令行提示如下：

命令：_ellipse	启动命令。
指定椭圆的轴端点或 [圆弧(A)/中心点(C)]：C	输入“C”，回车。

指定椭圆的中心点：　　　　　　　　　　　　　　指定椭圆的中心点，点击 A 点。

指定轴的端点：　　　　　　　　　　　　　　　　指定椭圆第一条轴的端点，点击 B 点。

指定另一条半轴长度或 [旋转(R)]：　　　　　　　指定另一条半轴的长度，点击 C 点。

中心点法绘制的椭圆如图 4-21 所示。

经验提示：在绘制椭圆的过程中，如果选择“旋转(R)”命令选项，则绘制的椭圆是经过椭圆长轴两个端点的圆，绕这个长轴旋转后得到的投影。选择此命令选项后，命令行提示如下：

指定绕长轴旋转的角度：输入旋转的角度，按“Enter”键结束命令。

（2）轴、端点法绘制椭圆。

操作步骤及命令行提示如下：

命令：_ellipse　　　　　　　　　　　　　　　　启动命令。

指定椭圆的轴端点或 [圆弧(A)/中心点(C)]：　　　指定椭圆轴的一个端点，点击 A 点。

指定轴的另一个端点：　　　　　　　　　　　　　指定椭圆轴的另一个端点，点击 B 点。

指定另一条半轴长度或 [旋转(R)]：　　　　　　　输入椭圆另一条半轴的长度，点击 C 点。

轴、端点法绘制的椭圆如图 4-22 所示。

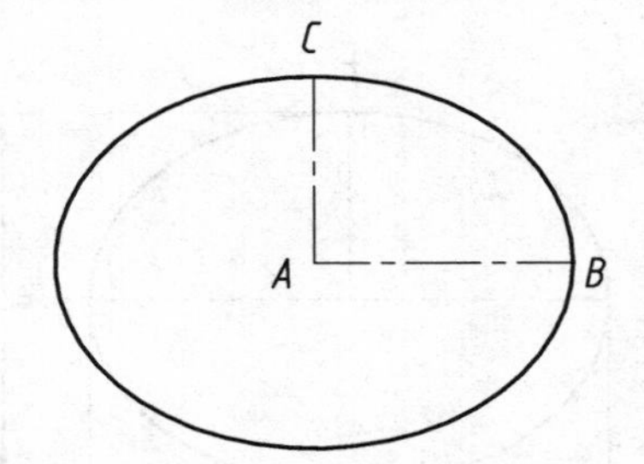

图 4-21　中心点法绘制的椭圆

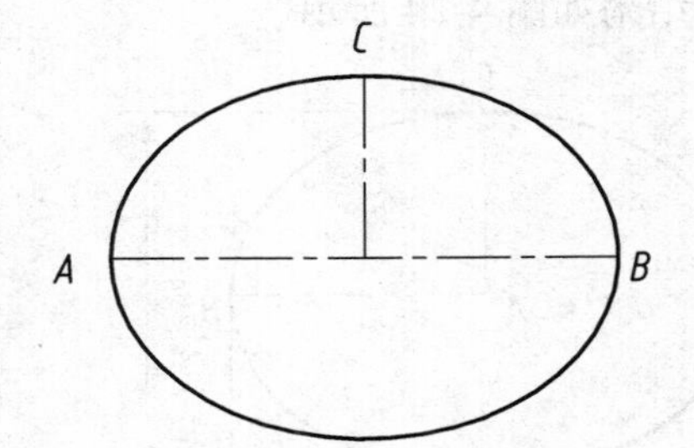

图 4-22　轴、端点法绘制的椭圆

上述两类绘制椭圆的方法中，每一类又分为旋转和不旋转，因此，常用的有以下 4 种绘制椭圆的方法：

① 利用椭圆的中心坐标、某一轴上的一个端点的位置以及另一轴的半长绘制椭圆。

② 利用椭圆的中心坐标、某一轴上的一个端点的位置以及任一转角绘制椭圆。

③ 利用椭圆某一轴上的两个端点以及另一轴的半长绘制椭圆。

④ 利用椭圆某一轴上的两个端点的位置以及一个转角绘制椭圆。

下面详细介绍 3 个实例：

① 根据椭圆的圆心和半轴绘制椭圆。

操作步骤如下：

单击绘图工具栏上的“椭圆”按钮。

命令：_ellipse　　　　　　　　　　　　　　　　启动命令。

指定椭圆的轴端点或 [圆弧(A)/中心点(C)]：c　　输入 c，回车。

指定椭圆的中心点：　　　　　　　　　　　　　　捕捉椭圆的中心点，点击 A 点。

指定轴的端点：20　　　　　　　　　　　　　　　水平向右追踪，输入椭圆长半轴长度 20，回车。

指定另一条半轴长度或 [旋转(R)]: 15　　垂直向上或向下追踪，输入椭圆短半轴长度 15，回车。

绘图结果如图 4-23 所示。

② 根据椭圆某一轴上两个端点的位置以及另一轴的半长绘制椭圆。

操作步骤如下：

单击绘图工具栏的“椭圆”按钮。

命令：_ellipse　　启动命令。

指定椭圆的轴端点或 [圆弧(A)/中心点(C)]:　　捕捉椭圆的一个端点，点击 A 点。

指定轴的另一个端点：40　　水平向右追踪 40，回车。

捕捉椭圆的另一个端点 B。

指定另一条半轴长度或[旋转(R)]: <正交 关> 15

向上或者向下追踪 15，回车。

捕捉椭圆的另一个端点 C。

绘制结果如图 4-24 所示。

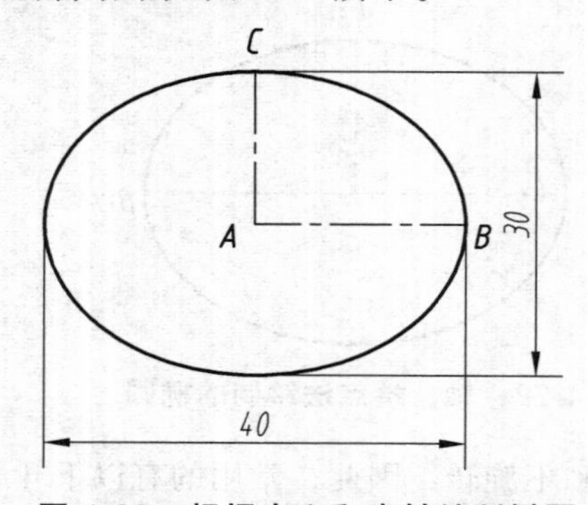

图 4-23　根据中心和半轴绘制椭圆

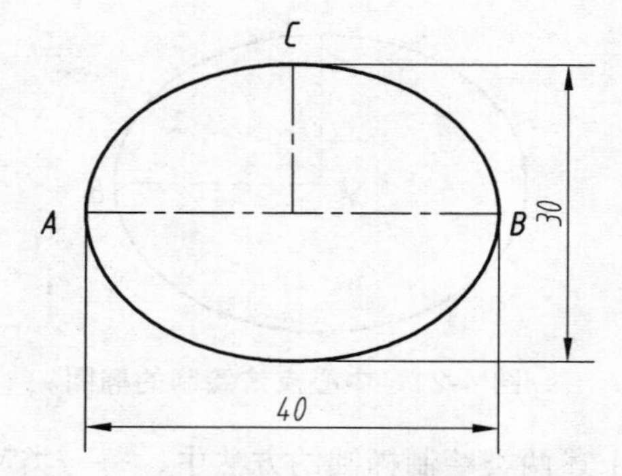

图 4-24　根据两端点及另一半轴绘制椭圆

③ 绘制旋转椭圆。

另外，也可以利用椭圆某一轴上的两个端点位置以及一个转角绘制椭圆。此时，是将已知的两个端点之间的连线作为圆的直径线，该圆在三维空间绕其直径旋转一定的角度后投影到二维绘图平面上，就形成了椭圆。当角度为 0°时，是圆；当角度是 60°时，是长短轴之比为 2 的椭圆。操作步骤如下：

命令：_ellipse　　启动命令。

指定椭圆的轴端点或 [圆弧(A)/中心点(C)]:　　捕捉椭圆的一个端点 A。

指定轴的另一个端点：40　　水平向右追踪，输入椭圆长轴长度。

指定另一条半轴长度或[旋转(R)]: r　　输入 r，回车。

指定绕长轴旋转的角度：<正交 关> 60　　关闭正交功能，输入角度 60，回车。

绘图结果如图 4-25 所示。

经验提示：① 用户输入角度的范围是 $0° \leqslant \alpha \leqslant 89.4°$，如果输入的旋转角度值为 0°或直接回车，则所绘制的是圆；如果输入的角度值大于 89.4°，系统将给出错误提示。

② 设置环境变量“Pellipse”的值为 1，可以捕捉其切点。

③ 旋转（R）为通过绕第一条轴旋转圆来创建椭圆。指定绕长轴旋转的角度：指定点或输入一个有效范围为 0 至 89.4 的角度值。输入值越大，椭圆的离心率就越大。输入 0 将定义为圆。

④ 椭圆绘制好后，可以根据椭圆弧所包含的角度来确定椭圆弧，因此，绘制椭圆弧需首先绘制椭圆。

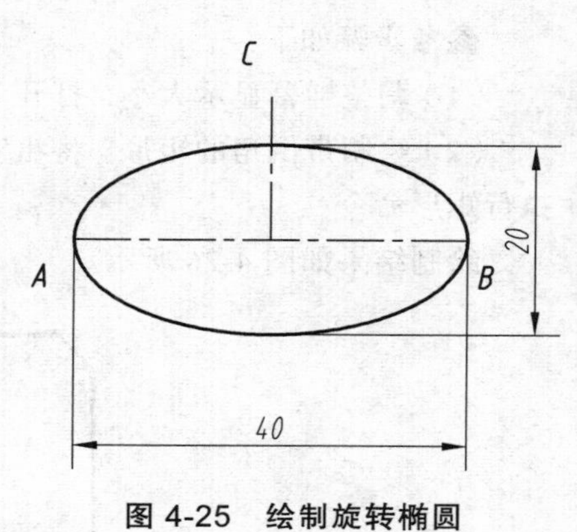

图 4-25 绘制旋转椭圆

（八）椭圆弧绘图命令

绘制椭圆弧的方法与绘制椭圆相似，首先确定椭圆的长轴和短轴，然后再输入椭圆弧的起始角和终止角即可。

启动椭圆弧绘图命令的方法有以下 3 种：

① 命令：Ellipse 或 EL。

② 菜单栏：选择【绘图】→【椭圆】→【圆弧】菜单命令。

③ 工具条：单击标准工具栏中的“椭圆弧”按钮。

经验提示：绘制椭圆弧最后确定起始角度和终止角度时，是按逆时针旋转的。其操作过程与绘制椭圆类似。

（九）复制修改命令

在绘制与编辑图形时，经常需要绘制一些完全相同或相近的对象图形。不论其复杂程度如何，只要完成一个后，便可以通过复制命令产生其他的若干个，即可以利用复制命令简化操作。

在 AutoCAD 中，执行复制命令的方法有以下 3 种：

（1）工具栏：单击修改工具栏中的“复制”按钮。

（2）菜单栏：选择【修改】→【复制】菜单命令。

（3）命令行：在命令行中输入命令“copy”。

经验提示：复制对象过程中，在确定位移时，应充分利用对象捕捉、栅格和捕捉等精确绘图的辅助工具。在绝大多数的编辑命令中，都应该使用辅助工具来精确绘图。

三、项目实施

第一步：创建新图形文件。

打开 A4 横向初始样板文件，进入 AutoCAD 经典工作空间，建立一个新的图形文件，保存此文件，文件名为“图 4-1.dwg”，注意在绘图过程中每隔一段时间保存一次。

第二步：绘制图形。

用 1∶1 的比例绘制如图 4-1 所示的平面图形。要求：选择合适的线型，不绘制图框与标题栏，不标注尺寸。

参考步骤如下：

（1）调整屏幕显示大小，打开“显示/隐藏线宽”“对象捕捉”和 “极轴追踪”状态按钮。

（2）绘制带倒角的矩形。将粗实线层设置为当前层，单击绘图工具栏中的“矩形”按钮，执行矩形命令。

绘制结果如图 4-26 所示。

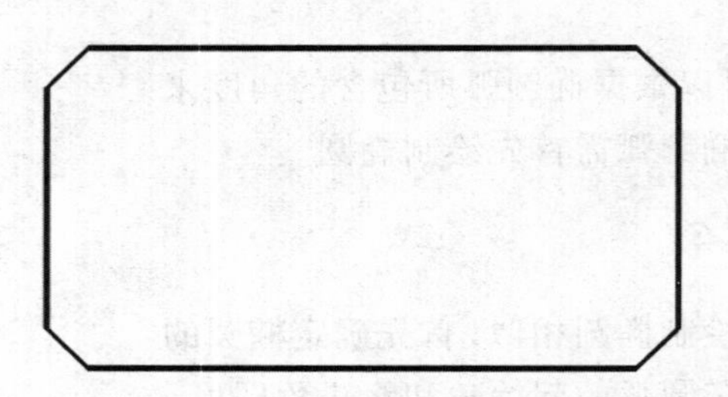

图 4-26　绘制带倒角的矩形

（3）绘制水平中心线。将细点画线图层设置为当前层，捕捉矩形右边中点画一长度约为 280 的水平对称线（移动鼠标时注意屏幕显示数值）。

绘图结果如图 4-27 所示。

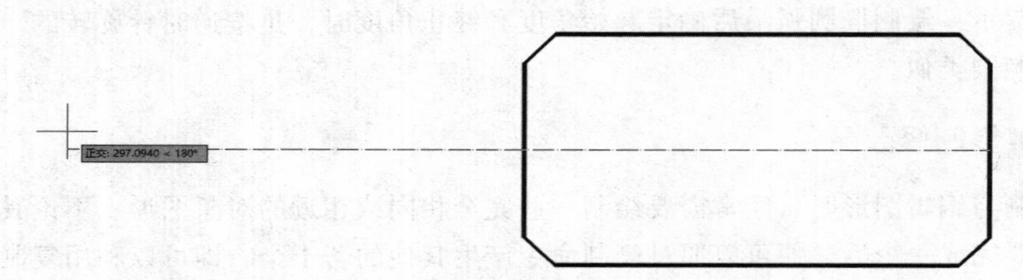

图 4-27　绘制水平中心线

（4）分解矩形。单击修改工具栏中的“分解”按钮，执行分解命令。

（5）偏移直线。将粗实线层设置为当前层，执行偏移命令，分别将矩形右边以偏移距离 50、左边以偏移距离 38、中心线以偏移距离 15 和 27 进行偏移，偏移复制出如图 4-28 所示的 4 条水平平行线 A、B、C、D 和两条垂直平行线 E、F。

绘图结果如图 4-28 所示。

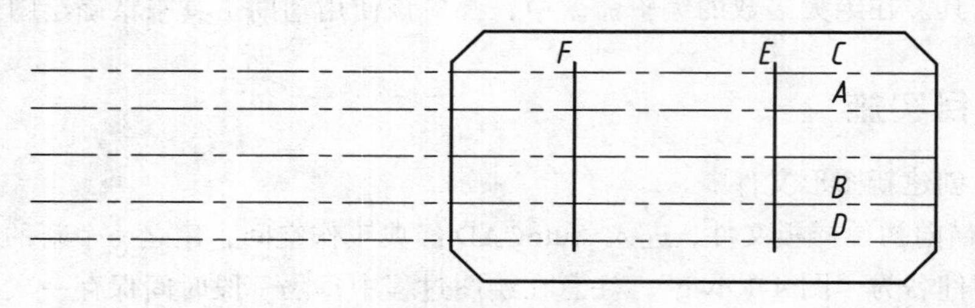

图 4-28　偏移平行线

（6）修改线型并修改和调整直线。拾取 A 和 B 两条直线，单击图层工具栏下拉菜单选中“粗实线”图层，改 A 和 B 两条直线为粗实线。利用上述类似方法改 E 和 F 两条直线为细点画线图层。执行修剪、删除、打断和拉长命令，按要求修改和调整各直线，结果如图 4-29 所示。

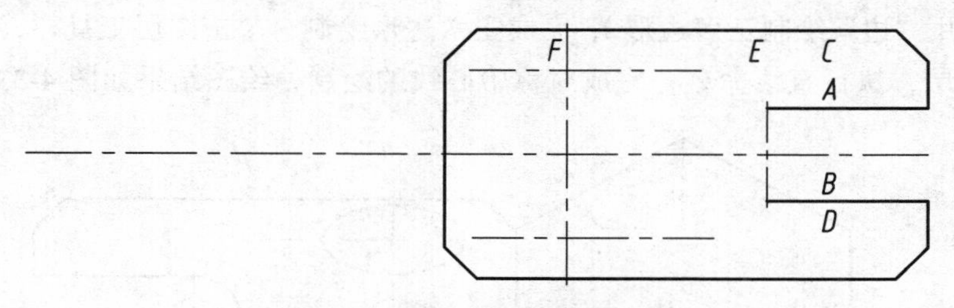

图 4-29　修改和调整

（7）绘制圆。单击图层工具栏下拉菜单选中“粗实线”图层，执行圆命令，以交点 G 为圆心绘直径为ϕ16 的圆；单击修改工具栏中的复制按钮，执行复制命令。将以交点 G 为圆心、直径为ϕ16 的圆复制到以交点 H 为圆心、直径为ϕ16 的圆，如图 4-30 所示。

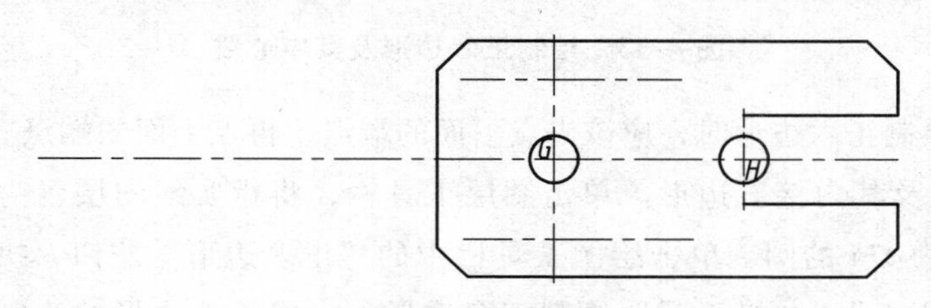

图 4-30　绘制圆

（8）绘制圆弧。选择【绘图】→【圆弧】菜单中的起点、圆心、端点子命令，即可执行起点、端点、端点法画圆弧，完成圆弧 12。

绘制结果如图 4-31 所示。

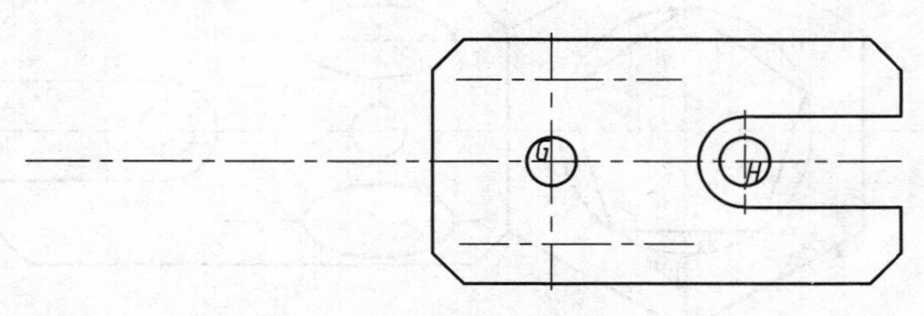

图 4-31　绘制圆弧

（9）绘制椭圆。单击绘图工具栏中的“椭圆”按钮，执行中心点法画椭圆，完成所需椭圆。单击修改工具栏中的“复制”按钮，执行复制命令，完成椭圆复制。绘图结果如图 4-32 所示。

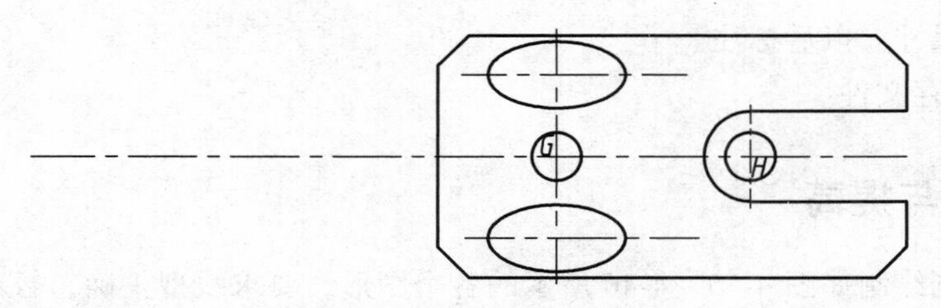

图 4-32　绘制椭圆

（10）绘制正六边形及其中心线。单击绘图工具栏中的“正多边形”按钮，执行绘制正多边形命令（采用“边”绘制正多边形），完成正六边形绘制。单击图层工具栏，将细点画线图层置为当前图层，执行直线命令，完成对称中心线的绘制，绘图结果如图 4-33 所示。

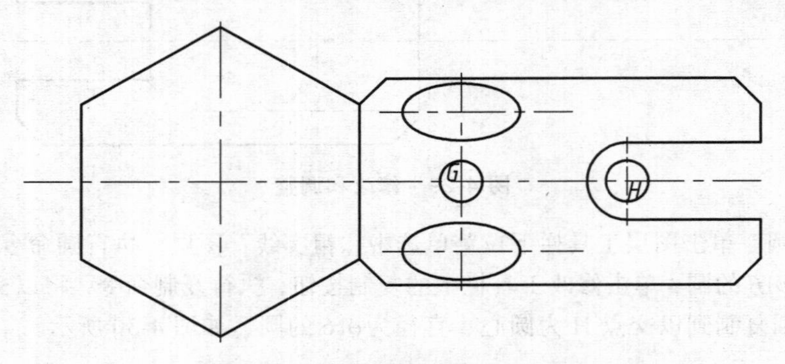

图 4-33　绘制正六边形及其中心线

经验提示：绘制正六边形时，应该先点下面的端点，再点上面的端点。

（11）绘制圆及其内接五边形。单击图层工具栏，将粗实线图层置为当前图层，执行圆命令完成直径为ϕ74 的圆。单击绘图工具栏中的“正多边形”按钮，执行绘制正多边形命令（采用“中心点”“内接于圆”绘制正多边形）完成正五边形的绘制。绘图结果如图 4-34 所示。

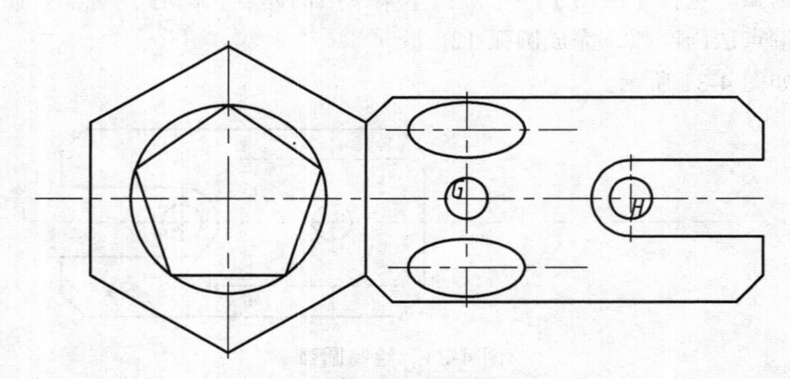

图 4-34　绘制圆及其内接五边形

（12）绘制圆弧。选择【绘图】→【圆弧】菜单中的起点、端点、半径子命令，即可执行起点、端点、半径法画圆弧。完成半径为 50 的圆弧。

（13）标注尺寸。以后标注。

第三步：保存文件。

四、练习与提高

按 1∶1 比例绘制如图 4-35～4-40 所示的各个图形，要求线型正确，暂不标注尺寸。

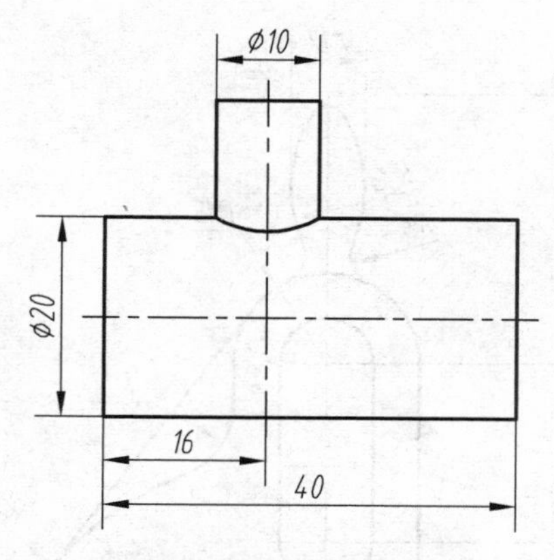

图 4-35 练习题一

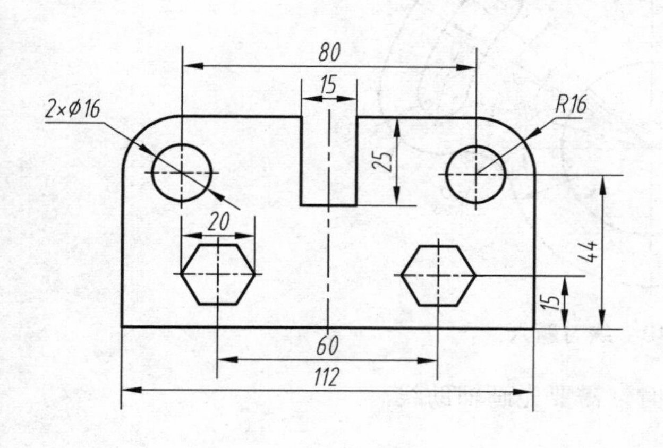

图 4-36 练习题二

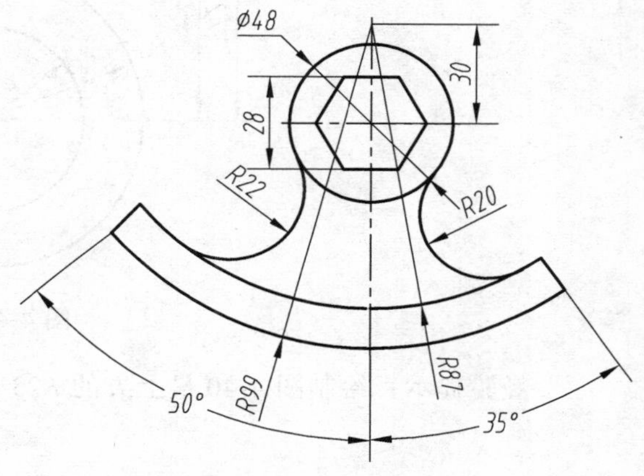

图 4-37 练习题三

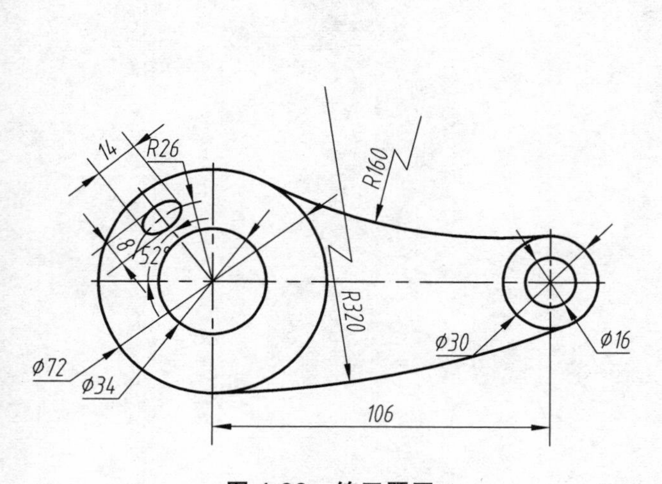

图 4-38 练习题四

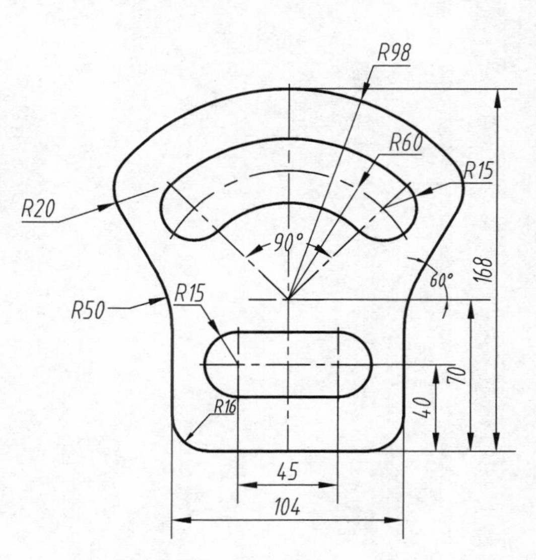

图 4-39 练习题五

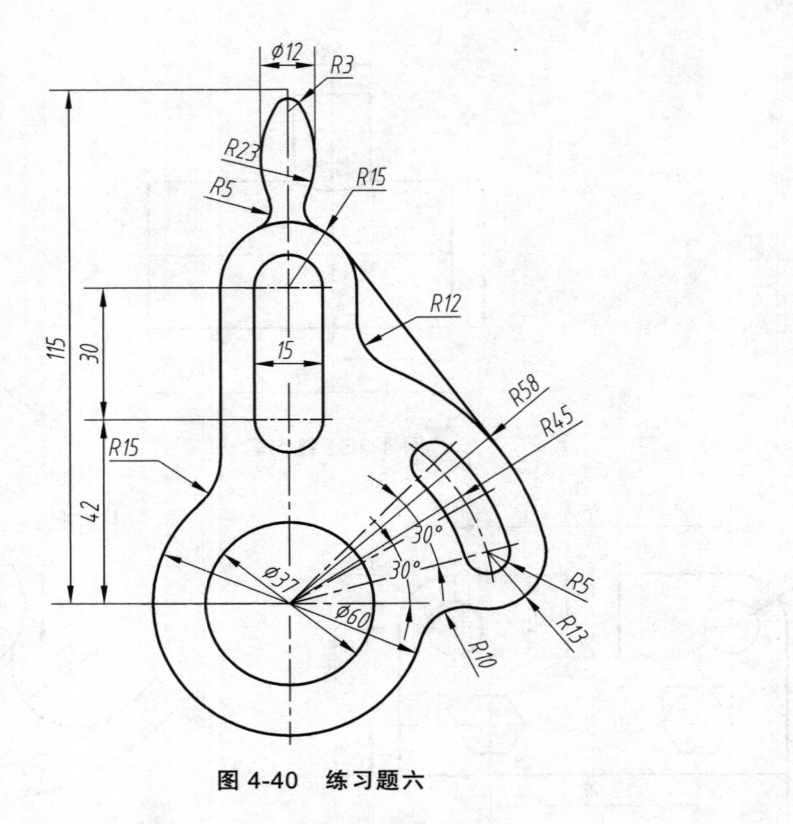

图 4-40　练习题六

经验提示：绘制图 4-40 最上方的 *R*23 时，需要先画辅助线。

项目五　均布及对称结构图形的绘制

一、项目描述

用 1 : 1 的比例绘制如图 5-1 所示的平面图形。要求：选择合适的线型，暂不标注尺寸。

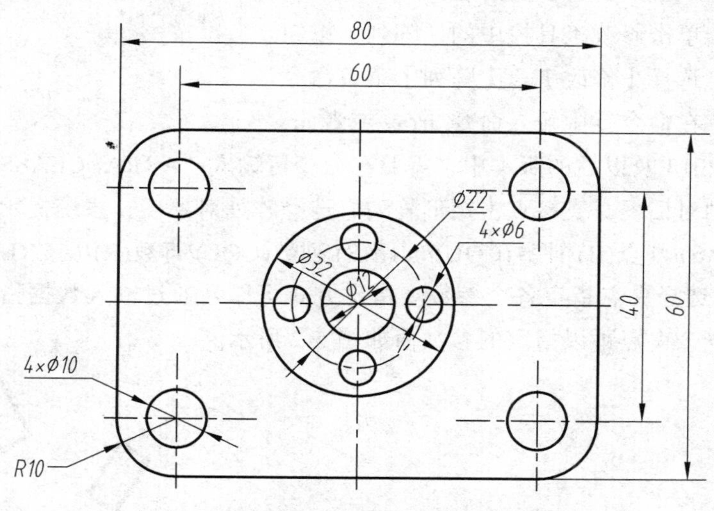

图 5-1　对称及均匀分布的平面图形

二、相关知识

（一）镜像修改命令

使用镜像命令可以创建轴对称图形。有些图形非常复杂，但却具有对称性，绘制这些图形时，可以先绘制一半，然后用镜像命令绘制另一半。

在 AutoCAD 中，执行镜像命令的方法有以下 3 种：

（1）工具栏：单击修改工具栏中的“镜像”按钮。

（2）菜单栏：选择【修改】→【镜像】菜单命令。

（3）命令行：在命令行中输入命令 mirror。

经验提示：当系统提示“要删除源对象吗？[是(Y)/否(N)] <N>：”时，默认是保留原对象；键入“Y”，则将原对象删除。

经验提示：该命令一般用于对称的图形，可以只绘制其中的一半甚至是四分之一，然后采用镜像命令产生对称的部分。而对于文字的镜像，要通过“MIRRTEXT”变量来控制是否使文字和其他的对象一样被镜像。如果“MIRRTEXT”的值为1（缺省设置），则文字对象完全镜像，镜像出来的文字变得不可读。如果“MIRRTEXT”的值为 0，则文字对象方向不镜像，镜像出来的文字变得可读。

（二）阵列修改命令

阵列主要是对于规则分布的图形，通过环形或者矩形阵列。

1. 执行阵列命令的方法

在 AutoCAD 中，执行阵列命令的方法有以下 3 种：

（1）工具栏：单击修改工具栏中的“阵列”按钮。

（2）菜单栏：选择【修改】→【阵列】菜单命令。

（3）命令行：在命令行中输入命令 array 或者 ar。

在 AutoCAD2013 及以后的版本中，需要在命令行输入“ARRAYCLASSIC”，按“Enter”键，才能打开阵列对话框。直接点击矩形阵列，选择阵列对象后，系统提示“选择夹点以编辑阵列或 [关联(AS)/基点(B)/计数(COU)/间距(S)/列数(COL)/行数(R)/层数(L)/退出(X)] <退出>:”，此时，可以选择夹点指定各个参数。指定方式可以是通过输入数据指定，也可以移动光标单击指定。各个夹点可以指定的参数值如图 5-2 所示。

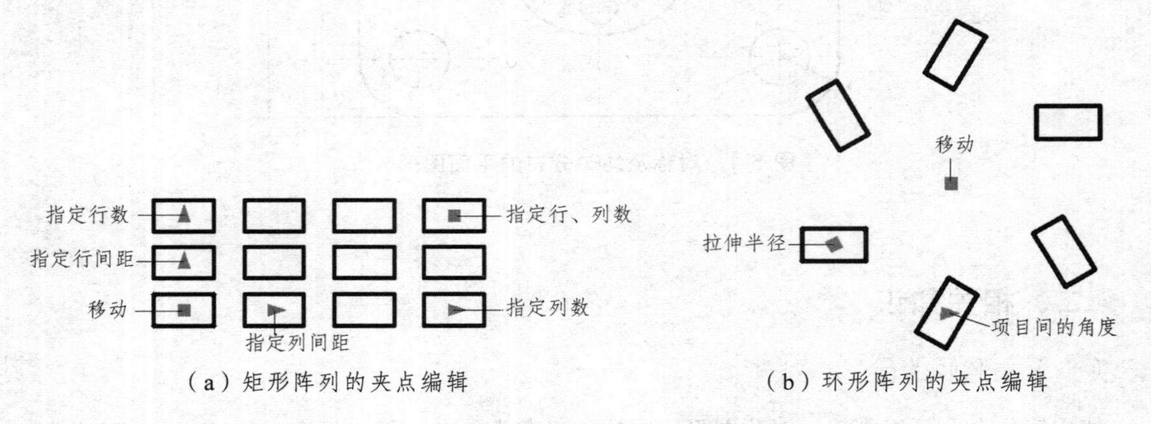

（a）矩形阵列的夹点编辑　　（b）环形阵列的夹点编辑

图 5-2　阵列的夹点编辑

2. 阵列的方式

阵列对象的方式有两种，即矩形阵列和环形阵列。如果在该对话框中选中“矩形阵列”单选按钮，则执行矩形阵列；如果选中“环形阵列”单选按钮，则执行环形阵列。

经验提示：AutoCAD 2013 版本及以后版本用极轴阵列代替了原来的环形阵列。

（1）矩形阵列。

执行阵列命令后，将弹出“阵列”对话框，在该对话框中单击“矩形阵列”单选按钮，即出现“矩形阵列”对话框，如图 5-3 所示。利用其选择阵列对象，并设置阵列行数、列数、行间距、列间距等参数后，即可实现阵列。

（2）环形阵列。

执行阵列命令后，将弹出“阵列”对话框，在该对话框中单击“环形阵列”单选按钮，即出现“环形阵列”对话框，如图 5-4 所示。利用其选择阵列对象，并设置阵列中心点、填充角度等参数后，即可实现阵列。

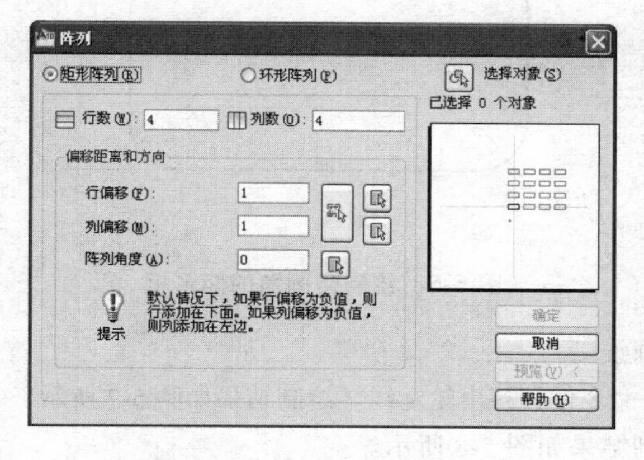

图 5-3 “矩形阵列”对话框

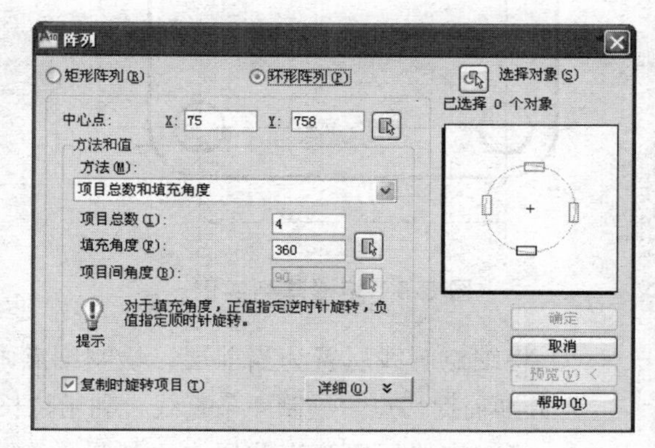

图 5-4 “环形阵列”对话框

经验提示：① 阵列的实质是将选中的对象进行矩形或环形多重复制。可利用上述对话框，形象、直观地进行矩形或环形阵列的相关设置，并实施阵列。

② 行距、列距和阵列角度值的正负性将影响将来的阵列方向：行距和列距为正值，将使阵列沿 *X* 轴或者 *Y* 轴正方向阵列复制对象；阵列角度为正值，则沿逆时针方向阵列复制对象，负值则相反。如果是通过单击按钮在绘图窗口中设置偏移距离和方向，则给定点的前后顺序将确定偏移的方向。

③ 预览阵列复制效果时，如果单击“接受”按钮，则确认当前的设置，阵列复制对象并结束命令；如果单击“修改”按钮，则返回到“阵列”对话框，可以重新修改阵列复制参数；如果单击“取消”按钮，则退出“阵列”命令，不做任何编辑。

3. 实例操作与演示

（1）矩形阵列实例。

绘制如图 5-5 所示的图形。

① 将粗实线层置为当前层，绘制矩形框。

命令：_rectang

指定第一个角点或 [倒角(C)/标高(E)/圆角(F)/厚度(T)/宽度(W)]：F

指定矩形的圆角半径 <0.0000>：10

指定第一个角点或 [倒角(C)/标高(E)/圆角(F)/厚度(T)/宽度(W)]：

指定另一个角点或 [面积(A)/尺寸(D)/旋转(R)]：D

指定矩形的长度 <10.0000>：80

指定矩形的宽度 <10.0000>：60

指定另一个角点或 [面积(A)/尺寸(D)/旋转(R)]：

绘制结果如图 5-6 所示。

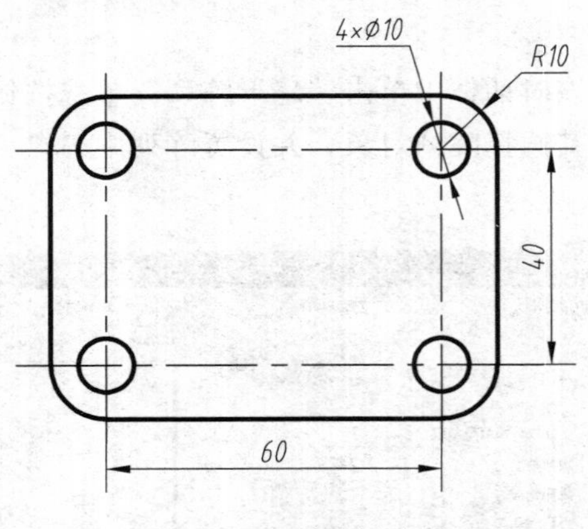

图 5-5 矩形阵列实例

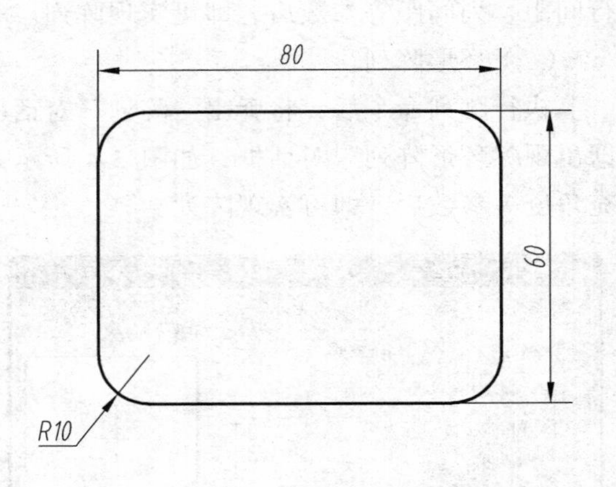

图 5-6 绘制带圆角的矩形框

② 将细点画线层置为当前层，绘制细点画线。

先分别捕捉切点，绘制 4 条直线，利用拉长命令使其超出轮廓线。绘制结果如图 5-7 所示。

③ 将粗实线层置为当前层，绘制圆。绘制结果如图 5-8 所示。

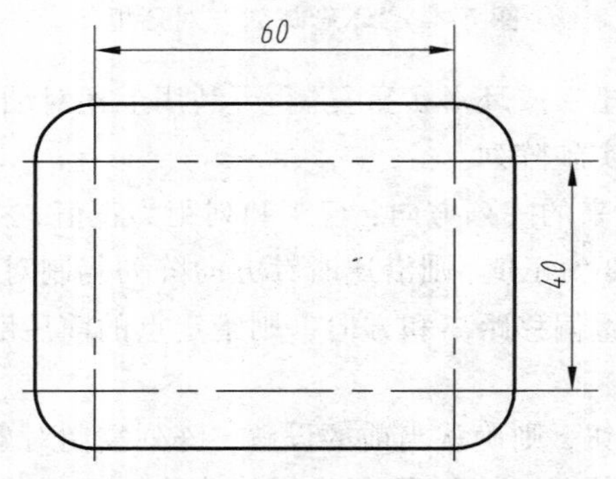

图 5-7 绘制点画线后的图形

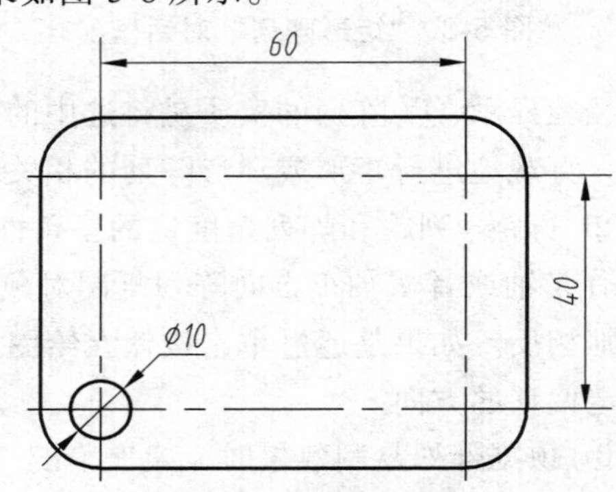

图 5-8 绘制圆后的图形

④ 矩形阵列圆。

命令：_arrayrect　　启动矩形阵列命令。

选择对象：找到 1 个　　选择直径等于 10 的圆。

选择对象：　　回车。

类型 = 矩形　关联 = 是

选择夹点以编辑阵列或 [关联(AS)/基点(B)/计数(COU)/间距(S)/列数(COL)/行数(R)/层数(L)/退出(X)] <退出>：B　　选择基点。

指定基点或 [关键点(K)] <质心>：　　选择直径等于 10 的圆的圆心。

选择夹点以编辑阵列或 [关联(AS)/基点(B)/计数(COU)/间距(S)/列数(COL)/行数(R)/层数(L)/退出(X)] <退出>：COL　　选择列数。

输入列数或 [表达式(E)] <4>：2　　输入列数。

指定列数之间的距离或 [总计(T)/表达式(E)] <15>：60　　指定列数之间的距离。

选择夹点以编辑阵列或 [关联(AS)/基点(B)/计数(COU)/间距(S)/列数(COL)/行数(R)/层数(L)/退出(X)] <退出>：R　　选择行数。

输入行数或 [表达式(E)] <3>：2　　输入行数。

指定行数之间的距离或 [总计(T)/表达式(E)] <15>：40　　指定行数之间的距离。

绘制结果如图 5-5 所示。

经验提示：① 关联(AS)：指定阵列中的对象是关联的，还是独立的。

② 层数(L)：指定三维阵列的层数和层间距。

③ 上述阵列是在 AutoCAD2012 版本中进行的。自 AutoCAD2013 版本开始的矩形阵列，已经没有上述对话框了。因此，如果要得到如图 5-9 所示的效果，应该通过先执行矩形阵列命令，再执行旋转命令来得到所需的图形。

（2）环形阵列实例。

利用环形阵列命令绘制如图 5-10 所示的图形。

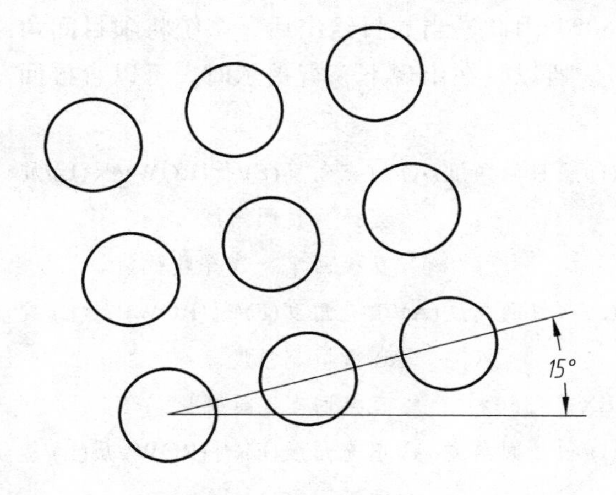

图 5-9　旋转 15°的矩形阵列

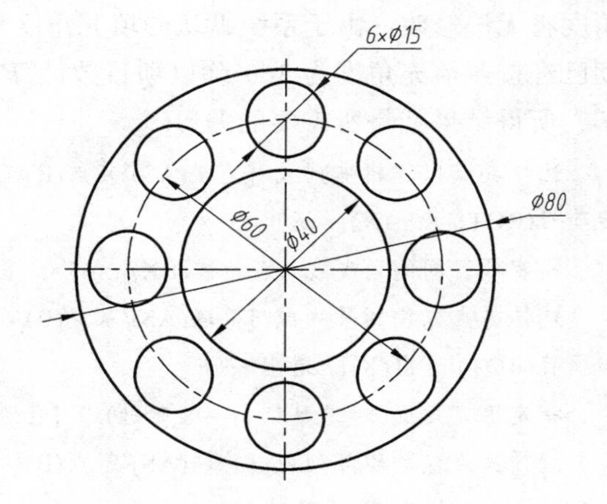

图 5-10　环形阵列后的图形

① 绘制如图 5-11 所示的图形。绘图过程省略。

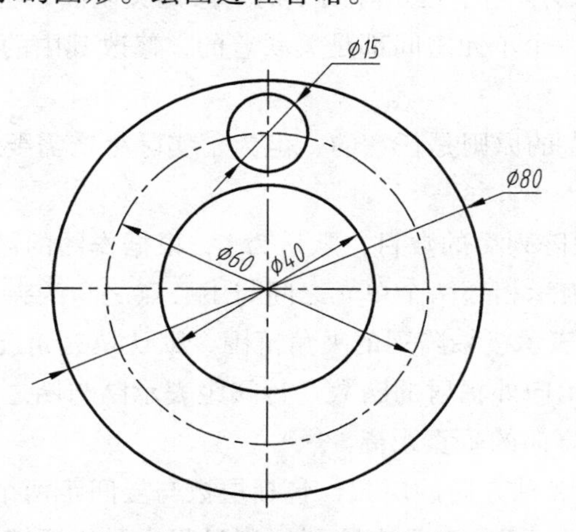

图 5-11　环形阵列之前的图形

② 环形阵列圆。

命令：AR　　启动阵列命令。

ARRAY　　系统提示。

选择对象：找到 1 个　　选择直径等于 15 的圆。

选择对象：　　回车。

输入阵列类型 [矩形(R)/路径(PA)/极轴(PO)] <极轴>：PO　　选择阵列类型。

类型 = 极轴　关联 = 否　　系统提示。

指定阵列的中心点或 [基点(B)/旋转轴(A)]：　　点击直径等于 40 的圆的圆心。

选择夹点以编辑阵列或 [关联(AS)/基点(B)/项目(I)/项目间角度(A)/填充角度(F)/行(ROW)/层(L)/旋转项目(ROT)/退出(X)] <退出>：I　　选择项目。

输入阵列中的项目数或 [表达式(E)] <6>：8　　输入阵列的项目数。

经验提示：一定要先选择项目，指定项目数，否则系统默认项目数是 6，后面的项目间角度将无法修改。由于系统默认的填充角度是 360°，因此，当数目给出后，系统将项目间角度已经按照填充角度为 360°除以项目数计算好了。所以，在出现下一行提示时，可以直接回车，所得结果就是所需要的图形。

选择夹点以编辑阵列或 [关联(AS)/基点(B)/项目(I)/项目间角度(A)/填充角度(F)/行(ROW)/层(L)/旋转项目(ROT)/退出(X)] <退出>：A　　选择项目间角度。

指定项目间的角度或 [表达式(EX)] <45>：　　直接回车，选择默认值。

选择夹点以编辑阵列或 [关联(AS)/基点(B)/项目(I)/项目间角度(A)/填充角度(F)/行(ROW)/层(L)/旋转项目(ROT)/退出(X)] <退出>：F　　选择填充角度。

指定填充角度(+=逆时针、-=顺时针)或 [表达式(EX)] <360>：　　直接回车，选择默认值。

选择夹点以编辑阵列或 [关联(AS)/基点(B)/项目(I)/项目间角度(A)/填充角度(F)/行(ROW)/层(L)/旋转项目(ROT)/退出(X)] <退出>：　　回车。

绘图结果如图 5-9 所示。

经验提示：① 关联(AS)：用于指定阵列中的对象是关联的，还是独立的。选择该项后就是关联阵列，此时，任何一个单元之间都是关联着的，修改其中的任何一个单元，其他的也随之变化。

② 基点(B)：选取基点的原则是任意的，但为了实际生产需要，选取的原则应该是为了作图方便。

③ 项目(I)：表示对象阵列后的数目，默认为 6，根据作图的需要进行输入。

④ 项目间角度(A)：表示相邻两个单元之间与中心点之间的夹角。

⑤ “填充角度(F)”：表示极轴阵列的夹角范围，默认填充角度为 360°。

⑥ “行(ROW)”：表示向外辐射的圈数。行间距表示圈与圈之间的径向距离。而标量增高表示相邻圈之间在 *Z* 轴方向的垂直距离。

⑦ “层(L)”：表示在 *Z* 轴方向的层数，包括层数与层间距两个参数。

⑧ “旋转项目(ROT)”：表示对象在阵列复制过程中是否跟着旋转。默认为“是(Y)”，即阵列对象跟着旋转，如图 5-12（a）所示。如果不想让阵列对象跟着旋转则选“否(N)”，如

图 5-12（b）所示。这是 AutoCAD2010 版本不旋转的结果，AutoCAD2016 版本不旋转的结果与之略有不同。

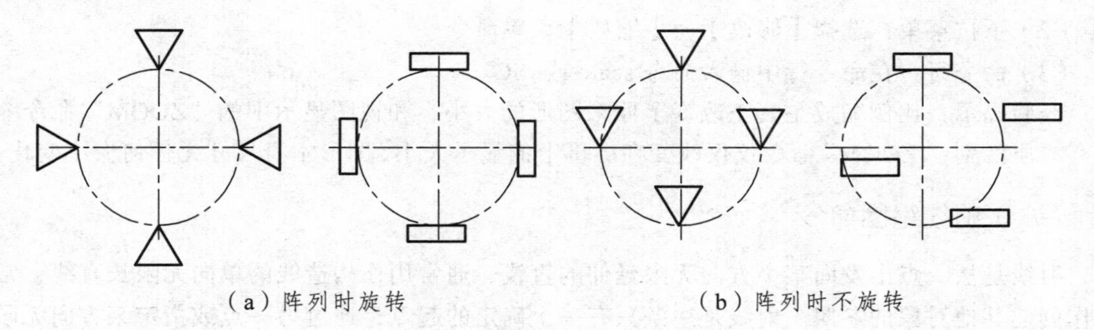

（a）阵列时旋转　　　　（b）阵列时不旋转

图 5-12　环形阵列时是否旋转的对比

⑨ 如果要对已经阵列的对象进行修改，只需左键双击对象就可以进行参数设置与修改了。也可以输入指令“Arrayedit”，进行相应的修改。

（三）移动修改命令

移动对象是指在一幅图形内，把选择的对象从一个位置移动到另一个位置。

在 AutoCAD 中，执行移动命令的方法有以下 3 种：

（1）工具栏：单击修改工具栏中的“移动”按钮。

（2）菜单栏：选择【修改】→【移动】菜单命令。

（3）命令行：在命令行中输入命令 move(快捷键 M)。

经验提示：① 移动对象是指对象的重定位。可以在指定方向上按指定距离移动对象，对象的位置发生了改变，但方向和大小不改变。

② 移动和复制需要进行的操作基本相同，但结果不同。复制在原位置保留了原对象，而移动在原位置并不保留原对象。绘图过程中，应该充分采用对象捕捉等辅助绘图手段进行精确移动对象。

（四）旋转修改命令

旋转对象是指把选择的对象绕指定点（称其为基点）在指定的方向上旋转指定的角度。旋转角度是指相对角度或绝对角度。相对角度基于当前的方位，围绕选定的对象的基点进行旋转；绝对角度是指从当前角度开始旋转指定的角度。

在 AutoCAD 中，执行旋转命令的方法有以下 3 种：

（1）工具栏：单击修改工具栏中的“旋转”按钮。

（2）菜单栏：选择【修改】→【旋转】菜单命令。

（3）命令行：在命令行中输入命令 rotate(ro)。

（五）缩放修改命令

缩放对象是指在基点固定的情况下，将对象按比例进行放大或缩小。该命令的使用是真正改变了原来图形的大小，是用户在绘图过程中经常用到的命令。

在 AutoCAD 中，执行缩放命令的方法有以下 3 种：

（1）工具栏：单击修改工具栏中的“缩放”按钮。

（2）下拉菜单：选择【修改】→【缩放】菜单命令。

（3）命令行：在命令行中输入命令 scale 或 SC。

经验提示：比例缩放是真正改变了原来图形的大小，和视图显示中的“ZOOM”命令缩放有本质区别，“ZOOM”命令仅仅改变在屏幕上的显示大小，图形本身尺寸无任何大小变化。

（六）射线绘图命令

射线是从一点出发向某个方向无限延伸的直线，通常用作构造线的单向无限长直线，常用作创建其他对象的参照。射线是一条只有一个确定的起点，通过另一点或指定某方向无限延伸的直线。该线通常在绘图过程中作为辅助线使用。

在 AutoCAD 中，执行绘制射线命令的方法有以下两种：

（1）下拉菜单：选择【绘图】→【射线】菜单命令。

（2）命令行：在命令行中输入命令 ray。

（七）点绘图命令

点作为组成图形的实体部分之一，具有各种实体属性，且可以被编辑。点是 AutoCAD 中最基本的图形对象之一，常用于捕捉和偏移对象的节点或参考点。

1. 执行绘制点命令的方法

在 AutoCAD 中，执行绘制点命令的方法有以下 3 种：

（1）工具栏：单击绘图工具栏中的“点”按钮，绘制多点。

（2）下拉菜单：选择【绘图】→【点】→【单点】→【多点】菜单子命令。

（3）命令行：在命令行中输入命令 point 或 PO/MULTIPLE POINT（单点或多点）、divide（定数等分点）、measure（定距等分点）。

2. 设置点样式

在绘制点时，可以设置点的样式和大小。

在 AutoCAD 中，执行设置点样式的方式有以下两种：

（1）下拉菜单：选择【格式】→【点样式】菜单命令。

（2）命令行：在命令行中输入命令 DDPTYPE。

执行上述命令后，均会弹出如图 5-13 所示的“点样式”对话框，用户可通过该对话框，用鼠标选中其中之一，来选择自己需要的点样式。

经验提示：① 在“点大小”文本框中输入数值以控制点的大小。

② “相对于屏幕设置大小”单选项用于按屏幕尺寸的百分比设置点的显示大小。当进行缩放时，点的显示大小并不改变。

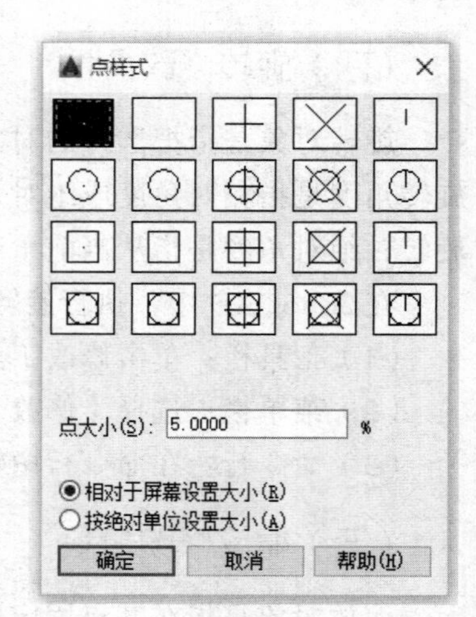

图 5-13 “点样式”对话框

③ “按绝对单位设置大小”单选项用于按“点大小”下指定的实际单位，设置点显示的大小。当进行缩放时，AutoCAD 显示的点的大小随之改变。

3. 实例操作与演示：绘制各种类型的点

（1）绘制单点。

绘图步骤如下：

① 在“点样式”对话框中选择第 9 种样式。

② 点击绘图工具栏中的“点”按钮。

命令：_point	启动命令。
当前点模式：PDMODE=35 PDSIZE=0.0000	系统提示。
point 指定点：	输入坐标或者点取点。
point 指定点：	回车结束命令。

（2）绘制多点。

命令：_point	启动命令。
当前点模式：PDMODE=35 PDSIZE=0.0000	系统提示。
point 指定点：	输入坐标或者点取点。
point 指定点：	继续输入坐标或者点取点。
point 指定点：	继续输入坐标或者点取点，回车将结束命令。

经验提示：绘制单点时，指定一个点后就结束命令；绘制多点时，先在绘图窗口中连续指定多个点，然后按“Enter”键或“Esc”键结束绘制多点命令。

（3）绘制定数等分点。

定数等分点是指沿选定的对象的长度或周长按指定数据等分对象，并在等分点处插入点对象或块。在 AutoCAD 中，可定数等分的对象包括多段线、样条曲线、圆、圆弧、椭圆、椭圆弧等。

① 执行方式。

下拉菜单：选择【绘图】→【点】→【定数等分】菜单命令。

命令行：在命令行中输入命令 DIVIDE（DIV）。

② 绘图过程。

绘制长度为 20 mm 的直线的五等分点的操作过程如下：

命令：_divide	【绘图】→【点】→【定数等分】。
选择要定数等分的对象：	点击直线。
输入线段数目或 [块(B)]：5	输入等分数目。

绘图结果如图 5-14 所示。

图 5-14 绘制定数等分点

经验提示：① 上述方法绘制的点，系统称为节点。

② 在“输入线段数目或 [块(B)]”提示下，直接输入等分数，即响应默认项，AutoCAD 将在指定的对象上绘制出等分点。另外，利用“块(B)”选项可以在等分点处插入块。

（4）绘制定距等分点。

定距等分是指将点对象或块按指定的距离插入到选定的对象上。在 AutoCAD 中，可定距等分的对象包括多段线、样条曲线、圆、圆弧、椭圆、椭圆弧等。

① 执行方式。

下拉菜单：选择【绘图】→【点】→【定距等分】菜单命令。

命令行：在命令行中输入命令 MEASURE（ME）。

② 绘图过程。

绘制直径为ϕ40 mm 的圆弧的 20 mm 定距等分点的操作过程如下：

命令：_measure	【绘图】→【点】→【定距等分】。
选择要定距等分的对象：	点击圆。
指定线段长度或 [块(B)]：20	输入等距线段长度。

绘图结果如图 5-15 所示。

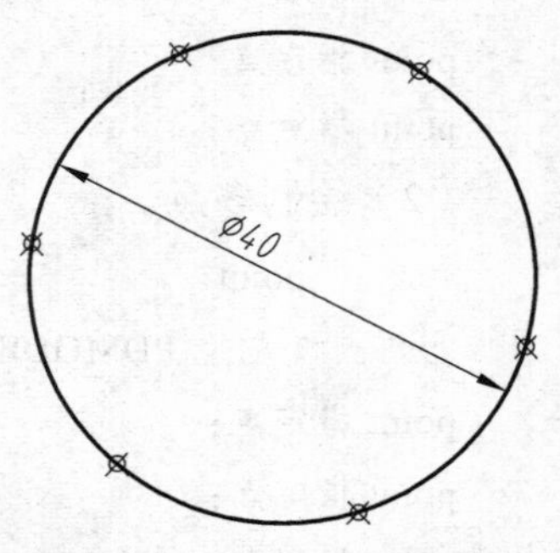

图 5-15　绘制定距等分点

经验提示：① “MEASURE”命令用于在所选择对象上用给定的距离设置点。实际是提供了一个测量图形长度，并按指定距离标上标记的命令。或者说它是一个等距绘图命令，与“DIVIDE”命令相比，后者是以给定数目等分所选实体，而“MEASURE”命令则是以指定的距离在所选实体上插入点或块，直到余下部分不足一个间距为止。

② 进行定距等分时，注意在选择等分对象时，用鼠标左键单击被等分对象的位置。单击位置不同，结果可能不同。

（八）区域填充“solid”绘图命令

区域填充是指对指定的点形成的区域进行填充，创建填充图形。

在 AutoCAD 中，执行区域填充命令的方法有一种：

在命令行中输入命令 solid。

执行区域填充命令后，命令行提示如下：

命令：_solid	启动区域填充命令。
指定第一点：	指定填充区域的第一个点。
指定第二点：	指定填充区域的第二个点。
指定第三点：	指定填充区域的第三个点。
指定第四点或 <退出>：	指定填充区域的第四个点。
指定第五点：	按“Enter”键结束命令。

绘制结果如图 5-16 所示。

（a）依次点击 A、B、C 和回车 （b）依次点击 A、B、D 后再点击 C （c）依次点击 A、B、C、D

图 5-16 绘制区域填充

（九）打断修改命令

打断对象是指删除对象的一部分从而把对象拆分成两部分。标注尺寸时，为了避免其他图线与尺寸数字重叠，经常使用打断命令。

1. 执行打断命令的方法

在 AutoCAD 中，执行打断命令的方法有以下 3 种：

（1）工具栏：单击修改工具栏中的“打断”按钮。

（2）下拉菜单：选择【修改】→【打断】菜单命令。

（3）命令行：在命令行中输入命令 break（快捷键 BR）。

执行打断命令后，命令行提示如下：

命令：_break	启动命令。
选择对象：	选择要打断的对象。拾取如图 5-17（a）所示图形中的 A 点。
指定第二个打断点或[第一点(F)]：	指定第二个打断点。拾取图 5-16（a）所示图形中的 B 点。打断后的效果如图 5-17（b）所示。

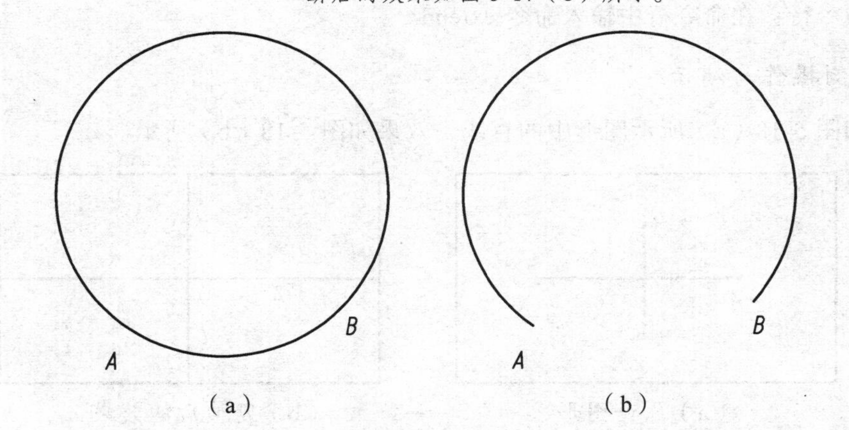

（a） （b）

图 5-17 打断圆

经验提示：默认情况下，以选择对象时的拾取点作为第一个断点，这时需要指定第二个断点。如果直接选取对象上的另一点或者在对象的一端之外拾取一点，这时将删除对象上位于两个拾取点之间的部分。如果选择“第一点（F）”选项，可以重新确定第一个断点。在确定第二个打断点时，如果在命令行输入“@”，可以使第一个、第二个断点重合，从而将对象一分为二。如果对圆、矩形等封闭图形使用打断命令时，AutoCAD 将沿逆时针方向把第一断点到第二断点之间的那段圆弧删除。

2. 打断于点

AutoCAD 自 2008 版本开始，提供了两种用于打断的命令：打断和打断于点命令。可以进行打断操作的对象包括直线、圆、圆弧、多段线、椭圆、样条曲线等。前面已经介绍了打断命令，下面介绍打断于点命令。

（1）打断于点命令。

打断于点命令用于打断所选的对象，使之成为两个对象，但不删除其中的部分。

（2）启用打断于点命令的方法。

启用打断于点命令的方法是直接单击标准工具栏上的“打断于点”按钮。

经验提示：在对圆执行此命令时，AutoCAD 将圆上第一个拾取点与第二个拾取点之间沿逆时针方向的圆弧删除。

（十）延伸修改命令

延伸对象是指延伸对象直到另一个对象的边界线。

1. 执行延伸命令的方法

在 AutoCAD 中，执行延伸命令的方法有以下 3 种：

（1）工具栏：单击修改工具栏中的“延伸”按钮。

（2）下拉菜单：选择【修改】→【延伸】菜单命令。

（3）命令行：在命令行中输入命令 extend。

2. 实例操作与演示

延伸如图 5-18（a）所示图形中的直线，效果如图 5-18（b）所示。

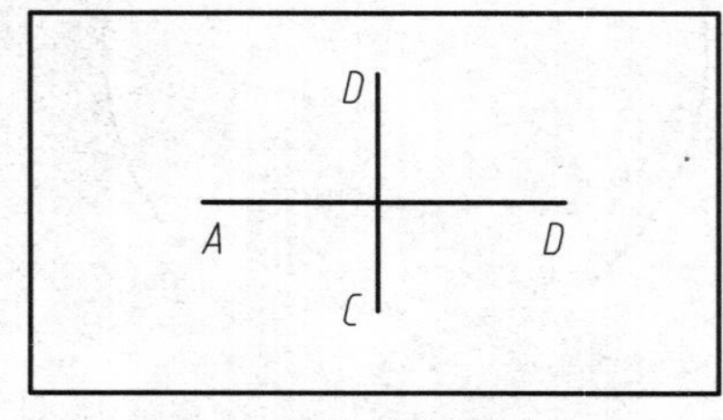

（a）原始图形

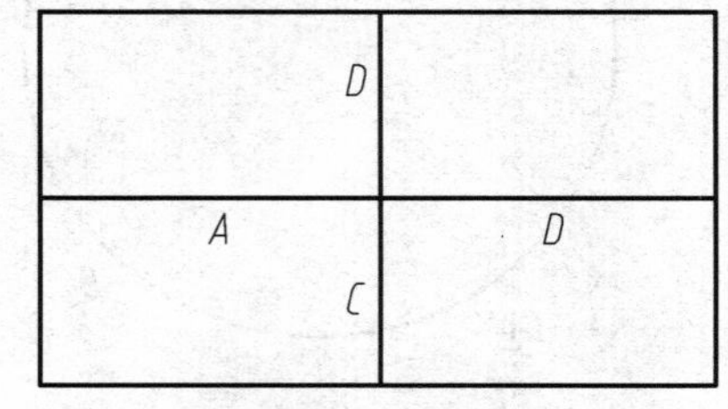

（b）延伸后的效果

图 5-18　执行延伸命令后的前后对照

操作过程如下：

命令：_extend

当前设置：投影=UCS，边=无

选择边界的边...

选择对象或 <全部选择>： 找到 1 个　　　　选择矩形框。

选择对象：　　　　回车。

选择要延伸的对象，或按住“Shift”键选择要修剪的对象，或[栏选(F)/窗交(C)/投影(P)/边(E)/放弃(U)]:
　　　　点击 A 处。

选择要延伸的对象，或按住“Shift”键选择要修剪的对象，或[栏选(F)/窗交(C)/投影(P)/边(E)/放弃(U)]:
　　　　点击 B 处。

选择要延伸的对象，或按住“Shift”键选择要修剪的对象，或[栏选(F)/窗交(C)/投影(P)/边(E)/放弃(U)]:
　　　　点击 C 处。

选择要延伸的对象，或按住“Shift”键选择要修剪的对象，或[栏选(F)/窗交(C)/投影(P)/边(E)/放弃(U)]:
　　　　点击 D 处。

经验提示：① 执行方式可以延长指定的对象与另一对象相交或外观相交。延伸命令的使用方法和修剪命令的使用方法相似，不同的地方在于：使用延伸命令时，如果在按下“Shift”键的同时选择对象，则执行修剪命令；使用修剪命令时，如果在按下“Shift”键的同时选择对象，则执行延伸命令。

② 画剖视图时，需要利用图案填充命令，而图案填充命令必须填充的是封闭的图形，因此，经常需要使用延伸命令使不相交的图线相交。

（十一）拉伸修改命令

拉伸是指通过移动对象的端点、顶点或控制点来改变对象的局部形状。使用拉伸命令可以在一个方向上按用户所指定的尺寸拉伸、缩短对象。拉伸命令是通过改变端点位置来拉伸或缩短图形对象的，编辑过程中除被伸长、缩短的对象外，其他图形对象间的几何关系将保持不变。可进行拉伸的对象有圆弧、椭圆弧、直线、多段线、二维实体、射线和样条曲线等。

1. 执行拉伸命令的方法

在 AutoCAD 中，执行拉伸命令的方法有以下 3 种：

（1）工具栏：单击修改工具栏中的“拉伸”按钮。

（2）菜单栏：选择【修改】→【拉伸】菜单命令。

（3）命令行：在命令行中输入命令 S(Stretch)。

2. 操作实例与演示：拉伸图形

具体操作步骤如下：

命令：_stretch　　　　启动命令。

以交叉窗口或交叉多边形选择要拉伸的对象...

选择对象：指定对角点：找到 3 个　　　　如图 5-19 所示。

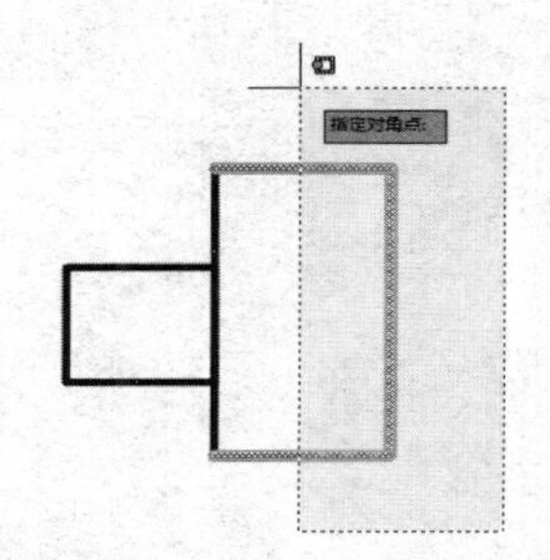

图 5-19　以窗交的方式选择对象

选择对象：　　　　　　　　　　　　回车。

指定基点或 [位移(D)]<位移>：　　　　　　　　指定基点。

指定第二个点或 <使用第一个点作为位移>：　　　　指定第二个点。

拉伸图形的效果如图 5-20（b）所示。

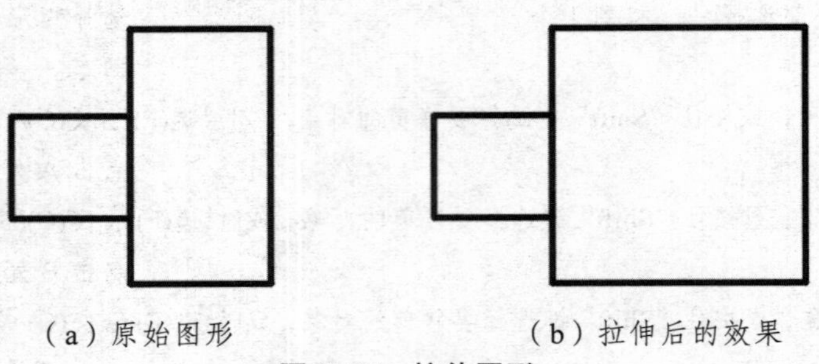

（a）原始图形　　　　（b）拉伸后的效果

图 5-20　拉伸图形

经验提示：拉伸一般只能采用交叉窗口或多边形窗口的方式来选择对象，可以采用 Remove 方式取消不需拉伸的对象。其中比较重要的是必须选择好端点是否应该包含在被选择的窗口中。如果端点被包含在窗口中，则该点会同时被移动，否则该端点不会被移动。

三、项目实施

第一步：创建新图形文件。

打开 A4 横向初始模板，进入 AutoCAD 经典工作空间，建立一个新的图形文件，保存此空白文件，文件名为“图 5-1.dwg”，注意在绘图过程中每隔一段时间保存一次。

第二步：绘制图形。

绘制图形，用 1∶1 的比例绘制如图 5-1 所示的平面图形。要求：选择合适的线型，不绘制图框与标题栏，不标注尺寸。

参考步骤如下：

（1）调整屏幕显示大小，打开“显示/隐藏线宽”“对象捕捉”和“极轴追踪”状态按钮。

（2）将粗实线层设置为当前层，绘制如图 5-21 所示的矩形框。

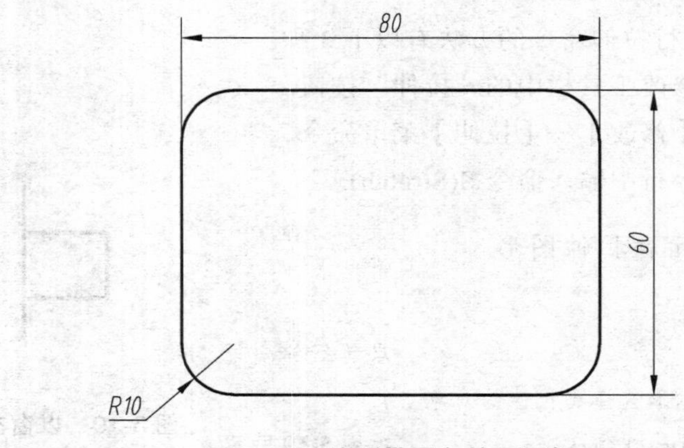

图 5-21　绘制带圆角的矩形框

（3）将细点画线层设置为当前层，绘制如图 5-22 所示的中心线。

① 打开对象捕捉，分别捕捉矩形的中点和切点，绘制直线。

如此重复，可以绘制如图 5-23 所示的六条中心线。

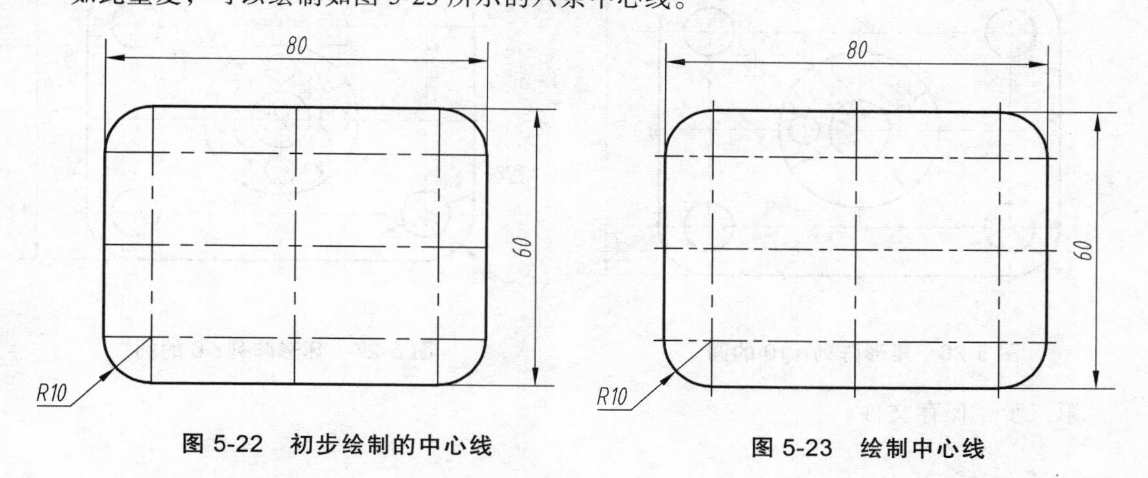

图 5-22　初步绘制的中心线　　　　图 5-23　绘制中心线

② 拉长中心线。

绘图结果如图 5-23 所示。

（4）绘制如图 5-24 所示的 5 个圆。

① 将粗实线层设置为当前层，利用圆心和半径绘制如图 5-25 所示的 3 个圆。

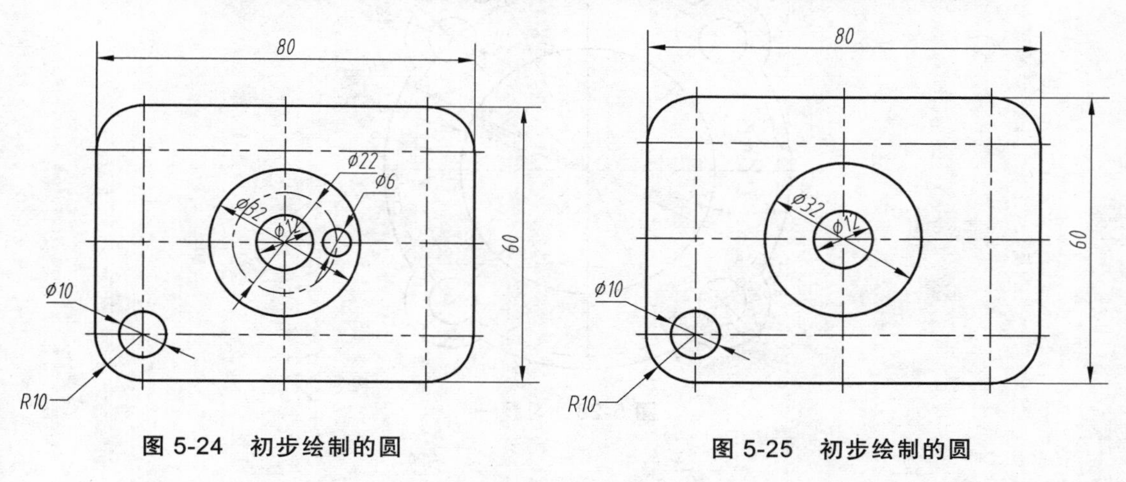

图 5-24　初步绘制的圆　　　　图 5-25　初步绘制的圆

② 将细点画线和粗实线层分别设置为当前层，利用圆心和半径绘制如图 5-24 所示的ϕ22 和ϕ26 两个圆，绘图结果如图 5-24 所示。

（5）将粗实线层设置为当前层，执行阵列命令。

① 矩形阵列ϕ10 的圆。

执行结果如图 5-26 所示。

② 环形阵列ϕ6 的圆。

执行结果如图 5-27 所示。

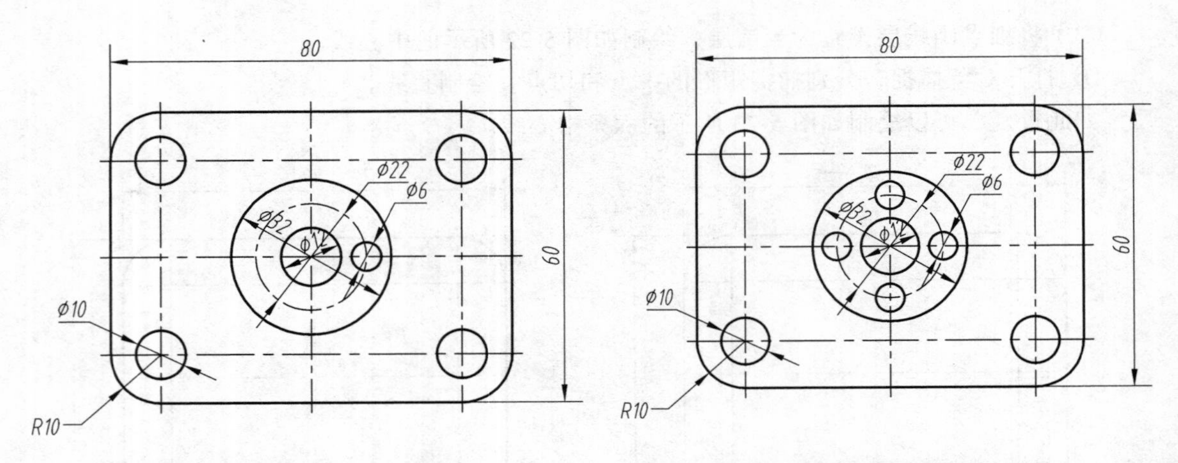

图 5-26　矩形阵列 ϕ10 的圆　　　　图 5-27　环形阵列 ϕ6 的圆

第三步：保存文件。

四、练习与提高

按 1∶1 比例绘制如图 5-28～5-34 的图形，要求线型正确，可暂不标注尺寸。

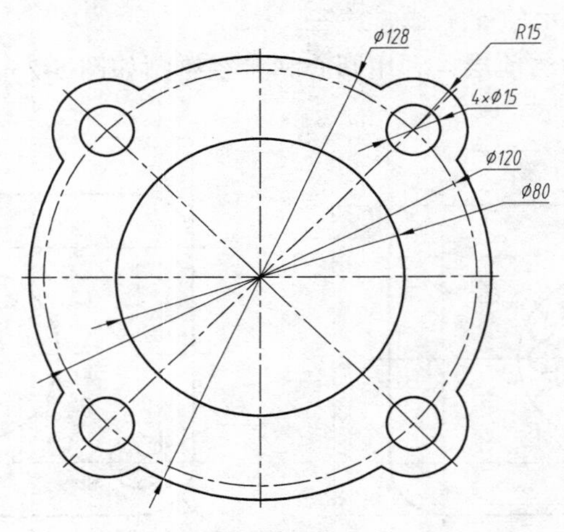

图 5-28　习题一

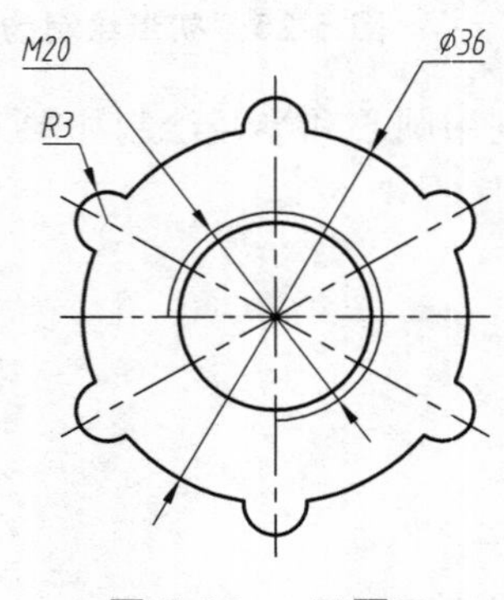

图 5-29　习题二

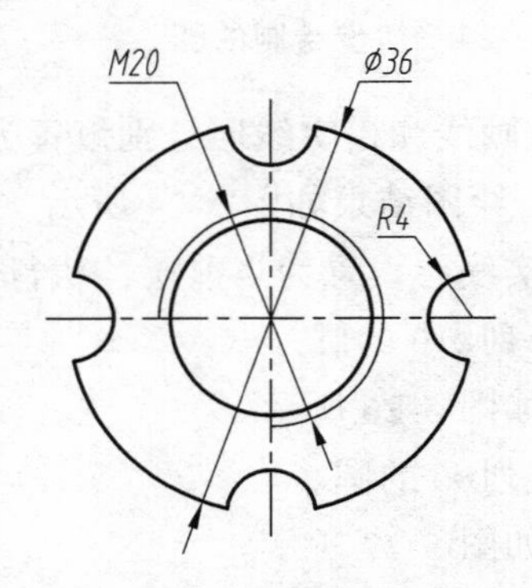

图 5-30　习题三

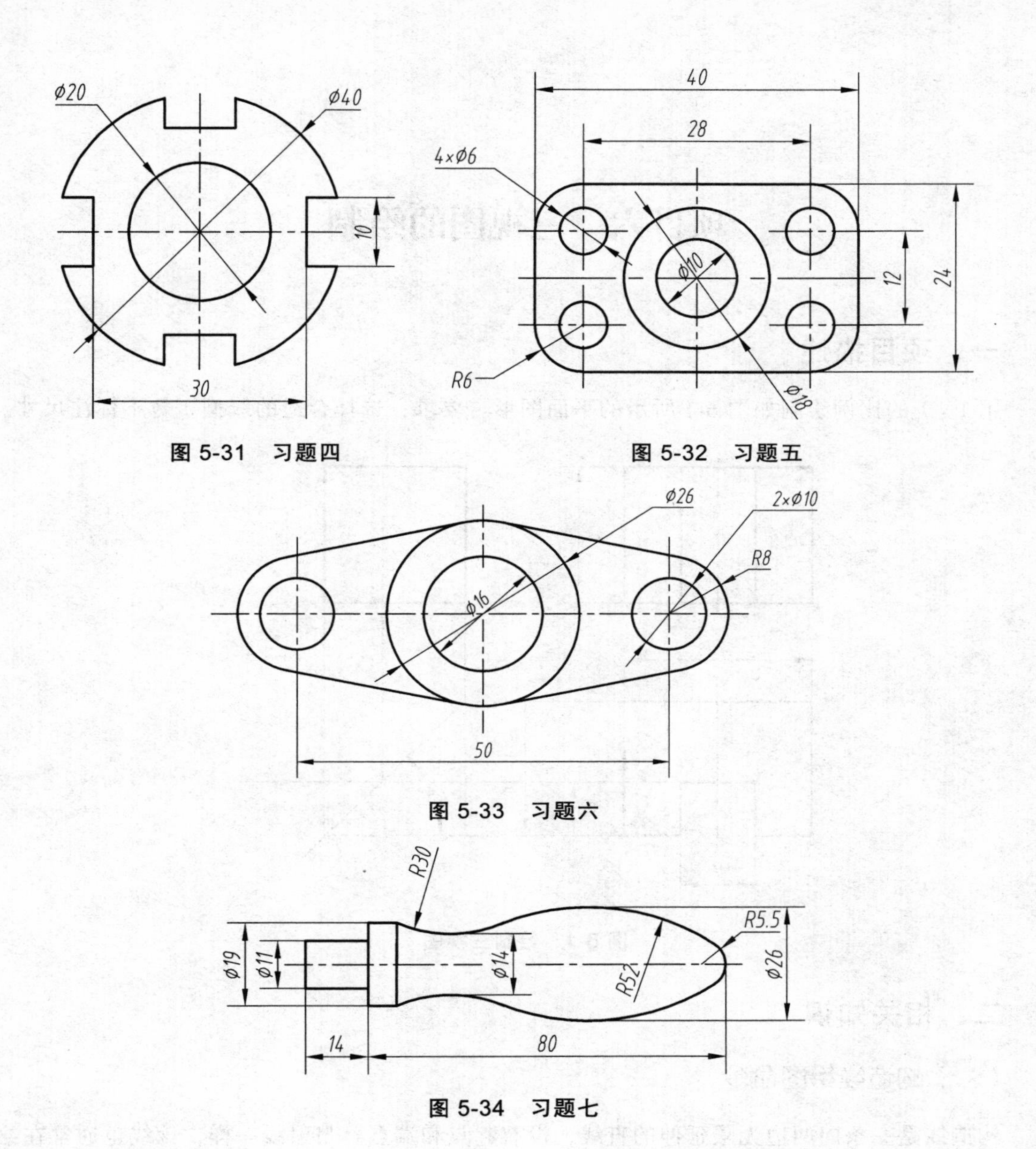

图 5-31　习题四

图 5-32　习题五

图 5-33　习题六

图 5-34　习题七

项目六　三视图的绘制

一、项目描述

用 1∶1 的比例绘制如图 6-1 所示的平面图形。要求：选择合适的线型，暂不标注尺寸。

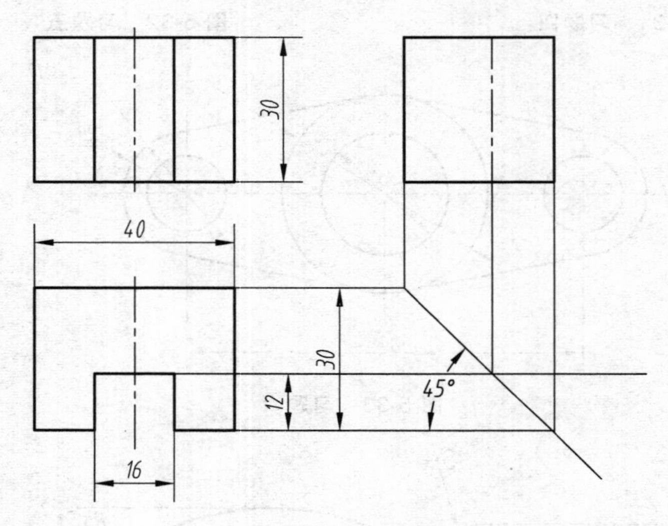

图 6-1　绘制三视图

二、相关知识

（一）构造线绘图命令

构造线是一条向两边无限延伸的直线，没有起点和端点。与射线一样，该线也通常在绘图过程中作为辅助线使用。可以使用无限延伸的线（如构造线）来创建构造线和参考线，并且其可用于修剪边界。

1. 执行绘制构造线的方法

在 AutoCAD 中，执行绘制构造线的方法有以下 3 种：

（1）工具栏：单击绘图工具栏中的“构造线”按钮。

（2）下拉菜单：选择【绘图】→【构造线】菜单命令。

（3）命令行：在命令行中输入命令 xline（XL）。

2. 命令各选项的含义及操作

（1）"点"选项。

用无限长直线所通过的两点定义构造线的位置。

指定通过点：　　　　指定构造线通过的点，或按"Enter"键结束命令。

将绘制一条通过选定两点（点 A 和点 B）的构造线，如图 6-2 所示。

（2）"水平（H）"选项。

创建一条通过选定点的水平参照线。

指定通过点：　　　　指定构造线通过的点，或按"Enter"键结束命令。

将绘制一条通过选定点 A 且平行于 *X* 轴的水平构造线，如图 6-3 所示。

图 6-2"点"选项　　　　图 6-3"水平"选项

（3）"垂直（V）"选项。

创建一条通过选定点的垂直参照线。

指定通过点：　　　　指定构造线通过的点，或按"Enter"键结束命令。

将绘制一条通过选定点 A 且平行于 *Y* 轴的垂直构造线，如图 6-4 所示。

（4）"角度（A）"选项。

以指定的角度创建一条参照线。

输入构造线的角度或[参照(R)]：　　　　指定角度或输入 r。

将以指定的角度绘制一条构造线。

① 输入构造线的角度：直接输入构造线与 *X* 轴正方向的夹角，创建如图 6-5 所示的构造线。

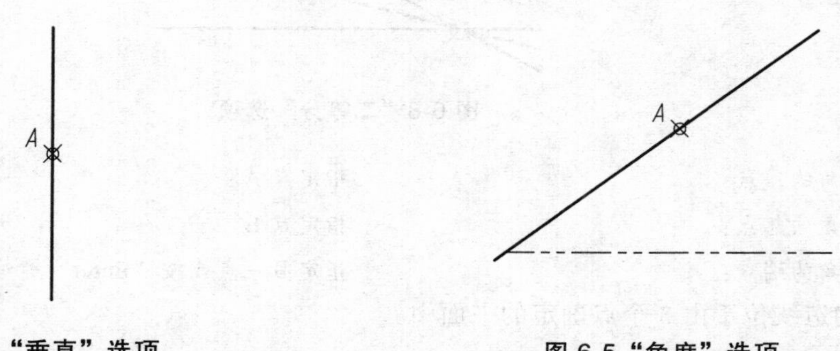

图 6-4"垂直"选项　　　　图 6-5"角度"选项

② 参照：指定一条已知直线，通过指定点绘制一条与已知直线成指定夹角的构造线。

例：如图 6-6 所示，绘制垂直于加强筋斜面的构造线，操作步骤如下：

单击【绘图】→【构造线】，启动构造线命令，命令行提示如下：

命令：_xline

指定点或 [水平(H)/垂直(V)/角度(A)/二等分(B)/偏移(O)]：a　　//选择角度选项绘制构造线。

输入构造线的角度 (0.000) 或 [参照(R)]：r　　//采用参照方式。

选择直线对象：　　//选取如图 6-7 所示直线 1。

输入构造线的角度 <0.000>：90　　//输入参考角度。

指定通过点：　　//选取直线 1 的中点。

指定通过点：　　//回车结束命令。

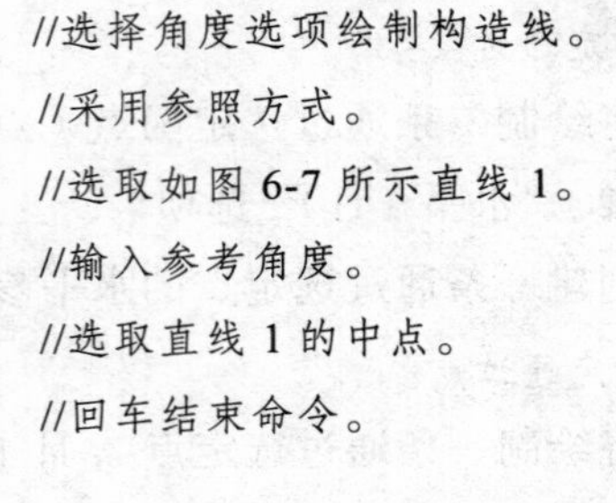

结果如图 6-7 所示。

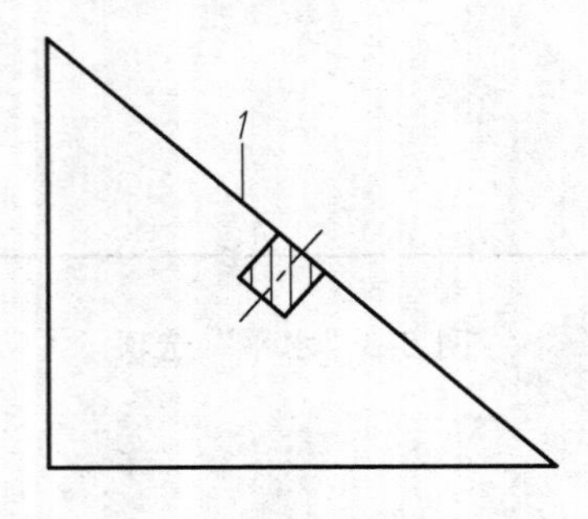

图 6-6　加强筋重合剖面图

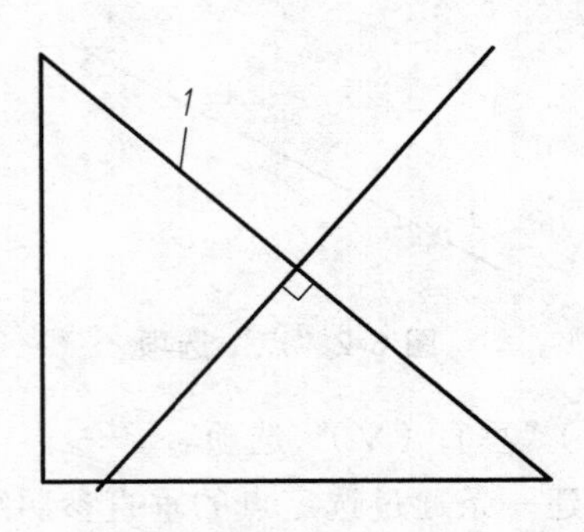

图 6-7　参照方式绘制构造线

（5）“二等分（B）”选项。

创建一条参照线，它经过选定的角顶点，并且将选定的两条线之间的夹角平分，如图 6-8 所示。

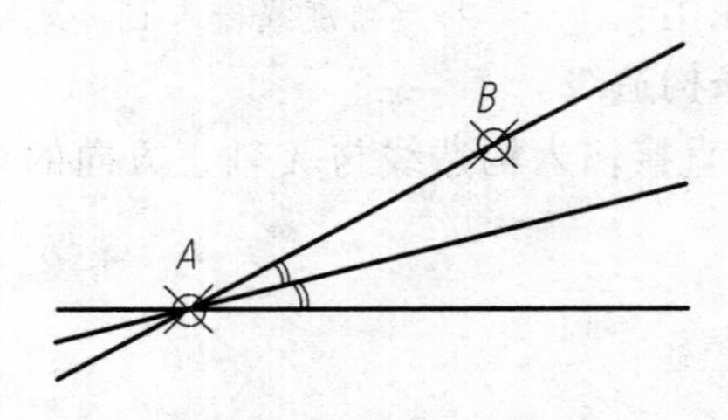

图 6-8“二等分”选项

指定角的顶点：　　指定点 A。

指定角的起点：　　指定点 B。

指定角的端点：　　指定另一点或按“Enter”键结束命令。

此构造线位于由 3 个点确定的平面中。

（二）圆角修改命令

圆角是指用指定的光滑圆弧来连接两个对象。通过倒圆角可将两个图形对象之间绘制成光滑的过渡圆弧线。

在 AutoCAD 中，执行圆角命令的方法有以下 3 种：

（1）工具栏：单击修改工具栏中的“圆角”按钮。

（2）下拉菜单：选择【修改】→【圆角】菜单命令。

（3）命令行：在命令行中输入命令 fillet（f）。

经验提示：① 如果圆角的半径太大，则不能进行修圆角。

② 对于两条平行线修圆角时，自动将圆角的半径定为两条平行线间距的一半。

③ 如果指定半径为 0，则不产生圆角，只是将两个对象延长相交。

④ 如果修圆角的两个对象具有相同的图层、线型和颜色，则圆角对象也与其相同；否则圆角对象采用当前图层、线型和颜色。

（三）倒（直）角修改命令

倒（直）角是机械图样中常见的结构，它可以通过倒（直）角命令直接产生。倒（直）角是指用斜线连接两个不平行的线型对象。在 AutoCAD 中，可进行倒（直）角的对象有直线、多段线、射线、构造线和三维实体。本书以倒角代替倒（直）角。

在 AutoCAD 中，执行倒角命令的方法有以下 3 种：

（1）工具栏：单击修改工具栏中的“倒角”按钮。

（2）下拉菜单：选择【修改】→【倒角】菜单命令。

（3）命令行：在命令行中输入命令 chamfer（快捷键 CHA）。

经验提示：修倒角时，倒角距离或倒角角度不能太大，否则无效。当两个倒角距离均为 0 时，“chamfer”命令将延伸两条直线使之相交，不产生倒角。此外，如果两条直线平行或发散时，则不能修倒角。

（四）精确绘图工具的使用方法

在绘图过程中，为使绘图和设计过程更简便易行，AutoCAD 提供了栅格、捕捉、正交、对象捕捉及自动追踪等多个捕捉工具，用于精确捕捉屏幕上的栅格点，还可以约束鼠标光标只能停留在某一个节点上。这些绘图工具有助于在快速绘图的同时，保证绘图的精度，从而精确地绘制图形。这些精确绘图工具在前面已经讲述，这里不再赘述。

（五）三视图的投影特性

三视图是指基本视图中的主视图、俯视图、左视图（侧视图）3 个视图，三视图要符合正投影的规律。

（1）位置关系。以主视图为基准，俯视图在主视图的正下方，左视图在主视图的正右方。三视图间的这种位置关系是按投影关系配置的，一般不能变动。

（2）尺寸关系。物体有长、宽、高 3 个方向的尺寸，而且其大小为一定值，每一个视图表示了物体两个方向的尺寸大小。三等关系是三视图的重要特性：主、俯视图长对正，主、左视图高平齐，俯、左视图宽相等，该三等关系也是画图与读图的依据。

（3）方位关系。物体有上、下、左、右、前、后 6 个方位关系，X 坐标表示长，X 坐标大的在左；Y 坐标表示宽，Y 坐标大的在前（俯、左视图靠近主视图的一边，表示物体的后面；远离主视图的一边，表示物体的前面）；Z 坐标表示高，Z 坐标大的在上。这一条规律便于图形的检查。

（六）几何约束绘图

自 AutoCAD2012 新增的约束功能使得图形的绘制更加简单，常用的约束有几何约束与标注约束两种。几何约束用于控制对象的关系；标注约束用于控制对象的距离、长度、角度和半径值。

1. 命令格式

（1）菜单栏：选择【参数】→【几何约束】或【标注约束】菜单命令。

（2）工具栏：单击“参数化”选项卡“几何”面板和“标注”面板或单击几何约束和标注约束工具栏，如图 6-9 和图 6-10 所示。

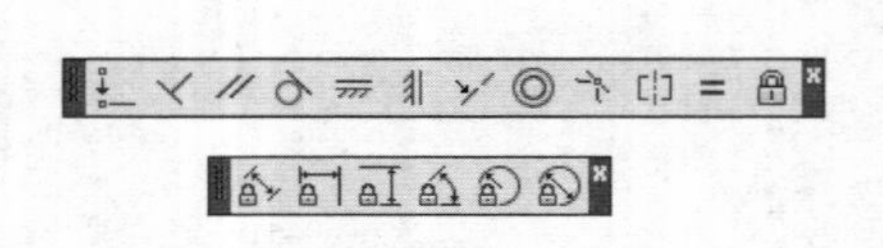

图 6-9 几何约束与标注约束工具栏

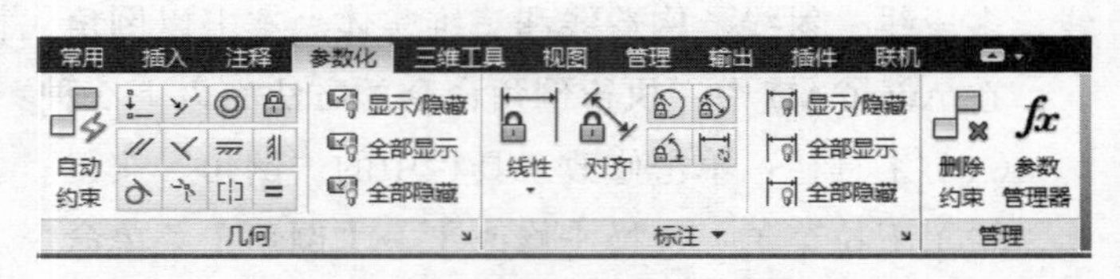

图 6-10“草图与注释”空间参数化选项卡

2. 命令说明

1）几何约束

几何约束用来确定二维几何对象之间或对象上点的几何关系，添加几何约束时，所选的第一个对象基本保持固定，所选的第二个对象会根据第一个对象进行调整。

2）标注约束

标注约束和相关的指定值能够控制二维几何对象或对象上的点之间的距离、角度、圆弧和圆的大小，还可以通过变量和方程式约束几何图形。改变尺寸约束，则约束驱动对象发生改变。

3）编辑约束

（1）尺寸约束的编辑。

尺寸约束的编辑包括动态约束与注释性约束的转换，尺寸约束值的改变，尺寸约束的显示、隐藏与删除。

① 动态约束与注释性约束的转换。

尺寸约束的标注外观由固定的预定义标注样式决定，显示为灰色的为动态约束，不能修改，不能打印。在缩放操作过程中，动态约束保持相同大小。显示为正常色的为注释性约束，可以修改，可以打印。在缩放操作过程中，注释性约束的大小发生变化，可以将其放在同一层上，可以修改颜色和可见性。

选择尺寸约束，单击鼠标右键，在弹出的快捷菜单中选择“特性”按钮，会弹出“特性”对话框，如图 6-11 所示。在“特性”对话框中的“约束形式”下拉列表中选择“动态”或“注释性”，可实现两者的转换。

② 改变尺寸约束值。

a. 双击尺寸约束或输入命令“ddedit”，编辑尺寸约束的值、变量名或表达式。

b. 选择尺寸约束，单击鼠标右键，用快捷菜单中的相应选项编辑尺寸约束。

c. 选择尺寸约束，拖动与其关联的三角形夹点来改变尺寸约束的值，同时驱动图形做出改变。

d. 选择【参数】→【参数管理器】菜单命令，将弹出“参数管理器”对话框，如图 6-12 所示。

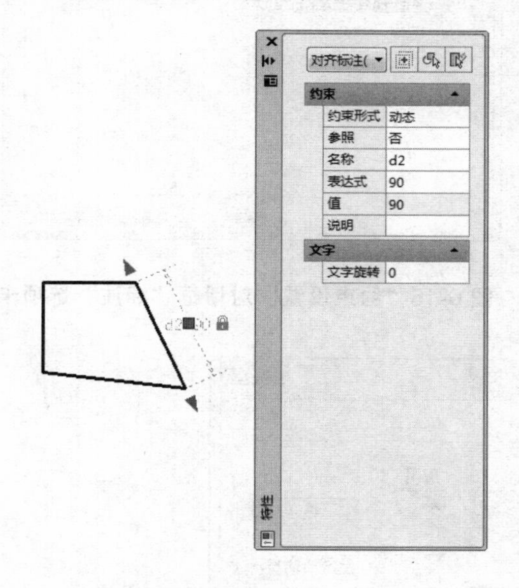

图 6-11 “特性”对话框

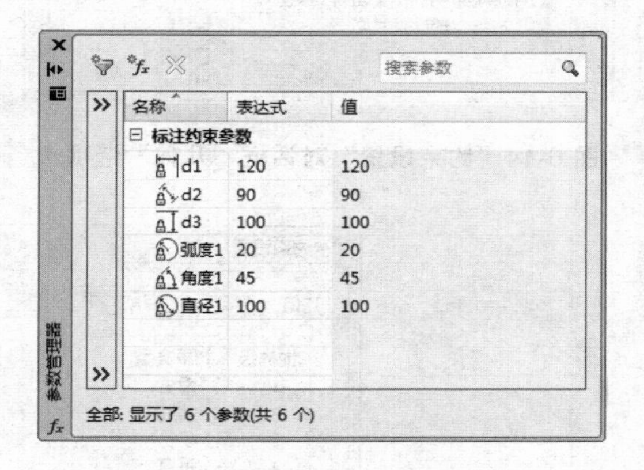

图 6-12 “参数管理器”对话框

③ 尺寸约束的显示、隐藏与删除。

选择【参数】→【动态标注】→【全部隐藏】或【全部显示】菜单命令。

（2）几何约束的编辑。

几何约束的编辑有显示、隐藏与删除 3 种。

① 选择【参数约束栏】→【全部隐藏】或【全部显示】菜单命令。

② 选择约束后，右击选择隐藏与删除，如图 6-13 所示。

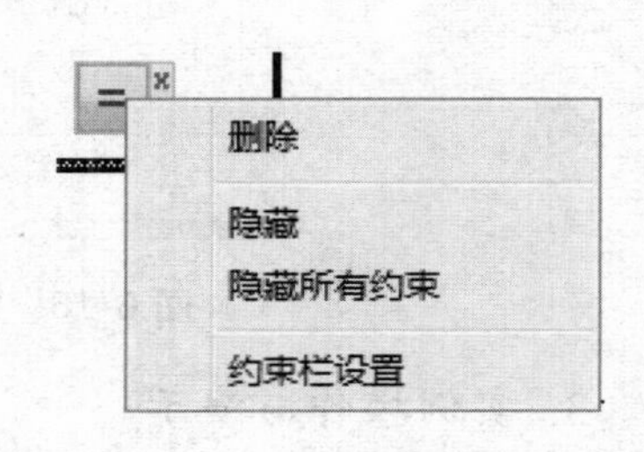

图 6-13 选择需要隐藏的几何约束

4）自动约束

自动约束是几何约束的一种操作，能分析现有图形的几何关系，按事先的设置将其几何约束关系添加到图形中。

5）约束设置

在使用“二维草图与注释”工作空间时，单击“参数化”选项卡的“几何”或“标注”面板下右侧的按钮；在使用“AutoCAD 经典”工作空间时，单击“参数”菜单的“约束设置”菜单项，即可弹出“约束设置”对话框，可分别对几何约束、标注约束、自动约束进行设置，如图 6-14 ~ 6-16 所示。

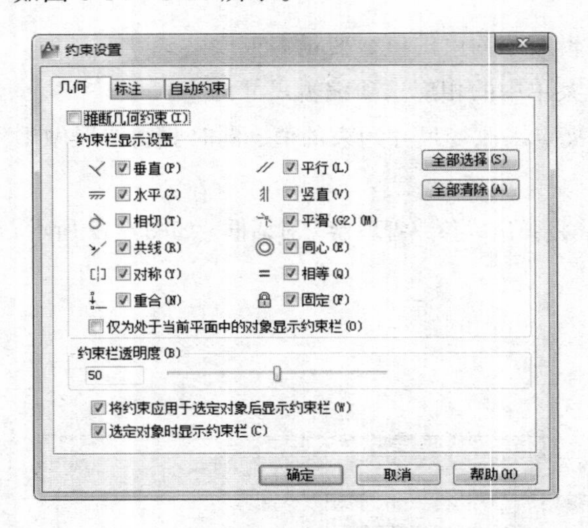

图 6-14“约束设置”对话框“几何”选项卡

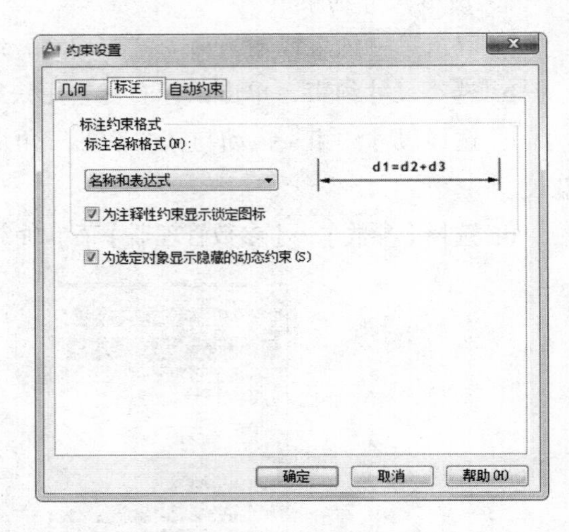

图 6-15“约束设置”对话框“标注”选项卡

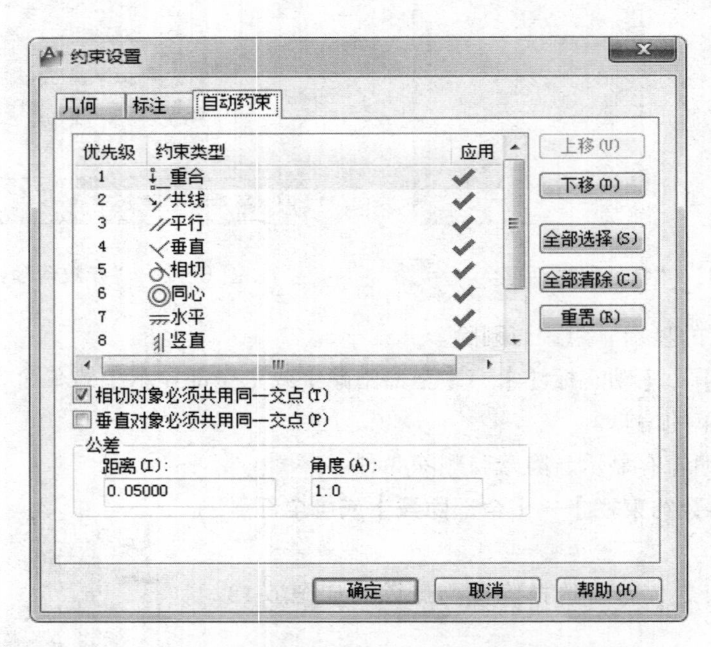

图 6-16 “约束设置”对话框“自动约束”选项卡

3. 实例操作与演示

用约束绘制如图 6-17 所示的三视图的俯视图。

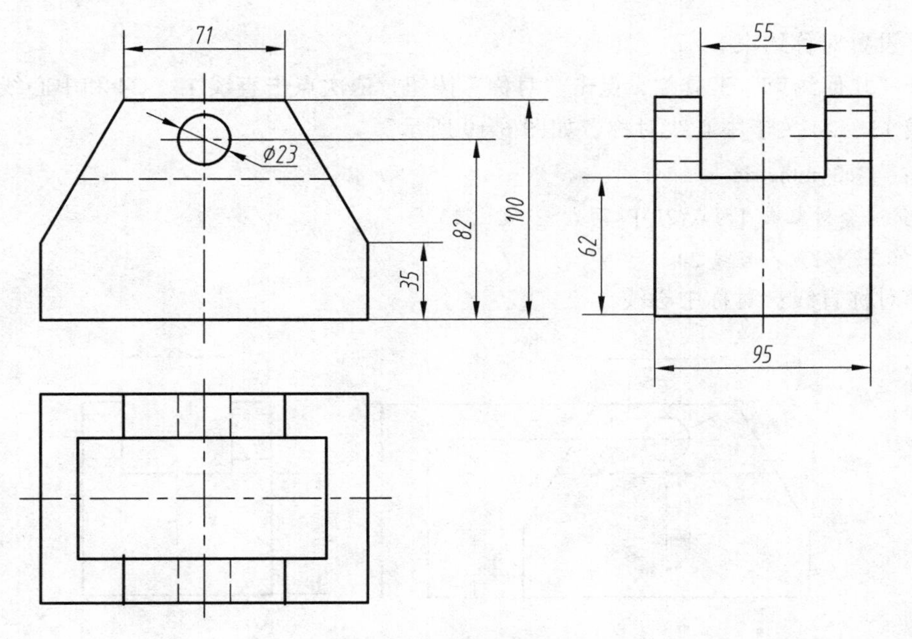

图 6-17　物体的三视图

俯视图的作图步骤如下：

（1）绘制矩形框。

将粗实线层置为当前层，使用矩形命令绘制与主视图长对正的任意宽度长方形；将细点画线层置为当前层，使用直线命令绘制对称中心线，如图 6-18 所示。

命令：_rectang

指定第一个角点或 [倒角(C)/标高(E)/圆角(F)/厚度(T)/宽度(W)]：1 点（鼠标追踪长对正）

指定另一个角点或 [面积(A)/尺寸(D)/旋转(R)]：4 点

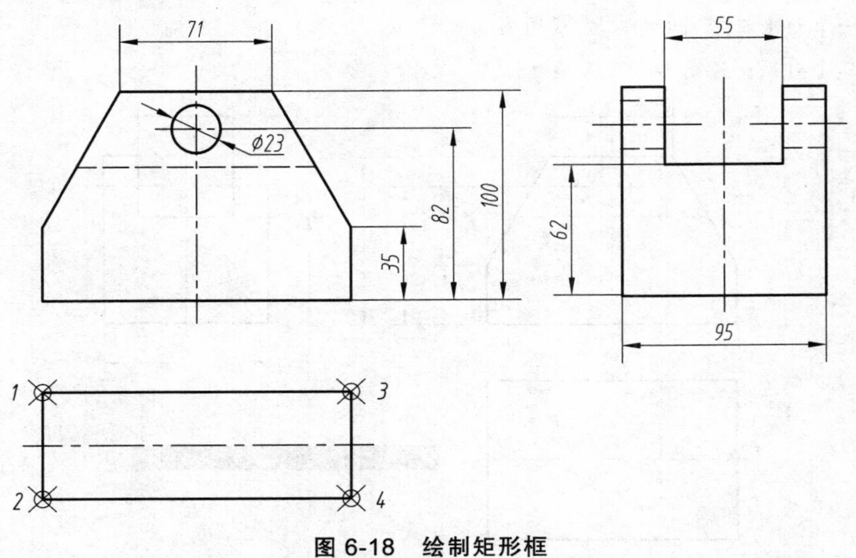

图 6-18　绘制矩形框

（2）设置对称约束。

打开“几何约束”工具栏，点击“对称”按钮，依次点击直线 13、24 和中心线，使长方形的直线 13、24 关于中心线对称，如图 6-19 所示。

命令：_GcSymmetric

选择第一个对象或 [两点(2P)] <两点>：直线 13

选择第二个对象：直线 24

选择对称直线：对称中心线

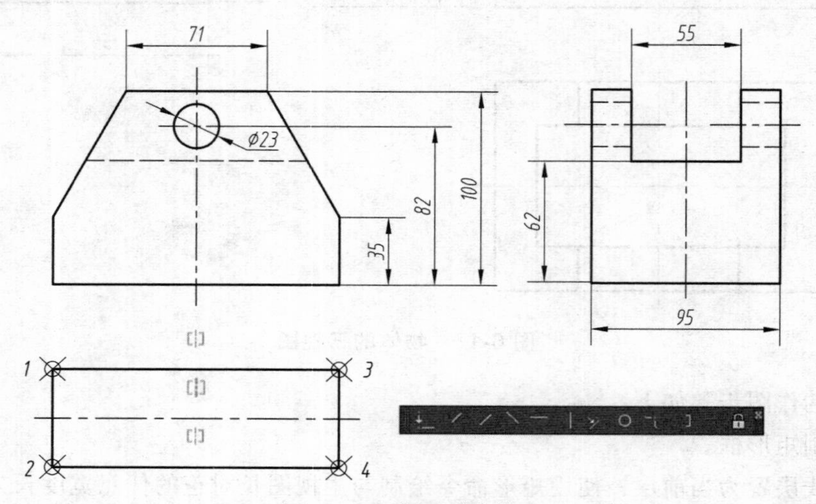

图 6-19　设置对称约束

（3）设置相等。

点击“相等”按钮，约束俯视图与左视图宽相等，如图 6-20 所示。

命令：_GcEqual

选择第一个对象或[多个(M)]：左视图的宽

选择第二个对象：直线 34

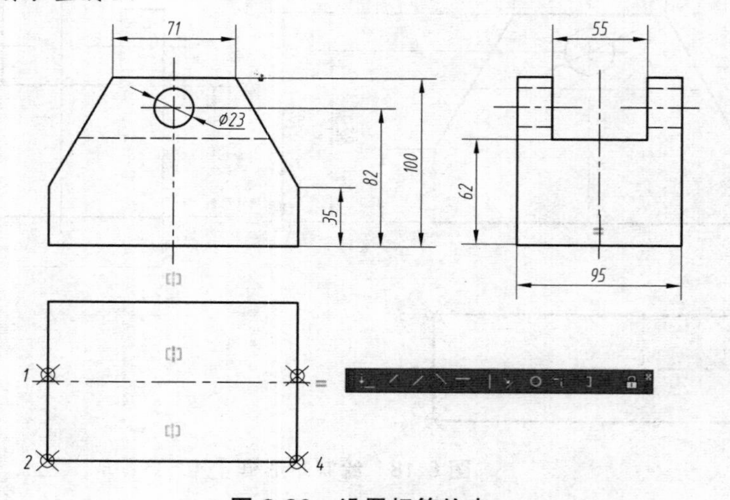

图 6-20　设置相等约束

经验提示：① 几何约束中，对称与相等的步骤是不能变化的，读者可以自行练习验证一下。② 执行相等约束后，直线 24 没动，直线 13 向上移动。

（4）绘制与 5 点长对正的直线，如图 6-21 所示。

命令：_line

指定第一点：6 点　　　　　　　　　　　　//与 5 点对齐

指定下一点或 [放弃(U)]：7 点　　　　　　//与 5 点对齐向下的一点

指定下一点或 [放弃(U)]：

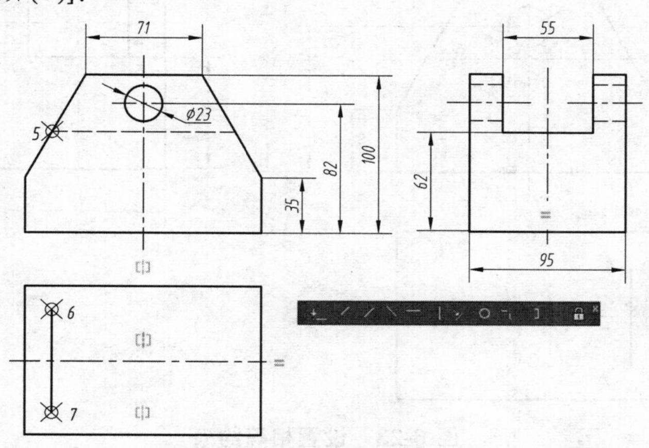

图 6-21　绘制与 5 点长对正的直线

（5）设置对称约束。

点击“对称”按钮，使得直线 67 的两端点关于中心线对称，如图 6-22 所示。

命令：_GcSymmetric

选择第一个对象或 [两点(2P)] <两点>：

选择第一个点：6 点

选择第二个点：7 点

选择对称直线：选择中心线

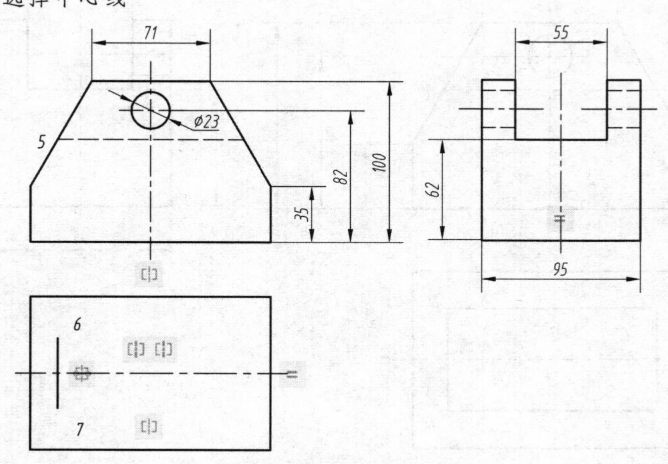

图 6-22　设置对称约束

（6）设置相等约束。

点击“相等”按钮，使得俯、左视图切口宽相等，如图 6-23 所示。

命令：_GcEqual

选择第一个对象或 [多个(M)]：89 直线

选择第二个对象：原 67 直线

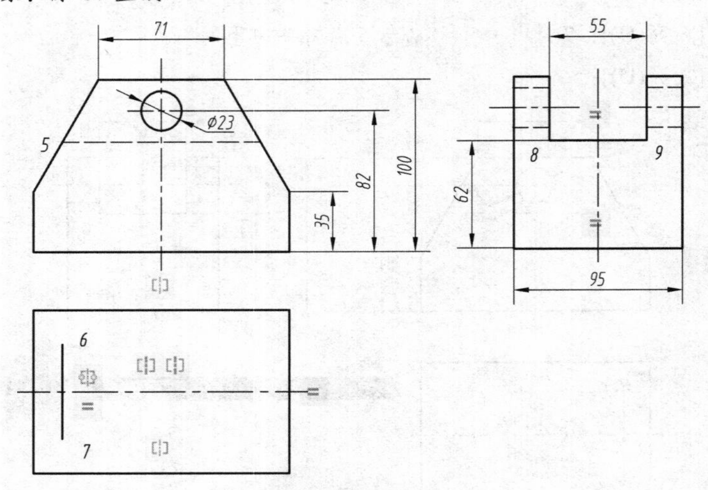

图 6-23　设置相等约束

（7）使用直线命令，绘制与主视图虚线长对正的俯视图中的切口长方形，如图 6-24 所示。

命令：_line 指定第一点：6 点

指定下一点或 [放弃(U)]：11 点　　　　　　//与 10 点对齐

指定下一点或 [放弃(U)]：12 点

指定下一点或 [闭合(C)/放弃(U)]：7 点

指定下一点或 [闭合(C)/放弃(U)]：

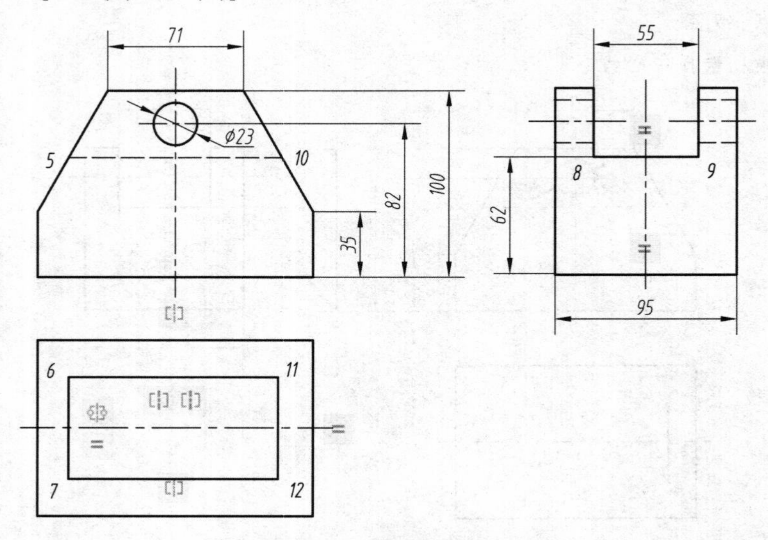

图 6-24　绘制切口矩形框

（8）用直线命令绘制如图 6-25 所示的图形。

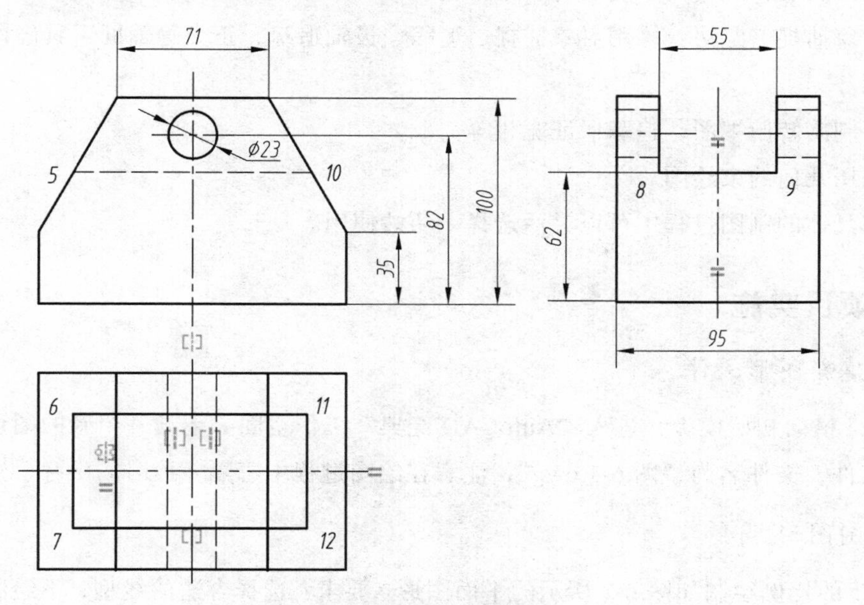

图 6-25　绘制直线

（9）用剪切命令剪去多余的线条。选择【参数】→【约束栏】→【全部隐藏】菜单命令，隐藏所有约束，完成全图，如图 6-26 所示。

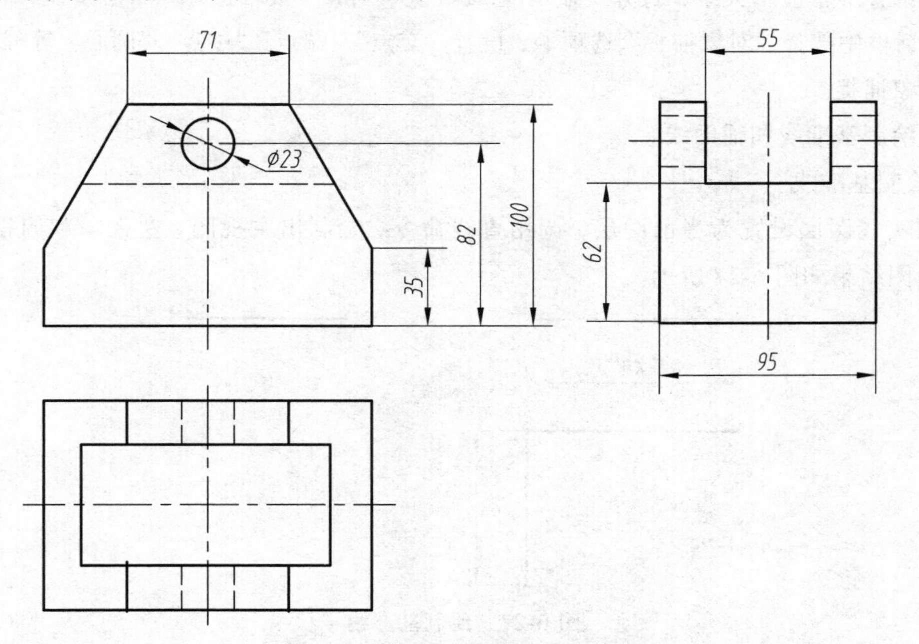

图 6-26　修剪并隐藏约束后的图形

（七）绘制三视图的常用方法

在 AutoCAD 中，常用的绘制三视图的方法有以下 4 种：

（1）辅助线法：利用构造线和射线作为辅助线，确保视图之间的三等关系。

（2）对象捕捉追踪法：采用对象捕捉、追踪、极轴追踪、正交等辅助工具确保视图之间的三等关系。

（3）复制旋转俯视图，追踪保证宽相等。

（4）采用几何约束绘图。

用户在具体的制图过程中可以灵活选择，巧妙使用。

三、项目实施

1. 创建新图形文件

打开 A4 横向初始模板，进入“AutoCAD 经典”工作空间，建立一个新的图形文件，保存此空白文件，文件名为“图 6-1.dwg”，注意在绘图过程中每隔一段时间保存一次。

2. 绘制图形

用 1∶1 的比例绘制如图 6-1 所示的平面图形。要求：选择合适的线型，不绘制图框与标题栏，不标注尺寸。

参考步骤如下：

（1）调整屏幕显示大小，打开“显示/隐藏线宽” 和 “极轴追踪”状态按钮，在“草图设置”对话框中选择“对象捕捉”选项卡，设置“交点”“端点”“中点”“圆心”等捕捉目标，并启用对象捕捉。

（2）绘制基准线和辅助线。

① 绘制基准线。

将粗实线图层设置为当前图层，调用直线命令，绘制出主视图、左视图和俯视图的基准线。绘图结果如图 6-27 所示。

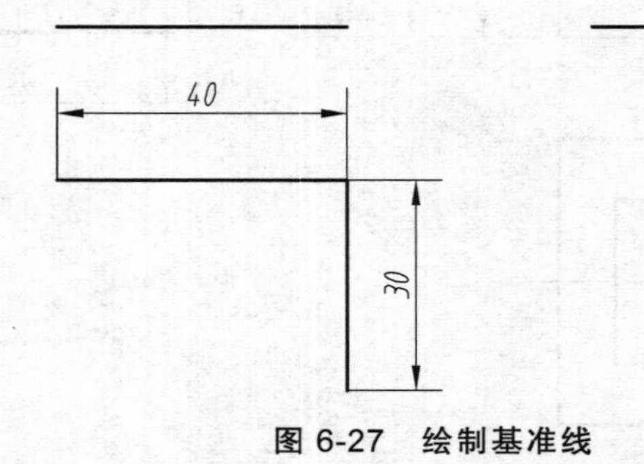

图 6-27　绘制基准线

② 绘制辅助线。

将细实线图层设置为当前图层，调用构造线命令，绘制一条“135°”的构造线。

绘图结果如图 6-28 所示。

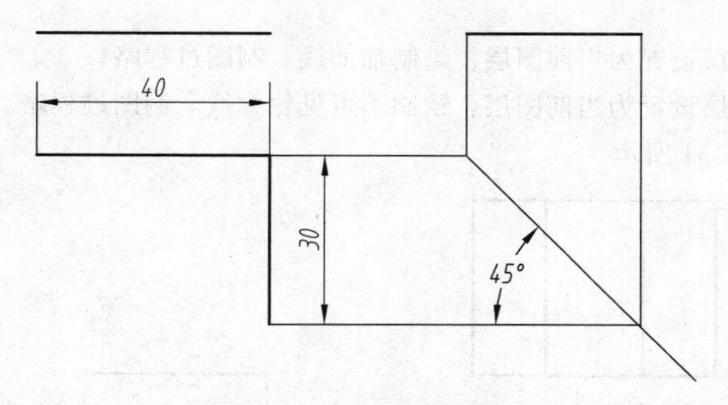

图 6-28 绘制 45°辅助线

（3）绘制俯视图。

因为俯视图具有形状特征，所以先绘制俯视图。将粗实线图层设置为当前图层，启动直线命令，采用极轴追踪方式，通过输入长度的方式完成俯视图的绘制。

绘图结果如图 6-29 所示。

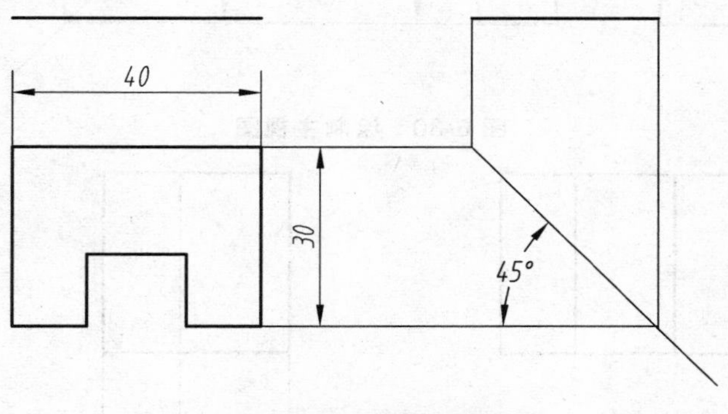

图 6-29 绘制俯视图

（4）绘制主视图。

为了保证主视图和俯视图的长对正关系，可以利用画构造线作辅助线的方法，也可以采用对象追踪的方式，前者称之为辅助线法，后者称之为对象捕捉追踪法。由于对象捕捉追踪法，使得图面简洁，而且操作方便、快捷，因此，建议使用该法绘图。

绘图过程如下：

① 采用指定临时对象追踪点的方式绘制直线。

经验提示：关闭中点捕捉，以免干扰作图。

② 修剪图线，以保证图线不超出。

③ 延伸图线，以保证直线相交。绘图结果如图 6-30 所示。

（5）绘制左视图。

主视图与左视图利用对象捕捉追踪来保证高平齐；俯视图与左视图利用 45°辅助线来保证宽相等。

绘图过程如下：

① 将粗实线图层设置为当前图层，绘制可见轮廓线。制图过程略。

② 将细实线图层设置为当前图层，绘制辅助线。制图过程略。

③ 将细虚线图层设置为当前图层，绘制不可见轮廓线。制图过程略。

绘图结果如图 6-31 所示。

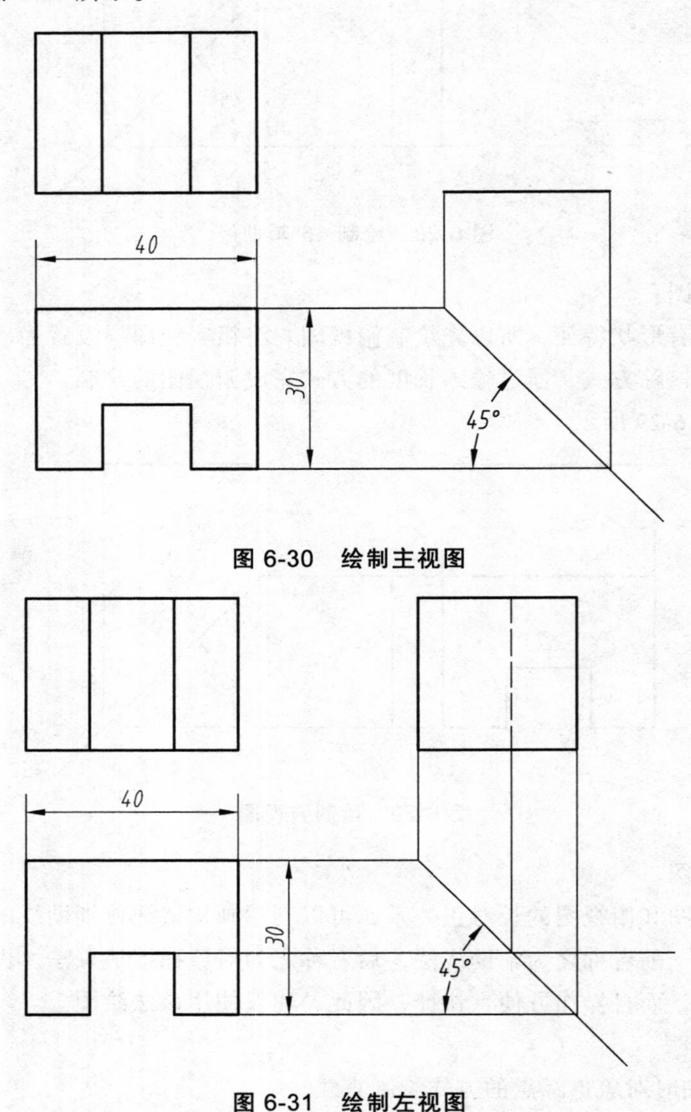

图 6-30　绘制主视图

图 6-31　绘制左视图

3. 保存文件

保存绘制好的文件

四、练习与提高

按 1∶1 比例绘制如图 6-32 ~ 6-37 所示的图形，要求线型正确，可以暂不标注尺寸。

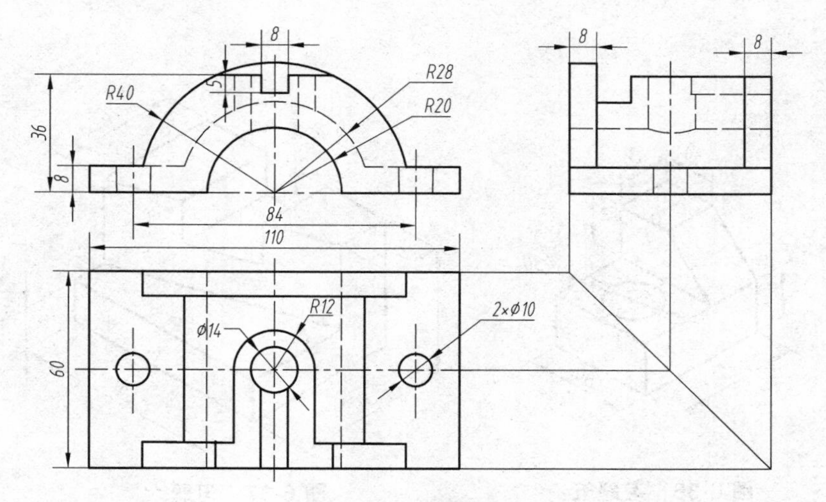

图 6-32　习题一

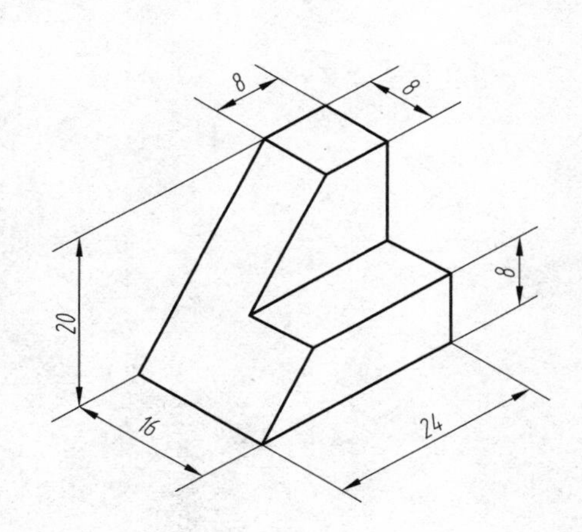

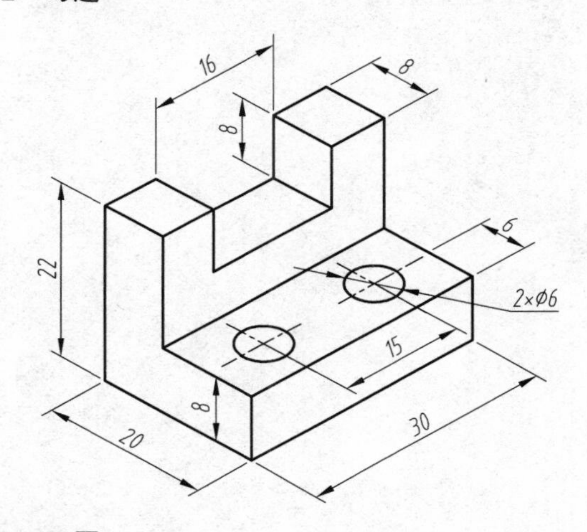

图 6-33　习题二

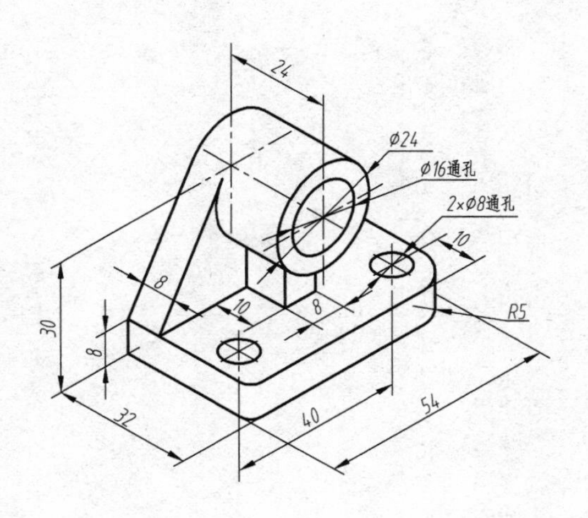

图 6-34　习题三

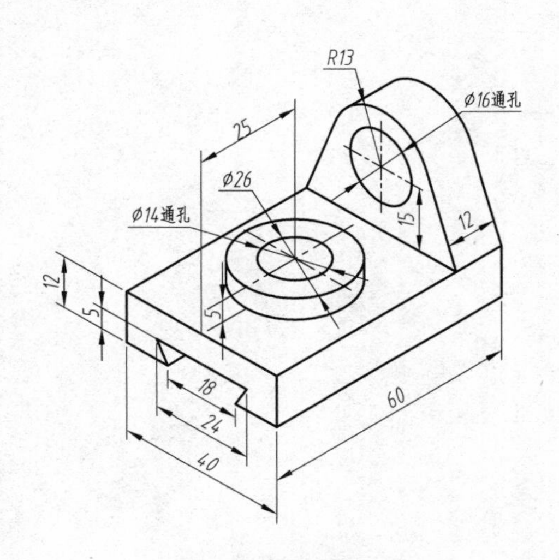

图 6-35　习题四

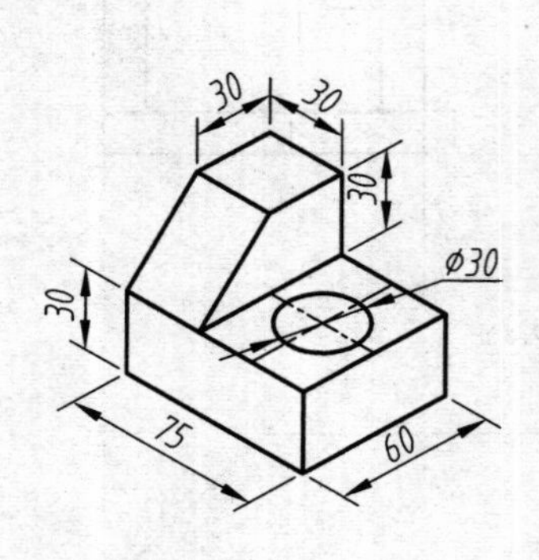

图 6-36　习题五

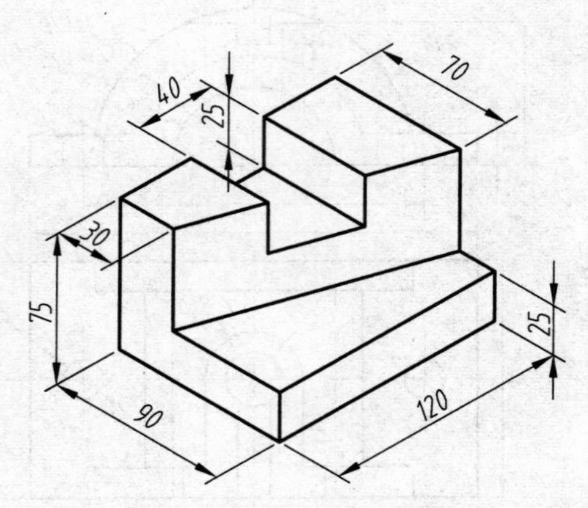

图 6-37　习题六

项目七　零件图的绘制及其常用机械符号块和 A4 横向终极样板的创建

一、项目描述

任务一：利用 A4 横向初始样板建立 A4 横向终极样板。要求：把标题栏做成带属性的块，创建带属性的表面粗糙度扩展符号，创建带属性的基准符号，创建剖切符号图块。

任务二：绘制如图 7-1 所示的六角头螺母。规格为 d = M20（GB/T 6170—2000）的六角头螺母。要求：采用比例画法，布图匀称合理，图形正确，图素特性符合国标，标注尺寸。

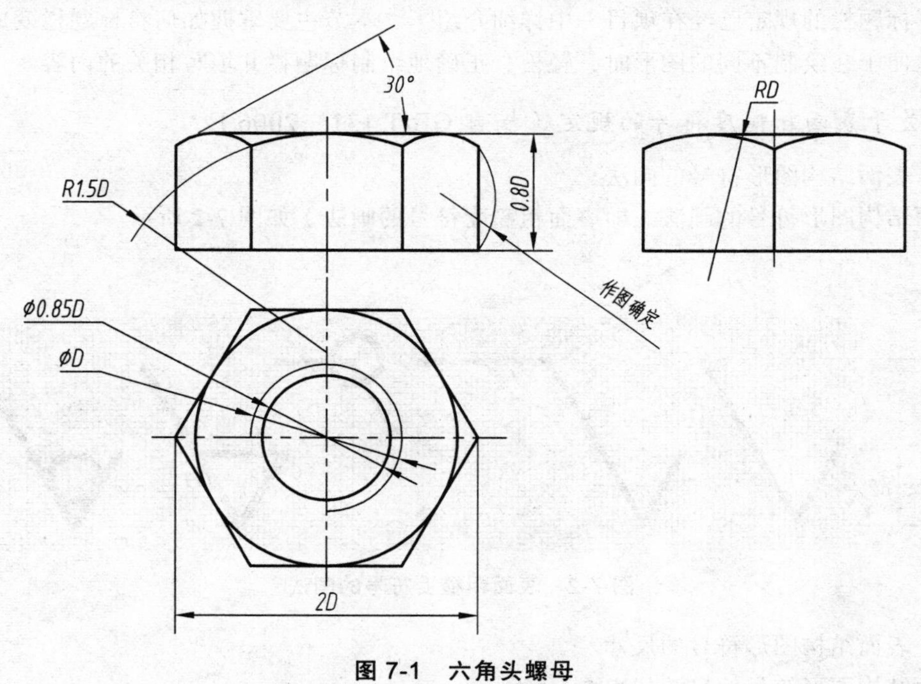

图 7-1　六角头螺母

二、相关知识

（一）相关的国标规定

1. 关于零件图

（1）零件图包含的内容。

一张完整的零件图应包括以下内容：

① 一组视图：包括视图、剖视图、断面图等表达方式，用于正确、完整、清晰地表达零件的结构。

② 完整的尺寸：应正确、完整、清晰、合理地标注出制造、检验零件的全部尺寸。

③ 技术要求：用规定的符号、数字及文字说明零件在制造和检验过程中应达到的各项技术要求，如尺寸公差、形状和位置公差、表面粗糙度、材料的热处理与表面处理要求等。

④ 标题栏：用于填写出零件的名称、材料、质量、数量、绘图比例、有关人员签名及日期等。

（2）零件图包含的内容在计算机绘图时相应地落实。

从计算机绘图方面，将图形、尺寸、技术要求、标题栏四部分分为图形、文字、表格、尺寸、块五方面进行讲解。将相应零件图的任务分解为图形、技术要求的书写、标题栏的绘制、尺寸标注、粗糙度的注写 5 个子任务。图形的作图在前面项目中已经讲解，本项目中不再赘述。

2. 关于标题栏

关于标题栏的规定已经在项目一中详细介绍了，本节主要掌握如何将标题栏变成带属性的块，以便于在绘制不同的图形时，轻松、正确地绘制标题栏并填写相关的内容。

3. 关于表面粗糙度符号的规定（摘自 GB/T 131—2006）

（1）表面结构图形符号的画法。

表面结构图形符号的画法（即表面粗糙度符号的画法）如图 7-2 所示。

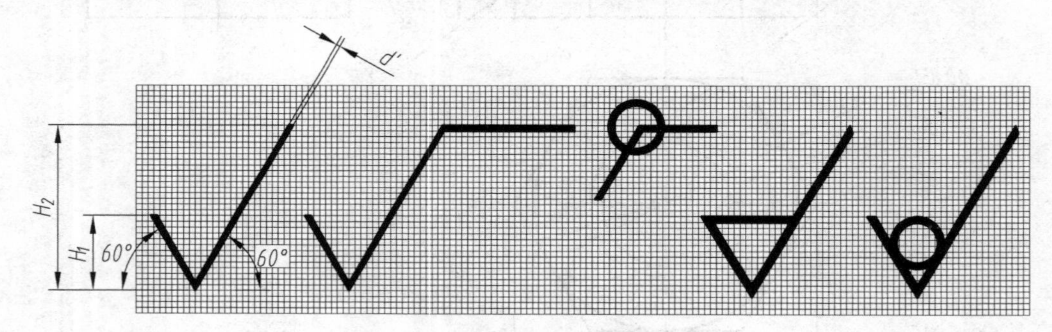

图 7-2 表面粗糙度符号的画法

（2）表面结构图形符号的尺寸。

表面结构图形符号的尺寸如表 7-1 所示。

表 7-1 表面粗糙度符号的尺寸 mm

数字和字母高度 h（见 GB/T 14690）	2.5	3.5	5	7	10	14	20
线宽	0.25	0.35	0.5	0.7	1	1.4	2
高度 H_1	3.5	5	7	10	14	20	28
高度 H_2（最小值）	7.5	10.5	15	21	30	42	60

① 此处的线宽包括符号线宽 d'和字母线宽。这里，符号线宽 d'=字母线宽 $d = h/10$。

② 此处，H_1 约等于 1.4 h。

③ 表中所列是 H_2 的最小值，H_2 的最小值=$3h$，实际标注时根据标注内容可以加大，即实际数字取决于标注的内容。

④ 圆圈的直径等于字高 h；水平横线的长度取决于标注的内容，如图 7-3 所示。

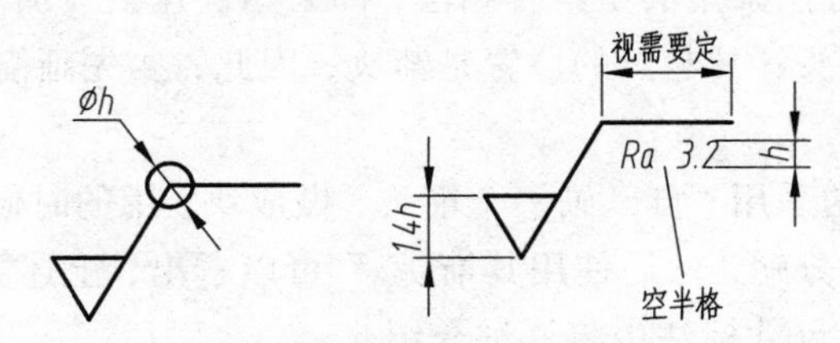

图 7-3 圆圈的直径和水平横线的长度

4. 关于剖视图中剖切位置符号和剖切方向的规定

（1）尺寸线终端的画法（摘自 GB/T 4485.4—2003）。

机械图样中一般采用箭头作尺寸线的终端，如图 7-4 所示，图中 d 是粗实线的宽度。

（2）剖切符号。

① 剖切符号的含义。

剖切符号是剖视图中用以表示剖切面剖切位置的图线。

② 剖切符号的组成。

剖切符号由剖切位置线和剖视方向线共同组成。

③ 剖切符号的画法。

剖切位置线用粗短画表示，剖切位置线的线宽等于 1~1.5d（d 是粗实线宽度)，剖切位置线的长度为 6 ~ 10 mm。剖视方向线用箭头表示，代表了投影方向。投射方向线应垂直于剖切位置线，长度为 4 ~ 6 mm。即长边的方向表示剖切的位置，短边的方向表示看图的方向，如图 7-5 所示。

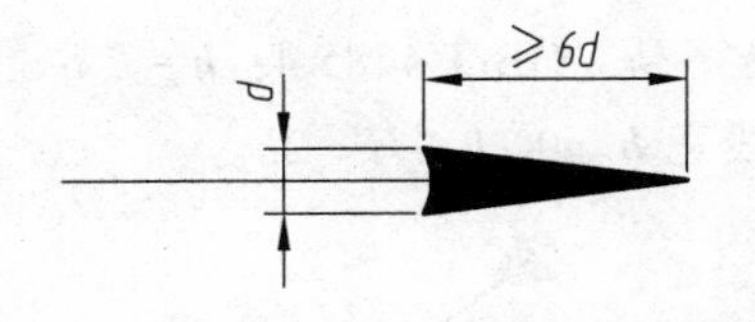

图 7-4 尺寸线终端（箭头）

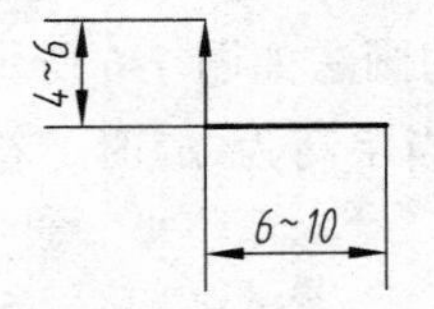

图 7-5 剖切符号

④ 实例操作与演示：剖切符号的绘制技巧。

将细实线层置为当前层。

命令：LE	输入“LE”，回车。
QLEADER	
指定第一个引线点或 [设置(S)] <设置>:	点击箭头所在位置。
指定下一点： 6	鼠标竖直向下，输入“6”，回车。

指定下一点： *取消*	结束命令。
将粗实线层置为当前层。	
命令：_line	启动直线命令。
指定第一个点：	捕捉箭头的尾部端点。
指定下一点或 [放弃(U)]: 10	鼠标水平向右平移，输入“10”，回车。

经验提示：① 上述方法采用的是组合画法，即采用快速引线加短粗线画出。此时要注意的是，采用快速引线画箭头，其起点的位置是箭头，因此，要先画箭头，再画粗短线，否则，箭头还需要旋转或者平移。

② 关于画箭头，有的采用“自己画一个箭头，做成块，用的时候插入。”也有的采用“随便画一个标注，然后将其分解，然后使用其箭头。”可以看出，上述方法是最简单的；关于快速引线的知识在本项目的尺寸标注中将详细介绍。

③ 关于怎样把 AutoCAD 中的剖切符号中的箭头变大。可以采用选中箭头，然后输入命令“sc”按回车，启动缩放命令，再输入 1 以上的数值。如果输入 1 以下的就会变小。但是请注意，此法只能将快速引线中的线放大和缩小，箭头大小不变。

④ 剖切位置与剖视图的标注（摘自 GB/T 4458.6—2002）。

a. 一般应在剖视图的上方用大写的拉丁字母标出剖视图的名称，如 X—X。在相应的视图上用剖切符号表示剖切位置和投射方向（用箭头表示），并标注相同的字母。剖切符号之间的剖切线可以省略不画。

b. 当视图按投影关系配置，中间又没有其他图形隔开时，可以省略箭头。

c. 当单一剖切平面通过机件的对称平面或者基本对称的平面，且剖视图按投影关系配置，中间又没有其他图形隔开时，不必标注。

d. 当单一剖切平面的剖切位置明确时，局部剖视图不必标注。

5. 关于基准符号的规定

基准用一个大写字母标注在基准方格内，与一个涂黑的或者空白的正三角形相连以表示基准，涂黑的和空白的基准三角形含义相同。

基准符号的画法如图 7-6 所示。其中，h 是字高（GB/T 4485.4：$h = 2.5$、3.5、5、7、10、14、20 mm）。当字高为 h 时，符号及字体的线宽 $b = 0.1h$，$H = 2h$。

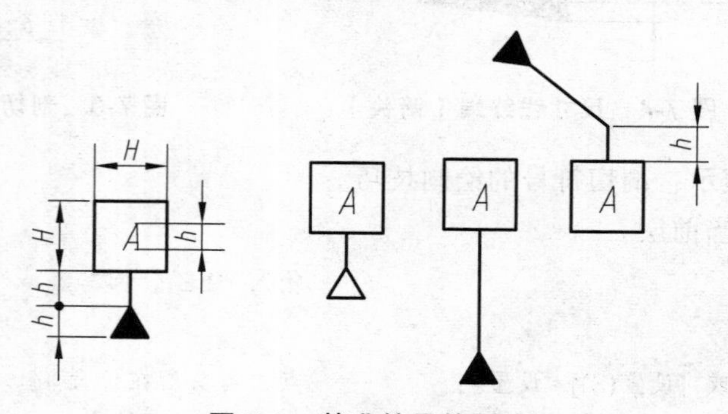

图 7-6　基准符号的画法

6. 关于标注尺寸时常用符号的规定

（1）国标关于正方形、深度、沉孔或锪平、埋头孔和弧长符号画法的规定。

GB/T 4485.4—2003 对标注尺寸用的正方形、深度、沉孔或锪平、埋头孔和弧长符号的画法做出了具体的规定，如图 7-7 所示。

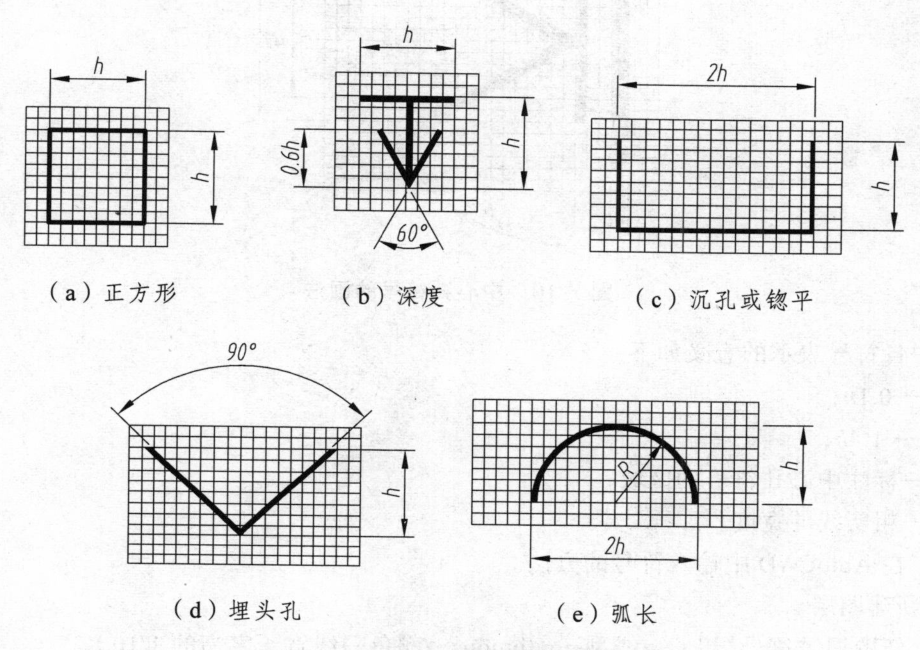

图 7-7　标注尺寸时常用符号的画法

其中，字体高度 h = 2.5、3.5、5、7、10、14、20 mm；符号及字体的线宽 b = 0.1 h。

（2）国标关于斜度和锥度符号画法的规定。

GB/T 4485.4—2003 对标注尺寸用的斜度和锥度符号的画法做出了具体的规定，如图 7-8 和图 7-9 所示。

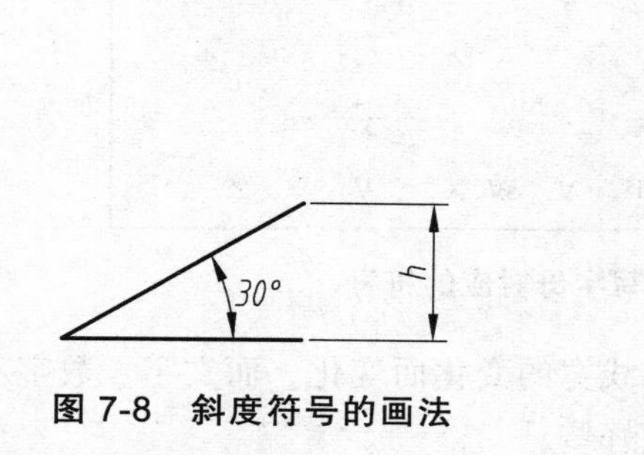

图 7-8　斜度符号的画法

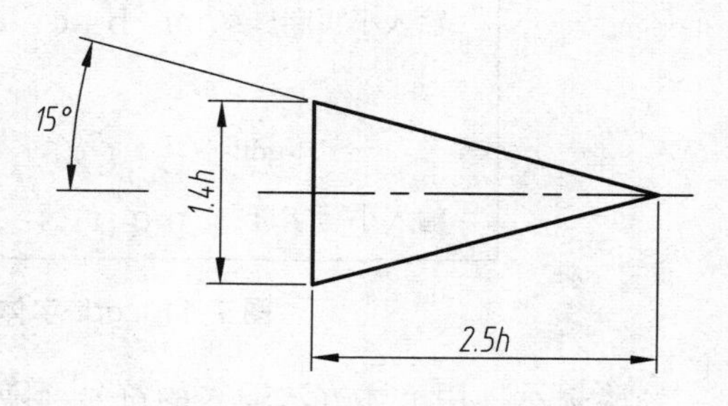

图 7-9　锥度符号的画法

符号及字体的线宽 $b = 0.1h$。

（3）国标关于中心孔符号画法的规定。

GB/T 4485.4—2003 对中心孔符号的画法做出了具体的规定，如图 7-10 所示。

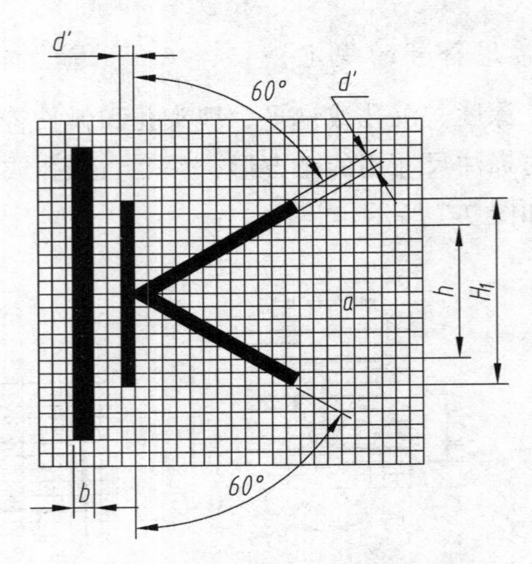

图 7-10　中心孔符号的画法

图中各符号表示的意义如下：

d′——0.1*h*；

H_1——1.4*h*；

a——标注中心孔符号的区域；

b——粗实线的宽度。

（4）在 AutoCAD 中输入符号的方法。

① 新建图层。

建立新图层“符号层” →线型 continuous→颜色→线宽（字高的 1/10）。

② 输入多行文字。

多行文字→选择字体为 gdt→输入小写字母，然后改回用户想要的字体，最后输入数字或文字，如 20 等。相应的小写字母对应的符号如图 7-11 所示。

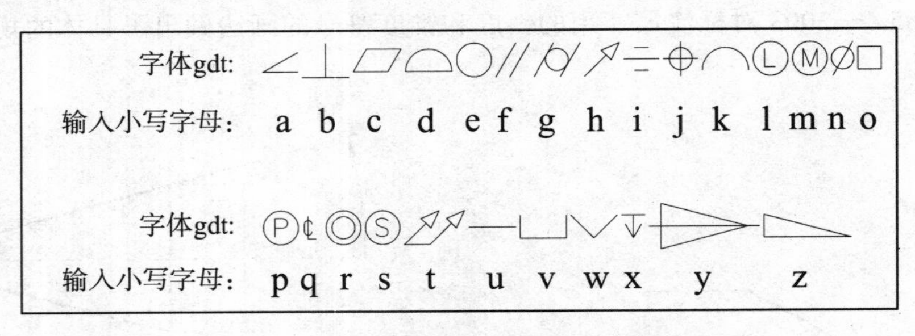

图 7-11　gdt 字体中小写字母对应的符号

经验提示：用上述方法输入的符号会随图层线宽的变化而变化，而文字、数字不会变。本方法打出的斜度和锥度不能掉头，还是做成块好些。

（二）文字标注

文字标注是绘制图形过程中的一项重要内容。在 AutoCAD 中，所有文字的标注都是建立在某一文字样式的基础上。文字样式用于控制图形中所使用文字的字体、高度、宽度比例、倾斜角度等参数，一幅图中可设置多种文字样式。在图形中标注文字前，要预设文字样式，以便于后期对于文字的调整和管理。

关于文字样式的设置在项目一中已经明确讲解了，这里，主要介绍如何利用已经设置好的文字样式来进行文字的标注。

注写文字的方法有两种，即单行文字输入和多行文字输入。

1. 标注单行文字

单行文字标注适用于标注文字较短的信息，如工程制图中的材料说明、机械制图中的部件名称等。

单行文字并非只书写单行文字，而是同时书写多行，只是创建的每一行文字都是独立的对象，便于修改。在输入文字的过程中，绘图窗口将显示输入的文字内容，同时动态地显示将要输入文字的位置。在输入文字的过程中按一次“Enter”键，系统将在绘图窗口进行文字的换行；连续两次按“Enter”键则结束命令。

1）命令调用

（1）菜单栏：选择【绘图】→【文字】→【单行文字】菜单命令。

（2）工具栏：单击文字工具栏，点击“单行文字”按钮。

（3）命令行：在命令行中输入命令 dtext、text 或者快捷键 dt，然后按“Enter”键即可。

经验提示：“注释”选项卡“文字”面板或“常用”选项卡“注释”面板中均有按钮。

2）命令提示

执行该命令后，命令行提示如下：

命令：dt

TEXT　　当前文字样式：“标注 1” 文字高度：2.5000　注释性：否

//系统提示说明当前文字样式以及字高度。

指定文字的起点或 [对正(J)/样式(S)]:　　//给定一点作为文字的起点。

指定高度 <2.5000>:　　/输入文字的高度。

指定文字的旋转角度 <0>:　　//输入文字的旋转角度。

输入文字:　　//在绘图区光标处输入文字即可。按“Enter”键可以换行。

然后，AutoCAD 在绘图屏幕上显示出一个表示文字位置的方框，用户在其中输入要标注的文字后，按两次“Enter”键，即可完成文字的标注。或者点击其他地方，按“Esc”键退出即可。

输入文字:　　输入文字。

输入文字:　　按两次“Enter”键结束命令。

经验提示：在其他位置单击鼠标可以改变文字的输入位置。

3）命令说明

（1）对正（J）：用于设置文字的排列方式，即文字的哪一位置与插入点对齐。在 AutoCAD 输入的文字中，确定文字行的位置需要借助 4 条线，分别是文字行的顶线、中线、基线和底线，这 4 条线的具体位置如图 7-12 所示。

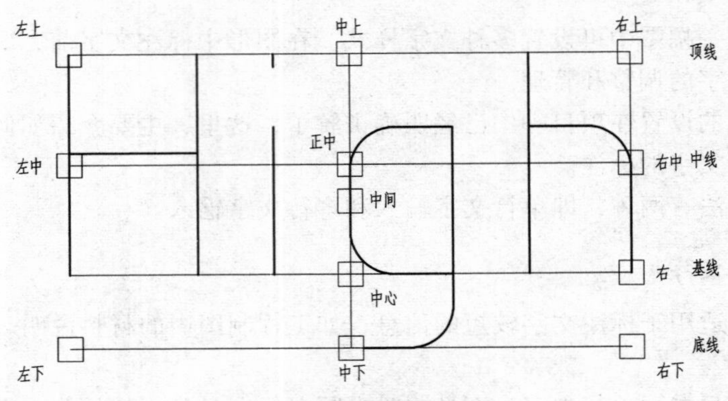

图 7-12　字体的排布

选择对正 J 后，后续提示为：

[对齐(A)/布满(F)/居中(C)/中间(M)/右对齐(R)/左上(TL)/中上(TC)/右上(TR)/左中(ML)/正中(MC)/右中(MR)/左下(BL)/中下(BC)/右下(BR)]：

（2）样式（S）：指定文本标注时所要使用的文字样式。后续提示为：

输入样式名或[?] <标注 1>：

可直接输入样式名如标准样式 standard，并回车。

如不了解有哪些样式，可输入"？"，则在打开的文本窗口显示当前图形所有的文字样式。

4）实例操作与演示：单行文字标注

（1）标注单行文字。

用单行文字命令，采用长仿宋字样式，注写如图 7-13 所示的文字，字高为 7。

操作步骤如下：

将文本图层置为当前图层，将长仿宋字置为当前文字标注样式。

命令：_text	调出文字工具栏，点击"单行文字"按钮，启动命令。
当前文字样式：长仿宋字　文字高度：2.5000　注释性：否　对正：左	
系统提示。回车。	
指定文字的起点 或 [对正(J)/样式(S)]：	在适当位置点击。
指定高度 <2.5000>：7	输入文字高度 7 后，回车。
指定文字的旋转角度 <0>：	默认文本行的旋转角度为 0，直接回车，显示"在位文字编辑器"。
在"在位文字编辑器"中输入文字：锐边倒钝	输入第一行文字，回车，换行。
在"在位文字编辑器"中输入文字：未注圆角 R3	输入第二行文字，回车，换行。
在"在位文字编辑器"中输入文字：未注倒角 C2	输入第三行文字，回车，换行。回车，结束命令。

（2）使单行文字处于框格的正中央。

用单行文字命令，采用长仿宋字样式，注写如图 7-14 所示的文字，字高为 7。要求所注写的文字处于框格的正中央。

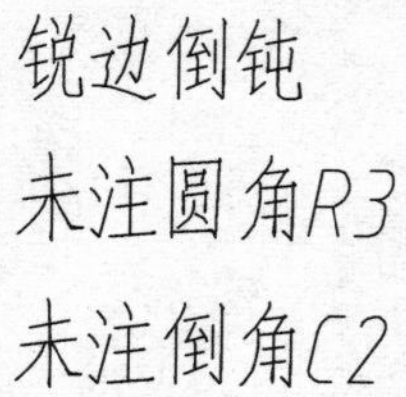

锐边倒钝

未注圆角R3

未注倒角C2

图 7-13　单行文字标注实例

湖北文理学院

图 7-14　单行文字处于框格的正中央

绘图步骤如下：

在启动单行文字命令前，绘制出框格的对角线。

将文本图层置为当前图层，将长仿宋字置为当前文字标注样式。

命令：_text　　启动命令。

当前文字样式：长仿宋字　文字高度：7.0000　注释性：否　对正：左回车。

指定文字的起点或 [对正(J)/样式(S)]：J　　选择 J，回车。

输入选项 [左(L)/居中(C)/右(R)/对齐(A)/中间(M)/布满(F)/左上(TL)/中上(TC)/右上(TR)/左中(ML)/正中(MC)/右中(MR)/左下(BL)/中下(BC)/右下(BR)]：M

选择 M，回车。

指定文字的中间点：　　点击对角线的中点。

指定高度 <7.0000>：　　回车。

指定文字的旋转角度 <0>：　　回车。

在“在位文字编辑器”中输入文字：湖北文理学院　　回车，结束命令。

2. 输入特殊字符

（1）输入特殊字符。

创建单行文字时，用户还可以在文字中输入特殊字符，例如，直径符号Φ、百分号%等，由于这些特殊符号一般不能由键盘直接输入，因此系统提供了专用的代码，如表 7-2 所示。

表 7-2　特殊字符的代码

输入代码	对应字符	输入效果
%%O	上划线	$\overline{\text{AutoCAD}}$
%%U	下划线	$\underline{2016}$
%%D	度数符号“°”	90°
%%P	公差符号“±”	±100
%%C	圆直径标注符号“Φ”	Φ80
%%%	百分号“%”	98%
\U+2220	角度符号“∠”	∠A
\U+2248	几乎相等“≈”	X≈A
\U+2260	不相等“≠”	A≠B
\U+00B2	上标 2	X^2
\U+2082	下标 2	X_2

（2）实例操作与演示：标注特殊字符。

用单行文字标注如图 7-15 所示的特殊字符。

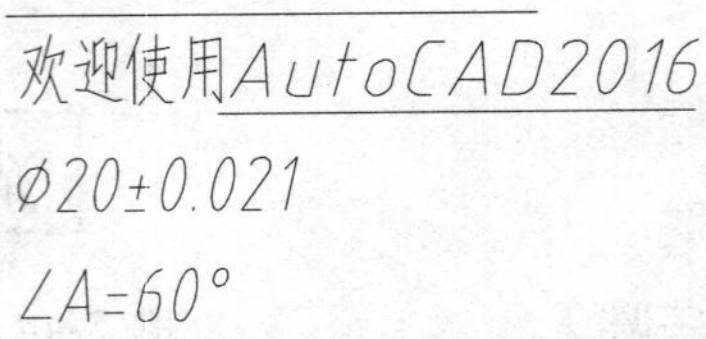

欢迎使用AutoCAD2016

Ø20±0.021

∠A=60°

图 7-15　单行文字标注特殊字符

操作过程如下：

启动标注单行文字命令等步骤省略，当系统提示输入文字的时候，分别输入%%O 欢迎使用%%UAutoCAD%%O2016、%%c20%%p0.021 和\U+2220A=60%%D 即可。

3. 标注多行文字

使用多行文字命令创建文字。使用该命令可以创建单行、多行或多段文字。但无论创建多少行、多少段，输入的文字是关联的，AutoCAD 将其作为一个独立的对象来处理。

标注多行文字时，可以使用不同的字体和字号。多行文字适用于标注一些段落性的文字，如技术要求、装配说明等。多行文字对象包含一个或多个文字段落，可作为单一对象处理。可以通过输入或导入文字创建多行文字对象。

1）命令调用

在 AutoCAD 中，执行创建多行文字命令的方法有以下 4 种：

（1）工具栏：单击文字工具栏中的“多行文字”按钮 A。

（2）下拉菜单：选择【绘图】→【文字】→【多行文字】菜单命令。

（3）命令行：在命令行中输入命令 mtext 或 Mt 后，按“Enter”键。

（4）按钮：单击“注释”选项卡“文字”面板或“常用”选项卡“注释”面板→按钮 A 多行文字。

2）命令提示

命令：Mt

Mtext 当前文字样式：“Standard” 文字高度：2.5 注释性：否　　//系统提示。

指定第一角点：　　//在绘图区拾取一点，指定多行文本编辑窗口的第一个角点。

指定对角点或 [高度(H)/对正(J)/行距(L)/旋转(R)/样式(S)/宽度(W)/栏(C)]:

//指定多行文本编辑窗口的第二个角点。

该选项用于控制多行文字的样式及文字的显示效果等。如果响应默认项，即指定另一角点的位置，AutoCAD 将弹出如图 7-16 所示的在位文字编辑器。

在位文字编辑器由文字格式工具栏和顶部带水平标尺的“文字输入”框等组成，工具栏上有一些下拉列表框、按钮等。用户可通过该编辑器输入要标注的文字，并进行相关标注设置。在“文字输入”框中输入需要的文字，当文字达到定义边框的边界时，会自动换行排列。

图 7-16　文字编辑器

经验提示：与单行文字不同的是，在一个多行文字编辑任务中，创建的所有文字行或段落将被视作同一个多行文字对象，读者可以对其进行整体选择、移动、旋转、删除、复制、镜像、拉伸或比例缩放等操作。另外，与单行文字相比较，多行文字还具有更多的编辑选项，如对文字加粗、增加下划线、改变字体颜色等。

3）使用文字格式工具栏

用户要编辑文字，一定要清楚工具栏中各种参数的意义。

（1）“样式”下拉列表框 Standard ：用于设置多行文字的样式。单击“样式”下拉列表框右侧的按钮，弹出其下拉列表，从中即可向多行文字对象应用文字样式。

（2）“字体”下拉列表框 宋体 ：用于设置多行文字的字体。单击“字体”下拉列表框右侧的按钮，弹出其下拉列表，从中即可为新输入的文字指定字体或改变选定文字的字体。

（3）“字体高度”下拉列表框：用于设置多行文字的字高。单击“字体高度”下拉列表框右侧的按钮，弹出其下拉列表，从中即可按图形单位设置新文字的字符高度或修改选定文字的高度。

（4）“粗体”按钮：若用户所选的字体支持粗体，则单击此按钮，为新建文字或选定文字打开和关闭粗体格式。

（5）“斜体”按钮：若用户所选的字体支持斜体，则单击此按钮，为新建文字或选定文字打开和关闭斜体格式。

（6）“下划线”按钮与“上划线”按钮：单击“下划线”按钮为新建文字或选定文字打开和关闭下划线；单击“上划线”按钮为新建文字或选定文字打开和关闭上划线。

（7）“放弃”按钮与“重做”按钮：用于在“在位文字编辑器”中放弃和重做操作。

（8）“堆叠”按钮 ：用于创建堆叠文字[选定文字中包含堆叠字符：插入符(^)、正向斜杠(/)和磅符号(#)]时，堆叠字符左侧的文字将堆叠在字符右侧的文字之上。如果选定堆叠文字，单击“堆叠”按钮，则取消堆叠。

实例操作与演示：利用多行文字标注堆叠文字。

标注如图 7-17 所示的堆叠文字。

操作过程如下：

启动多行文字命令等步骤省略，当提示输入文字时，输入图 7-17（a）中的内容，然后选中需要堆叠的内容，点击“堆叠”按钮，就得到如图 7-17（b）所示的结果。

（a）	（b）
Ø20+0.04^-0.02	$Ø20^{+0.04}_{-0.02}$
Ø40H7#f6	Ø40H7/f6
3/4	$\frac{3}{4}$

图 7-17　利用多行文字标注堆叠文字

（9）“颜色”下拉列表 ByLayer：用于设置多行文字的颜色。既可以为新输入的文字指定颜色，也可以修改选定文字的颜色。

（10）“标尺”按钮：用于控制窗口标尺在编辑器顶部的显示或隐藏。拖动标尺末尾的箭头可更改多行文字对象的宽度。

（11）“确定”按钮：用于结束多行文字输入命令。

（12）“选项”按钮：用于打开多行文字输入时的下拉菜单，单击该按钮，系统将打开如图 7-18 所示的下拉菜单，可以从中选择需要的特殊字符及操作。机械图样中常见的特殊字符，在 AutoCAD 中使用代码来输入，常用的有：

特殊字符“°”：代码为“%%D”；

特殊字符“ø”：代码为“%%C”；

特殊字符“±”：代码为“%%P”。

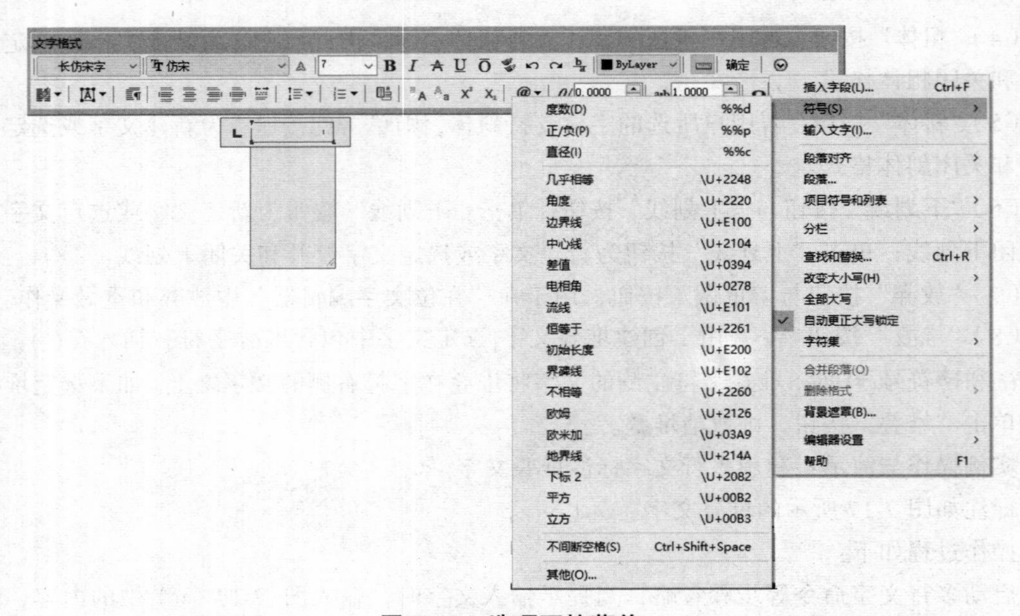

图 7-18　选项下拉菜单

实例操作与演示：利用多行文字及符号选项注写如图 7-19 所示的多行文本。

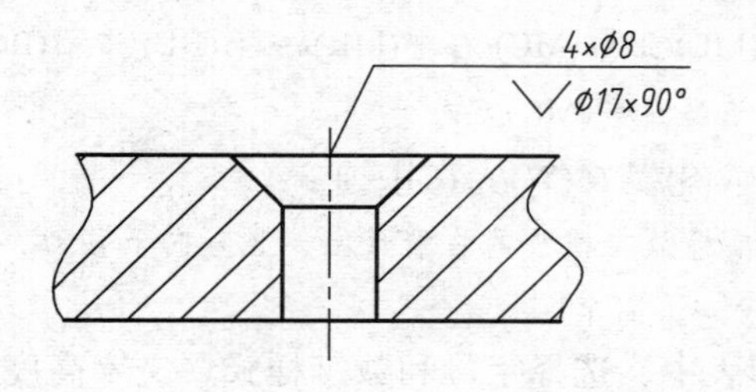

（a）多重引线直接标注的结果（文字偏后）

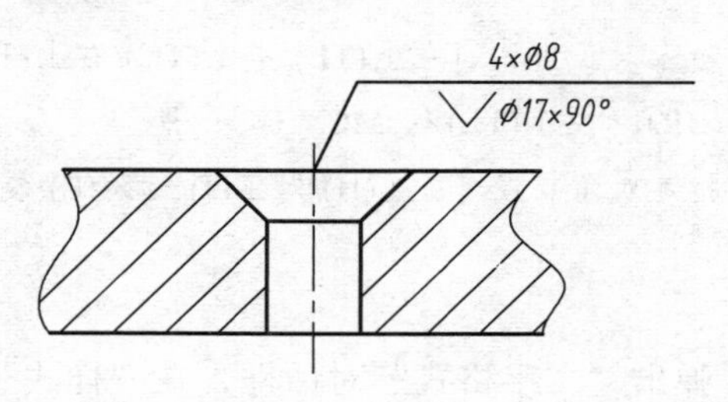

（b）多重引线分解后让文字对中

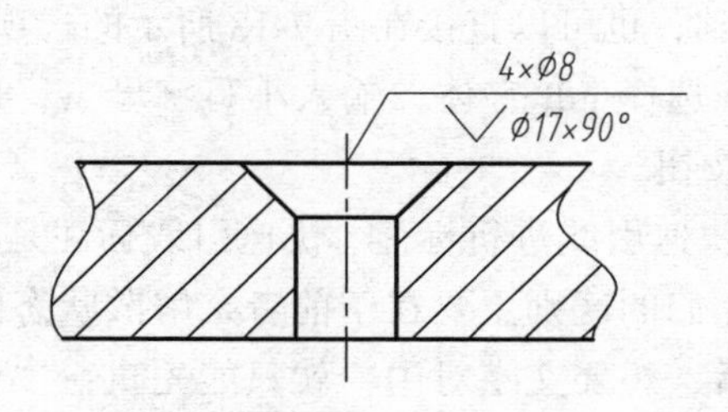

（c）快速引线直接对中

图 7-19　利用多行文字标注相关符号

操作步骤：

画图步骤省略。

将尺寸和公差层置为当前层。

命令：LE　　启动多重引线命令。

QLEADER　　系统提示。

指定第一个引线点或 [设置(S)] <设置>：S　　选择“设置(S)”，弹出“引线设置”对话框，选择“引线和箭头”选项卡，在“箭头”下拉列表中，选择无。

设置好快速引线不带箭头。

指定第一个引线点或 [设置(S)] <设置>：　　点击中心线与轮廓线的交点。

指定下一点：　　向上移动鼠标，在合适位置点击。

指定下一点：　　向右移动鼠标，在合适位置点击。

指定下一点：　　结束命令。

指定文字宽度 <0>：　　系统提示。

输入注释文字的第一行 <多行文字(M)>：*取消*　　系统提示。

命令：_mtext　　启动多行文字命令

当前文字样式：字母和数字样式　文字高度：5　注释性：否　　系统提示。

指定第一角点：<打开对象捕捉> 4　　鼠标放在横线的左端点上，竖直向上移动，输入 4，回车。

指定对角点或 [高度(H)/对正(J)/行距(L)/旋转(R)/样式(S)/宽度(W)/栏(C)]：J

选择对正(J)方式。

输入对正方式 [左上(TL)/中上(TC)/右上(TR)/左中(ML)/正中(MC)/右中(MR)/左下(BL)/中下(BC)/右下(BR)] <左上(TL)>：MC　　选择正中(MC)方式。

指定对角点或 [高度(H)/对正(J)/行距(L)/旋转(R)/样式(S)/宽度(W)/栏(C)]：4

鼠标放在横线的右端点上，竖直向下移动，输入 4，回车。

弹出“文字格式”对话框，在“样式”下拉列表中，选择字母和数字样式，文字高度下拉列表中选择 5。输入“4*⌀8”后，回车；再输入⌀17*90°。其中，直径和度的符号，可以通过输入“%%C”和“%%D”得到，也可以直接在图 7-18 所示的选项下拉菜单中直接选择得到。

在“字体”下拉列表中，选择 gdt 字体，输入小写字母 w，选中埋头孔符号，将倾斜角度 15 改为 0，点击“确定”按钮。

经验提示：① 此例采用快速引线进行标注，快速引线标注是一种尺寸标注，多重引线标注是一个类似的标注功能，它们的区别主要在于前者是解散状态的，后者是一种块。因此，本例如果采用多重引线标注后，想要文字对中，就只能先执行“分解”命令。埋头孔的符号要使用字符映射集，具体步骤为：右键→符号→其他/AIGDT&AMGDT。

② 如果先插入埋头孔符号，则“字体”组合框内会自动显示 gdt 字体，会影响后续输入。如果将文字样式改成字母与数字，确认更改后，埋头孔符号会显示为 w。因此，要先输入后续文字，再将字体改为 gdt，最后才输入小写字母 w。此顺序不要改变。

③ 关于文字的对中方法。方法一，将上述标注分解后，点击文字，利用夹点，使用移动命令，手动放置位置。方法二，将上述标注分解后，删除多行文字，然后重新标注多行文字。利用多行文字对中的方式，对中后的结果如图 7-19（b）所示。

④ 在绘制机械图样标注尺寸时，经常会遇到诸如沉孔、深度、锥度、斜度等符号的输入。要不要单独绘制出来，定义成块，再插入呢?其实根本不需要这样。因为 AutoCAD 提供了 gdt.shx 字体，当需要输入上述这些符号时，可以直接输入相应的小写字母就可以了。以下为具体操作步骤：

a. 输入多行文字 Mtext 命令后，在文字编辑器中选择字体 gdt.shx，如图 7-20 所示。

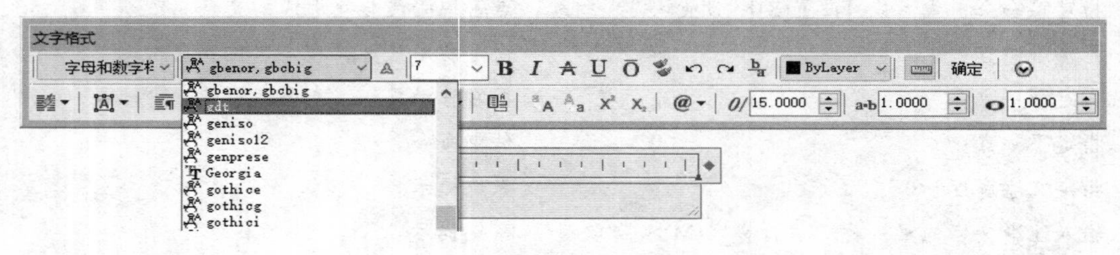

图 7-20　选择字体 gdt

b. 根据需要输入相应的小写字母。输入小写字母 v 则显示柱形沉孔符号，输入小写字母 w 是 V 形沉孔符号，输入小写字母 x 则是深度符号，输入小写字母 y 则是锥度符号，输入小写字母 z 是直角三角形符号，输入小写字母 a 是斜度符号，输入小写字母 o 是方形符号，如图 7-21 所示。

图 7-21　字体 gdt 下小写字母 v、w、x、y、z、a、o 分别对应的符号

⑤ 国标规定：斜度和锥度符号的方向应与斜度和锥度方向一致。为了满足该规定，输入小写字母后，可以采用旋转命令以改变符号的方向。切记，此时如果采用镜像命令符号，方向不会改变。当然，也可以将锥度和斜度符号做成图块，在插入图块的时候设置角度。

⑥ 标注弧长的时候，要求长度数字前面有一个弧长符号。AutoCAD 老版本没有弧长标注，在新版本中已经推出弧长标注。即在 2006 年之前的 AutoCAD 版本中是无法测量弧长的，而其后的版本可以直接标注弧长。具体方法是：选择标注工具栏，然后在标注工具栏中选择弧长标注就可以了；还可以利用多行文字，选择字体 gdt，然后输入英文小写字母 k。

⑦ 在 AutoCAD 中标注几何公差时，显示的是字母而不是符号怎么办？如图 7-22 所示。

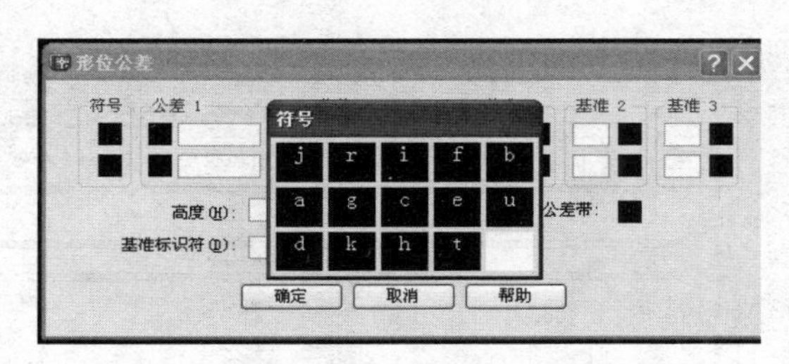

图 7-22　标注几何公差时显示的是字母

在 AutoCAD 中，用于标注几何公差符号的形文件是 GDT.SHX，出现上述情况的原因就是因为这个文件缺失或者被替代而造成的。解决办法有两个：办法一，重新找到 AutoCAD 安装包修复一下；办法二，下载 GDT.SHX 字体，并将其安装到系统字体文件夹里。注意，该文件夹是系统字体文件夹（C\Fonts），而不是 AutoCAD 的字体文件夹（C：\Program Files\Autodesk\AutoCAD 2016\Fonts）。

（13）"栏数"选项卡：设置多行文字对象的宽度和高度，分为 3 种形式，如图 7-23 所示为 2 栏的静态栏。

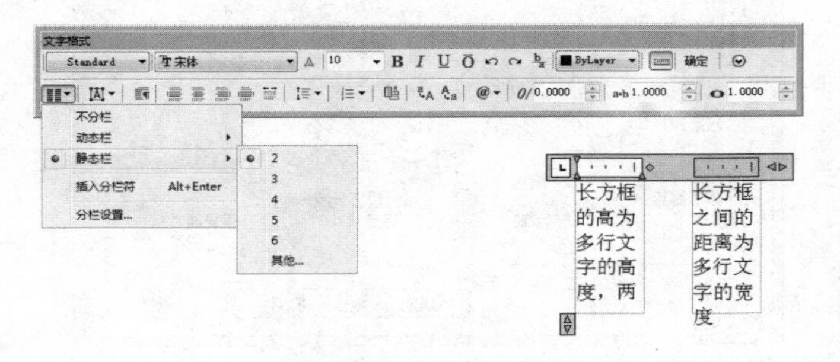

图 7-23　文字的栏数

① 动态(D)：指定栏宽、栏间距宽度和栏高。动态栏由文字驱动，当汉字文本充满一个栏时，将动态地产生另一个栏，放置随后输入的汉字文本，如图 7-24（a）所示。

② 静态(S)：指定总栏宽、栏数、栏间距宽度和栏高，文字充满规定的栏后，将在最后一栏加长，如图 7-24（b）所示。

③ 不分栏(N)：表示按不分栏模式指定虚拟文本框。

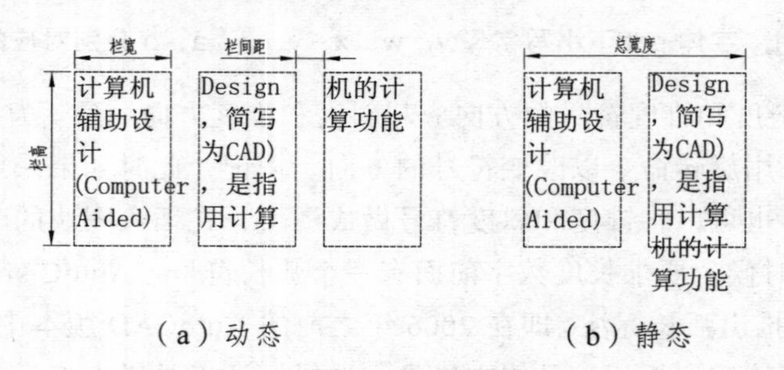

图 7-24　采用栏的文字效果

（14）“多行文字对正”选项卡：设置文字的放置方式，点击下拉菜单如图 7-25 所示。

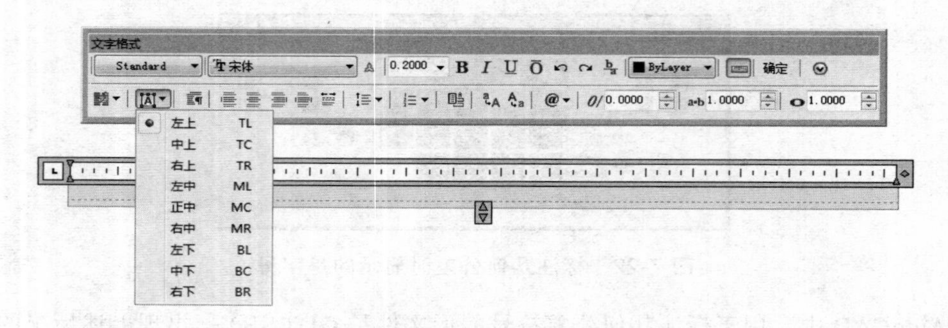

图 7-25　文字放置方式

（15）“段落”选项卡：可以设置段落的行距与段落间距等，如图 7-26 所示。

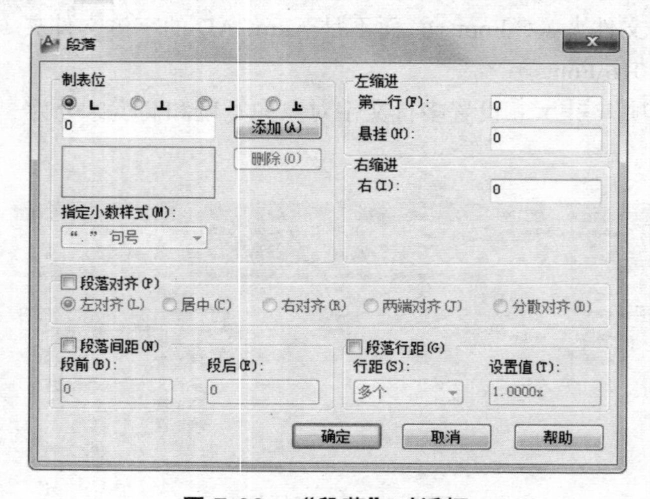

图 7-26　“段落”对话框

（16）“左对齐”按钮：用于设置文字边界左对齐。

（17）“居中对齐”按钮：用于设置文字边界居中对齐。

（18）“右对齐”按钮：用于设置文字边界右对齐。

（19）“对正”按钮：用于设置文字对正。

（20）“分布”按钮：用于设置文字均匀分布。

（21）“行距”选项卡：可以设置文字的行距。

（22）“编号”按钮：显示项目符号与编号菜单。用于使用编号创建带有句点的列表。

（23）“插入字段”按钮：单击“插入字段”按钮，弹出“字段”对话框，如图 7-27 所示。可以从该对话框中选择要插入到文字中的字段。关闭该对话框后，字段的当前值将显示在文字中。

（24）“大写”按钮：用于将选定的英文字符串更改为大写。

（25）“小写”按钮：用于将选定的英文字符串更改为小写。

（26）“符号”按钮：用于在光标位置插入符号或不间断空格，单击按钮，弹出如图 7-28 所示插入特殊符号的下拉菜单，供用户选择合适的特殊符号插入，功能与“选项”按钮中符号一致。点击最下面的其他选项，弹出如图 7-29 所示的“字符映射表”对话框，用户可以选择所需要的字符。

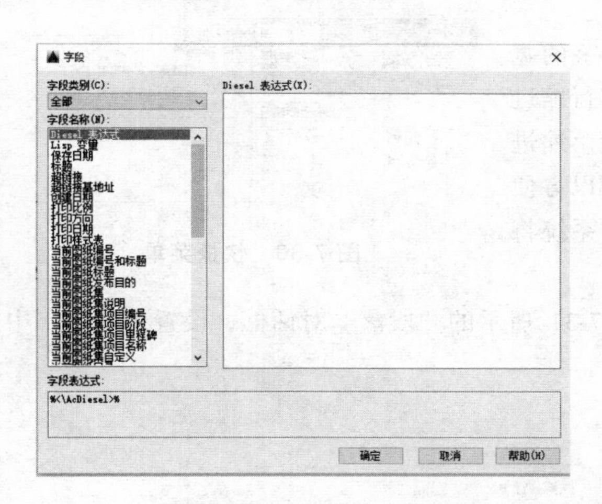

图 7-27 “字段”对话框

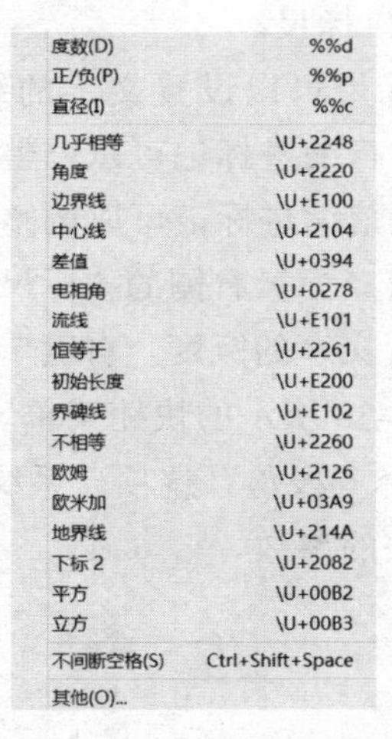

图 7-28 特殊符号下拉菜单

（27）“倾斜角度”文本列表框：用于确定文字是向右倾斜还是向左倾斜。倾斜角度表示的是相对于 90°角方向的偏移角度。用户可以输入一个－85°到 85°之间的数值，以使文字倾斜。

（28）“追踪”文本列表框：用于增大或减小选定字符之间的空间。默认值为 1.0 是常规间距。设置值大于 1.0 可以增大该宽度，反之减小该宽度。

（29）“宽度因子”文本列表框：用于加宽或变窄选定的字符，仿宋体的宽度因子多选 0.7。默认值为 1.0，代表此字体中字母的常规宽度。设置大于 1.0 可以增大该宽度，反之减小该宽度。

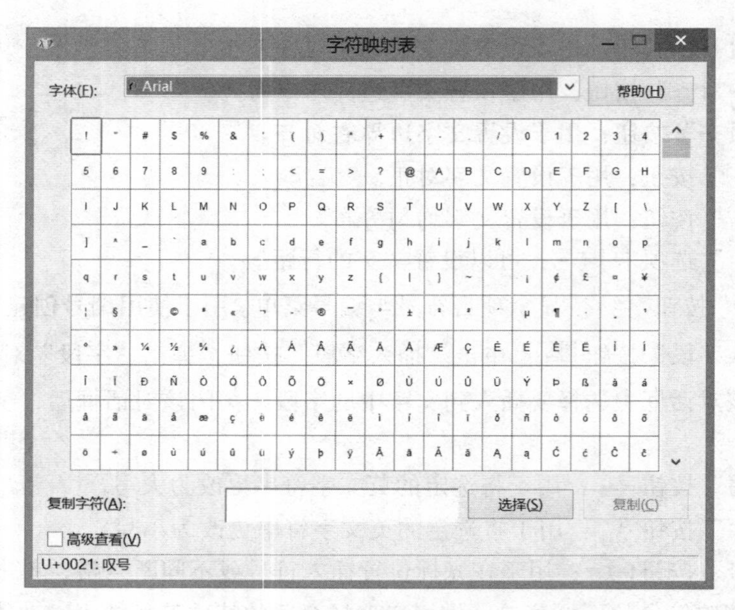

图 7-29　字符映射表

（30）“文字输入”窗口：由窗口标尺和多行文字输入显示窗口组成。

① 窗口标尺。

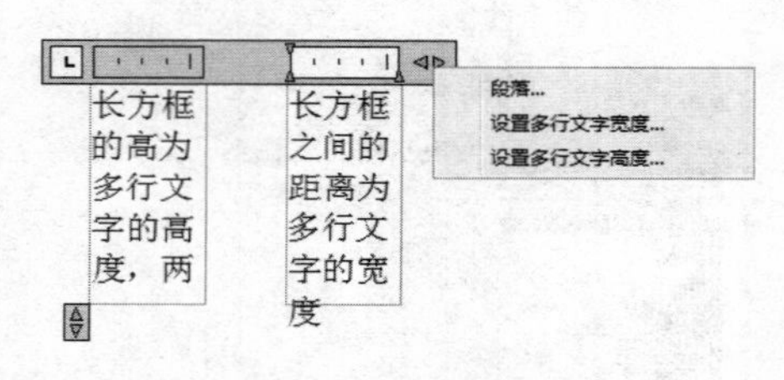

图 7-30　快捷菜单

窗口标尺可以设置文字的缩进和多行文字的宽度，拖动首行缩进标记可以调整多行文字的首行缩进量；拖动段落缩进标记可以调整多行文字的段落缩进量；拖动窗口标尺右侧的“标尺控制”按钮可以方便地改变多行文字的宽度。右键单击窗口标尺，系统将弹出如图 7-30 所示的快捷菜单。

a. 选择“段落”选项，系统将弹出如图 7-31 所示的“段落”对话框，设置多行文字中与段落有关的参数。

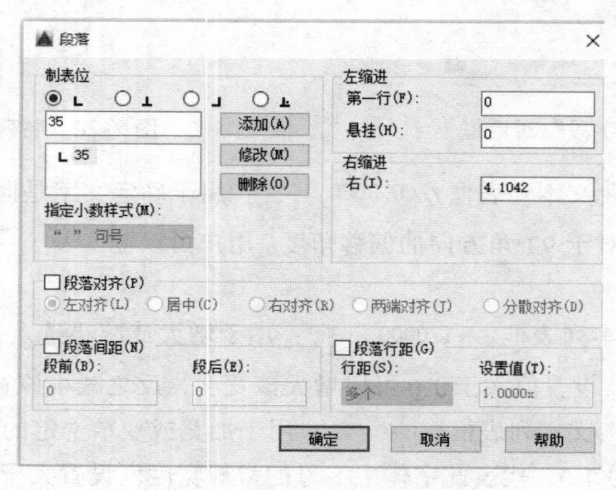

图 7-31　“段落”对话框

b. 选择“设置多行文字宽度”选项，系统将弹出如图 7-32 所示的“设置多行文字宽度”对话框，设置多行文字的宽度。

c. 选择“设置多行文字高度”选项，系统将弹出如图 7-33 所示的“设置多行文字高度”对话框，设置多行文字的高度。

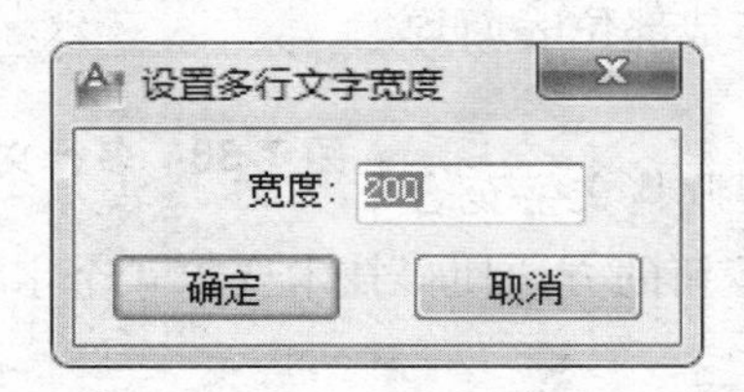

图 7-32　多行文字宽度的设置

图 7-33　多行文字高度的设置

② 多行文字输入显示窗口。

多行文字输入显示窗口中同步显示用户输入的多行文字内容和效果。在该显示区单击鼠标右键，系统将弹出与图 7-34 所示相似的输入多行文字选项快捷菜单，利用该快捷菜单中的各选项可以对多行文字进行更多的操作。

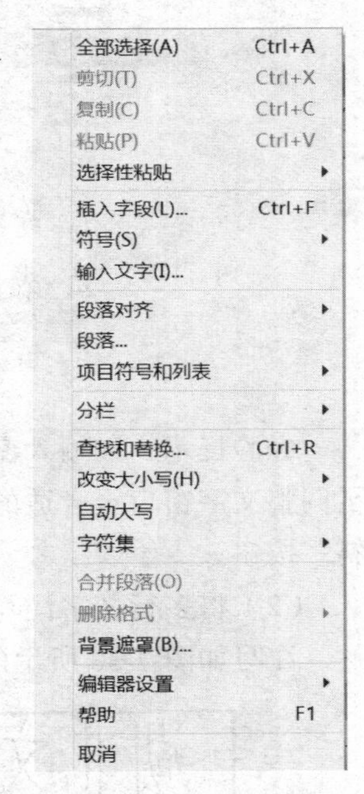

图 7-34　文字区快捷键

③ 单击“确定”按钮，系统将用户输入的多行文字显示在绘图窗口中，同时结束多行文字输入命令。

以上为文字编辑器的说明，其同样可以用命令设置，不再赘述。

4）实例操作与演示

（1）注写技术要求。

注写如图 7-35 所示的技术要求，要求使用长仿宋字，技术要求 4 个字的字高为 7，其余文字的字高为 5。

操作步骤如下：

命令：Mt

Mtext 当前文字样式：“ STANDERD”

当前文字高度：3.5

指定第一角点：在屏幕上指定第一个角点 P1

指定对角点或 [高度(H)/对正(J)/行距(L)/旋转(R)/样式(S)/宽度(W)]：指定 P2，如图 7-36 所示。

技术要求

1、除螺纹表面的其他部位表面均为45-50HRC；

2、表面处理：发蓝。

图 7-35　技术要求

① 在文字编辑器中，样式区选择文字样式，设置字体高度为 7，在格式区设置字体为仿宋，点击格式，在下拉区设置宽度因子为 0.7。

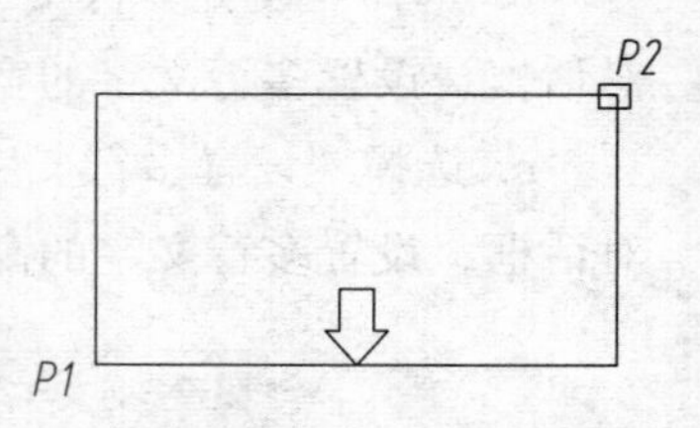

图 7-36　多行文字显示范围

② 在多行文字输入窗口中输入技术要求，按“Enter”键换行，更改字体高度为 5，输入“1. 除螺纹表面的其他部位表面均为 45-50 HRC；2. 表面处理：发蓝。”

③ 将光标移至技术要求之前，按“Enter”键调整文字至合适位置（经验提示：这里如果采用点击“居中”按钮的方法使得技术要求 4 个字居中，效果并不是最好）。

④ 单击“确定”按钮或在文字输入窗口外侧单击，关闭文字编辑器，文字创建效果如图 7-37 所示。

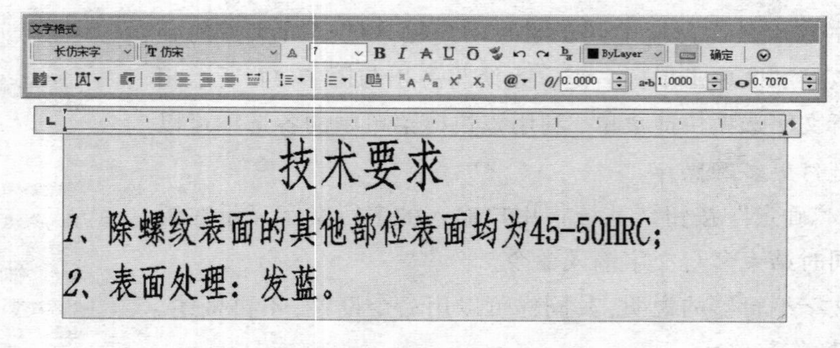

图 7-37　多行文字的显示

经验提示：如输入窗口尺寸较小，可以用鼠标左键拖拽窗口上方的“标尺”按钮，直至调整文字窗口至合适的大小。如果想将数字写成倾斜的，可以先选中数字，然后点击“倾斜”按钮。

（2）将多行文字注写在框格的中央。

注写如图 7-38 所示的文字，要求使用长仿宋字，字高为 7，文字位于框格的正中央。

湖北文理学院机械与汽车工程学院

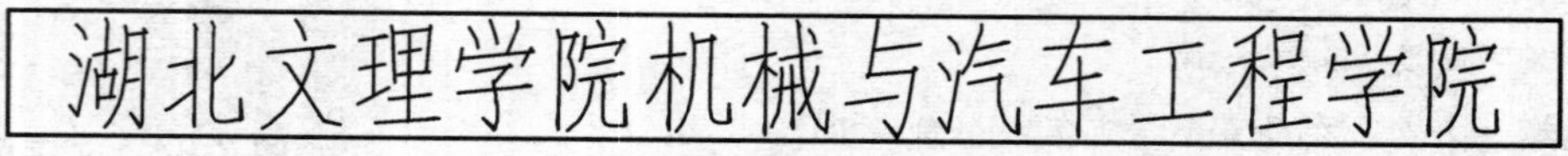

图 7-38　多行文字位于框格的正中央

操作过程如下：

命令：_mtext　　启动命令。

当前文字样式：长仿宋字　文字高度：7　注释性：否　　系统提示。

指定第一角点：　　点击框格的左上角。

指定对角点或 [高度(H)/对正(J)/行距(L)/旋转(R)/样式(S)/宽度(W)/栏(C)]：J

选择对正选项。

输入对正方式 [左上(TL)/中上(TC)/右上(TR)/左中(ML)/正中(MC)/右中(MR)/左下(BL)/中下(BC)/

右下(BR)] <左上(TL)>：MC　　　　　　　　　　　　　　　　　　　　选择正中对正方式。

指定对角点或 [高度(H)/对正(J)/行距(L)/旋转(R)/样式(S)/宽度(W)/栏(C)]：

点击框格的右下角。

输入文字“湖北文理学院机械与汽车工程学院”，点击“确定”按钮。

4. 编辑文字

在图形中标注文字后，用户还可以对标注的文字进行编辑。在 AutoCAD 中，编辑文字的方法有以下两种：用编辑文字命令编辑文字和用“特性”选项板编辑文字。

1）用编辑文字命令进行编辑

用于需要修改文字内容。

（1）命令调用。

在 AutoCAD 中，执行编辑文字命令的方法有以下 5 种：

① 工具栏：单击文字工具栏中的“编辑文字”按钮。

② 下拉菜单：选择【修改】→【对象】→【文字】→【编辑】菜单命令。

③ 命令行：在命令行中输入命令 ddedit 或 ED ↙。

④ 双击需要编辑的文字对象。

⑤ 快捷菜单：选择文字对象，在绘图区域中单击鼠标右键，然后单击“编辑”按钮。

（2）命令提示。

命令行：ED

DDEDIT　选择注释对象或[放弃(U)]：　　　　　　　　　　　　　　//选择要修改的文字

此时应选择需要编辑的文字。标注文字时，使用的标注方法不同，选择文字后 AutoCAD 给出的响应也不相同。如果所选择的文字是用 DTEXT 命令标注的，选择文字对象后，AutoCAD 会在该文字四周显示出一个方框，此时用户可直接修改对应的文字。

如果在“选择注释对象或[放弃(U)]：”提示下选择的文字是用 MTEXT 命令标注的，AutoCAD 则会弹出在位文字编辑器，并在该对话框中显示出所选择的文字，供用户编辑、修改。

修改完后，单击“确定”按钮即可。

经验提示：可以使用“DDEDIT”和“PROPERTIES”修改单行文字。如果只需要修改文字的内容而无须修改文字对象的格式或特性，则使用“DDEDIT”。如果要修改内容、文字样式、位置、方向、大小、对正和其他特性，则使用“PROPERTIES”。

文字对象还具有夹点，可用于移动、缩放和旋转。文字对象在基线左下角和对齐点有夹点。命令的效果取决于所选择的夹点。

（3）操作实例与演示：双击编辑文字。

无论是单行文字还是多行文字，均可直接通过双击来编辑，此时实际上是执行了“DDEDIT”命令，该命令的特点如下：

① 编辑单行文字时，文字全部被选中，因此，如果此时直接输入文字，则文本原内容均

被替换。如果希望修改文本内容，可首先在文本框中单击。如果希望退出单行文字编辑状态，可在其他位置单击或按“Enter”键。

② 编辑多行文字时，将打开文字格式工具栏和文本框，这和输入多行文字完全相同。

③ 退出当前文字编辑状态后，可单击编辑其他单行或多行文字。

④ 如果希望结束编辑命令，可在退出文字编辑状态后按“Enter”键。

2）用“特性”选项板编辑文字

该命令不仅能修改文字内容，还可以修改文字样式、高度等属性。“特性”选项板用于显示和控制图形中选中对象的所有特性。

要修改单行文字的特性，可在选中文字后单击标准工具栏中的“对象特性”按钮，打开单行文字的特性面板。利用该面板可修改文字的内容、样式、对正方式、高度、宽度比例、倾斜角度，以及是否颠倒、反向等。

特性调用有以下 4 种方法：

① 快捷菜单：选择要查看或修改其特性的对象，在绘图区域中单击鼠标右键，然后在快捷菜单上单击特性。

② 菜单栏：选择【修改】→【特性】菜单命令。

③ 工具栏按钮：单击标准注释工具栏中的“对象特性”按钮 。

④ 命令行：在命令行中输入 Properties 或 Ddmodify 或 Ddchprop 或 Pr↙ 。

“特性”选项板打开后，在该选项板中可以看到该文字对象的所有特性，修改文字的内容、文字样式、高度等属性。单行文字与多行文字二者的修改有所区别，在此不再赘述。图 7-39 和图 7-40 所示为单行文字和多行文字在“特性”选项板中显示的属性。

图 7-39　单行文字特性

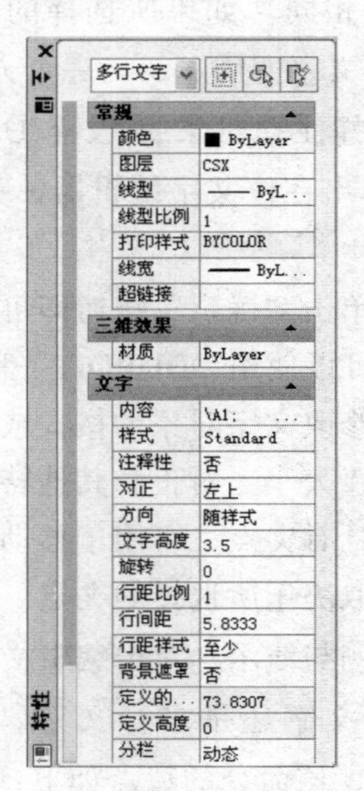

图 7-40　多行文字特性

5. 注释性文字

AutoCAD 可以将文字、尺寸、几何公差、块、属性、引线等指定为注释性对象。

（1）注释性文字样式。

用于定义注释性文字样式的命令也是“STYLE”，其定义过程与前面介绍的文字样式定义过程类似。执行“STYLE”命令后，在打开的“文字样式”对话框中，除按前面介绍的文字样式设置过程设置样式外，还应选中“注释性”复选框。选中该复选框后，会在“样式”列表框中的对应样式名前显示图标 ，表示该样式属于注释性文字样式。

（2）标注注释性文字。

用“DTEXT”或“MTEXT”命令标注文字时，只要将对应的注释性文字样式设为当前样式，或选择标注注释性文字，然后按前面介绍的方法标注即可。

（三）尺寸标注

在工程制图中，图形表示机件的形状，尺寸表示机件的大小，尺寸是加工与测量的重要依据。为使尺寸标注与其他图线分开，便于修改，应为尺寸标注建立专用图层。尺寸标注时，AutoCAD 自动测量对象的尺寸大小，因此应尽量采用 1∶1 的比例绘图。绘制完成后，根据图纸大小，修改绘图比例，相应修改尺寸标注的比例因子，使所标注尺寸为图形的实际尺寸。而尺寸标注的外观、保持尺寸标注的风格一致是由尺寸标注样式控制的。

本节主要介绍 AutoCAD 尺寸标注概述，包括尺寸标注的组成、规则、图标位置、类型；尺寸标注样式设置，包括创建尺寸样式、控制尺寸线和尺寸界线、控制符号和箭头、控制标注文字外观和位置、调整箭头、标注文字及尺寸线间的位置关系、设置文字的主单位、设置不同单位尺寸间的换算格式及精度、设置尺寸公差；尺寸标注，包括线性尺寸标注、对齐标注、角度标注、标注半径尺寸、标注直径尺寸、连续标注、基线标注；快速引线标注，包括创建快速引线、创建和修改快速引线样式。

关于尺寸标注样式的创建，在项目一中已经详细介绍了，本项目重点介绍如何使用已经创建好的尺寸标注样式来进行尺寸的标注。

1. 尺寸标注概述

1）尺寸标注的组成

尽管尺寸标注在类型和外观上多种多样，但一个完整的尺寸标注都是由尺寸线、尺寸界线、箭头和尺寸数字四部分组成，如图 7-41 所示。

经验提示：在 AutoCAD 中，通常将尺寸的各个组成部分作为块处理，因此，在绘图过程中，一个尺寸标注就是一个对象。

2）尺寸标注规则

（1）尺寸标注的基本规则。

① 图形对象的大小以尺寸数值所表示的大小为准，与图线绘制的精度和输出时的精度无关。

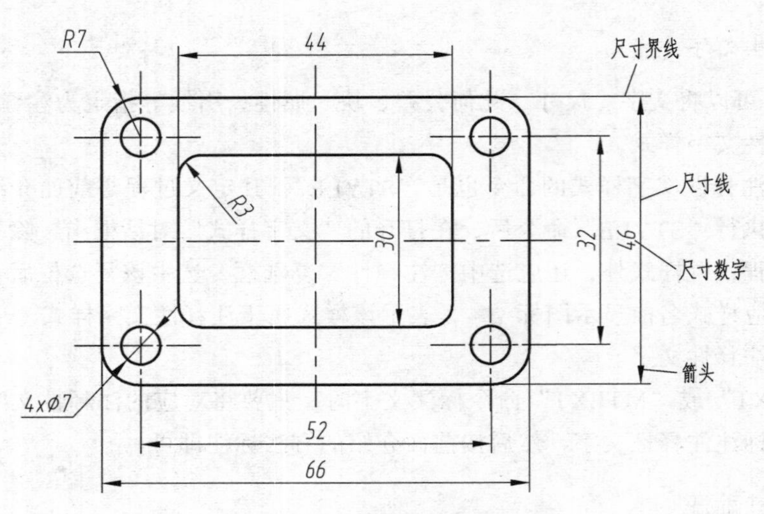

图 7-41　尺寸标注的组成

② 一般情况下，采用毫米为单位时不需要注写单位，否则，应该明确注写尺寸所用的单位。

③ 尺寸标注所用字符的大小和格式必须满足国家标准。在同一图形中，同一类终端应该相同，尺寸数字大小应该相同，尺寸线间隔应该相同。

④ 尺寸数字和图线重合时，必须将图线断开。如果图线不便于断开来表达对象时，应该调整尺寸标注的位置。

（2）AutoCAD 中尺寸标注的其他规则。

一般情况下，为了便于尺寸标注的统一和绘图的方便，在 AutoCAD 中标注尺寸时，应该遵守以下规则：

① 为尺寸标注建立专用的图层。建立专用的图层，可以控制尺寸的显示和隐藏，和其他的图线可以迅速分开，便于修改、浏览。

② 为尺寸文本建立专门的文字样式。对照国家标准，应该设定好字符的高度、宽度系数、倾斜角度等。

③ 设定好尺寸标注样式。按照我国的国家标准，创建系列尺寸标注样式，内容包括直线和终端、文字样式、调整对齐特性、单位、尺寸精度、公差格式和比例因子等。

④ 保存尺寸格式及其格式簇，必要时使用替代标注样式。

⑤ 采用 1∶1 的比例绘图。由于尺寸标注时，可以让 AutoCAD 自动测量尺寸大小，所以采用 1∶1 的比例绘图，绘图时无须换算，在标注尺寸时也无须再键入尺寸大小。如果最后统一修改了绘图比例，相应应该修改尺寸标注的全局比例因子。

⑥ 标注尺寸时，应该充分利用对象捕捉功能准确标注尺寸，可以获得正确的尺寸数值。尺寸标注为了便于修改，应该设定成关联的。

⑦ 在标注尺寸时，为了减少其他图线的干扰，应该将不必要的层关闭，如剖面线层等。

3）尺寸标注工具栏

在已经打开的工具栏上任意位置右击鼠标，在系统弹出的光标菜单上选择“标注”选项，系统将弹出尺寸标注工具栏，工具栏中各图标的意义如图 7-42 所示。

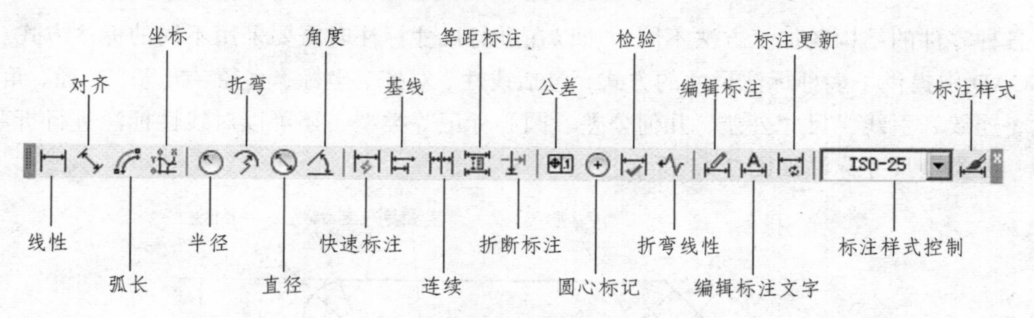

图 7-42　尺寸标注工具栏

2. 创建尺寸标注样式

AutoCAD 根据用户新建图形时所选用的单位，为用户设置了默认的尺寸标注样式。若在新建图形时选用了公制单位，系统的默认标注样式为 ISO-25；如果在新建图形时选用了英制单位，系统的默认标注样式为 Standard。由于系统提供的标注样式与我国的制图标准不同，所以在进行尺寸标注之前，应将标注样式修改为符合工程制图国家标准的标注样式。各种标注样式的创建在项目一中已有详述，此处不再重复。

3. 尺寸标注样式的切换

在进行尺寸标注时，应根据尺寸类型和标注形式来创建和选择适当的标注样式，以使标注出的尺寸符合工程制图规定的国家标准。尺寸标注样式的切换有以下 4 种方法：

（1）菜单栏：选择【格式】→【标注样式】或【标注】→【标注样式】菜单命令。

（2）按钮：打开“标注样式管理器”对话框，选取需要的标注样式，单击“置为当前”按钮。

（3）样式工具栏：单击“标注样式”下三角按钮，在下拉列表中选中需要的标注样式单击即可，如图 7-43 所示。

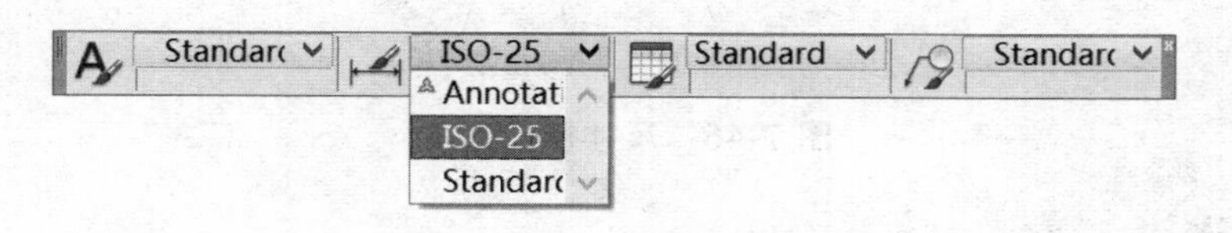

图 7-43　样式工具栏

（4）尺寸标注工具栏：单击“标注样式”下三角按钮，在下拉列表中选中需要的标注样式单击即可，如图 7-44 所示。

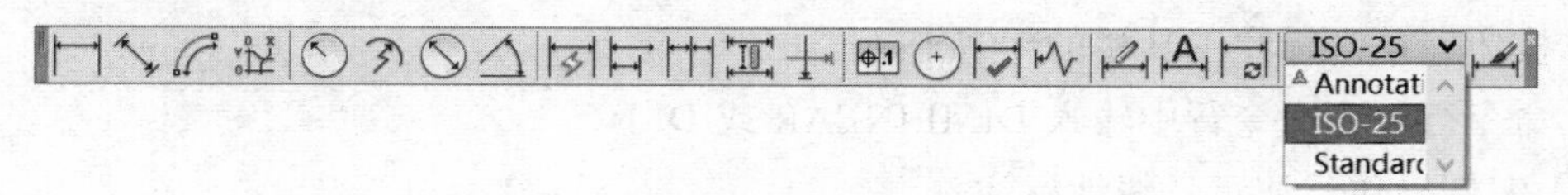

图 7-44　尺寸标注工具栏

4. 尺寸标注方式及各类尺寸的标注

各种零件的结构和加工方法不同，所以在进行尺寸标注时需要采用不同的标注方式。在AutoCAD中提供了多种标注尺寸的方式，包括线性、对齐、坐标、直径、折弯、半径、角度、基线、连续、引线、尺寸公差、几何公差、圆心标记等类型，还可以对线性标注进行折弯和打断，各类型尺寸标注如图 7-45 所示。

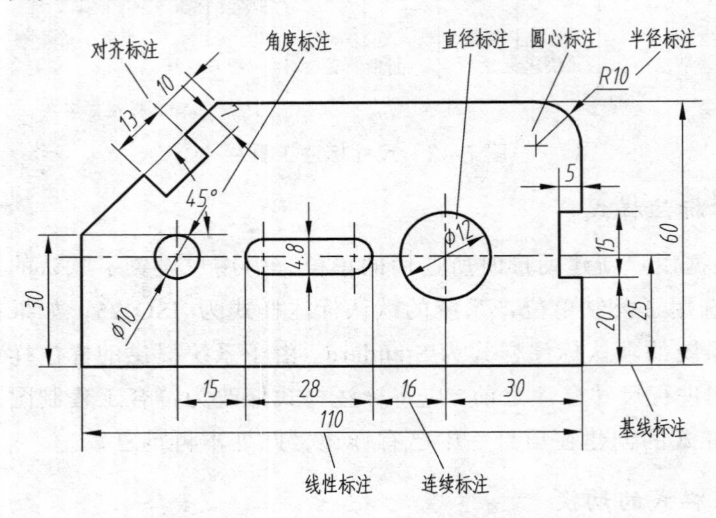

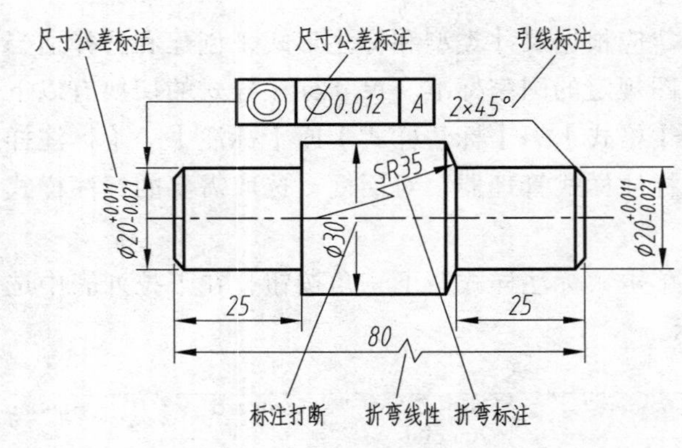

图 7-45　尺寸标注方式

1）线性标注

线性标注用于标注水平或垂直方向的尺寸。

（1）命令调用。

① 菜单栏：选择【标注】→【线性】菜单命令。

② 按钮：单击标注工具栏的按钮。

③ 命令行：在命令行中输入 DIMLINEAR 或 DLI↙。

（2）实例操作与演示：线性标注。

作图步骤如下：

命令：dli

DIMLINEAR　　指定第一条尺寸界线原点或 <选择对象>：↙

选择标注对象：选择 AB 圆弧。

创建了无关联的标注。

指定尺寸线位置或[多行文字(M)/文字(T)/角度(A)/水平(H)/垂直(V)/旋转(R)]：指定 C 点完成线性尺寸的标注。

经验提示："指定第一条尺寸界线原点或 <选择对象>："这一信息有两种方法响应。

① 指定端点：指定尺寸界线的两个端点，系统将自动测量并标注出两个原点间水平或垂直方向上的尺寸数值，完成线性尺寸的标注。

② 选择对象：选择对象直线或圆弧，系统自动将两端点作为尺寸界线的两个点。如果所选择对象是圆，系统自动将两个象限点作为尺寸界线的两个点，如图 7-46 所示。

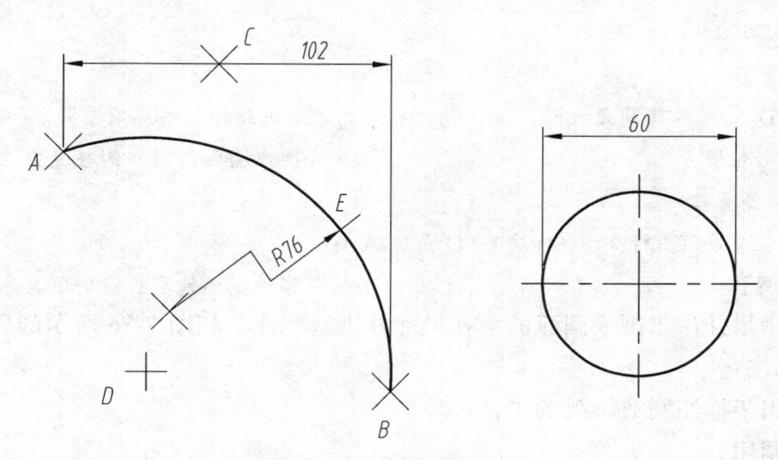

图 7-46　线性尺寸标注

2）对齐标注

对齐标注有以下 3 种方法：

① 菜单栏：选择【标注】→【对齐】菜单命令。

② 按钮：单击标注工具栏的按钮。

③ 命令行：在命令行输出的 DIMALIGNED 或 DAL↙。

对齐标注除能完成线性标注功能外，还能标注倾斜方向的尺寸，如图 7-47 所示的尺寸 41，此处不再赘述。

3）折弯标注

折弯标注用于标注大尺寸的圆弧和圆的半径尺寸。

（1）命令调用。

① 菜单栏：选择【标注】→【折弯】菜单命令。

② 按钮：单击标注工具栏的按钮。

③ 命令行：在命令行输入 Dimjogged 或 Djo 或 jog↙。

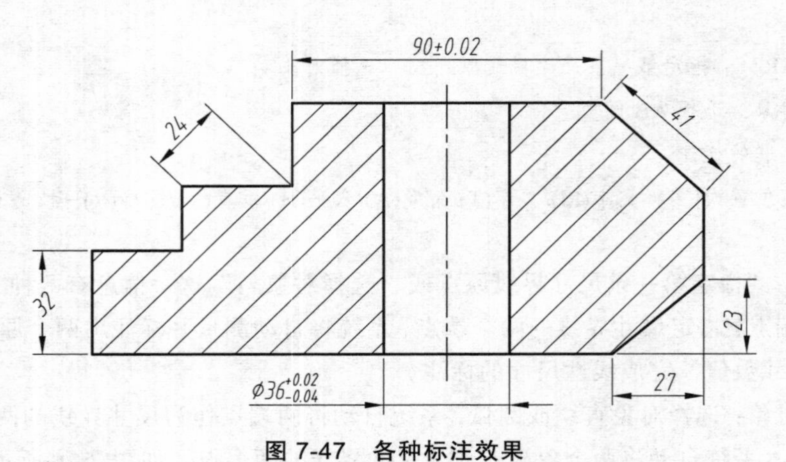

图 7-47　各种标注效果

（2）命令提示。

命令：jog

DIMJOGGED　　选择圆弧或圆：　　　　　　//选取要进行标注的圆或圆弧。

指定图示中心位置：　　　　　　　　　　//选择圆或圆弧的圆心的替代中心。

标注文字 = 测量值

指定尺寸线位置或 [多行文字(M)/文字(T)/角度(A)]:

指定折弯位置：　　　　　　　　　　　　//用户移动光标选取折线的位置。

系统自动测量并注出圆或圆弧的半径尺寸并进行标注，如图 7-76 所示的尺寸 *R*76。

4）半径标注

半径标注用于标注圆或圆弧的半径尺寸。

（1）命令调用。

① 菜单栏：选择【标注】→【半径】菜单命令。

② 按钮：单击标注工具栏的按钮。

③ 命令行：在命令行中输出 Dimradius 或 Dra↙。

（2）命令提示。

命令：Dra

Dimradius

选择圆弧或圆：　　　　　　　　　　　　//选取要进行标注的圆或圆弧。

指定尺寸线位置或 [多行文字(M)/文字(T)/角度(A)]:

选项的含义和操作过程与线性选项相同，此处不再赘述。

5）直径标注

直径标注用于标注圆或圆弧的直径尺寸。

直径标注有以下 3 种方法：

① 菜单栏：选择【标注】→【直径】菜单命令。

② 按钮：单击标注工具栏的按钮。

③ 命令行：在命令行中输入 Dimdiamter 或 Ddi↙。

其余与半径标注相同，不再赘述。

6）角度标注

角度标注用于标注角度型尺寸，可以标注两直线夹角、圆弧的圆心角、圆周上某段圆弧的圆心角和根据给定的三点标注角度，如图 7-48 所示。

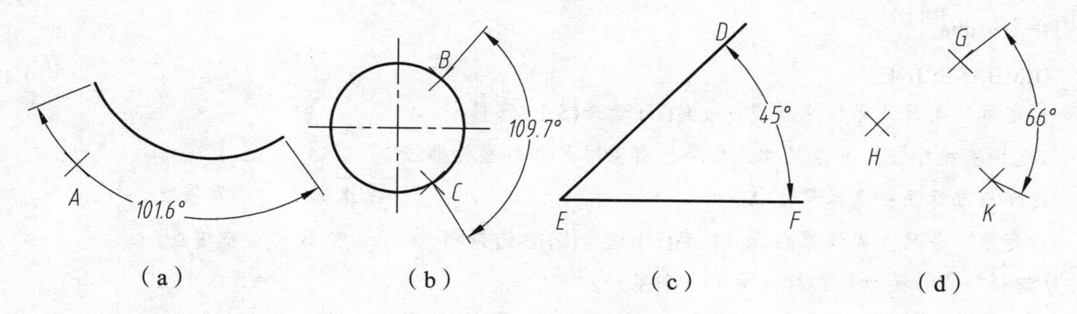

图 7-48　角度标注

（1）命令调用。

① 菜单栏：选择【标注】→【角度】菜单命令。

② 按钮：单击标注工具栏的按钮。

③ 命令行：在命令行中输入 Dimangular 或 Dan↙。

（2）命令提示。

命令：dan

DIMANGULAR　　选择圆弧、圆、直线或 <指定顶点>:

（3）命令说明。

① 选择圆弧：用于标注圆弧的圆心角，后续提示为：

指定标注弧线位置或 [多行文字(M)/文字(T)/角度(A)/象限点(Q)]:

象限点(Q)：用于标注被指定象限区域的角度。

其余各项的含义与前面介绍的同名选项相同，选择圆弧的标注效果如图 7-48（a）所示。

② 选择圆：用于标注以圆心为顶角、以选择的另外两点为端点的圆弧角度。作图步骤如下：

命令：_dimangular

选择圆弧、圆、直线或 <指定顶点>：B 点　　　//选择圆的点为第一点。

指定角的第二个端点：C 点　　　//选择第二点。

指定标注弧线位置或 [多行文字(M)/文字(T)/角度(A)/象限点(Q)]：圆外一点

//选择一点作为尺寸标注的位置。

标注效果如图 7-48（b）所示。

③ 选择直线：用于标注两条不平行直线间的夹角，标注效果如图 7-48（c）所示。

④ 指定顶点：用于根据 3 个点标注角度，标注效果如图 7-48（d）所示。

7）基线标注

基线标注用于标注工程制图中的坐标式标注的尺寸，如图 7-49 所示。

（1）命令调用。

① 菜单栏：选择【标注】→【基线】菜单命令。

② 按钮：单击标注工具栏的 按钮。

③ 命令行：在命令行中输入 Dimbaseline 或 Dba↙。

（2）命令提示。

命令：dba

DIMBASELINE

指定第二条尺寸界线原点或 [放弃(U)/选择(S)] <选择>：↙

//选择基线标注的基准尺寸，如果已有基准尺寸可直接标注。

选择基准标注：选择尺寸 A　　　　//选择尺寸作为基准。

指定第二条尺寸界线原点或 [放弃(U)/选择(S)] <选择>：　　选择 B 尺寸右端点。

//选择一点作为坐标式标注的另一个基点。

指定第二条尺寸界线原点或 [放弃(U)/选择(S)] <选择>：　　选择 C 尺寸右端点。

指定第二条尺寸界线原点或 [放弃(U)/选择(S)] <选择>：　　选择 D 尺寸右端点。

指定第二条尺寸界线原点或 [放弃(U)/选择(S)] <选择>：↙

选择基准标注：　　//结束命令。

绘制结果如图 7-49（a）所示。

同理，可绘出如图 7-49（b）所示的图形。

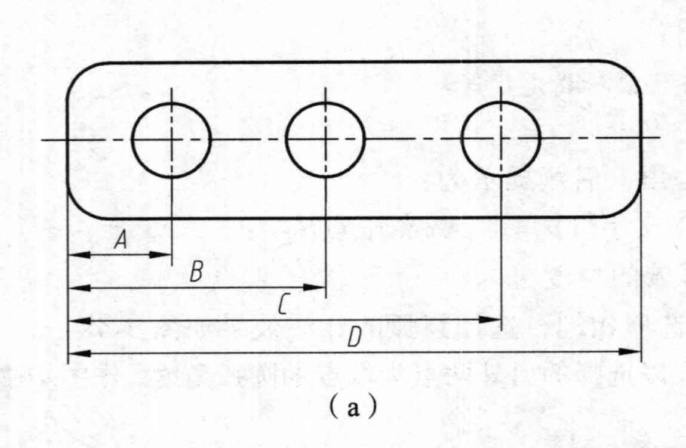

（a）

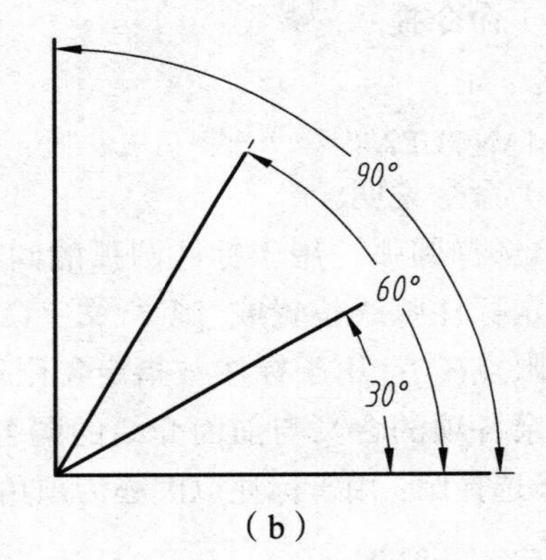

（b）

图 7-49　基线标注

（3）命令说明。

选择基准标注：选择进行基准标注的原点，如果前一次为线性、坐标或角度关联的标注，系统默认上一次的坐标基准，这一步系统不再提示。

8）连续标注

连续标注于在同方向标注多个线性尺寸时，后一个尺寸标注的第一条尺寸界线与前一个尺寸标注的第二条尺寸界线重合的标注。如图 7-50 所示的图形，用角度尺寸标注尺寸 30°。

（1）命令调用。

① 菜单栏：选择【标注】→【连续】菜单命令。

② 按钮：单击标注工具栏的 按钮。

③ 命令：Dimcontinue 或 Dco↙。

（2）命令提示。

标注角度尺寸 30°。

命令：Dco
dimcontinue
指定第二条尺寸界线原点或 [放弃(U)/选择(S)] <选择>:
选择连续标注：

其余与基线标注相同，不再赘述，标注效果如图 7-50 所示。

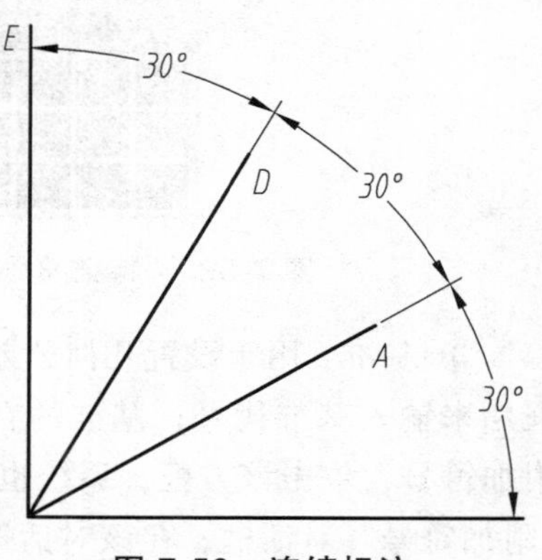

图 7-50　连续标注

9）几何公差标注

几何公差包括形状公差和位置公差，是零件几何要素的实际形状和实际位置对理想形状和理想位置的允许变动量。几何公差的标注在此指在已有的几何公差的框格内设置几何公差项目和内容。由于绝大多数几何公差框格都要求与引线相连，所以在标注时往往不直接利用几何公差标注，而是利用引线标注。

（1）命令调用。

① 菜单栏：选择【标注】→【公差】菜单命令。

② 按钮：单击标注工具栏的 ⊕.1 按钮。

③ 命令行：在命令行中输入 Tolerance↙。

执行该命令后，系统将弹出如图 7-51 所示的“几何公差”对话框，下面对该对话框中的内容进行介绍。

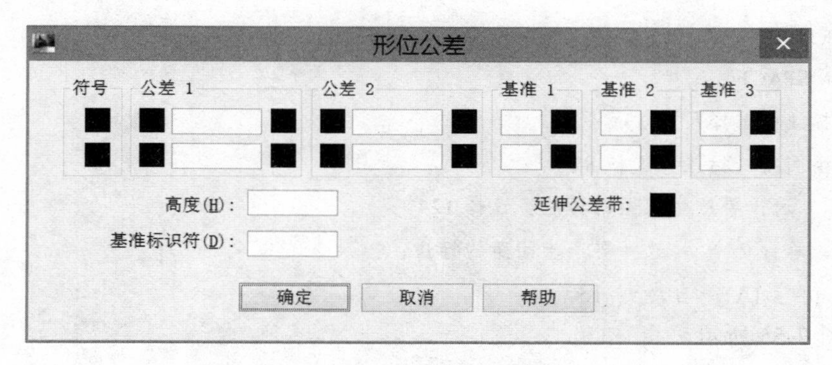

图 7-51　“几何公差”对话框

（2）命令说明。

① 符号：用于选取几何公差的项目。单击“符号”下的方框，系统将弹出如图 7-52 所示的“特征符号”对话框，在该对话框中选取几何公差项目（可以同时选两项几何公差）后，系统将返回“几何公差”对话框。

② 公差：用于设置几何公差的公差带符号、公差值及包容条件。用户可同时设置两个公差，在公差 1 选项区 Ø 0.004 ■ 中单击最前面的方框，设置公差带的符号“ϕ”；中间文本框用来输入几何公差值；单击后面的方框，用来设置几何公差的附加符号。“附加符号”对话框如图 7-53 所示，在该对话框中选择某个符号，系统将在“几何公差”对话框中显示该符号。

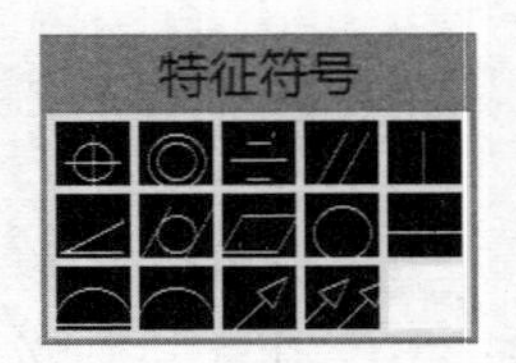

图 7-52 “特征符号”对话框

图 7-53 “附加符号”对话框

③ 基准：用于设置几何公差的基准代号。用户可以同时设置 3 个基准：基准的左端文本框用来输入基准代号；基准的右端方框用来设置基准的附加符号，单击该方框，系统也将弹出如图 7-53 所示的“附加符号”对话框，在该对话框中选择某个符号，系统将在“几何公差”对话框中显示该符号。在相应位置填入相应内容后，按“确定”键创建几何公差，如图 7-54 所示。

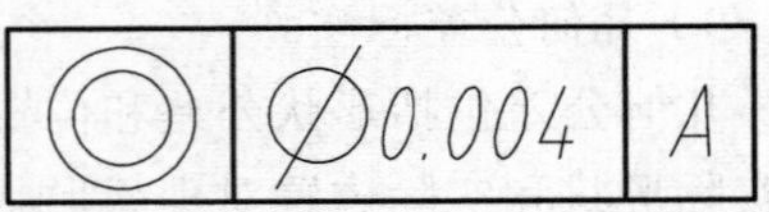

图 7-54 几何公差

10）标注间距

标注间距用于对平行线性标注和角度标注之间的间距作调整，调整尺寸之间的间距。

（1）命令调用。

① 菜单栏：选择【标注】→【标注间距】菜单命令。

② 按钮：单击标注工具栏的按钮。

③ 命令行：在命令行中输入 dimspace↙。

（2）命令提示。

作图步骤如下：

命令：DIMSPACE
选择基准标注：选择尺寸 35
选择要产生间距的标注：选择 84
找到 1 个　选择要产生间距的标注：选择 124
找到 1 个，总计 2 个　选择要产生间距的标注：
输入值或 [自动(A)] <自动>：15

效果如图 7-55 所示。

（3）命令说明。

① 自动：基于在选定基准标注的标注样式中指定的文字高度自动计算间距。所得的间距值是标注文字高度的两倍，效果如图 7-55（b）所示的 55、95 两个尺寸。

② 可以使用间距值 0（零）将对齐选定的线性标注和角度标注的末端对齐。

11）标注打断

（1）命令调用。

① 菜单栏：选择【标注】→【标注打断】菜单命令。

② 按钮：单击标注工具栏的按钮。

③ 命令行：在命令行中输入 dimbreak↙。

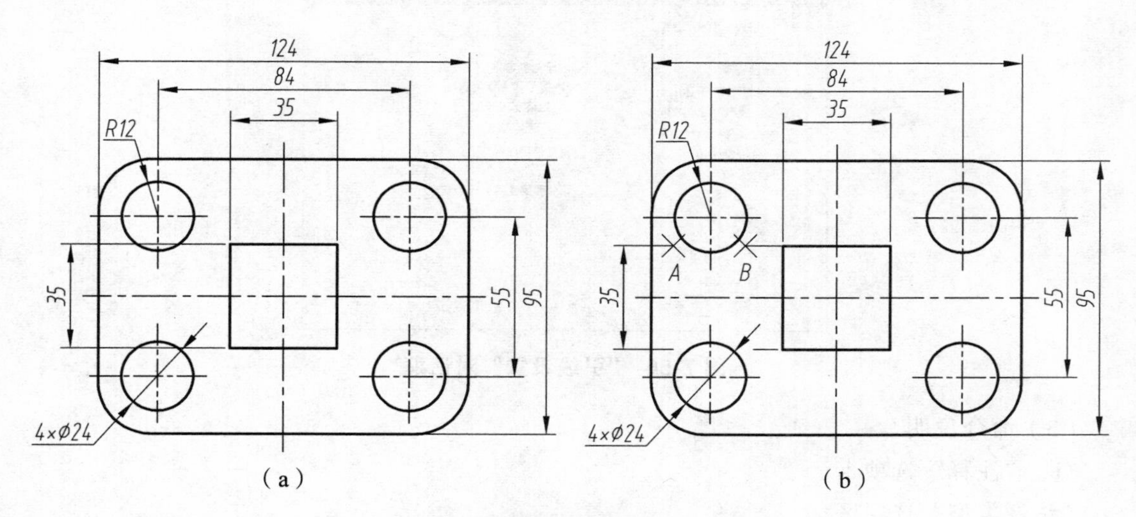

图 7-55 标注间距、标注打断

（2）命令提示：

命令：DIMBREAK

选择标注或 [多个(M)]:

选择要打断标注的对象或 [自动(A)/恢复(R)/手动(M)] <自动>:

（3）命令说明。

① 自动：自动将折断标注放置在与选定标注相交的对象的所有交点处。修改标注或相交对象时，会自动更新使用此选项创建的所有折断标注，效果如图 7-55（b）所示的上部尺寸 35。

② 手动：手动放置折断标注。为打断位置指定标注或尺寸界线上的两点。如果修改标注或相交对象，则不会更新使用此选项创建的任何折断标注。

③ 恢复：从选定的标注中删除所有折断标注。

12）快速引线标注

快速引线标注可快速生成指引线及注释，而且可以通过命令行优化对话框进行用户自定义，可以消除不必要的命令行提示，取得较高的工作效率。零件的序号、文字的注释、倒角、几何公差代号都要用引线来标注，也可以用于绘制单个箭头。

（1）命令调用。

在命令行中输入 QLEADER 或 le↙。

（2）命令提示。

命令：le

QLEADER

指定第一个引线点或[设置(S)] <设置>：s

弹出如图 7-56 所示的“引线设置”对话框。

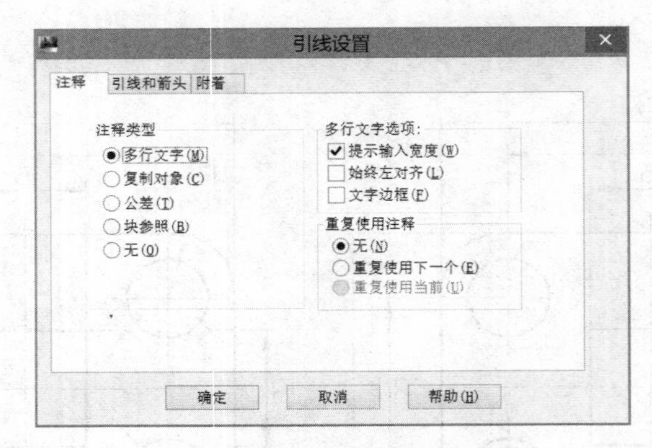

图 7-56 “引线设置”对话框

（3）命令说明。

① “注释”选项卡。

“注释类型”选项区。

a. 多行文字：注释文字采用多行文字。

b. 复制对象：将某一已标注的引线注释文字复制为当前注释文字。

c. 公差：表示标注几何公差。

d. 块参照：表示将已定义的块插入，作为当前注释文字。

e. 无：表示不加注释。

“多行文字”选项区。

a. 提示输入宽度：表示提示用户输入多行文字的行宽。

b. 始终左对齐：表示多行文字总是以左对齐方式排列。

c. 文字边框：表示文字外加方框。

“重复使用注释”选项区。

a. 无：表示不重复使用注释文字。

b. 重复使用下一个：表示将前一个注释文字复制为当前注释文字。

② “引线和箭头”选项卡：设置箭头与引线的形式，如图 7-57 所示。

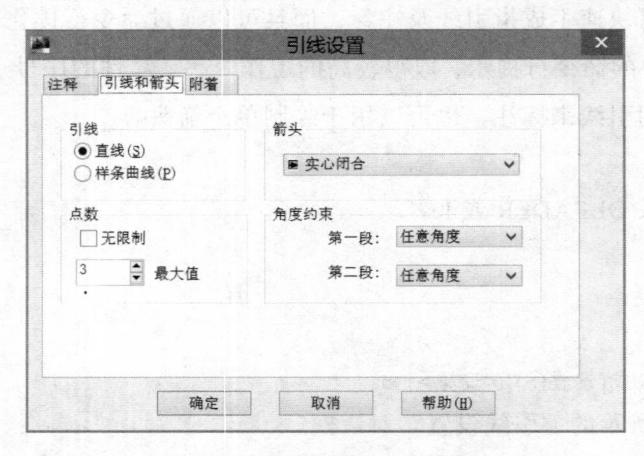

图 7-57 “引线和箭头”选项卡

“引线”选项区：引线所用的线型。

a. 直线：表示用直线绘制引线，如图 7-58（a）所示。

b. 样条曲线：表示用样条曲线绘制引线，如图 7-58（b）所示。

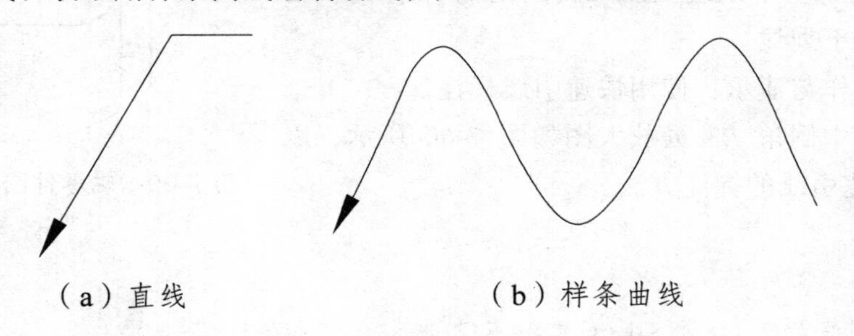

（a）直线　　　　（b）样条曲线

图 7-58　引线的形式

“点数”选项。

a. 无限制：表示绘制引线时不限制输入的点数。

b. 最大值：表示绘制引线时限制输入点数的最大值。缺省值为 3，如图 7-58（a）所示输入点数为 3，图 7-58（b）最大点为 5。

“箭头”选项区。

从下拉列表框中选择采用的箭头样式。这是标注样式的子本，再次改动箭头时，必须改动父本的设置。倒角标注时，箭头多选择“无”。

“角度约束”选项区。

a. 第一段：用于指定约束第一段引线的角度基础倍数。如设置为 30°，则第一段线作图时角度为 30°的倍数。

b. 第二段：用于指定约束第二段引线的角度基础倍数。

③ “附着选项卡”：在注释类型为多行文本时才显示，如图 7-59 所示。

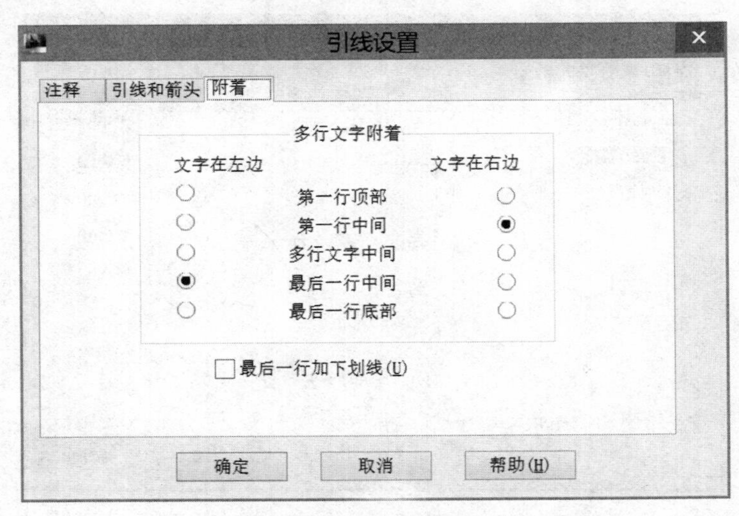

图 7-59　“附着”选项卡

a. 多行文字附着：文字的位置分为在引线的左边和右边两种情况，选择引线与字体的关系。

b. 最后一行加上下划线：表示延长引线末端作为多行文字最后一行的下划线。

（4）实例操作与演示：使用快速引线标注。

主轴零件图中倒角 *R*3 处放大图如图 7-60 所示，以 *R*3 为例讲解快速引线的标注方法。

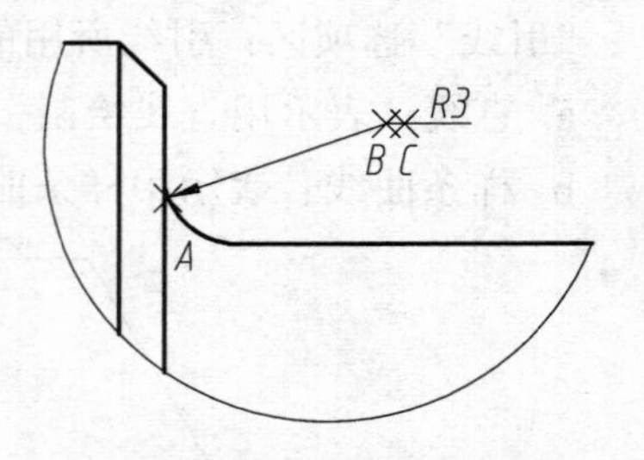

图 7-60　轴零件图中引线标注内容

命令：le

QLEADER

指定第一个引线点或 [设置(S)] <设置>：S　　　　//按上述设置

指定第一个引线点或 [设置(S)]：指定点 A

指定下一点：指定点 B

指定下一点：指定点 C　　　　//水平线拖出一小段

指定文字宽度 <39.1767>：↙

输入注释文字的第一行 <多行文字(M)>：R3

输入注释文字的下一行：↙

修改"引线设置"对话框，将"引线与箭头"选项卡中箭头设为无，按同样步骤标注出倒角尺寸 C2，还可以标注几何公差。

（5）箭头的回复。

将"引线与箭头"选项卡箭头修改后，属于子本修改，在父本"标注样式管理器"中将产生一个"样式替代"临时标注样式，如图 7-61 所示。选取"样式替代"单击右键，选取删除，屏幕将出现提示"是否确实要删除<样式替代>?"，单击"是"，删除"样式替代"，尺寸标注回到实心箭头状态。

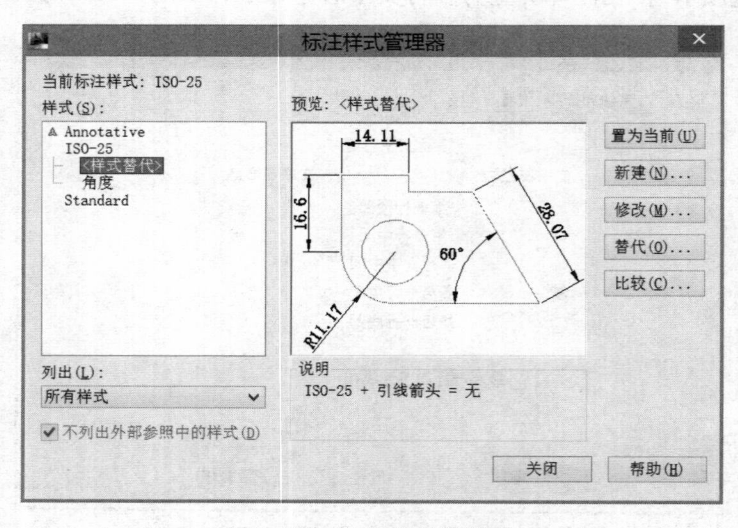

图 7-61　标注样式管理器

5. 尺寸标注的编辑方法

在 AutoCAD 中，用户可以对已标注出的尺寸进行编辑修改，修改的对象包括尺寸文本、位置、样式等内容。

1）编辑尺寸文本和尺寸界限

该命令用于修改尺寸文本的位置、方向、内容及尺寸界线的倾斜角度等。

（1）命令调用。

① 菜单栏：选择【标注】→【对齐文字】菜单命令。

② 按钮：单击标注工具栏的 A 按钮。

③ 命令行：在命令行输入 DIMEDIT 或 DED↙。

（2）命令提示。

命令：DED
dimedit
输入标注编辑类型 [默认(H)/新建(N)/旋转(R)/倾斜(O)] <默认>:

（3）命令说明。

① 默认(H)：用于将尺寸文本按尺寸标注样式中所设置的位置、方向重新放置。

② 新建(N)：用于修改尺寸文本。

③ 旋转(R)：用于修改尺寸文本的方向，如图 7-62（c）所示。

④ 倾斜(O)：用于将尺寸标注的尺寸界线倾斜一个角度，如图 7-62（d）所示。后续提示：

命令：dimedit
输入标注编辑类型[默认(H)/新建(N)/旋转(R)/倾斜(O)] <默认>：O
选择对象：　　　　　　　　　　　　　　　　　//选取要修改的尺寸标注
输入倾斜角度（按“Enter”键表示无）：　　　　//输入尺寸界线的倾斜角度

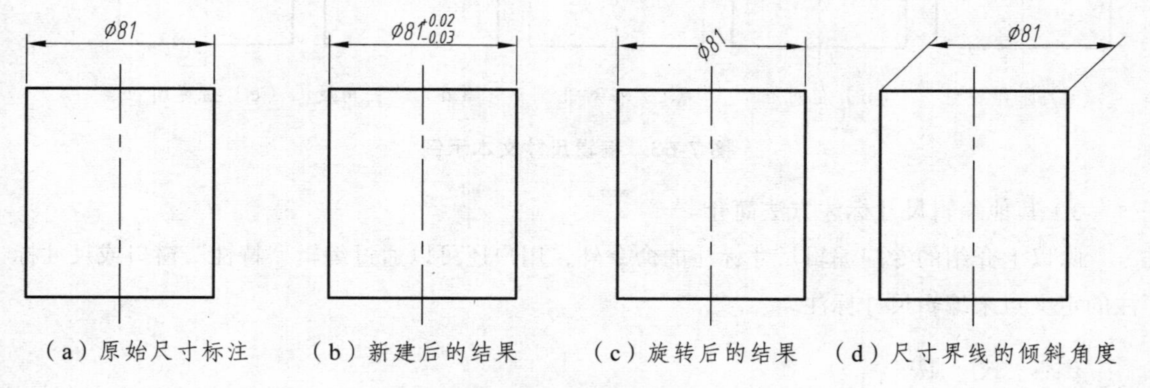

（a）原始尺寸标注　（b）新建后的结果　（c）旋转后的结果　（d）尺寸界线的倾斜角度

图 7-62　编辑尺寸标注示例

2）编辑尺寸文本的位置

该命令用于修改尺寸文本的位置和方向。

（1）命令调用。

① 菜单栏：选择【标注】→【对齐文字】菜单命令。

② 按钮：单击标注工具栏的按钮。

③ 命令行：在命令行中输入 DIMTEDIT↙。

（2）命令提示。

命令：dimtedit↙。

选择标注：　　　　　　　　　　　　　　　　　　　　//选择要修改的尺寸

为标注文字指定新位置或 [左对齐(L)/右对齐(R)/居中(C)/默认(H)/角度(A)]:

（3）命令说明。

① 指定标注文字的新位置：系统的默认选项。选择该选项，可以在绘图窗口中直接通过移动光标至适当的位置确定点的方法，来确定尺寸文本的新位置。

② 左对齐(L)：表示将尺寸文本沿尺寸线左对齐。

③ 右对齐(R)：表示将尺寸文本沿尺寸线右对齐。

④ 居中(C)：表示将尺寸文本放置在尺寸线的中间。

⑤ 默认(H)：表示将尺寸文本按用户在标注样式中设置的位置放置。

⑥ 角度(A)：表示将尺寸文本按用户的指定角度放置。

系统将尺寸文本按用户的设置重新放置。如图 7-63 所示为编辑修改尺寸文本后的几种结果。

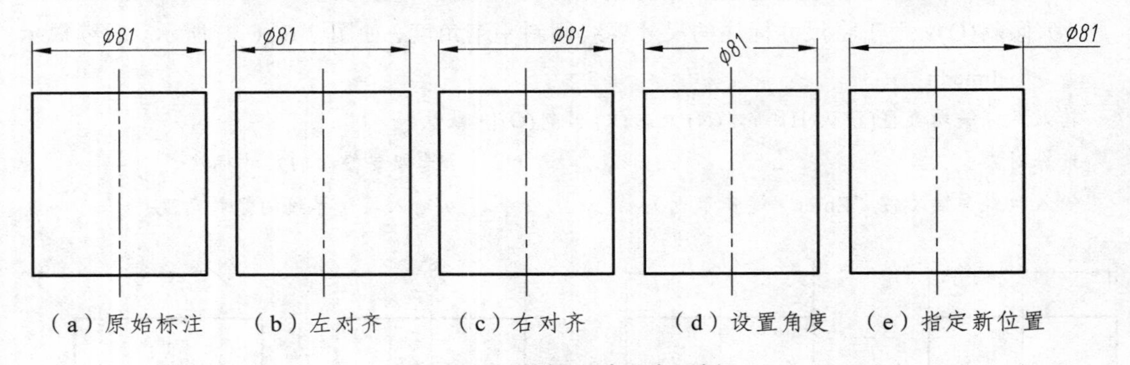

图 7-63　编辑尺寸文本示例

3）其他编辑尺寸标注方法简介

除以上介绍的专门编辑尺寸标注的命令外，用户还可以通过编辑“特性”窗口或尺寸标注的定义点来编辑尺寸标注。

（四）图　块

在实际绘制工程图的过程中，经常需要重复绘制相同的图形结构（例如，机械图中的标题栏、表面粗糙度符号、螺栓等）。在 AutoCAD 中，可以将这些经常要重复绘制的图形结构定义为一个整体，即图块。图块被 AutoCAD 当作单一的实体来处理，存放在一个图形库中，在绘制工程图时将其插入到需要绘制的位置，这样既可使多张图纸标准统一，又可以节省存储空间，大大提高工作效率。

1. 图块的作用

（1）建立图形库，避免重复工作。把绘制工程图过程中，需要经常使用的某些图形结构定义成图块并保存在磁盘中，这样就建立起了图形库。在绘制工程图时，可以将需要的图块从图形库中调出，插入到图形中，从而提高工作效率。

（2）节省磁盘的存储空间。每个图块在图形文件中只存储一次，在多次插入时，计算机只保留有关的插入信息（即图块名、插入点、缩放比例、旋转角度等），而不需要把整个图块重复存储，这样就节省了磁盘的存储空间。

（3）便于图形修改。当某个图块修改后，所有原先插入图形中的图块全部随之自动更新，这样就使图形的修改更加方便。

（4）可以为图块增添属性。有时图块中需要增添一些文字信息，这些图块中的文字信息称为图块的属性。AutoCAD 允许为图块增添属性并可以设置可变的属性值，每次插入图块时不仅可以对属性值进行修改，而且还可以从图中提取这些属性，并将它们传递到数据库中。

2. 图块的创建（创建内部块）

创建块是将图形中已经绘制的对象组合后并进行保存，根据保存方式的不同，块可以分为内部块和外部块两种。

内部块是指将创建的块对象与当前图形数据保存在一起。下面以标题栏为例，讲解创建内部块的方法，如图 7-64 所示。

			比例	比例		
			件数	件数		
制图	签名	年月日	质量	质量	材料	
描图						
审核						

A

图 7-64　标题栏

1）命令调用

在 AutoCAD 中，执行创建内部块命令的方法有以下 3 种：

（1）工具栏：单击绘图工具栏中的“创建块”按钮。

（2）下拉菜单：选择【绘图】→【块】→【创建】菜单命令。

（3）命令行：在命令行中输入命令 block 或 B↙。

命令输入后，系统弹出如图 7-65 所示的“块定义”对话框，利用该对话框可以进行图块的创建。

2）命令说明

（1）“名称”下拉列表框：用于显示和输入图块的名称。在此输入标题栏，每一次做任务或项目时给定一个用户了解的名称，以便于以后的编辑。

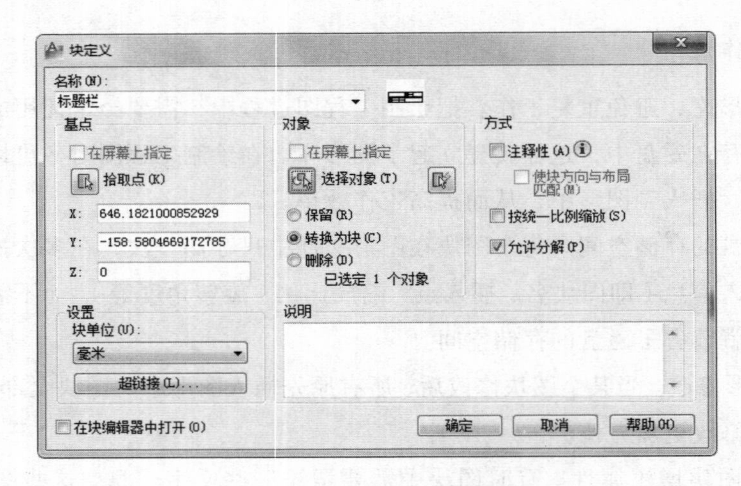

图 7-65 “块定义”对话框

（2）“基点”选项区：用两种方式确定图块的插入点。

①单击“拾取点”按钮，系统切换到绘图窗口，用户可以在此窗口中用拾取点的方法确定图块的插入点。在此选取 A 点作为“标题栏”块的基点，如图 7-64 所示。

②“X”“Y”和“Z”文本框：用于输入插入点的 X、Y 和 Z 坐标。

（3）“对象”选项区：用于设置和选取组成图块的对象。

① 单击“选择对象”按钮，系统切换到绘图窗口，用户可以在此窗口中直接选取要定义图块的图形对象。在此选取整个标题栏图形。

②“快速选择”按钮：系统将弹出“快速选择”对话框，在该对话框中，可以设置所选择对象的过滤条件。

a. 保留：表示创建图块后仍保留组成图块的原图形对象。

b. 转换为块：表示创建图块后仍保留组成图块的原图形对象，并将其转换为图块。

c. 删除：表示创建图块后将删除组成图块的原图形对象。

（4）“设置”选项区：用于图块创建后进行插入时的设置。

① 块单位：用于设置块插入时的单位。

② “超链接”按钮：点击该按钮，系统将弹出“插入超链接”对话框，利用该对话框可以将图块和另外的文件建立链接关系。

（5）“方式”选项区：用于图块创建后进行插入时的设置。

① 注释性：用于在图纸空间插入块时的设置。

② 按统一比例缩放：表示在图块插入时，X、Y 和 Z 方向将采用同样的缩放比例。

③ 允许分解：表示在图块插入后可以进行分解，反之不能分解。

（6）“说明”文本框：用于输入图块的说明文字。

（7）“在块编辑器中打开”复选框：选中该复选框，在定义完块后将直接打开块编辑器，用户可以对块进行编辑。

点击“确定”按钮，完成名为“标题栏”的图块的定义。

3. 图块的插入

利用图块插入命令可以在当前图形中插入图块或其他图形文件，在插入的同时，还可以改变插入图形的比例因子和旋转角度。

（1）命令调用。

① 菜单栏：选择【插入】→【块】菜单命令。

② 按钮：单击绘图工具栏的按钮。

③ 命令行：在命令中输入命令 Insert 或 I↙。

命令输入后，系统将弹出如图 7-66 所示的“插入”对话框。

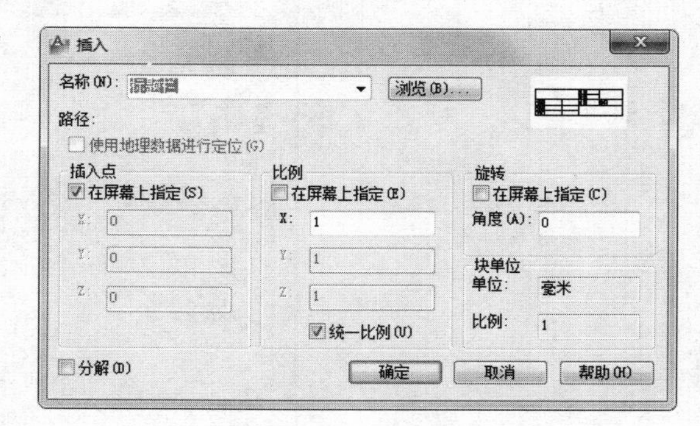

图 7-66　图块插入对话框

（2）命令说明。

① “名称”下拉列表：用于选择要插入的图块名称。单击名称下三角按钮，打开下拉列表（此表列有当前图形已定义的图块），可以在此选择要插入的图块，也可以单击其右边的“浏览”按钮，在系统弹出的“选择图形文件”对话框中，选择用户已保存的其他图块或图形文件。

② “插入点”选项区：用于确定图块插入点的位置。用户可以选中“在屏幕上指定”复选框，然后在绘图窗口中用拾取点的方法确定图块插入点的位置；也可以通过在“X”“Y”和“Z”文本框中分别输入 X、Y 和 Z 坐标的方法来确定插入点的位置。

③ “缩放比例”选项区：用于确定图块或图形文件插入时的缩放比例。用户可以直接在“X”“Y”和“Z”文本框中分别输入图块或图形文件插入时 X、Y 和 Z 这 3 个方向的缩放比例，也可以选中“统一比例”复选框，使 3 个方向的插入比例相同，还可以选中“在屏幕上指定”复选框，然后在命令行输入缩放比例。

④ “旋转”选项区：用于设置图块或图形文件插入时的旋转角度。用户可以直接在“角度”文本框中输入旋转角度，也可以选中“在屏幕上指定”复选框，然后在命令行输入旋转角度。

⑤ “块单位”选项区：显示选择的插入图块的单位和比例。

⑥ “分解”复选框：可以将插入的图块分解成组成图块的各独立图形对象。

单击“确定”按钮，在绘图区指定一点，根据提示完成标题栏的插入。

4. 图块的存储（创建外部块）

用 BLOCK 命令定义的块，只能在当前图形中插入，而其他图形文件无法引用，因此，被称之为内部块。为解决这个问题，使实际工程设计绘图时创建的图块实现共享，AutoCAD 为用户提供了图块的存储命令，通过该命令可以将已创建的图块或图形中的任何一部分（或整个图形）作为外部图块（即外部块）进行保存。

外部块是指将创建的块与图形数据分开进行保存，即将块以单独的文件保存，当其他图形需要插入该块时，只需指定插入路径即可。

1）命令调用

命令行：在命令行中输入命令 Wblock 或 W↙。

命令输入后，系统将弹出如图 7-67 所示的“写块”对话框。

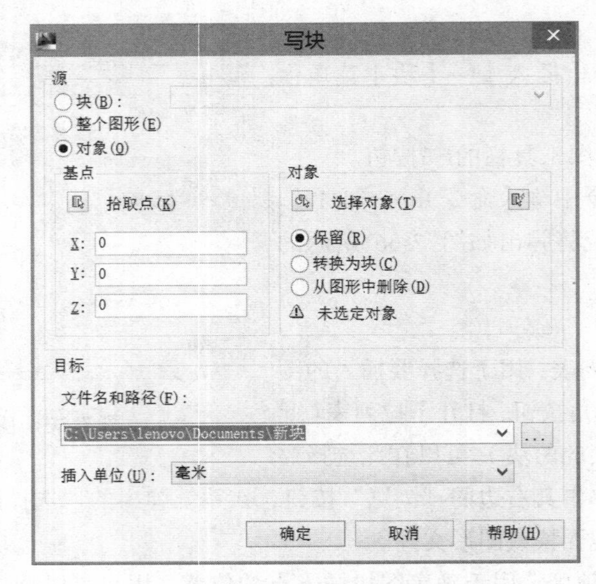

图 7-67“写块”对话框

2）命令说明

（1）“源”选项区：用于选取要存储为独立外部图块的对象。

① “块”单选按钮：表示要把当前图形中的图块存储为外部图块。单击单选按钮右边的下三角按钮，打开下拉列表，用户可以从表中选取要存储为外部图块的当前图形中的图块。

② “整个图形”单选按钮：表示要把当前整个图形存储为外部图块。

③ “对象”单选按钮：表示要把用户选择的图形对象存储为外部图块。只有选择该选项，其下边“基点”和“对象”选项区中的各选项才可用。

（2）“基点”选项区：用于确定外部图块的插入点，其操作方法与创建图块时相同。

（3）“对象”选项区：用于选择要存储为外部图块的对象，其操作方法与创建图块时相同。

经验提示：只有在“源”选项组中选中“对象”单选按钮后，“基点”选项组和“对象”选项组才有效。

（4）“目标”选项区：用于设置存储外部图块的文件名、路径和单位。

“文件名和路径”下拉列表框：用于确定外部图块的文件名称和保存位置。单击该下拉列表右边的按钮 ...，将弹出如图 7-68 所示的“浏览图形文件”对话框，用户可以在该对话框中设置外部图块的保存路径、文件名和文件类型。

（5）“插入单位”下拉列表框：用于确定外部图块插入时的缩放单位。

单击“确定”按钮，完成图块的存储。

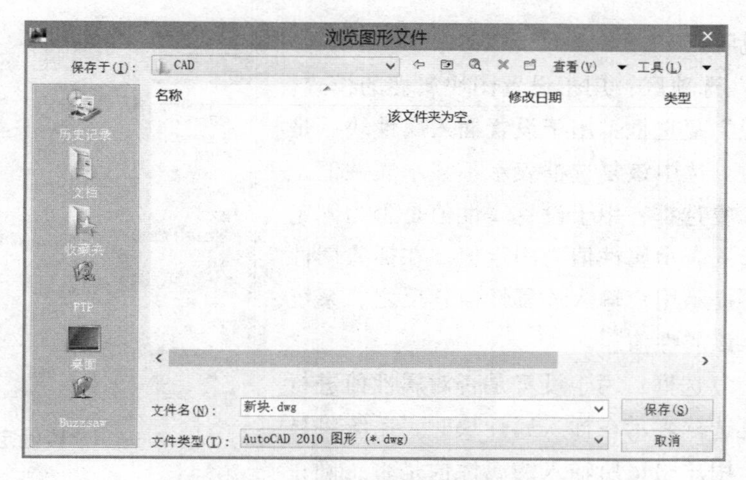

图 7-68 “浏览图形文件”对话框

3）注意事项

图块可以由绘制在若干图层上的对象组成，系统将图层的信息保留在图块中。当用户将外部图块插入到当前图形文件中时,外部图块中的图层和当前图形文件中的图层有以下关系。

（1）若外部图块的图层与当前图形文件的图层同名，则图块中的图形对象将被绘制在当前图形文件的同名图层上。

（2）若当前图形文件中没有图块中的图层，则图块在该图层的图形对象还在原图层中绘制，并且系统自动为当前图形文件增加相应的同名图层。

（3）图块中绘制在 0 层的图形对象在插入时其图层是浮动的，即图块中 0 层的图形对象在插入后，将被绘制在当前图形文件的当前图层上。

（4）若图块由若干层图形对象组成，则在当前图形中冻结某一对象所在图层时，图块中该层的对象为不可见；如果冻结图块插入时的当前层，则不管图块中的各对象处于图块的哪一图层，整个图块对象均不可见。

（5）用 WBLOCK 命令创建块后，该块以“DWG”格式保存，即以 AutoCAD 图形文件格式保存。

5. 图块的属性

属性是从属于图块的文本信息，是图块的组成部分。具有属性的图块称为属性块。图块的属性需要预先定义，创建图块时必须将定义过的属性一同选中才能创建出属性块。通常属性块被用于在图块插入过程中进行自动文字注释。下面以粗糙度为例，讲解其块属性的定义方法。

1）图块属性的定义

（1）命令调用。

① 菜单栏：选择【绘图】→【块】→【定义属性】菜单命令。

② 命令行：在命令行中输入命令 Attdef 或 Att↙。

输入命令，系统将弹出如图 7-69 所示的“属性定义”对话框。

（2）命令说明。

① “模式”选项区：用于设置图块属性的模式。

a. “不可见”复选框：用于设置插入属性块后是否显示其属性值，选中该复选框表示不显示属性值。

b. “固定”复选框：用于设置属性值是否为固定值，选中该复选框表示属性值为固定值。在插入属性块时，系统不再提示用户输入该属性值；反之，系统将提示用户输入该属性值。

c. “验证”复选框：用于设置是否对属性值进行验证，选中该复选框表示在插入属性块时，系统将显示一次提示，让用户验证所输入的属性值是否正确；反之，则系统不要求用户验证。

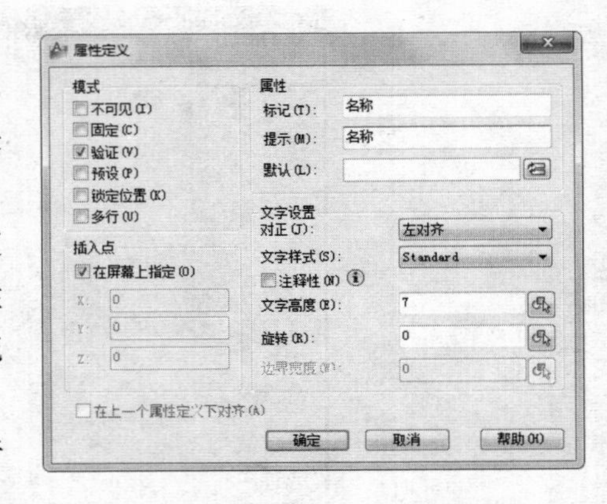

图 7-69　“属性定义”对话框

d. “预置”复选框：用于设置是否将属性值直接预置成它的默认值。选中该复选框表示在插入属性块时，系统直接将默认值自动设置为实际属性值，且将不再提示用户输入新值；反之，系统将提示用户输入新值。但属性值插入后可以被编辑修改。

e. “锁定位置”复选框：用于设置是否锁定块参照中属性的位置。

f. “多行”复选框：用于设置指定属性值是否可以包括多行文字。

② “属性”选项区：用于定义属性的标记、提示及默认值。

a. “标记”文本框：用于输入属性标记。

b. “提示”文本框：用于输入在插入属性块时系统显示的属性提示。

c. “默认”文本框：用于设置属性的默认值。单击后面按钮可以打开“字段”对话框，插入字段作为默认值。

③ “插入点”选项区：用于设置属性的插入点。与块的定义基本相同。

④ “文字设置”选项区：用于设置属性文本的对齐方式、文字样式、高度和旋转角度。

a. “对正”下拉列表：用于设置属性文本的对齐方式。

b. “文字样式”下拉列表：用于设置属性文本的文字样式。

c. “注释性”复选框：表示在图纸空间定义属性。

d. “高度”文本框：用于设置属性文本的高度，点击后面图标可在屏幕上指定高度。

e. “旋转”文本框：用于设置属性文本的旋转角度。

⑤ “在上一个属性定义下对齐”复选框：表示将当前定义的属性文本放置在前一个属性定义的正下方。该复选框只有在定义了一个属性后才可选。

点击“确定”按钮，进入绘图区，选取“名称”的放置位置，如图 7-70 所示。

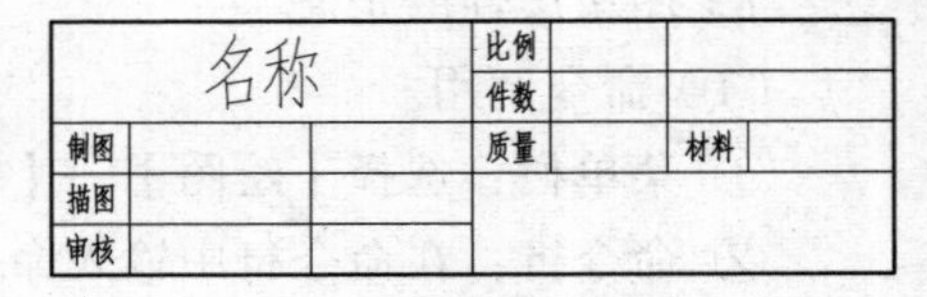

图 7-70　属性的放置位置

当对块定义了属性后，要把块与块的属性一起构造为块；这样块才能变为属性块。操作如下：

命令：B

弹出“块定义”对话框（见图 7-71），给定块名为“标题栏属性"，基点为原 A 点，选择对象为转换为块，点击"确定"按钮，弹出"编辑属性"对话框，如图 7-72 所示，设置块属性的预置值，完成属性块的设置。

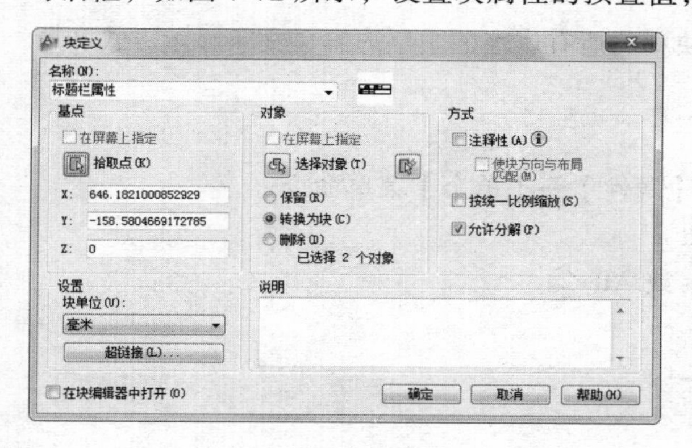

图 7-71 "块定义"对话框

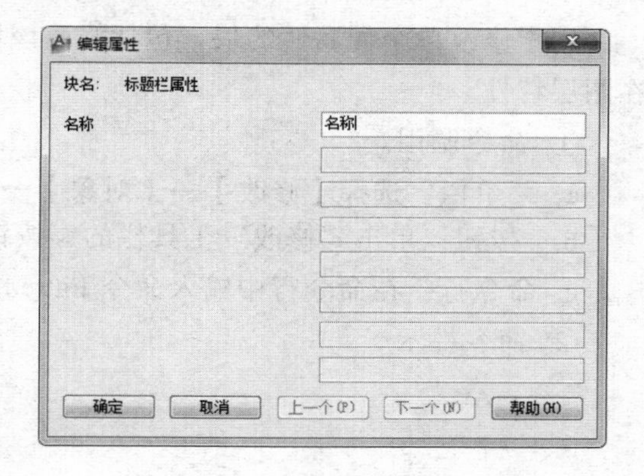

图 7-72 块属性的预置

可以在一个图块中多次使用"属性定义"对话框为图块定义多个属性。用户可自行进行标题栏多个属性的操作。

2）属性块的插入

用户可以根据需要在任何一个图形文件中插入属性块，各部分内容与块的插入相同，步骤如下：

命令：I

INSERT

显示如图 7-73（a）所示的对话框，完成相应设置，点击"确定"按钮，继续提示：

指定插入点或 [基点(B)/比例(S)/X/Y/Z/旋转(R)]：指定一点　　//指定插入点

指定旋转角度 <0.0>：　　//指定旋转角度

输入属性值

名称：主轴↙

验证属性值

名称 <主轴>：↙

完成属性块的插入，效果如图 7-73（b）所示。

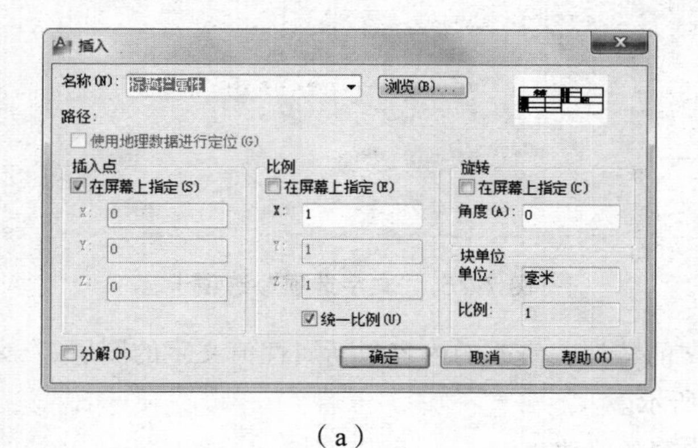

（a）

主轴			比例		
			件数		
制图			质量		材料
描图					
审核					

（b）

图 7-73 "插入"对话框

3）编辑属性

（1）编辑块属性。

用于修改单个带属性的块，包括修改该块中的所有属性的文字内容、文字显示方式和所在图层特性。

① 命令调用。

a. 菜单栏：选择【修改】→【对象】→【属性】→【单个】菜单命令。

b. 按钮：单击“修改”工具栏的按钮。

c. 命令行：在命令行中输入命令 Eattedit 或 Att↙。

② 命令提示。

命令：Att

选择块：

选中要修改的属性块，系统将弹出如图 7-74 所示的“增强属性编辑器”对话框。

③ 命令说明。

a. “块”标题：用于显示被选中的属性块名称。

b. “标记”标题：用于显示被选中属性块中的属性标记。

c. “选择块”按钮：用于选取编辑的属性块。单击该按钮，可以在绘图窗口选择要编辑的属性块。

d. “属性”选项卡：用于修改属性值。在其列表框中显示出被选中的属性块中所有属性的标记、提示和属性值。选中要修改的某个属性，该属性值将显示在下面的“值”文本框中，用户可以在该文本框中重新输入属性值，如图 7-74 所示。

e. “文字选项”选项卡：用于设置属性值的文字格式。在该选项卡中可以对属性值文字的各个方面进行编辑修改，其中包括文字样式、对正、反向、倒置、高度、宽度因子、旋转和倾斜角度等内容，如图 7-75 所示。

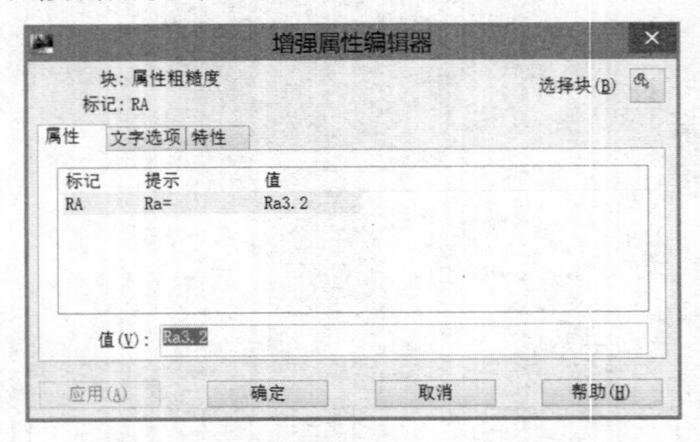

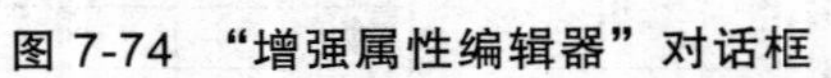
图 7-74 “增强属性编辑器”对话框

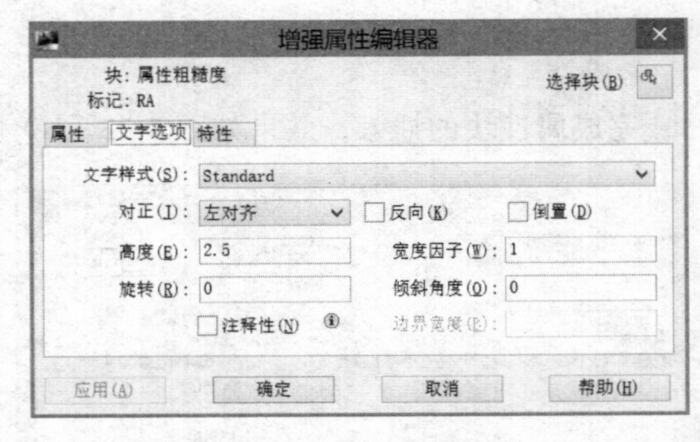

图 7-75 “文字选项”选项卡

f. “特性”选项卡：用于修改属性值文字的特性，修改的内容包括属性值文字的图层、线型、颜色、线宽及打印样式等，如图 7-76 所示。

单击“确定”按钮，完成对属性值各项内容的修改。

（2）修改属性值。

用于修改属性块插入后的属性值。

① 命令调用。

命令行：在命令行中输入命令 Attedit↙。

② 命令提示。

命令：Attedit 或 ATE

选择块参照：选择图中已插入的属性块↙

系统将弹出如图 7-77 所示的“编辑属性”对话框，在该对话框中用户可以修改（重新输入）属性值。

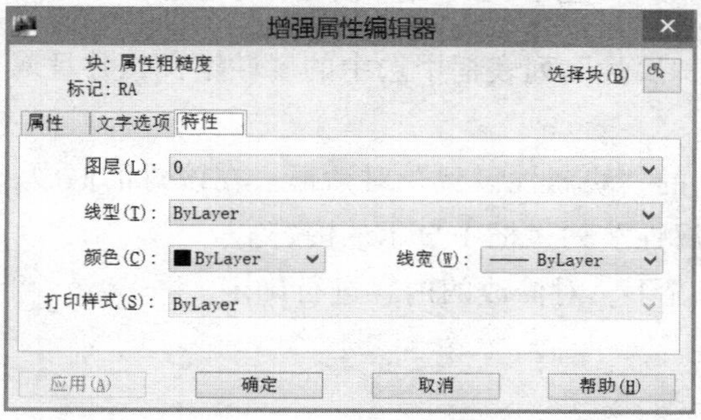

图 7-76 “特性”选项卡

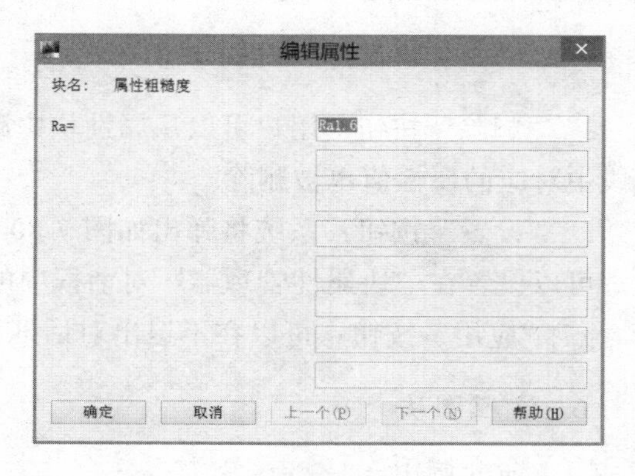

图 7-77 “编辑属性”对话框

（3）属性管理器。

修改或删除当前图形中块所定义的属性。

① 命令调用。

a. 菜单：选择【修改】→【对象】→【属性】→【块属性管理器】菜单命令。

b. 按钮：单击“修改”工具栏的按钮。

c. 命令行：在命令行中输入命令 Battman↙。

命令输入后，系统将弹出如图 7-78 所示的“块属性管理器”对话框。

② 命令说明。

前面所讲过的选项，在此不再赘述。

a. “属性”列表框：显示了当前选择的属性块的所有属性，包括属性的标记、提示、默认值和模式等。

b. “同步”按钮：可以更新已修改的属性特性。

c. “上移”和“下移”按钮：可以分别将“属性”列表框中选中的属性上移或下移一行。

d. “编辑”按钮：点击“编辑”按钮，或双击左侧属性区的内容，系统将弹出如图 7-79 所示的“编辑属性”对话框。该对话框包括“属性”“文字选项”和“特性”3 个选项卡，其中“文字选项”和“特性”两个选项卡与前面介绍的“增强属性编辑器”对话框中的同名选项卡完全相同。在“属性”选项卡中，用户可以修改选中属性的模式和属性的标记、提示及默认值。

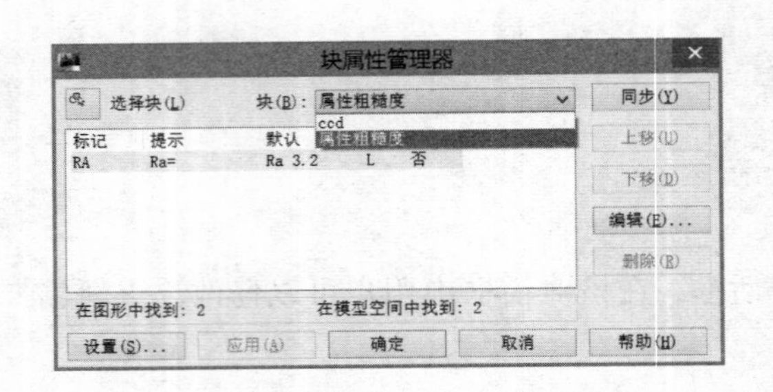

图 7-78 “块属性管理器”对话框

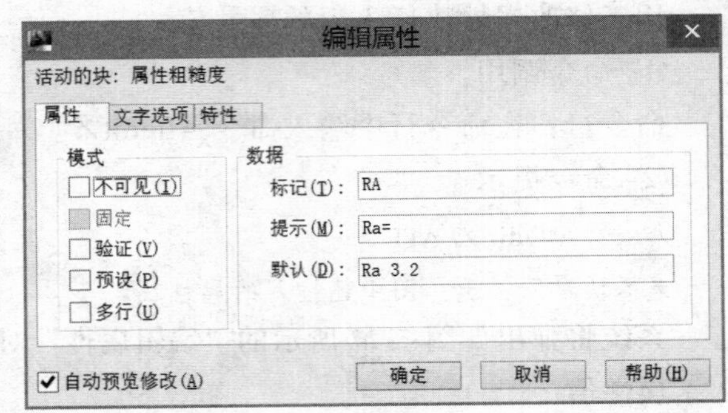

图 7-79 “编辑属性”对话框

e. “删除”按钮：用户可以从属性块中删除“属性”列表框中选中的属性定义，并且属性块中对应的属性值也被删除。

f. “设置”按钮：系统将弹出如图 7-80 所示的“块属性设置”对话框。在该对话框中，用户可以设置在“块属性管理器”对话框中的“属性”列表框中显示的内容。

g. “应用”按钮：可以在不退出对话框的情况下，对修改的内容进行确定。

6. 清理图块

（1）命令调用。

在 AutoCAD 中，执行清理图块命令的方法有两种：

① 下拉菜单：选择【文件】→【图形实用工具】→【清理】菜单命令。

② 命令行：输入命令 PU，回车。

（2）命令说明。

执行清理命令后，AutoCAD 将弹出如图 7-81 所示的“清理”对话框。

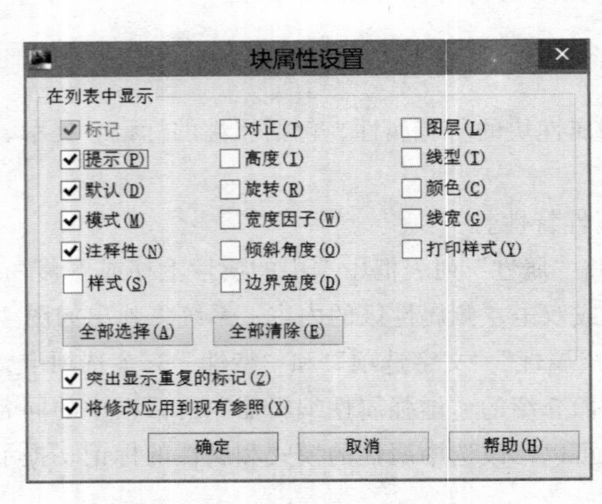

图 7-80 “块属性设置”对话框

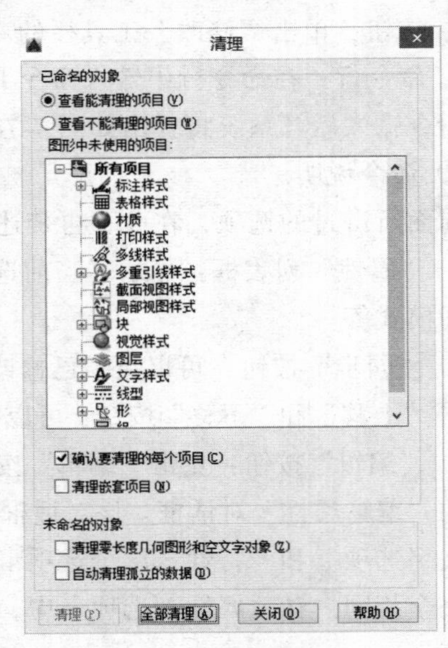

图 7-81 “清理”对话框

在弹出的“清理”对话框中，选中要清理的块的名称，点击“全部清理”就可以了。

经验提示：如果块被引用过，是不能清理的；只有先删除块被引用的地方，然后才能清理块。

7. 使用“工具选项板”中的块

在 AutoCAD 中，用户可以利用“工具选项板”窗口方便地使用螺钉、螺母、轴承等系统内置的机械零件块，具体操作步骤如下：

（1）点击标准工具栏中的“工具选项板”按钮，打开“工具选项板”窗口，如图 7-82 所示。

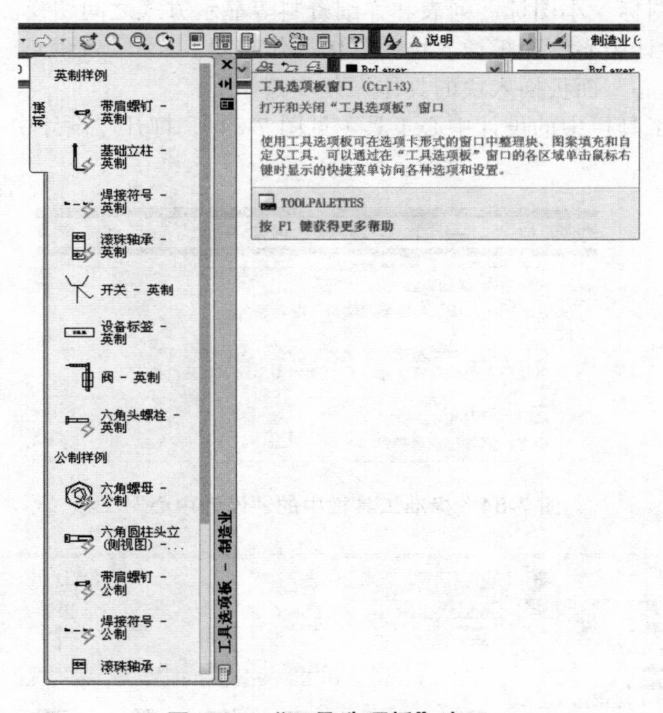

图 7-82 “工具选项板”窗口

（2）单击“工具选项板”窗口中的“机械”选项卡，选中其右侧的“六角螺母-公制”块，系统提示：“命令：指定插入点或 [基点(B)/比例(S)/X/Y/Z/旋转(R)]:”。

（3）如果需要的话，通过输入 S、X、Y 或 Z，可设置插入块时的全局比例，或者块在 *X*、*Y* 或 *Z* 轴方向的比例。

（4）在绘图区中单击鼠标左键，确定插入点位置，即可将块插入到该处，如图 7-83 所示。

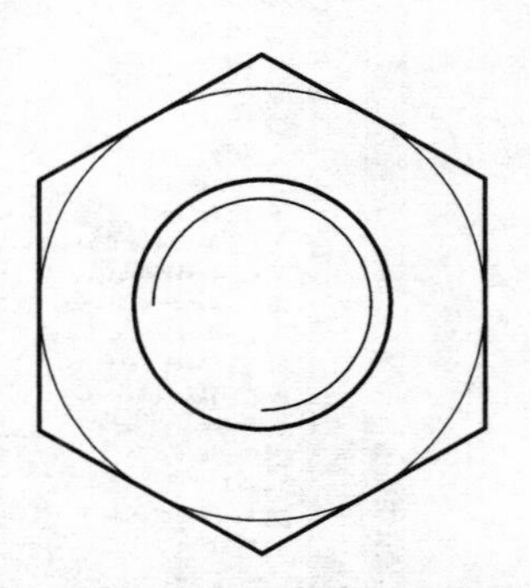

图 7-83 利用“工具选项板”窗口插入的“六角螺母-公制”块

8. 使用设计中心中的块

在 AutoCAD 中，设计中心为用户提供了一种管理图形的有效手段。使用设计中心，用户可以很方便地重复利用和共享图形。

（1）设计中心的作用。

① 浏览本地及网络中的图形文件，查看图形文件中的对象（如块、外部参照、图像、图层、十字样式、线型等），将这些对象插入、附着、复制和粘贴到当前图形中。

② 在本地和网络驱动器上查找图形。例如，可以按照特定图层名称或上次保存图形的日期来搜索图形。

③ 打开图形文件，或者将图形文件以块方式插入到当前图形中。

④ 可以在大图标、小图标、列表和详细资料等显示方式之间切换。

（2）使用“设计中心”面板插入块的具体操作步骤。

使用“设计中心”面板插入块的具体操作步骤如下：

① 单击标准工具栏中的设计中心工具（见图 7-84），打开“设计中心”面板，如图 7-85 所示。

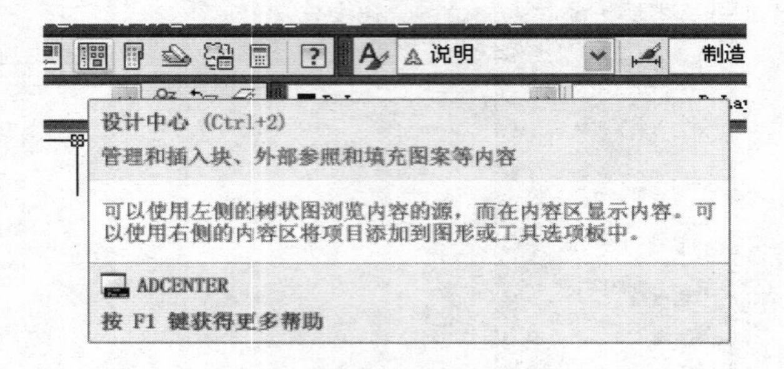

图 7-84　标准工具栏中的“设计中心”工具

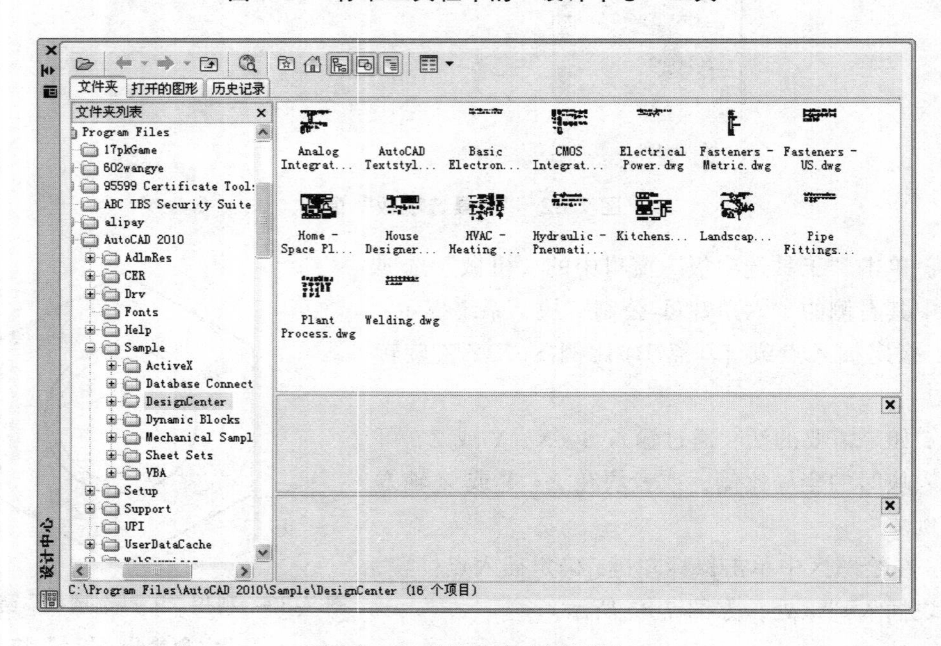

图 7-85　“设计中心”面板

② 打开“文件夹”选项卡，单击设计中心工具栏中的主页工具，可查看系统自带的块库（在 AutoCAD20xx\Sample\DesignCenter 文件夹中）。

③ 在“设计中心”面板中双击要插入的文件“Hydraulic-Pneumatic”，展开其内容列表，如图 7-86 所示。然后双击其中的块，弹出许多液压块，如图 7-87 所示，单击选中“阀-单向”，并将其拖入到当前视图中。

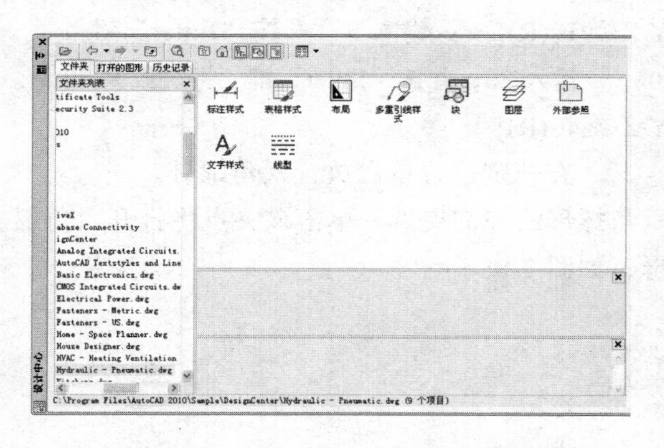

图 7-86　双击要插入的文件后展开的内容列表

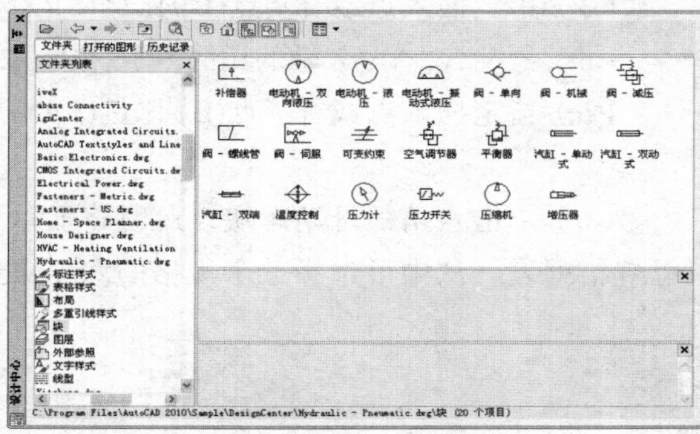

图 7-87　液压块

经验提示：用户可以利用“设计中心”窗口左窗格，打开任意文件中任意 AutoCAD 图形文件，从而使用其中定义的块。

9. 动态块

1）动态块的含义

在图形绘制中使用块时，常常会遇到图块的某个外观有些区别，而大部分结构形状相同，比如，各种规格的螺栓、螺钉、螺母、轴承等标准件，在早期（2006 版本之前）的 AutoCAD 中，必须创建多个图块才能解决上述问题。然而，在 AutoCAD 的 2006 版本及以后的各个版本中，新增了功能强大的动态块功能，在 AutoCAD 2011 中又得到了增强。它可以把大量具有相同特性的块，合并成一个块，在这个块中增加了长度、角度、查询等不同的特性。利用动态块功能，用户能够直接利用块的夹点快速编辑块图形外观。在插入块时，仅仅需要调整块的一些参数就可以得到一个新的块，而不必搜索另一个块或重定义的块。在使用动态块时，具有灵活性和智能性。

所谓动态块，实际上就是定义了参数及其关联动作的块。它的主要特点有两个：一是一个动态块相当于集成了一组块，用户可以直接通过选择某个参数快速改变块的外观；二是用户可直接利用块夹点编辑块内容，而无须像编辑普通块那样，只有先炸开块，然后才能编辑其内容。

2）工具选项板中的动态块的使用

在 AutoCAD 的工具选项板中，系统提供的块基本都是动态块。下面通过两个实例操作来看看如何使用工具选项板中的动态块。

实例操作与演示一：插入“六角螺母-公制”动态块。

步骤如下：

（1）命令：'_ToolPalettes　　点击标准工具栏中的“工具选项板”按钮，打开“工具选项板”窗口。

（2）忽略块 六角螺母 - 公制 的重复定义。　　单击工具选项板中“机械”选项卡中的“六角螺母-公制”后，系统的提示。

（3）指定插入点或 [基点(B)/比例(S)/X/Y/Z/旋转(R)]：S　输入 S，并按“Enter”键。

（4）指定 X、Y、Z 轴的比例因子 <1>：20　　输入 20，并按“Enter”键，将块放大 20 倍。

（5）指定插入点或 [基点(B)/比例(S)/X/Y/Z/旋转(R)]：

在选定位置单击放置六角螺母。

（6）单击六角螺母动态块，此时将显示六角螺母的查询夹点，单击该夹点将打开六角螺母规格列表，从中可选择某个规格的六角螺母，如图 7-88 所示。

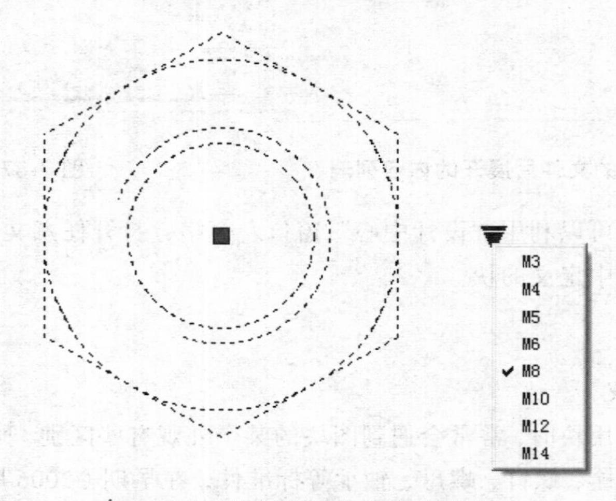

图 7-88　使用动态块的查询功能

实例操作与演示二：将工具选项板中的“六角圆柱头立柱（侧视图）”动态块拖入绘图区域，然后将其变为 M12，将螺栓长度变为 700。

步骤如下：

（1）命令：忽略块六角圆柱头立柱(侧视图) -公制的重复定义。

单击工具选项板中“机械”选项卡中的“六角圆柱头立柱（侧视图）-公制”后，系统的提示。

（2）指定插入点或[基点(B)/比例(S)/X/Y/Z/旋转(R)]：s　　输入 s，回车。

（3）指定 X、Y、Z 轴的比例因子 <1>：10　　输入 10，回车。

（4）指定插入点或[基点(B)/比例(S)/X/Y/Z/旋转(R)]：　　指定插入点。

（5）单击“六角圆柱头立柱（侧视图）-公制”动态块，此时将显示“六角圆柱头立柱（侧视图）-公制”查询夹点，单击该夹点将打开其规格列表，从中可选择 M12，如图 7-89 所示。

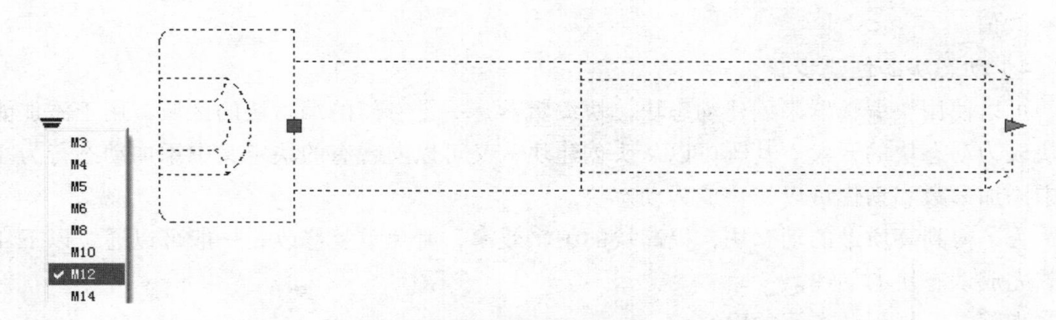

图 7-89　在打开的规格列表中选择 M12

（6）将鼠标移动到最右边的三角板上，按下左键水平拖到鼠标，当显示长度为 700 时松开鼠标，如图 7-90 所示。

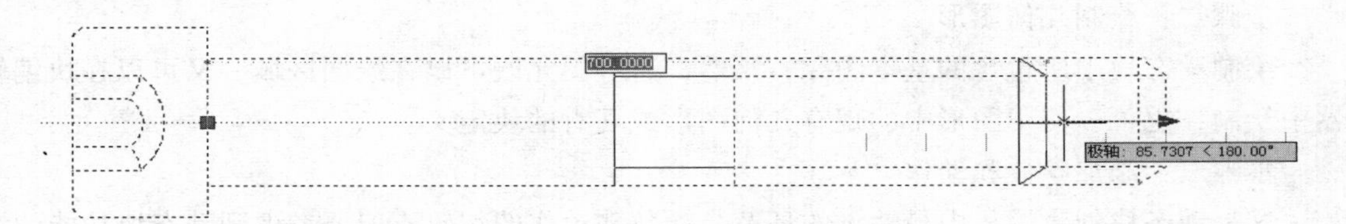

图 7-90　将长度改为 700

经验提示：动态块可以具有自定义夹点和自定义特性。根据块的定义方式，可以通过这些自定义夹点和自定义特性来操作块。

3）动态块的自定义夹点

动态块中不同类型的自定义夹点，如表 7-3 所示。

表 7-3　动态块中不同类型的自定义夹点

夹点类型	图例	夹点在图形中的操作方式
标准	■	平面内的任意方向
线性	▶	按规定方向或沿某一条轴往返移动
旋转	●	围绕某一条轴旋转
翻转	⇨	单击以翻转动态块参照
对齐	▶	平面内的任意方向；如果在某个对象上移动，则使块参照与该对象对齐
查寻	▼	单击以显示项目列表

经验提示：某些动态块被定义为只能将块中的几何图形编辑为在块定义中指定的特定大小。使用夹点编辑块参照时，标记将显示在该块参照的有效值位置。如果将块特性值改为不同于块定义中的值，那么参数将会调整为最接近的有效值。例如，某一动态块的长度被定义为 12、14、16。如果试图将距离值改为 20，将会导致其值变为 16，因为这是最接近

的有效值。

4）动态块的创建步骤

可以使用块编辑器来创建动态块。块编辑器是一个专门的编写块的区域，用于添加能够使块成为动态块的元素。其既可以从头创建块，又可以向现有的块定义中添加动态行为。向块中添加参数和动作可以使块成为动态块。

为了得到高质量的动态块，提高块的编辑效率，避免重复修改，一般可以通过以下 4 个步骤完成动态块的创建。

步骤一：规划动态块的内容。

在创建动态块之前，非常有必要对动态块进行规划，规划的内容包括规划动态块要实现的功能、外观；规划动态块在图形中的使用方式；规划动态块要实现预期功能需要使用哪些参数和动作。

步骤二：绘制几何图形。

绘制动态块中所包含的基本图元，当然，这些图元既可以在绘图区域，又可以在块编辑器中绘制，也可以使用图形中的现有几何图形或现有的块定义。

步骤三：添加参数和动作。

这是动态块创建过程中最关键的环节，参数和动作的编辑不但要考虑到动态块功能的实现，同时也要考虑到动态块的可读性及修改的方便性，尽可能将参数的作用点吸附在对应的图元上，且动作应摆放在其关联参数附近。参数和动作较多时还需要为其重命名，以便理解、编辑和修改。

本步骤可以分为两个小的步骤：

（1）添加参数。

按照命令行上的提示向动态块定义中添加适当的参数。使用块编写选项板的“参数集”选项卡可以同时添加参数和关联动作。

（2）添加动作。

向动态块定义中添加适当的动作。按照命令行上的提示进行操作，确保将动作与正确的参数和几何图形相关联。

经验提示：① 要清楚动态块中各个元素是如何共同作用的。例如，在向块定义中添加参数和动作之前，应了解它们相互之间以及它们与块中的几何图形的相关性。在向块定义添加动作时，需要将动作与参数以及几何图形的选择集相关联。

② 可以通过自定义夹点和自定义特性来操作动态块参照。

步骤四：测试动态块。

保存动态块定义，并退出块编辑器，然后将动态块参照插入到一个图形中，对动态块进行效果测试，检测是否能达到预期的效果。

5）使用块编辑器创建动态块

（1）块编辑器的功能。

AutoCAD 专门提供了用于创建动态块的编写区域，即块编辑器。块编辑器具有如下 3 个功能：

其一，创建新的块定义。

其二，在位调整修改块。

其三，向块定义添加动态行为或编辑其中的动态行为。

由此可以看出，在动态块定义中，大部分工作都是在块编辑器中完成的，可以使用块编辑器向块中添加动态行为，它提供了为块增添智能性和灵活性所需的全部工具。

（2）调用块编辑器的方法。

调用块编辑器的方法有以下 5 种：

① 工具栏：单击标准工具栏中的按钮。

② 下拉菜单：执行【工具】→【块编辑器】命令。

③ 命令：“BEDIT”（或 BE）。

④ 右键快捷菜单。选定块后，单击右键在弹出的右键快捷菜单中选择“块编辑器”。

⑤ 通过块定义对话框。打开块定义对话框，并选定对话框左下角的“在块编辑器中打开复选按钮”。

（3）利用块编辑器创建动态块的步骤。

利用块编辑器创建动态块的操作步骤如下：

第一步：执行上述调用块编辑器命令后，系统将弹出“编辑块定义”对话框，在该对话框中，显示出当前图形文件中所有定义的块，如图 7-91 所示。

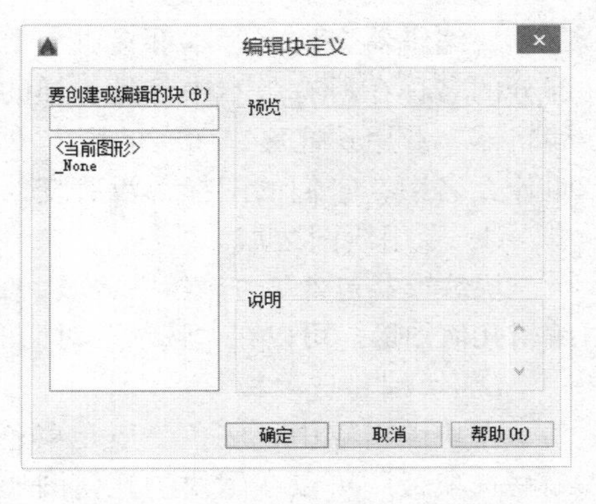

图 7-91　编辑块定义对话框

第二步：在“编辑块定义”对话框中，执行以下操作之一。

① 在“要创建或编辑的块”文本框中，输入新的块定义的名称。

② 如果希望将当前图形保存为动态块，可以选择“<当前图形>”。

③ 从列表中选择一个块定义。

第三步：单击“确定”按钮，进入“块编辑器”界面，如图 7-92 所示。

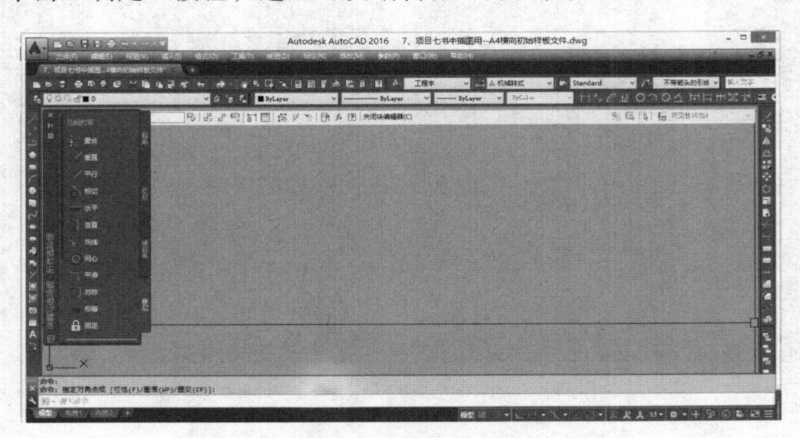

图 7-92　“块编辑器”界面

第四步：在“块编辑器”中创建动态块。

绘制或者编辑好组成块的几何图形后，执行下列操作之一。

① 从块编写选项板的“参数集”选项卡中添加一个或多个参数集。在黄色警告图标上右击，弹出快捷菜单，选择“动作选择集”选项的子选项“新建选择集”（或调用 BACTIONSET 命令），并按照命令行上的提示将动作与几何图形选择集相关联。

② 从块编写选项板的“参数”选项卡中添加一个或多个参数。按照命令行上的提示，从“动作”选项卡中添加一个或多个动作。

第五步：单击“保存块”图标按钮。

第六步：单击“关闭块编辑器”图标按钮 关闭块编辑器(C)。

经验提示：在块编辑器中，创建动态块的基本操作步骤为：添加参数、调整参数、为参数添加动作、为参数选定对象和保存参数。

（4）块编辑器的组成。

块编辑器在所有版本都提供 3 个部分，其中，“专用绘图区域”和“块编写选项板”两个部分的名称在所有版本中都是一样的，只有第三部分，有的版本（如 2013 版本）提供的是“块编辑器”专用功能区，而有的版本（如 2016 版本）提供的是“块编辑器”工具栏。好在无论叫什么名字，它们的图标都没有变，所以，只要用户记住图标就能明白其含义。

① 专用绘图区域。

块编辑器包含了一个绘图区域，在该区域中，用户可以像在程序的主绘图区域中一样绘制和编辑几何图形。可以在“选项”对话框的“显示”选项卡中指定块编辑器绘图区域的背景色。

② 块编写选项板。

在块编辑器中，底色一般是黄色，在左侧弹出“块编写选项板-所有选项板”。利用“块编写选项板”可以在图块的几何图形中，添加参数和动作。在“块编写选项板”中，包括 4 个选项卡，其形式如图 7-93 所示。

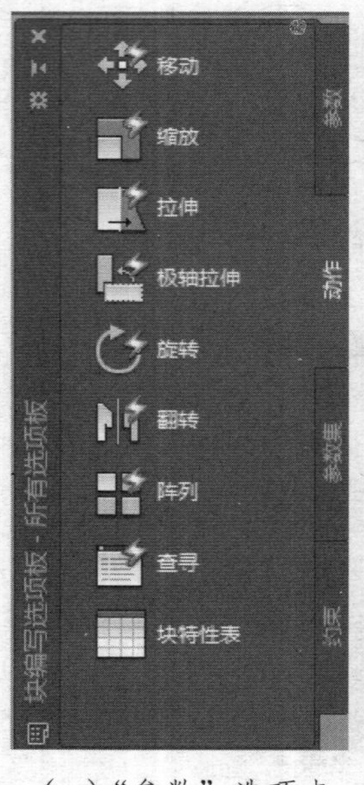

（a）“参数”选项卡

（b）“动作”选项卡

（c）“参数集”选项卡

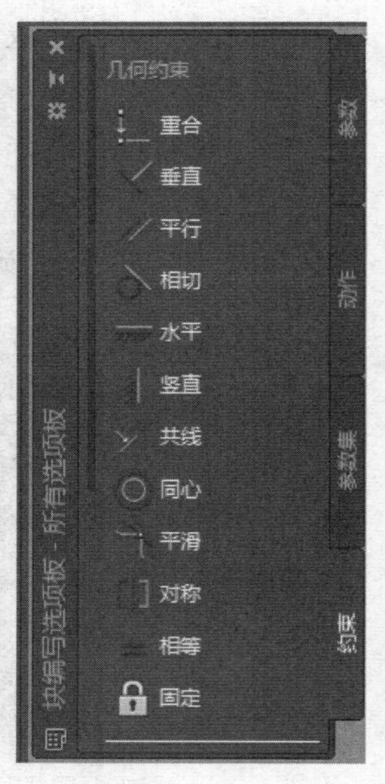

（d）“约束”选项卡

图 7-93　图块编写选项板

③“块编辑器”工具栏。

在块编辑器工具栏中，提供了在块编辑器中使用、用于创建动态块以及设置可见性状态的工具。

功能区处于未激活状态时，显示块编辑器工具栏。如果用户在功能区处于关闭状态时，进入块编辑器，也会显示此工具栏，如图 7-94 所示为块编辑器工具栏。

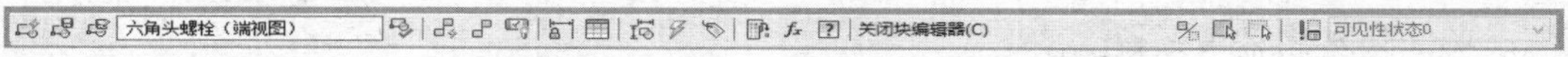

图 7-94　块编辑器工具栏

在块编辑器工具栏中，从左到右依次包括如下工具：

a. 编辑或创建块定义。

显示“编辑块定义”对话框。

b. 保存块定义。

保存当前块定义。

c. 将块另存为。

用新名称保存当前块定义的副本。

d. 名称 Block1。

显示当前块定义的名称。

e. 测试块。

在块编辑器内显示一个窗口，以测试动态块。

f. 自动约束对象。

根据对象相对于彼此的方向，将几何约束应用于对象的选择集。

g. 应用几何约束。

应用对象之间或对象上的点之间的几何关系或使其永久保持。

h. 显示/隐藏约束栏。

显示或隐藏对象上的几何约束。

i. 参数约束。

将约束参数应用于选定的对象，或将标注约束转换为参数约束。

j. 块表。

显示对话框以定义块的变量。

k. 参数。

向动态块定义中添加带有夹点的参数。

l. 动作。

向动态块定义中添加动作。

m. 定义属性。

创建用于在块中存储数据的属性定义。

n. 编写选项板。

打开块编辑器中的“块编写选项板”窗口。

o. 参数管理器 f_x。

控制图形中使用的关联参数。

p. 了解动态块。

显示“新功能专题研习”中创建动态块的演示。

q. 关闭块编辑器。

关闭块编辑器。

r. 可见性模式。

控制当前可见性状态下可见的对象在块编辑器中的显示方式。

s. 使可见。

使对象在动态块定义中的当前可见性状态下可见，或在所有可见性状态下均可见。

t. 使不可见。

使对象在动态块定义中的当前可见性状态下不可见，或在所有可见性状态下均不可见。

u. 管理可见性状态。

创建、设置或删除动态块中的可见性状态。

v. 可见性状态。

指定显示在块编辑器中的当前可见性状态。

（5）实例操作与演示：动态块的创建。

实例操作与演示一：根据 GB/T 5782—2000，创建 M10×45（主视）的图块，并通过添加块编辑器添加“拉伸”动态行为，使插入的“螺栓 M10（主视）”动态块可以根据需要调整其公称长度。已知 M10 螺栓的公称长度系列还有 50、55、60、65、70、80、90、100。

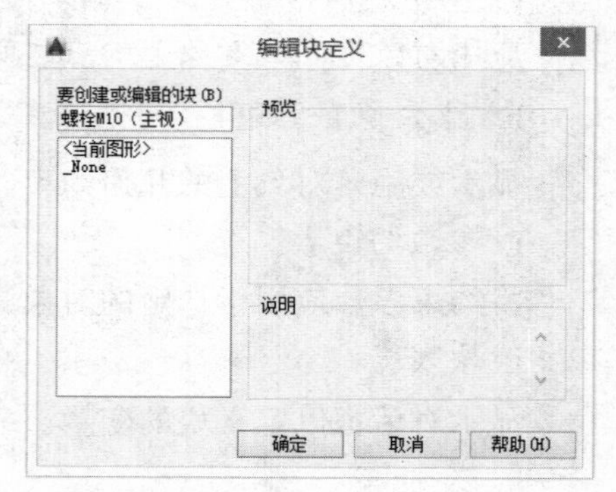

图 7-95　编辑“螺栓 M10（主视）”块定义对话框

操作步骤如下：

① 分析与规划。根据螺栓的公称长度是一系列的数值，决定了添加到动态块定义中的参数集是“线性拉伸”。

② 启动块编辑器。点击“块编辑器”图标按钮，调用块编辑器命令，系统会弹出“编辑块定义”对话框。在“要创建或编辑的块”文本框中输入“螺栓 M10（主视）”，如图 7-95 所示，单击“确定”按钮，进入块编辑器界面。

③ 分别选择粗实线层、细实线层和细点画线层，按简化画法在绘图区域绘制螺栓 GB/T 5782—2000 M10×45 的主视图，如图 7-96 所示，不标注尺寸。

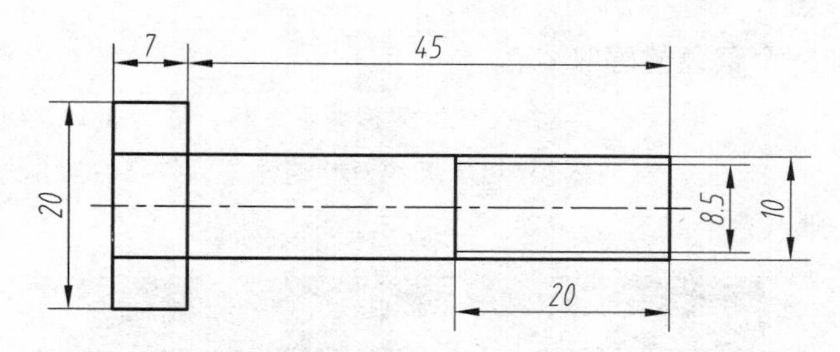

图 7-96　螺栓 GB/T 5782—2000 M10×45 的主视图

④ 添加动态行为。在参数集选项卡上，选择“线性拉伸”添加到动态块中。详细操作步骤如下：

命令：_BParameter 线性　　点击块编写选项板上“参数集”选项卡的“线性拉伸”图标按钮，添加“线性拉伸”参数集。

指定起点或 [名称(N)/标签(L)/链(C)/说明(D)/基点(B)/选项板(P)/值集(V)]：L

选择“标签(L)”选项：输入 L，回车。

输入距离特性标签 <距离 1>：公称长度

输入线性参数的特性标签公称长度，回车。

指定起点或 [名称(N)/标签(L)/链(C)/说明(D)/基点(B)/选项板(P)/值集(V)]：V

选择“值集(V)”选项：输入 V，回车。

输入距离值集合的类型 [无(N)/列表(L)/增量(I)] <无>：L

选择“列表(L)”选项：输入 L，回车。

输入距离值列表 (逗号分隔)：50,55,60,65,70,80,90,100

输入“50,55,60,65,70,80,90,100”，回车。

经验提示：一定要是英文逗号。此处不成功，将会导致后面没有参数可供选择。

指定起点或 [名称(N)/标签(L)/链(C)/说明(D)/基点(B)/选项板(P)/值集(V)]：

指定线性参数的起点，如图 7-97 中公称长度左边的尺寸界线所在的点。

指定端点：　　指定线性参数的起点，如图 7-97 中公称长度右边的尺寸界线所在的点。

指定标签位置：　　点击鼠标，指定参数标签的位置，如图 7-97 所示。

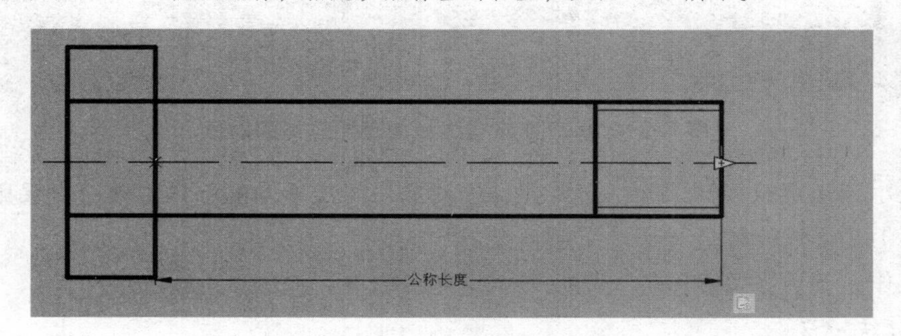

图 7-97　成功添加线性拉伸参数集

经验提示：成功添加线性拉伸参数集后，最右边会出现类似于刻度线的灰色线条。没有这些灰色线条，则表示“线性拉伸参数集没有成功添加”。还应该注意一个细节，此时，右下角是一个拉伸符号加一个黄色的感叹号。

命令：_bactionset　　右键点击黄色警示图标，在弹出的快捷菜单中，依次选择动作选择集和新建选择集，将拉伸动作与线性参数相关联，如图 7-98 所示。

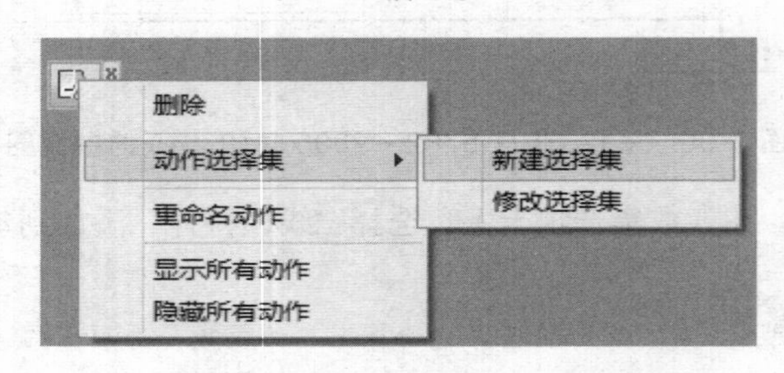

图 7-98　将拉伸动作与线性参数相关联

指定拉伸框架的第一个角点或 [圈交(CP)]：　　指定拉伸框架的第一个角点。

指定对角点：　　指定拉伸框架的对角点。结果如图 7-99 所示的小方框。

指定要拉伸的对象

选择对象：指定对角点：找到 10 个　　用窗交窗口（c）选择拉伸框架包围的或者相交的所有对象。结果如图 7-99 所示的大方框。

选择对象：　　结束对象选择。

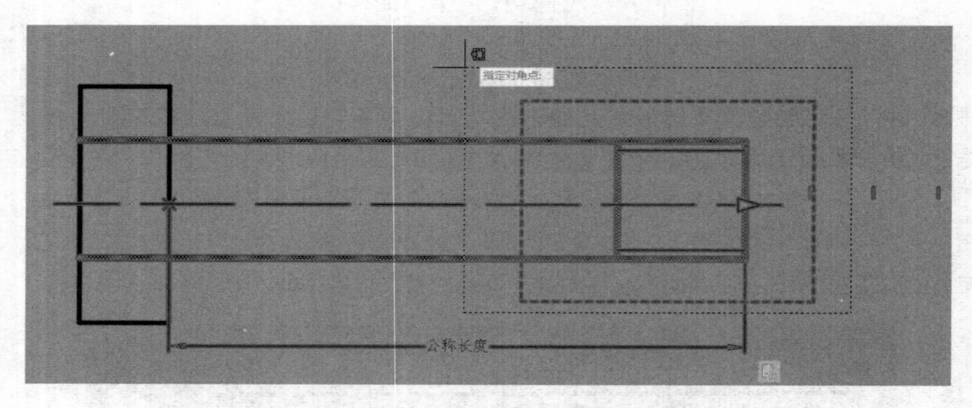

图 7-99　指定拉伸框架和指定要拉伸的对象

经验提示：指定拉伸框架和指定要拉伸的对象是两次不同的选择，前一次采用哪一种窗口都可以，但是，后一种选择必须采用窗交的方式。

上述操作正确后，警示图标（感叹号）会变成闪电，如图 7-100 所示。

⑤ 保存块定义。

命令：_BSAVE　　点击“保存块定义”图标按钮。

命令：_BCLOSE　　点击“关闭块编辑器”图标按钮。

正在重生成模型。　　系统提示。

图 7-100　警示图标（感叹号）变成闪电

可以通过“插入块”，也可以通过“测试块”来检验动态块的效果，以下是通过“插入块”来检验效果的操作步骤：

命令：_insert　　　　点击“插入块”图标按钮，会弹出“插入”对话框，在名称下拉列表中选择“螺栓 M10（主视）”，点击“确定”按钮，如图 7-101 所示。

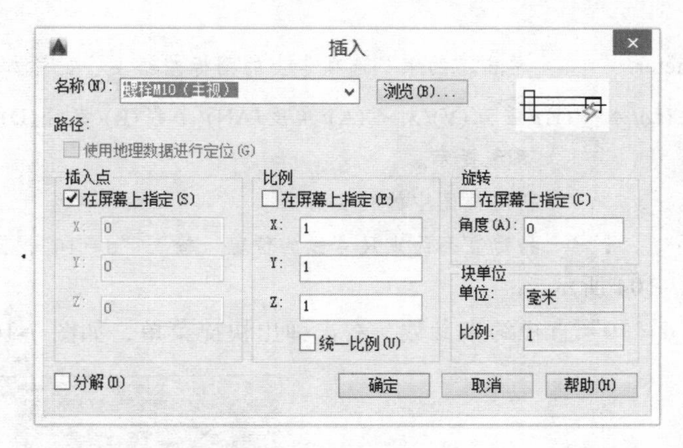

图 7-101　“插入”对话框

指定插入点或 [基点(B)/比例(S)/X/Y/Z/旋转(R)]:　　点击鼠标，指定插入点。

经验提示：① 绘图区域的 UCS 图标原点就是块的插入基点。

② 图 7-98、图 7-99 出现的警示图标（感叹号），表示必须将某个动作与该参数相关联，才能使块成为动态块。关联不成功，则警示图标会一直存在。

实例操作与演示二：根据 GB/T 5782—2000 在块编辑器中创建六角头螺栓的端视图图块，应用几何约束和约束参数添加动态行为，使“六角头螺栓（端视图）”动态块可以根据需要调整其公称直径。

① 调用块编辑器命令，弹出如图 7-102 所示的“编辑块定义”对话框，在文本框中输入块名“六角头螺栓（端视图）”，单击“确定”按钮。

② 在块编辑器专用绘图区域，按简化画法绘制六角头螺栓 GB/T 5782—2000 M10 的端

视图，如图 7-103 所示，不标注尺寸。

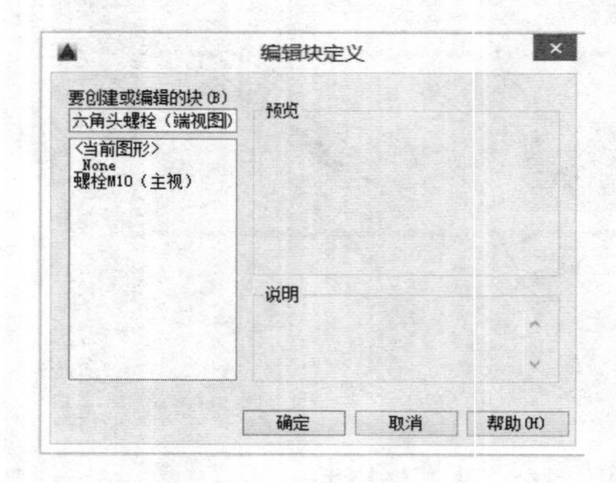

图 7-102 “编辑块定义”对话框

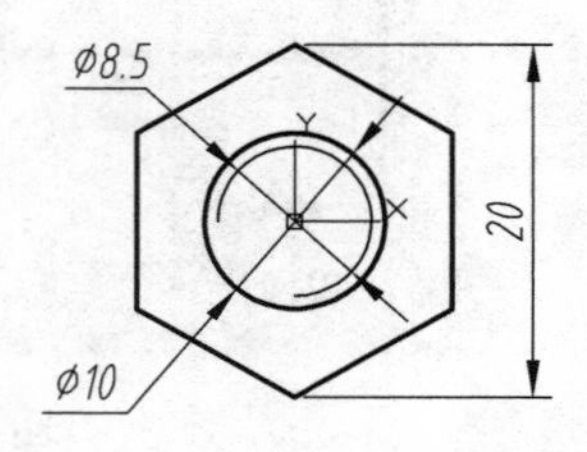

图 7-103 六角头螺栓 GB/T 5782—2000 M10 的端视图

经验提示：此例画圆时以原点（0，0）为圆心，所以，插入块时，基点和鼠标所指的点重合。

③ 在“约束”选项卡上，选择“参数约束”中的“直径”约束来添加对螺栓公称直径的约束。

命令：_BCParameter　　单击“约束”选项卡上的图标按钮，添加直径约束。

输入选项 [线性(L)/水平(H)/垂直(V)/对齐(A)/角度(AN)/半径(R)/直径(D)/转换(C)] <直径>: _Diameter　　系统提示。

选择圆弧或圆：　　拾取视图中的粗实线圆。

指定尺寸线位置：　　指定直径约束尺寸线的位置，输入“d = 10”，回车。

操作结果如图 7-104 所示。

④ 单击选取“d = 10”直径约束参数，右击弹出快捷菜单，如图 7-105 所示。

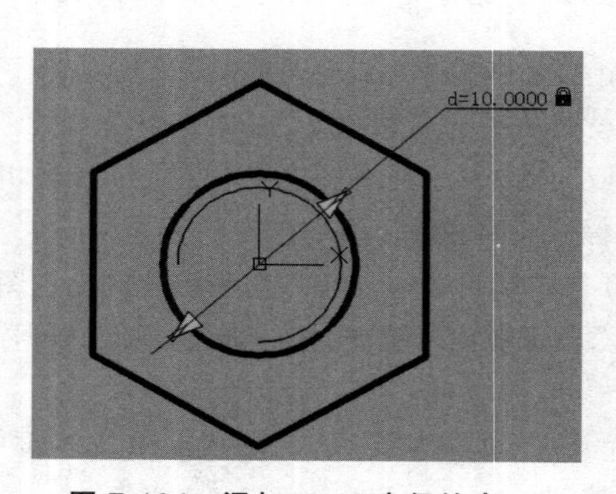

图 7-104 添加 d=10 直径约束

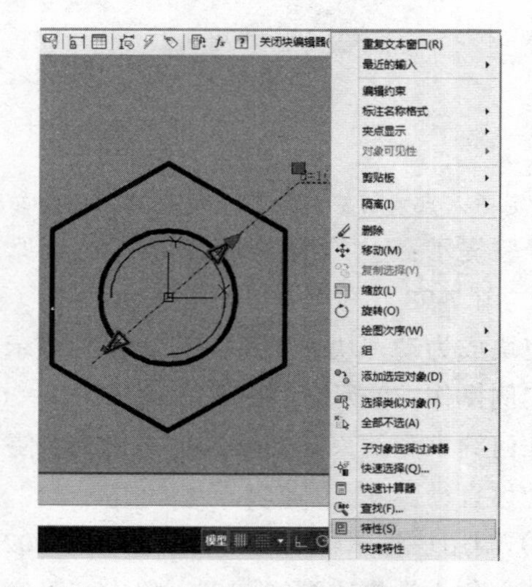

图 7-105 d=10 直径约束参数的快捷菜单

⑤ 在快捷菜单中选择“特性”选项，弹出“特性”选项板，如图 7-106 所示。

⑥ 如图 7-107 所示，修改“值集”选项的距离类型由“无”变为“列表”，单击距离值列表中最右边的图标按钮[...]。

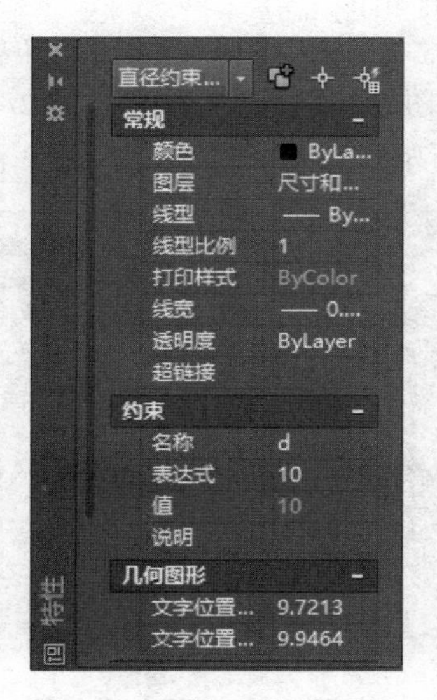

图 7-106 “特性”选项板

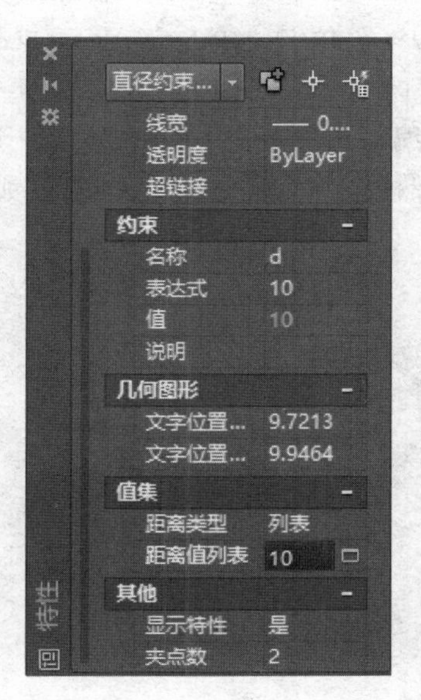

图 7-107 修改“值集”的选项

⑦ 在弹出的“添加距离值”对话框中，在“要添加的距离：”文本框中输入“3,4,5,6,8,12,16,20,24,30,36”，切记文本框中的值，以英文逗号隔开，如图 7-108 所示。

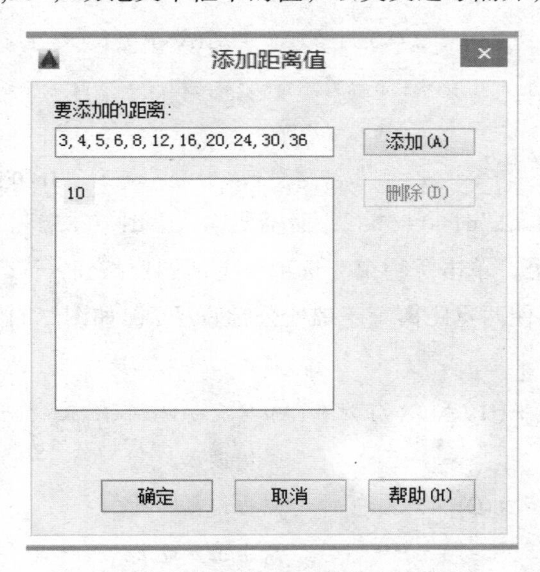

图 7-108 “添加距离值”对话框

⑧ 单击“添加”按钮，距离值添加到列表中，继续单击“确定”按钮，关闭对话框。关闭“特性”选项板。

⑨ 在块编写选项板上，单击“约束”选项卡上的图标按钮[固定]，固定粗实线圆心与世界

坐标系的原点始终重合，如图 7-109 所示。

命令：_GeomConstraint　　单击“约束”选项卡上的图标按钮 固定。

输入约束类型 [水平(H)/竖直(V)/垂直(P)/平行(PA)/相切(T)/平滑(SM)/重合(C)/同心(CON)/共线(COL)/对称(S)/相等(E)/固定(F)] <重合>：_Fix　　系统提示。

选择点或 [对象(O)] <对象>：　　点击粗实线圆，系统自动指定其圆心。

⑩ 在块编写选项板上，单击“约束”选项卡上的图标按钮，拾取螺栓中 3/4 细实线圆，使其直径为螺栓公称直径 d 的 0.85 倍，如图 7-110 所示。

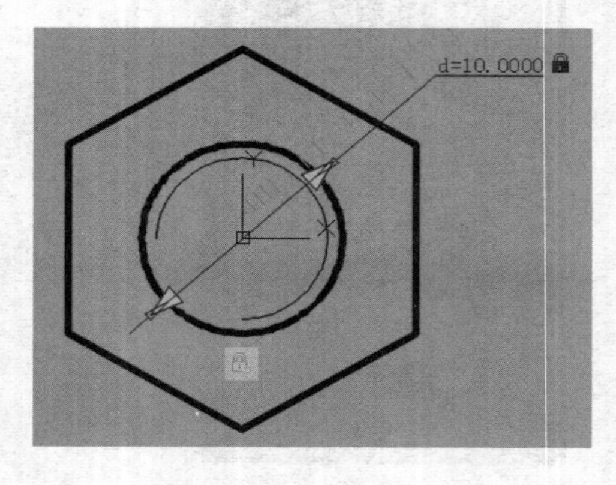

图 7-109　固定粗实线圆心与世界坐标系的原点始终重合

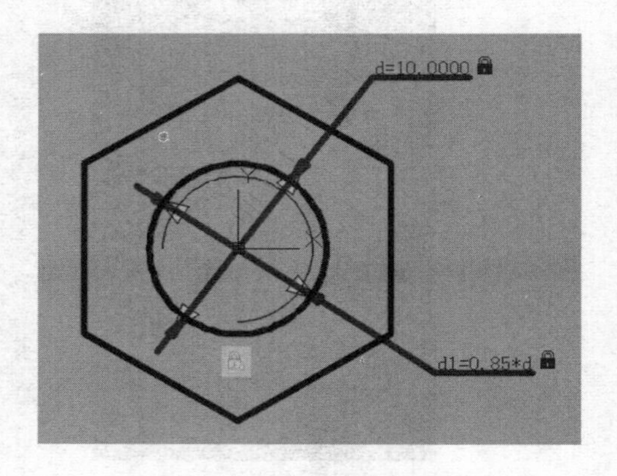

图 7-110　添加直径约束

命令：_BCParameter　　单击“约束”选项卡上的图标按钮，添加直径约束。

输入选项 [线性(L)/水平(H)/垂直(V)/对齐(A)/角度(AN)/半径(R)/直径(D)/转换(C)] <直径>：_Diameter　　系统提示。

选择圆弧或圆：　　选择 3/4 圆。

指定尺寸线位置：　　点击指定尺寸线位置。输入“d1=0.85*d”。

经验提示：此处要输入“d1=0.85*d”，而不要输入“d1=0.85d”。

⑪ 在块编写选项板上，单击“约束”选项卡上的图标按钮，拾取螺栓中的粗实线圆心和正六边形的最上点，使两点距离等于螺栓公称直径 *d*，如图 7-111 所示。

命令：_BCParameter　　单击“约束”选项卡上的图标按钮。

输入选项 [线性(L)/水平(H)/垂直(V)/对齐(A)/角度(AN)/半径(R)/直径(D)/转换(C)] <直径>：_Vertical　　系统提示。

指定第一个约束点或 [对象(O)] <对象>：　　点击粗实线圆。

指定第二个约束点：　　点击正六边形的最上点。

指定尺寸线位置：　　点击指定尺寸线位置。输入“d2=d”。

⑫ 在块编写选项板上，单击“约束”选项卡上的图标按钮，拾取螺栓中的粗实线圆心和正六边形的最下点，使两点距离等于螺栓公称直径 *d*，如图 7-162 所示。

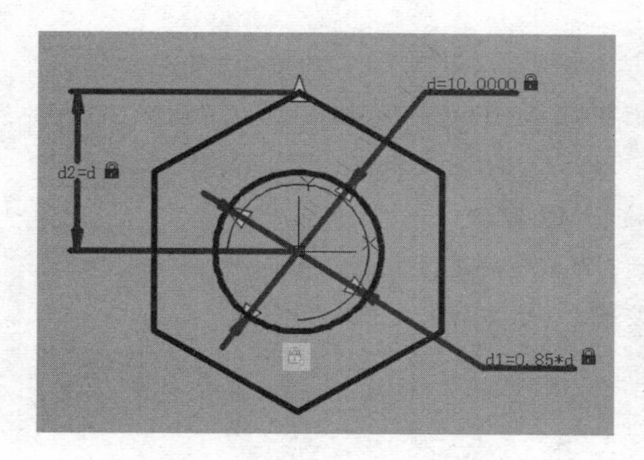

图 7-111　添加 d2=d 竖直约束

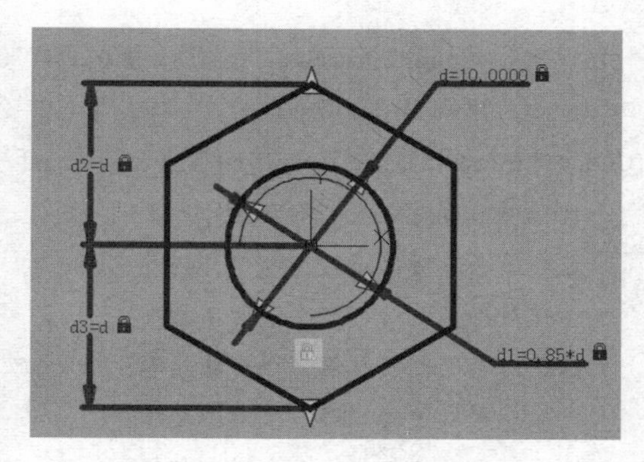

图 7-112　添加 d3=d 竖直约束

命令：_BCParameter　　　　单击“约束”选项卡上的图标按钮。

输入选项 [线性(L)/水平(H)/垂直(V)/对齐(A)/角度(AN)/半径(R)/直径(D)/转换(C)] <直径>: _Vertical　　　　系统提示。

指定第一个约束点或 [对象(O)] <对象>:　　　　点击粗实线圆。

指定第二个约束点:　　　　点击正六边形的最下点。

指定尺寸线位置:　　　　点击指定尺寸线位置。输入“d3=d”。

⑬ 在块编写选项板上，单击“约束”选项卡上的图标按钮，拾取正六边形最右边两端点，使两点距离等于螺栓公称直径 d，如图 7-113 所示。

命令：_BCParameter　　　　单击“约束”选项卡上的图标按钮。

输入选项 [线性(L)/水平(H)/垂直(V)/对齐(A)/角度(AN)/半径(R)/直径(D)/转换(C)] <直径>: _Vertical　　　　系统提示。

指定第一个约束点或 [对象(O)] <对象>:　　　　点击正六边形最右边的上端点。

指定第二个约束点:　　　　点击正六边形最右边的下端点。

指定尺寸线位置:　　　　点击指定尺寸线位置。输入“d4=d”。

⑭ 在块编写选项板上，单击“约束”选项卡上“几何约束”的图标按钮 = ，使正六边形的 5 条边分别和最右边相等，如图 7-114 所示。

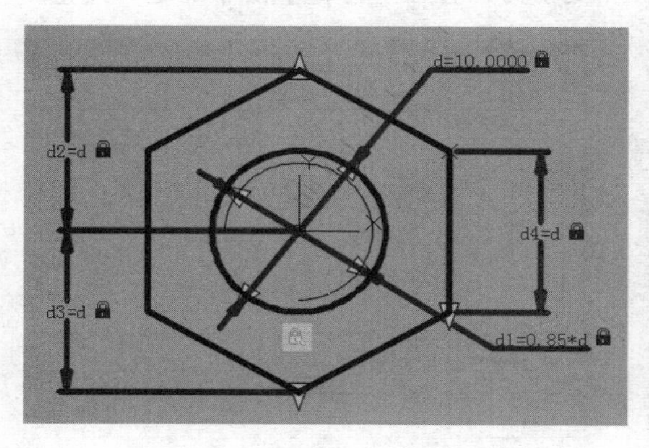

图 7-113　添加 d4=d 竖直约束

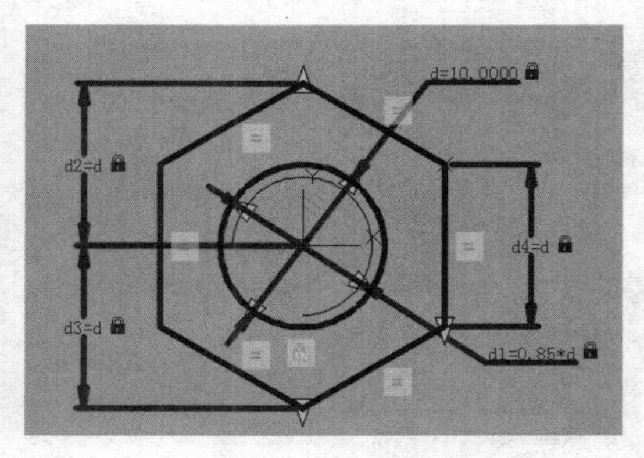

图 7-114　添加相等约束

命令：_GeomConstraint　　单击“约束”选项卡上“几何约束”的图标按钮 = 。

输入约束类型 [水平(H)/竖直(V)/垂直(P)/平行(PA)/相切(T)/平滑(SM)/重合(C)/同心(CON)/共线(COL)/对称(S)/相等(E)/固定(F)] <相等>：_Equal

选择第一个对象或 [多个(M)]：M　　输入 M，回车。

选择第一个对象：　　选择最右边的边。

选择对象以使其与第一个对象相等：　　按照逆时针方向依次选择各个边。

选择对象以使其与第一个对象相等：

选择对象以使其与第一个对象相等：

选择对象以使其与第一个对象相等：

选择对象以使其与第一个对象相等：

选择对象以使其与第一个对象相等：

设为相等的对象长度。

⑮ 在块编写选项板上，单击“约束”选项卡上的图标按钮 // ，使正六边形的最左边和最右边平行，如图 7-115 所示。

命令：_GeomConstraint　　单击“约束”选项卡上的图标按钮 // 。

输入约束类型 [水平(H)/竖直(V)/垂直(P)/平行(PA)/相切(T)/平滑(SM)/重合(C)/同心(CON)/共线(COL)/对称(S)/相等(E)/固定(F)] <相等>：_Parallel

选择第一个对象：　　选择最左边的边。

选择第二个对象：　　选择最右边的边。

⑯ 单击块编辑器工具栏上的“块表”图标按钮，添加“块特性表”动作。在端视图左下角指定块特性表的位置，回车，确定夹点数为 1。

命令：_BTABLE　　单击块编辑器工具栏上的“块表”图标按钮。

指定参数位置或 [选项板(P)]：　　点击端视图左下角。

输入夹点数 [0/1] <1>：1　　输入 1，回车。

⑰ 在弹出的“块特性表”对话框（见图 7-116）中，单击图标按钮 $^{+}f_x$ ，弹出“添加参数特性”对话框，如图 7-117 所示，选择参数“d”类型为“直径”行，单击“确定”按钮。

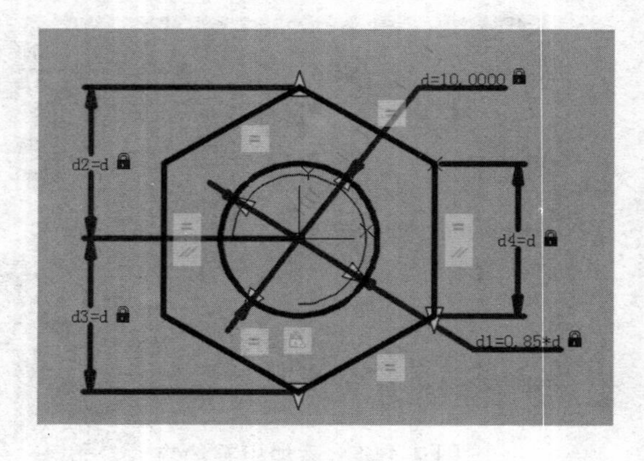

图 7-115　添加平行约束

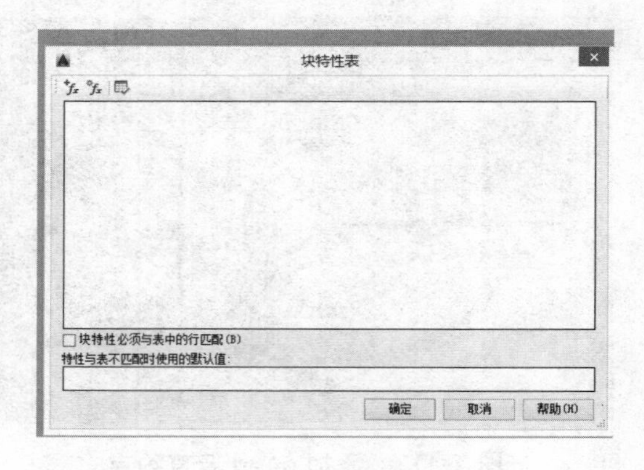

图 7-116　“块特性表”对话框

⑱ 返回“块特性表”对话框，添加“直径”约束参数 d 的列表值，如图 7-118 所示，单击“确定”按钮，关闭对话框。

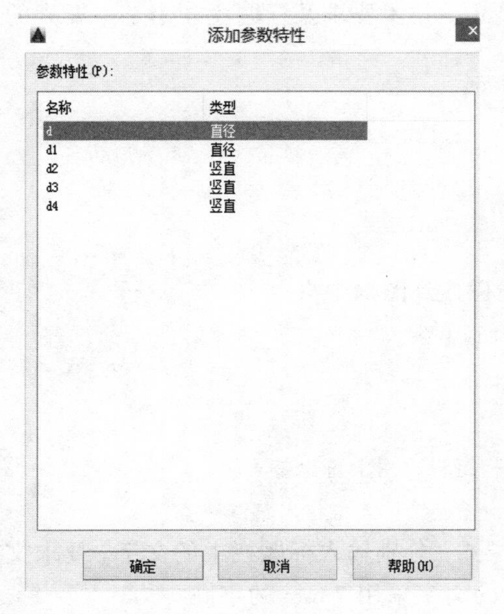

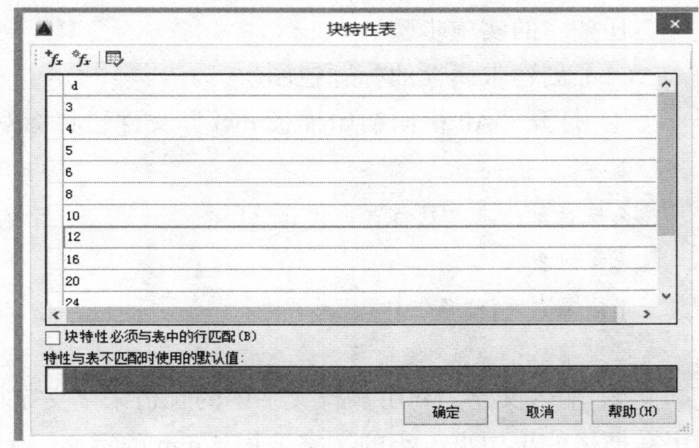

图 7-117　“添加参数特性”对话框　　**图 7-118　添加“直径”约束参数 d 的列表值**

经验提示：这里是在下拉列表中一个个添加的，数值就是前面输入的数值。

⑲ 单击块编辑器工具栏上的“测试块”图标按钮，进入测试动态块窗口，完成测试，单击测试窗口右上角图标按钮，关闭测试块窗口。

⑳ 单击块编辑器工具栏上的“保存块”图标按钮，保存动态块。

㉑ 单击块编辑器工具栏上的“关闭块编辑器”图标按钮，退出块编辑器。

按照以上步骤完成的“六角头螺栓（端视图）”动态块插入当前图形后，单击该插入图块显示夹点，如图 7-119 所示，然后单击“块特性表”夹点，如图 7-120 所示，按要求选择螺栓公称直径，就可以得到不同公称直径的六角头螺栓的端视图。

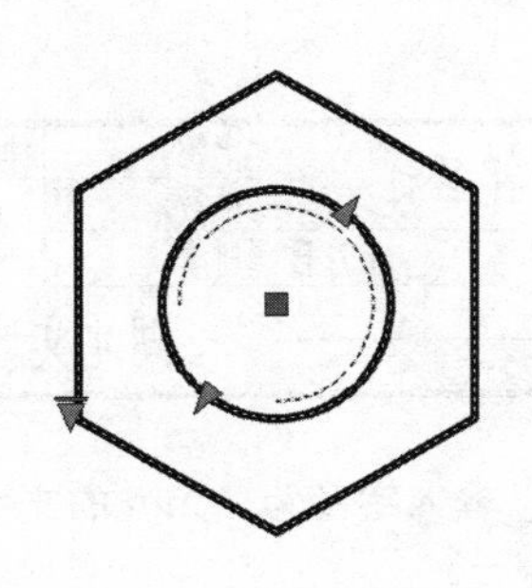

图 7-119　动态块的夹点

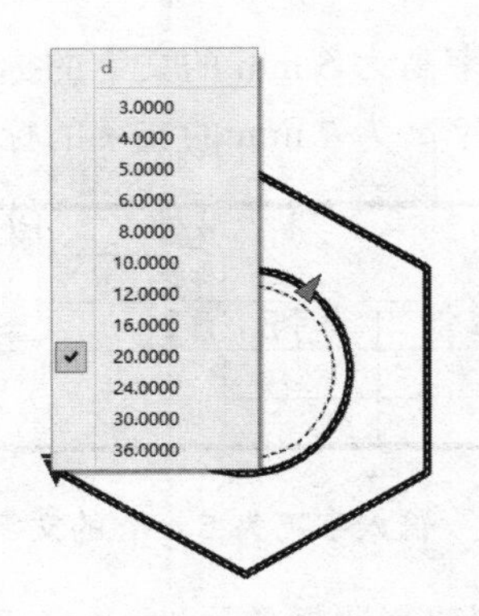

图 7-120　动态块的特性表

本节学习了文字的格式与书写方式，可以完成技术要求及各文字的填写；学习了尺寸标注的样式设置及标注，可以完成各种尺寸、公差配合和几何公差的标注；通过块的学习，能完成粗糙度的标注。至此可以完成零件图中视图、尺寸、技术要求及标题栏 4 个基本要素的绘制。

三、项目实施

任务一的实施步骤：

（1）创建带属性的标题栏图块。

① 打开“A4 横向初始样板.dwg”文件，将标题栏移到图框中央。

命令行	说明
命令：_move	启动移动命令。
选择对象：指定对角点：找到 11 个	用窗口选择标题栏。
选择对象：	
指定基点或[位移(D)] <位移>：	指定标题栏的左上角为基点。
指定第二个点或<使用第一个点作为位移>：<正交 关>	点击指定第二个点。

② 输入文字。利用多行文字中的长仿宋字文字样式，分别输入标题栏中的文字。要求文字在框格的正中央，小的文字采用 5 mm 的字高，大的文字采用 7 mm 的字高。

详细操作过程如下：

命令行	说明
命令： MTEXT	启动多行文字命令。
当前文字样式："长仿宋字" 文字高度： 7 注释性： 否	系统提示。
指定第一角点：	点击框格的左上角。
指定对角点或 [高度(H)/对正(J)/行距(L)/旋转(R)/样式(S)/宽度(W)/栏(C)]：J	选择“对正(J)”。
输入对正方式 [左上(TL)/中上(TC)/右上(TR)/左中(ML)/正中(MC)/右中(MR)/左下(BL)/中下(BC)/右下(BR)] <左上(TL)>：MC	选择“正中(MC)”。
指定对角点或 [高度(H)/对正(J)/行距(L)/旋转(R)/样式(S)/宽度(W)/栏(C)]：	选择高度 5，输入所需文字。

输入字高为 5 mm 的文字的标题栏如图 7-121 所示。

输入字高为 7 mm 的文字的标题栏如图 7-122 所示。

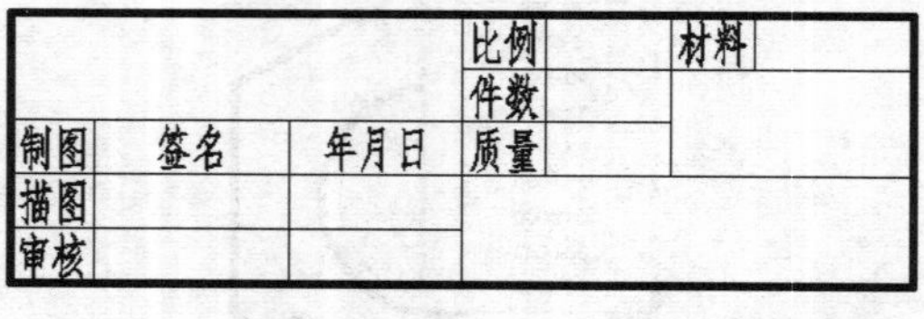

			比例		材料	
			件数			
制图	签名	年月日	质量			
描图						
审核						

图 7-121 输入字高为 5 mm 的文字的标题栏

图样名称			比例		材料	
			件数		图样代号	
制图	签名	年月日	质量			
描图				湖北文理学院		
审核						

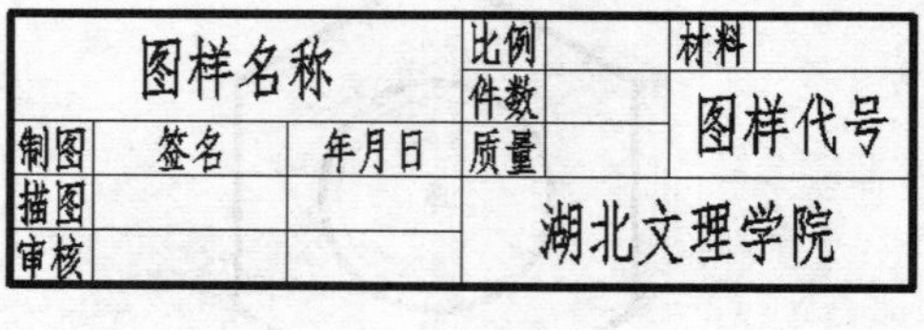

图 7-122 输入字高为 7 mm 的文字的标题栏

③ 创建标题栏的属性。

以“图样名称”为例，介绍创建属性的过程：

启动命令：通过下拉菜单【绘图】→【块】→【定义属性】或者输入 att 后，回车。

弹出“属性定义”对话框，分别填写“标记”“提示”和“默认”，在“对正”下拉列表中选择“正中”，“文字样式”选择“长仿宋字”，“文字高度”输入“5”，如图 7-123 所示，最后点击“确定”即可。

经验提示：为了保证文字在正中，要提前画出框格的对角线，等文字填写好了再删除对角线。

按照上述方法依次设置其他的属性，结果如图 7-124 所示。

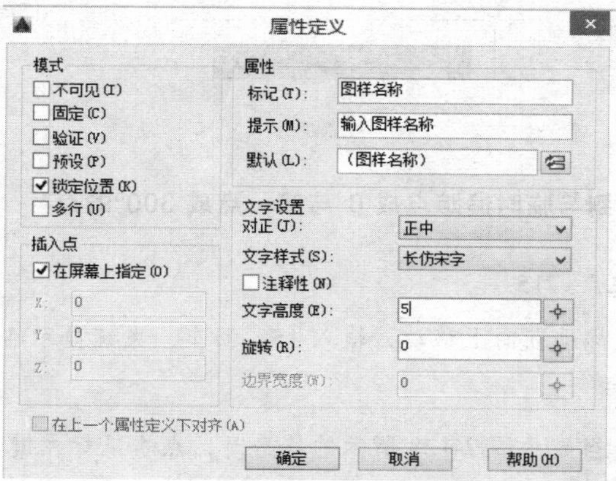

图 7-123　图样名称的属性定义

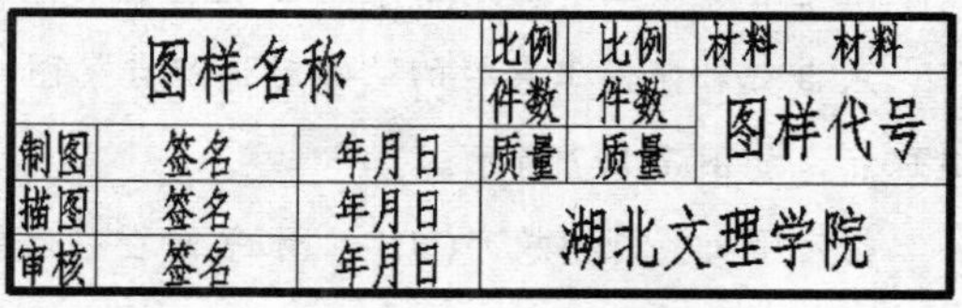

图样名称			比例	比例	材料	材料
			件数	件数	图样代号	
制图	签名	年月日	质量	质量		
描图	签名	年月日	湖北文理学院			
审核	签名	年月日				

图 7-124　标题栏的属性定义

④ 创建带属性的标题栏图块。点击绘图工具栏中的“创建图块”图标按钮，弹出“块定义”对话框。在“名称”后面输入“带属性的标题栏”；“基点”选择“拾取点”，点击标题栏的右下角；“对象”勾选“在屏幕上指定”，点击“确定”，返回到绘图区，利用窗口选择所有的标题栏。

⑤ 插入带属性的标题栏图块。点击绘图工具栏中的“插入图块”图标按钮，弹出“插入”对话框。在“名称”下拉列表中选择“带属性的标题栏”；点击“确定”，点击图框的右下角，输入相应的文字。

（2）创建带属性的表面粗糙度扩展符号。

① 绘制图形。绘制如图 7-125 所示的图形，不标注尺寸。

查表“表 1-5 字体高度与图纸幅面之间的选用关系”得知，A2 到 A4 中，文字高度 h = 5。查表“表 7-1 表面粗糙度符号的尺寸”得知，$h = 5$ 时，线宽=0.5，$H_1 = 7$，$H_2 = 15$。暂定 L 长度为 15。绘图过程如下：

将细实线图层置为当前图层。

命令：_line　　　　启动直线命令。

指定第一个点：　　　　点击指定第一点。

指定下一点或 [放弃(U)]: _tt 指定临时对象追踪点：7

点击对象捕捉工具栏的“临时追踪点”图标，鼠标垂直向下移动，输入 7，回车，系统显示临时追踪点，如图 7-125 所示。

经验提示：此处一定要垂直向下移动。

指定下一点或 [放弃(U)]: 水平向右移动鼠标，当显示图 7-126 所示的信息时，点击鼠标左键。

经验提示：此处要将“极轴追踪”功能打开，而且要设置成能追踪到所要的角度。

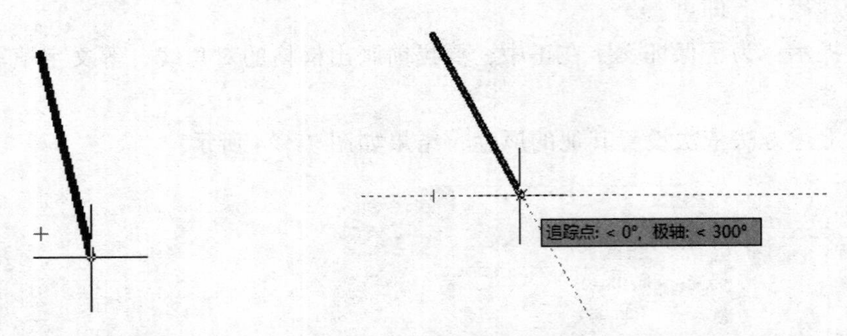

图 7-125　临时追踪点　　图 7-126　追踪到与临时追踪点成 0°与第一点成 300°的点

指定下一点或 [放弃(U)]: _tt 指定临时对象追踪点: 15

点击对象捕捉工具栏的“临时追踪点”图标，鼠标垂直向上移动，输入 15，回车，系统显示临时追踪点，如图 7-127 所示。

指定下一点或 [放弃(U)]: 水平向右移动鼠标，当显示图 7-128 所示的信息时，点击鼠标左键。

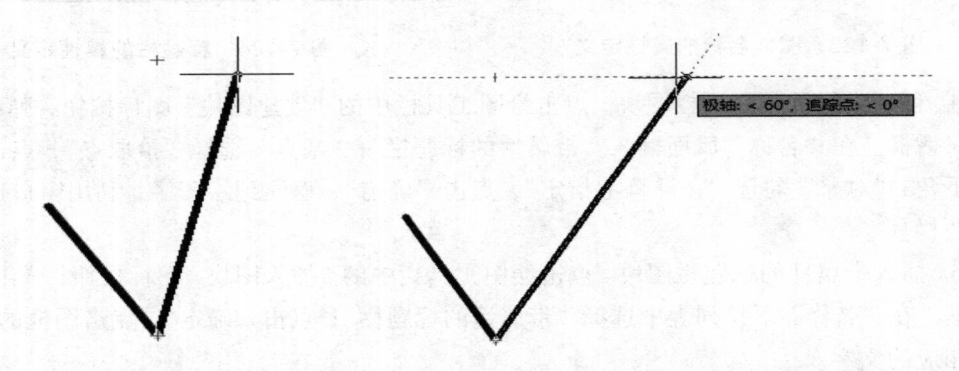

图 7-127　临时追踪点　　图 7-128　追踪到与临时追踪点成 0°与前一点成 60°的点

指定下一点或 [放弃(U)]: 15　　水平向右移动鼠标，输入 15，回车。

指定下一点或 [闭合(C)/放弃(U)]:　　结束直线命令。

再绘制另一条直线，绘图结果如图 7-129 所示。

② 创建属性。

命令: _attdef　　通过下拉菜单【绘图】→【块】→【定义属性】启动属性命令，弹出“属性定义”对话框。

填写对话框，填写内容如下：

a. 填写“属性”选项组中的内容。

填写“标记”文本框：ccd；填写“提示”文本框：输入表面粗糙度数值；填写“默认”文本框：Ra 3.2。

b. 设置“文字设置”选项组中的各项内容。

设置属性文字的对正方式：正中；设置文字样式：字母和数字样式；设置文字高度：3.5；设置文字旋转角度：0，此为默认值。

c. 选择在屏幕上指定插入点的方式。

选中“在屏幕上指定”复选框，此为默认值。

填写结果如图 7-130 所示。

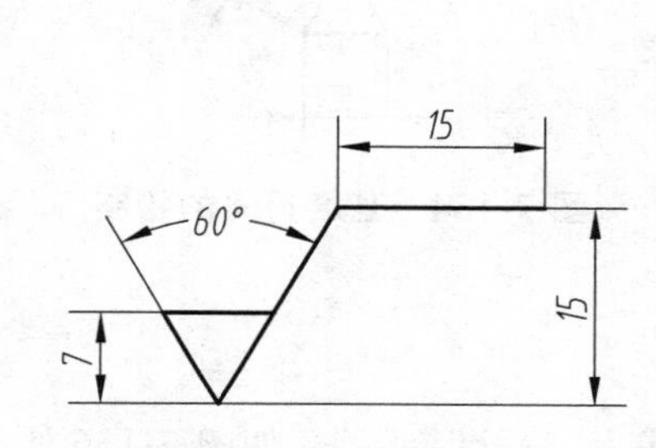

图 7-129 表面结构代号

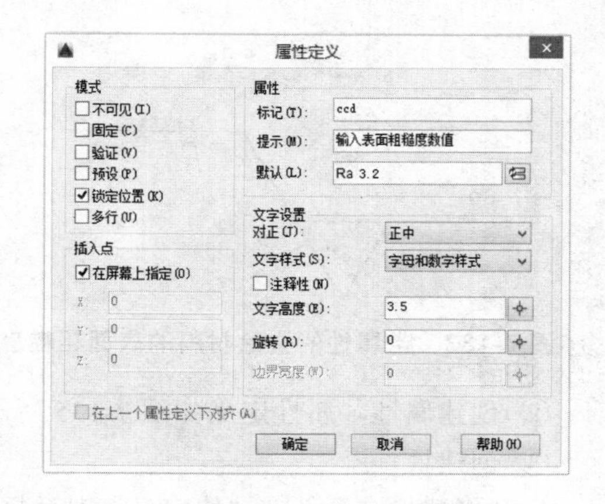

图 7-130 表面粗糙度的属性定义

单击“确定”按钮。关闭 “属性定义”对话框，返回绘图窗口。

指定起点： 在横线下方合适处拾取，作为属性插入点。

结果如图 7-131 所示。

③ 创建块。

命令：_block 单击“创建块”图标按钮，弹出“块定义”对话框，在“名称”下拉列表框中填写去除材料的表面粗糙度符号，如图 7-132 所示。

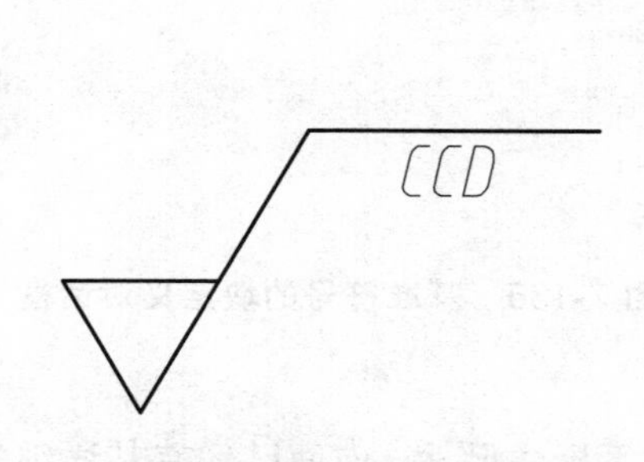

图 7-131 创建好属性后的表面粗糙度符号

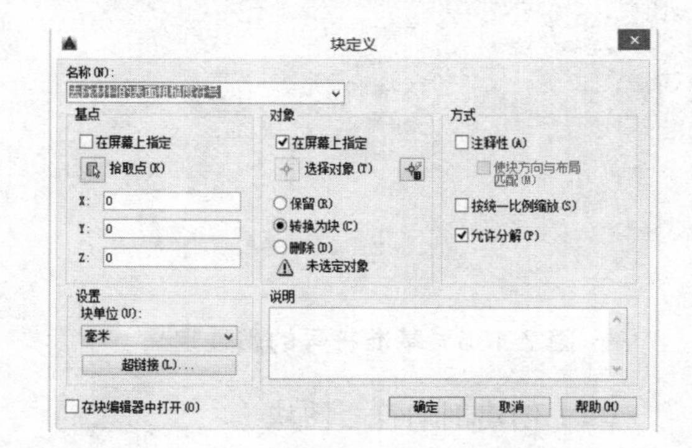

图 7-132 “块定义”对话框

单击“拾取点”按钮，利用对象捕捉功能捕捉最下面的点为块的插入点。点击该点后，返回到“块定义”对话框。

选中“按统一比例缩放”复选框，指定块插入到图形中时，*X* 向和 *Y* 向按同一比例缩放。

单击“确定”按钮，关闭对话框，系统提示“选择对象”，选择如图 7-131 所示的参数属性定义及表面粗糙度符号。确定选择对象后，原选择对象转化为块，如图 7-133 所示。

（3）创建带属性的基准符号。

① 绘制图形。绘制如图 7-134 所示的图形，不标注尺寸。绘图过程略。

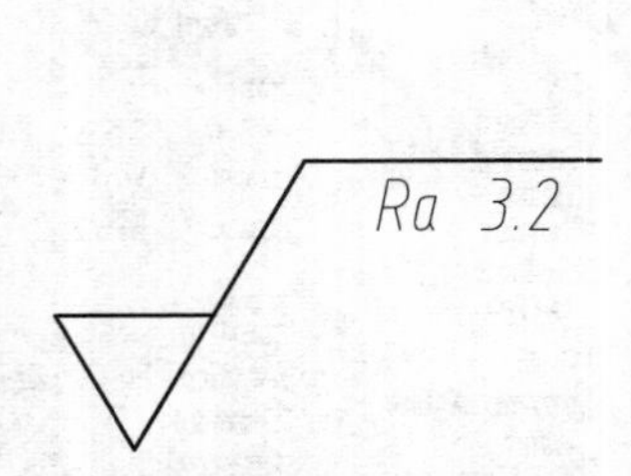

图 7-133 带属性的去除材料的表面粗糙度符号

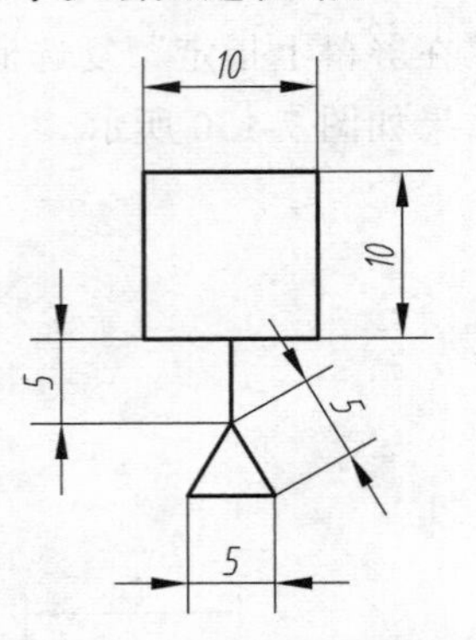

图 7-134 基准符号的绘制

② 创建属性。属性定义如图 7-135 所示。

③ 创建块。

启动创建块命令，在“块定义”对话框的名称栏输入“基准符号”，如图 7-136 所示。点击“拾取点”，返回到绘图区，点击“三角形底边的中点”，点击“确定”按钮，返回到绘图区域，系统提示选择对象，选择对象结束后，就创建了如图 7-137 所示的属性块。

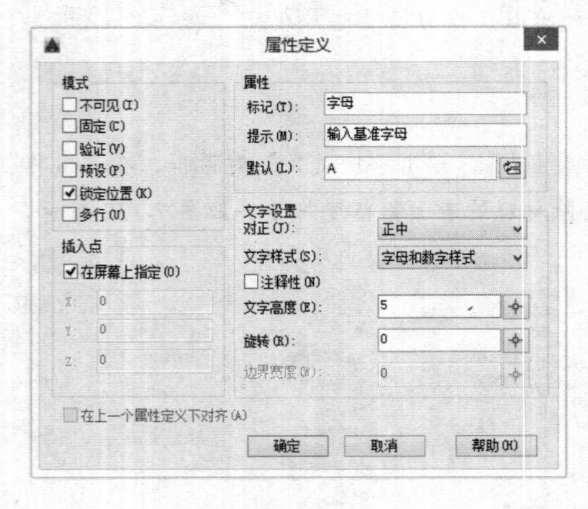

图 7-135 基准符号的属性定义

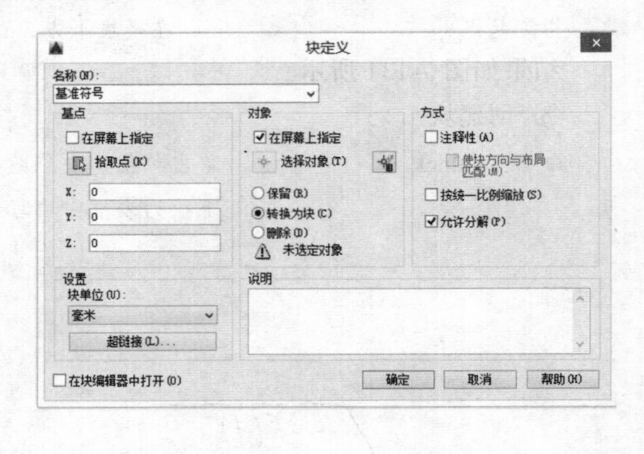

图 7-136 基准符号的块定义对话框

（4）创建剖切符号图块。

① 绘制图形。绘制如图 7-138 所示的剖切符号，不标注尺寸。前面已经有其详细的绘图步骤，此处从略。

② 创建块。

启动创建块命令，在“块定义”对话框的名称栏输入“带箭头的剖切符号”。点击“拾取点”，返回到绘图区，点击“直线的右端点”，点击“确定”按钮，返回到绘图区域，系统提示选择对象，选择对象结束后，就创建了如图 7-138 所示的块。

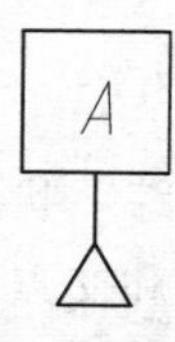

图 7-137 带属性的基准符号块

图 7-138 带箭头的剖切符号块

（5）将上述块保存为“外部块”，以便于调用。

命令：W　　　　输入 W，回车。

WBLOCK　　　　系统提示，并弹出如图 7-139 所示的“写块”对话框。

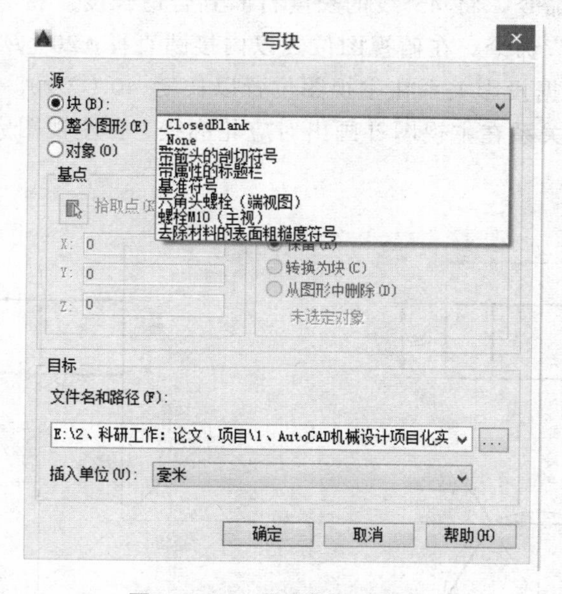

图 7-139 “写块”对话框

在“写块”对话框中，依次选择“块”，再选择“下拉列表中想保存的块的名称”，最后，在“文件名和路径”下指定保存路径，单击“确定”即可。

（6）保存文件。

命令：_SAVEAS　　　　点击“另存为”按钮，弹出“图形另存为”对话框。在对话框的文件名后面输入“A4 横向终极样板”文件，点击“保存”按钮，A4 横向终极样板文件创建完毕。

任务二的实施步骤：

（1）创建新图形文件。

打开“A4 横向终极样板”文件。调整屏幕显示大小，打开“显示/隐藏线宽”状态按钮，进入“AutoCAD 经典”工作空间，点击“另存为”按钮，保存此空白文件，文件名为“图 7-1.dwg”，注意在绘图过程中每隔一段时间保存一次。

（2）绘制图形，绘制如图 7-1 所示的螺纹规格为 d = M20（GB/T 6170—2000）的六角头螺母，并注写出螺母规定的标记。要求：采用比例画法，布图匀称合理，图形正确，图素特性符合国标，标注尺寸。

详细步骤如下：

① 调整屏幕显示大小，打开“显示/隐藏线宽”和“极轴追踪”状态按钮，在“草图设置”对话框中选择“对象捕捉”选项卡，设置端点、中点、圆心和交点等捕捉目标，并启用对象捕捉及对象捕捉追踪。

② 绘制螺母基本视图轮廓形状。将细点画线图层置为当前图层，执行直线命令，在主视图、左视图和俯视图的合适位置分别绘制出中心线；将细实线图层置为当前图层，启动直线命令，分别将俯视图和左视图的中心线延长并相交；启动构造线命令，利用二等分，画出 45°线；启动打断命令，将 45°线的长度打断到合适长度。将“粗实线”图层置为当前图层，启动“多边形”命令，在俯视图位置以内接圆直径ϕ20（D）绘制出一正六边形；执行“直线”命令，根据投影关系在主视图位置以长度 40（$2D$）、高度 16（$0.8D$）绘制出一个矩形；根据投影关系在主视图补画出对应轮廓线，在左视图完成对应视图，结果如图 7-140 所示。

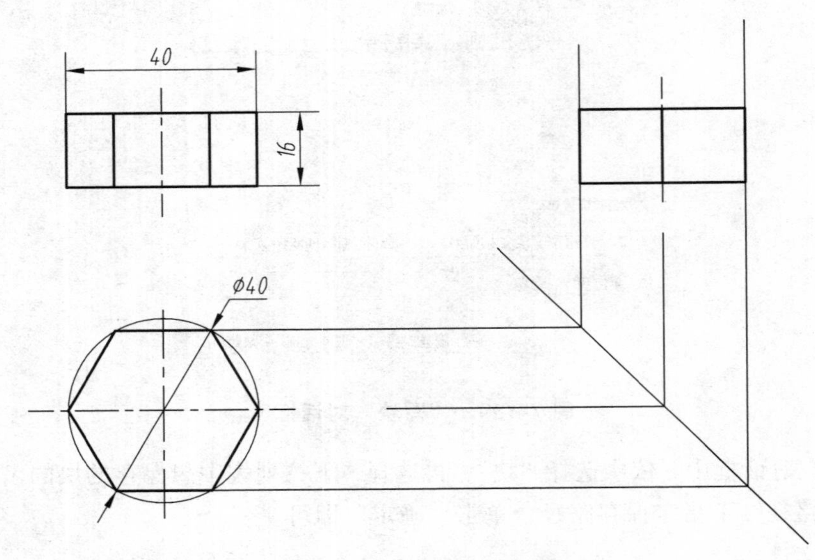

图 7-140　绘制螺母基本视图轮廓

③ 绘制主、俯视图圆弧。在主视图位置处，执行圆命令，以 E 点为圆心，30（$1.5D$）为半径绘制一辅助圆，再以辅助圆下方象限点为圆心，30 为半径绘制一圆，交 BD 线于点 D。执行直线命令，绘制辅助直线 CD 和 AB，点 C 为 CD 与 AC 的交点。执行圆弧命令，以 C、AB 中点和 D 三点绘圆弧。

在左视图位置处，执行直线命令，绘制辅助线 GH，执行圆命令，以 GH 中点为圆心，20（D）为半径，绘制一辅助圆，再以辅助圆下方象限点为圆心、20（D）为半径作一圆，结果如图 7-141 所示。

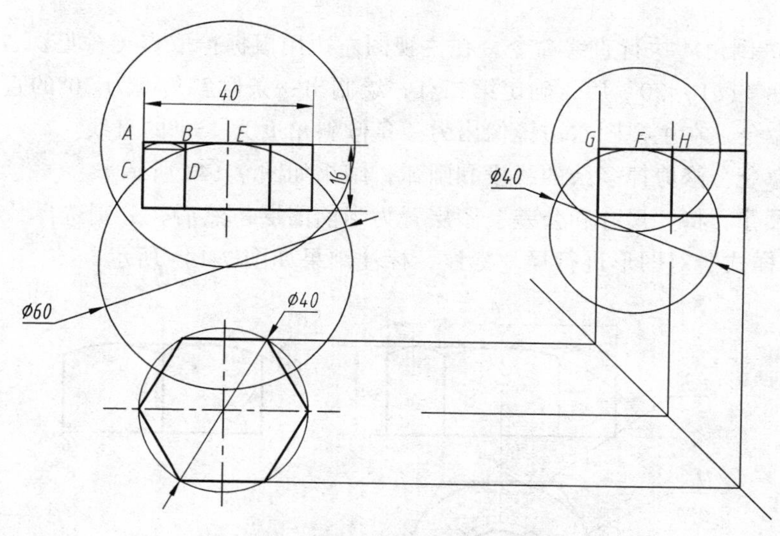

图 7-141　绘制圆弧（隐藏线宽）

执行修剪和删除命令，修剪和删除掉多余线段；执行镜像命令，将所需要的轮廓线镜像出对称的另一部分，结果如图 7-142 所示。

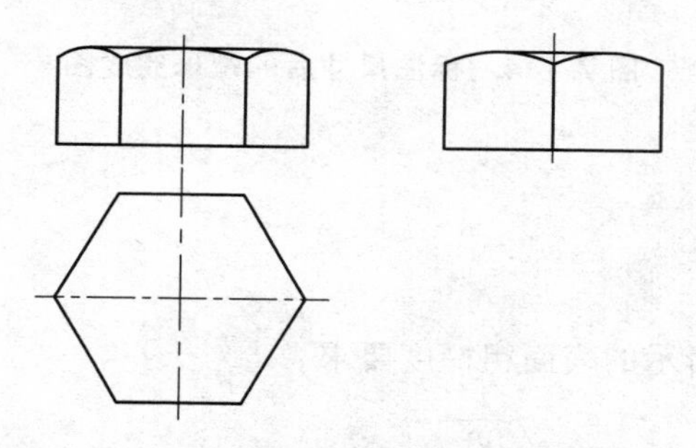

图 7-142　修剪、镜像后的图形

④ 绘制俯视图内切圆和螺纹。执行“绘图”菜单中【圆】→【相切、相切、相切（A）】命令，分别选择正六边形任 3 条边绘制出一内切圆。将细实线图层置为当前图层，执行圆命令，以直径φ20（D）绘制一圆，再将粗实线图层置为当前图层，以直径φ17（0.85D）绘制另一圆。执行“修剪”命令，对直径为φ20 进行修剪，修剪掉左下 1/4，结果如图 7-143 所示。

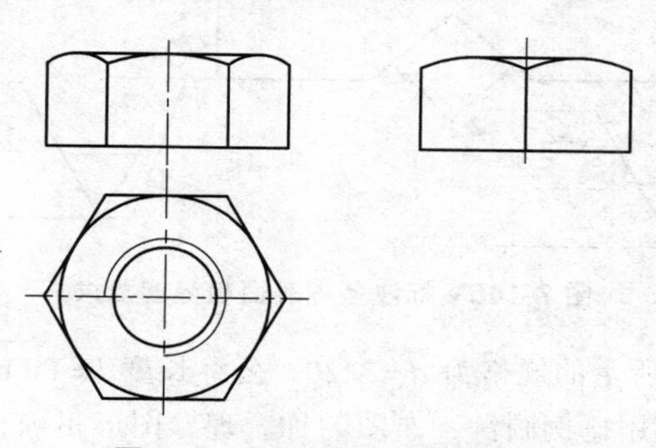

图 7-143　绘制内切圆和螺纹

⑤ 绘制 30°倒角。执行直线命令，在主视图左边用鼠标拾取点 C（见图 7-141）为线段起点，输入坐标“@10<30”后，确定第二点，绘制出一条倾斜角度为 30°的直线。

执行镜像命令，在主视图右边镜像出另一条倾斜角度为 150°的直线。

执行修剪命令，修剪掉多余的线段和圆弧，结果如图 7-143 所示。

（3）标注尺寸。将“尺寸和公差”图层置为当前图层，然后，分别选择“机械样式”和“圆弧半径标注样式”对图形进行尺寸标注，标注结果如图 7-144 所示。

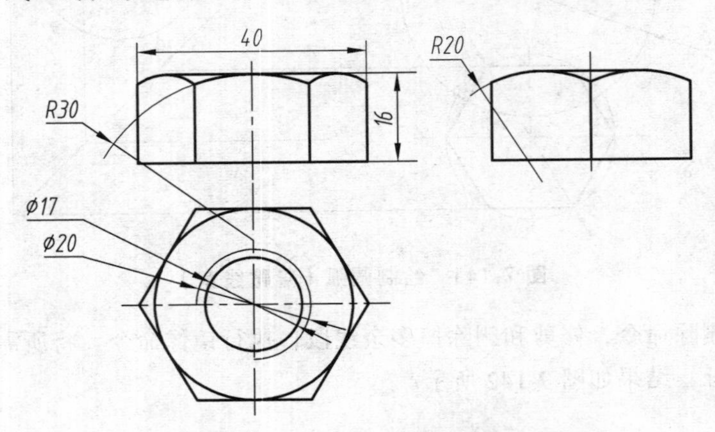

图 7-144　标注尺寸后的螺母完成图

（4）保存此图形文件。

四、练习与提高

（1）标注如图 7-145 所示的表面粗糙度要求。

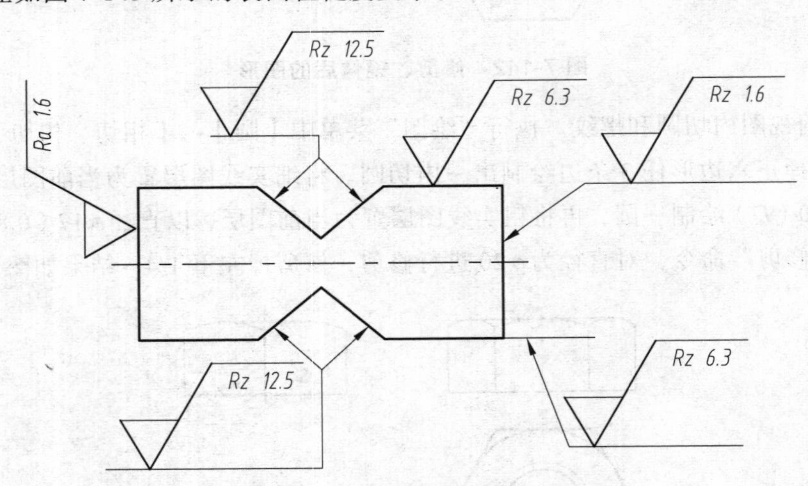

图 7-145　标注各种表面粗糙度要求

（2）绘制如图 7-146 所示的规格为 d = M20，公称长度 l = 80 mm（GB/T 5782—2000）的六角头螺栓。要求：采用比例画法，布图匀称合理，图形正确，图素特性符合国标，标注尺寸。

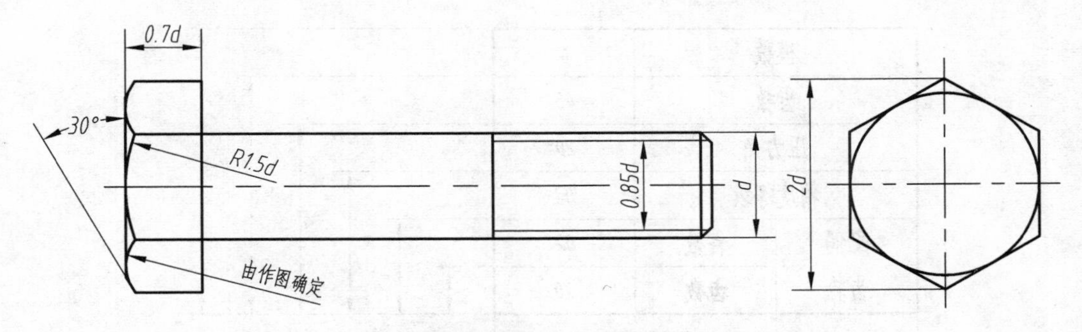

图 7-146 螺栓 M20（GB/T 5782—2000）

（3）完成如图 7-147 所示的公称直径为 $d = 20$ mm 的平垫圈和弹簧垫圈的绘制。要求：采用比例画法，布图匀称合理，图形正确，图素特性符合国标，标注尺寸。

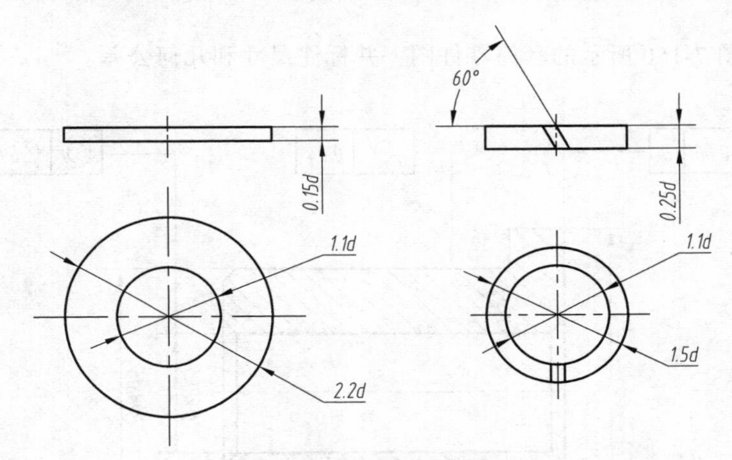

图 7-147 平垫圈和弹簧垫圈

（4）已知螺钉的头部如图 7-148 所示，用比例画法，完成公称直径为 $d = 10$ mm，公称长度 $l = 30$ mm（M10 × 30），螺纹长度为 27 mm（开槽圆柱头）和 22 mm（开槽沉头）的螺钉的绘制（不标注尺寸）。

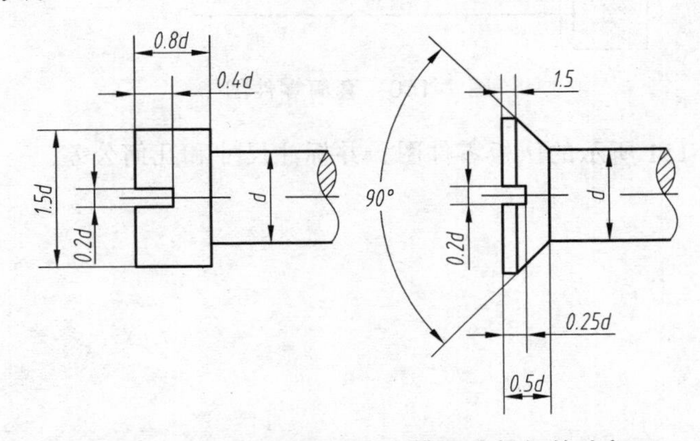

图 7-148 开槽圆柱头和开槽沉头螺钉的头部

（5）用表格、文字功能绘制如图 7-149 所示的齿轮参数表。

模数		4
齿数		45
压力角		20°
精度等级		7FL
配偶齿轮	件数	02
	齿数	20

图 7-149　齿轮参数表

（6）绘制如图 7-150 所示的套筒零件图，并标注尺寸和几何公差。

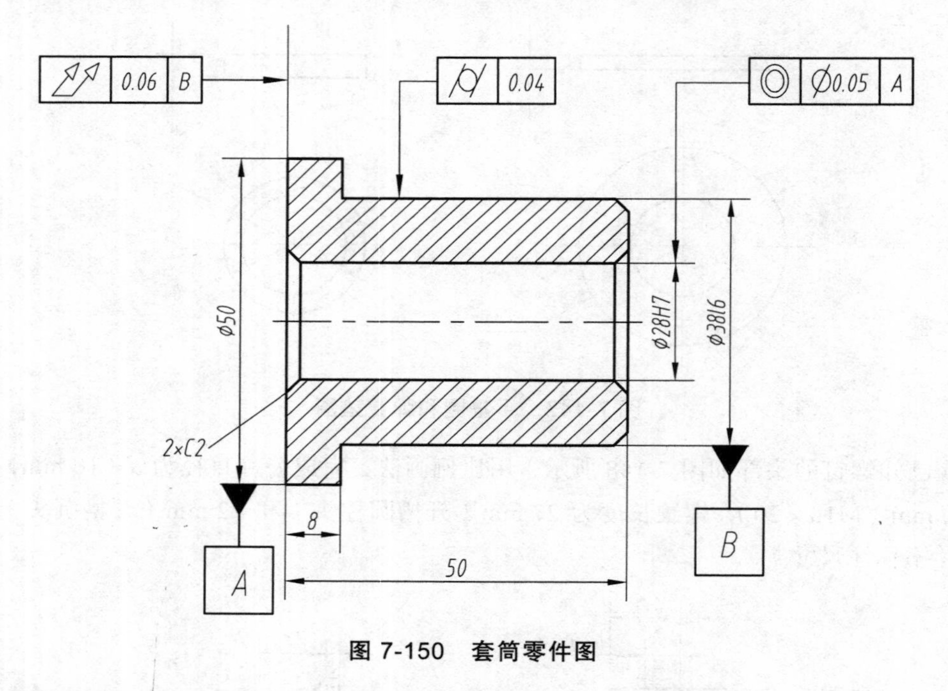

图 7-150　套筒零件图

（7）绘制如图 7-151 所示的压板零件图，并标注尺寸和几何公差。

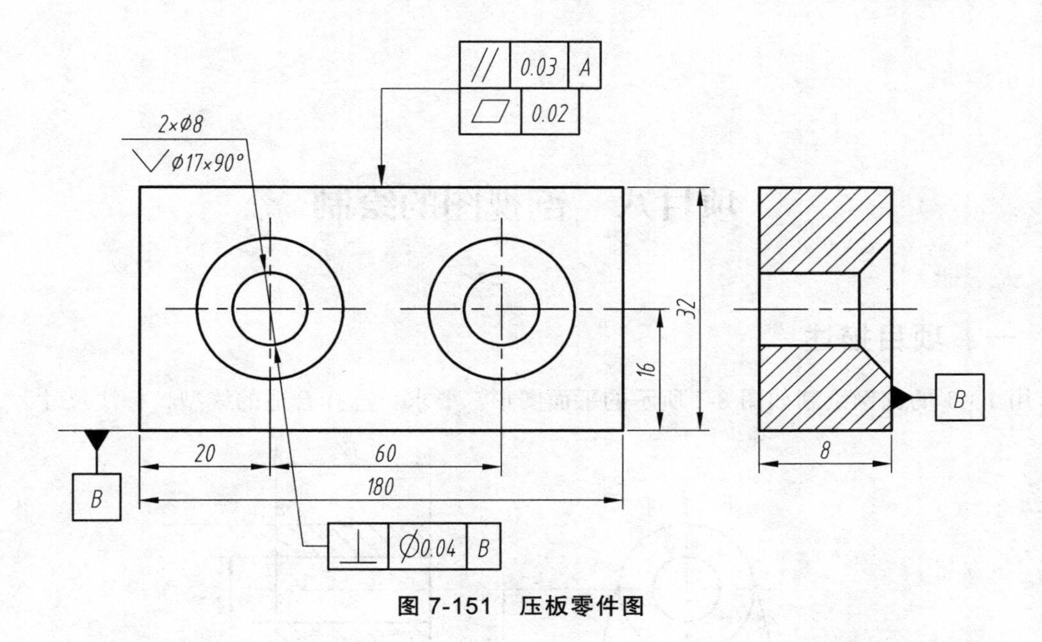

图 7-151　压板零件图

（8）绘制如图 7-152 所示的套筒零件图，并标注尺寸和表面粗糙度。

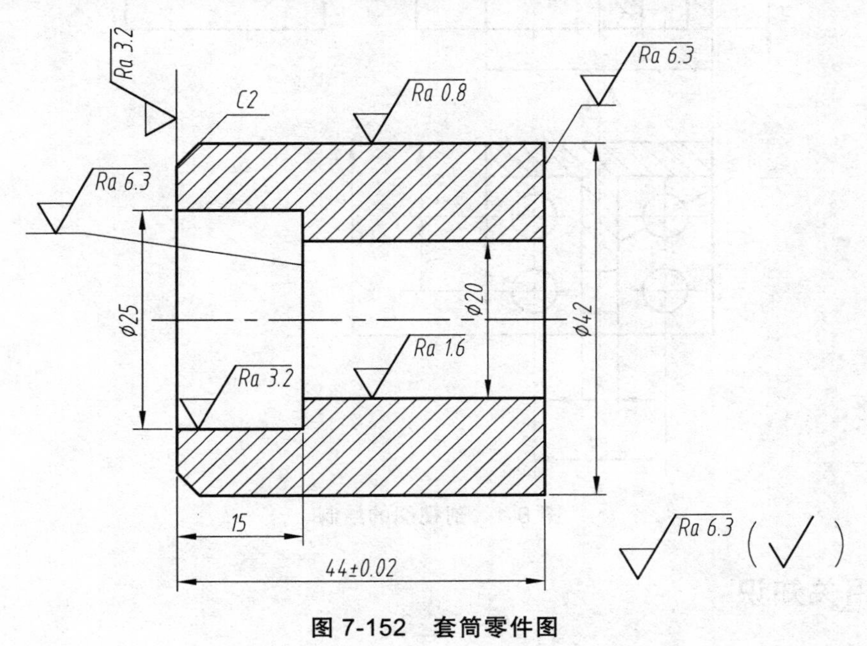

图 7-152　套筒零件图

项目八　剖视图的绘制

一、项目描述

用 1∶1 的比例绘制如图 8-1 所示的平面图形。要求：选择合适的线型，标注尺寸。

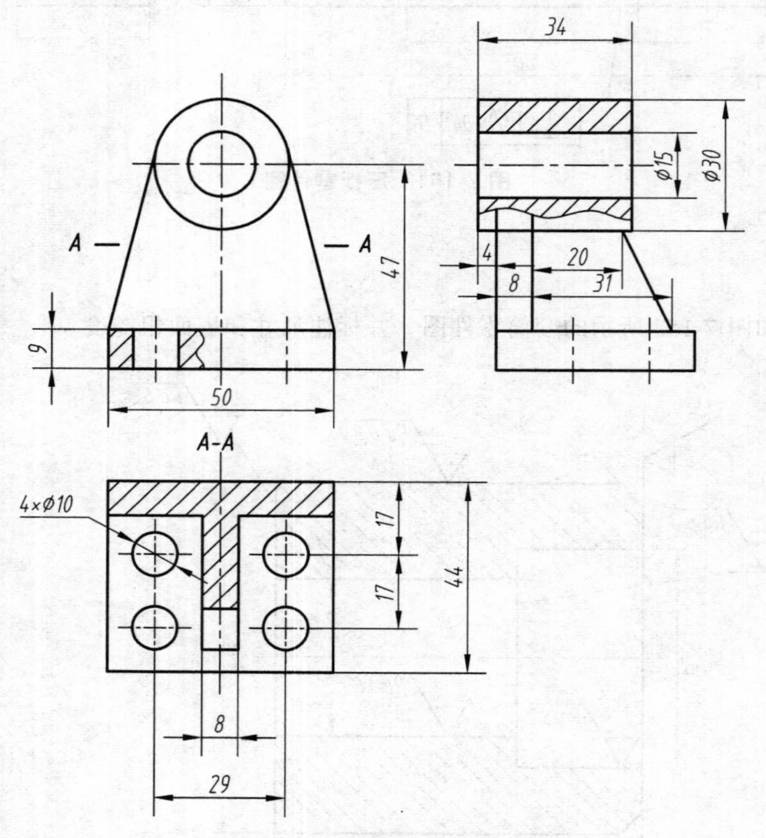

图 8-1　剖视图的绘制

二、相关知识

（一）样条曲线绘图命令

样条曲线是由多条线段光滑过渡而形成的曲线，其形状是由数据点、拟合点及控制点来控制的。其中数据点是在绘制样条曲线时，由用户确定。拟合点及控制点是由系统自动产生，用来编辑样条曲线。由于样条曲线是经过一系列指定点的光滑曲线，所以主要用于绘制不规则的曲线，如机械图样中的波浪线、地质地貌图中的轮廓线等。

1. 执行绘制样条曲线命令的方法

在 AutoCAD 中，执行绘制样条曲线命令的方法有以下 3 种：

（1）工具栏：单击绘图工具栏中的“样条曲线”按钮～。

（2）菜单栏：选择【绘图】→【样条曲线】菜单命令。

（3）命令行：在命令行中输入命令 spline 或 SPL。

2. 实例操作与演示：样条曲线的绘制

绘制图 8-2 中的样条曲线。

参考步骤如下：

（1）选择细实线图层。

（2）绘制样条曲线。

命令：_spline	启动命令。
当前设置：方式=拟合　　节点=弦	
指定第一个点或 [方式(M)/节点(K)/对象(O)]:	点击 A 点。
输入下一个点或 [起点切向(T)/公差(L)]:	点击 B 点。
输入下一个点或 [端点相切(T)/公差(L)/放弃(U)]:	点击 C 点。
输入下一个点或 [端点相切(T)/公差(L)/放弃(U)/闭合(C)]:	输入 T。
输入下一个点或 [端点相切(T)/公差(L)/放弃(U)/闭合(C)]: T	点击 D 点。
指定端点切向：	移动鼠标到合适位置，点击。

绘制结果如图 8-2 所示。

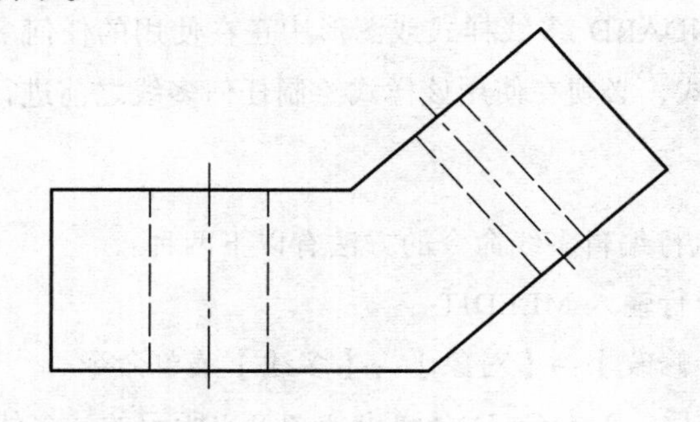

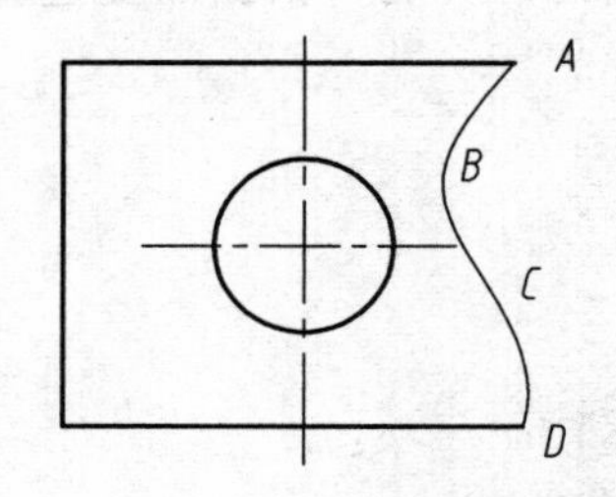

图 8-2　绘制样条曲线

（二）多线绘图命令

多线是指由多条平行线组成的作为一个对象使用的图形对象。组成多线的平行线之间的距离和数目是可以调整的，多线常用于绘制建筑图中的墙体、电子线路图等平行线对象。

1. 执行绘制多线命令的方法

在 AutoCAD 中，执行绘制多线命令的方法有以下两种：

（1）菜单栏：选择【绘图】→【多线】菜单命令。

（2）命令行：在命令行中输入命令 mline 或 ML。

2. 设置多线样式

多线样式能决定多线中线条的数量、线条的颜色和线型、直线间的距离等，还能确定多线封口的形式。

在 AutoCAD 中，执行设置多线样式命令的方法有以下两种：

① 菜单栏：选择【格式】→【多线样式】菜单命令。

② 命令行：输入命令 Mlstyle。

启用多线样式 Mlstyle 命令后，系统将弹出如图 8-3 所示的“多线样式”对话框。通过该对话框，用户可以设置多线样式。通过“新建”按钮，用户可以自定义多线样式。

经验提示：① 在“多线样式”对话框中，单击“修改”按钮，打开“修改多线样式”对话框，可以修改选定的多线样式，但不能修改默认的 STANDARD 多线样式。

② 不能编辑 STANDARD 多线样式或图形中正在使用的任何多线样式的元素和多线特性。要编辑现有多线样式，必须在使用该样式绘制任何多线之前进行。

3. 编辑多线

在 AutoCAD 中，执行编辑多线命令的方法有以下两种：

① 命令行：在命令行输入 MLEDIT。

② 菜单栏：选择【修改】→【对象】→【多线】菜单命令。

执行 MLEDIT 命令后，AutoCAD 会弹出如图 8-4 所示的“多线编辑工具”对话框。该对话框中的各个图像按钮形象地说明了各编辑功能，根据需要选择按钮，然后根据提示操作即可。

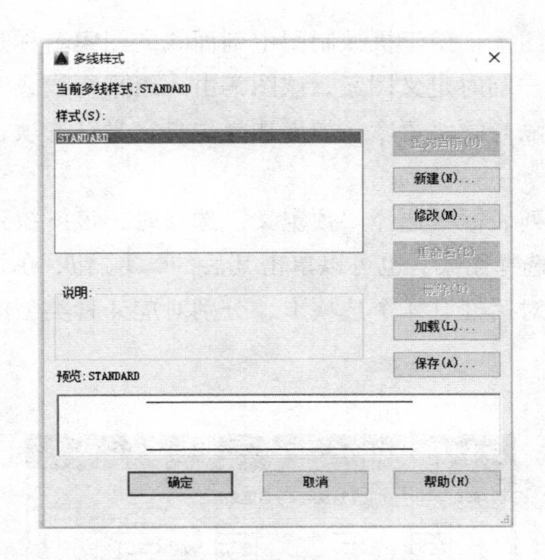

图 8-3 “多线样式”对话框

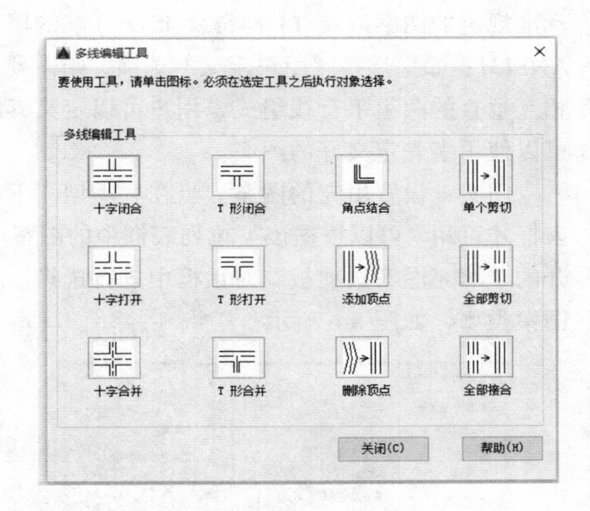

图 8-4 “多线编辑工具”对话框

（三）图案填充绘图命令

使用 AutoCAD 绘制图形时，为了表达某一区域的特征，经常会对该区域进行图案填充，如机械图中的剖视图和建筑图中的断面图等。图案填充的方式有两种：一种是以图案填充区域，叫作图案填充；另一种是以渐变色填充区域，叫作渐变色填充。本节将详细介绍图案填充和渐变色填充的方法以及图案填充的编辑方法。

1. 执行图案填充命令的方法

在 AutoCAD 中，执行图案填充命令的方法有以下 3 种：

（1）工具栏：单击绘图工具栏中的“图案填充”按钮。

（2）菜单栏：选择【绘图】→【图案填充】菜单命令。

（3）命令行：在命令行中输入命令 bhatch 或 bh 或 h。

执行该命令后，弹出“图案填充和渐变色”对话框，如图 8-5 所示。

对话框中有“图案填充”和“渐变色”两个选项卡。

（1）“图案填充”选项卡。

此选项卡用于设置填充图案以及相关的填充参数。其中，“类型和图案”选项组用于设置填充图案以及相关的填充参数。可通过其确定填充类型与图案；“角度和比例”选项组用于设置填充图案时的图案旋转角度和缩放比例；“图案填充原点”选项组用于控制生成填充图案时的起始位置；“添加：拾取点”和“添加：选择对象”按钮用于确定填充区域。

① 选择需要填充的图案类型和图案。

在“图案填充”选项卡的“类型和图案”选项区域中，可以设置图案填充的类型和图案，各选项的功能如下：

类型：设置填充的图案类型，包括“预定义”“用户定义”和“自定义”3 个选项。如果选择“预定义”选项，可以使用 AutoCAD 提供的图案，其中包括了实体填充与 50 多种行业标准规定的图案以及 14 种符合 ISO 标准的填充图案，用于机械制图中剖面线的图案名称是ANSI31；如果选择“用户定义”选项，则需要用户临时定义图案，该图案由一组平行线或者相互垂直的两组平行线组成，用户可以定义其间隔与倾斜角度；如果选择“自定义”选项，可以使用事先定义好的图案。

图案：设置填充的图案。当在“类型“下拉列表框中选择“预定义”选项时，该下拉列表框才可用。可以根据该下拉列表框中的图案名选择图案，也可以单击其后的按钮，在打开的“填充图案选项板”对话框中进行选择。该对话框有 4 个选项卡，分别对应 4 种类型的图案类型，如图 8-6 所示。

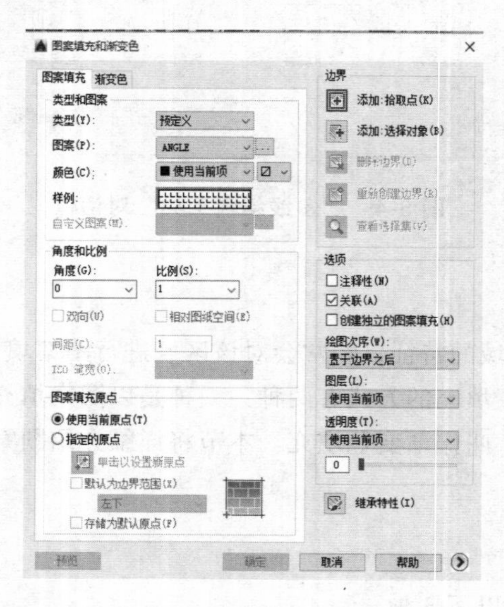

图 8-5 “图案填充和渐变色”对话框

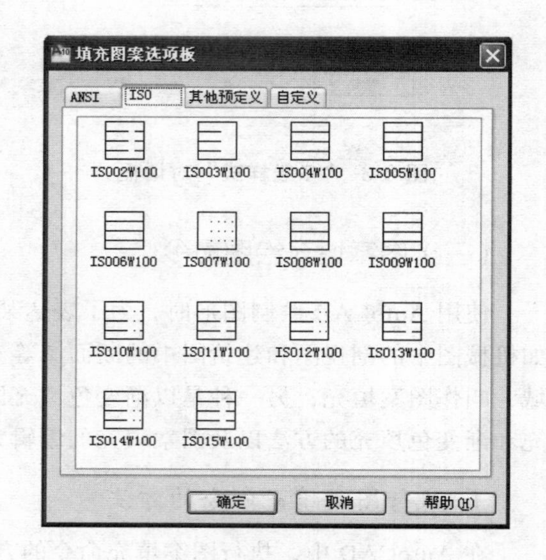

图 8-6 ISO 类型填充图案

样例：显示当前选中的图案样例。单击所选的样例图案，也可打开“填充图案选项板”对话框选择图案。

自定义图案：当填充的图案采用“自定义”类型时，该选项才可用。可以在下拉列表框中选择图案，也可以单击其后的按钮，从“填充图案选项板”对话框的“自定义”选项卡中进行选择。

② 角度和比例。

在“图案填充”选项卡的“角度和比例”选项区域中，用户可以设置定义类型的图案填充的角度和比例等参数，各选项的功能如下：

角度：设置填充的图案旋转角度。每种图案在定义时的旋转角度都为零。

比例：设置图案填充时的比例值。每种图案在定义时的初始比例为 1，可以根据需要放大或缩小。如果在“类型”下拉列表框中选择“用户定义”选项，该选项则不可用。

双向：当在“图案填充”选项卡中的“类型”下拉列表框中选择“用户定义”选项时选中该复选框，可以使用相互垂直的两组平行线填充图形；否则为一组平行线。

相对图纸空间：决定该比例因子是否为相对于图纸空间的比例。

间距：设置填充平行线之间的距离，当在“类型”下拉列表框中选择“用户自定义”选项时，该选项才可用。

ISO 笔宽：设置笔的宽度。当填充图案采用 ISO 图案时，该选项才可用。

③ 图案填充原点。

在“图案填充”选项卡的“图案填充原点”选项区域中，用户可以设置图案填充原点的位置，许多图案填充需要对齐填充边界上的某一个点。该选项组中各选项的功能如下：

使用当前原点：选择该单选按钮，可以使用当前 UCS 的原点（0，0）作为图案填充原点，如图 8-7（a）所示。

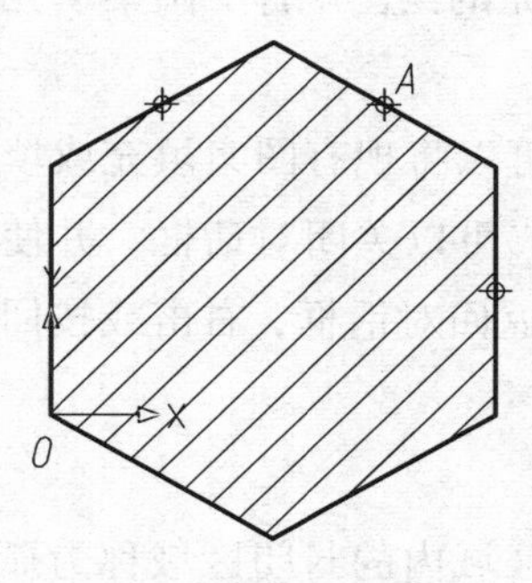

（a）使用当前原点选项

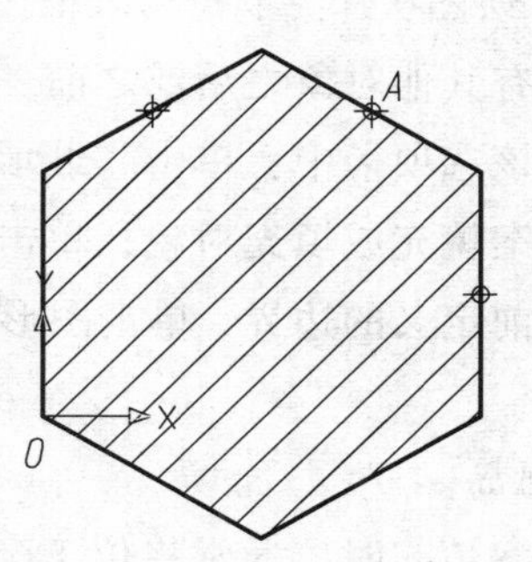

（b）使用指定点选项（A 为填充原点）

图 8-7　填充原点选项

指定的原点：选择该单选按钮，可以通过指定点作为图案填充原点。其中，单击“单击以设置新原点”按钮，可以从绘图窗口中选择某一点作为图案填充原点；选择“默认为边界范围”复选框，可以以填充边界的左下角、右下角、右上角、左上角或圆心作为图案填充原点；选择“存储为默认原点”复选框，可以将指定的点存储为默认的图案填充原点。

④ 定义填充边界。

当进行图案填充时，首先要确定填充图案的边界。定义边界的对象只能是直线、双向射线、单向射线、多段线、样条曲线、圆、圆弧、椭圆、椭圆弧、面域等对象或用这些对象定义的块，而且作为边界的对象在当前屏幕上必须全部可见。

图案的填充边界可以是任意对象（直线、圆、圆弧、多段线和样条曲线等）构成的封闭区域。

在“图案填充”选项卡的“边界”区域中，包括“添加：拾取点”“添加：选择对象”等按钮，它们的功能如下：

添加：拾取点：以拾取点的形式来指定填充区域的边界。单击该按钮，AutoCAD 将切换到绘图窗口，可在需要填充的区域内任意指定一点，系统会自动计算出包围该点的封闭填充边界，同时亮显该边界。如果在拾取点后，系统不能形成封闭的填充边界，则会显示错误提示信息。

添加：选择对象：单击该按钮将切换到绘图窗口，可以通过选择对象的方式来定义填充区域的边界。

删除边界：从边界定义中删除以前添加的任何对象。

重新创建边界：用于重新创建图案填充边界

查看选择集：查看已定义的填充边界。单击该按钮，切换到绘图窗口，此时已定义的填充边界将亮显。

⑤ 选项及其他功能。

在“图案填充”选项卡的“选项”区域中，“关联”复选框用于创建其边界时随之更新图案填充，即调整边界时，自动调整图案填充的范围；“创建独立的图案填充”复选框用于指定图形的每个填充区域都是一个独立的对象，在修改一个区域的图案填充时，不会改变所有其他图案填充；“绘图次序”下拉列表框用于指定图案填充的绘图顺序，图案填充可以放在图案填充边界及所有其他对象之后或之前。

此外，在该选项卡中，单击“继承特性”按钮，可以将现有图案填充或填充对象的特性应用到其他图案填充或填充对象；单击“预览”按钮，可以关闭对话框，并使用当前图案填充设置显示当前定义的边界，单击图形或按“Esc”键返回对话框，右击或按回车键接受该图案填充。

⑥ 设置孤岛。

在进行图案填充时，通常将位于已定义好的填充区域内的封闭区域称为孤岛。单击“图案填充和渐变色”对话框右下角的⊙按钮，将显示更多选项，以设置孤岛、边界保留等信息，如图 8-8 所示。

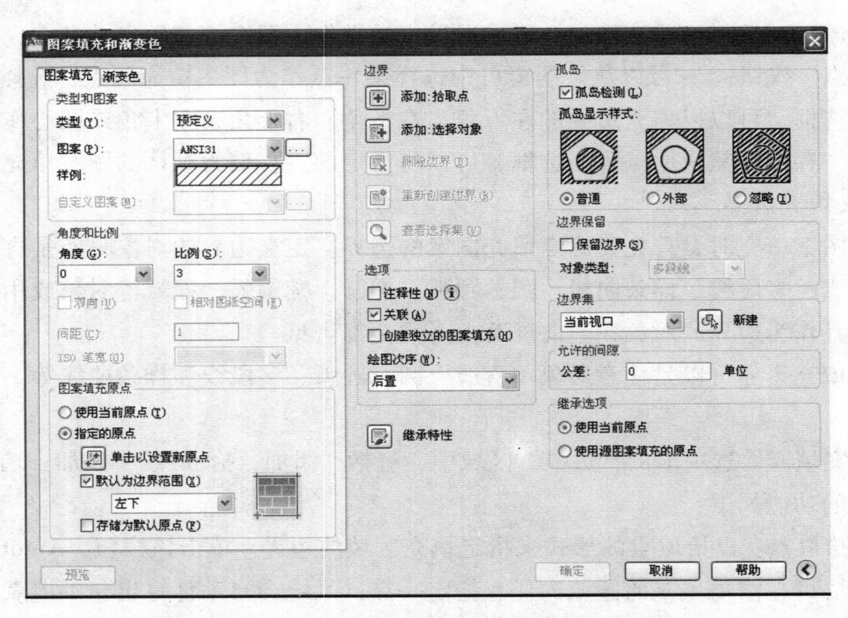

图 8-8　展开的“图案填充和渐变色”对话框

在“孤岛”选项区域中，“孤岛检测”复选框用来控制是否检测内部闭合边界（孤岛），如果不存在内部边界，则指定孤岛检测样式没有意义；孤岛显示样式包括普通、外部和忽略 3 种样式，如图 8-9 所示。

（a）普通样式

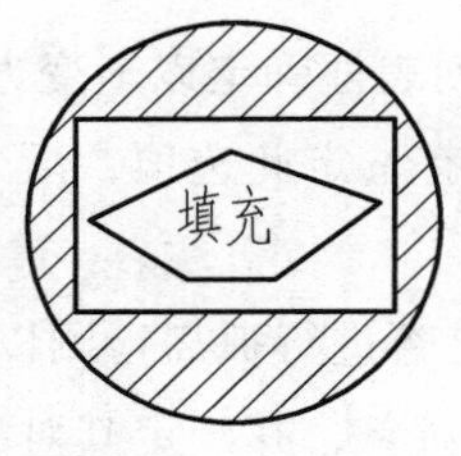

（b）外部样式

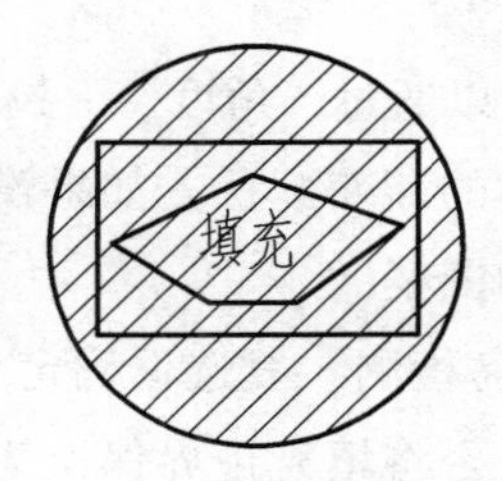

（c）忽略样式

图 8-9　孤岛检测样式

普通样式：从最外边界向里画填充线，遇到与之相交的内部边界时断开填充线，遇到下一个内部边界时再继续绘制填充线。

外部样式：从最外边界向里画填充线，遇到与之相交的内部边界时断开填充线，不再继续往里绘制填充线。

忽略样式：忽略边界内的对象，所有内部结构都被填充线覆盖。

在“边界保留”选项区域中，选择“保留边界”复选框，可将填充边界以对象的形式保留，并可以从“对象类型”下拉列表框中选择填充边界的保留类型，如“多段线”或“面域”选项等。

在“边界集”选项区域中，可以定义填充边界的对象集，即 AutoCAD 将根据这些对象来确定填充边界。默认情况下，系统根据当前视口中的所有可见对象确定填充边界。也可以单击“新建”按钮，切换到绘图窗口，然后通过指定对象类定义边界集，此时“边界集”下拉列表框中将显示为“现有集合”选项。

在“允许的间隙”选项区域中，通过“公差”文本框设置允许的间隙大小。在该参数范围内，可以将一个几乎封闭的区域看作是一个闭合的填充边界。默认值为 0 时，对象是完全封闭的区域。

在“继承选项”选项区域中，可以确定在使用继承属性创建图案填充时，图案填充原点的位置，可以是当前原点或源图案填充的原点。

经验提示：在用“BHATCH”命令填充时，AutoCAD 允许用户以拾取点的方式确定填充边界，即在希望填充的区域内任意拾取一点，AutoCAD 会自动确定出填充边界，同时也确定该边界内的孤岛。如果用户是以选择对象的方式确定填充边界的，则必须确切地拾取这些孤岛。

（2）“渐变色”选项卡。

单击“图案填充和渐变色”对话框中的“渐变色”标签，AutoCAD 将切换到“渐变色”选项卡。

该选项卡用于以渐变方式实现填充。其中，“单色”和“双色”两个单选按钮用于确定是以一种颜色填充，还是以两种颜色填充。当以一种颜色填充时，可利用位于“双色”单选按钮下方的滑块调整所填充颜色的浓淡度。当以两种颜色填充时（选中“双色”单选按钮），位于“双色”单选按钮下方的滑块变成与其左侧相同的颜色框和按钮，用于确定另一种颜色。位于选项卡中间位置的 9 个图像按钮，用于确定填充方式。

此外，还可以通过“角度”下拉列表框确定以渐变方式填充时的旋转角度，通过“居中”复选框指定对称的渐变配置。如果没有选定此选项，渐变填充将朝左上方变化，可创建出光源在对象左边的图案。

其中，“孤岛检测”复选框确定是否进行孤岛检测以及孤岛检测的方式。“边界保留”选项组用于指定是否将填充边界保留为对象，并确定其对象类型。

AutoCAD 允许将实际上并没有完全封闭的边界用作填充边界。如果在“允许的间隙”文本框中指定了值，该值就是 AutoCAD 确定填充边界时可以忽略的最大间隙，即如果边界有间隙，且各间隙均小于或等于设置的允许值，那么这些间隙均会被忽略，AutoCAD 将对应的边界视为封闭边界。

如果在“允许的间隙”编辑框中指定了值，当通过“拾取点”按钮指定的填充边界为非封闭边界，且边界间隙小于或等于设定的值时，AutoCAD 会打开“图案填充-开放边界警告”窗口，如果单击“继续填充此区域”行，AutoCAD 将对非封闭图形进行图案填充。

经验提示：以普通方式填充时，如果填充边界内有诸如文字、属性这样的特殊对象，且在选择填充边界时也选择了它们，则填充时图案填充在这些对象处会自动断开，就像用一个比它们略大的看不见的框保护起来一样，以使这些对象更加清晰。

2. 编辑图案填充命令

创建图案填充后，如果用户对绘制完的填充图案感到不满意，可以通过“编辑图案填充”随时对填充图案和填充边界进行编辑。

（1）执行编辑填充图案命令的方法。

在 AutoCAD 中，执行编辑填充图案命令的方法有以下 4 种：

① 菜单栏：选择【修改】→【对象】→【图案填充】菜单命令。

② 命令行：在命令行中输入命令 hatchedit。

③ 快捷菜单：选择图案填充后，单击鼠标右键选择“图案填充编辑”。

④ 工具栏：直接单击标准工具栏“修改”上的“编辑图案填充”按钮。

执行此命令后，命令行提示如下：

命令：_hatchedit

选择图案填充对象：　　选择要编辑的填充图案。

选择填充图案后，旧版本会弹出“图案填充”对话框，新版本会给出提示“输入图案填充选项 [解除关联(DI)/样式(S)/特性(P)/绘图次序(DR)/添加边界(AD)/删除边界(R)/重新创建边界(B)/关联(AS)/独立的图案填充(H)/原点(O)/注释性(AN)/图案填充颜色(CO)/图层(LA)/透明度(T)] <特性>:”，用户可以通过对话框或者命令给出的选项对图案填充的图案、边界、旋转角度和比例等参数进行修改。

（2）编辑图案的方法。

① 利用对话框编辑图案。

命令：PEDIT

单击“修改”工具栏上的“编辑图案填充”按钮，或选择【修改】→【对象】→【图案填充】菜单命令，即执行 HATCHEDIT 命令，AutoCAD 提示：“选择关联填充对象：”。

在该提示下选择已有的填充图案，AutoCAD 会弹出“图案填充编辑”对话框。

对话框中只有以正常颜色显示的选项用户才可以操作。该对话框中各选项的含义与“图案填充和渐变色”对话框中各对应项的含义相同。利用此对话框，用户就可以对已填充的图案进行诸如更改填充图案、填充比例、旋转角度等操作。

② 利用夹点功能编辑填充图案。

利用夹点功能也可以编辑填充的图案。当填充的图案是关联填充时，通过夹点功能改变填充边界后，AutoCAD 会根据边界的新位置重新生成填充图案。

经验提示：启用“编辑图案填充”命令后，选择需要编辑的填充图案，系统将弹出图案填充的对话框。在该对话框中，有许多选项都以灰色显示，表示不要选择或不可编辑。修改完成后，单击“预览”按钮进行预览，最后单击“确定”按钮，确定图案填充的编辑。

3. 图案填充的分解

图案填充无论多么复杂，通常情况下都是一个整体，即一个匿名“块”。一般情况下，不会对其中的图线进行单独编辑，如果需要编辑，也是采用图案填充编辑命令。但在一些特殊情况下，如标注的尺寸和填充的图案重叠，必须将部分图案打断或删除以便清晰显示尺寸，此时必须将图案分解，然后才能进行相关的操作。

用“分解”命令分解后的填充图案变成了各自独立的实体。

4. 操作实例与演示：创建图案填充

绘制如图 8-10 所示的剖视图（只演示图案填充部分）。

参考步骤如下：

命令：_hatch　　启动命令。弹出“图案填充及渐变色”对话框，在该对话框中，点击“添加：拾取点”，回到绘图界面。

拾取内部点或[选择对象(S)/删除边界(B)]：正在选择所有对象...

点击左边封闭区域。

正在选择所有可见对象...

正在分析所选数据...

正在分析内部孤岛...

拾取内部点或 [选择对象(S)/删除边界(B)]：正在选择所有对象...

点击右边封闭区域。

正在选择所有可见对象...

正在分析所选数据...

正在分析内部孤岛...

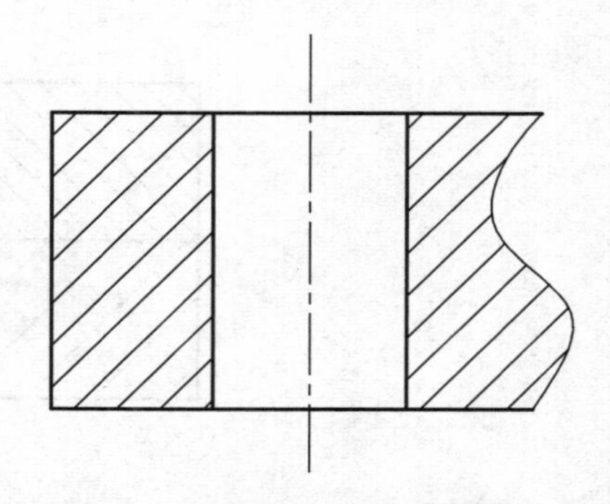

图 8-10　利用图案填充绘制剖面线

拾取内部点或 [选择对象(S)/删除边界(B)]:　回车。返回对话框，点击“确定”。

绘图结果如图 8-10 所示。

经验提示：机械制图的剖面线，通过点击“图案填充”中的“样例”，弹出“填充图案”选项板，然后在该选项板中，选择“ANSI”下的第一种图案“ANSI31”，再点击“确定”按钮，如图 8-11 所示。

5. 操作实例与演示：边界不封闭时的处理

边界不封闭时，AutoCAD 会自己找到一个封闭的边界，如图 8-12 所示，显然这不是我们所需要的结果。此时，应该先执行延伸命令，使得所需填充的区域形成封闭边界后，再执行图案填充。

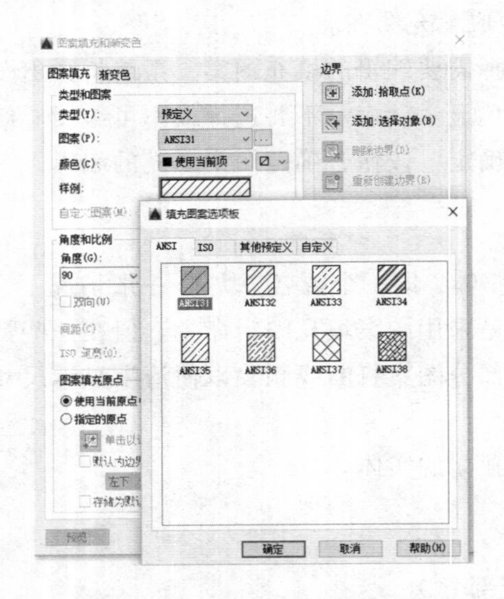

图 8-11　机械制图的剖面线

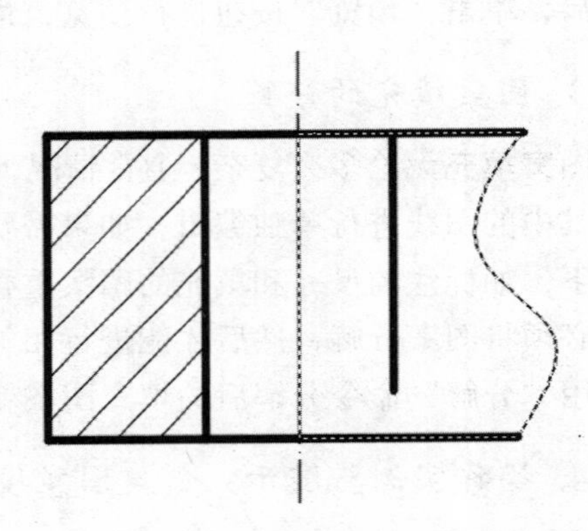

图 8-12　边界不封闭

6. 操作实例与演示：改变剖面线的方向及间隔

机械制图国家标准规定，在装配图中，不同的零件要使用不同的剖面线，即不同的零件使用的剖面线，要么方向不同，要么间隔不同，如图 8-13 所示。

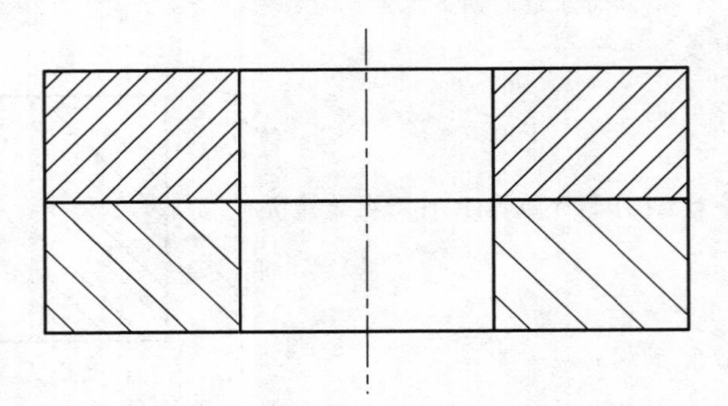

图 8-13　改变剖面线的方向及间隔

如图 8-14 所示，将角度由 0°变成了 90°，剖面线的方向就反向了；将比例由 1 变成了 2，剖面线的间隔就变大了。

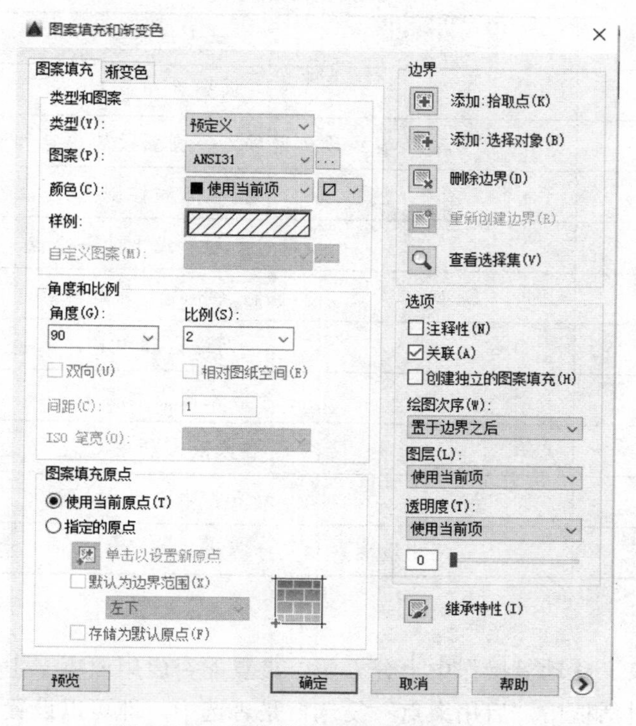

图 8-14　剖面线方向和间隔的设置

（四）夹点编辑

所谓夹点（又称为特征点），是指在图形对象上显示出的一些实心小方框，即在命令行中没有输入任何命令时，单击图形对象，该图形对象会出现若干特征点，此为夹点，如图 8-15 所示。系统提供的夹点功能，使用户可以在激活夹点的状态下，无需输入相应的编辑命令，即可运用夹点对实体进行拉伸、移动、旋转、缩放和镜像的编辑操作，与前面介绍的几种编辑方法不同，但获得的编辑效果是一样的。

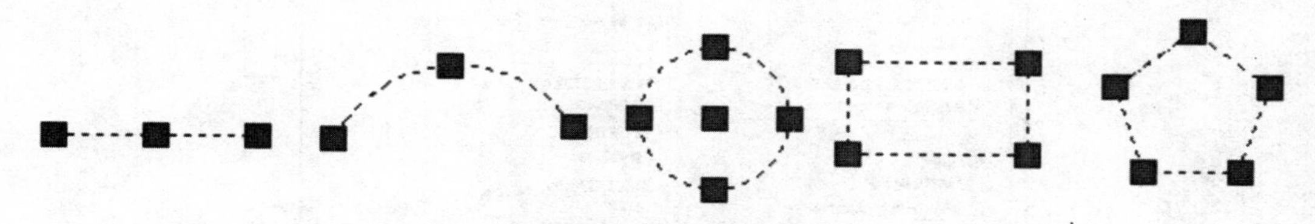

图 8-15　不同对象的夹点

通过夹点，可以将多个最通用的编辑命令和对象选择结合在一起，以便更快地编辑。当夹点打开时，在编辑前选择所需的对象，AutoCAD 将用夹点标记选定对象上的控制点，然后对对象进行复制、移动、拉伸、旋转、缩放等操作。对不同的对象进行夹点操作时，对象上特征点的位置和数量都不相同。

AutoCAD 对夹点的规定如表 8-1 所示。

表 8-1 夹点类型

对象类型	夹点的位置
线段	两端点和中点
多段线	直线段的两端点、圆弧段的中点和两端点
样条曲线	拟合点和控制点
射线	起始点和射线上的一个点
构造线	控制点和线上邻近两点
圆弧	两端点和中点
圆	各象限点和圆心
椭圆	各象限点和中心点
椭圆弧	端点、中点和中心点
尺寸	尺寸线端点和尺寸界线的起始点、尺寸文字的中心点

1. 夹点设置

夹点方式在拉长、移动等操作中十分方便，夹点能否启用取决于主菜单【工具】→【选项】中“选择集”对话框中“启用夹点”复选框是否选中，即可以设置夹点功能的开关与夹点的颜色。执行选项命令的方式如下：

① 菜单命令：【工具】→【选项】菜单命令。

② 键盘输入：Op↙（Options 的缩写）。

选择上述任一方式输入命令，弹出“选项”对话框，单击“选择集”选项卡，如图 8-16 所示。

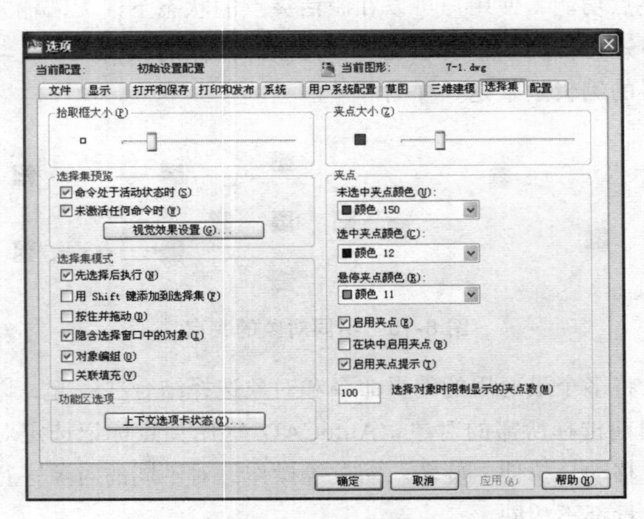

图 8-16 “选择集”选项卡

夹点区的主要选项说明如下：

① 夹点大小（G）：用来控制 AutoCAD 拾取框的显示尺寸。可用光标拖动右边的滑块调整其大小。

② 夹点颜色：用来区分不同状态的夹点，为操作提供即时的视觉提示。

未选中夹点颜色（U）：用来改变冷夹点颜色。用右边的翻页箭头，拉出列表框进行选择。如不选择基本颜色，可单击更多，弹出“选择颜色”对话框，为用户提供更多的颜色选择。冷夹点默认颜色为蓝色。

选中夹点颜色（C）：用来改变热夹点颜色。其操作方法与“未选中夹点颜色”操作方法相同。热夹点默认颜色为红色。

③ 悬停夹点颜色（R）：用来改变悬夹点颜色。其操作方法与“未选中夹点颜色”操作方法相同。悬夹点默认颜色为绿色。

④ 启用夹点（E）：选择该选项表示启用夹点功能；反之，关闭夹点功能。

⑤ 在块中启用夹点（B）：该选项表示开关块的各组成实体的夹点功能。选择该选项时，表示显示块中各实体的全部夹点和块的插入点。关闭该选项时，只显示块的插入点。

⑥ 启用夹点提示（T）：当光标悬停在支持夹点提示的自定义对象的夹点上时，显示夹点的特定提示。

⑦ 显示夹点时限制对象选择（M）：显示夹点的选定对象的最大数目。当初始选择集包括多于指定数目的对象时，抑制夹点的显示。有效值的范围为 1 ~ 32 767。默认设置是 20。

2. 夹点编辑操作

若使用夹点进行编辑，首先要选择作为基点的夹点，这个被选定的夹点称为基夹点。系统提供了 5 种夹点操作模式。当冷夹点被激活为热夹点后，可进行拉伸、移动、旋转、比例缩放和镜像操作。选择一种夹点编辑模式：镜像、移动、旋转、拉伸或缩放，可以按空格键或回车键，或者通过键盘快捷键“MI、MO、RO、ST、SC”循环选取这些模式。这 5 种编辑方法之间的切换有以下 3 种方法：

① 通过回车键或空格键循环切换编辑模式：当选中热夹点后，按回车键或空格键，命令行依次提示：

```
命令：
** 拉伸 **
指定拉伸点或 [基点(B)/复制(C)/放弃(U)/退出(X)]:
** 移动 **
指定移动点或 [基点(B)/复制(C)/放弃(U)/退出(X)]:
** 旋转 **
指定旋转角度或 [基点(B)/复制(C)/放弃(U)/参照(R)/退出(X)]:
** 比例缩放 **
指定比例因子或 [基点(B)/复制(C)/放弃(U)/参照(R)/退出(X)]:
** 镜像 **
```

指定第二点或 [基点(B)/复制(C)/放弃(U)/退出(X)]:

② 通过键入关键字切换编辑模式：当选中热夹点后，输入关键字切换到其他模式。这种方式不需要依次切换，可提高切换速度。5种切换模式的关键字分别是：拉伸（ST）、移动（MO）、旋转（RO）、缩放（SC）、镜像（MI）。

③ 通过鼠标右键，弹出快捷菜单选择编辑模式：当冷夹点变为热夹点后，单击鼠标右键，弹出如图 8-17 所示的快捷菜单，移动光标选取所需的模式，命令行即显示切换到该模式提示状态。

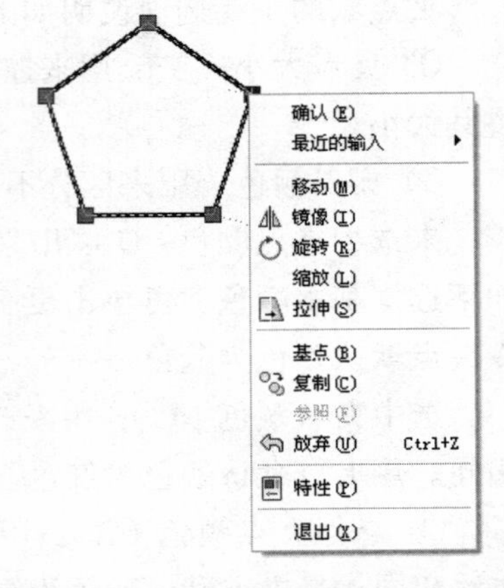

图 8-17 夹点编辑模式快捷菜

3. 编辑模式的操作

将鼠标指向任一夹点单击，将此夹点选中，然后直接拖动进行相应操作或单击鼠标右键在弹出的如图 8-17 所示的快捷菜单中选择相应命令，都可进行各种编辑操作。

① 拉伸模式：拉伸模式相当于拉展命令。进入拉伸模式后，命令行提示：

指定拉伸点或[基点（B）/复制（C）/放弃（U）/退出（X）]:

选项说明：

指定拉伸点：该选项表示将确定的热夹点放置新的位置，从而使实体被拉伸或压缩。可直接移动光标拾取一点确定新位置，也可以直接输入新点的坐标值确定新位置。

基点（B）：该选项表示重新选择基点。在拉伸操作中，系统将热夹点默认为基点，如果要重新选择基点，输入 B，命令行提示：

指定基点：（输入基点坐标值后，命令行继续提示）

指定拉伸点或[基点（B）/复制（C）/放弃（U）/退出（X）]:

复制（C）：该选项表示可以连续对拉伸实体进行编辑，在原对象的基础上产生多个被拉伸的实体。输入 C，命令行提示：

拉伸（多重）

指定拉伸点或[基点（B）/复制（C）/放弃（U）/退出（X）]:

在拉伸模式的操作中，通过改变热夹点的位置，能使实体产生拉伸或压缩，也能使实体产生移动，关键取决于激活热夹点的位置。以直线和圆为例，当热夹点是圆心或直线的中点时，拉伸操作使圆或直线产生移动，如图 8-18（a）所示；当热夹点是圆为象限点时，拉伸操作使圆改变直径大小；当热夹点是直线的端点时，拉伸操作改变直线的位置和长短，如图 8-18（b）所示。

② 移动模式：移动模式相当于“移动”命令。进入移动模式后，命令行提示：

移动

指定移动点或[基点（B）/复制（C）/放弃（U）/退出（X）]:

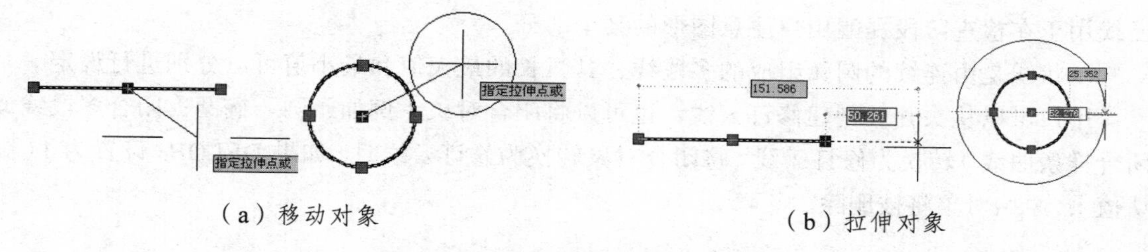

（a）移动对象　　　　（b）拉伸对象

图 8-18　利用夹点拉伸或者移动对象

③ 旋转模式：旋转模式相当于旋转命令。进入旋转模式后，命令行提示：

旋转

指定旋转角度或[基点（B）/复制（C）/放弃（U）/参照（R）/退出（X）]:

指定参照角<0>:（输入参照角度，也可以拾取两点确定参照角。命令行继续提示）

指定旋转角度或[基点（B）/复制（C）/放弃（U）/参照（R）/退出（X）]:

④ 比例缩放模式：比例缩放模式相当于缩放命令。进入比例缩放模式后，命令行提示：

比例缩放

指定比例因子或[基点（B）/复制（C）/放弃（U）/参照（R）/退出（X）]:

指定参照长度<当前>:（输入参照长度，也可以拾取某两点确定参照长度。命令行继续提示）

比例缩放

指定新长度或[基点（B）/复制（C）/放弃（U）/参照（R）/退出（X）]:（输入新长度，也可以拾取某一点，以拾取点到基点的距离确定新长度。用参照长度与新长度的比值确定比例因子）

⑤ 镜像模式：镜像模式相当于镜像命令。进入镜像模式后，命令行提示：

镜像

指定第二点或[基点（B）/复制（C）/放弃（U）/退出（X）]:

（五）全屏显示（清理屏幕）

清屏命令用于清除视图窗口中的工具栏和可固定窗口（命令行除外），将普通的视图模式转换成专家模式。

在 AutoCAD 中，执行清屏命令的方法有以下 3 种：

（1）状态栏：单击状态栏右下角的“全屏显示”按钮。

（2）菜单栏：选择【视图】→【清除屏幕】菜单命令。

（3）组合键：按组合键“Ctrl+0”。

执行清屏命令后，视图模式即可切换成专家模式，再次执行清屏命令，又会切换到普通模式。在专家模式下，屏幕窗口只保留菜单栏、绘图窗口、命令行和状态栏，这样绘图窗口就得到了扩充。但要使用专家模式，用户就必须对 AutoCAD 的工具非常了解。

（六）绘制修订云线

修订云线是由连续圆弧组成的多段线而构成的云线形对象。其主要作用是在检查或者用红线圈审阅图形时，用户可以使用云状线来进行标记，这样可以提高用户的工作效率。修订云线用于在检查阶段提醒用户注意图形的某个部分。

云状线是由连续的圆弧组成的多段线，其弧长的最大值和最小值可以分别进行设定。

用户可以从头开始创建修订云线，也可以将闭合对象（例如，圆、椭圆、闭合多段线或闭合样条曲线）转换为修订云线。将闭合对象转换为修订云线时，如果 DELOBJ 设置为 1（默认值），原始对象将被删除。

1. 启动绘制修订云线的方法

在 AutoCAD 中，启动绘制修订云线的方法有如下 3 种：

（1）命令行：输入命令 revcloud。

（2）菜单栏：选择【绘图】→【修订云线】菜单命令。

（3）工具栏：单击标准工具栏中的“修订云线”按钮。

系统提示：

命令：_revcloud

最小弧长：15　最大弧长：15　样式：普通

指定起点或 [弧长(A)/对象(O)/样式(S)] <对象>:

沿云线路径引导十字光标...

修订云线完成。

选择云线命令后输入 A，然后根据提示输入最小圆弧、最大圆弧，最后绘制即可。

输入修订云线 revcloud 命令后，单击鼠标右键，出现如图 8-19 所示的菜单，同样可对云线进行编辑。

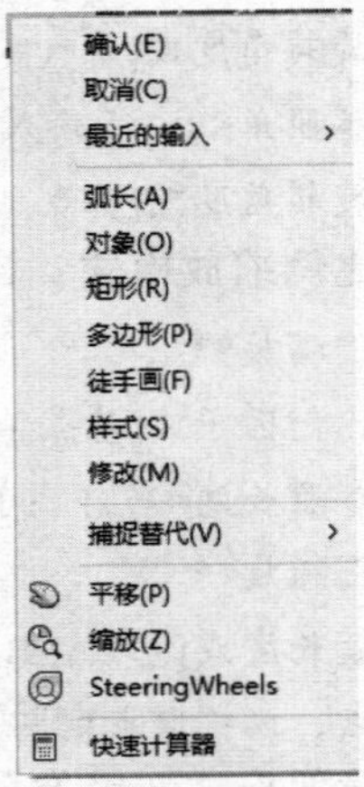

确认(E)
取消(C)
最近的输入 >
弧长(A)
对象(O)
矩形(R)
多边形(P)
徒手画(F)
样式(S)
修改(M)
捕捉替代(V) >
平移(P)
缩放(Z)
SteeringWheels
快速计算器

图 8-19　“修订云线”快捷菜单

2. 命令各选项的含义及操作

（1）直接绘制修订云线。

（2）弧长：指定云线中弧线的长度。

指定最小弧长 <0.5000>:	指定最小弧长的值。
指定最大弧长 <0.5000>:	指定最大弧长的值。

沿云线路径引导十字光标...

修订云线完成。

经验提示：最大弧长不能大于最小弧长的 3 倍。

（3）对象：指定要转换为云线的对象。

选择对象:	选择要转换为修订云线的闭合对象。
反转方向 [是(Y)/否(N)]:	输入 Y 以反转修订云线中圆弧的方向，或按“Enter”键保持圆弧的原样。

修订云线完成。

（4）样式：指定修订云线的样式。

选择圆弧样式 [普通(N)/手绘(C)] <默认/上一个>:　　选择修订云线的样式。

三、项目实施

1. 创建新图形文件

打开 A4 横向初始样板文件，进入“AutoCAD 经典”工作空间，建立一个新的图形文件，保存此空白文件，文件名为“图 8-1.dwg”，注意在绘图过程中每隔一段时间保存一次。

2. 绘制图形

参考步骤如下：

（1）调整屏幕显示大小，打开“显示/隐藏线宽”和 “极轴追踪”状态按钮，在“草图设置”对话框中选择“对象捕捉”选项卡，设置“交点”“端点”“中点”“圆心”等捕捉目标，并启用对象捕捉。

（2）绘制基准线、主要位置线和辅助线。

① 绘制基准线。分别将细点画线和粗实线图层设置为当前图层，执行直线命令，绘制出主视图和俯视图的长度基准线（对称中心线）、俯视图和左视图的宽度基准线、主视图和左视图的高度基准线。

② 绘制主要位置线。执行“偏移”命令，分别以 9 和 47 为偏移距离将主视图和左视图高度基准线向上偏移，选中偏移直线，将偏移 47 后得到的直线改为中心线。

③ 绘制辅助线。将细实线图层设置为当前图层，利用直线命令和临时追踪点，分别绘制俯视图与左视图的宽相等，连接两个宽相等直线的交点就得到一条 135°的斜线，结果如图 8-20 所示。

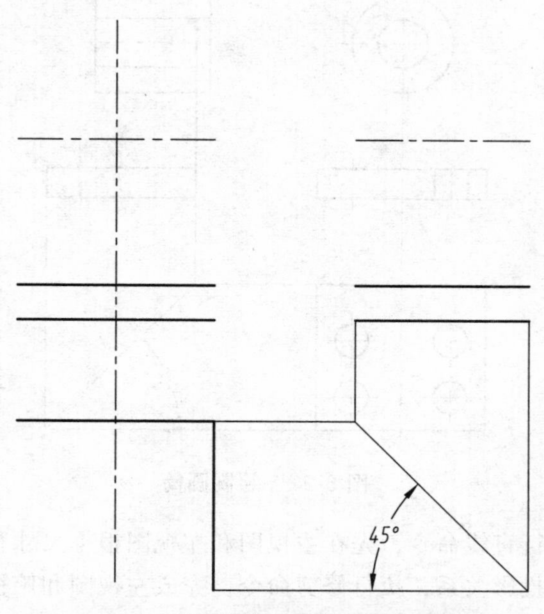

图 8-20　绘制基准线、主要位置线和辅助线

（3）绘制底板。执行直线命令，根据尺寸先画特征视图（俯视图），再结合三等关系和尺

寸完成其他两视图，绘图过程不再赘述，结果如图 8-21 所示。

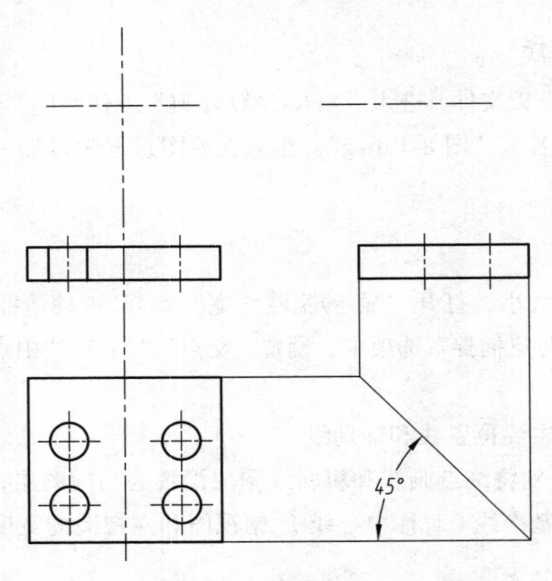

图 8-21　绘制底板

（4）绘制上方圆筒。由于俯视图采用剖视图表达，圆筒可以不画。执行圆命令，在主视图上绘制出ϕ15 和ϕ30 两圆，根据投影关系完成左视图相应视图，由于左视图采用局部剖视表达，故图线均采用粗实线图层绘制，结果如图 8-22 所示。

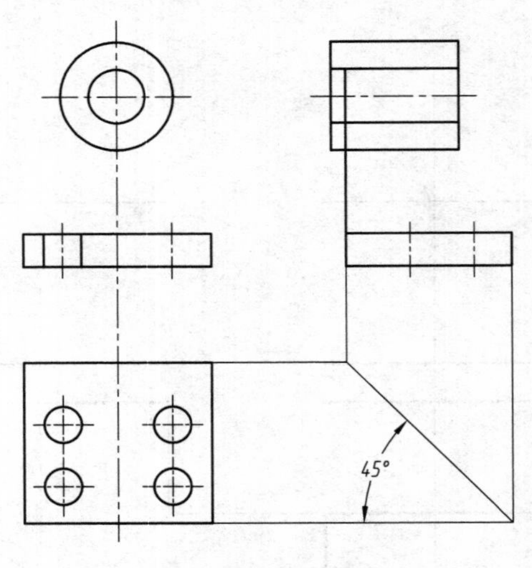

图 8-22　绘制圆筒

（5）绘制肋板。执行直线命令，先在主视图和左视图根据尺寸和相切、相交等关系绘制出肋板轮廓线。再根据投影关系，执行修剪命令，完成左视图和俯视图有关图线，结果如图 8-23 所示。

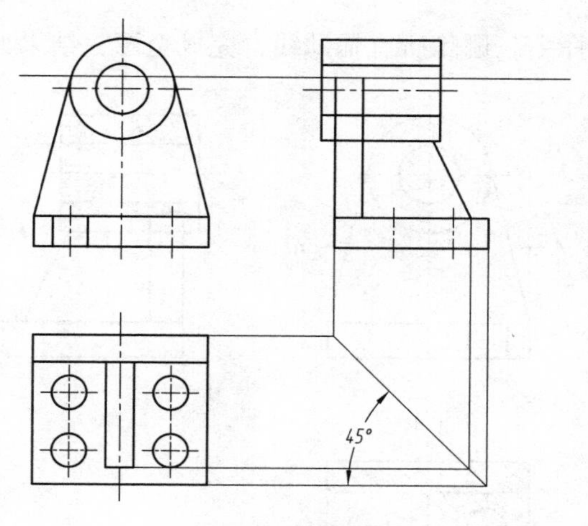

图 8-23　绘制肋板

（6）绘制剖面图。

① 绘制剖切线和辅助线。在主视图合适位置，执行直线命令，在确定的剖切线位置处绘制出长度为 5 的剖切线（在粗实线图层），执行构造线命令，在剖切线位置处分别作图 8-24 所示的辅助线。

② 绘制剖切面位置处的轮廓线。执行直线命令，根据视图投影关系，借助于辅助线完成俯视图对应于剖切面位置处的轮廓线。

③ 标注文字。执行多行文字命令，用相同的方法在主视图左边和俯视图创建剖视图相关标记，结果如图 8-24 所示。

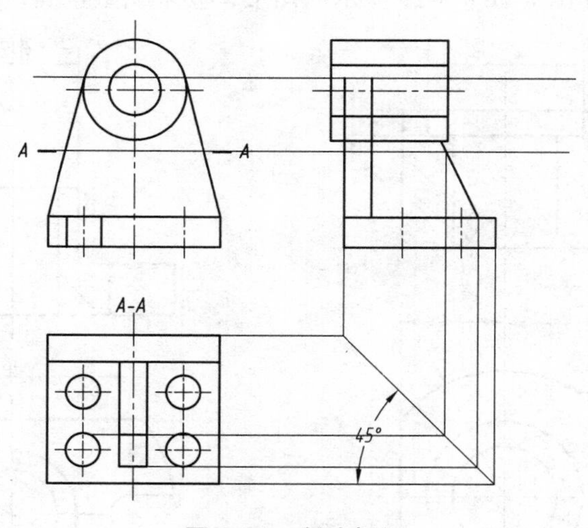

图 8-24　创建标记

④ 绘制局部剖切范围。执行样条曲线命令，在左视图和俯视图上各绘制一波浪线，并调整其位置。执行修剪命令，修剪左视图肋板轮廓线长度和圆筒轮廓线。

⑤ 绘制剖面线。执行图案填充命令，在主视图、俯视图和左视图中选择填充区域进行图案填充。

⑥ 修改。执行删除命令，删除所有辅助线，完成全图，结果如图 8-25 所示。

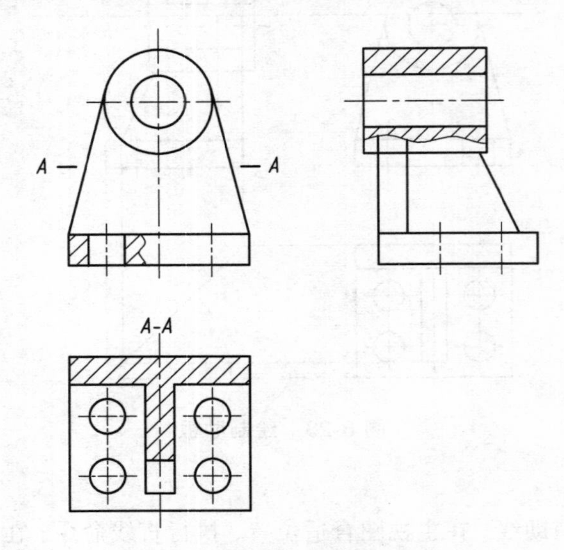

图 8-25　完成图

3. 保存此图形文件

保存绘制好的文件。

四、练习与提高

按 1∶1 比例绘制如图 8-26 ~ 8-29 所示的图形，要求线型正确，标注尺寸。

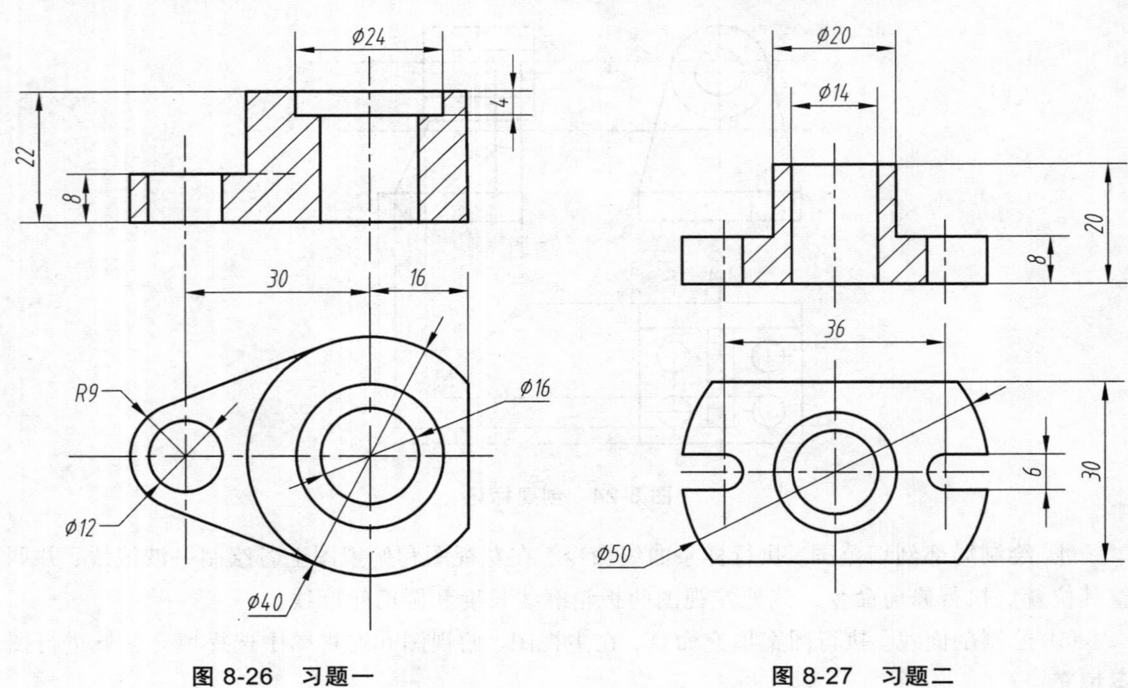

图 8-26　习题一　　　　图 8-27　习题二

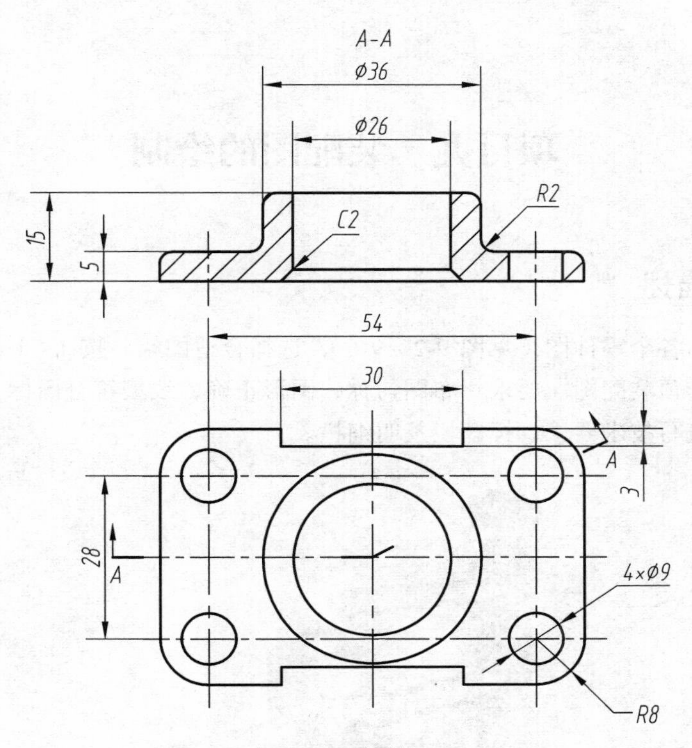

图 8-28　习题三

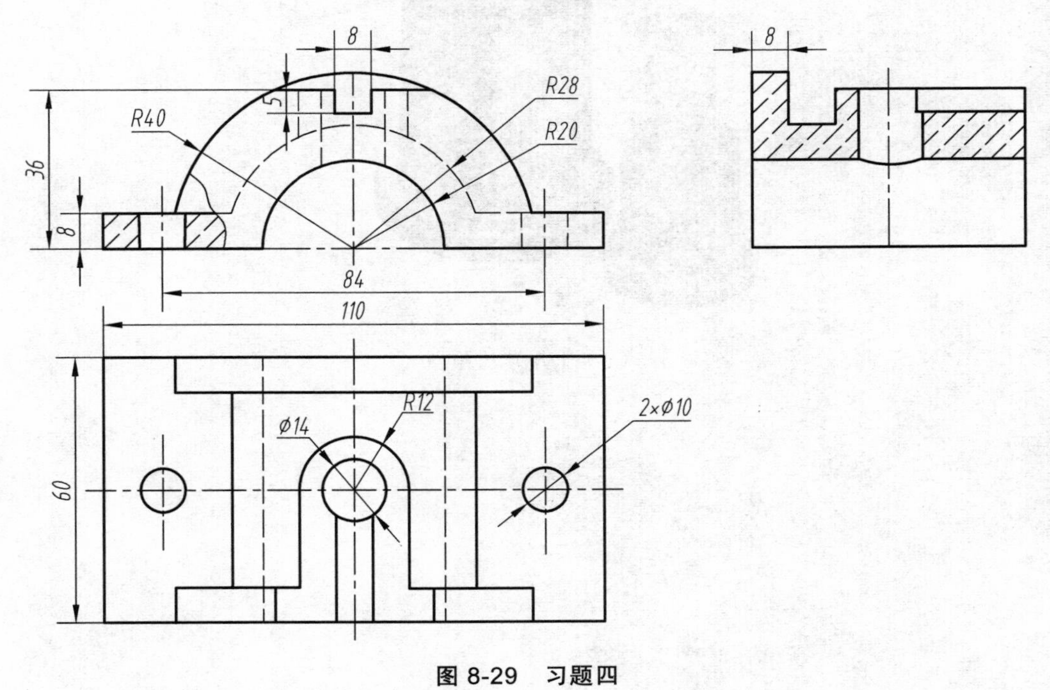

图 8-29　习题四

项目九　装配图的绘制

一、项目描述

根据千斤顶的各个零件图（见图 9-2 ~ 9-6），选择合适图幅，按 1∶1 的比例“拼装”如图 9-1 所示的千斤顶装配图。要求：布图匀称，图形正确，线型符合国标，标注装配尺寸，编写零件序号，填写技术要求、标题栏及明细栏。

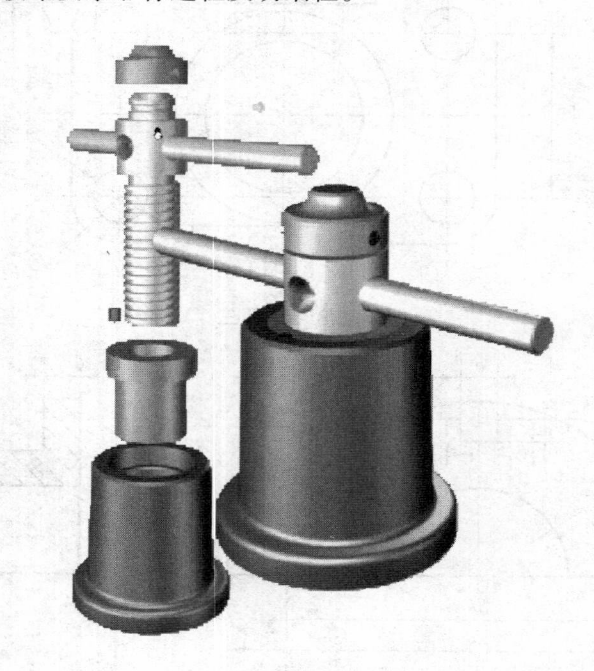

（a）千斤顶三维图

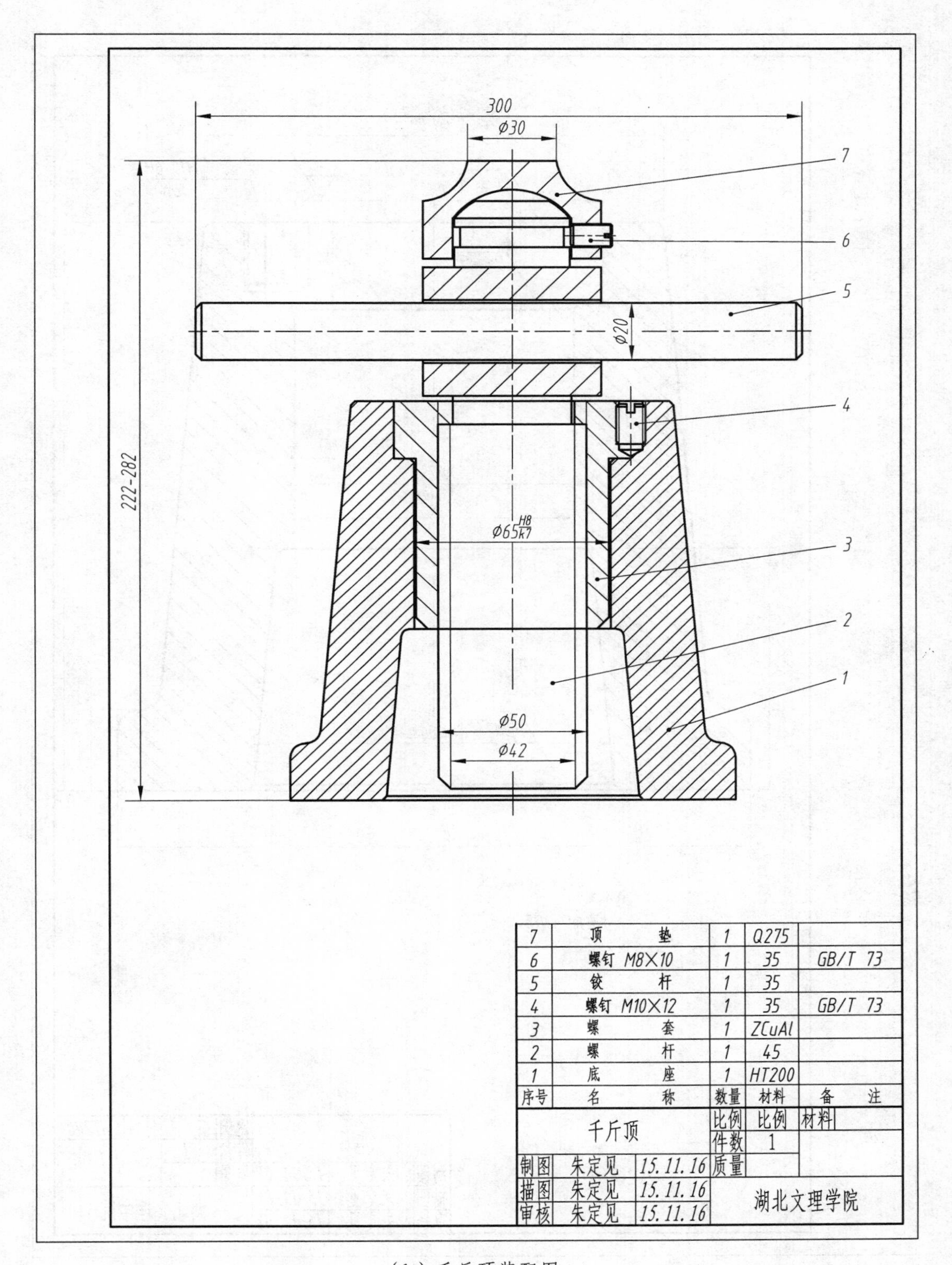

（b）千斤顶装配图

图 9-1 千斤顶

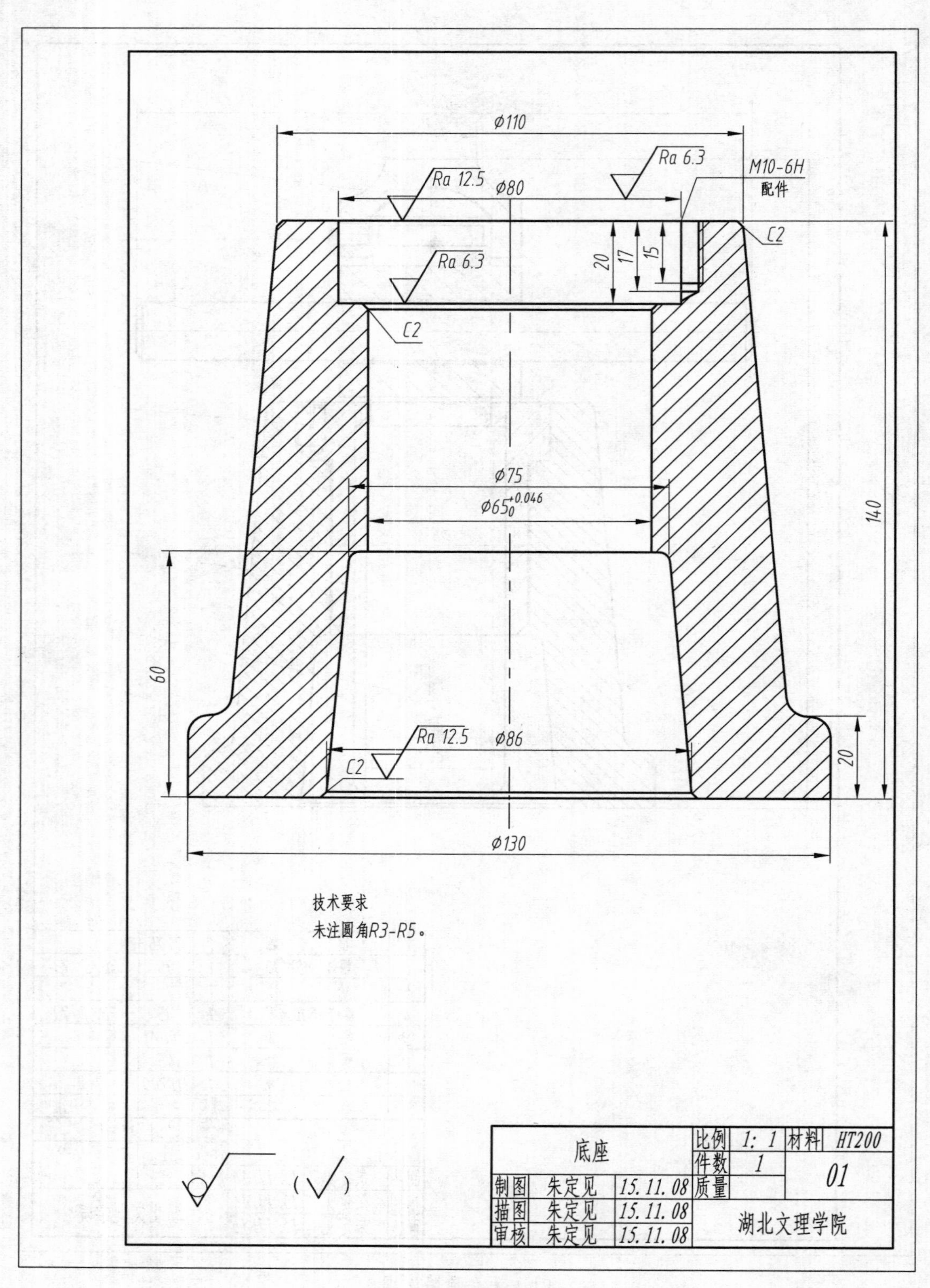

图 9-2 千斤顶底座的零件图

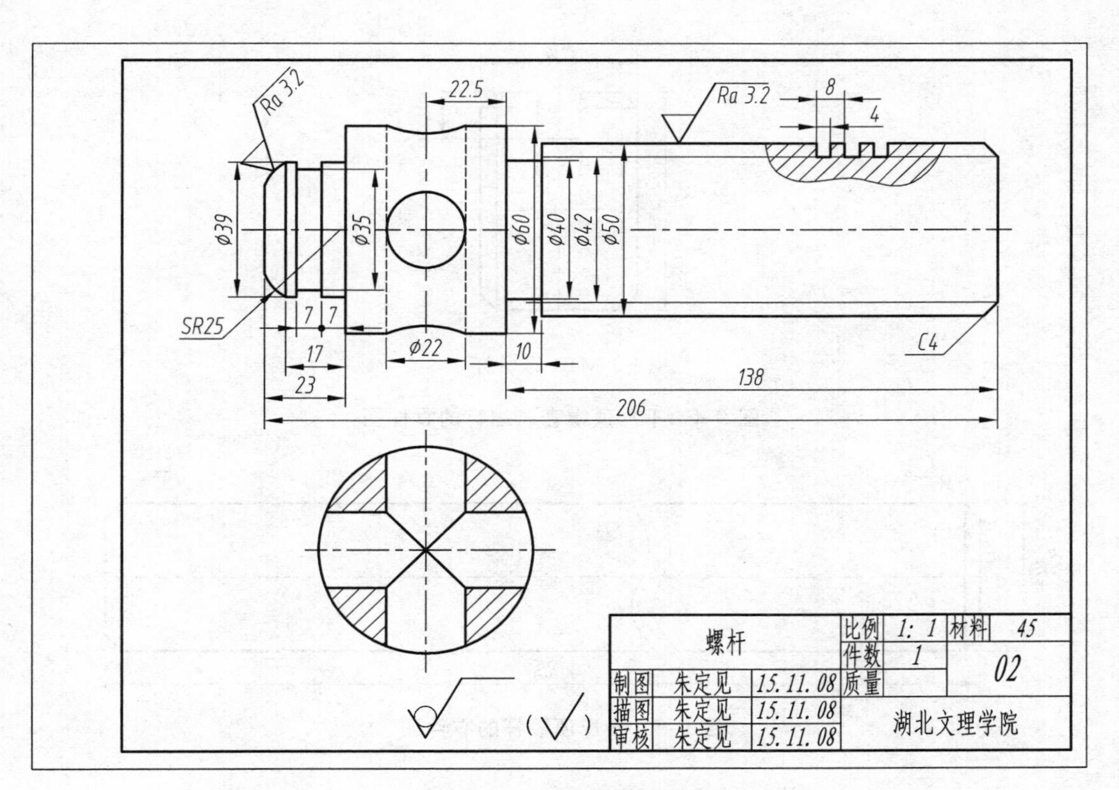

图 9-3 千斤顶螺杆的零件图

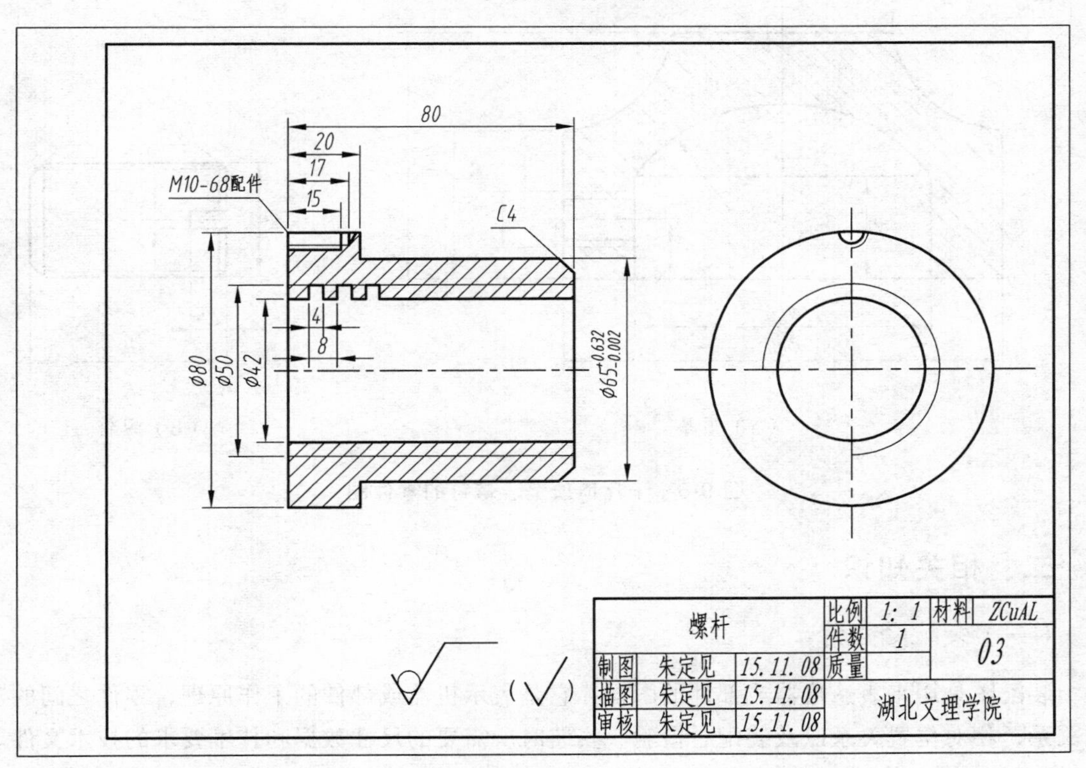

（a）螺套

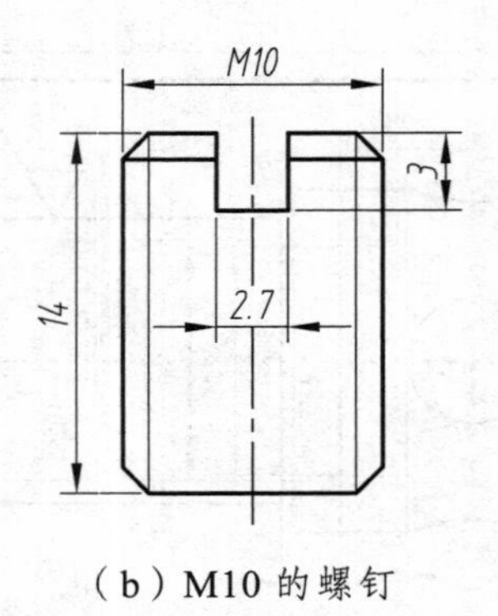

（b）M10 的螺钉

图 9-4　千斤顶螺套、螺钉的零件图

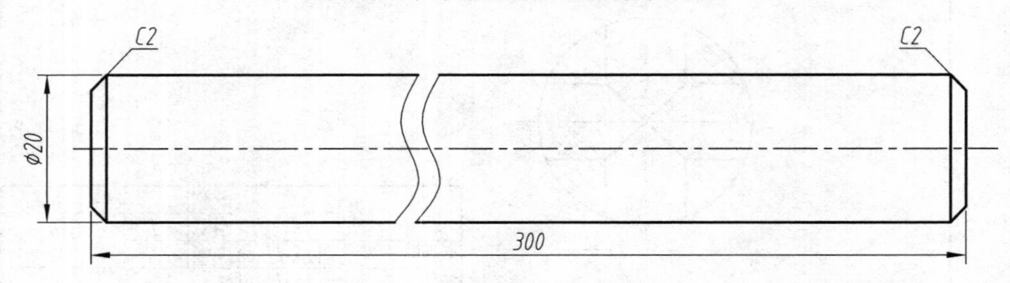

图 9-5　千斤顶铰杆的零件图

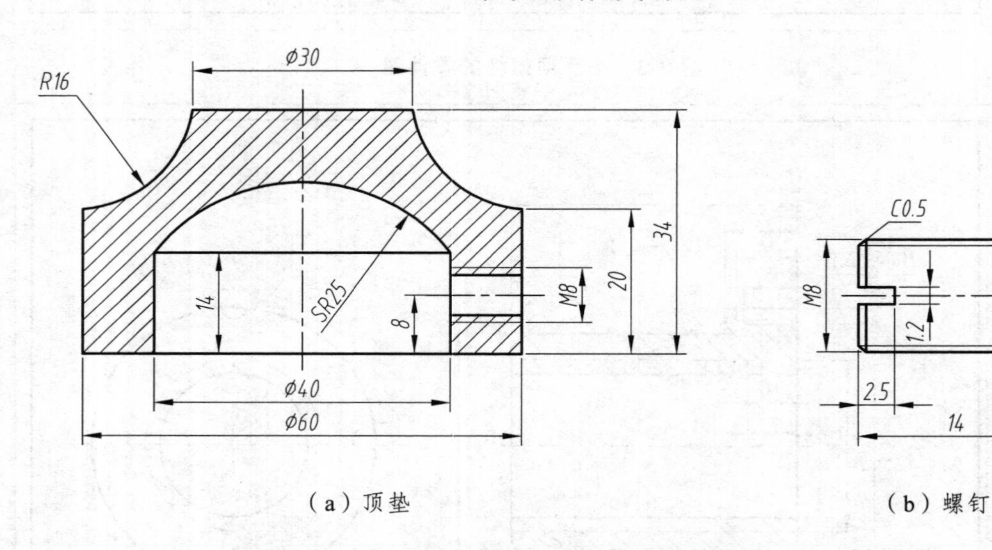

（a）顶垫　　（b）螺钉

图 9-6　千斤顶顶垫、螺钉的零件图

二、相关知识

（一）装配图简介

装配图是用来表达机器或部件的图样，它是表示机器或部件的工作原理，零件之间的装配关系，相对位置关系以及装配、检验、安装时所需要的尺寸数据和技术要求的技术文件。在生产过程中，装配图是制定装配工艺规程，进行装配、检验、安装及维修的技术依据。

一张完整的装配图，包括以下内容：视图、尺寸标注、技术要求、零件编号、明细栏和标题栏。

1. 一组视图

用来正确、完整表达机器或部件的工作原理，零件间的装配关系、连接方式和主要零件的主要结构形状等。

2. 必要的尺寸

表明机器或部件的规格、性能以及装配、检验、安装时所需要的尺寸。

3. 技术要求

通常用文字或符号等补充说明机器或部件在装配、调试、检验、安装时所要达到的有关条件和要求。

4. 零件编号、明细栏和标题栏

说明机器或部件及其所包括的零件的名称、材料、数量、比例以及设计者、审核者的签名等。

（二）利用 AutoCAD 绘制装配图的方法

1. 直接绘制法

设计新产品时，一般先设计出装配图，再根据装配图设计各零件工作图。

直接绘制装配图就是直接利用二维绘图及编辑命令，按手工绘制装配图的画法步骤，绘制装配图。对于一些常用标准件，可利用图库采用零件块插入法绘制。

这种作图方法不但作图过程复杂，而且容易出错，只能绘制一些简单的装配图。

2. 组装拼画法（拼装法）

在进行机器部件测绘时，一般先画出零件图，再利用零件图块插入法或复制零件图组装绘制装配图，再根据装配图的表达要求进行修整，拼画成装配图，标注装配图尺寸，用多重引线标注装配图中零件的编号，写出技术要求，填写明细栏与标题栏，完成装配图的绘制。读者可灵活应用 AutoCAD 的图块和设计中心来组织和管理自己所绘制的各种工程图，使工程设计和绘图工作达到事半功倍的效果。

拼装法可分为基于设计中心拼装装配图、基于工具选项板拼装装配图、基于块功能拼装装配图和基于复制粘贴功能拼装装配图 4 种画法。其中，基于设计中心拼装装配图和基于复制粘贴功能拼装装配图为常用画法。

（三）利用 AutoCAD 绘制装配图的一般步骤

利用 AutoCAD 绘制装配图一般分为以下 9 个步骤：

第一步：弄清组成装配体的每个零件的结构形状及其零件间的装配关系。

第二步：绘制出各个零件图，关闭尺寸标注、标题栏和技术要求等部分，然后将零件图中组成装配图的部分定义为块并存储。

第三步：创建一张新图纸（建立一个新的图形文件），然后根据装配图的需要进行各种初始设置（初始设置时，读者应具备规范化、标准化的制图思想）。

第四步：将定义为块的各个零件图按照装配关系，分别插入到新图纸的适当位置。

第五步：修改插入后的图形，完成装配图视图部分。

第六步：标注装配图的尺寸。

第七步：对组成装配体的零件进行序号编排。

第八步：插入标题栏和明细栏并注写文字。

第九步：注写技术要求。

（四）AutoCAD 的设计中心

AutoCAD 提供的设计中心可以使用户方便地浏览和查找图形文件，定位和管理图块等不同的资源文件，也可以使用户通过简单的拖动操作，将位于本地的计算机、局域网和互联网上的图形文件中的图块、图层、外部参照、线型、文字和标注样式等粘贴到当前图形文件中，从而使设计资源得到充分利用和共享。

1. 命令调用

（1）菜单栏：选择【工具】→【选项板】→【设计中心】菜单命令。

（2）图标：单击“视图”选项卡或标准工具栏的“设计中心”图标。

（3）命令：Adcenter 或 Adc↙。

执行命令后，系统将打开类似于 Windows 资源管理器的 AutoCAD“设计中心”选项板，如图 9-7 所示，用户可以利用该选项板进行各种操作。

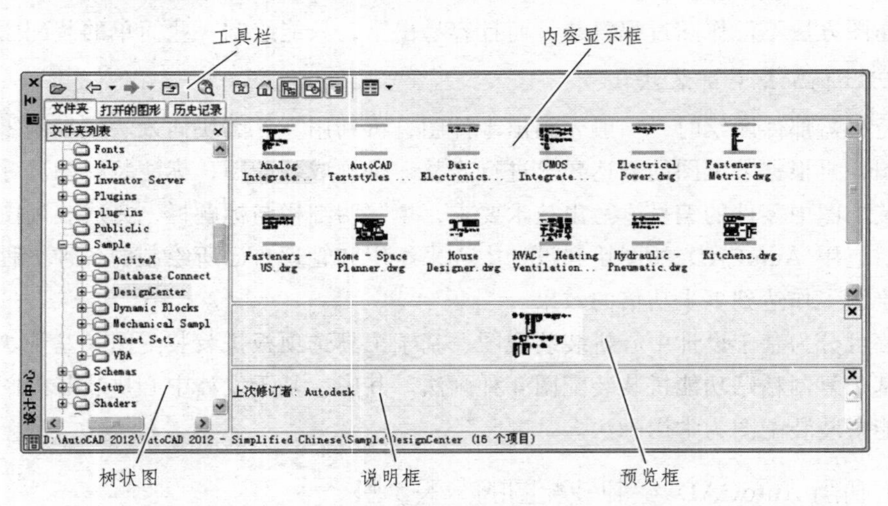

图 9-7 “设计中心”窗口“文件夹”选项卡

2. 命令说明

AutoCAD“设计中心”选项板包含一组工具按钮和选项卡，使用它们可以方便地浏览各类资源中的项目。

（1）使用树状图。

① “文件夹”选项卡：该窗口由树状图、工具栏、内容显示框、预览框和说明框组成。该选项卡用于显示设计中心的资源，用户可以将设计中心的内容设置为本计算机的资源信息，或是本地计算机的资源信息，也可以设置为网上邻居的资源信息。

树状图：AutoCAD 设计中心的资源管理器，用于显示系统内部的所有资源，它与 Windows 资源管理器的操作方法相同。

内容显示框：用于显示在树状图中选中的图形文件内容。

预览框：用于预览在内容显示框中选定的项目。如果选定项目中没有保存的预览图像，则该预览框内为空白。

说明框：用于显示在内容显示框中选定项目的文字说明。如果选定项目中没有文字说明，则该说明框将给出提示。

②“打开的图形”选项卡：用于显示在当前 AutoCAD 环境中打开的所有图形文件。此时单击某个图形文件图标，就可以看到该图形文件的有关设置，如图 9-8 所示。

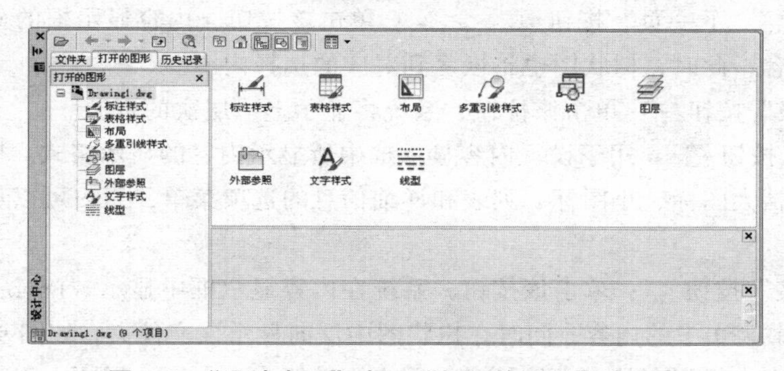

图 9-8 “设计中心”窗口“打开的图形”选项卡

③ “历史记录”选项卡：用于显示用户最近访问过的文件，包括这些文件的完整路径，如图 9-9 所示。在一个文件上右击，从弹出的快捷菜单上，可以对该文件进行浏览等操作。

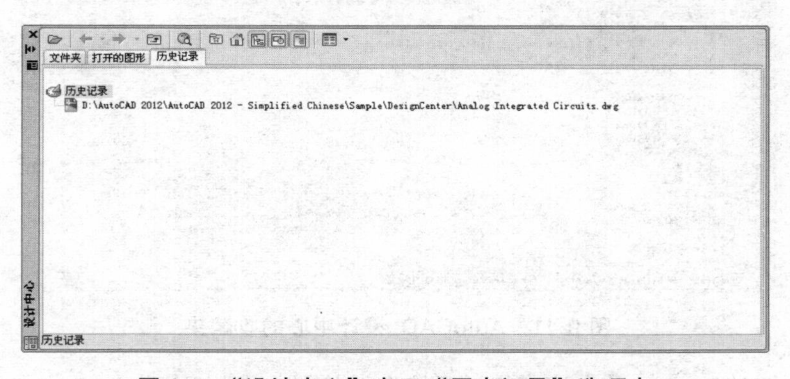

图 9-9 “设计中心”窗口“历史记录”选项卡

（2）工具按钮功能。

① “加载”按钮 ：单击该按钮，系统将弹出如图 9-10 所示的“加载”对话框，利

用该对话框，用户可以从 Windows 桌面、收藏夹或通过 Internet 向设计中心加载图形文件。

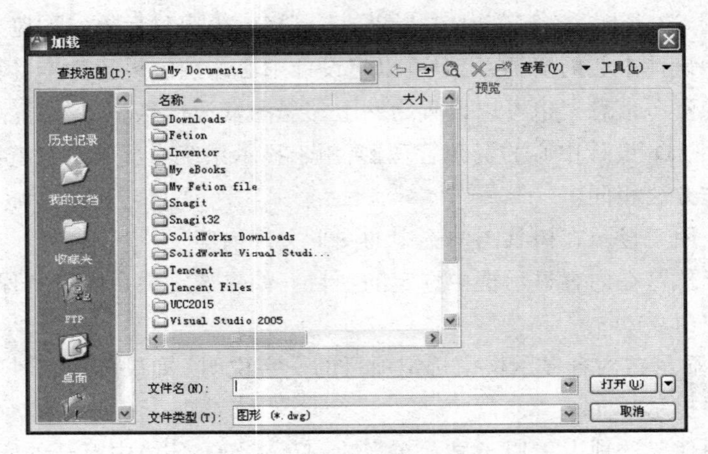

图 9-10 “加载”对话框

② “上一页”“下一页”按钮：单击该按钮，内容显示框的显示恢复到上一页或下一页的内容，此时，树状图也将恢复到对应的选择内容。

③ “上一级”按钮：单击该按钮，系统将显示上一层次的资源。

④ “视图”按钮：用于设置内容显示框中所显示内容的显示格式。单击该按钮，系统将弹出一个包括大图标、小图标、列表和详细信息的选项菜单，用户可以从中选取一种显示格式。

⑤ “收藏夹”按钮：单击该按钮，系统在内容显示框中显示“Favorites/Autodesk”文件夹（称为收藏夹）中的内容，同时在树状图中反向显示该文件夹，如图 9-11 所示。用户可以通过该收藏夹来标记存放在本地硬盘、网络驱动器或 Internet 网页上以及用户需要经常使用的图形或其他类型的文件。

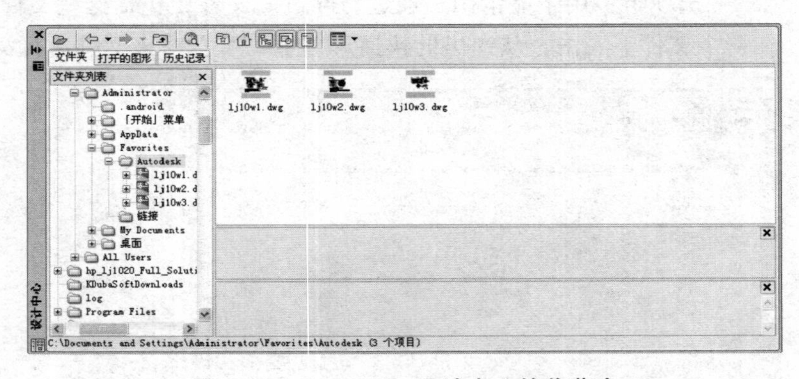

图 9-11 AutoCAD 设计中心的收藏夹

⑥ “主页”按钮：单击该按钮，系统在树状图中将打开“AutoCAD 201X/Sample(样板文件)/DesignCenter(设计中心)”文件夹，如图 9-12 所示。该文件夹中收藏了若干包括标准图块、文字样式、层设置、标注样式等内容的文件，用户可以根据需要从这些文件向当前图形文件中添加。

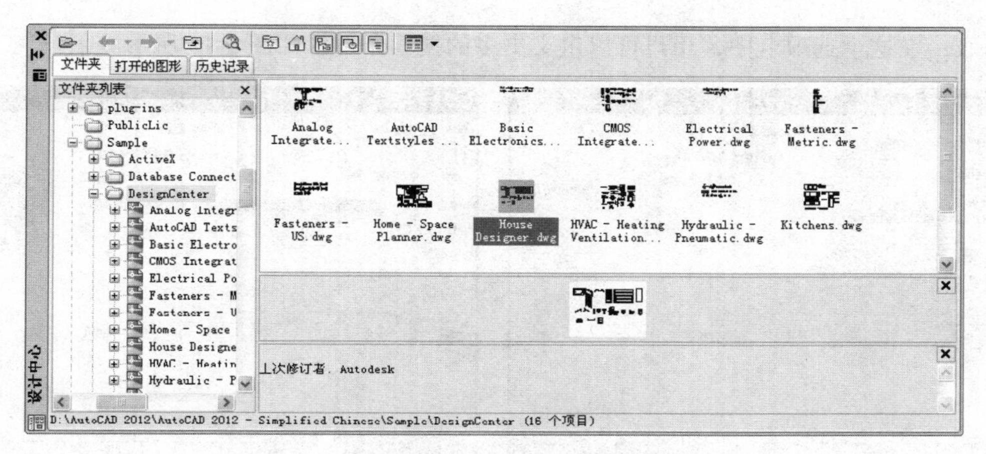

图 9-12 AutoCAD2008 设计中心的样板文件

⑦ “树状图”切换按钮：单击该按钮，可以在显示或隐藏树状图之间进行切换。

⑧ “预览”按钮：单击该按钮，可以在打开和关闭预览框之间进行切换。

⑨ “说明”按钮：单击该按钮，可以在打开和关闭说明框之间进行切换。

⑩ “搜索”按钮：单击该按钮，系统将弹出“搜索”对话框，如图 9-13 所示。利用该对话框，用户可以快速查找图形、块、图层及尺寸样式等图形内容或设置。

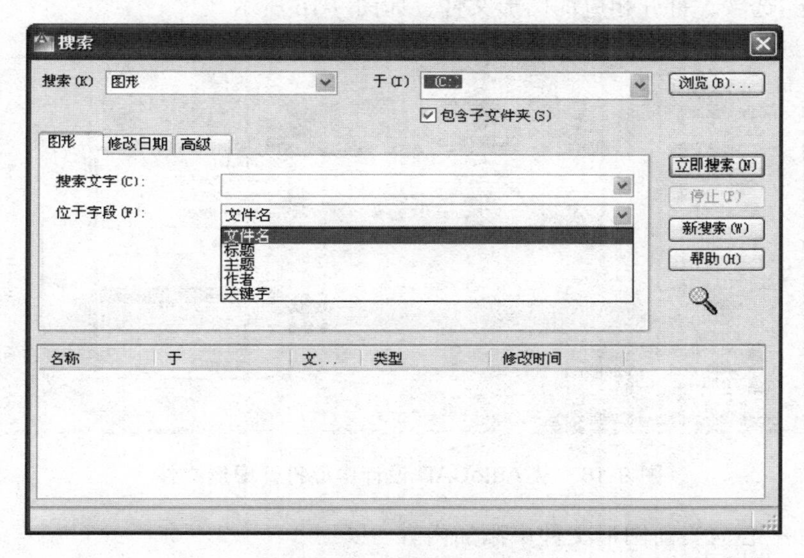

图 9-13 “搜索”对话框

“搜索”对话框提供多种条件来缩小搜索范围，当搜索下拉列表框中选择的对象不同时，对话框中显示的选项卡也随之不同，当选择了“图形”选项时，“搜索”对话框中将出现 3 个选项卡来定义搜索条件。

图形：提供了按文件名、标题、主题、作者、关键词查找图形文件。

修改日期：提供了按图形文件创建或上一次修改的日期，可指定日期范围和不定期日期查找图形文件，如图 9-14 所示。

高级：在这个选项卡中，用户可以定义更多的搜索条件，如图 9-15 所示。

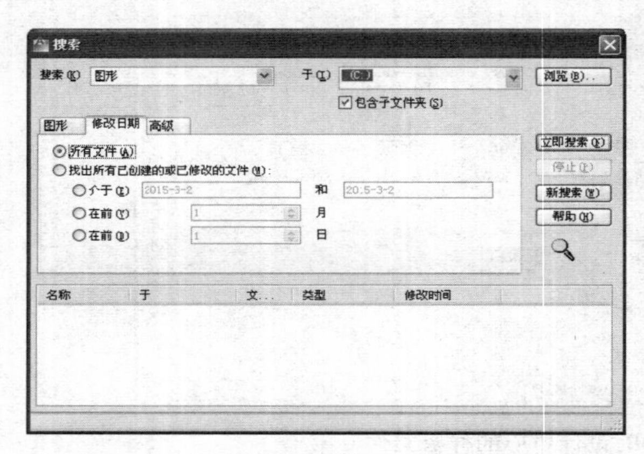

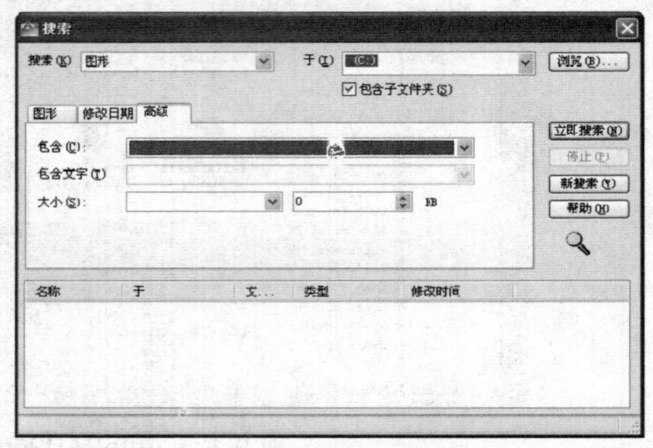

图 9-14 “修改日期”选项卡　　　　图 9-15 “高级”选项卡

3. AutoCAD 设计中心的应用

1）从设计中心打开图形文件

在内容显示框中用鼠标右键单击图形文件的图标，从打开的快捷菜单中选择“在应用程序窗口中打开”选项，打开相应的图形文件，如图 9-16 所示。

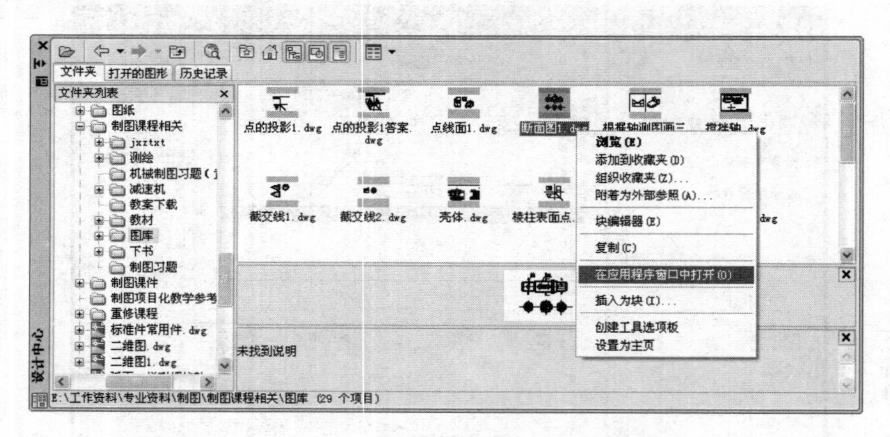

图 9-16 从 AutoCAD 设计中心打开图形文件

2）从设计中心向当前图形文件中添加内容

利用 AutoCAD 设计中心可以方便地将选定的图形文件或标准图块、图层、文字样式、标注样式等内容以块的形式添加到当前图形文件中，这样可以使绘制工程图的工作效率更高、标准化更强。其方法有以下两种：

（1）方法一：复制命令或左键拖动。

① 在内容显示框中用鼠标右键单击图形文件的图标，从打开的快捷菜单中选择“复制”选项，将图形文件复制到剪贴板，如图 9-17 所示。再在当前图形空白区域单击鼠标右键，选择“剪贴板”下属粘贴命令，将图形文件以块的形式插入当前图形中。

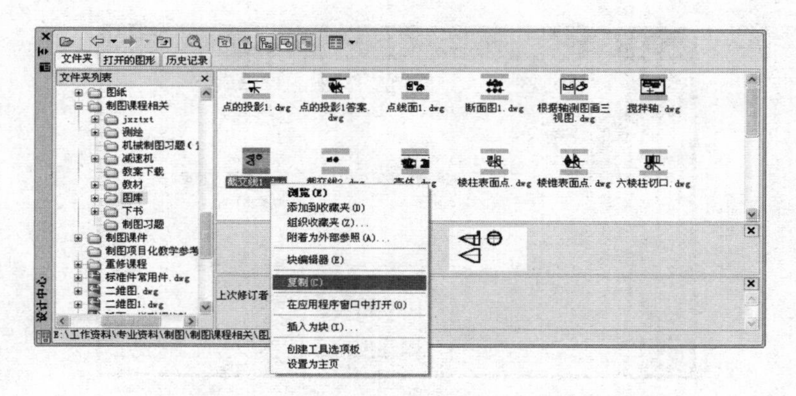

图 9-17　从 AutoCAD 设计中心复制图形文件

② 左键拖动将选定图形文件插入当前图形。

作图方法如下：

a. 从设计中心的内容显示框中选择要插入的图形文件。

b. 用拖动的方法（按住鼠标左键移动）将该图形文件拖到绘图窗口。

c. 移动到需要插入的位置后释放鼠标，即可实现图形文件的插入。

用户使用直接复制或左键拖动的方法向当前图形文件中添加内容时，AutoCAD 提示如下：

单位：毫米　转换：　1.0000

指定插入点或 [基点(B)/比例(S)/X/Y/Z/旋转(R)]:

输入 X 比例因子，指定对角点，或 [角点(C)/XYZ(XYZ)] <1>:

输入 Y 比例因子或 <使用 X 比例因子>:

指定旋转角度 <0>:

（2）方法二：插入为块命令或右键拖动。

①在内容显示框中用鼠标右键单击图形文件的图标，从打开的快捷菜单中选择“插入为块”选项，如图 9-18 所示。屏幕将弹出块“插入”对话框，图形文件以块的形式插入到当前图形文件中，用户可在“插入”对话框中设置插入点、插入比例、旋转角度等要素，如图 9-19 所示。

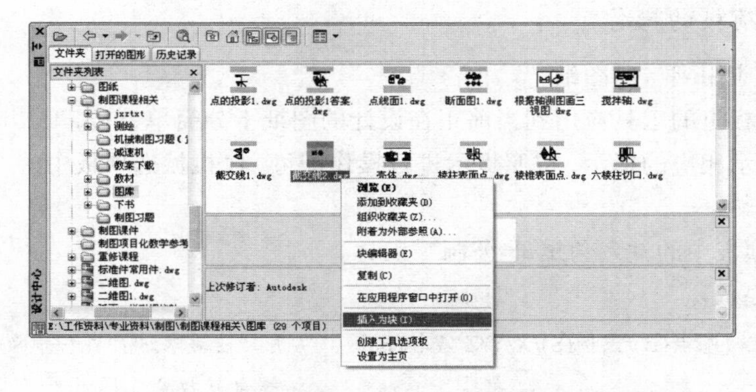

图 9-18　AutoCAD 设计中心“插入为块”选项

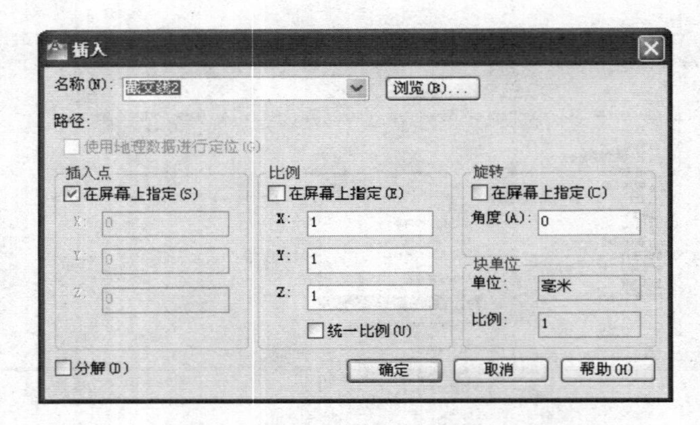

图 9-19　块“插入”对话框

② 右键拖动将选定图形文件插入当前图形。

(五) 工具选项板

AutoCAD 工具选项板能够将块图形、几何图形(如直线、圆、多段线)、填充、外部参照、光栅图像以及命令都组织到工具选项板里面,并创建成工具,以便将这些工具应用于当前正在设计的图纸。

1. 命令调用

(1)菜单栏:选择【工具】→【选项板】→【工具选项板】菜单命令。

(2)按钮:单击“视图”选项卡或标准工具栏按钮 。

(3)命令行:Toolpaletees。

(4)组合键:单击“Ctrl+3”键。

执行该命令后,系统弹出“工具选项板”对话框,如图 9-20 所示。工具选项板由许多选项板组成,每个选项板里包含若干工具。AutoCAD2012 已经集成若干模块选项,如机械选项板、电力选项板、土木工程选项板、结构选项板、图案填充选项板等。用户也可右键单击工具选项板的标题栏,弹出下拉菜单,可进行 AutoCAD 工具选项板的设置、新建及选择,如图 9-20(c)所示。

2. 工具选项板的操作

(1)将工具应用到当前图纸。

将工具选项板里的工具应用到当前正在设计的图纸十分简单,单击工具选项板里的工具,命令提示行将显示相应的提示,按照提示进行操作即可。以机械选项板中的“六角螺母-公制”工具为例进行讲解。

① 单击选项板中的“六角螺母-公制”工具。

② 命令行提示:

指定插入点或 [基点(B)/比例(S)/X/Y/Z/旋转(R)]:　//用户按要求进行各种设置后,点击插入点,该螺母就放置在图纸上了。

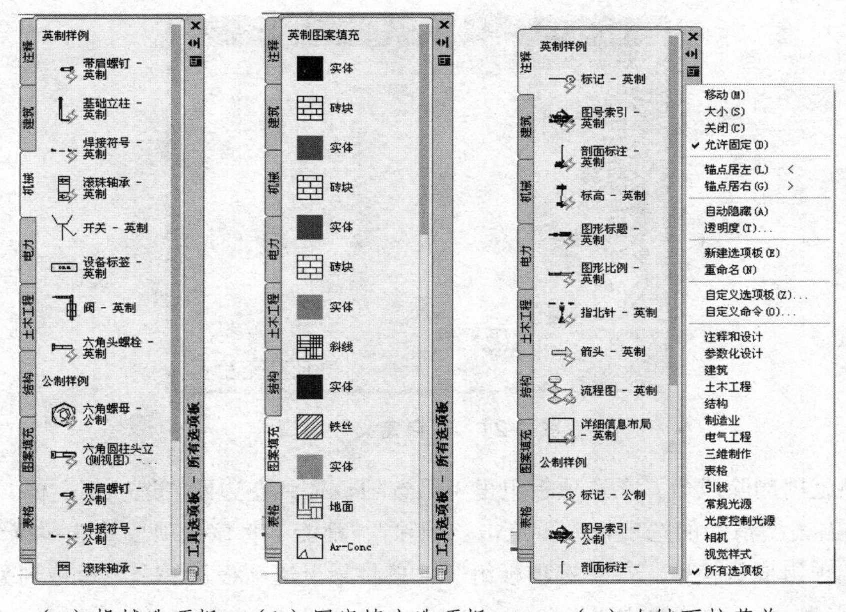

（a）机械选项板　（b）图案填充选项板　（c）右键下拉菜单

图 9-20　工具选项板

（2）将命令创建到选项板上。

方法一：右击工具选项板的标题栏，在弹出的快捷菜单上点击自定义命令，就会打开“自定义用户界面”窗口，从该窗口中将需要的命令拖到选项板里。

方法二：右击工具选项板的标题栏，在快捷菜单上点击“自定义选项板”，就会打开“自定义”窗口，在该窗口打开的情况下，将 AutoCAD201X 界面上的工具栏里的命令拖到选项板里。

（3）从已有图纸创建工具。

打开已有文件，从图纸里将块图形、几何图形（如直线、圆、多段线）、填充、外部参照、光栅图像拖到工具选项板，就能够在工具选项板创建这些对象的工具。

经验提示：包含块图形、外部参照、光栅图像的源文件，不允许改名、不允许删除，也不允许改变路径。

（4）整理工具选项板。

① 多个选项板组成选项板组。

为了方便管理，若干选项板可以组成选项板组。右击工具选项板的标题栏，在弹出的快捷菜单上点击“自定义选项板”，打开“自定义”窗口，如图 9-21 所示。

“自定义”窗口右边的“选项板组”框里列出的是选项板组及组里包含的选项板。窗口左边的“选项板”框里列出的是所有的选项板。

a. 创建新组：在“选项板组”框里的空白处右击鼠标，点击快捷菜单里的“新建组”即可。

b. 选项组内添加成员：将“选项板”框里的某个选项板拖到右边的某个选项板组里，即该选项板就添加进这个选项板组。

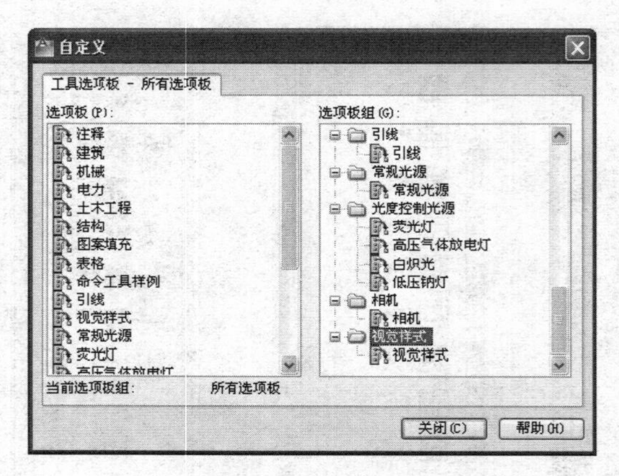

图 9-21 “自定义”窗口

c. 选项组内删除成员：在选项板组里将某选项板拖到左边的“选项板”框，或在“选项板组”框里右击要清除的选项板，再点击“删除”，都能够将该选项板从选项板组里清除。

d. 各选项组成员换位：在“选项板组”框里将某个选项板从一个组里拖到另一个组。

② 删除选项板：在“自定义”窗口左边的“选项板”框里右击这个选项板，然后点击“删除”；或在工具选项板里右击要删除的选项板的名称，再点击“删除选项板”。

③ 各选项板成员换位：在工具选项板里直接用鼠标将工具拖到另一个选项板，或者右击某个工具再点击“剪切”，然后到另一选项板里进行“粘贴”，都可以将工具从一个选项板搬移到另一选项板。

（5）保存自定义的工具选项板。

用户可按照自己的爱好、习惯整理工具选项板，并保存以便重装系统后恢复。

右击工具选项板的标题栏，在弹出的快捷菜单上点击“自定义选项板”，打开“自定义”窗口，在“自定义”窗口右击选项板或选项板组，在弹出的快捷菜单里点击“输出”，就可以将选项板或选项板组进行保存。

恢复的时候，只要在“自定义”窗口里右击鼠标，再在快捷菜单里点击“输入”即可。

（六）多重引线标注

多重引线可创建为引线箭头优先、引线基线优先或内容优先。在工程制图中，零件的倒角、圆角的标注、装配图中的序号等都需要使用指引线连接图形对象和图形注释。在 AutoCAD 中，用多重引线可以方便地实现这一功能。在工程图样中，多重引线标注的主要形式如图 9-22 所示。

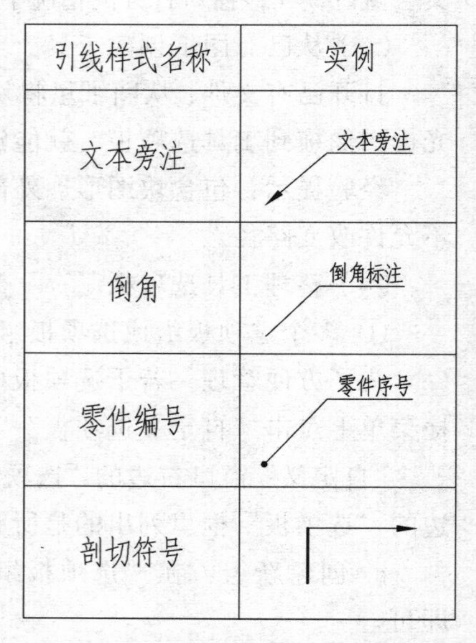

引线样式名称	实例
文本旁注	文本旁注
倒角	倒角标注
零件编号	零件序号
剖切符号	

图 9-22 常见的多重引线标注形式

一个多重引线标注由 4 个部分组成：引线箭头、引线、基线和内容，其结构如图 9-23（a）所示。其中引线箭头和内容可以没有。

多重引线标注与一般的尺寸一样，需要建立在一定的标注样式基础上。下面以 *R*3 的标注为例，进行引线标注样式设置和多重引线标注，使得标注更快捷，如图 9-23（b）所示。

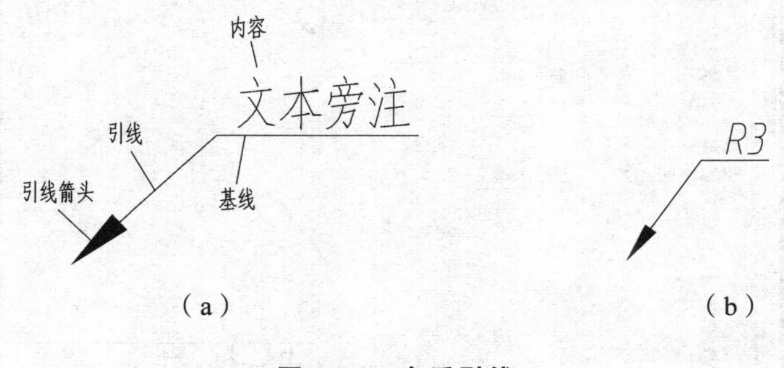

图 9-23　多重引线

1. 多重引线标注样式

1）命令调用

（1）菜单栏：选择【格式】→【多重引线样式】菜单命令。

（2）按钮：单击样式工具栏或多重引线工具栏 或“注释”选项卡中“引线”面板按钮 。

（3）命令行：在命令行输入 Mleaderstyle 或 Mls↙。

执行该命令后，系统将打开“多重引线样式管理器”对话框，如图 9-24 所示。

2）新建与修改多重引线样式

“多重引线样式管理器”对话框与“标注样式管理器”对话框的功能类似，通过该对话框，用户可以创建、修改、删除多重引线样式。单击“新建”按钮，将弹出如图 9-25 所示的对话框，在“新样式名”中输入新的多重引线样式名，在基础样式中选择已有的“多重引线样式”作为样板，单击“继续”按钮，或选中 Standard 样式，单击“修改”按钮，打开“修改多重引线样式”对话框，如图 9-26 所示。其中有引线格式、引线结构、内容 3 个选项卡。

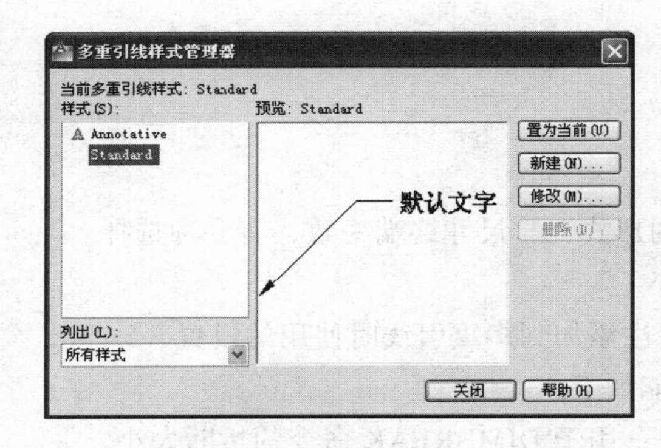

图 9-24　“多重引线样式管理器”对话框

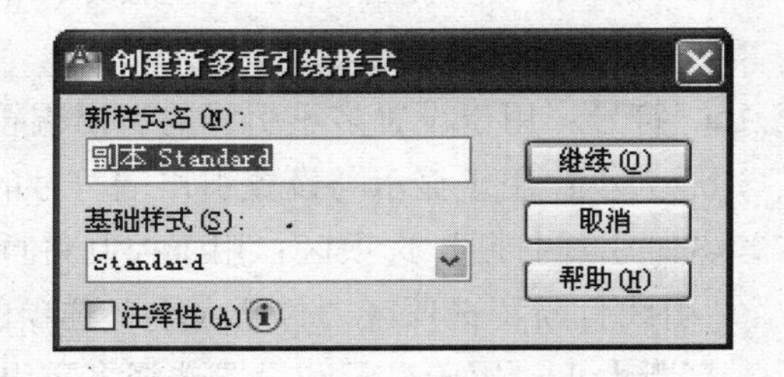

图 9-25　“创建新多重引线样式”对话框

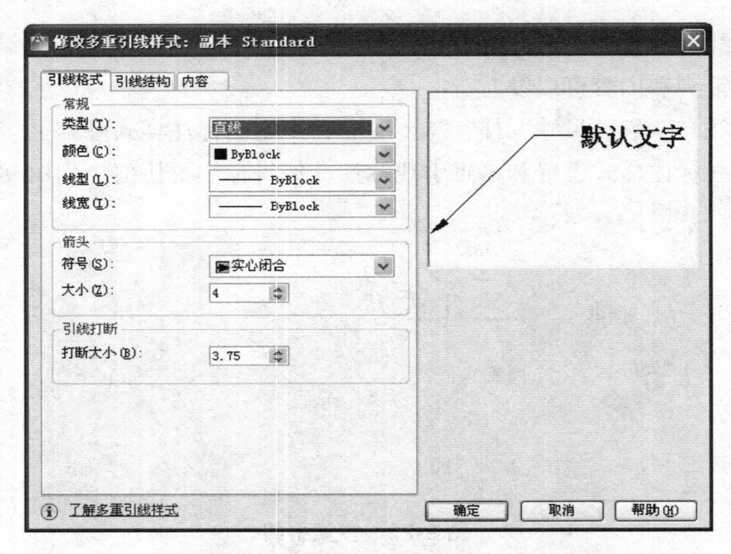

图 9-26 “修改多重引线样式”对话框

3）命令说明

（1）“引线格式”选项卡：设置引线的格式与属性。

① “常规”选项区。

“常规”选项区中各选项的功能如下：

a. 类型：有 3 个选项“直线”“样条曲线”“无”，表示多重引线标注中引线所采用的线型，如图 9-27 所示。

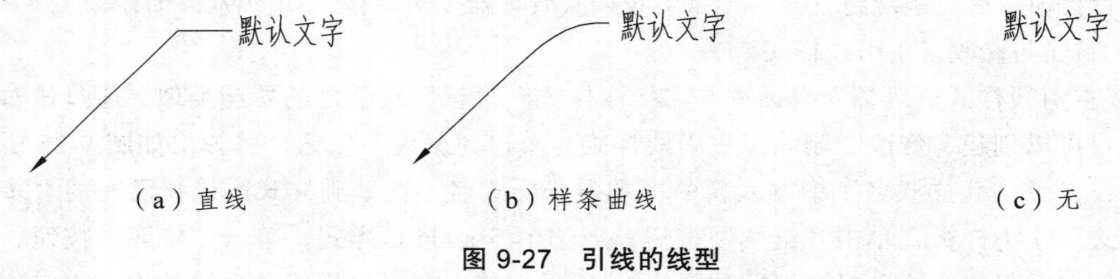

（a）直线　（b）样条曲线　（c）无

图 9-27 引线的线型

b. 颜色：显示和确定多重引线的颜色。

c. 线型：显示和确定多重引线的线型。

d. 线宽：显示和确定多重引线的线宽。

② “箭头”选项区：用于设置箭头的外观：

“箭头”选项区各选项的功能如下：

a. 符号：用于设置多重引线的引出端符号的形式，与尺寸终端一致，有多种选择。

b. 大小：用于显示与设置引出端符号的大小。

③ “引线打断”选项区：用于控制将折断标注添加到多重引线时使用的设置。

“引线打断”选项区“打断大小”选项的功能如下：

打断大小：用于显示和设置选择多重引线后，用于 DIMBREAK 命令的折断大小。

（2）“引线结构”选项区：用于设置引线和基线的形式与属性，如图 9-28 所示。

①“约束”选项区：用于设置多重引线的约束。

“约束”选项区各选项的功能如下：

a. 最大引线点数：用于设置引线转折点的数量，默认为 2 点，如图 9-28 所示，为 2 点转折点。

b. 第一段角度：用于指定约束多重引线第一段的角度基础倍数。如设置为 30°，则多重引线第一段线作图时角度为 30°的倍数。

c. 第二段角度：用于指定约束多重引线第二段的角度基础倍数。

②“基线设置”选项区：用于设置控制多重引线的基线。

“基线设置”选项区各选项的功能如下：

a. 自动包含基线：用于设置将水平基线附着到多重引线内容。

b. 设置基线距离：为多重引线基线确定固定距离，距离要与文本内容相协调。

③“比例”选项区：用于控制多重引线的缩放。

“比例”选项区各选项的功能如下：

a. 注释性：指定多重引线为注释性。如多重引线为非注释性，以下选项可用。

b. 将多重引线缩放到布局：根据模型空间与图纸空间视口中的缩放比例，确定多重引线的比例因子。

c. 指定缩放比例：指定多重引线的缩放比例。

（3）“内容”选项卡：用于设置多重引线类型，为多重引线指定文字或块，如图 9-29 所示。

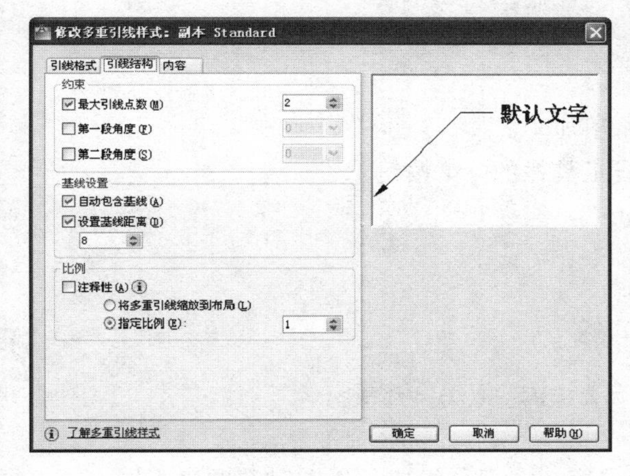

图 9-28 “引线结构”选项区

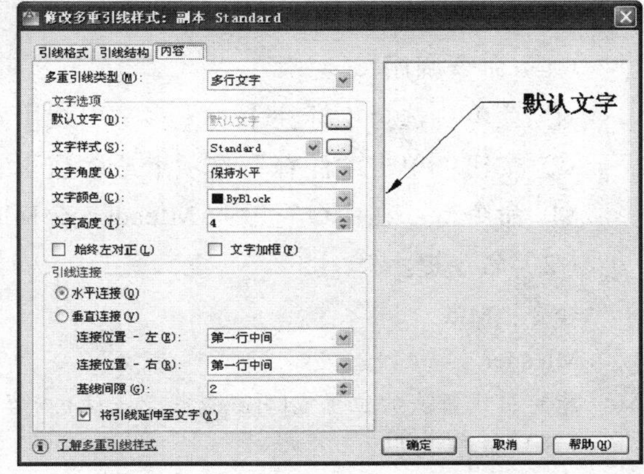

图 9-29 “内容”选项卡

①“多重引线类型”文本框。

引线中可供选择的标注有“多行文字”“块”或者“无”。

a. 如选择“多行文字”，则如图 9-29 所示。其各选项的内容参看“快速引线”讲解，在此不再赘述。

b. 如选择“块”，则如图 9-30 所示。其各选项的功能如下：

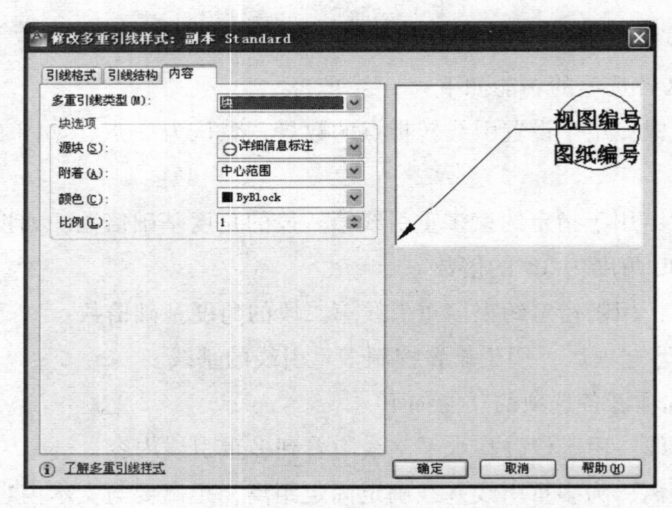

图 9-30 “内容”选项卡“块”标注

源块：指定用于多重引线内容的块，有圆、六边形等多个选项。

附着：指定块附着至多重引线对象的方式，可以通过指定块的范围、插入点或中心点来附着块。

颜色：指定多重引线块内容的颜色。

比例：设置多重引线内容块插入的比例数值。

（4）点击“确定”按钮，完成新建或修改多重引线样式。

2. 多重引线标注

（1）命令调用。

① 菜单：选择【标注】→【多重引线】菜单命令。

② 按钮：单击“注释”选项卡或多重引线工具栏的 按钮。

③ 命令行：在命令行输入 Mleader 或 Mld↙。

（2）命令提示。

命令：Mld

Mleader

指定引线箭头的位置或[引线基线优先(L)/内容优先(C)/选项(O)] <选项>:

（3）命令说明。

多重引线标注由引线箭头、引线、基线和内容 4 个部分组成，作图时其顺序不同。

① 指定引线箭头的位置：先画引线箭头，指定箭头的位置。后续提示：

指定引线基线的位置：

② 引线基线优先(L)：优先绘制引线基线。后续提示为：

指定引线基线的位置或 [引线箭头优先(H)/内容优先(C)/选项(O)] <引线箭头优先>:

指定引线箭头的位置：

③ 内容优先(C)：优先书写多重引线对象相关联的文字或块，如图 9-31 所示。完成后后续提示为：

指定文字的第一个角点或[引线箭头优先(H)/引线基线优先(L)/选项(O)]<选项>：A 点

//指定文字框的角点。

指定对角点：B 点　　　　　　　　　　　　　　　　　　　　//指定文字框的另一角点。

系统将打开多行文字输入窗口输入“R3”。

指定引线箭头的位置：指定一点确定箭头的位置。

④ 选项(O)：用于进行多重引线标注前的引线标注形式的设置。命令行提示：

命令：Mld

mleader

指定引线箭头的位置或 [引线基线优先(L)/内容优先(C)/选项(O)] <选项>：O

输入选项 [引线类型(L)/引线基线(A)/内容类型(C)/最大节点数(M)/第一个角度(F)/第二个角度(S)/退出选项(X)] <退出选项>：输入选项↙

指定引线箭头的位置或[引线基线优先(L)/内容优先(C)/选项(O)]<选项>：

各选项与“多重引线标注样式”中的内容相同，只是命令操作，不再赘述。

（4）实例操作与演示：多重引线的标注。

以图 9-32 所示的滚动轴承定位装配图为例，标注零件序号。

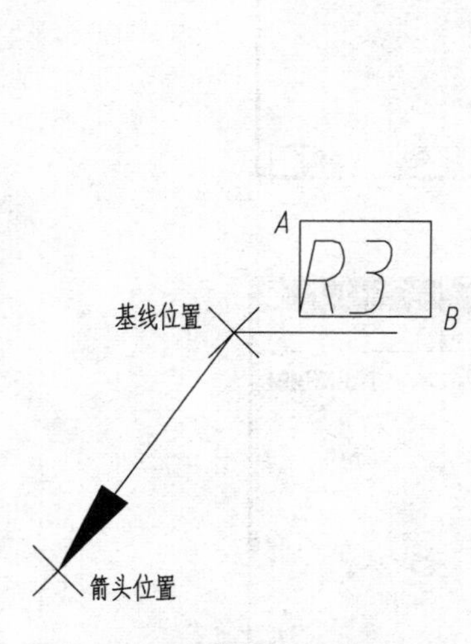

图 9-31　引线箭头与基线位置

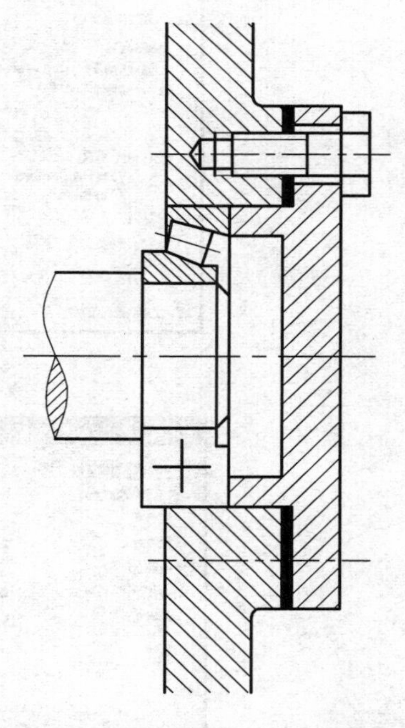

图 9-32　滚动轴承定位装配图

作图步骤如下：

① 设置引线标注样式。

a. “引线格式”选项卡→箭头选项区→符号设置为小点，如图 9-33（a）所示。

b. 在“引线结构”选项卡中，基线设置为空，如图 9-33（b）所示。

c. 在“内容”选项卡中，多重引线类型选为块，如图 9-33（c）所示。

(a)

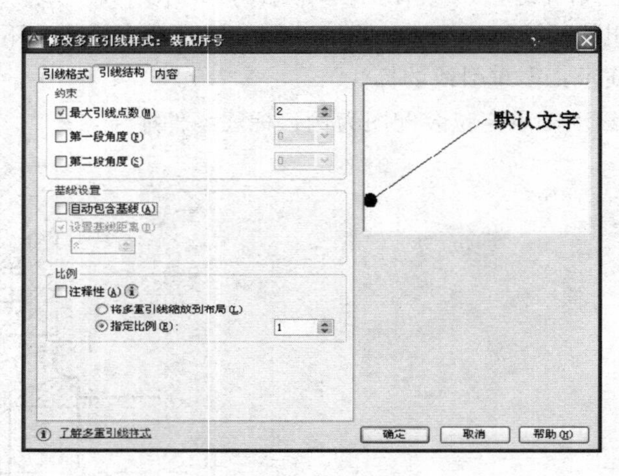

(b)

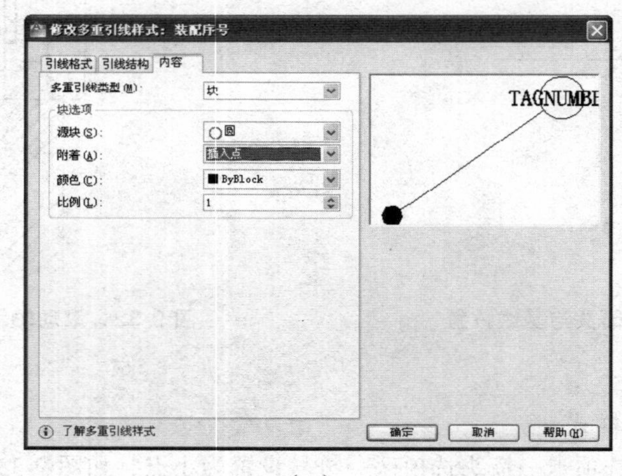

(c)

图 9-33 “多重引线样式”对话框

② 标注序号。

命令：_mleader

指定引线箭头的位置或 [引线基线优先(L)/内容优先(C)/选项(O)] <选项>:

//在轴内指定一点。

指定引线基线的位置： //在附近指定一点。

输入属性值 输入标记编号 <TAGNUMBER>：1

以同样的方法，标注序号 2、3、4、5、6，效果如图 9-34 所示。

3. 编辑多重引线标注

在装配图中，有时要将一个注释引到多个对象中，有时要将引线合并，有时要将注释排列整齐等，AutoCAD201X 可以很方便地进行这些操作。以图 9-34 为例，讲解多重引线标注的编辑。零件 5 螺钉有两个，增加引线，将轴和滚动轴承两个编号合二为一，将零件序号对齐。

1）增、减引线

多重引线中有时需一个注释指向图形中的多个对象，增、减引线即是向已建立的多重引线对象添加引线或从已建立的多重引线对象中删除引线。

（1）命令调用。

① 菜单栏：选择【修改】→【对象】→【多重引线】→【添加引线】或【删除引线】菜单命令。

② 按钮：单击“注释”选项卡或多重引线的 按钮。

③ 命令行：在命令行中输入 Mleaderedit。

（2）命令提示。

命令：mleaderedit

选择多重引线： //选择要添加引线的多重引线。

指定引线箭头位置或 [删除引线(R)]: //指定添加引线的箭头/删除引线。

（3）命令说明。

① 添加引线(A)：可以添加多条引线。

② 删除引线(R)：可以删除多条引线。

当用户选择“删除引线”操作时，命令行提示：

指定要删除的引线或 [添加引线(A)]:

即添加引线和删除引线可根据命令行选项，在操作过程中转换。如图 9-35 所示，5 号零件增加了一条指引线。

2）合并引线

合并引线将多个引线合并。

（1）命令调用。

① 菜单栏：选择【修改】→【对象】→【多重引线】→【合并】菜单命令。

② 按钮：单击“注释”选项卡或多重引线工具栏的 按钮。

③ 命令行：在命令行中输入 mleadercollect。

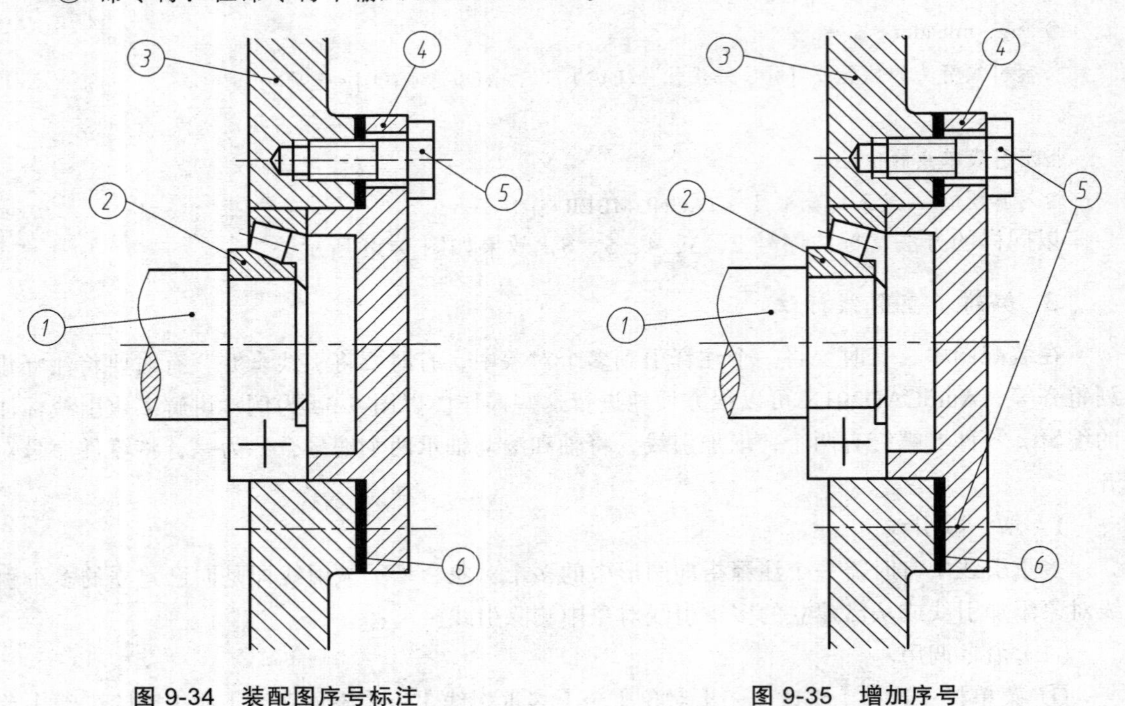

图 9-34 装配图序号标注　　**图 9-35 增加序号**

（2）命令提示。

命令：mleadercollect

选择多重引线：　　//选择要合并的多重引线

选择多重引线：

指定收集的多重引线位置或 [垂直(V)/水平(H)/缠绕(W)] <水平>:

（3）命令说明。

如图 9-36（a）所示为要合并的多重引线的原图。

①垂直(V)：合并的多重引线垂直放置，如图 9-36（b）所示。

②水平(H)：合并的多重引线水平放置，如图 9-36（c）所示。

③缠绕(W)：合并的多重引线按行、列放置。后续提示为：

指定缠绕宽度或 [数量(N)]:

指定收集的多重引线位置或 [垂直(V)/水平(H)/缠绕(W)] <缠绕>:

a. 指定缠绕宽度：由宽度确定水平放置多重引线文字的数量。

b. 数量(N)：给定多重引线文字的数量，如图 9-36（d）所示，为数量为 2 的效果图。

3）排列引线

排列多重引线，使引线在指定的方向上水平或垂直排列整齐。

（1）命令调用。

① 菜单：选择【修改】→【对象】→【多重引线】→【对齐】菜单命令。

② 按钮：单击“注释”选项卡或多重引线工具栏的按钮。

③ 命令行：在命令行中输入 Mleaderalign。

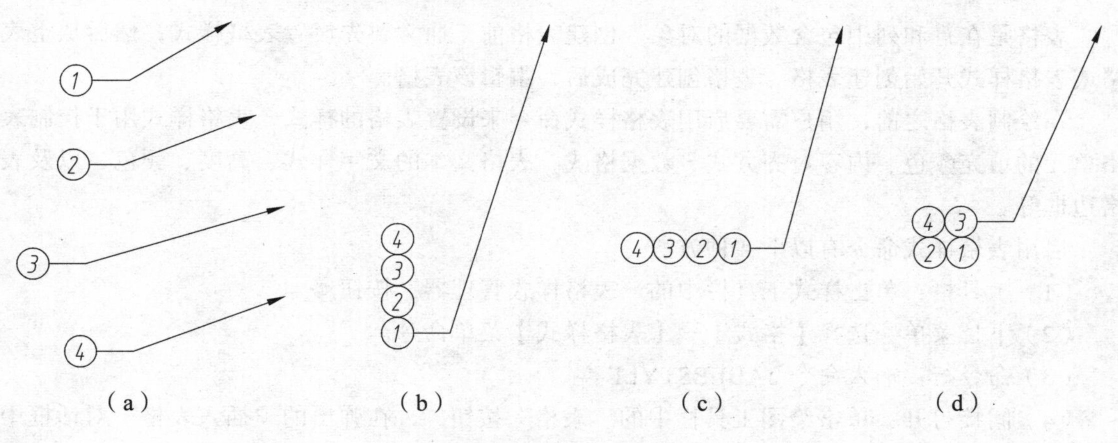

图 9-36 合并序号

（2）命令格式。

命令：_mleaderalign

选择多重引线：　　　　　　　　　　　　　　　　　//选择要对齐的多重引线

当前模式：使用当前间距　　选择要对齐到的多重引线或 [选项(O)]:

（3）命令说明。

① 选择要对齐到的多重引线：选择作为基准的多重引线，以直线方式选择放置方式，如图 9-37 所示，以多重引线 2 和 5 为基准垂直对齐的效果图。

② 选项(O)：选择多重引线文字的分布方式。后续提示：

输入选项[分布(D)/使引线线段平行(P)/指定间距(S)/使用当前间距(U)] <使用当前间距>:

a. 分布：选定距离，均布选定的多个多重引线。

b. 使引线线段平行：使选定多重引线中的每条最后的引线线段均平行。

c. 指定间距：指定选定的多重引线内容范围之间的间距。

d. 使用当前间距：使用多重引线内容之间的当前间距。

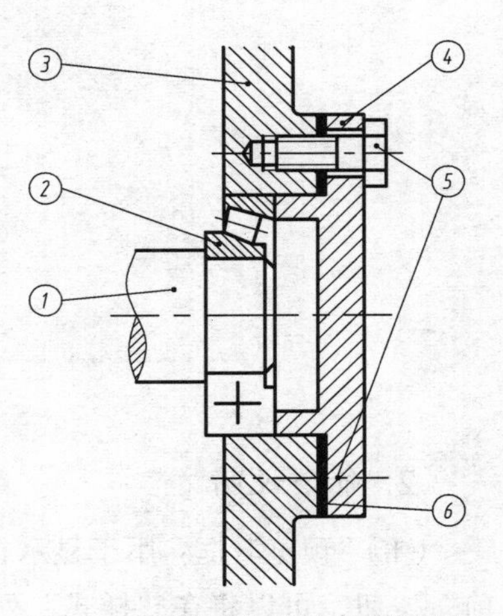

图 9-37 排列序号后的装配图

（七）新建和修改表格样式

表格是用行和列，以一种简洁、清晰的格式提供信息。用户可以用表格命令创建表格，并在表格中输入数据或粘贴图形到表格中。另外，用户还可以对绘制的表格内容进行编辑，以便输出或被其他程序使用。比如，可以将表格链接至 Microsoft Excel 电子表格中的数据。

利用 AutoCAD 的表格功能，可以方便、快速地绘制图纸所需的表格，如明细表、标题栏等。

1. 启用表格样式命令

表格是在行和列中包含数据的对象。创建表格前，通常要先设置表格样式，然后从空表格或表格样式开始创建表格。表格创建完成后，编辑该表格。

在绘制表格之前，用户需要启用表格样式命令来设置表格的样式，表格样式用于控制表格单元的填充颜色、内容对齐方式、数据格式，表格文本的文字样式、高度、颜色，以及表格边框等。

启用表格样式命令有以下 4 种方法：

（1）工具栏：单击样式工具栏中的“表格样式管理器”按钮。

（2）下拉菜单：选择【格式】→【表格样式】菜单命令。

（3）命令行：输入命令 TABLESTYLE。

（4）间接打开：单击绘图工具栏中的“表格”按钮，在弹出的“插入表格”对话框中单击“启动‘表格样式’对话框”按钮。

命令启动后，系统将打开“表格样式”对话框，如图 9-38 所示。

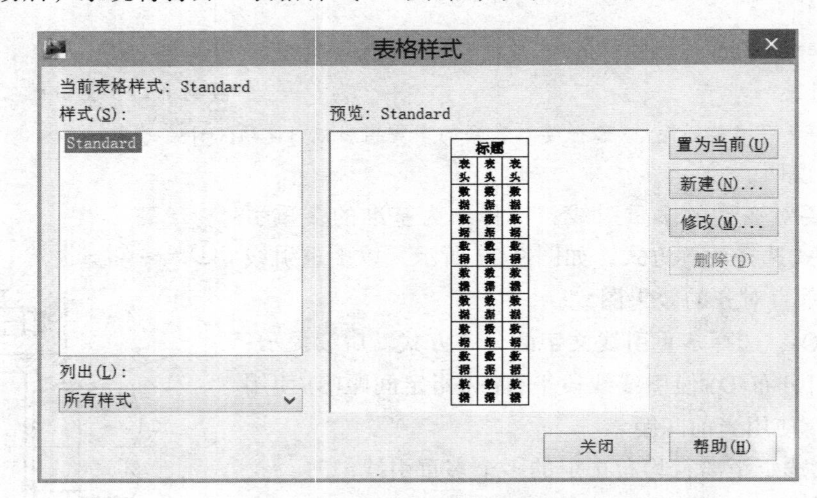

图 9-38 “表格样式”对话框

2. 命令说明

（1）“预览”框：用于显示在“样式”列表框中被选中的表格样式的预览。单击“置为当前”按钮，可以将在“样式”列表框中被选中的表格样式置为当前表格样式。

（2）“新建”按钮：用于创建新的表格样式，单击该按钮，系统将弹出如图 9-39 所示的“创建新的表格样式”对话框。在“新样式名”文本框中填入“标题栏”。

（3）“修改”按钮：用于修改已有的表格样式，单击该按钮，系统将弹出“修改表格样式”对话框。

（4）“删除”按钮：可以将在“样式”列表框中被选中的表格样式置为当前表格样式删除。

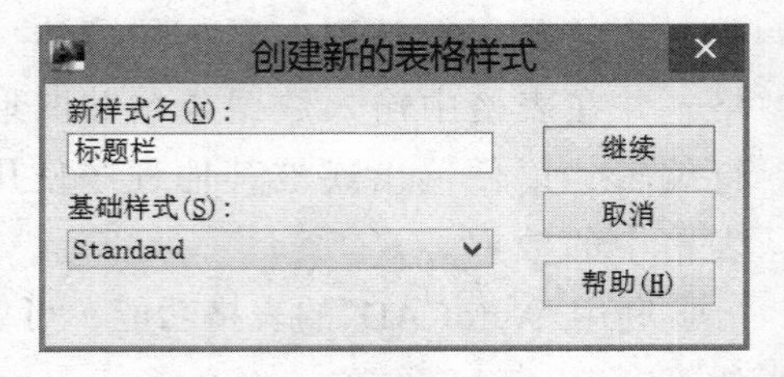

图 9-39 “创建新的表格样式”对话框

单击对话框中的“继续”按钮，系统将弹出如图 9-40 所示的“新建表格样式”对话框。

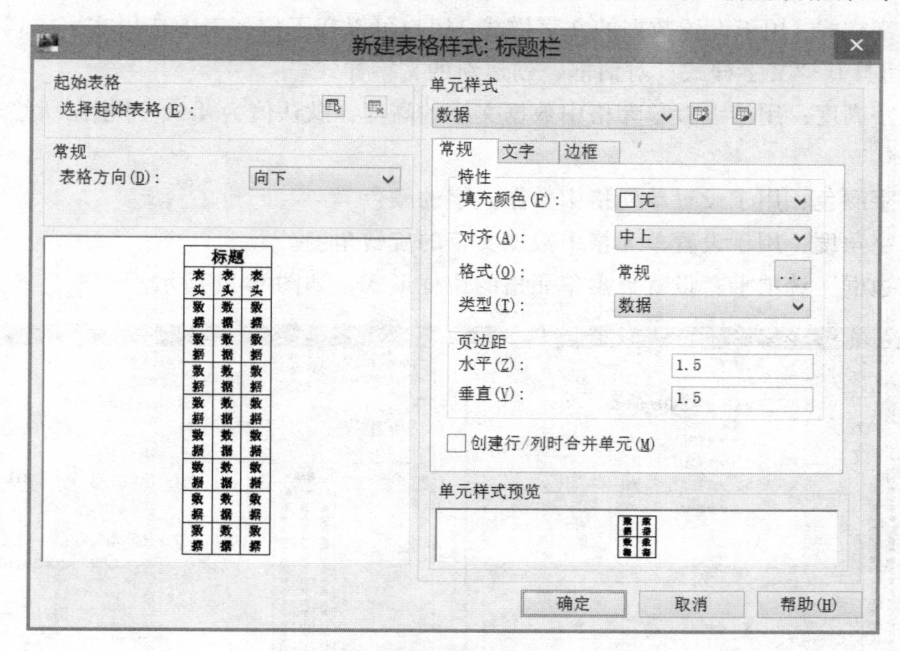

图 9-40 “新建表格样式”对话框

3. 新建、修改表格样式

无论是创建新的表格样式，还是修改已有的表格样式，实质上都是对表格中的标题、表头和数据 3 个内容进行设置，设置分基本、文字和边框 3 个方面。

（1）“起始表格”选项区：选择新建表格样式的基础表格样式。

（2）“表格方向”选项区：选择表格中的标题和表头在表格中的位置。如果在下拉列表中选择“向下”选项，标题和表头在表格的顶部；如果在下拉列表中选择“向上”选项，标题和表头在表格的底部。

（3）“单元样式”选项区：可以在下拉列表中选择标题、表头或数据进行设置（默认时为数据选项）。单击下拉列表右面的按钮，将打开“创建新单元样式”对话框，用户可以在此创建新的单元样式；单击下拉列表右面的按钮，将打开“管理单元样式”对话框，用户可以在此对单元样式进行管理。

（4）“常规”选项卡：对用户选择的内容（数据）和内容所在的单元格进行基本设置。

“常规”选项卡各选项的功能如下：

① 特性：用于选择单元格的填充颜色，单元格中文字的对齐方式、格式和类型。

② 页边距：设置单元格中的文字到单元格边框的水平和垂直方向的距离，在此应将“垂直”页边距设置尽量小，所设尺寸小于实际尺寸，所绘表格尺寸可以比实际尺寸大。

选中“创建行/列时合并单元”复选框将合并单元格。

（5）“文字”选项卡：设置数据的文字特性，如图 9-41 所示。

"文字选项卡各选项的功能如下：

① 文字样式：用于设置数据的文字样式。用户可以在下拉列表中选用文字样式，也可以单击...按钮打开“文字样式”对话框，创建新的文字样式。

② 文字高度：用于设置单元格中数据文字的高度，默认值为 4.5，可根据所绘表格选择合适的字体。

③ 文字颜色：用于设置单元格中数据文字的颜色。

④ 文字角度：用于设置单元格中数据文字的旋转角度。

（6）“边框”选项卡：设置数据单元格的边框形式，如图 9-42 所示。

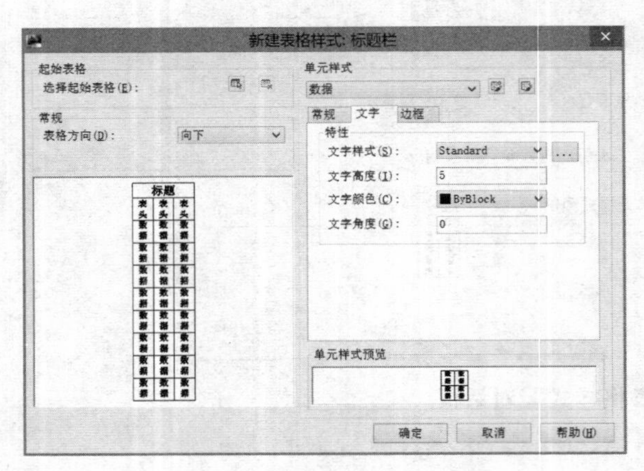

图 9-41 “文字”对话框

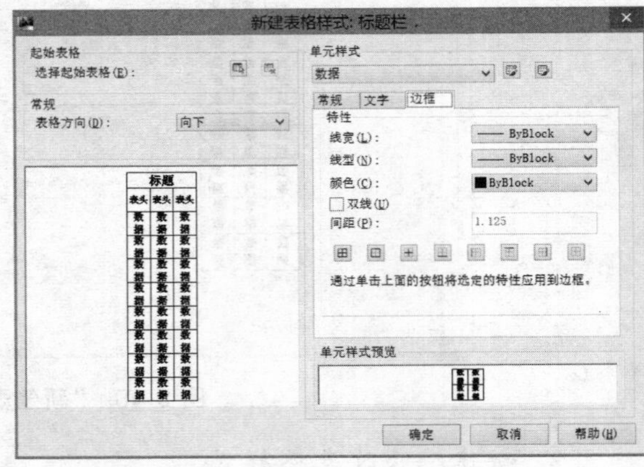

图 9-42 “边框”对话框

“边框”选项卡各选项的功能如下：

① 线宽：用于设置数据单元格的边框线的宽度。

② 线型：用于设置数据单元格的边框线的线型。

③ 颜色：用于设置数据单元格的边框线的颜色。

④ 双线：表示数据单元格的边框线将用双线绘制，此时用户可以在“间距”文本框中输入双线间的距离。

⑤ 单击“通过单击上面的按钮将选定的特性应用到边框”上面的图标按钮可以确定表格中边框线的形式。在此设置⊞形式。

标题与表头的设置方法与数据相同，不再赘述。

（7）实例操作与演示：新建表格样式的操作步骤。

① 启用表格样式命令，系统将弹出“表格样式”对话框，如图 9-43 所示。

其中，“样式”列表框中列出了满足条件的表格样式；“预览”图片框中显示出表格的预览图像；“置为当前”“删除”按钮分别用于将在“样式”列表框中选中的表格样式置为当前样式、删除选中的表格样式；“新建”“修改”按钮分别用于新建表格样式、修改已有的表格样式。

② 单击“表格样式”对话框中的“新建”按钮，AutoCAD 将弹出“创建新的表格样式”对话框，如图 9-44 所示。

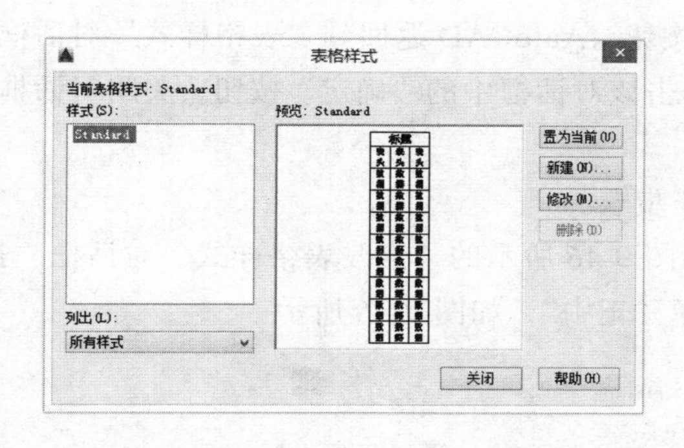

图 9-43 “表格样式”对话框

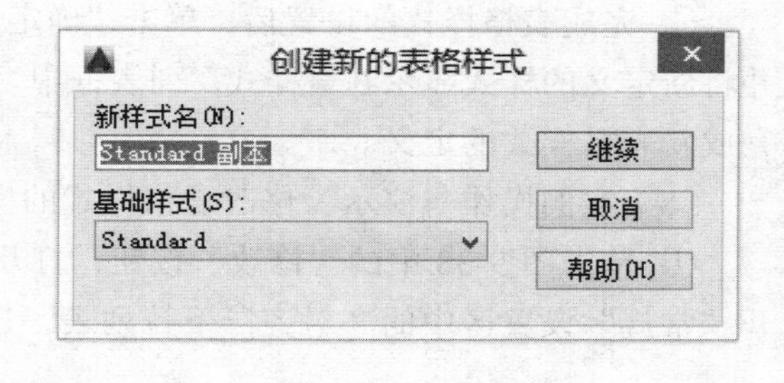

图 9-44 “创建新的表格样式”对话框

③ 通过对话框中的“基础样式”下拉列表选择基础样式，并在“新样式名”文本框中输入新样式的名称后（如输入“表格样式 1”），单击“继续”按钮，AutoCAD 将弹出“新建表格样式：表格 1”对话框，如图 9-45 所示。

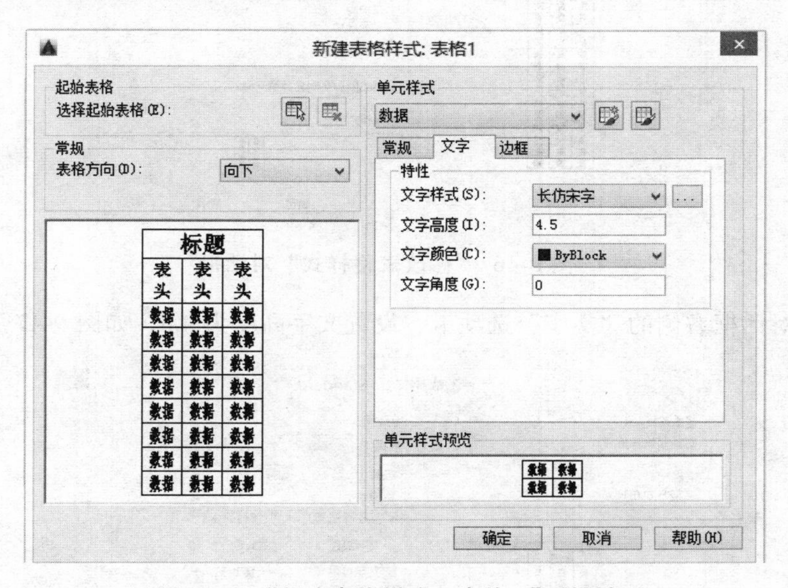

图 9-45 “新建表格样式：表格 1”对话框

在“新建表格样式”对话框中，左侧有起始表格、表格方向下拉列表框和预览图像框三部分。其中，起始表格用于使用户指定一个已有表格作为新建表格样式的起始表格。表格方向下拉列表框用于确定插入表格时的表方向，有向下和向上两个选择。向下表示创建由上而下读取的表，即标题行和列标题行位于表的顶部。向上则表示将创建由下而上读取的表，即标题行和列标题行位于表的底部。“图像框”用于显示新创建表格样式的表格预览图像。

“新建表格样式”对话框的右侧有单元样式选项组等，用户可以通过对应的下拉列表确定要设置的对象，即在数据标题和表头之间进行选择。

选项组中，有“常规”“文字”和“边框”3 个选项卡，分别用于设置表格中的基本内容、文字和边框。

④ 完成表格样式的设置后，单击“确定”按钮，AutoCAD 返回到“表格样式”对话框，并将新定义的样式显示在“样式”列表框中。单击该对话框中的“确定”按钮，关闭对话框，完成新表格样式的定义。

（8）实例操作与演示：修改表格样式的操作步骤。

① 单击图 9-38 中的“修改”按钮，打开如图 9-46 所示的“修改表格样式”对话框。打开“常规”设置区中的“对齐”下拉列表，选择“正中”，如图 9-46 所示。

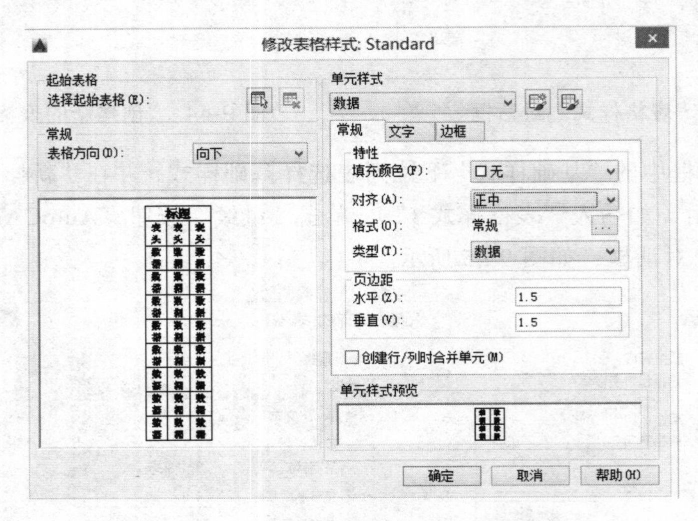

图 9-46 “修改表格样式”对话框

② 打开对话框右侧的“文字”选项卡，设置文字高度为 4.5，如图 9-47 所示。

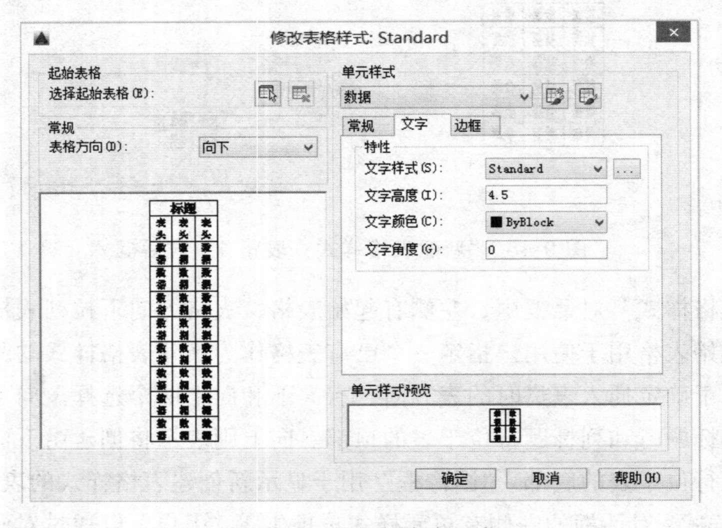

图 9-47 “文字”选项卡

③ 单击“文字样式”下拉列表框右侧的按钮，打开“文字样式”对话框，取消“大字体”复选框，将字体名设置为长仿宋字，如图 9-48 所示。依次单击“置为当前”和“关闭”按钮，关闭“文字样式”对话框。

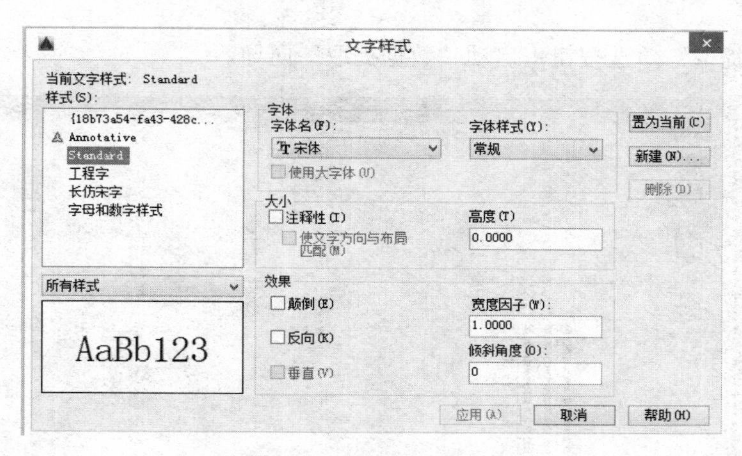

图 9-48 “文字样式”对话框

④ 单击“确定”按钮，关闭“修改表格样式”对话框。单击“关闭”按钮，关闭“表格样式”对话框。

经验提示：表格中，单元类型被分为 3 类，分别是标题（表格第一行）、表头（表格第二行）和数据，通过表格预览区可看到这一点。默认情况下，用户在“单元样式”设置区中设置的是数据单元的格式。要设置标题、表头单元的格式，可打开“单元样式”设置区中上方单元类型下拉列表，然后选择表头和标题。

（八）插入表格（创建表格）

按工程图的需要创建好表格样式后，在“表格样式”对话框中的“样式”列表框中选中需要的表格样式，然后单击该对话框中的“置为当前”按钮，这样就可以按指定的表格样式创建表格了。

1. 命令调用

在 AutoCAD 201X 中，执行“插入表格”命令有以下 3 种方法：

（1）工具栏：单击绘图工具栏中的表格按钮 。

（2）下拉菜单：选择【绘图】→【表格】菜单命令。

（3）命令行：在命令行中输入命令 table 或 TB。

执行命令后，系统将弹出如图 9-49 所示的“插入表格”对话框。

2. 命令说明

（1）“表格样式”选项区。

① 用户可以单击“表格样式”下拉列表来选择已创建的表格样式。

② 单击 按钮可以打开“表格样式”对话框。

（2）“插入选项” 选项区。

① “从空表格开始”单选按钮：创建可以手动填充数据的空表格。

② “自数据链接”单选按钮：从外部电子表格中的数据创建表格。

③ “数据提取”单选按钮：启动“数据提取”向导。

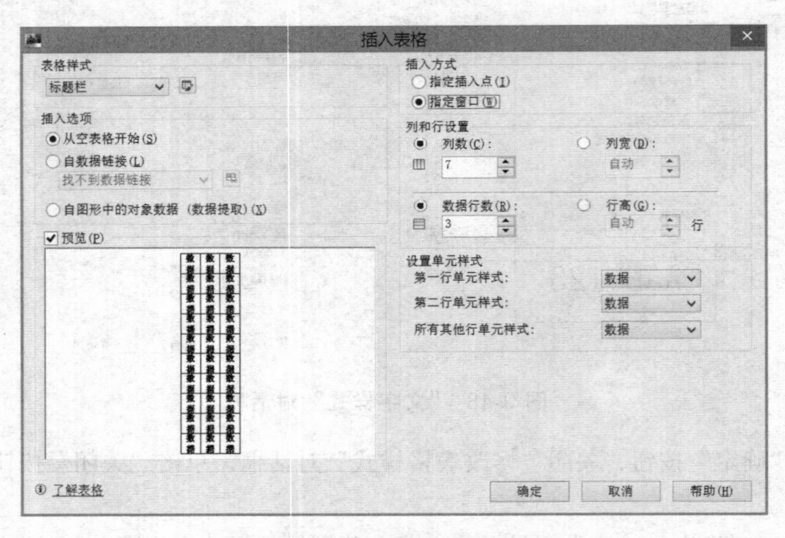

图 9-49 “插入表格”对话框

（3）“插入方式”选项区：用于指定表格的插入位置。

① “指定插入点”单选按钮：表示在绘图区指定表格左上角的位置。

② “指定窗口”单选按钮：表示在绘图区指定表格的大小和位置，这种方式较常用，可以设置特定大小的表格。

（4）“列和行设置”选项区：用于设置表格的列和行的数目和大小。

① “列”文本框：用于指定表格列数。

② “列宽”文本框：用于指定表格列的宽度。

③ “数据行”文本框：用于指定表格行数，行数中不包括标题行和表头行，如图 9-49 所示，行数为 3 行，加上标题行和表头行，表格共有 5 行。

④ “行高”文本框：用于指定表格的行高，行的高度取决于表格样式中设定的文字高度和垂直单元边距。

当通过指定窗口方式确定插入位置时，利用矩形窗口来指定表格的位置和大小，此时若指定了行和列的数目，则行高和列宽将变为自动，其大小取决于矩形窗口的大小。

（5）“设置单元样式”选项区：用于为那些不包含起始表格的表格样式，指定新表格中行的单元格式。

① 用户可以在“第一行单元样式”下拉列表中，选择在表格中是否设置标题行，默认情况下设置标题行。

② 用户可以在“第二行单元样式”下拉列表中，选择在表格中是否设置表头行，默认情况下设置表头行。

③ 用户可以在“所有其他行单元样式”下拉列表中，指定表格中所有其他行的单元样式，默认情况下使用数据单元样式。

标题栏的表格各项一致，在此项都设为数据，标题行、表头不设。标题栏各项设置完毕后，单击“确定”按钮，系统提示：

命令：_table

指定第一个角点：　　　　　　　　　　　//在绘图区指定一点作为左上角点。

指定第二角点：　　　　　　　　　　　　//指定矩形右下角点。

绘图区生成表格，如图 9-50 所示，文字光标落在表格的第一个单元格内，并在绘图区上方自动打开“文字编辑器”选项卡，填写表格文字，按“确定”或连续按两次“ESC”键，退出命令。

	A	B	C	D	E	F	G
1							
2							
3							
4							
5							

图 9-50　生成表格

3. 实例操作与演示：插入表格的操作步骤

插入表格时，可设置表格样式、列数、列宽、行数、行高等。创建结束后，系统自动进入表格内容编辑状态，下面一起来看看其具体操作。

（1）单击绘图工具栏中的表格工具或选择【绘图】→【表格】菜单命令，打开“插入表格”对话框。

（2）在“列和行设置”区设置表格列数为 5，列宽为 25，行数为 5（默认行高为 1 行）；在“设置单元样式”设置区依次打开“第一行单元样式”和“第二行单元样式”下拉列表，从中选择“数据”，将标题行和表头行均设置为“数据”类型（表示表格中不含标题行和表头行），如图 9-51 所示。

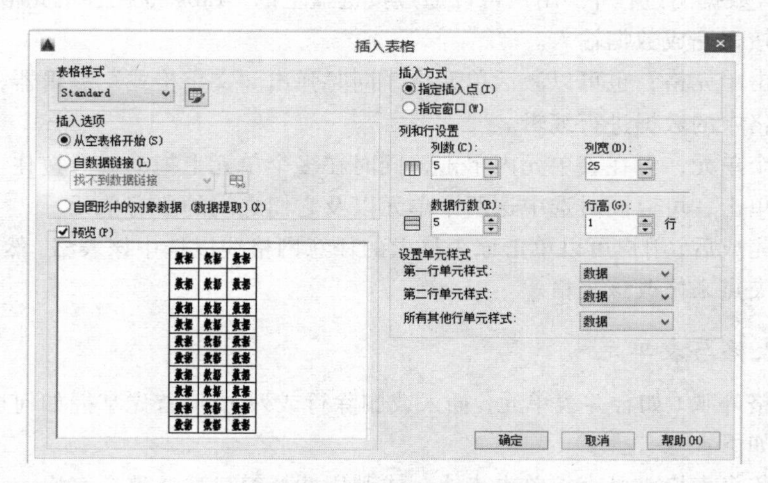

图 9-51　“插入表格”对话框

此对话框用于选择表格样式，设置表格的有关参数。其中，“表格样式”选项用于选择所使用的表格样式。“插入选项”选项组用于确定如何为表格填写数据。预览框用于预览表格的样式。“插入方式”选项组用于设置将表格插入到图形时的插入方式。“列和行设置”选项组则用于设置表格中的行数、列数、行高和列宽。“设置单元样式”选项组用于设置第一行、第二行和其他行的单元样式。

（3）通过“插入表格”对话框确定表格数据后，单击“确定”按钮，关闭“插入表格”对话框。然后根据提示，在绘图区域单击，确定表格放置位置，即可将表格插入到图形，且插入后 AutoCAD 将自动打开文字格式工具栏，并将表格中的第一个单元格醒目显示，此时就可以向表格输入文字，如图 9-52 所示。如果表格尺寸较小，无法看到编辑效果时，可首先在表格外空白区单击，暂时退出表格内容编辑状态，然后放大表格显示即可。

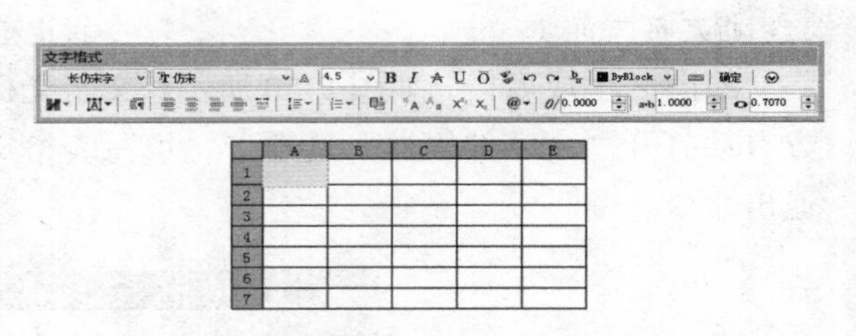

图 9-52 “文字格式”工具栏

（4）在表格左上角单元中双击，重新进入表格内容编辑状态，然后输入“制图”等文本内容，通过“Tab”键切换到同行的下一个单元，通过“Enter”键切换同一列的下一个表单元，或通过“↑”“↓”“←”“→”键在各表单元之间切换，为表格的其他单元输入内容，编辑结束后，在表格外单击或者按“Esc”键退出表格编辑状态。

经验提示：通过在表格中插入公式，可以对表格单元执行求和、均值等各种运算。

（九）编辑表格

在 AutoCAD 中，用户可以方便地编辑表格内容，合并表单元，以及调整表单元的行高与列宽等。

创建表格后，系统就会弹出“文字格式”编辑器，同时激活第一个单元格，要求用户输入数据。在输入数据的过程中，用户可以通过按键盘上的“Tab”键在各单元格之间进行切换，单击“确定”按钮完成数据输入。

用鼠标双击单元格，也可以激活单元格，同时弹出“文字格式”编辑器，用户可以在该编辑器中对表格中的数据进行编辑。

要选择多个单元，可在表单元内单击，同时在多个单元上拖动或者按住“Shift”键并在另一个单元内单击，可以同时选中这两个单元以及它们之间的所有单元。

表格创建完成后，用户可以单击该表格上的任意网格线以选中该表格，然后通过使用“特性”选项板或夹点来修改该表格。

1. 选择表格与表单元

要调整表格外观（如合并表单元，插入或删除行或列），应首先掌握如何选择表格或表单元，具体方法如下：

（1）选择整个表格，可直接单击表线，或利用选择窗口选择整个表格。表格被选中后，表格框线将显示为断续线，并显示一组夹点，如图 9-53 所示。

（2）要选择一个表单元，可直接在该表单元中单击，此时将在所选表单元四周显示夹点，如图 9-54 所示。

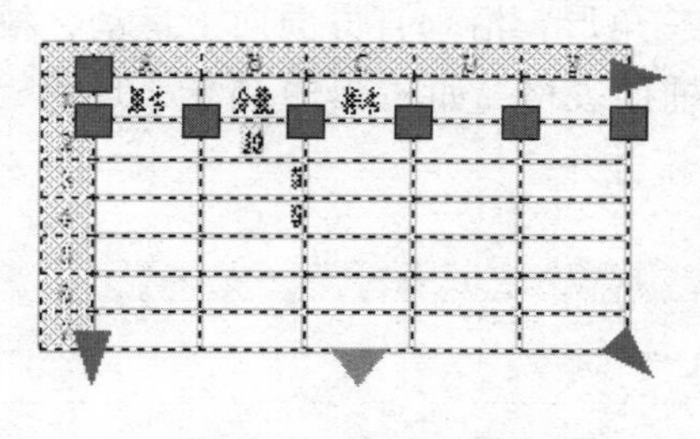

图 9-53　选择整个表格

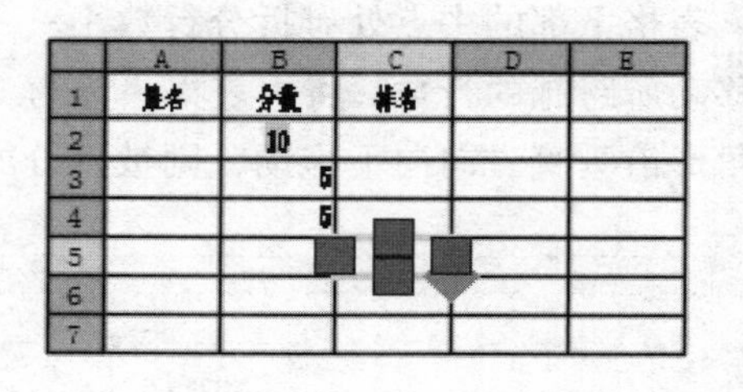

图 9-54　选择一个表单元

（3）要选择表单元区域，可首先在表单元区域的左上角表单元中单击，然后向表单元区域的右下角表单元中拖动，则释放鼠标后，选择框所包含或与选择框相交的表单元均被选中，如图 9-55 所示。此外，在单击选中表单元区域中某个角点的表单元后，按住“Shift”键，在表单元区域中所选表单元的对角表单元中单击，也可选中表单元区域。

（4）要取消表单元选择状态，可按“Esc”键，或者直接在表格外单击。

	A	B	C	D	E
1	姓名	分数	排名		
2		10			
3		5			
4		5			
5					
6					
7					

图 9-55　选择表单元区域

2. 编辑表格内容

要编辑表格内容，只需双击表单元，进入文字编辑状态即可。要删除表单元中的内容，可首先选中表单元，然后按“Delete”键即可。

3. 用夹点方式调整表格的行高与列宽

选中表格、表单元或表单元区域后，通过拖动不同夹点可移动表格的位置，或者调整表格的行高与列宽。

（1）编辑列。

将光标放置在构成单元格的任一线框上，单击鼠标左键，表格即以虚拟状态显示，并在构成表格的线框上产生若干小方框和三角形，它们被称为实体上的夹点，这些夹点的功能如图 9-56 所示。

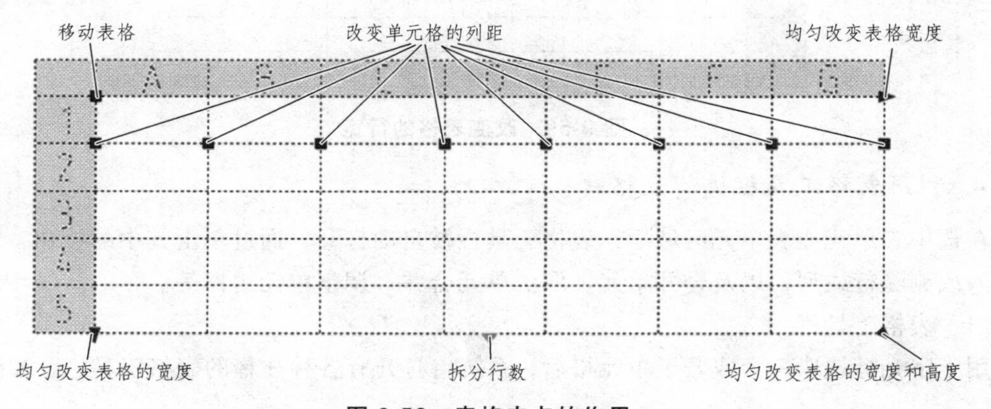

图 9-56　表格夹点的作用

表格下部的中点处有拆分行数小三角形，拖动小三角形，沿垂直方向向上运动，根据光标移动所跨越的行数，将主表格一分为二，产生一个辅助表格，如图 9-57 所示。反之，将小三角形沿垂直方向向下拖动，则被拆分的主表格将重新合并。

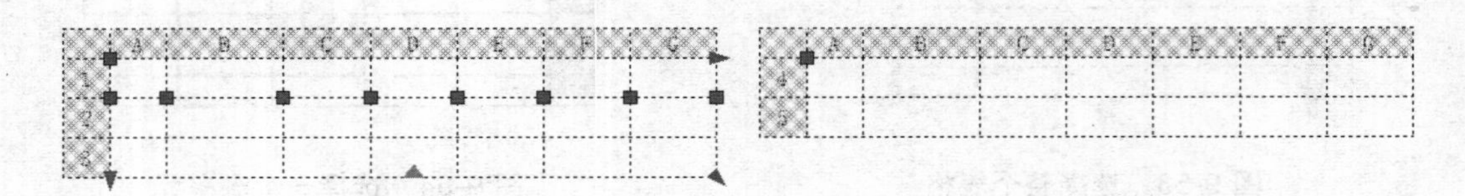

图 9-57　表格拆分

点击第二行的多个小夹点，使其变为热点，拖动夹点改变列的间距，将所插入的表格变换为标题栏的列宽，如图 9-58 所示。

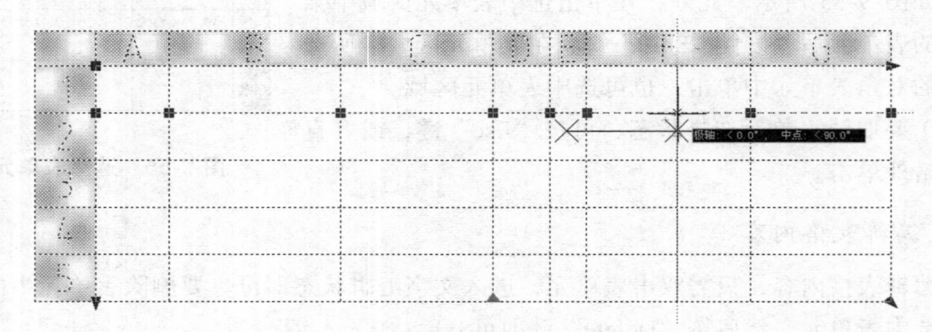

图 9-58　改变表格的列宽

（2）行编辑。

对任意单元格可以进行编辑，将光标移至需要编辑的单元格中并单击鼠标左键，如图 9-59 所示，单元格上将出现 5 个夹点，点击并拖动夹点可改变单元格的列宽、行高和总体大小。

	A	B	C	D	E	F	G
1							
2							
3							
4							
5							

图 9-59　改变表格的行宽

4. 利用表格工具栏编辑表格

在选中表单元或表单元区域后，表格工具栏被自动打开，通过单击其中的按钮，可对表格插入或删除行或列，以及合并单元、取消单元合并、调整单元边框等。

（1）表格工具栏。

用十字光标选取一个或若干单元格后，系统将打开有各种注释的表格工具栏，如图 9-60 所示。

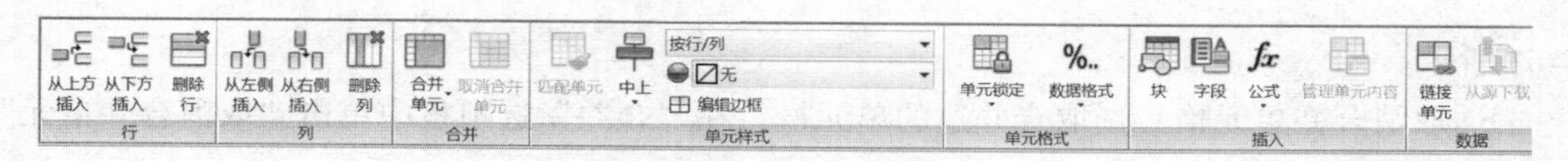

图 9-60　表格工具栏

① 行、列选项卡。

选中某一单元格后，分别单击“行”选项板中的“从上方插入”按钮，将在该单元格所在行的上方插入新的空白行，效果如图 9-61 所示。若单击“删除行”按钮，将删除单元格所在行。

	A	B	C	D	E	F	G
1		图名					
2		设计					
3							
4							
5							

（a）原图

	A	B	C	D	E	F	G
1							
2		图名					
3		设计					
4							
5							
6							

（b）效果图

图 9-61　表格插入单行

如果选择两行或多行单元格，执行“从上方插入”时，将在上方同时插入两行或多行新的空白行，效果如图 9-62 所示。对列的操作与行相似，不再赘述。

	A	B	C	D	E	F	G
1		图名					
2		设计					
3							
4							
5							

（a）原图

	A	B	C	D	E	F	G
1							
2							
3		图名					
4		设计					
5							
6							
7							

（b）效果图

图 9-62　表格插入多行

② 合并选项卡。

a. 合并单元：如果要选取多个单元格，可以在需要选取的单元格上单击并拖动，也可以按住“Shift”键在要选取的两个单元格内分别单击，可以同时选取这两个单元格以及它们之间的所有单元格。

另外，在表格未激活时，通过交叉窗口选取方式，也可以选中并激活所有包含在交叉窗口内的单元格。用这种方式时应注意，交叉窗口的第一点必须位于表格内，且第二点既可以向左移动也可以向右移动。若选择的第一点位于表格左侧，将无法激活单元格；若位于表格右侧，将选中所有单元格。

在“合并”选项板中单击“合并单元”的下拉列表，选择“按行合并”按钮，可以将所选择的多个单元格合并为多个行；选择“按列合并”按钮，可以将所选择的多个单元格合并为多个列；选择“合并单元”中的“合并全部”按钮，可以将所选所有单元格合并为一个。表格创建中，先选择 A1 和 C2 之间的所有单元格，再单击“合并全部”按钮，效果图如图

9-63 所示。

b. 取消合并单元格：选取合并过的单元格，在“合并”选项板中单击“取消合并单元”按钮，即可恢复未合并前的状态。

③ 单元样式。在“单元样式”选项板中，匹配单元可以对单元格执行类似于格式刷的操作，设置单元格中文字的位置（默认为右上方）、表格单元的类型（标题、表头或数据）、表格单元的背景颜色（默认为无），还可以编辑表格单元的边框形式，如图 9-64 所示。

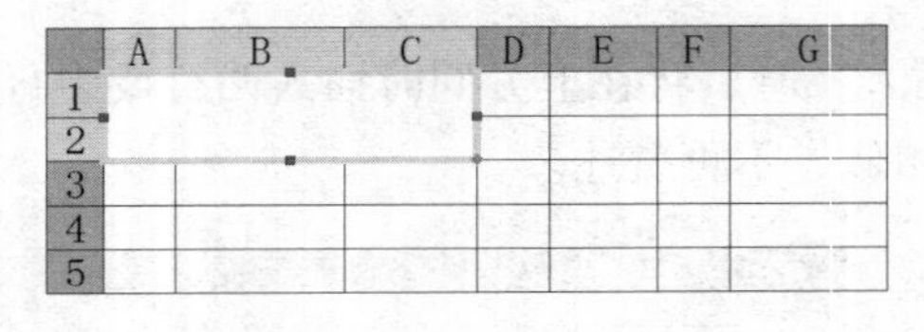

图 9-63　合并单元格

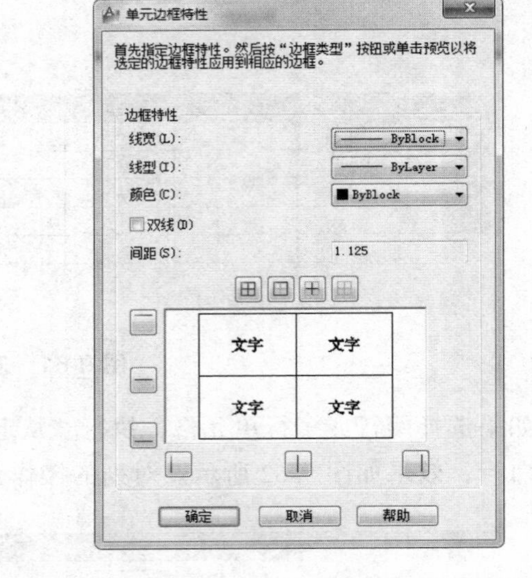

图 9-64　“单元边框特性”对话框

④ 单元格式、插入、数据选项卡，可以进行表格单元的内容及格式的锁定、解锁，也可以设置数据格式；利用“插入”选项板可以在表格单元中插入块、字段或公式，利用“数据”选项板可以将表格单元链接至 Microsoft Excel 电子表格中的数据等。

（2）表格边框的编辑。

① 单击选择表格中的左上角表单元，然后按住“Shift”键，在表格右下角表单元中单击，从而选中所有表单元，如图 9-65 所示。

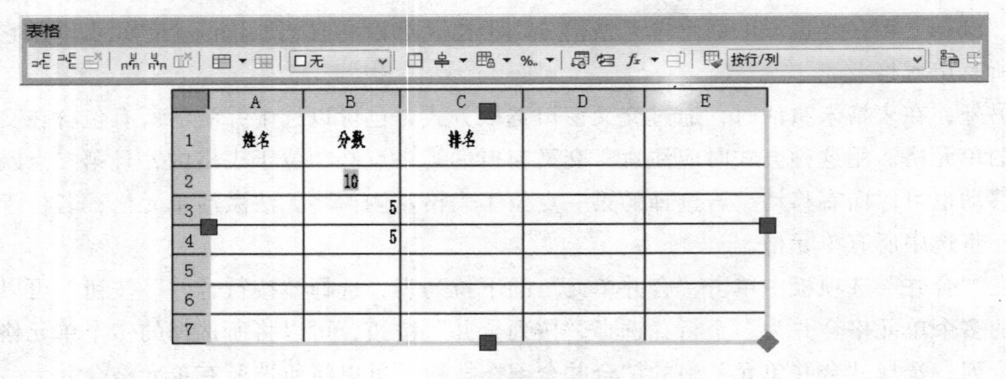

图 9-65　选中所有表单元

② 单击表格工具栏中的“单元边框”按钮，打开如图 9-66 所示的“单元边框特性”对话框。

③ 在边框特性设置区打开“线宽”下拉列表，设置线宽为 0.5 mm，在应用于设置区中单击“外边框”按钮，如图 9-67 所示。

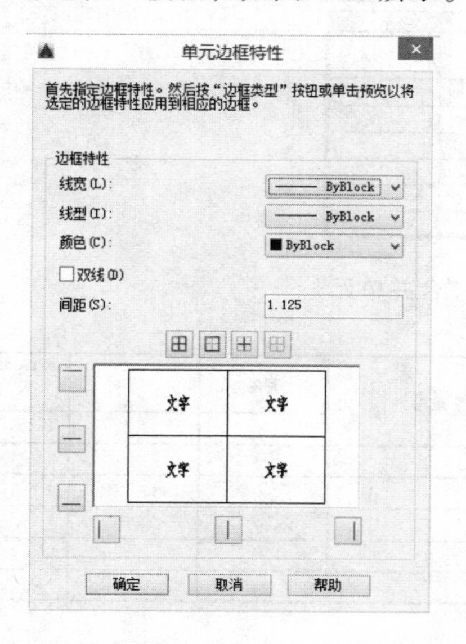

图 9-66 “单元边框特性”对话框

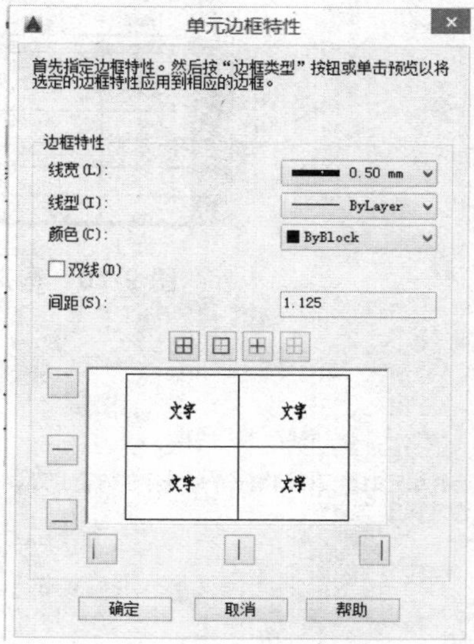

图 9-67 设置单元边框特性

④ 单击“确定”按钮，按“Esc”键退出表格编辑状态。单击状态栏上的“线宽”按钮以显示线宽，结果如图 9-68 所示。

姓名	分数	排名		
	10			
	5			
	5			

图 9-68 边框加粗

（3）合并表格。

① 用鼠标左键选定 A1、B2 区域，系统将弹出如图 9-69 所示的对话框。

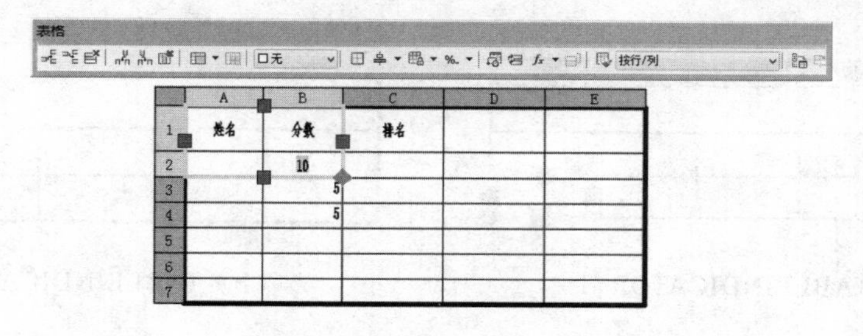

图 9-69 选定 A1、B2 区域

② 单击表格工具栏上的“合并单元”按钮，选择全部，如图 9-70 所示。将弹出如图 9-71 所示的“表格-合并单元”对话框，点击“是”，则表格合并完成，如图 9-72 所示。

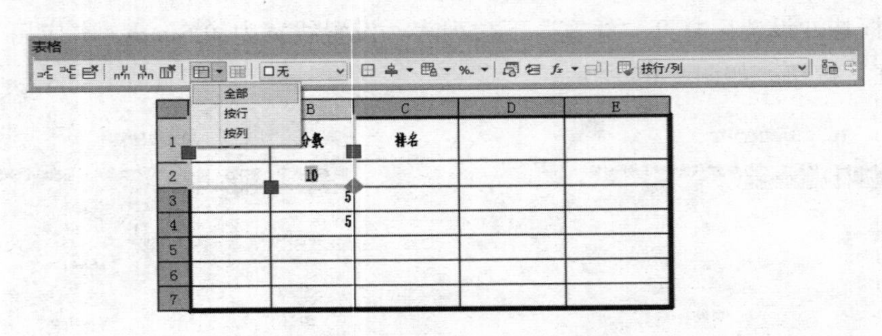

图 9-70　选择“全部”方式“合并单元”

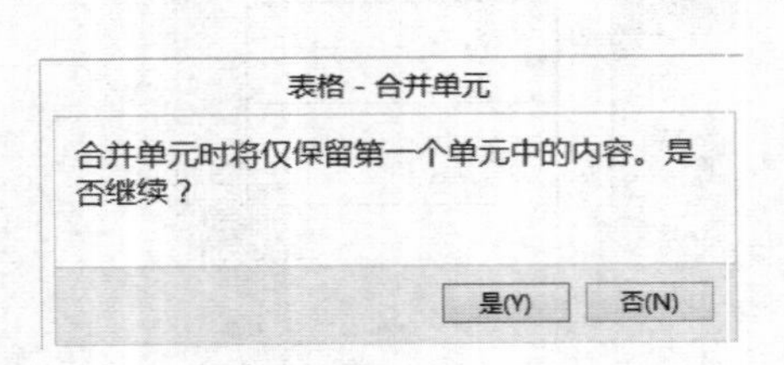

图 9-71　“表格-合并单元”对话框

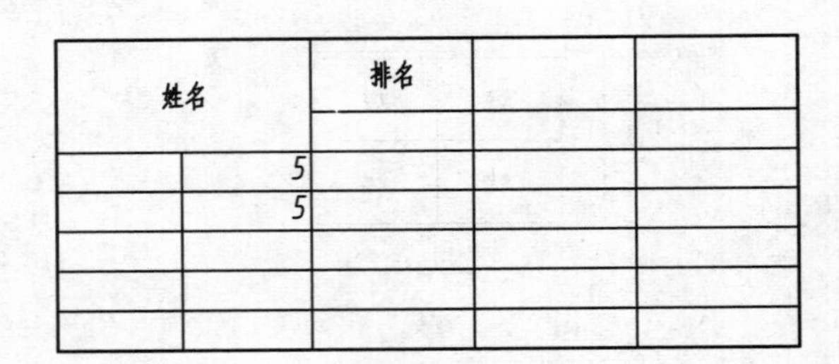

图 9-72　A1、B2 区域被合并

5. 利用“特性”选项板编辑表格

利用“特性”选项板编辑表格的内容取决于所选表格的对象，选取表格单元或单元区域，按“Ctrl+1”键，或者右击，在打开的快捷菜单中可以选择“特性”，将弹出“特性”选项板，用户可以根据需要对表格作出修改，在此不再赘述。

6. 表指示器的显示和隐藏

激活表格单元时，在表格左方和上方显示的行号和列标题称为表指示器。系统默认情况下，表指示器是显示的，可以通过系统变量 TABLEINDICATOR 控制其打开或关闭。

在命令行输入“TABLEINDICATOR”，将提示“输入 TABLEINDICATOR 的新值<1>:”，即默认设置为 1 时，表指示器打开；输入 0 时，则表指示器关闭，不再显示，如图 9-73 所示。

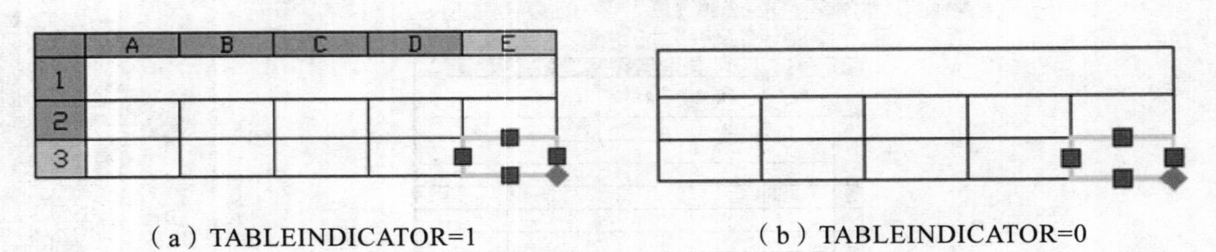

（a）TABLEINDICATOR=1　　（b）TABLEINDICATOR=0

图 9-73　指示器的显示状态

7. 实例操作与演示：利用表格功能绘制标题栏

绘制如图 9-74 所示的零件图标题栏的详细步骤如下：

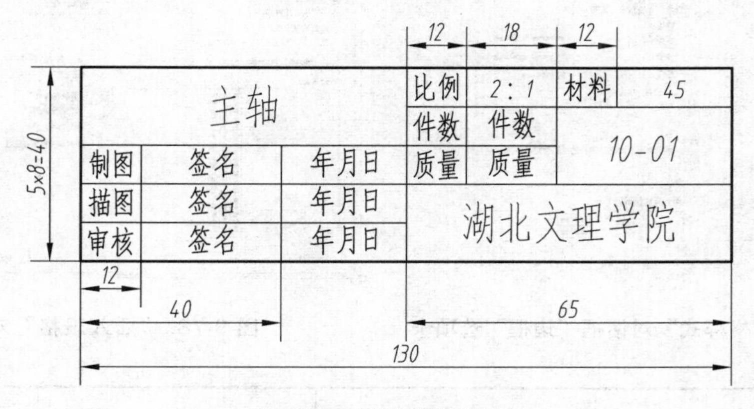

图 9-74　零件图标题栏

步骤一：修改表格标准 Standard 样式。

通过下拉菜单【格式】→【表格样式】，打开“表格样式”对话框，点击“修改”，打开“修改表格样式”对话框，在“单元样式”下选择“数据”参数：

“常规”选项卡中修改 3 处：对齐改为正中，水平、垂直页边距改为 0.5，如图 9-75 所示。

“文字”选项卡中修改两处：修改文字样式为长仿宋字，修改文字高度为 3.5，如图 9-76 所示。

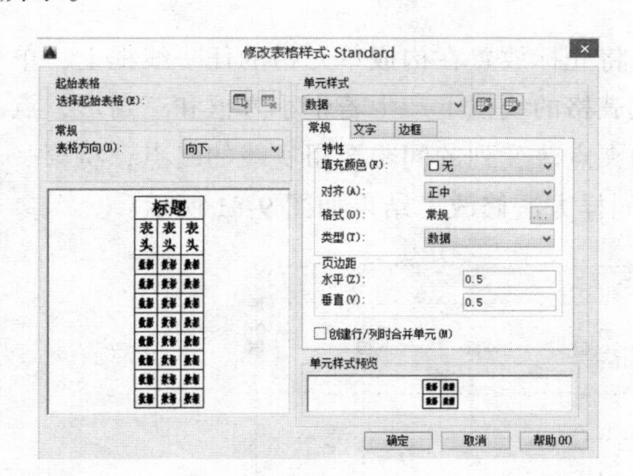

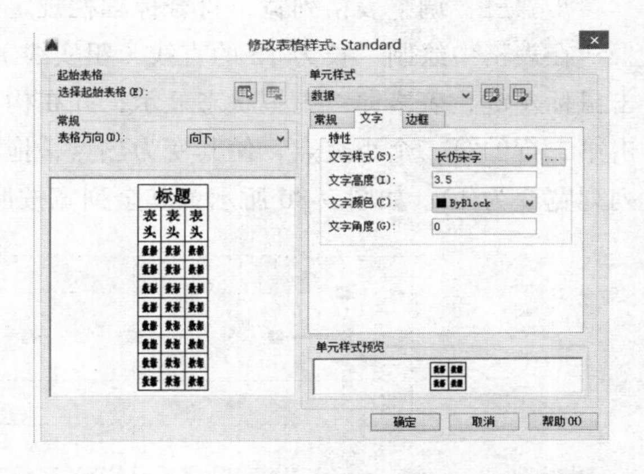

图 9-75　“修改表格样式”对话框“常规”选项卡　　图 9-76　“修改表格样式”对话框文字选项卡

“边框”选项卡中修改一处：将线宽修改为 0.5，点击“外边框”按钮，如图 9-77 所示。

将单元样式分别选择为标题和表头，并做同样修改，点击“确定”按钮完成表格标准样式的设定。

步骤二：插入表格。

在下拉菜单中选择【绘图】→【表格】，系统将弹出“插入表格”对话框，按图 9-78 设置，列数设为 7，行数设为 3，第一行单元格式、第二行单元格式都改为数据，如图 9-78 所示。点击“确定”按钮，得到如图 9-79 所示的行为 5 列为 7 的表格。

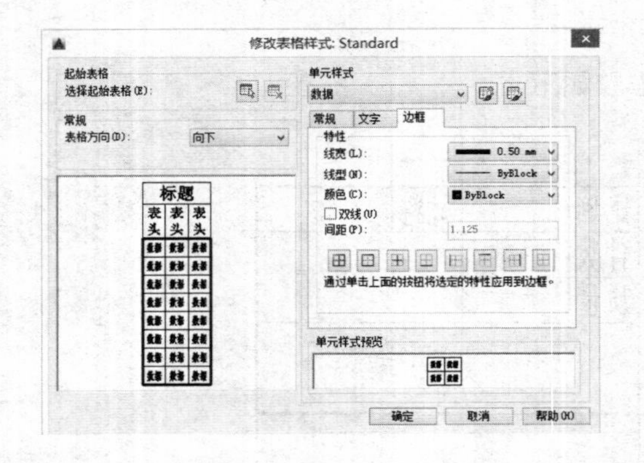

图 9-77 “修改表格样式”对话框“边框”选项卡

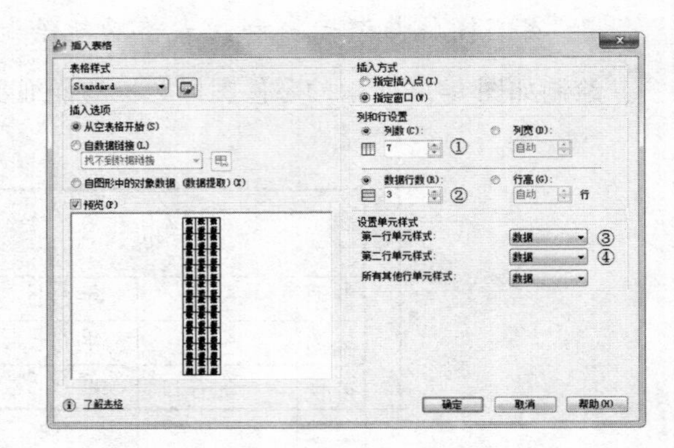

图 9-78 “插入表格”对话框

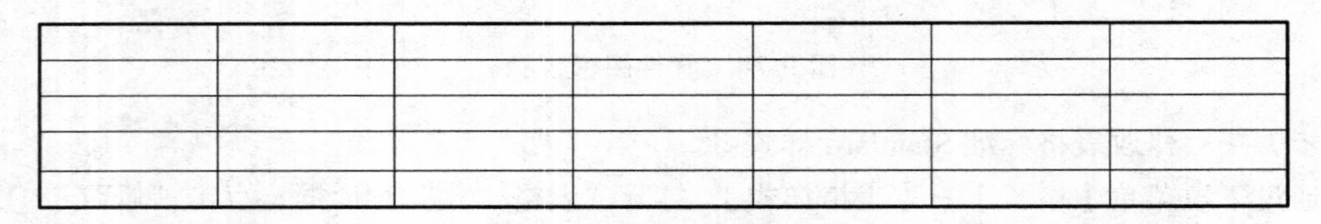

图 9-79 标题栏原始表格

经验提示：旧版本还需要通过“命令：_table；指定第一个角点：点击一点；指定第二角点：@130,-40”来插入表格。

步骤三：调整表格列宽，符合标题栏规定。

在表格中绘制一长为 12 的直线（粗实线），将光标放置在构成单元格的任一线框上，单击鼠标左键，表格即以虚拟状态显示，并在构成表格的线框上产生若干小方框和三角形，点击第二行的第二个小夹点，使其变为热点，拖动夹点改变列的间距至粗实线的终点，将第一列列宽变为 12，如图 9-80 所示，其余列宽按照同样方法修改，结果如图 9-81 所示。

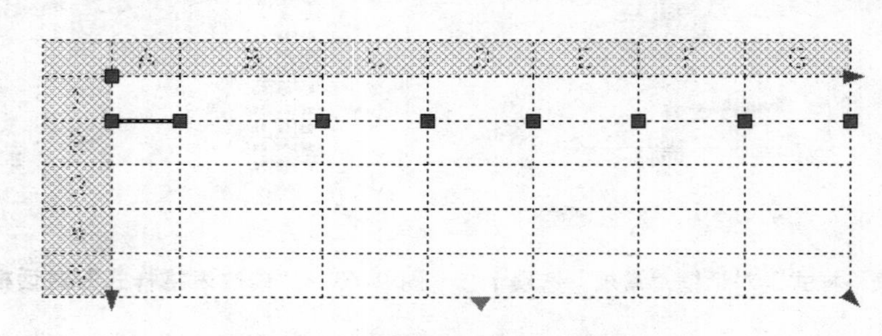

图 9-80 修改列宽

图 9-81 修改列宽后的标题栏

步骤四：调整表格行高，符合标题栏规定。

画一条高为 40 的直线（粗实线），将光标放置在构成单元格的任一线框上，单击鼠标左键，表格即以虚拟状态显示，并在构成表格的线框上产生若干小方框和三角形，点击第一列的最下面的名为“统一拉伸表格高度”的夹点，拖动该夹点并捕捉到粗实线的终点，则表格的行高被统一拉伸为 5×8，如图 9-82 所示，统一拉伸后的效果如图 9-83 所示。

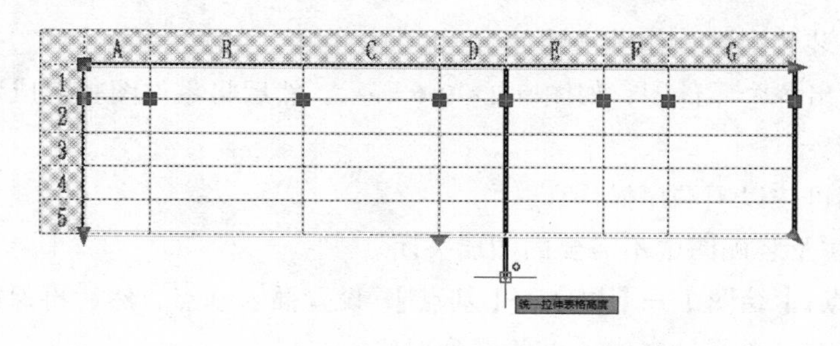

图 9-82　统一拉伸表格高度

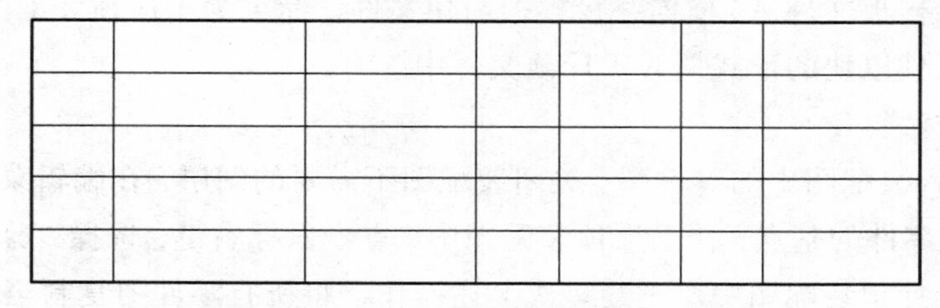

图 9-83　统一拉伸表格高度后的标题栏

步骤五：合并单元格。

按住“shift”键选择要合并的单元格，如图 9-84 所示，点击“合并单元”选项的“全部”，完成单元格的合并，同理完成其他单元格的合并，效果如图 9-85 所示。

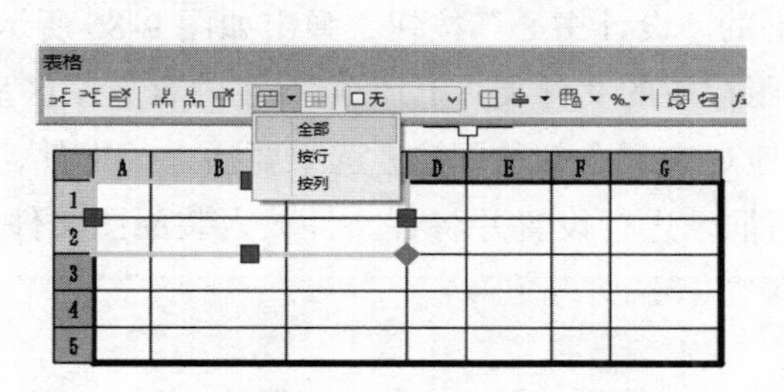

图 9-84　单元格的合并

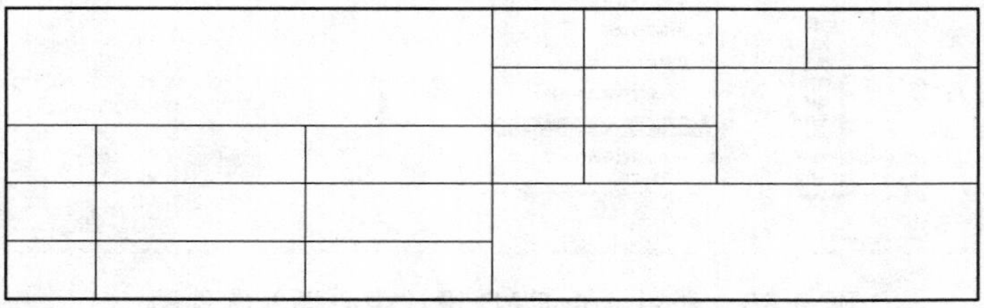

图 9-85　单元格合并后的标题栏

步骤六：注写文字。

鼠标点击相应的单元格，就可以填写对应的文字，所有文字填写完毕后，就得到了所需的标题栏。

三、项目实施

采用零件图组装装配图，作图步骤如下：

步骤一：绘制出各个零件图，如图 9-2 ~ 9-6 所示，然后将零件图中组成装配图的部分定义为外部块并存储。

定义块并存储可按以下顺序操作：

① 将尺寸标注及装配图中不需要的图层关闭。

② 定义块基点：【绘图】→【块】→【基点】，设置插入基点，然后再保存文件。同一个装配体的零件图存在一个文件夹中，以便于管理。

步骤二：基于样板文件 A4 横向终极模板新建文件，命名为千斤顶装配图。

步骤三：将文件以块的形式插入千斤顶文件中。

有以下 3 种方法：

① 打开要插入装配图中的零件图，关闭装配图不需要的图层，在编辑菜单中，选择带基点复制命令，选择零件的基点；在千斤顶装配图中，点击鼠标右键，选择“剪贴板”/“粘贴”，将零件图粘贴至千斤顶装配图中。重复多次上述操作，将所有零件图复制至装配图中。

经验提示：使用此法时，用插入图块的方法标注的表面粗糙度符号取消不了，不方便操作。

② 在绘制装配图前，将装配图所需的各个零件图在存盘时，均以“Wblock”存盘，以外部块的形式插入到装配图中。

经验提示：此法较好，推荐采用这种方法。

③ 单击标准工具栏上的“设计中心”按钮，弹出如图 9-86 所示的“设计中心”对话框，在树形列表中，找到零件图存放的文件夹“千斤顶”，在内容显示区显示文件夹中所包含的文件，在设计中心能较全面地观察到全部的图形。选中要插入的文件，点击右键选中插入为块，出现如图 9-87 所示的对话框，进行设置并将各文件放入装配图文件“千斤顶”中。

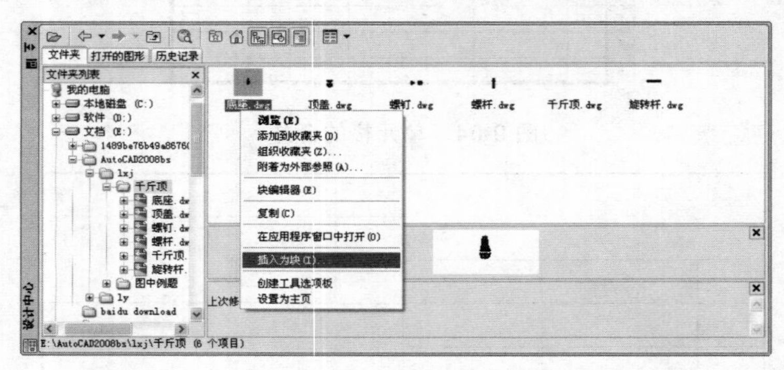

图 9-86　利用 AutoCAD 设计中心插入零件图

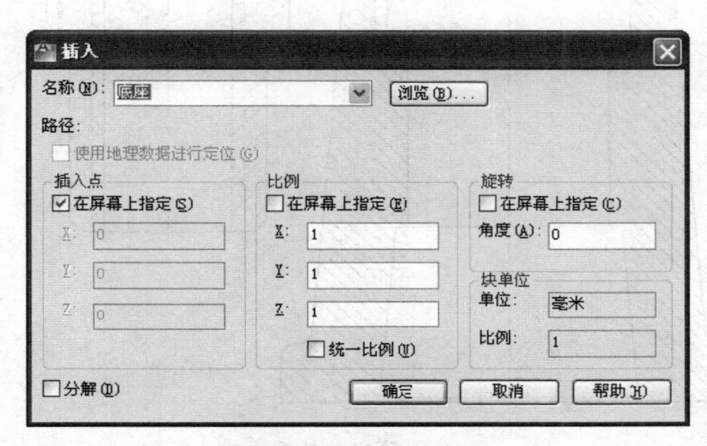

图 9-87　以块插入零件图时的“插入”对话框

经验提示：此法是将整个图形以块的方式插入的，后期需要大量修改，也不建议使用。

（1）底座和螺套装配。

启动插入块命令，分别找到 01 底座和 03 螺套两个图块，并将它们插入到“千斤顶装配图”中，原始状态如图 9-88 所示。

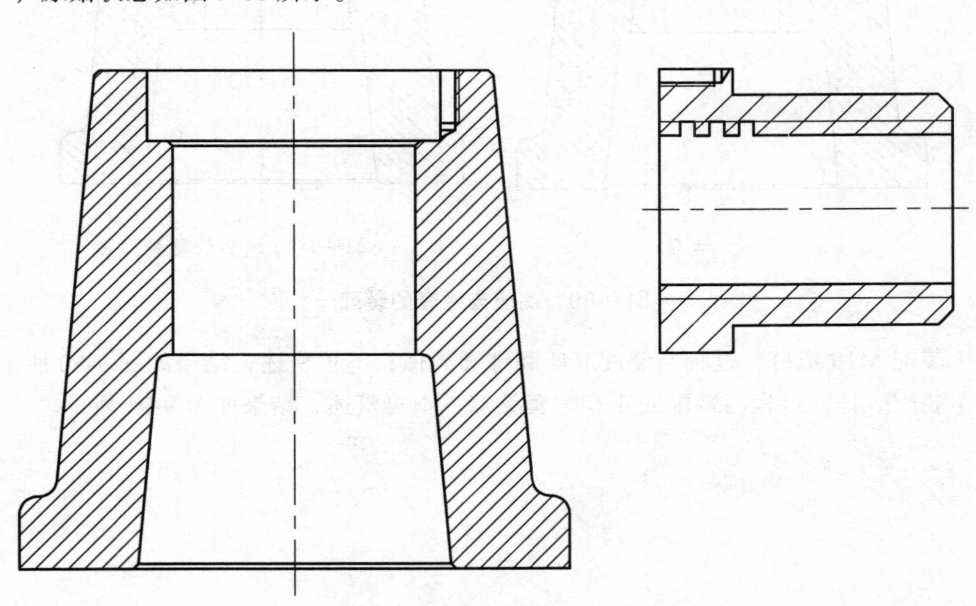

图 9-88　以块插入的底座与螺套原始状态

执行旋转命令，将 03 螺套顺时针旋转 90°，如图 9-89（a）所示；然后执行移动命令，由基点移动到目标点，如图 9-89（b）所示；执行修剪命令，剪除被遮挡的不需要的图线；执行分解命令，将图块分解，然后修改图线，包括修改“标注尺寸时，被打断的中心线”，修改螺纹的“细节部分”，修改“配作螺纹孔”等。绘制结果如图 9-89（c）所示。

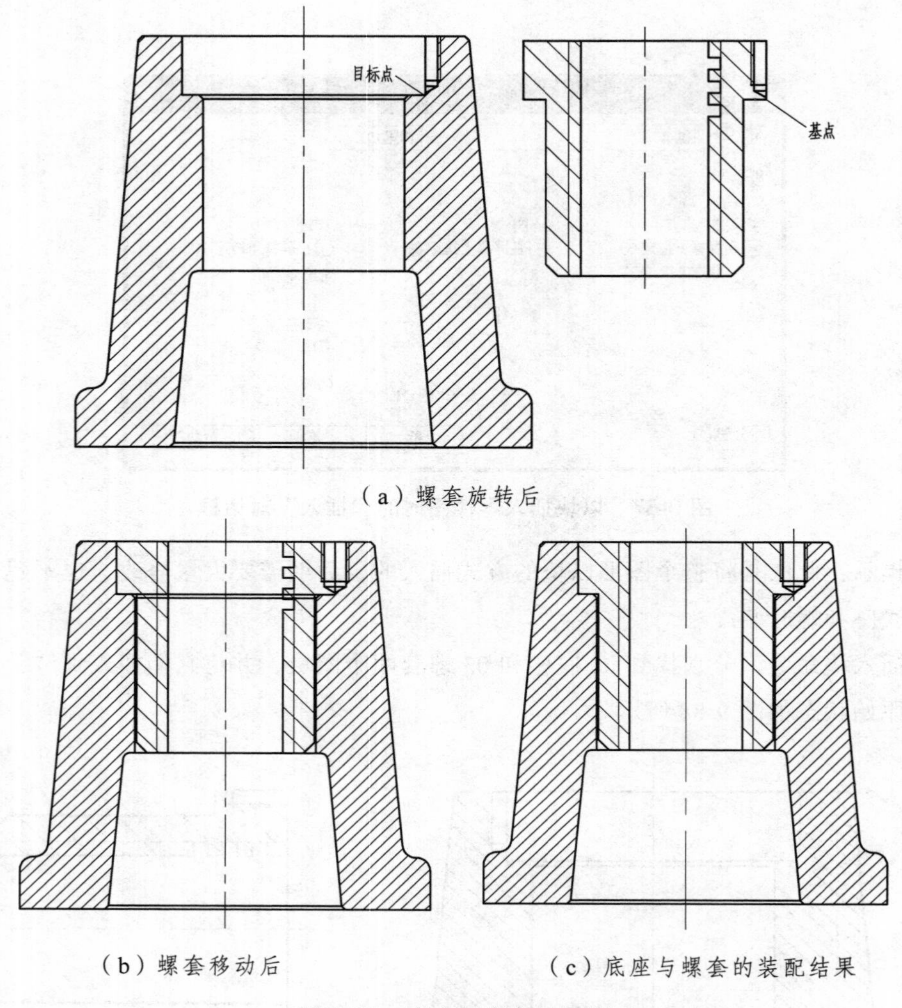

（a）螺套旋转后

（b）螺套移动后

（c）底座与螺套的装配结果

图 9-89　底座与螺套的装配

（2）装配 M10 螺钉，过程与装配底座和螺套类似，不再赘述，结果如图 9-90 所示。

（3）装配螺杆，过程与装配底座和螺套类似，不再赘述，结果如图 9-91 所示。

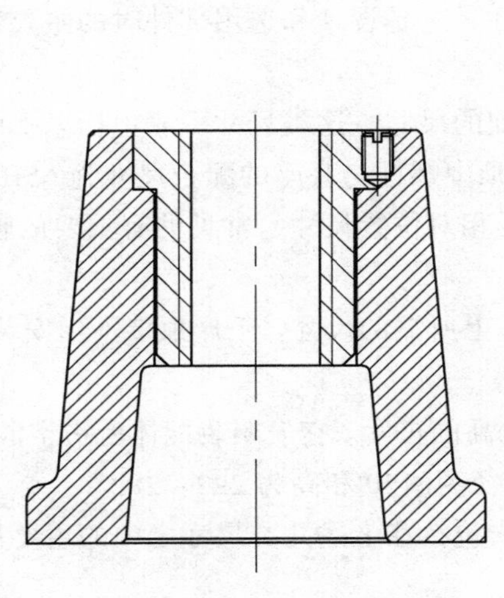

图 9-90　装配 M10 螺钉

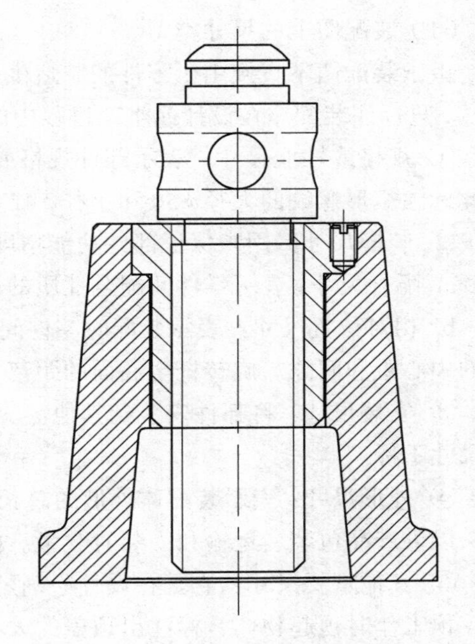

图 9-91　装配螺杆

（4）装配铰杆，过程与装配底座和螺套类似，不再赘述，结果如图 9-92 所示。

（5）装配顶垫，过程与装配底座和螺套类似，不再赘述，结果如图 9-93 所示。

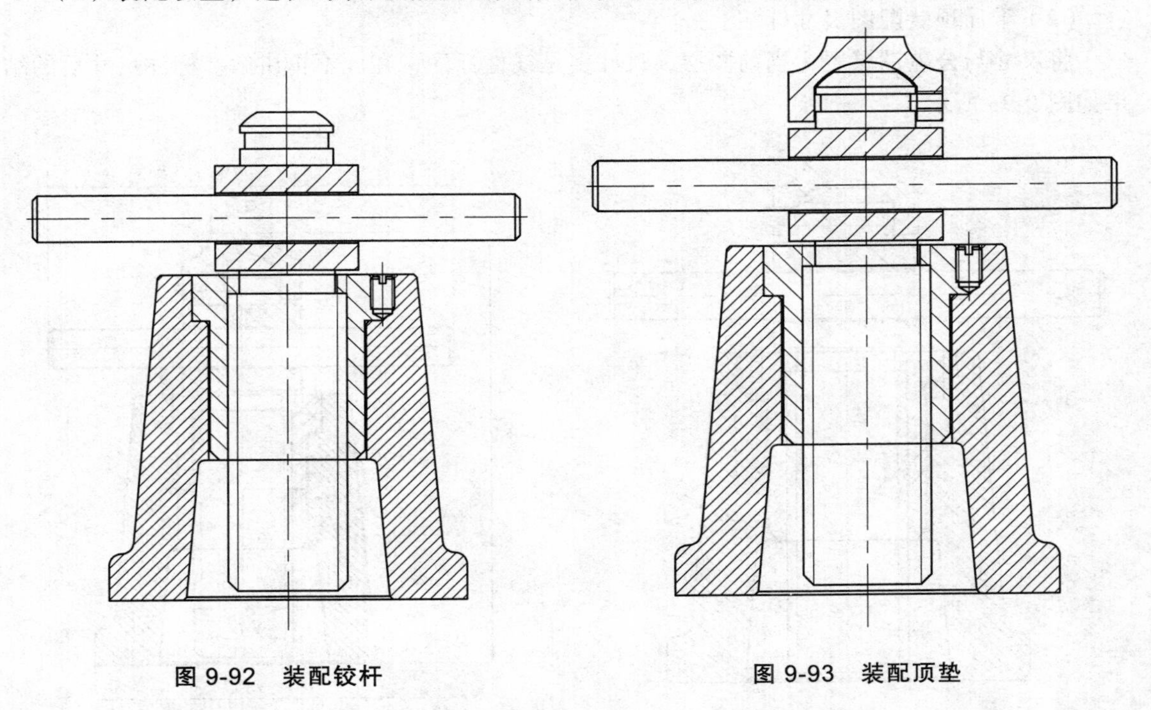

图 9-92　装配铰杆　　　　图 9-93　装配顶垫

（6）装配 M8 螺钉，过程与装配底座和螺套类似，不再赘述，结果如图 9-94 所示。

步骤四：标注尺寸。

（1）装配图上的尺寸类型。

由于装配图不直接用于零件的制造生产，因此，在装配图上无须注出各组成零件的全部尺寸，只标注装配体在设计或生产过程中的某些必要的尺寸。这些尺寸一般可分为以下5类：

① 规格或性能尺寸：表示部件规格或性能的尺寸，它是设计和选用部件时的主要依据。在此标注矩形螺纹的大径ϕ50和小径ϕ42。

② 装配尺寸：用来保证部件功能精度和正确装配的尺寸。这类尺寸一般包括以下两种：

a. 配合尺寸：表示零件间配合性质的尺寸。千斤顶中螺杆与底座的配合尺寸为65H8/k7。

b. 相对位置尺寸：表示装配时零件间需要保证的相对位置尺寸，常见的有重要的轴距、孔的中心距和间隙。旋转杆至底面的距离为182.5。

③ 安装尺寸：将部件安装到其他零、部件或基座上所需的尺寸。千斤顶多不用安装，这一尺寸不标。

④ 外形尺寸：表示装配体外形的总长、总宽和总高的尺寸。它表明装配体所占空间的大小，以供产品包装、运输和安装时参考。标注底座直径为ϕ150和高为222～282。

⑤ 其他重要尺寸：它是在设计中确定的，而又未包括在上述几类尺寸之中的主要尺寸。千斤顶工作时顶起物体，标注出顶盖的大小为ϕ30。

上述五类尺寸之间并不是互相孤立无关的，实际上有的尺寸往往有几种含义，并不是每张装配图必须全部标注上述各类尺寸的，因此，装配图上应标注哪些尺寸，要根据具体情况进行具体分析。

（2）千斤顶装配图尺寸标注。

将尺寸与公差图层置为当前图层，尺寸多是线性标注，在此不再讲解。标注尺寸后的结果如图9-95所示。

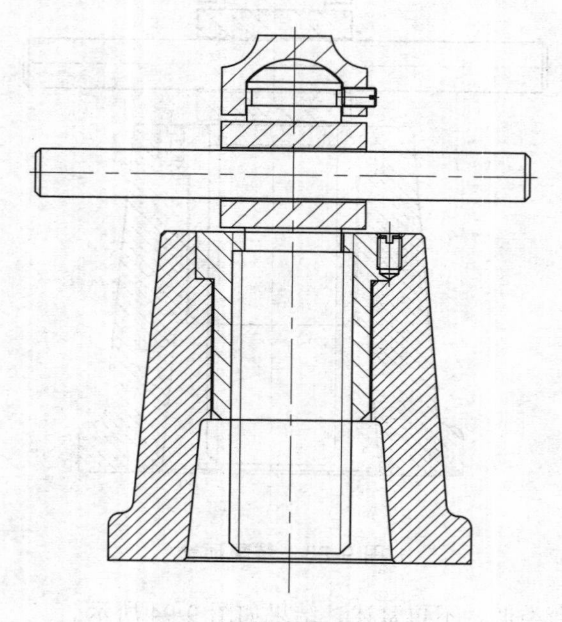

图9-94　装配M8的螺钉

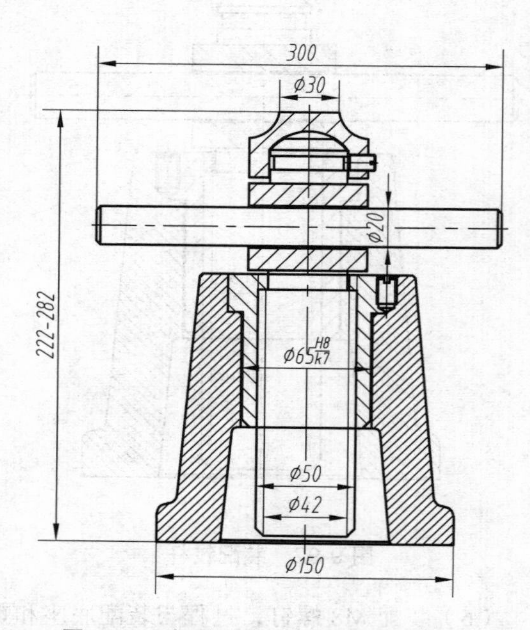

图9-95　标注尺寸后的千斤顶装配图

步骤五：编注零件序号。

（1）序号的编注方法。

① 装配图中所有的零、部件都必须进行编号。

② 装配图中一个部件可只编写一个序号。同一装配图中，相同的零、部件应编写相同的序号。

③ 装配图中的零、部件序号，应与明细栏中的序号一致。

（2）注写零件序号。

① 选择【格式】→【多重引线样式】菜单命令，打开“多重样式管理器”对话框，点击“修改”按钮，打开“修改多重引线样式”对话框。

“引线格式”选项卡设置“箭头”/“符号”为点，如图 9-96 所示。

在“内容”选项卡中，文字样式选择字母和数字样式，设置文字高度为 3.5，“引线连接”/“连接位置为“第一行加下划线”，“引线连接”/“基线间隙”为 4，如图 9-97 所示。

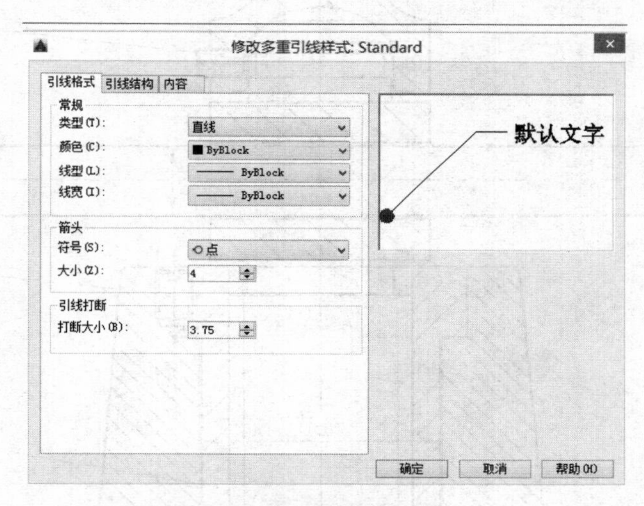

图 9-96 “引线格式”选项卡

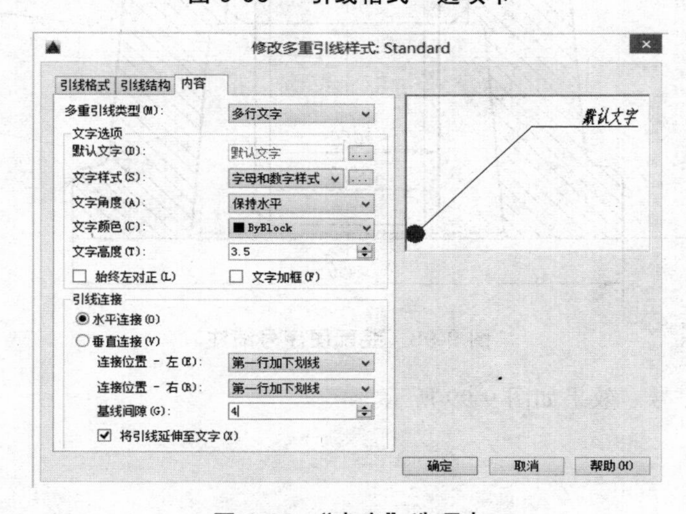

图 9-97 “内容”选项卡

② 选择【标注】→【多重引线】，启动引线标注命令，标注零件序号，以零件 1 为例：

命令：_mleader

指定引线箭头的位置或 [引线基线优先(L)/内容优先(C)/选项(O)] <引线基线优先>：选择零件 1 轮廓线内的一点

指定下一点：向左空白处选一点

指定引线基线的位置：

屏幕显示文字位置，输入“1”。

完成序号 1 零件的标注，同理标注其他零件的序号，效果如图 9-98 所示。

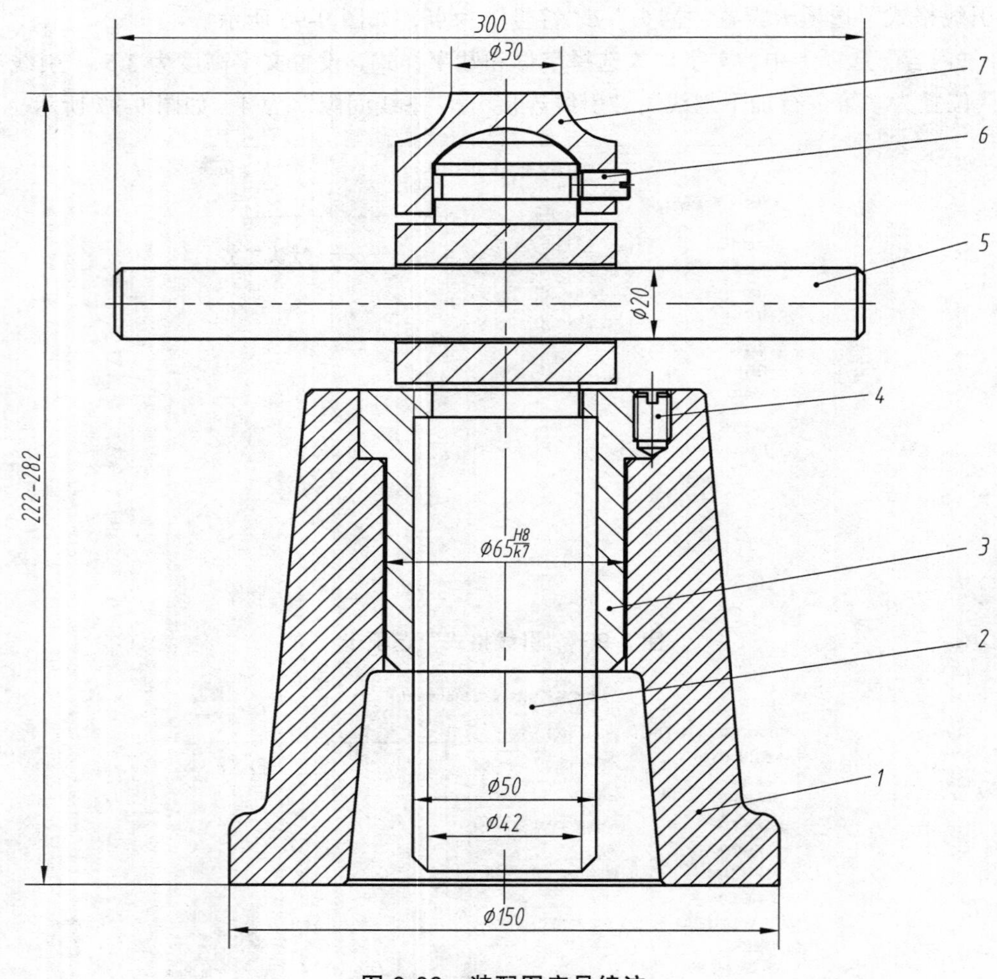

图 9-98 装配图序号编注

③ 对齐零件序号。效果如图 9-99 所示。

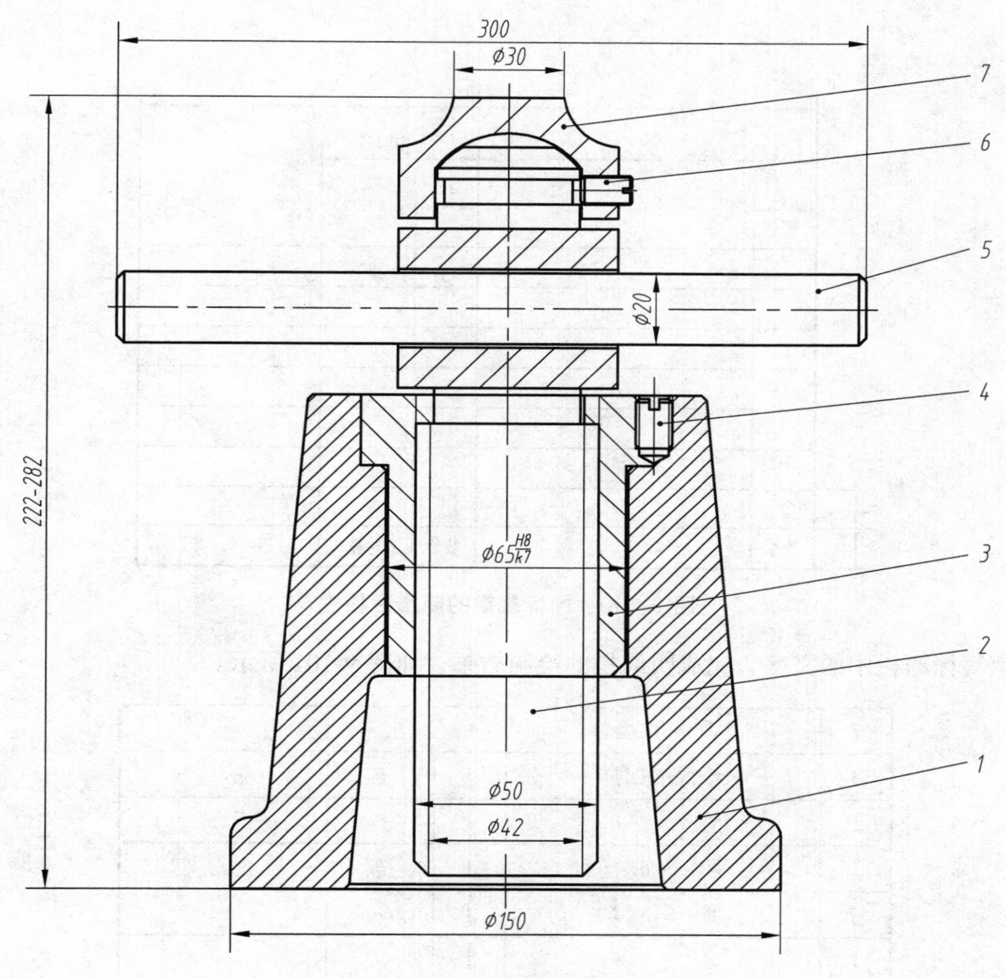

图 9-99　装配图序号对齐

步骤六：技术要求、标题栏和明细栏。

在表格制作中已讲解了标题栏的绘制过程，文字中讲解了技术要求的书写，在此不再赘述。在此主要讲解明细栏的绘制过程（按图标要求）。

国标规定的明细栏格式如图 9-100 所示。

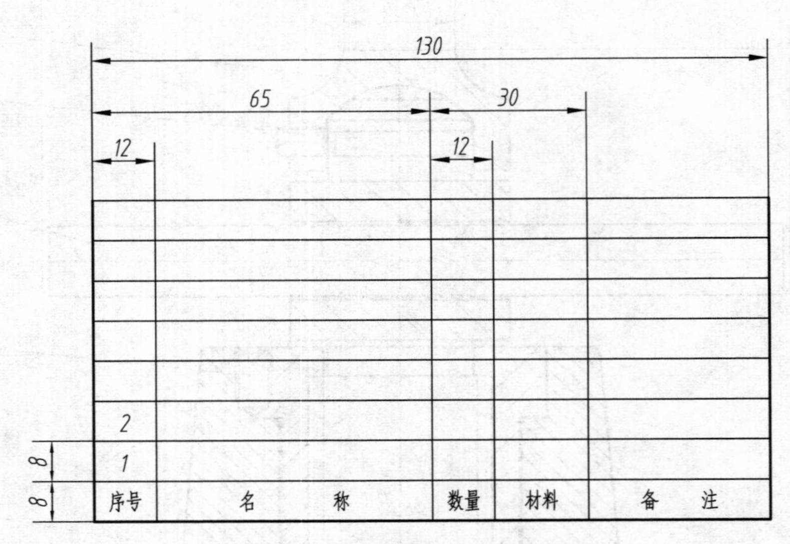

图 9-100　国标规定的明细栏格式

填写标题栏中的文字，完成明细栏的绘制结果，如图 9-101 所示。

7	顶　　垫	1	Q275	
6	螺钉　M8×10	1	35	GB/T　73
5	铰　　杆	1	35	
4	螺钉　M10×12	1	35	GB/T　73
3	螺　　套	1	ZCuAl	
2	螺　　杆	1	45	
1	底　　座	1	HT200	
序号	名　　称	数量	材料	备　注

图 9-101　填写文字后的明细栏

经验提示：乘号输入“ch”得到。

完成整个装配图的绘制，如图 9-102 所示。

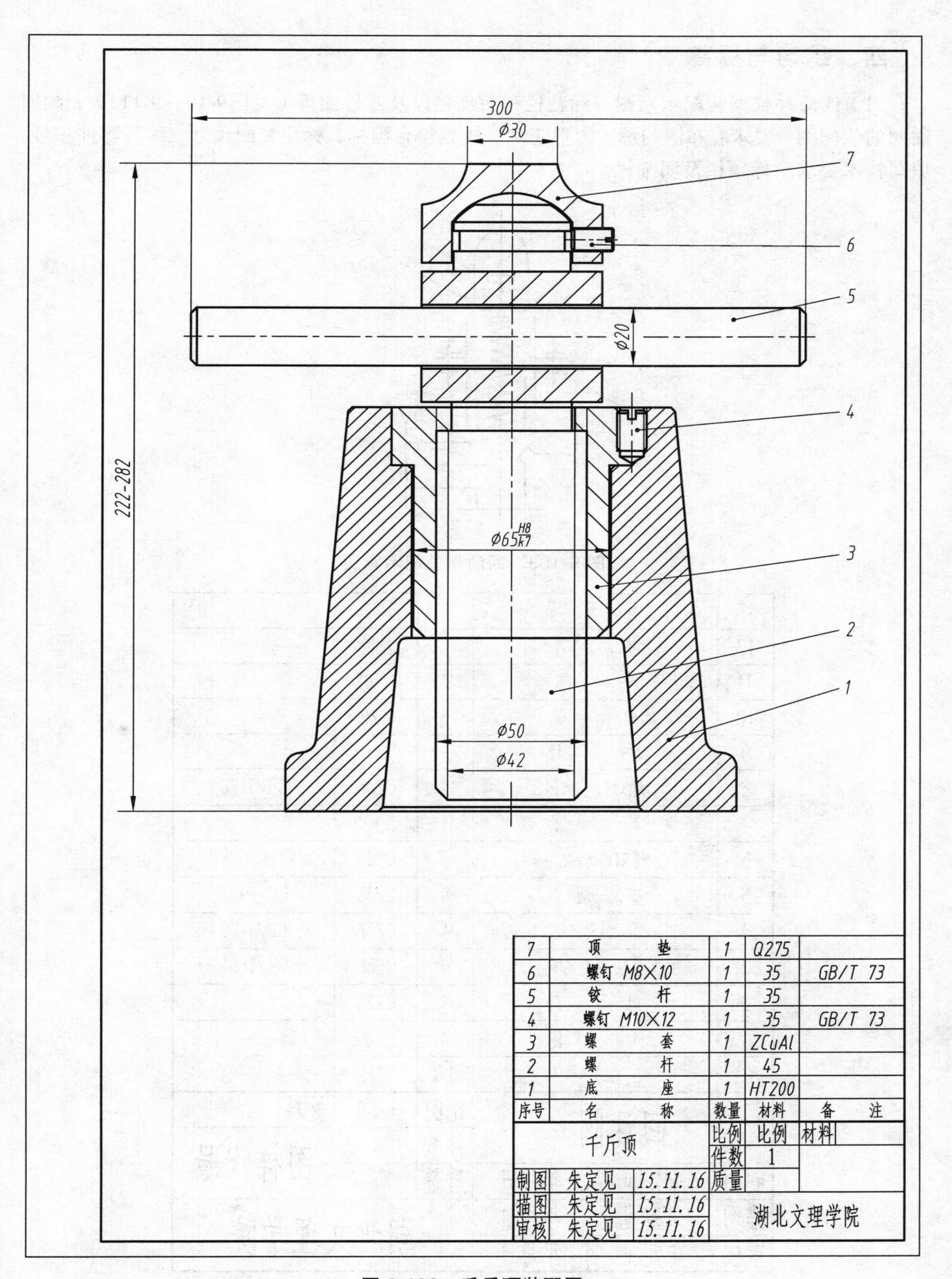

图 9-102 千斤顶装配图

四、练习与提高

（1）读懂并根据装配示意图、标题栏和明细栏以及零件图等（见图9-103~9-112），画回油阀的装配图。要求：布图匀称，图形正确，线型符合国标，标注装配尺寸，编写零件序号，填写技术要求、标题栏及明细栏。

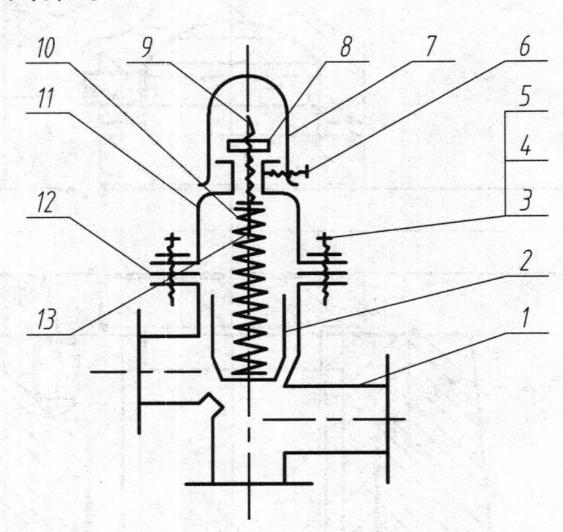

图 9-103 回油阀装配示意图

13	弹 簧 垫	1	H62	
12	垫 片	1	纸板	
11	阀 盖	1	ZL102	
10	弹 簧	1	65Mn	
9	螺 杆	1	35	
8	螺母 M16	1	Q235	GB/T170
7	罩 子	1	ZL102	
6	螺钉M16x16	1	Q235	GB/T75
5	垫 圈12	4	Q235	GB/T97.1
4	螺 母M12	4	Q235	GB/T170
3	螺柱 M12x35	4	Q235	GB/T899
2	阀 门	1	Q235	
1	阀 体	1	ZL102	
序号	名 称	数量	材料	备 注
回油阀		比例 1:1	件数 1	材料
		质量		图样代号
制图	朱定见	年月日		
描图	朱定见	年月日	湖北文理学院	
审核	朱定见	年月日		

图 9-104 回油阀装配图的标题栏和明细栏

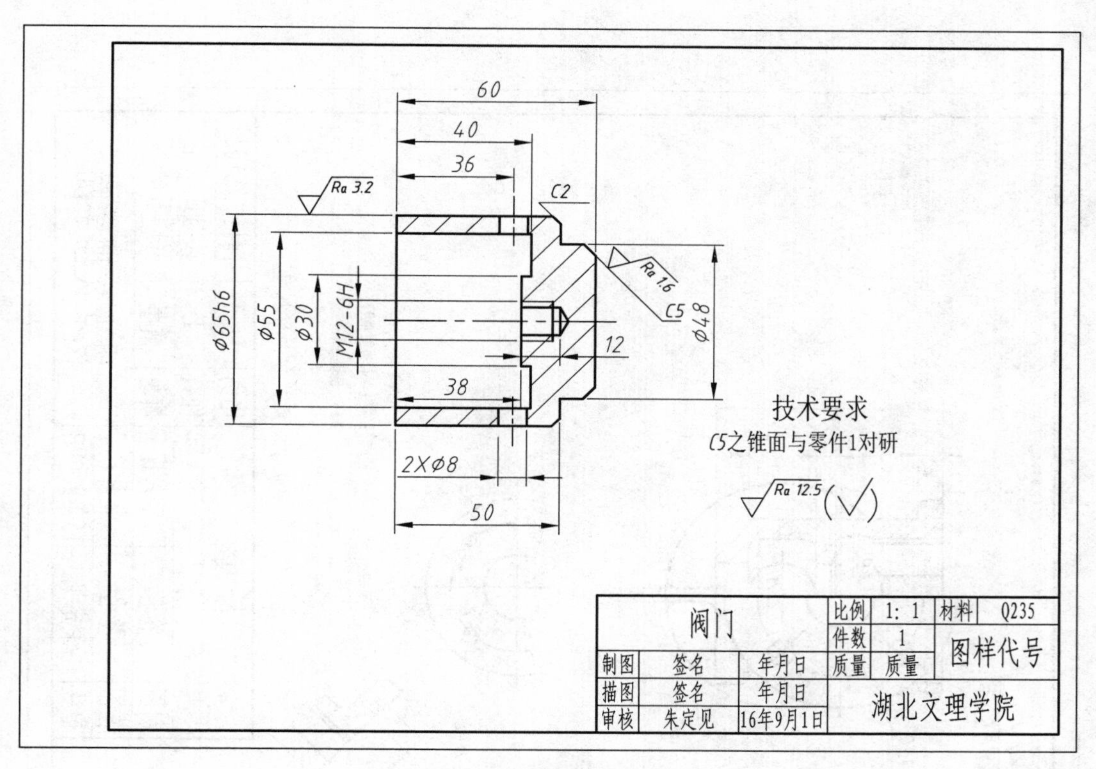

图 9-105 阀门零件图

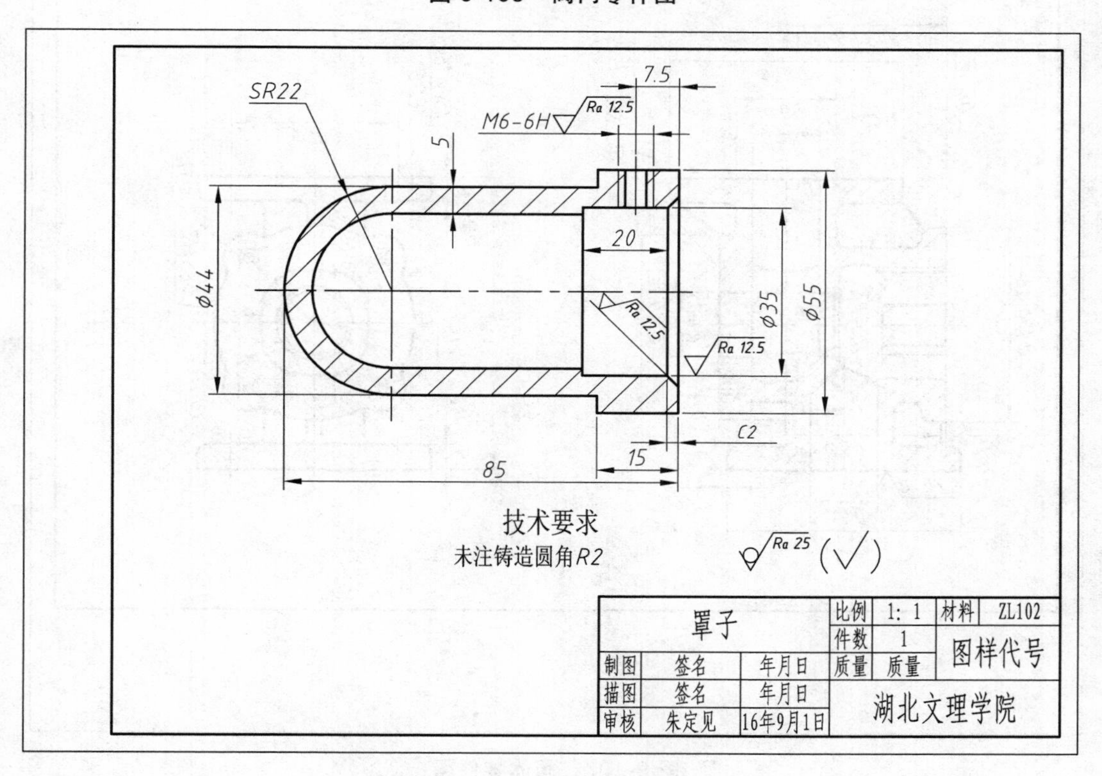

图 9-106 罩子零件图

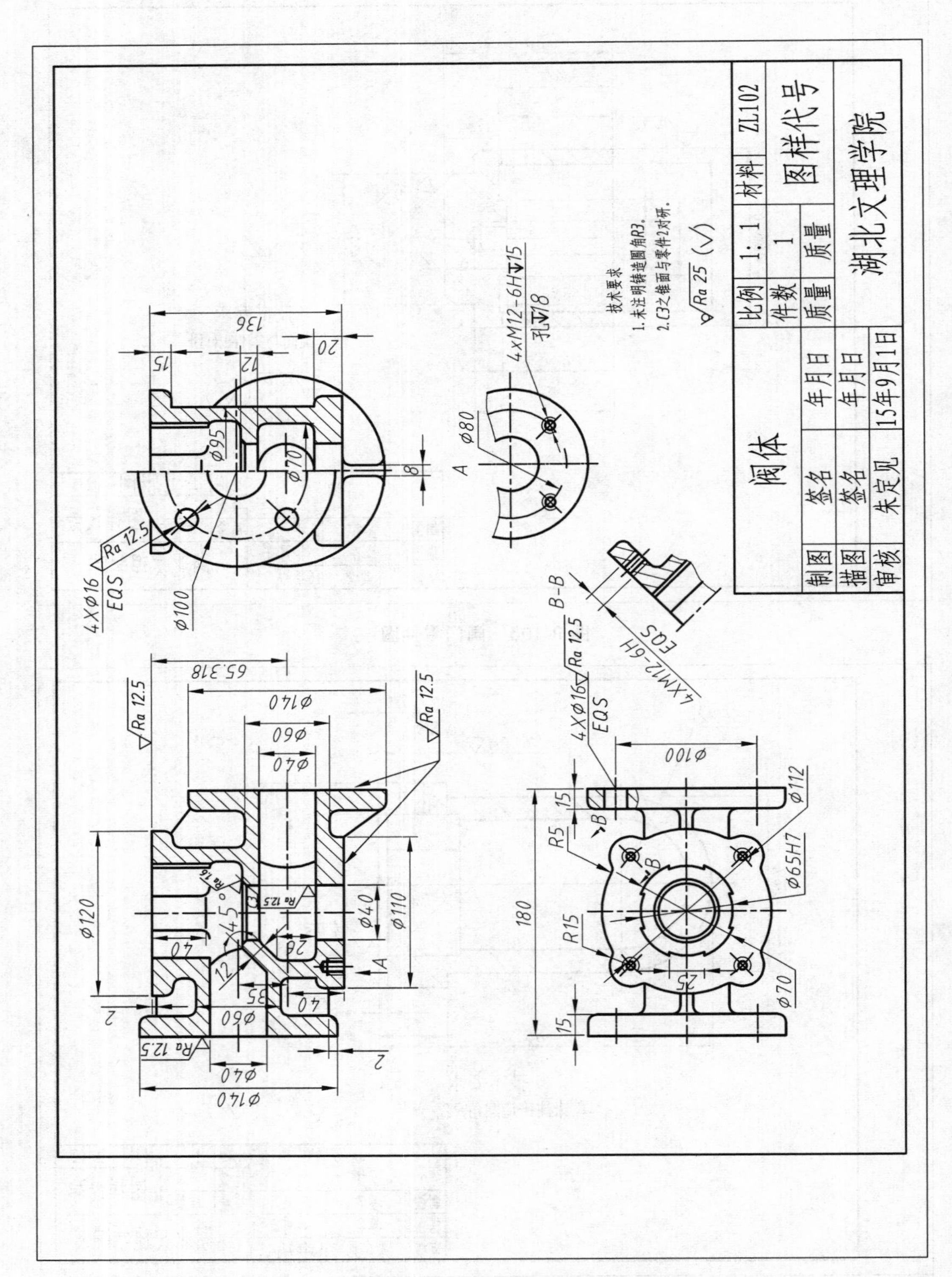

技术要求
1.未注明铸造圆角R3.
2.C3之锥面与零件2对研.
Ra 25 (√)
阀体
比例 1:1
材料 ZL102
件数 1
质量
图样代号
制图 签名 年月日
描图 签名 年月日
审核 朱定见 15年9月1日
湖北文理学院
B-B
4xM12-6H▼15
孔▼18
4xM12-6H
EQS
4XΦ16
Φ140
Φ60
Φ40
Φ120
Φ110
Φ100
Φ112
Φ65H7
Φ70
Φ95
Φ80
65.318
136
180
R5
R15
45°
Ra 12.5
Ra 1.6

图 9-107　阀体零件图

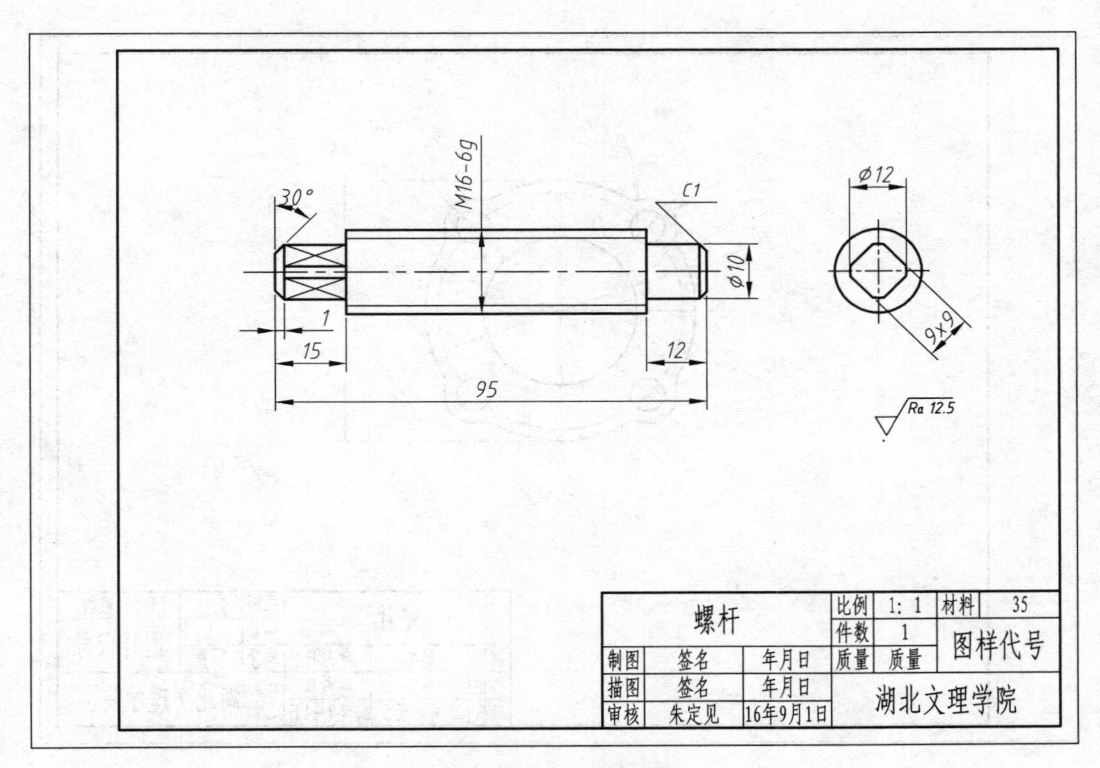

图 9-108 螺杆零件图

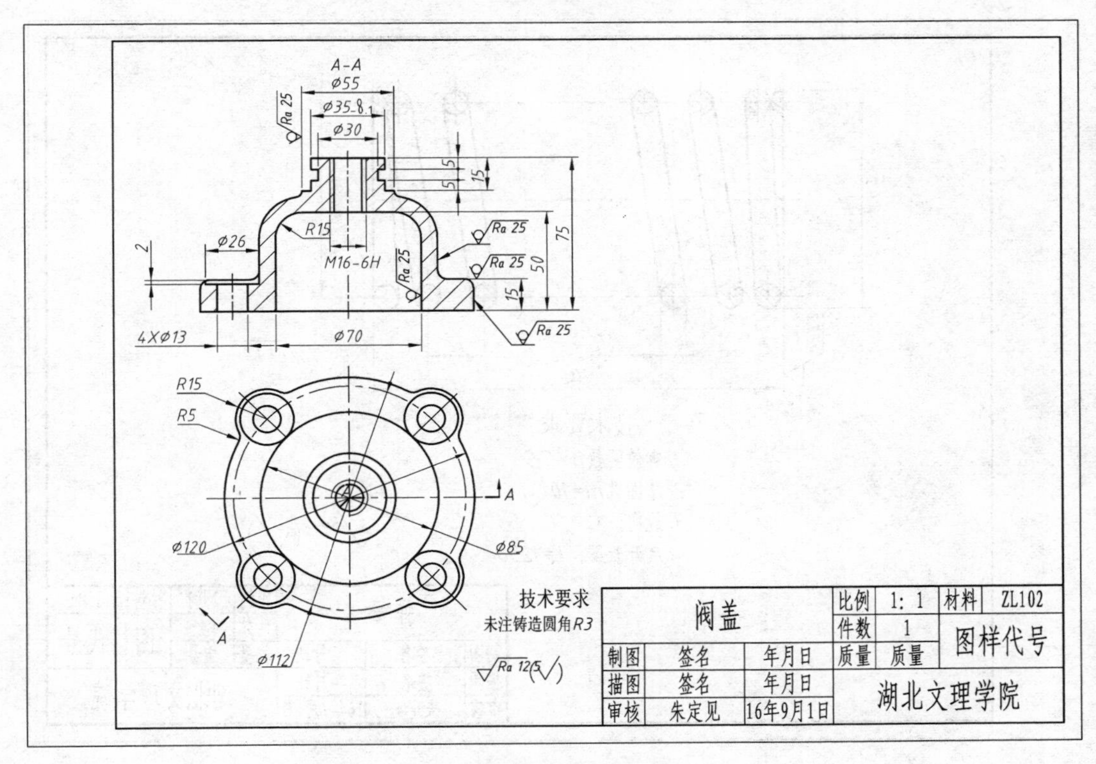

图 9-109 阀盖零件图

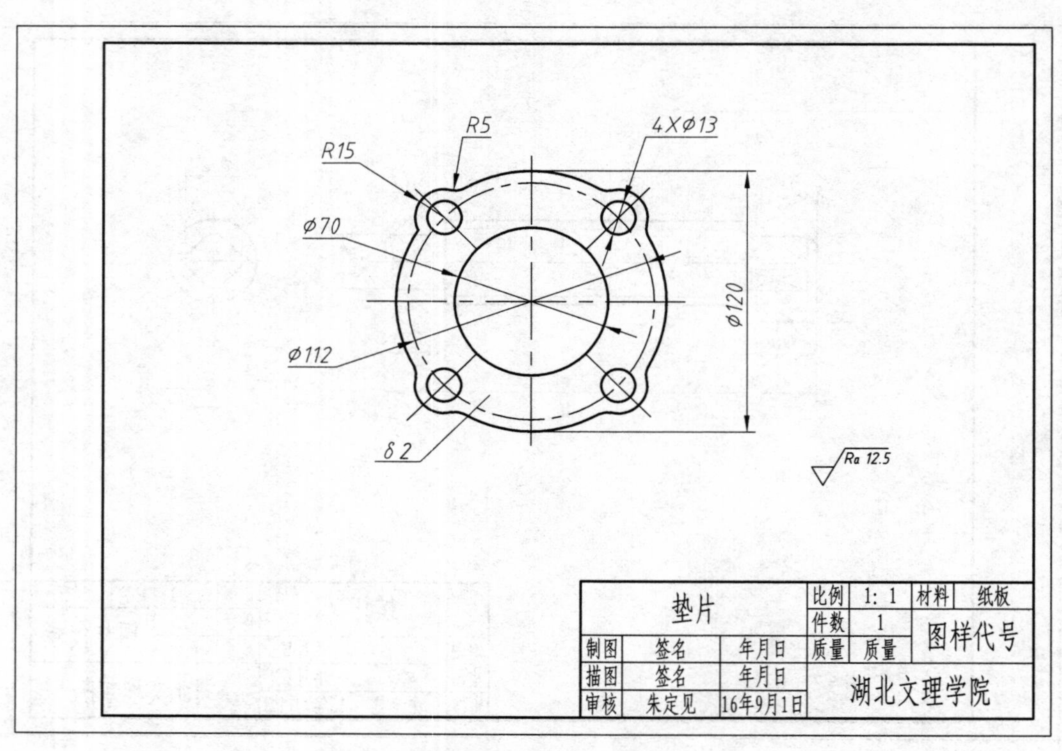

图 9-110　垫片零件图

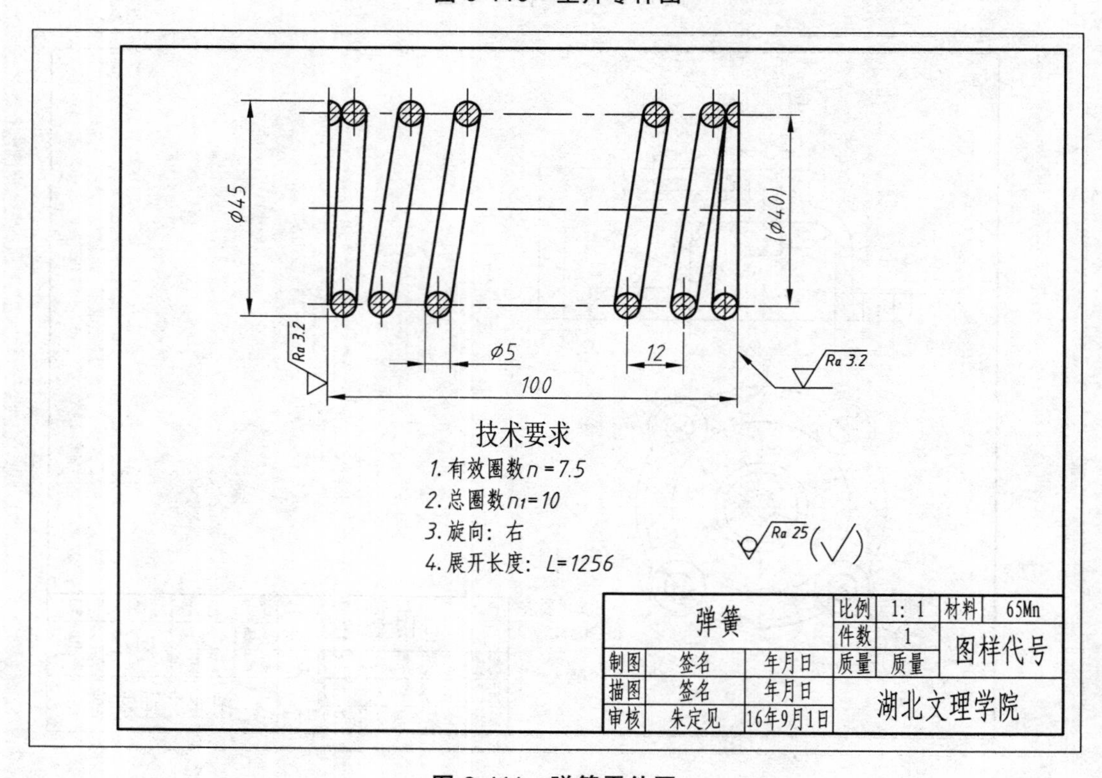

图 9-111　弹簧零件图

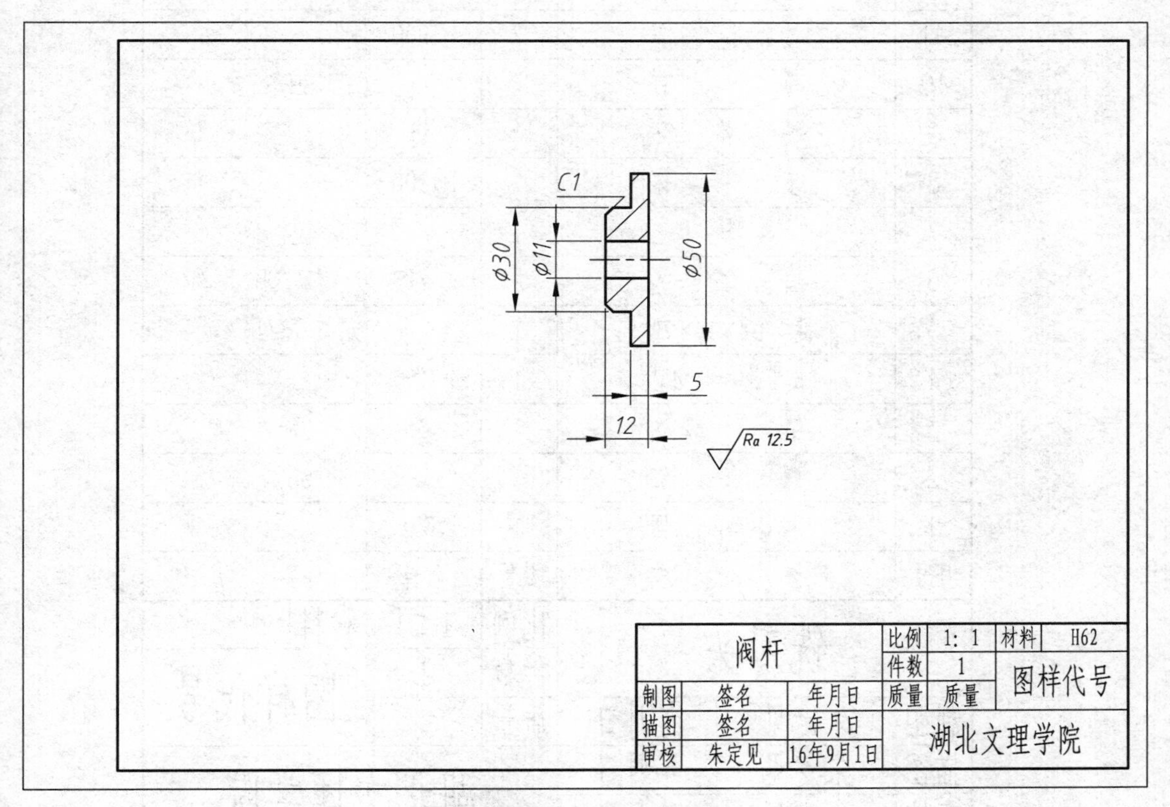

图 9-112　弹簧垫零件图

（2）读懂并根据装配示意图、标题栏和明细栏以及零件图等（见图9-113~9-119），画铣刀头的装配图。要求：布图匀称，图形正确，线型符合国标，标注装配尺寸，编写零件序号，填写标题栏及明细栏。

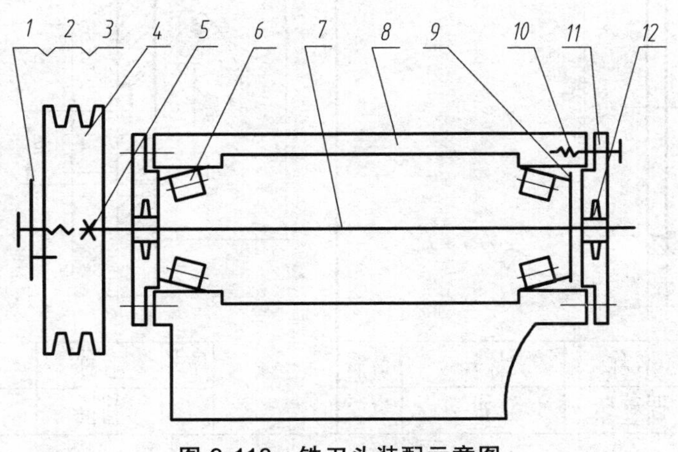

图 9-113　铣刀头装配示意图

序号	名称	数量	材料	备注
12	毡圈	2	羊毛毡	
11	端盖	2	HT200	
10	螺钉	12	35	GB/T 70-M8
9	调整环	1	35	
8	座体	1	HT200	
7	轴	1	45	
6	轴承	2	GCr15	30307GB/T 297
5	键 8×10×20	1	45	GB/T 1096
4	皮带轮 A型	1	HT150	
3	销 3m6×10	1	35	GB/T 119
2	螺钉	1	35	GB/T 68-M6
1	挡圈	1	35	

铣刀头			比例	1:1	材料
			件数	1	图样代号
制图	朱定见	年月日	质量		
描图	朱定见	年月日	湖北文理学院		
审核	朱定见	年月日			

图 9-114 铣刀头装配图的标题栏和明细栏

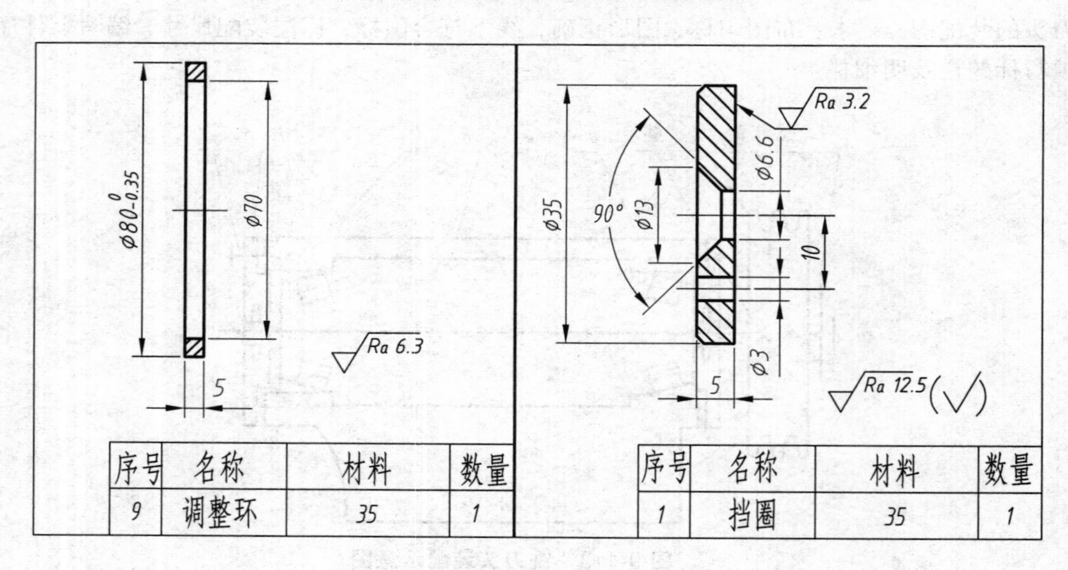

图 9-115 调整环和挡圈零件图

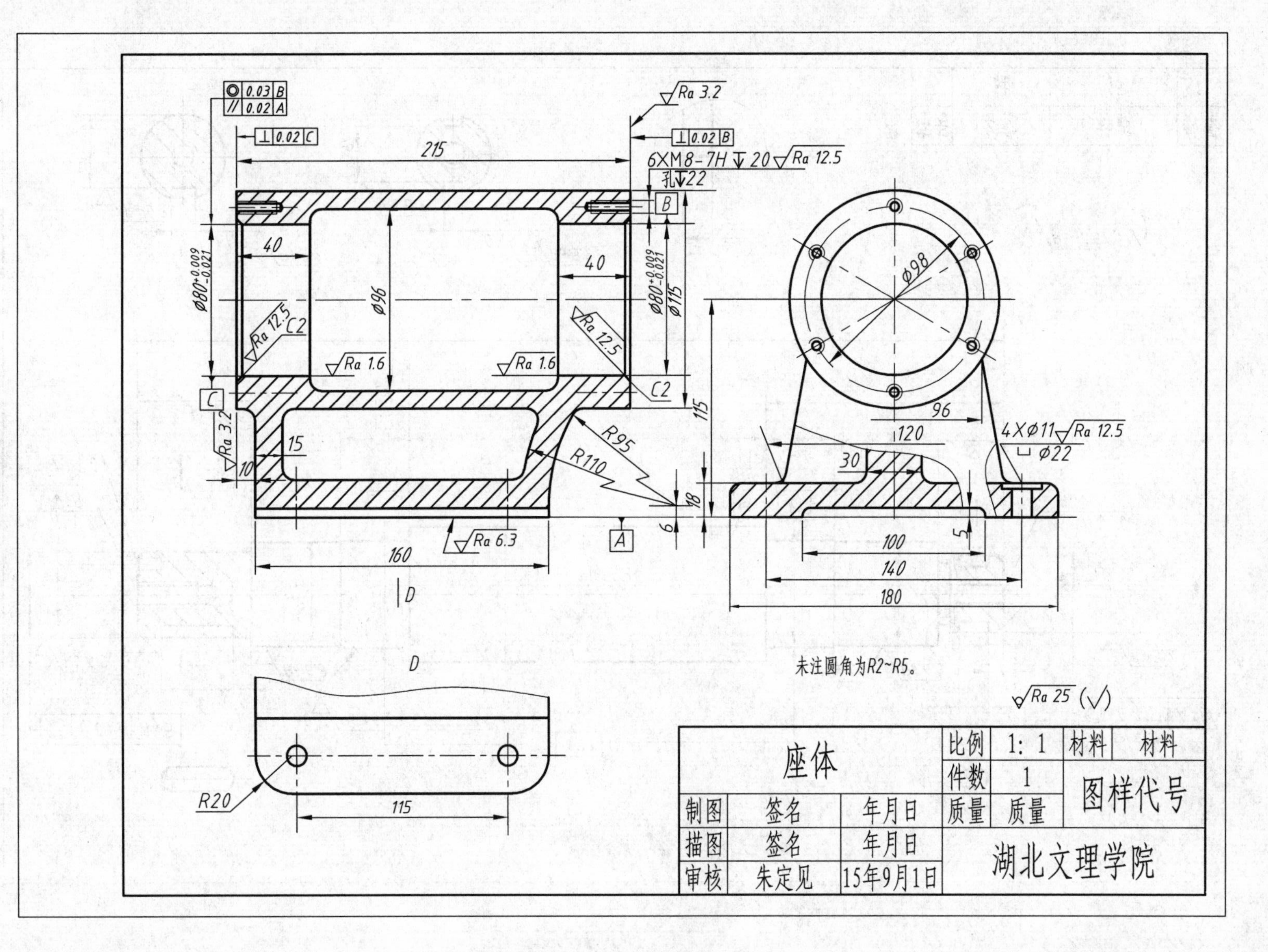
6XM8-7H ↧20 Ra 12.5
孔↧22
4XΦ11 Ra 12.5
⌴Φ22
未注圆角为R2~R5。
Ra 25 (√)
座体
比例 1:1
材料 材料
件数 1
图样代号
制图 签名 年月日
质量 质量
描图 签名 年月日
审核 朱定见 15年9月1日
湖北文理学院

图 9-116 座体零件图

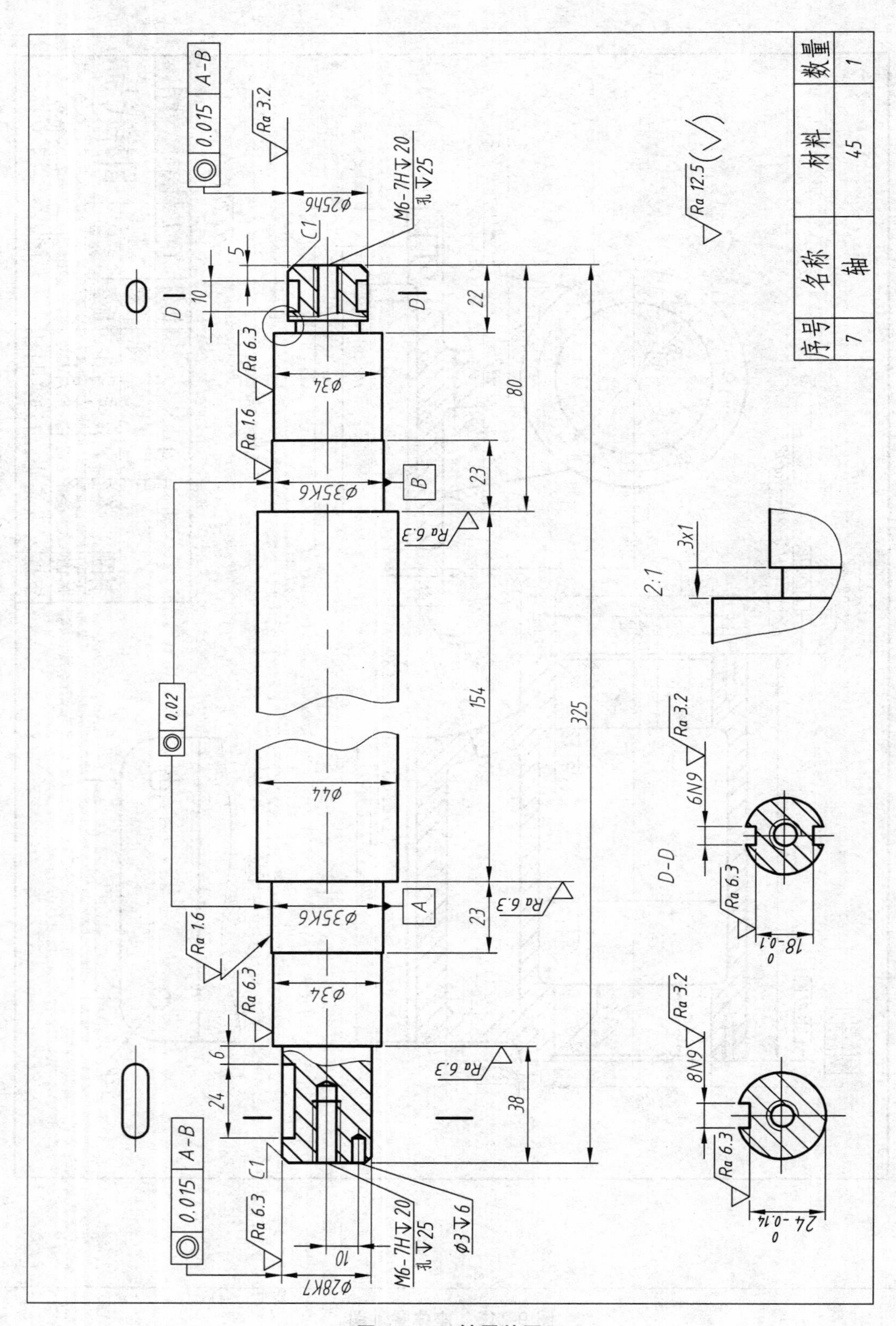

序号
名称
材料
数量
7
轴
45
1
Ra 12.5
0.015
A-B
0.02
Ra 3.2
Ra 6.3
Ra 1.6
Φ25h6
M6-7H▽20
孔▽25
C1
5
10
D
22
Φ34
80
Φ35K6
B
23
154
325
Φ44
A
Φ34
6
24
38
Φ28K7
Φ3▽6
2:1
3x1
D-D
6N9
8N9

图 9-117　轴零件图

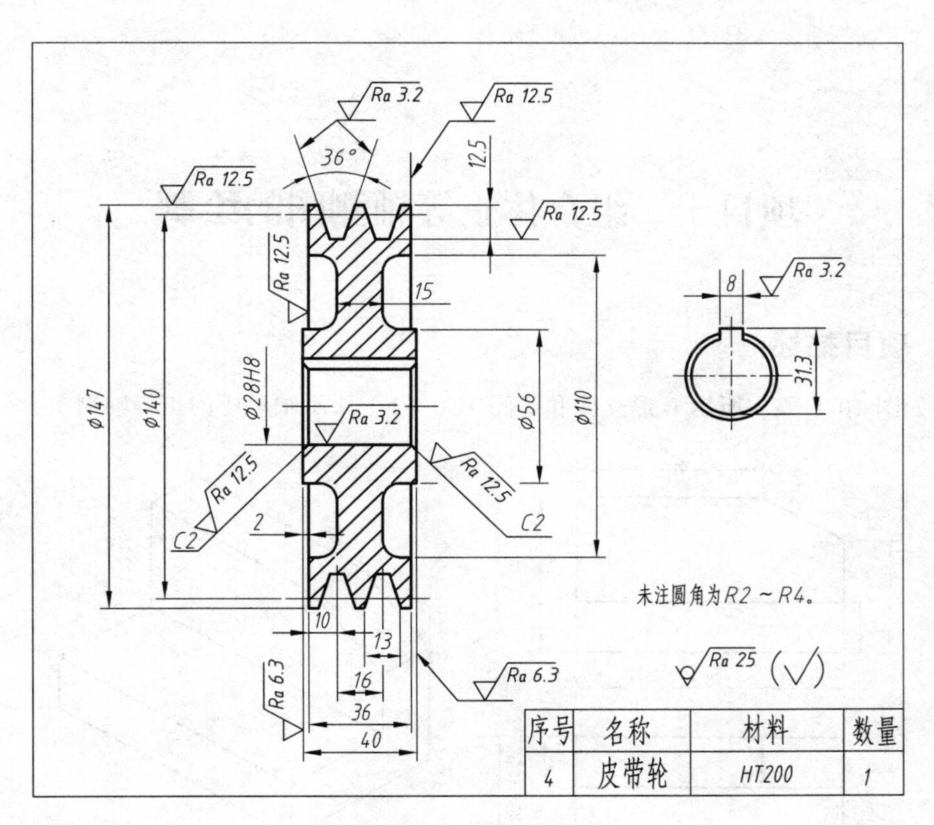

序号	名称	材料	数量
4	皮带轮	HT200	1

图 9-118　皮带轮零件图

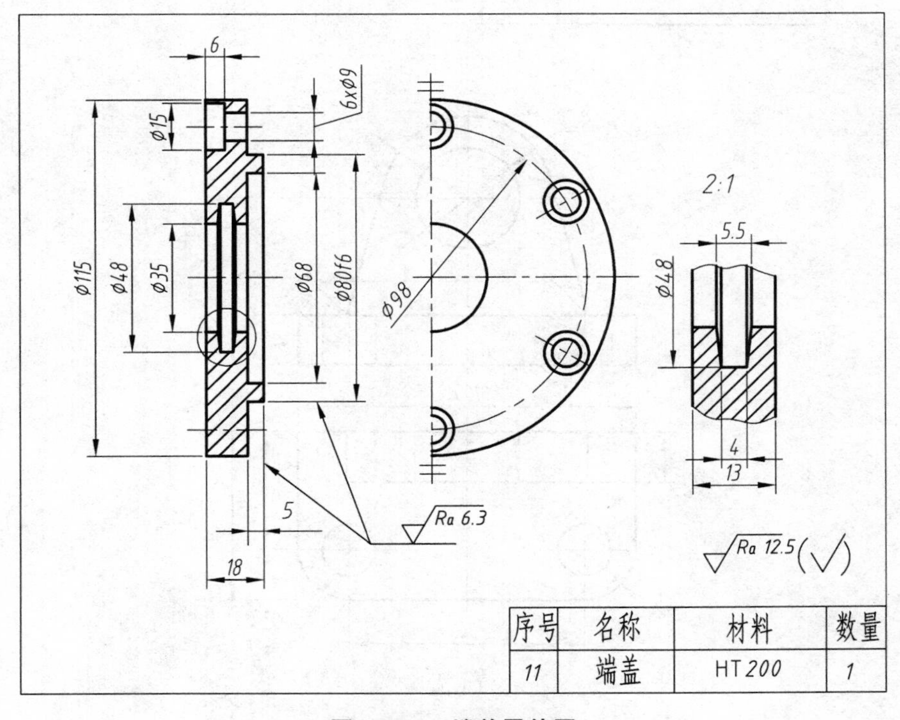

序号	名称	材料	数量
11	端盖	HT200	1

图 9-119　端盖零件图

项目十　组合体正等轴测图的绘制

一、项目描述

绘制如图 10-1（a）所示 L 形立体和如图 10-1（b）所示轴承座的正等轴测图。

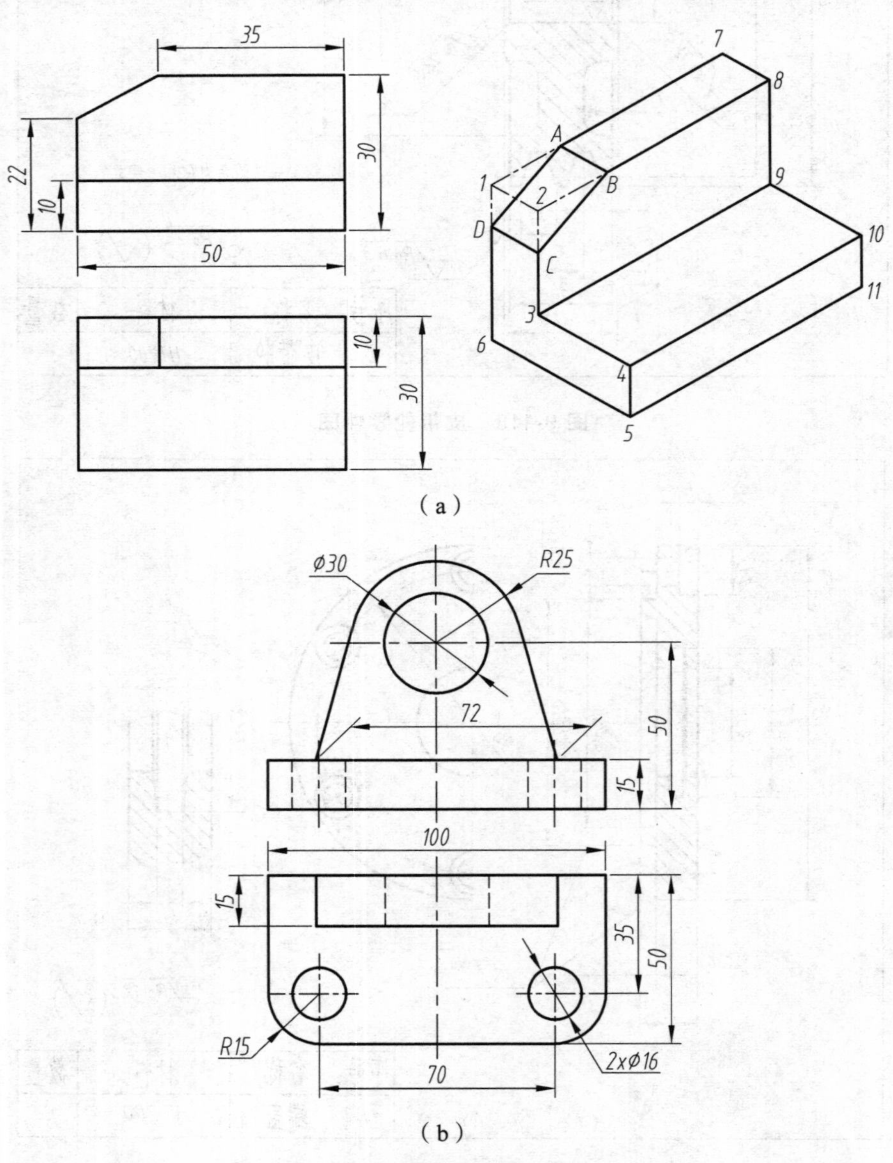

图 10-1　绘制正等轴测图

二、相关知识

（一）轴测图的基本知识

轴测图具有较强的立体感、接近于人们的视觉效果、能准确地表达形体的表面形状和相对位置、具有良好的度量性，在工程领域中应用较为广泛。轴测图是一个三维物体的二维表达方法，它模拟三维对象沿特定视点产生的三维平行投影视图。

1. 轴测投影的形成

用平行投影法将物体连同确定该物体的直角坐标系，一起沿不平行于任一坐标平面的方向投射到一个投影面上，所得到的图形，叫作轴测投影，简称轴测图。

2. 两个基本概念

（1）轴测轴和轴间角。

建立在物体上的坐标轴在投影面上的投影叫作轴测轴，轴测轴间的夹角叫作轴间角。

（2）轴向变形系数（伸缩系数）。

物体上平行于坐标轴的线段在轴测图上的长度与实际长度之比叫作轴向变形系数。p 是 X 轴轴向变形系数；q 是 Y 轴轴向变形系数；r 是 Z 轴轴向变形系数。

3. 轴测投影的一条基本规律

平行性规律：物体上与坐标轴平行的直线，其轴测投影特征平行于相应轴测轴。由此我们可以知道：

（1）空间平行两直线，其投影仍保持平行。

（2）空间平行于某坐标轴的线段，其投影长度等于该坐标轴的轴向伸缩系数与线段长度的乘积。

因此，凡是与坐标轴平行的直线，就可以在轴测图上沿轴向进行度量和作图。

4. 轴测投影的种类

轴测投影分为两大类：正轴测投影和斜轴测投影。正轴测投影是指投射方向垂直于轴测投影面的轴测投影；斜轴测投影是指投射方向倾斜于轴测投影面的轴测投影。它们各自根据轴向变形系数的不同又可分为 3 种。

（1）正（或斜）等轴测图。3 个轴向伸缩系数都相等，即 $p=q=r$。

（2）正（或斜）二轴测图。有两个轴向伸缩系数相等，即 $p=r\neq q$。

（3）正（或斜）三轴测图。3 个轴向伸缩系数都不相等，即 $p\neq r\neq q$。

工程上用得较多的是正等轴测图和斜二轴测图。斜二轴测图一般绘制单面为圆的立体，用极轴可很方便地绘图，在此不再赘述，本项目讲解正等轴测图的绘制方法。

5. 正等轴测图的轴向伸缩系数和轴间角

（1）轴向伸缩系数。

在正轴测投影($p=q=r$)中，无论坐标系与轴测投影面的相对位置如何，而 3 个轴向伸缩系数平方之和总等于 2，则 $p=q=r\approx 0.82$。实际作图常采用简化轴向伸缩系数：$p=q=r=1$。

（2）轴间角。

正等轴测图的轴间角均为 120°，如图 10-2 所示。

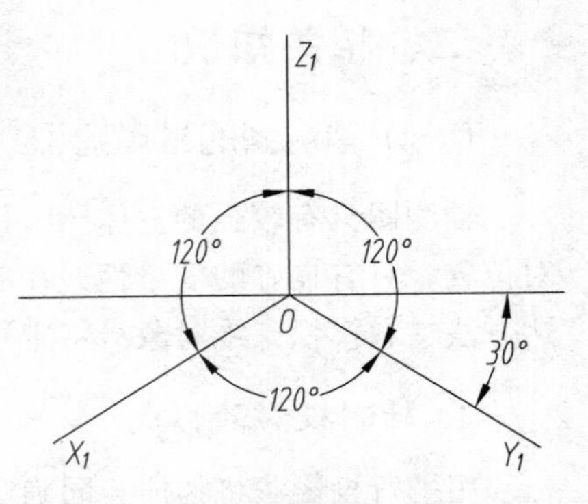

图 10-2　正等轴测图的轴间角

（二）设置正等轴测图的绘图环境

1. 命令调用

绘制正等轴测图需进行环境设置。设置环境的操作方法有以下 4 种：

（1）按钮：单击状态栏上的“等轴测草图”按钮。

（2）菜单：选择【工具】→【绘图设置】菜单命令。

（3）命令：dsettings 或 snap↙。

4）右键：在状态栏的“捕捉模式”按钮处单击鼠标右键，然后选择“设置”。

2. 命令说明

执行命令后，弹出“草图设置”对话框，如图 10-3 所示，在捕捉类型选项区选取“等轴测捕捉”。单击“确定”按钮，打开轴测投影模式，轴测图中十字光标会自动调整到与当前轴测面内轴测轴一致的位置，如图 10-4 所示。单击“F5”键或者按组合键“CTR+E”，使光标在各轴测投影面上转换。

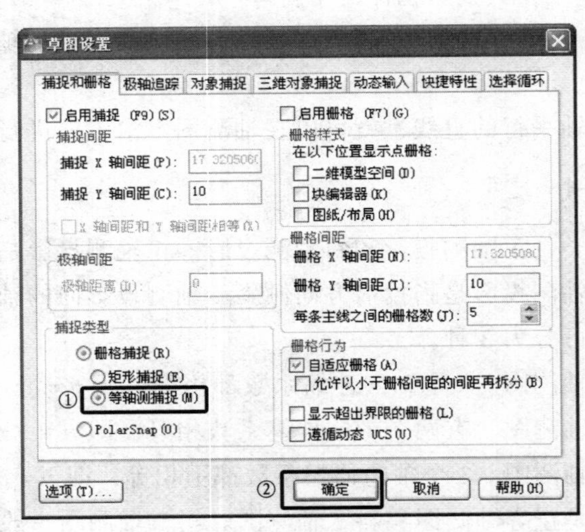

图 10-3　“草图设置”捕捉和栅格选项卡

（1）正等轴测平面和轴测轴。

正等轴测图的三个轴测轴 X_1、Y_1、Z_1 与通用坐标系(WCS)X 轴的夹角分别是 30°、150°和 90°。一个实体的轴测投影只有 3 个可见平面，为了便于绘图，我们将这 3 个面作为进行画线、找点等绘图操作的基准平面，并称它们为轴测平面。根据其位置的不同，分别将平行于 Y_1OZ_1、X_1OZ_1、X_1OY_1 平面的平面称为左(Left)、右(Light)和顶部(Top)正等轴测平面，如图 10-4 所示。当激活轴测模式之后，就可以分别在这 3 个面间进行切换。选择 3 个等轴测平面之一，左下角的十字光标就会沿相应的等轴测轴对齐。这时如果“正交模式”是打开的，所绘图线也将与所选择的模拟平面对齐。

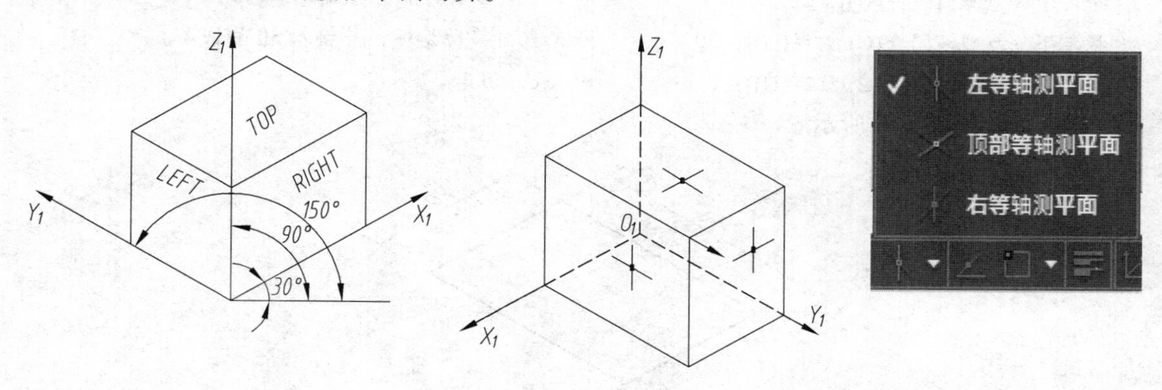

（a）正等轴测平面与轴测轴　（b）光标与正等轴测平面的对应关系　（c）状态栏打开和变换正等轴测平面

图 10-4　轴测投影模式

（2）正等轴测平面的光标显示与所包含的坐标。

左等轴测平面：光标显示 Y 轴和 Z 轴；包含坐标（y，z），类似于左视图。

顶部等轴测平面：光标显示 X 轴和 Y 轴，包含坐标（x，y），类似于俯视图。

右等轴测平面：光标显示 Z 轴和 X 轴，包含坐标（x，z），类似于主视图。

（三）正等轴测图的绘制方法

1. 绘制直线

在轴测投影模式下画直线常用以下 3 种方法：

（1）坐标式：通过输入点的极坐标来绘制线段。输入坐标点画直线的具体画法如下：

① 与 X 轴平行的线，极坐标角度应输入 30°，如@50<30。

② 与 Y 轴平行的线，极坐标角度应输入 150°，如@50<150。

③ 与 Z 轴平行的线，极坐标角度应输入 90°，如@50<90。

④ 所有不与轴测轴平行的线，则必须先找出直线上的两个点，然后连线。

（2）正交模式：所绘线段自动与当前投影面上轴测轴方向一致。

（3）极轴追踪：设定极轴追踪的角度增量为 30°，打开极轴追踪、对象捕捉、自动追踪功能，这样就能很方便地画出 30°及其倍数角的线条。

实例操作与演示：在“Top”（顶部）平面内，绘制在 Y_1 方向距离等于 8 的两条平行线。

将“粗实线”层置为当前图层，将光标选择到“顶部等轴测平面”。

① 绘制边长为 30×20 的矩形。

命令：_line　　启动直线命令。

指定第一个点：　　点取第一点。

指定下一点或 [放弃(U)]：<正交 开>30　　打开“正交”，沿 X 方向移动光标，并输入 30 后回车。

指定下一点或 [放弃(U)]：20　　沿 Y 方向移动光标，并输入 20 后回车。

指定下一点或 [闭合(C)/放弃(U)]：30　　沿 X 方向移动光标，并输入 30 后回车。

指定下一点或 [闭合(C)/放弃(U)]：c　　输入 c，回车。

绘制结果如图 10-5 所示。

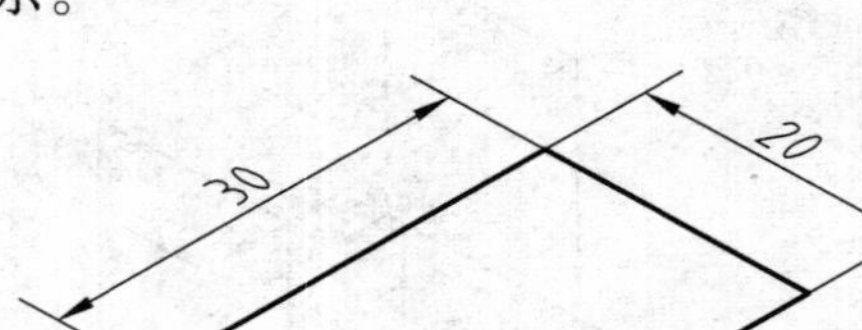

图 10-5　绘制矩形

② 复制矩形。

命令：_copy　　启动命令。

选择对象： <正交 关> 指定对角点：找到 6 个　　选择矩形。

选择对象：　　确定。

当前设置： 复制模式 = 多个

指定基点或 [位移(D)/模式(O)] <位移>：　　点取基点。

关闭正交功能，水平拖移即可。

③ 绘制矩形的中心线。

命令：_offset　　启动偏移命令。

当前设置：删除源=否　图层=源　OFFSETGAPTYPE=0

指定偏移距离或 [通过(T)/删除(E)/图层(L)] <8.0000>： 10　　输入偏移距离。

选择要偏移的对象，或 [退出(E)/放弃(U)] <退出>：　　选择长为 30 的直线。

指定要偏移的那一侧上的点，或 [退出(E)/多个(M)/放弃(U)] <退出>：

点击矩形的中心。

绘制结果如图 10-6（a）所示。

命令：_copy　　启动复制命令。

选择对象：找到 1 个　　选择长为 30 的直线。

选择对象：　　确定。

当前设置： 复制模式 = 多个

指定基点或 [位移(D)/模式(O)] <位移>：　　选择长为 30 的直线的端点。

指定第二个点或 [阵列(A)] <使用第一个点作为位移>： <正交 开>

选择长为 20 的直线的中点。

指定第二个点或 [阵列(A)/退出(E)/放弃(U)] <退出>:　　　　　确定。

绘制结果如图 10-6（b）所示。

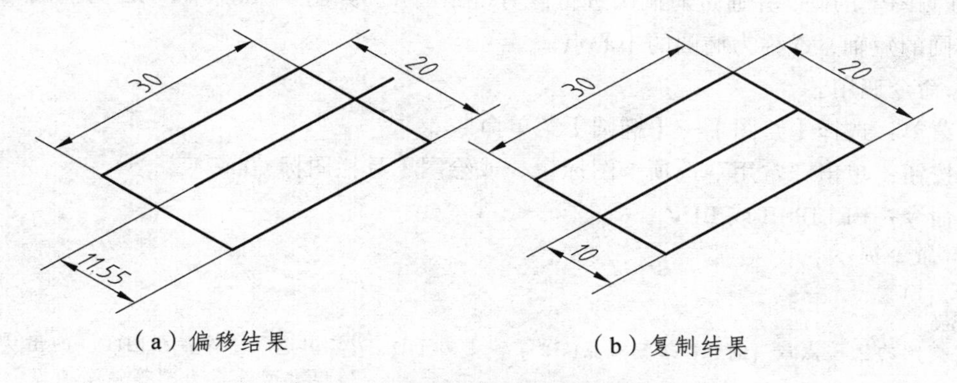

（a）偏移结果　　　　（b）复制结果

图 10-6　偏移和复制得到的中心线

从上可以看出，偏移得不到中心线，复制后的效果才是我们想要的。

经验提示：二维轴测图中的偏移和镜像命令是不可用的，需要用复制（CO）命令来达到偏移或者镜像的效果。

实例操作与演示：绘制一个长×宽×高=20×10×30 的一个长方体。

具体操作步骤如下：

（1）在顶部视图中，选择粗实线图层，打开正交模式，激活直线命令，绘制长 20、宽 10 的长方形，如图 10-7（a）所示。

（2）切换到左视图中，激活复制命令，打开正交功能，选中绘制好的长方形，指定基点，将图形向上复制 30 个单位，如图 10-7（b）所示。

（3）激活直线命令，将长方形的 4 个角点依次连接，就得到了所需的长方体，如图 10-7（c）所示。

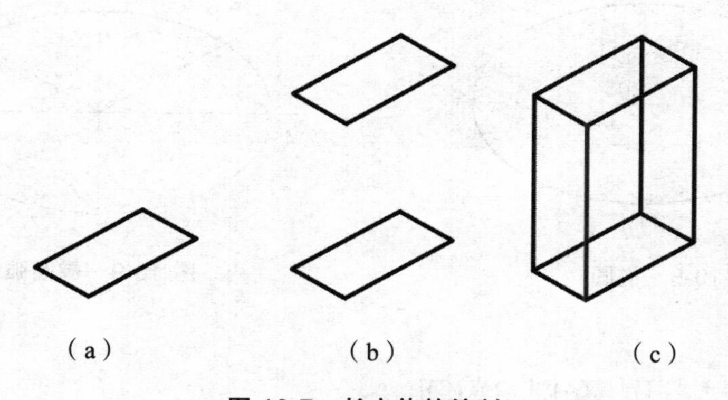

（a）　　　　（b）　　　　（c）

图 10-7　长方体的绘制

经验提示：在二维轴测图中，绘制长方形不能直接调用（REC）快捷命令，而需要使用正交或者相对坐标来绘制指定的长方形。然后将绘制好的长方形进行复制，从而绘制一个长方体。

2. 绘制圆和圆弧

在轴测图中，正交视图中平行于投影面的圆投影后变成椭圆，所以要用绘制椭圆的命令来完成轴测图上的圆，并通过对椭圆进行修剪得到圆弧。如图 10-8 所示，AB 为椭圆的长轴，CD 为椭圆的短轴，O 称为椭圆的中心点。

（1）命令调用。

① 菜单：选择【绘图】→【椭圆】菜单命令。

② 按钮：单击“常用”选项卡图标或绘图工具栏图标或。

③ 命令：ELLIPSE 或 EL↙。

（2）命令提示。

命令：El

Ellipse

指定椭圆的轴端点或 [圆弧(A)/中心点(C)/等轴测圆(I)]： //其中选项“等轴测圆(I)”的出现，需将捕捉类型设置为“等轴测捕捉”。

（3）命令说明。

① 指定椭圆的轴端点：这种是轴端点法绘制椭圆，确定 A、B、C、D4 个点中的 3 个点绘制椭圆。

命令：ellipse

指定椭圆的轴端点或 [圆弧(A)/中心点(C)]：A 点

指定轴的另一个端点：B 点

指定另一条半轴长度或 [旋转(R)]：C 点

旋转(R)：表示设置圆旋转一定的角度在平面上的投影椭圆。

② 中心点(C)：这是用中心点加两个轴端点绘制椭圆的方法，即确定中心点 O 点、长轴端点中的一点、短轴端点中的一点来绘制椭圆。

③ 圆弧(A)：绘制椭圆弧，如图 10-9 所示，绘制椭圆后，再绘制椭圆弧。

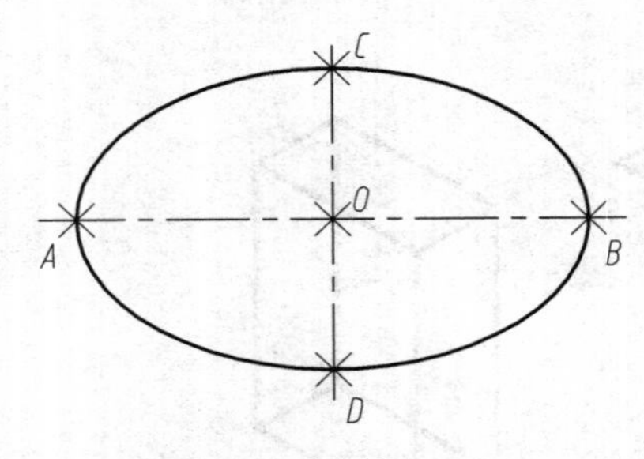

图 10-8 椭圆

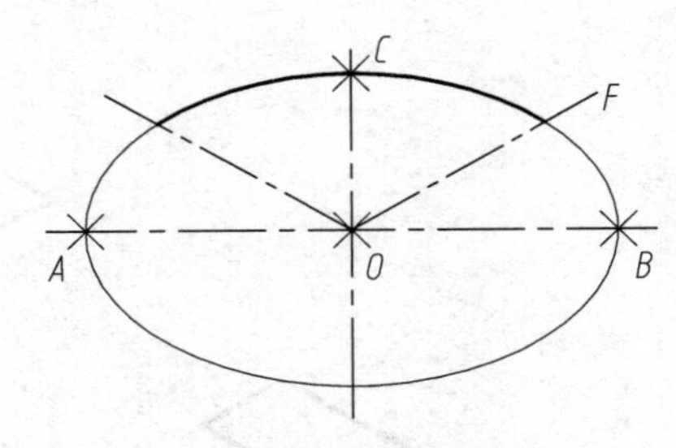

图 10-9 椭圆弧

命令：ELLIPSE

指定椭圆的轴端点或 [圆弧(A)/中心点(C)]：A

指定椭圆弧的轴端点或[中心点(C)]：C

指定椭圆弧的中心点：O 点

指定轴的另一个端点：A 点

指定另一条半轴长度或 [旋转(R)]：C 点

指定起始角度或 [参数(P)]：在 OF 上指定一点

指定终止角度或 [参数(P)/包含角度(I)]：-30

椭圆的极轴 0°是沿椭圆中心至起始点的方向，如图 10-9 所示的椭圆弧起始角为 210°。

④ 等轴测圆（I）：绘制圆的正等测图。“等轴测圆”选项仅在对象捕捉样式设置为等轴测捕捉时才可用。

命令：ellipse

指定椭圆轴的端点或 [圆弧(A)/中心点(C)/等轴测圆(I)]：i

指定等轴测圆的圆心：

指定等轴测圆的半径或 [直径(D)]：

实例操作与演示：绘制一个半径为 10、高为 30 的圆柱体。

操作步骤如下：

（1）绘制椭圆。将“粗实线”层置为当前图层，在顶部等轴测平面内，先激活椭圆命令，然后选择“等轴测圆（I）”，再指定圆心，最后指定半径。命令流如下：

命令：_ellipse

指定椭圆轴的端点或 [圆弧(A)/中心点(C)/等轴测圆(I)]：i

指定等轴测圆的圆心：

指定等轴测圆的半径或 [直径(D)]：10

绘图结果，如图 10-10（a）所示。

（2）复制椭圆。切换到左视图，打开正交功能，将绘制好的圆向上复制 30 个单位。命令流如下：

命令：_copy

选择对象：找到 1 个

选择对象：

当前设置：复制模式 = 多个

指定基点或 [位移(D)/模式(O)] <位移>：

指定第二个点或 [阵列(A)] <使用第一个点作为位移>：30

指定第二个点或 [阵列(A)/退出(E)/放弃(U)] <退出>：

绘图结果，如图 10-10（b）所示。

（3）绘制转向轮廓线。通过连接圆的象限点来绘制转向轮廓线。如图 10-10（c）所示。

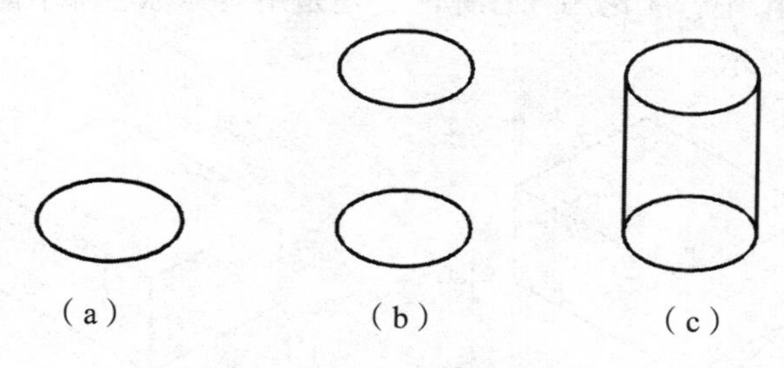

图 10-10　绘制圆柱体

经验提示：（1）在二维轴测图中，只能使用椭圆命令下的等轴测圆（I）来绘制指定的圆形。然后再将圆形复制，从而得到圆柱体。

（2）绘制正等轴测图，可将“极轴追踪”功能打开，而且将增量角设为30°；绘制斜视图，可按斜视图倾斜的角度设置。在作图过程中应注意使用作图技巧、对象捕捉、自动追踪及图形显示的各种操作。

（3）应该尽量在正交模式下绘制图形，以保证图形的精确性。

（4）在正交模式打开的情况下，偏移和镜像不能直接使用，矩形、圆和圆弧的命令也不能直接使用。

（5）在绘制轴测图结束后，记得要将光标的捕捉类型还原回“矩形捕捉”。

（6）在连接圆的象限点时，当激活直线命令后，按住“Ctrl”（或者“Shift”）键，同时单击鼠标右键，会出现如图10-11所示的对话框，用户可以快速选择需要捕捉的点。

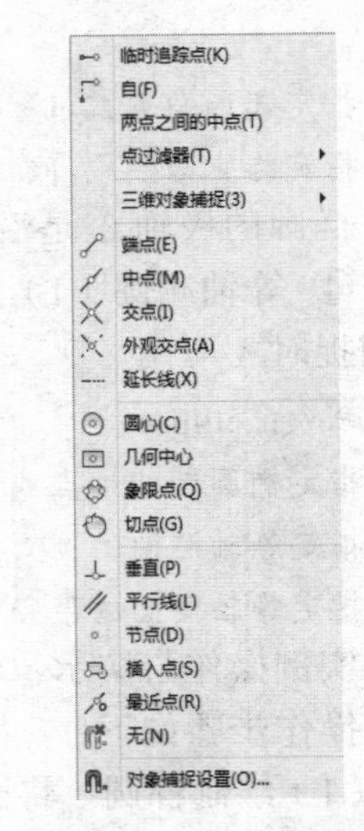

图10-11 快速选择需要捕捉的点的快捷菜单

（四）正等轴测图的尺寸标注

1. 轴测图尺寸标注的一般规定

（1）标注线段的尺寸一般应沿轴测轴方向进行。尺寸线必须和所标注的线段平行；尺寸界线一般应平行于某一轴测轴；尺寸数字应标注在尺寸线上方。

（2）标注角度时，尺寸线应画成与轴测平面相应的椭圆弧，角度数字字头向上，并平行于轴测轴。

（3）标注圆的直径时，尺寸线和尺寸界线应分别平行于圆所在平面内的轴测轴。

（4）标注圆弧半径或较小圆的直径时，尺寸线可从（或通过）圆心引出标注，但标注尺寸数字的横线必须平行于轴测轴。

2. 正等轴测图中正确标注尺寸的原则

正等轴测图中正确标注尺寸的原则如下：

（1）尺寸数字的方向与尺寸界线的方向一致。

（2）尺寸数字与尺寸线、尺寸界线在一个平面内。

因此，在正等轴测图中，无论用线性标注，还是用对齐标注都不能得到符合上述原则的正确结果，如图10-12所示。

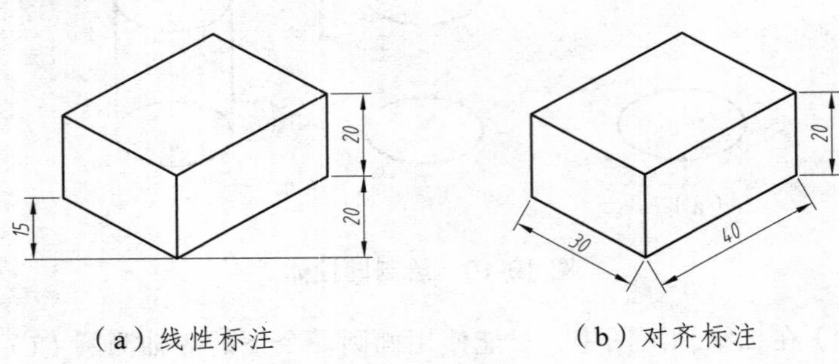

（a）线性标注　　（b）对齐标注

图10-12 轴测图中不正确的尺寸标注

3. 正等轴测图中正确的尺寸标注

（1）正等轴测图中正确的标注长、宽、高的图例如表 10-1 所示。

表 10-1　正等轴测图正确的标注长、宽、高的要求及图例

标注	尺寸界线倾斜角度：标注样式	尺寸数字倾斜角度	效　果
长度	倾斜 −30°	−30°	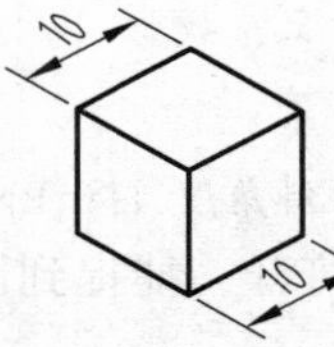
	倾斜 30°	90°	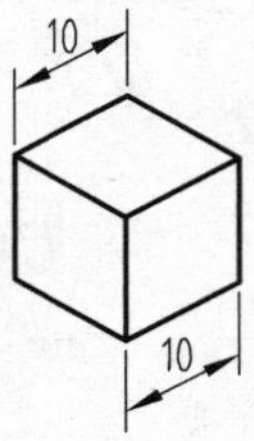
宽度	倾斜 −30°	90°	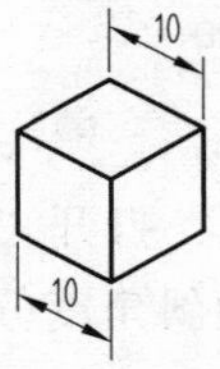
	倾斜 30°	30°	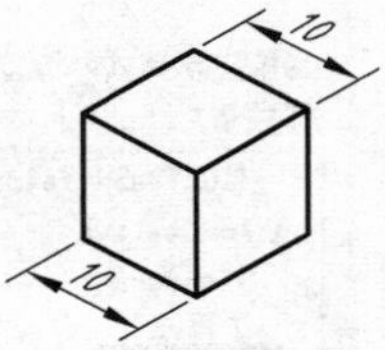
高度	倾斜 30°	−30°	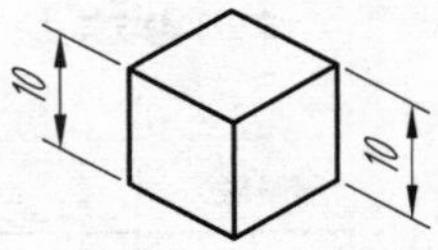
	倾斜 −30°	30°	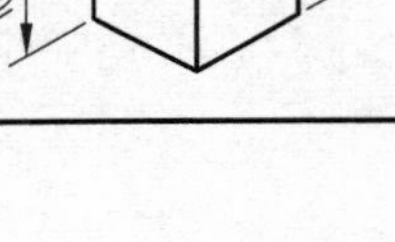

（2）正确标注长、宽、高尺寸的方法。

步骤一：启动“标注”/“倾斜”菜单命令，选中 40 的尺寸，捕捉长方体的端点为基点，给出倾斜的方向。确定后，尺寸界线发生了倾斜，符合了标注要求，但尺寸数字还是不正确；还应该把尺寸数字旋转 – 30°，如图 10-13 所示。命令流如下：

命令：_dimedit

输入标注编辑类型 [默认(H)/新建(N)/旋转(R)/倾斜(O)] <默认>：_o　　启动命令。

选择对象：找到 1 个　　选择尺寸。

选择对象：　　确定。

输入倾斜角度 (按 ENTER 表示无)： 指定第二点： <正交 开>

正交打开，捕捉到图 10-13 所示位置，点击鼠标左键。

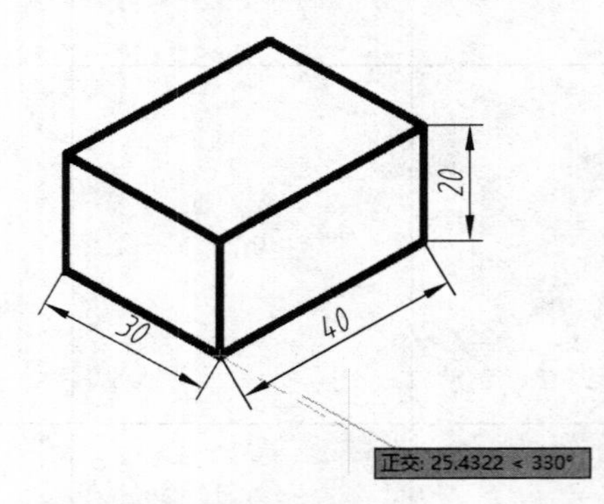

图 10-13　顶部等轴测平面内长度尺寸应该倾斜的角度

步骤二：打开“文字样式”，新建两个新样式，样式分别命名为“文字 30 度”和“文字 -30 度”，倾斜角度分别是 30°和 – 30°，具体设置如图 10-14 和图 10-15 所示。

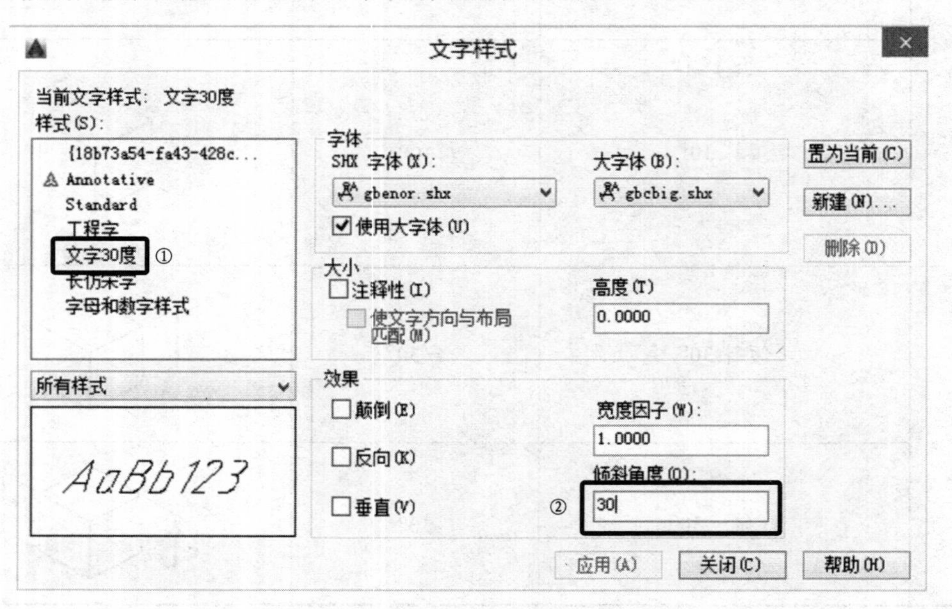

图 10-14　“文字 30 度”文字样式设置

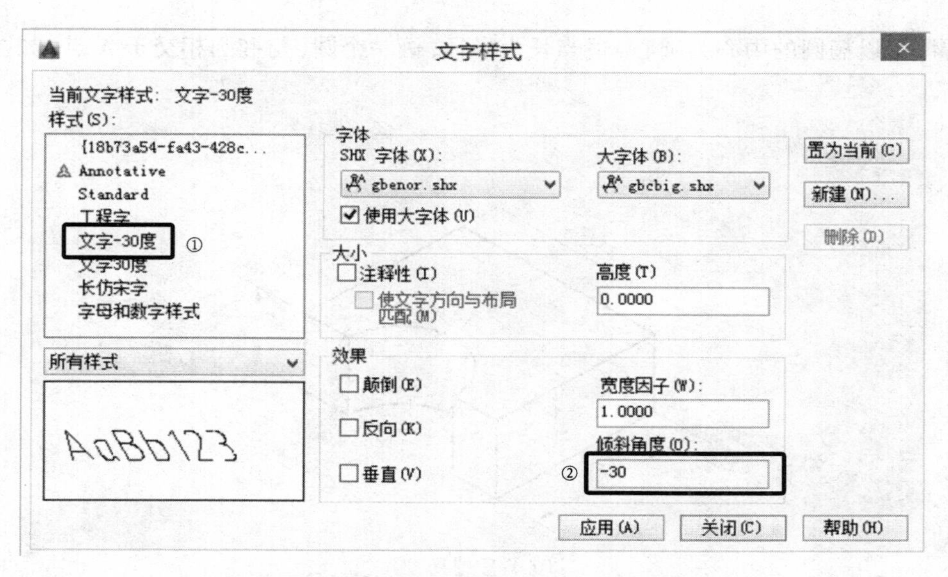

图 10-15 “文字-30 度”文字样式设置

步骤三：选中 40 尺寸，将其置于“文字-30 度”的文字样式中，立刻得到正确的标注，如图 10-16 所示。

步骤四：同样使用“标注”/“倾斜”菜单命令后，给出尺寸界线倾斜的方向。再给出文字的倾斜角度，就可以得到另外 5 种正确的尺寸标注，如图 10-17 所示。

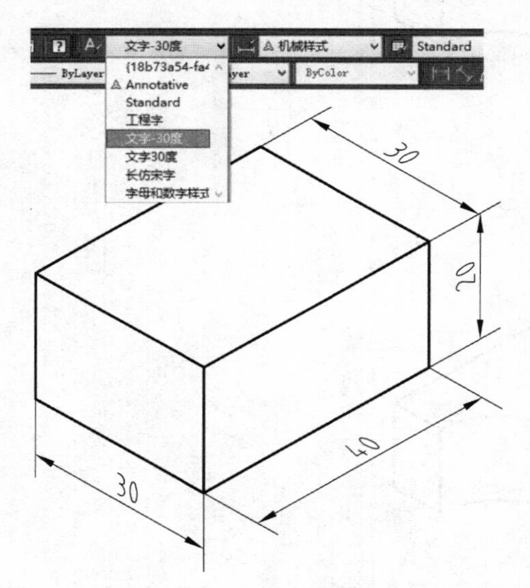

图 10-16 执行文字-30 度后的结果

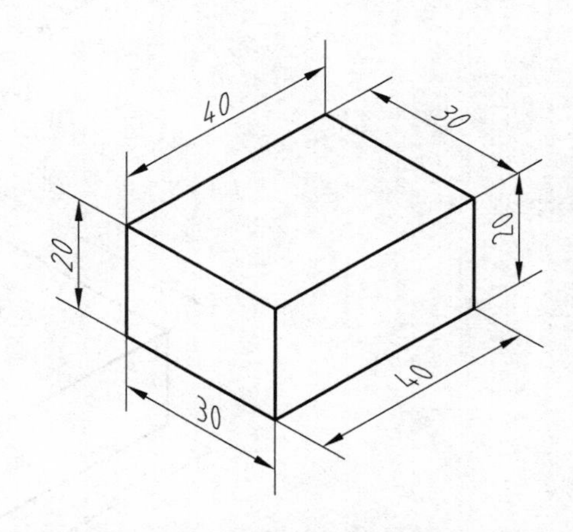

图 10-17 长方体长、宽、高的正确标注

经验提示：上述原始尺寸标注均采用对齐标注。

（3）正确标注圆的尺寸。

由于圆的轴测图为椭圆，所以其尺寸不能直接标注，只能采取以下方法：

步骤一：以椭圆的中心为圆心，适当长为半径，画一个圆，与椭圆相交于 A 点，如图 10-18（a）所示。

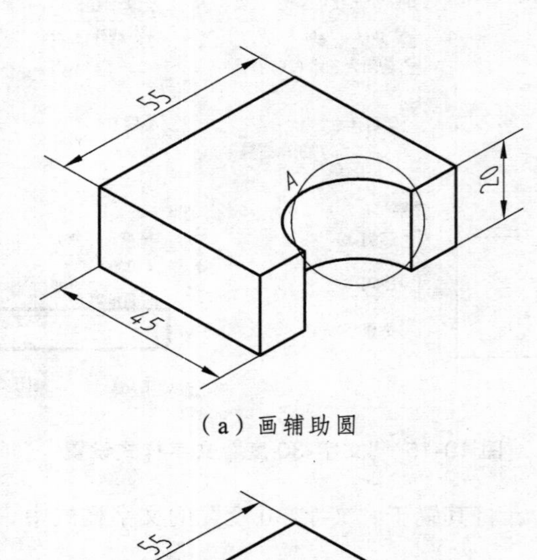

（a）画辅助圆

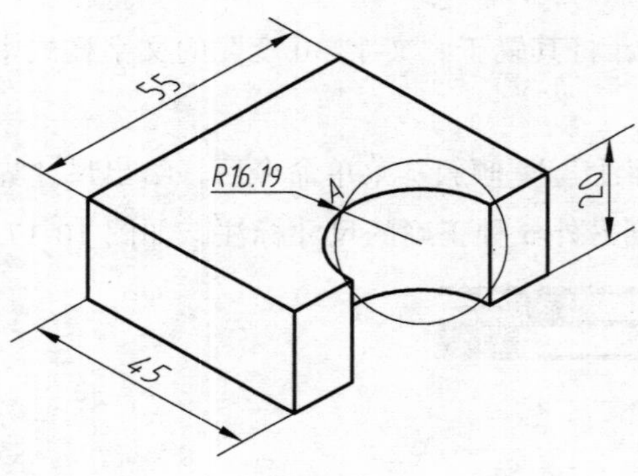

（b）标注半径

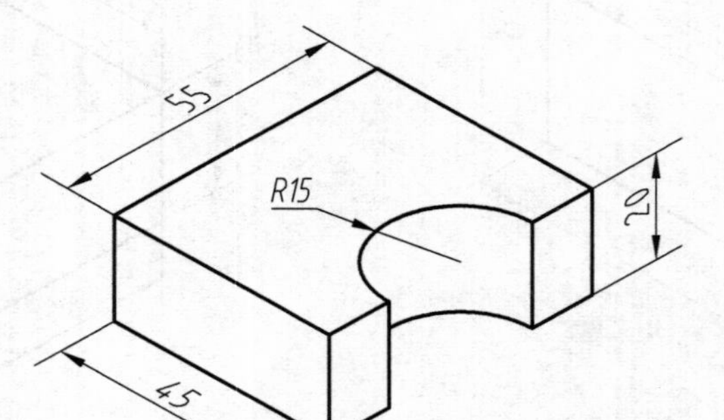

（c）修改半径的数值

图 10-18　标注圆的尺寸

步骤二：标注圆的半径，箭头尽量靠近 A 点。注意，此时半径的数值是不对的，如图 10-18

（b）所示。

步骤三：用“ED”命令修改错误的半径值 *R*16.19，改为正确的半径值 *R*15，并删除标记 A 和辅助圆，得到正确的标注，如图 10-18（c）所示。

（五）正等轴测图的文字注写

为了使某个轴测面中的文本看起来像是在该轴测面内，必须根据各轴测面的位置特点将文字倾斜某个角度值，以使它们的外观与轴测图协调起来，否则立体感不强。

1. 文字倾斜角度设置

选择【格式】→【文字样式】→【倾斜角度】→【应用】→【关闭】。

经验提示：最好的办法是新建两个倾斜角分别为 30°和 – 30°的文字样式。

2. 在轴测面上各文本的倾斜规律

（1）在左轴测面上，文本需采用 – 30°倾斜角，同时旋转 – 30°角。

（2）在右轴测面上，文本需采用 30°倾斜角，同时旋转 30°角。

（3）在顶轴测面上，平行于 *X* 轴时，文本需采用 – 30°倾斜角，旋转角为 30°；平行于 *Y* 轴时需采用 30°倾斜角，旋转角为 – 30°，如图 10-19 所示。

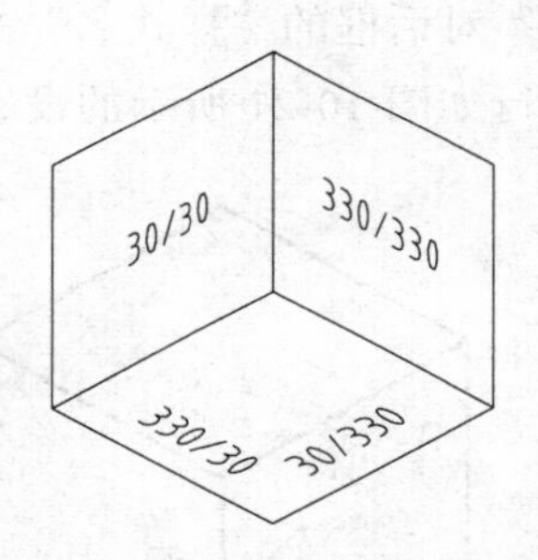

图 10-19　等轴测文字效果

文字的倾斜角是指相对于 WCS 坐标系 *Y* 轴正方向倾斜的角度角度小于 0°，则文字向左倾斜；反之，文字向右倾斜。文字的旋转角是指相对于 WCS 坐标系 *X* 轴正方向，绕以文字起点为原点进行旋转的角度，按逆时针方向旋转，角度为正；反之，角度为负。

可以通过设置文字的旋转角度 Rotation（R）和倾斜角度 Obliquing（O）来使文字在所需要的面。因为正等轴测图的 3 个轴测轴 X_1、Y_1、Z_1 与通用坐标系(WCS)*X* 轴的夹角分别是 30°、150°和 90°，旋转和倾斜角度需要设置为 30°或 330°（即 – 30°），所以只有 4 种 R/O 组合：30/30、330/330、330/30、30/330。图 10-19 展示的就是这 4 种组合效果。显然，俯视图的文字倾斜有两种选择，可以依据需要选择一种来用，只要保证一幅图中俯视图的文字倾斜是一致的就可以了。

经验提示：文字的倾斜角与文字的旋转角是两个不同的概念，前者是在水平方向左倾（0° ~ – 90°）或右倾（0° ~ 90°）的角度，后者是以文字起点为原点进行 0 ~ 360°间的旋转，也就是在文字所在的轴测面内旋转。为保证某个轴测平面中的文本符合视觉效果在该平面内，必须根据各轴测平面的位置特点，先将文字倾斜某个角度，然后再将文字旋转至与轴测轴平行的位置，以增强其立体感。

正等轴测图中各轴测面上文本的倾斜与旋转角度如表 10-2 所示，注写文字后的效果如图 10-20 所示。

表 10-2　正等轴测图中各轴测面上文本的倾斜与旋转角度

轴测平面	文本所处的方向	文字的倾斜角度	文字的旋转角度
右轴测平面	与 X_1 轴平行	倾斜 30°	30°
	与 Z_1 轴平行	倾斜 − 30°	− 90°
上轴测平面	与 Y_1 轴平行	倾斜 30°	− 30°
	与 X_1 轴平行	倾斜 − 30°	30°
左轴测平面	与 Z_1 轴平行	倾斜 30°	90°
	与 Y_1 轴平行	倾斜-30°	-30°

3. 创建两种文字样式

为便于记忆，创建样式名为“右 X 上 Y 左 Z 倾斜 30”“右 Z 上 X 左 Y 倾斜-30”的两个文字样式，分别对应文字倾斜角为 30°和 − 30°。以创建名为“右 X 上 Y 左 Z 倾斜 30”的文字样式为例，来介绍其操作方法：

单击“文字样式”图标，在“文字样式”对话框中单击“新建”按钮，再在“新建文字样式”对话框的“样式名”文本框中输入“右 X 上 Y 左 Z 倾斜 30”，单击“确定”按钮；然后进行如图 10-21 所示的设置，单击“应用”按钮即可。

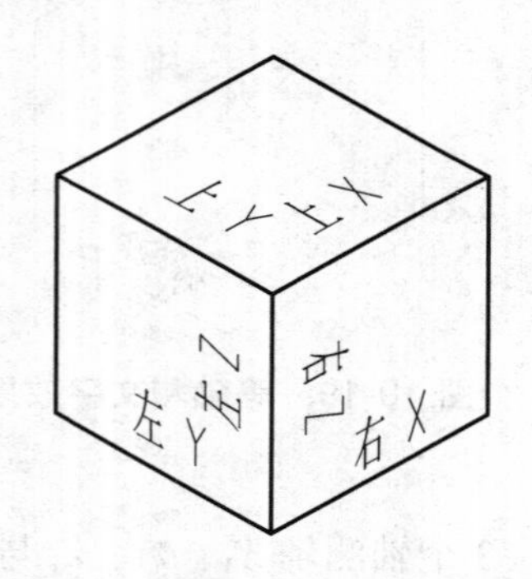

图 10-20　轴测面上文本的注写效果

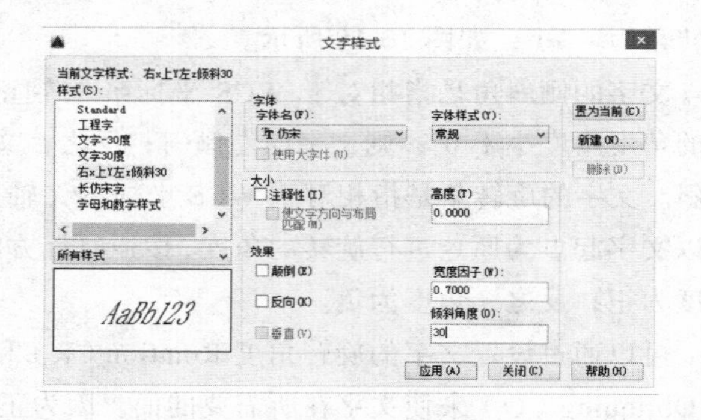

图 10-21　设置“右 X 上 Y 左 Z 倾斜 30”的文字样式

同理，可以创建“右 Z 上 X 左 Y 倾斜 − 30”的文字样式，具体设置如图 10-22 所示。

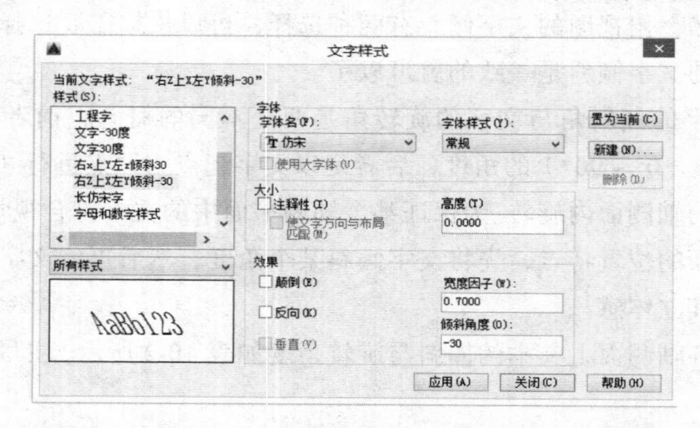

图 10-22　设置“右 Z 上 X 左 Y 倾斜-30”的文字样式

4. 注写文字

以标注图 10-20 上的“右 X”文字为例，详细操作步骤如下：

命令：_mtext　　　　　　　　　　　　　单击“多行文字”图标 A。

当前文字样式："右 X 上 Y 左 Z 倾斜 30"　文字高度：5　注释性：　否

指定第一角点：　　　　　　　　　　　　高的中点。

指定对角点或 [高度(H)/对正(J)/行距(L)/旋转(R)/样式(S)/宽度(W)/栏(C)]：J

输入对正方式 [左上(TL)/中上(TC)/右上(TR)/左中(ML)/正中(MC)/右中(MR)/左下(BL)/中下(BC)/右下(BR)] <左上(TL)>：MC

指定对角点或 [高度(H)/对正(J)/行距(L)/旋转(R)/样式(S)/宽度(W)/栏(C)]：R

指定旋转角度 <0>：30　　　　　　　　输入 30，回车。

指定对角点或 [高度(H)/对正(J)/行距(L)/旋转(R)/样式(S)/宽度(W)/栏(C)]：长的最右点。

在文字输入区中输入“右 X”，单击“确定”按钮，文字效果如图 10-23 所示。

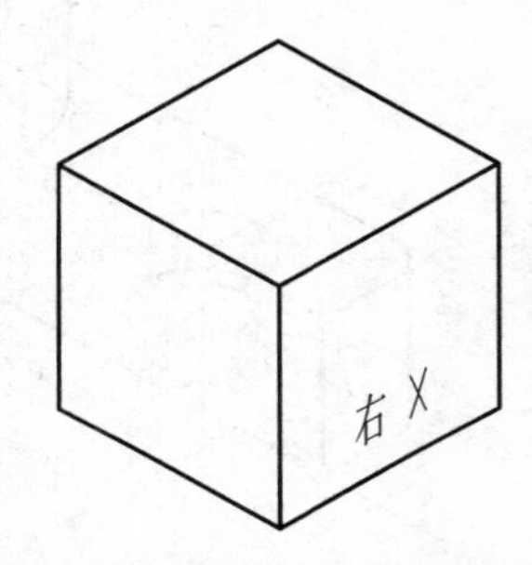

图 10-23　右轴测面平行 X 轴的文字效果

经验提示：采用上述两种文字样式，只是解决了文字的倾斜角度；文字的旋转角度，还需要在标注多行文字时，选择旋转(R)后，再输入旋转角度，才能得到正确的结果。另外还要注意，在哪一个轴测平面上标注文字，光标就要变换到该轴测平面上。

（六）轴测剖视图的绘制

1. 绘制轴测剖视图的方法

绘制轴测剖视图有两种方法：一种是先选择剖面位置绘制剖面图形，再绘制出轴测图；另一种是先绘制出轴测图，再沿选定剖切位置绘制剖面。对于绘制较复杂形体的轴测图，两种方法可以混合使用。

2. 轴测剖视图的剖面符号

轴测剖视图的剖面符号仍然是使用图案填充命令，在“图案填充和渐变色”对话框中，图案选择“ANSI”中的 “ANSI31”，角度设置如表 10-3 所示。

表 10-3　轴测图中剖面线的角度设置

轴测图	上正等轴测平面	左正等轴测平面	右正等轴测平面
正等轴测图	315°	75°	15°
斜二轴测图	298°	62°	0°

3. 实例操作与演示：绘制正等轴测剖视图

按尺寸绘制如图 10-24（a）所示的正等轴测剖视图

绘制步骤如下：

步骤一：按尺寸绘制剖面。利用形体分析法可知，该零件由底板和圆柱两部分组成，按尺寸分别绘制出左、右等轴测平面的图形，并按国标规定的剖面线角度及符号进行图案填充，结果如图 10-24（b）所示。

步骤二：绘制连接剖面的图形。绘制可见的连接剖面的轴测图，并及时删除被剖切掉的部分的图线，结果如图 10-24（c）所示。

步骤三：检查并完成剖切轴测图的绘制。检查剖切后的轴测图是否完整？是否漏线、多线？画出必要的点画线表示中心面和轴心线，结果如图 10-24（d）所示。

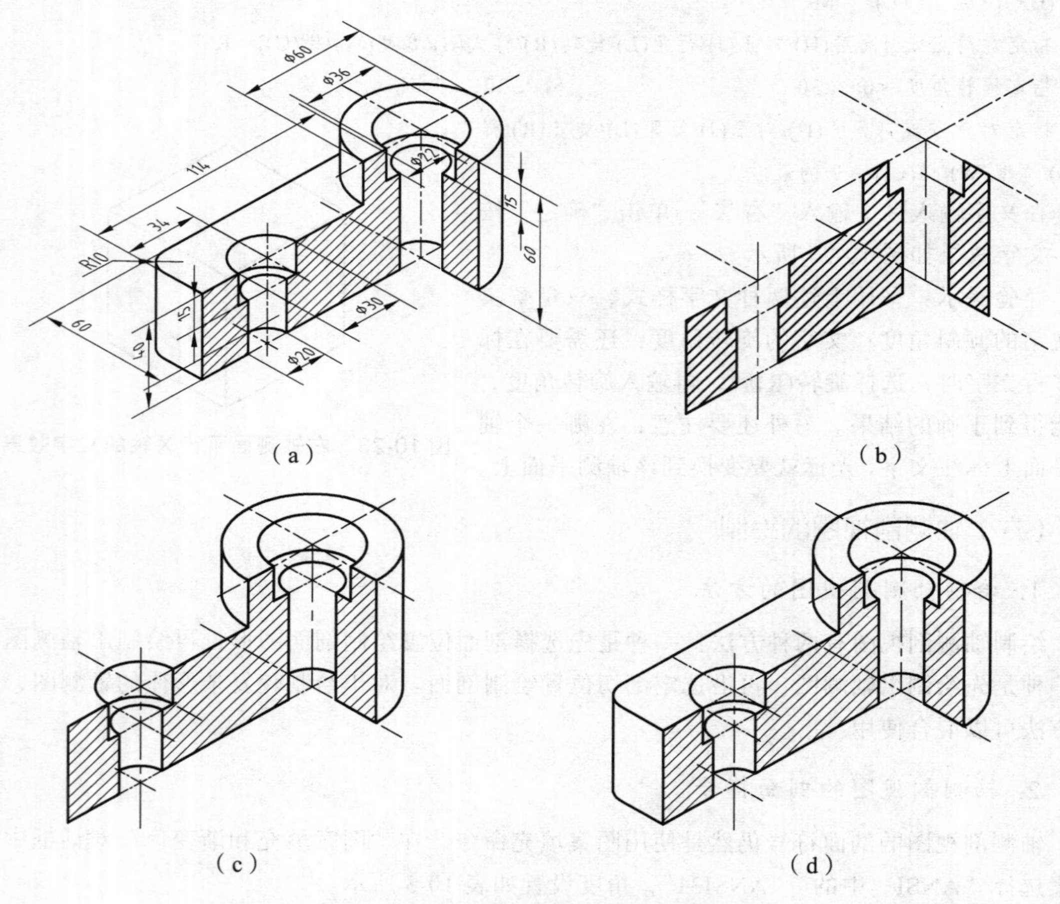

图 10-24　绘制剖视正等轴测图的步骤

三、项目实施

（一）绘制 L 形立体的正等轴测图

步骤一：绘制 L 形立体端面的正等轴测图。

将粗实线图层设置为当前图层，在“草图设置”对话框中，设置“等轴测捕捉”。单击“F5”功能键，将光标调至“左等轴测平面”状态。

命令：L

Line 指定第一点：1 点↙

指定下一点或 [放弃(U)]：10 //打开正交，光标平行 Y_1 轴正向。

指定下一点或 [放弃(U)]：20 //光标平行 Z_1 轴负向。

指定下一点或 [闭合(C)/放弃(U)]：20 //光标平行 Y_1 轴正向。

指定下一点或 [闭合(C)/放弃(U)]：10 //光标平行 Z_1 轴负向。

指定下一点或 [闭合(C)/放弃(U)]：30 //光标平行 Y_1 轴负向。

指定下一点或 [闭合(C)/放弃(U)]：C

绘出 L 形端面，如图 10-25 所示。

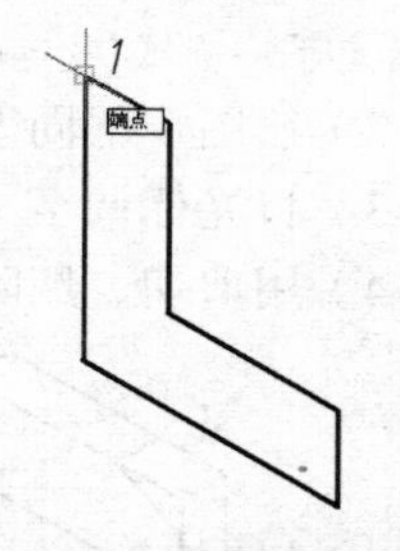

图 10-25 L 形端面

步骤二：绘制 L 形块的正等轴测图。

（1）绘制直线 511。单击“F5”功能键，将光标调至“顶部等轴测平面” 状态，如图 10-26（a）所示。

命令：line

指定第一点：5 点（光标平行于 X_1 轴）

指定下一点或 [放弃(U)]：50

指定下一点或 [放弃(U)]：↙

（2）绘制可见的 X_1 轴平行线，如图 10-26（b）所示。

命令：copy

选择对象：直线 511

找到 1 个

选择对象：↙

当前设置：复制模式 = 多个

指定基点或 [位移(D)/模式(O)] <位移>：5 点

指定第二个点或 <使用第一个点作为位移>：4 点

指定第二个点或 [退出(E)/放弃(U)] <退出>：3 点

指定第二个点或 [退出(E)/放弃(U)] <退出>：2 点

指定第二个点或 [退出(E)/放弃(U)] <退出>：1 点

指定第二个点或 [退出(E)/放弃(U)] <退出>：↙

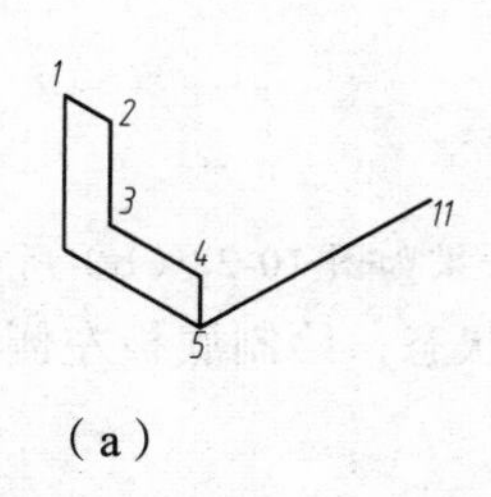

（a）

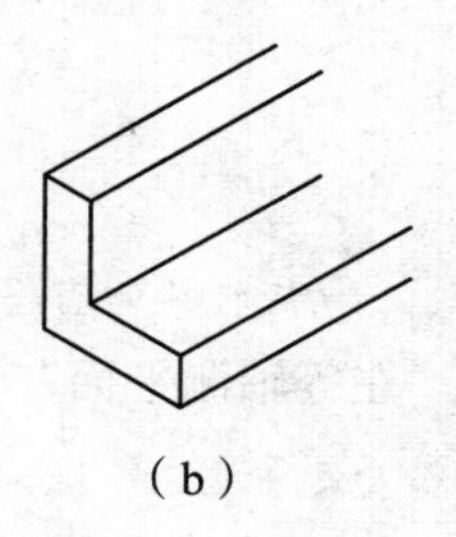

（b）

（c）

图 10-26 L 形块

（3）复制右侧面的 12、23、34、45 等 4 条直线，如图 10-26（c）所示。复制方法同以上步骤。

步骤三：绘制左上角的切口。

（1）绘制切口 BC，将光标调至“右等轴测平面” 状态，关闭正交功能，绘图结果如图 10-27（a）所示。

命令：line

指定第一点：8↙（C 点）　　　　　　//鼠标从 2 点向下追踪

指定下一点或[放弃(U)]：15　　　　　//鼠标从 2 点沿 *X* 反方向向右追踪

指定下一点或[放弃(U)]：↙

（2）绘图步骤同上，绘制斜线 AD，如图 10-27（b）所示。

（3）将光标调至“左等轴测平面”状态，连接 AB、CD 直线，如图 10-27（c）所示。

（4）用剪切、删除命令去除多余部分，如图 10-26（d）所示，完成 L 形块的绘制。

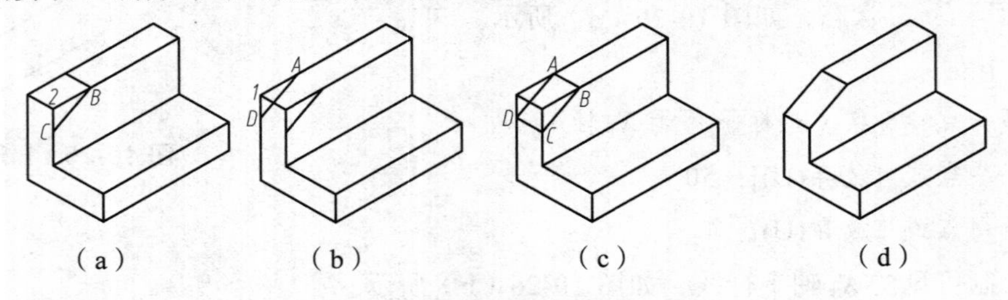

图 10-27　绘制左上方切口

（二）绘制轴承座的正等轴测图

步骤一：绘制底板轴测图。

（1）将捕捉类型设置为“等轴测捕捉”，绘制底板，如图 10-28 所示。

单击“F5”功能键，将光标调至“顶部等轴测平面” 状态，绘制底板顶面。

命令：_line 指定第一点：（屏幕上任意指定一点）

指定下一点或 [放弃(U)]：100

指定下一点或 [放弃(U)]：50

指定下一点或 [闭合(C)/放弃(U)]：100

指定下一点或 [闭合(C)/放弃(U)]：c　　//底板顶面绘图效果如图 10-28（a）所示。

单击“F5”功能键，将光标调至“右等轴测平面” 状态，绘制底板前侧面。

命令：_line 指定第一点：A 点

指定下一点或 [放弃(U)]：15

指定下一点或 [放弃(U)]：100

指定下一点或 [闭合(C)/放弃(U)]：B 点

指定下一点或 [闭合(C)/放弃(U)]：　　　//底板前侧面绘图效果如图 10-28（b）所示。

单击“F5”功能键，将光标调至“左等轴测平面” 状态，绘制底板左侧面。

命令：_line 指定第一点：C 点

指定下一点或 [放弃(U)]：15

指定下一点或 [放弃(U)]：D 点

指定下一点或 [闭合(C)/放弃(U)]： //底板左侧面绘图效果如图 10-28（c）所示。

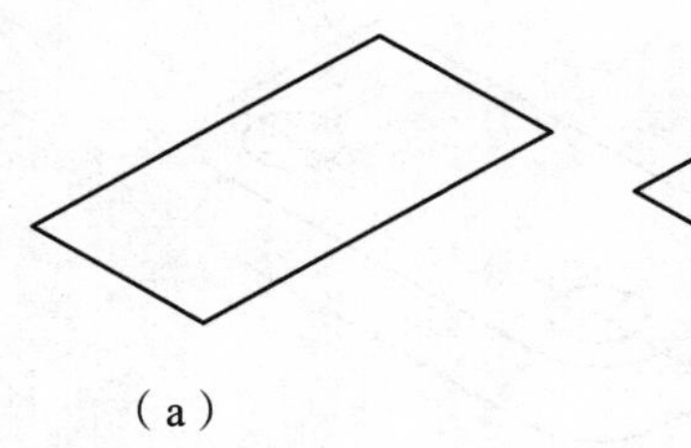

（a）

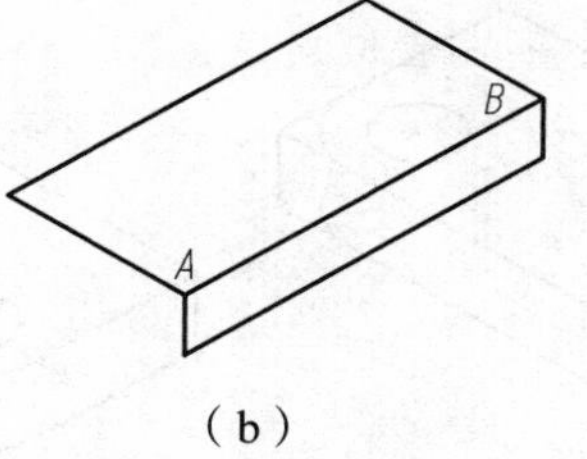

（b）

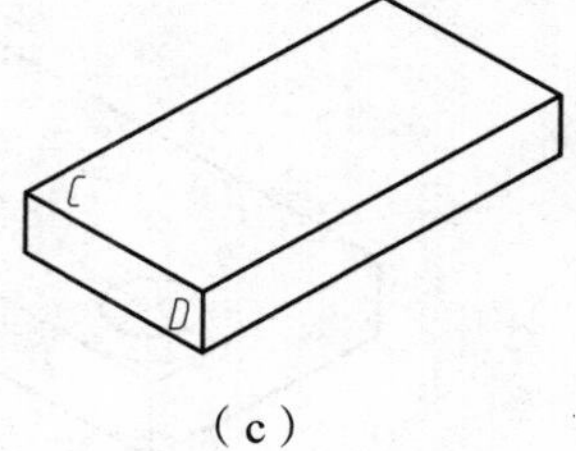

（c）

图 10-28 底板（一）

（2）绘制底板椭圆、椭圆弧。

底板上等轴测圆圆心的确定方法及位置如图 10-29 所示。

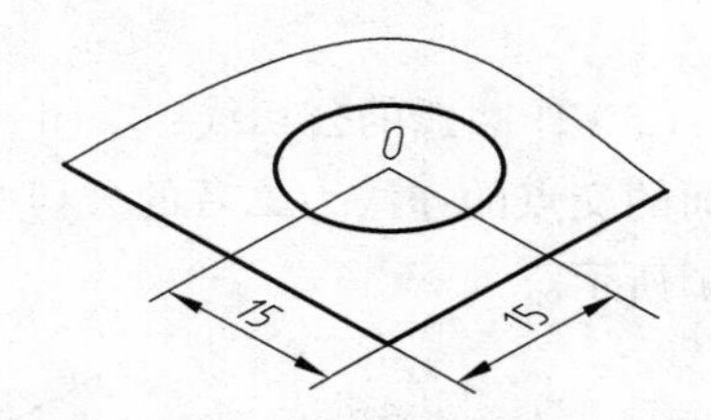

图 10-29 等轴测圆圆心的确定方法

① 利用辅助线绘出底板圆的圆心位置，如图 10-30（a）所示，步骤略。

② 绘制底板左边椭圆，将光标调整到“顶部等轴测平面”。

命令：ellipse

指定椭圆轴的端点或 [圆弧(A)/中心点(C)/等轴测圆(I)]：i

指定等轴测圆的圆心：O 点

指定等轴测圆的半径或 [直径(D)]：8

③ 绘制底板左边椭圆弧。

命令：ellipse

指定椭圆轴的端点或 [圆弧(A)/中心点(C)/等轴测圆(I)]：a

指定椭圆弧的轴端点或 [中心点(C)/等轴测圆(I)]：i

指定等轴测圆的圆心：O 点

指定等轴测圆的半径或 [直径(D)]：15

指定起始角度或 [参数(P)]：直线 OA 上任一点↙

指定终止角度或 [参数(P)/包含角度(I)]：直线 OB 上任一点↙

完成底板左边椭圆与椭圆弧的绘制，如图 10-30（b）所示。

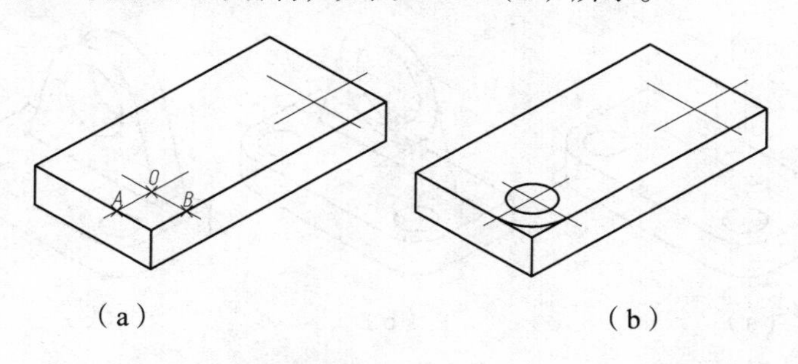

（a）　　　　（b）

图 10-30 底板（二）

（3）同步骤绘制其余椭圆及椭圆弧，如图 10-31（a）所示。

（4）编辑图形，去除多余的线条，如图 10-31（b）所示，步骤略。

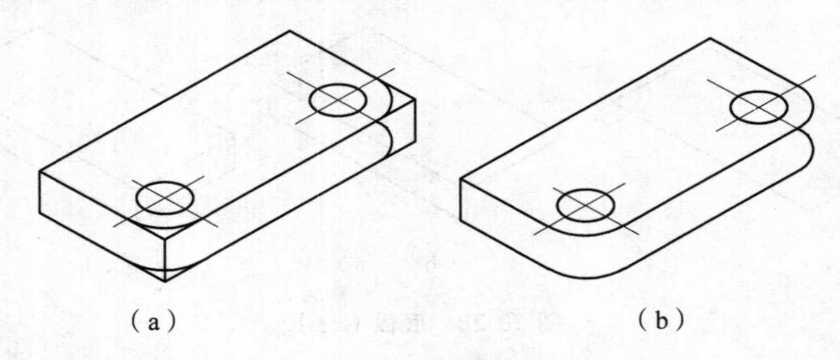

图 10-31　底板（三）

（5）作圆弧的公切线：关闭“等轴测捕捉”，过圆心作水平线，与轮廓线有交点，顶面与底面的交点的连线为二者的公切线，如图 10-32（a）所示。编辑去除多余的线条，如图 10-32（b）所示。

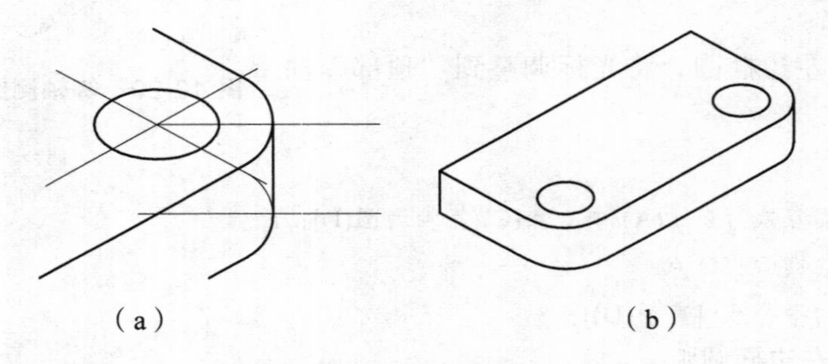

图 10-32　底板（四）

步骤二：绘制立板轴测图。

（1）作各轴的平行线，确定立板前、后表面圆心的位置，如图 10-33（a）所示，步骤略。

（2）单击“F5”功能键，将光标转换为“　　”形态。

（3）用椭圆与直线命令绘制立板前表面的轴测图，如图 10-33（b）所示，步骤略。

（4）用复制命令绘制立板后表面，并编辑图形，如图 10-33（c）所示，步骤略。

（5）作前、后两表面锐角椭圆弧的切线。

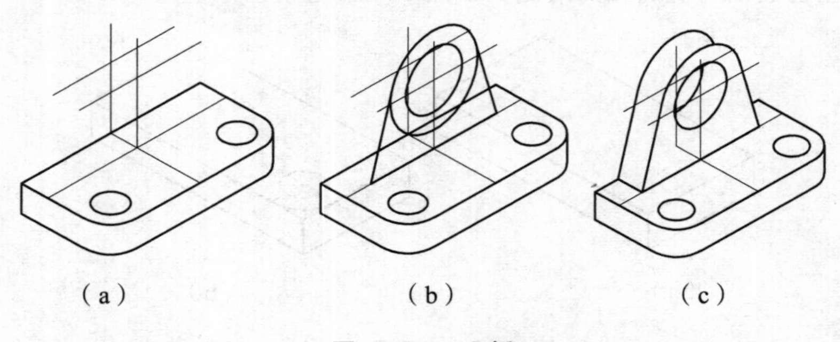

图 10-33　立板

因不能通过捕捉切点作两椭圆弧的切线，作∠AOB 的角平分线，与轮廓线有交点，前、后面交点的连线为圆弧的公切线，如图 10-34 所示。在此只讲解角平分线，其余略去不讲，作图步骤为：

命令：xline

指定点或 [水平(H)/垂直(V)/角度(A)/二等分(B)/偏移(O)]：b

指定角的顶点：O 点

指定角的起点：A 点

指定角的端点：B 点

指定角的端点：↙

（6）编辑完成轴承座的轴测图，如图 10-35 所示。

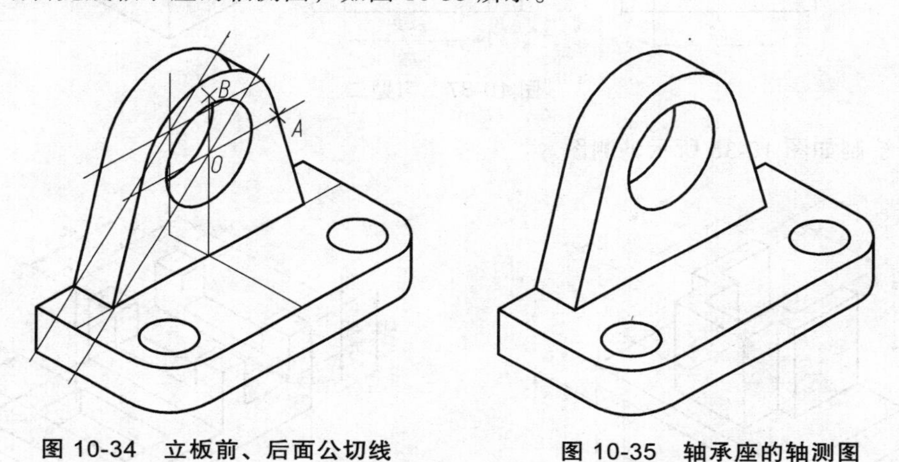

图 10-34　立板前、后面公切线　　　　图 10-35　轴承座的轴测图

四、练习与提高

（1）根据如图 10-36 所示的组合体三视图，完成其正等轴测图的绘制，要求参数合理，表达正确，标注尺寸。

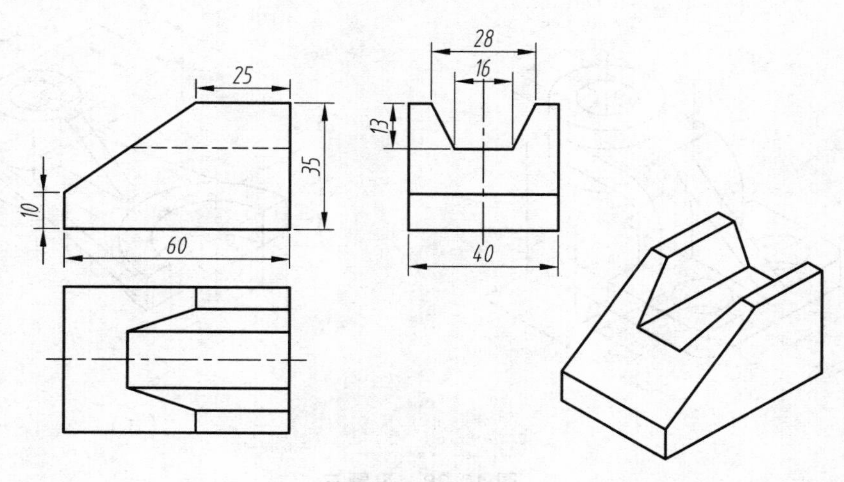

图 10-36　习题一

（2）根据如图 10-37 所示的组合体三视图，完成其正等轴测图的绘制，要求参数合理，表达正确，标注尺寸。

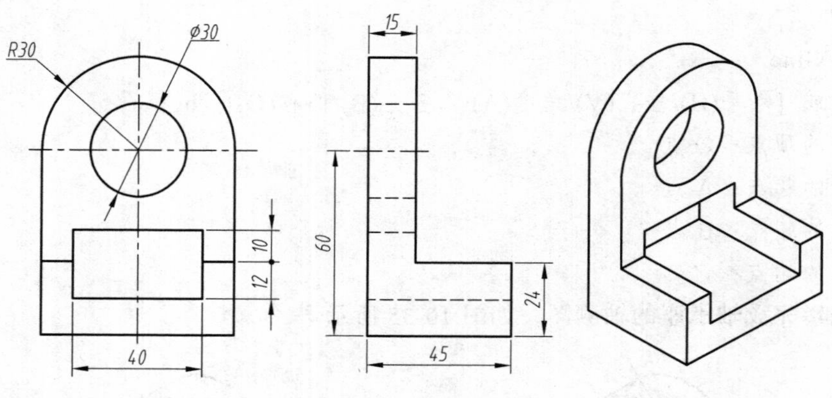

图 10-37　习题二

（3）绘制如图 10-38 所示轴测图。

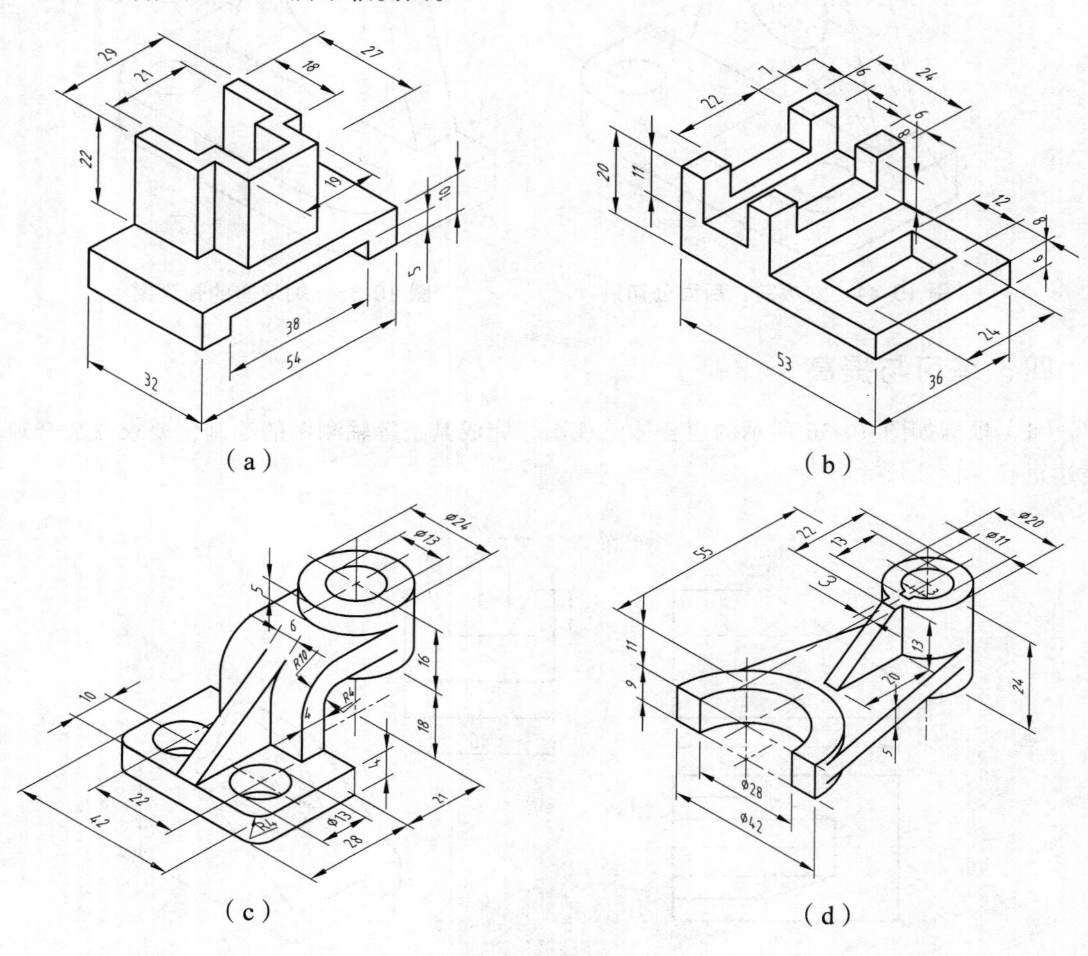

图 10-38　习题三

（4）绘制如图 10-39 所示的轴测图。

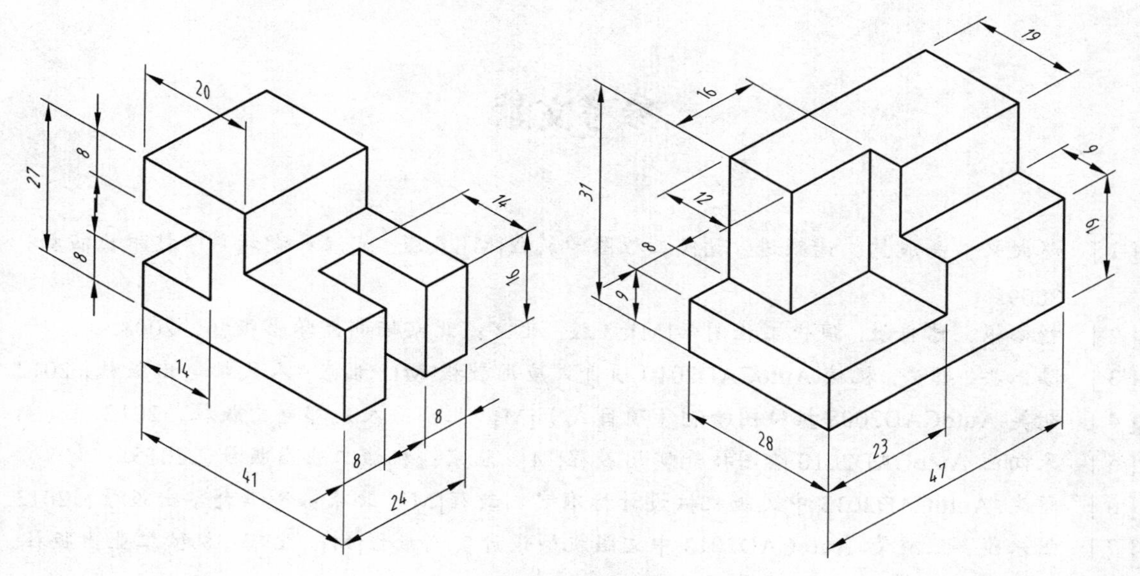

图 10-39　习题四

（5）根据如图 10-40 所示的组合体三视图，完成其正等轴测图的绘制，要求参数合理，表达正确，标注尺寸。

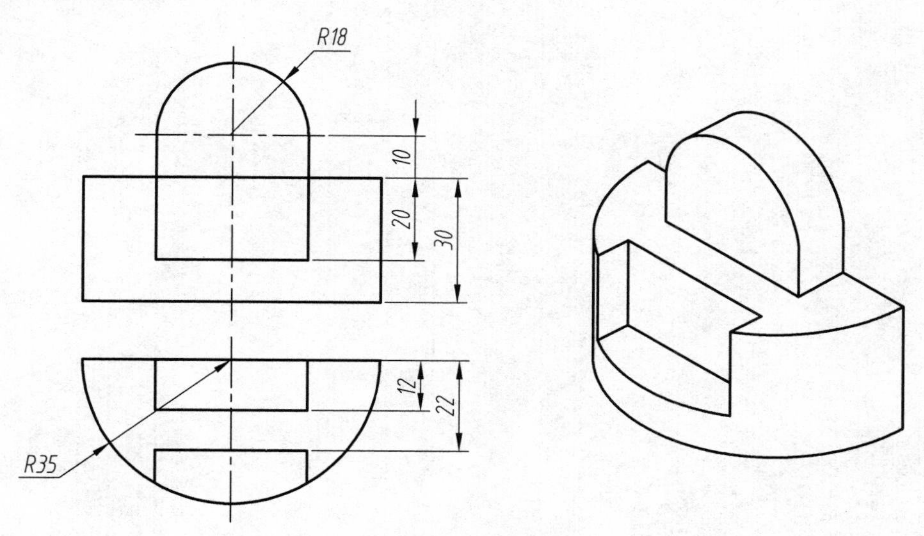

图 10-40　习题五

参考文献

[1] 赵大兴，高成慧，谢跃进. 现代工程图学教程[M]. 6 版. 武汉：湖北科学技术出版社，2009.

[2] 杨裕根，诸世敏. 现代工程图学[M]. 3 版. 北京：北京邮电大学出版社，2008.

[3] 陆玉兵，魏兴. 机械 AutoCAD2010 项目式应用教程[M]. 北京：人民邮电出版社，2012.

[4] 胡昊.AutoCAD2008 机械图绘制（项目式）[M]. 北京：人民邮电出版社，2012.

[5] 朱向丽.AutoCAD2010 绘图技能实用教程[M]. 北京：机械工业出版社，2015.

[6] 蒋晓. AutoCAD2013 中文版机械设计标准实例教程[M]. 北京：清华大学出版社，2013.

[7] 张永茂，王继荣. AutoCAD2013 中文版机械设计实例教程[M]. 北京：机械工业出版社，2013.

[8] 李腾训，魏峥. AutoCAD 机械设计案例教程[M]. 北京：人民邮电出版社，2014.